AF255736

EINLEITUNG

IN DIE

LEHRE VON DER KUGELTEILUNG

MIT BESONDERER BERÜCKSICHTIGUNG

IHRER

ANWENDUNG AUF DIE THEORIE DER GLEICHFLÄCHIGEN

UND DER GLEICHECKIGEN POLYEDER

VON

Dr. EDMUND HESS,

A. O. PROFESSOR AN DER UNIVERSITÄT MARBURG.

MIT SECHZEHN LITHOGRAPHIERTEN TAFELN.

LEIPZIG,

VERLAG VON B. G. TEUBNER.

1883.

Druck von B. G. Teubner in Dresden.

Vorrede.

Über die Anlage dieses Buches und den Zweck, welchen ich bei Abfassung desselben im Auge hatte, ist das Nötige in den drei ersten Paragraphen des ersten Kapitels gesagt worden.

Es bleibt mir nur übrig, den Wunsch auszusprechen, dass diese Schrift nicht nur seitens derjenigen Fachgenossen, deren Untersuchungen auf die in derselben behandelten Probleme Bezug haben, einige Beachtung finden, sondern dass dieselbe auch Studierenden eine Ergänzung zu dem in Vorlesungen über sphärische Trigonometrie, Polyedrometrie, die Elemente der analytischen Geometrie und der Algebra gebotenen Stoffe gewähren und zu weiteren Untersuchungen anregend sein möge. Ich würde mich für die auf dieses Buch verwandte Mühe reichlich belohnt finden, wenn dasselbe Veranlassung bieten sollte, dass dem in ihm behandelten besonderen Teile der Raumgeometrie, dessen Pflege auch für die Übung in der räumlichen Anschauung eine nicht zu unterschätzende Bedeutung haben dürfte, auf den Hochschulen etwas mehr Beachtung geschenkt würde.

Universität Marburg, im Mai 1883.

Edmund Hess.

Inhaltsverzeichnis.

Viertes Kapitel.

Zusammenfassung der gleichflächigen und der gleicheckigen Netze, sowie der entsprechenden Polyeder in bestimmte Hauptklassen und Gruppen. Herleitung von Lagebeziehungen.

Fünftes Kapitel.

Analytische Darstellung der gleichflächigen und der gleicheckigen Netze, sowie der zugehörigen Polyeder.

I. Netze und Polyeder der ersten Hauptklasse.

Ib) Veränderliche Netze der ersten Hauptklasse.

IIa) Netze und Polyeder der zweiten Hauptklasse erster Ordnung.

IIb) Zweite Ordnung der zweiten Hauptklasse: Gruppe der Diakishexekontaedernetze.

Sechstes Kapitel.

Anwendungen und Erweiterungen der bisherigen Betrachtungen.

Erste Abteilung: Beziehungen zu gewissen Problemen der Algebra und der Funktionentheorie.

Siebentes Kapitel.

Die die Kugelfläche mehrfach bedeckenden gleichflächigen und gleicheckigen Netze nebst den zugehörigen Polyedern.

Erstes Kapitel.

Vorbereitende Bemerkungen und Hilfssätze.

§ 1. Stellung der Aufgabe.

Das im Folgenden zu behandelnde Problem der Kugelteilung soll die Einteilung einer Kugelfläche in eine bestimmte Anzahl von gleichen und ähnlichen sphärischen Polygonen zum Gegenstande haben. Dieses Problem bildet selbst nur einen besonderen Fall der allgemeinen Aufgabe, die Kugelfläche in eine Anzahl sphärischer Figuren einzuteilen, deren Grenzlinien irgend welche Kurven sind und welche entweder nur an Fläche gleich[1]), oder kongruent oder symmetrisch-gleich sind.

Obgleich aber die angegebene Beschränkung nur einen besonderen Fall bedingt, so ist dieser doch von der grössten Wichtigkeit und gewährt ein bedeutendes Interesse, einmal wegen der verhältnissmässig geringen Schwierigkeit der Auflösung, dann aber wegen der mannigfachen Beziehungen und Anwendungen, welche die Resultate für die verschiedensten Disziplinen der Mathematik, wie Polyedrometrie einerseits, Algebra und Funktionentheorie andererseits darbieten. Zudem ergeben die Lösungen dieser besonderen Aufgabe auch mit Leichtigkeit für viele Fälle Lösungen der allgemeineren Aufgabe.

Wir können dem Probleme auch folgende, etwas präzisere Fassung geben:

Es soll eine gegebene Kugelfläche mit einem Netze von gleichen und ähnlichen sphärischen Polygonen (einem gleichflächigen Netze) überzogen, oder

---

1) Ein einfaches Beispiel für eine Einteilung der Kugelfläche in flächengleiche Teile bietet diejenige durch Parallelkreise, deren Ebenen den zu ihnen senkrechten Kugeldurchmesser in gleiche Teile teilen.

es sollen alle Fälle ermittelt werden, in welchen ein sphärisches Polygon nebst seinen kongruenten oder symmetrischen Wiederholungen eine geschlossene Fläche bildet, welche die Kugelfläche ein- oder mehrere Mal bedeckt. Unter sphärischen Polygonen sind hierbei immer solche zu verstehen, deren Seiten durch Hauptkreisbogen gebildet werden. Durch die Ebenen dieser Hauptkreise wird alsdann der durch die Kugelfläche eingeschlossene Raum in die entsprechende Anzahl von kongruenten oder symmetrisch-gleichen Kugelsektoren, oder der ganze Raum in die entsprechende Zahl von gleichen konzentrischen räumlichen Winkeln geteilt.

Die Lösungen des angegebenen Problems liefern, wie sich im Folgenden herausstellen wird, zugleich auch diejenigen der Aufgabe, alle auf einer Kugelfläche möglichen Punktsysteme aufzufinden, welche die Eigenschaft haben, dass um einen jeden Punkt die übrigen in übereinstimmender Weise gruppiert sind, Punktsysteme, welche man regelmässige Punktsysteme[1]) nennen kann und durch deren Verbindung mittelst Hauptkreise die gleicheckigen sphärischen Netze erhalten werden.

§ 2. Verwandte Untersuchungen.

Die beiden bezeichneten Aufgaben sind bereits mehrfach von verschiedenen Autoren mit Rücksicht auf besondere Anwendungen behandelt und gelöst worden.

So hat Riemann in seiner Abhandlung: „Über die Fläche vom kleinsten Inhalt bei gegebener Begrenzung"[2])

---

1) Die regelmässig ebenen Punktsysteme von unbegrenzter Ausdehnung, sowie die regelmässigen allseitig unendlichen Punktsysteme hat Herr L. Sohncke in verschiedenen Schriften behandelt, Borch. Journ. Bd. 77 p. 47—101. Die unbegrenzten regelmässigen Punktsysteme u. s. w., Karlsruhe, Braun 1876. Entwickelung einer Theorie der Krystallstruktur, Leipzig, B. G. Teubner 1879.

2) Abhandl. der k. Gesellsch. d. Wissensch. zu Göttingen 13. Bd., vergl. auch die Bearbeitung von K. Hattendorff, Göttingen 1867.

und ebenso H. Schwarz in verschiedenen Abhandlungen[1]) eine Anzahl der möglichen Lösungen jener Aufgabe behandelt, indem die Bestimmung jener Minimalflächen leicht gelingt, wenn die Abbildung derselben auf die Kugelfläche und ihre symmetrischen und kongruenten Fortsetzungen eine geschlossene Fläche bilden, welche die Kugelfläche einfach oder mehrfach bedeckt. Ferner hat H. Schwarz im Anschluss an seine Untersuchungen über die konforme Abbildung der Oberfläche eines von ebenen Flächen begrenzten Polyeders auf die Oberfläche einer Kugel in einer Abhandlung „über gewisse Fälle der hypergeometrischen Reihe[2])" die wesentlichen Fälle, in welchen ein sphärisches Dreieck zu einer endlichen Anzahl von symmetrischen oder kongruenten Wiederholungen führt, in einer Tabelle[3]) zusammengestellt.

Weiterhin haben die in den letzten Jahren erschienenen Arbeiten von F. Klein[4]) und die mit denselben in naher Beziehung stehenden von Wedekind[5]), Gordan[6]), Brioschi[7]), Puchta[8]), W. Dyck[9]) u. a. unter Benutzung der geometrischen Darstellung binärer Formen höchst interessante und überraschende Beziehungen jener beiden Probleme zu gewissen Aufgaben der Algebra und der Funktionentheorie zu Tage gebracht[10]).

---

1) Monatsber. der Berl. Akademie 1865 p. 150 und 1870 p. 767; Verhandlungen der Berlin. Akadem. 1872 p. 3—27; Borchardts Journal Bd. 70 p. 105—121 und p. 121—137.

2) Borchardts Journ. Bd. 75 p. 292 ff.; vergl. auch Amstein, Dissert., Zürich 1872.

3) L. c. S. 323; vergl. auch eine Bemerkung von Steiner, Gesammelte Werke Band II p. 305 Anm.

4) Mathem. Annalen Bd. IX p. 185 ff., Bd. XI p. 115 ff., Bd. XII p. 167 ff. und p. 503 ff., Bd. XIV p. 111 ff. und p. 428 ff.

5) Mathem. Annalen Bd. IX p. 209 ff.

6) Ibid. Bd. XII p. 23 ff. und p. 147 ff.

7) Ibid. p. 401 ff.

8) Das Oktaeder und die Gleichung vierten Grades, Wien 1879.

9) Dissert., München 1879, und Math. Ann. Bd. XVII p. 473.

10) Über diese allgemeinen „gruppentheoretischen" Untersuchungen vergl. man W. Dyck, Mathem. Ann. Bd. XX p. 1—44 nebst den dort aufgeführten Litteraturangaben.

Die Bestimmung der **regelmässigen** Punktsysteme von unbegrenzter Ausdehnung ist als Lösung eines Problems der Kinematik zuerst von C. Jordan[1]) gegeben worden, an dessen Arbeit sich die bereits erwähnte von Sohncke unter spezieller Berücksichtigung der Anwendung auf die Theorie der Krystallstruktur anschliesst. Die bei unseren Betrachtungen auftretenden, auf einer Kugelfläche gelegenen regelmässigen Punktsysteme bilden den besonderen Fall jener allgemeineren Systeme, bei welchem sich die von Sohncke sog. Deckbewegungen, welche im allgemeinen Schraubungen sind, durch Wegfall der Schiebungen auf Drehungen (Rotationen) reducieren. Aus diesen regelmässigen Punktsystemen auf der Kugel und den durch sie bestimmten gleicheckigen Netzen lassen sich umgekehrt die gleichflächigen Netze, welche bei unserer Untersuchung in den Vordergrund gestellt werden, herleiten.

Als die einfachste und nächstliegende Anwendung der die Kugelfläche bedeckenden gleichflächigen und gleicheckigen Netze dürfte wohl die Konstruktion der gleichflächigen und der gleicheckigen, speziell der regulären und der Archimedeischen Polyeder zu betrachten sein. Diese Beziehungen sind bereits von Legendre[2]), Meier-Hirsch[3]), Catalan[4]), Jordan[5]), Sohncke[6]) u. a. untersucht, meines Wissens aber nach dieser Seite hin nirgends vollständig verfolgt und entwickelt worden. Ich selbst habe im Anschluss an die Arbeiten von Hessel[7]) die gleichflächigen

---

1) Mémoire sur les groupes de mouvements, Annali di matematica S. II T. II p. 167—215 und 322—345.

2) Géometrie.

3) Sammlung geometr. Aufgaben II p. 65 ff. und p. 127 ff.; vergl. auch Baltzer, Elemente, Stereometrie § 7.

4) Mémoire sur la théorie des polyèdres, Journal de l'école polyt. T. XXIV p. 1—71.

5) Borchardts Journ. Bd. 66. p. 22 ff.

6) Grunerts Archiv f. Math. u. Phys. XLVII p. 39—45.

7) Gehlers physik. Lexikon, Artikel: Krystall; und Übersicht der gleicheckigen Polyeder u. s. w., Marburg 1871.

und die gleicheckigen Polyeder zuerst als die allgemeineren
Fälle der sog. Archimedeischen Polyeder behandelt und
insbesondere in verschiedenen Mitteilungen[1]) und Schriften[2])
Studien über die gleicheckigen und die gleichflächigen Polyeder höherer Art und im Zusammenhange hiermit verschiedene, teilweise neue Lösungen jenes Problems der Kugelteilung bekannt gemacht.

§ 3. Übersicht über die nachfolgenden Betrachtungen.

Unter diesen Umständen dürfte der in dem Nachfolgenden
unternommene Versuch, die die Kugelfläche bedeckenden
gleichflächigen und gleicheckigen Netze systematisch abzuleiten und ihre wichtigsten Eigenschaften und Anwendungen zu entwickeln, nicht ganz ungerechtfertigt erscheinen.
Von den Anwendungen sind vorzugsweise und fast ausschliesslich diejenigen auf die Theorie der gleichflächigen und
der gleicheckigen Polyeder bezüglichen behandelt, während
die an und für sich so sehr interessanten algebraischen und
funktionentheoretischen Beziehungen — dem Zwecke der
Schrift entsprechend — nur kurz berührt worden sind.

Die nachfolgenden Angaben mögen über den Plan und
den Inhalt der Schrift eine Orientierung gewähren.

In den ersten Kapiteln wird die Bestimmung der einfachen (die Kugelfläche einmal bedeckenden) gleichflächigen
und der diesen zugeordneten oder speziell konjugierten gleicheckigen Netze ausgeführt. Zunächst ergeben sich die regulären Netze, sodann der Reihe nach diejenigen gleichflächigen Netze, welche durch sphärische Dreiecke, Vierecke und

---

1) Sitzungsberichte der Gesellsch. z. Beförderung der gesamten
Naturwissensch. zu Marburg 1872 p. 81 — 92; 1875 p. 1 — 20; 1877
p. 1 — 13; 1878 p. 16 — 23; 1879 p. 1 — 20; 1880 p. 55 — 58; 1882
p. 9 — 12. Vergl. auch Tageblatt der Naturforscherversammlung zu
Cassel 1878 p. 38.

2) Über die zugleich gleicheckigen und gleichflächigen Polyeder,
Cassel 1876, Th. Kay. Über vier Archimedeische Polyeder höherer Art,
Cassel 1878, Th. Kay.

Fünfecke gebildet sind. Jedem solchen gleichflächigen Netze ist ein gleicheckiges Netz oder eine Vielheit von gleicheckigen Netzen zugeordnet, deren Eckpunkte homologe Punkte der Flächen des ersteren Netzes sind. Hierbei bietet sich das Vorhandensein gewisser Symmetrieaxen und Symmetrieebenen als ein für die Beschaffenheit der Netze charakteristisches Merkmal dar.

Den gleicheckigen Netzen sind die gleicheckigen Polyeder ein-, die gleichflächigen Polyeder umgeschrieben, während den gleichflächigen Netzen entweder überhaupt keine oder nur besondere Varietäten von gleichflächigen Polyedern ein-, von gleicheckigen Polyedern umgeschrieben werden können. So ergeben sich bei der Herleitung jener Netze sofort die gleicheckigen und die gleichflächigen Polyeder erster Art, von welchen die Archimedeischen und Platonischen Polyeder besondere Fälle darstellen. Die sphärischen Netze selbst werden passend nach diesen zugehörigen Polyedern benannt.

Von besonderer Wichtigkeit ist der hierbei hervortretende und bisher noch wenig beachtete Unterschied zwischen festen und veränderlichen (oder beweglichen) gleichflächigen Netzen, welcher einen entsprechenden Unterschied für die diesen Netzen zugeordneten gleicheckigen Netze bedingt.

Es folgt sodann die Anordnung der abgeleiteten Netze und der zugehörigen Polyeder in bestimmte Hauptgruppen, aus welcher weitere Beziehungen resultieren. Als eine nicht uninteressante Anwendung dieser Betrachtungen ist hier auch kurz die Theorie gewisser räumlicher Winkelspiegel (der Polyeder-Kaleidoskope) behandelt worden.

In den folgenden Kapiteln ist die analytische Darstellung der abgeleiteten Netze und Polyeder unter Benutzung der Hilfsmittel der analytischen Geometrie durchgeführt worden. An diese reiht sich passend die Darstellung durch gewisse binäre Formen an, wobei sich Gelegenheit bietet, die oben erwähnte Bedeutung jener Gebilde für gewisse Probleme der Algebra und der Funktionentheorie kurz zu erörtern. Endlich wird hier auch Veranlassung genommen, mehrfache Erweiterungen der bisherigen Betrachtungen zu berücksichtigen; hierbei kommen insbesondere die sog. Steinersche Verwandtschaft, die Eigenschaften eines vollständigen regulären Vierseits und Vierecks, sowie diejenigen eines sog. zehnfach Brianchonschen Sechsecks zur Anwendung.

Das letzte Kapitel ist der Behandlung der Aufgabe gewidmet, die die Kugel mehrfach bedeckenden gleichflächigen und gleicheckigen Netze herzuleiten. Diese Netze resultieren aus den früher behandelten Netzen; doch habe ich mich wegen der grossen Zahl der möglichen Lösungen darauf beschränkt, einmal die wichtigsten Methoden der Herleitung zu entwickeln, und sodann dieselben hauptsächlich auf die Bestimmung der festen gleichflächigen und der entsprechenden gleicheckigen Netze höherer Art anzuwenden. Die Bestimmung der veränderlichen derartigen Netze, welche als ein noch nicht vollständig gelöstes Problem bezeichnet werden muss, ist nur für einige Fälle angedeutet worden; ebenso sind die sog. diskontinuierlichen Netze und diejenigen mit nicht konvexen Grenzflächen in der Regel von der Betrachtung ausgeschlossen worden.

Die erwähnten festen Netze höherer Art, welche auch in analytischer Beziehung viele interessante Eigenschaften darbieten, ergeben mit Leichtigkeit die zugehörigen gleicheckigen und gleichflächigen Polyeder höherer Art, so z. B. die bekannten Kepler - Poinsotschen, die Archimedeischen Polyeder höherer Art und eine Reihe von Polyedern, welche von mir zuerst abgeleitet worden sind.

Es sei noch bemerkt, dass die zu der Herleitung der sphärischen Netze und der zugehörigen Polyeder angewendete Methode mehrfach in naher Beziehung zu der von J. G. Grassmann[1]), Whewell[2]), Miller[3]) u. a. benutzten steht, welche jene Forscher ausschliesslich für krystallographische Zwecke verwertet haben, ähnlich wie dies in den oben erwähnten

---

1) Zur physischen Krystallonomie und geometrischen Kombinationslehre 1829.

2) Philosophical Transactions 1825 p. 87.

3) A treatise on crystallographie 1839.

Arbeiten von Sohncke, Hessel, Bravais[1]) u. a. geschehen ist. Auf diese krystallographischen Anwendungen ist in den folgenden Untersuchungen, für welche ausschliesslich der rein mathematische Gesichtspunkt massgebend war, keine besondere Rücksicht genommen worden, wiewohl vielfach die analytischen Entwickelungen auch für den Krystallographen nicht ohne Interesse sein dürften. Dagegen hat dem Zwecke dieser Schrift entsprechend zumal in den letzten Kapiteln das ikosaedrische System, welches für die Krystallographie nicht in Betracht kommt, eine ausgedehnte Berücksichtigung gefunden.

§ 4. Über reguläre sphärische Polygone.

Da bei den herzuleitenden Netzen vorzugsweise reguläre und halbreguläre Polygone als Grenzflächen auftreten werden, so sollen die wichtigsten Eigenschaften dieser Figuren im Folgenden kurz aufgeführt werden.

1. Ein reguläres sphärisches n-Eck, d. h. ein sowohl gleichkantiges[2]), als gleicheckiges Polygon, wird erhalten, wenn man die aufeinanderfolgenden Teilpunkte eines in n gleiche Teile geteilten kleinen Kugelkreises durch Hauptkreisbogen verbindet.

Wir setzen hierbei immer die gleichen Kanten α (d. h. die Zentriwinkel der Bogen) und die gleichen Innenwinkel A als zwischen 0^0 und 180^0 liegend voraus, betrachten also nur sog. gemeine sphärische Polygone. (Ersetzt man bei einem gemeinen sphärischen Polygone entweder alle Kanten oder alle Innenwinkel oder beide zugleich durch ihre Ergänzungen zu 360^0, so erhält man bei derselben Reihenfolge der Verbindung noch drei Polygone mit beziehungsweise überstumpfen Kanten und Innenwinkeln.)

---

1) Journal de l'école polyt. T. XIX p. 1—128.

2) Wir werden nach dem Vorgange von Möbius, der die eine geradlinige Figur begrenzenden Linien Kanten nennt, auch die ein sphärisches Vieleck begrenzenden Hauptkreisbogen als (sphärische) Kanten bezeichnen.

2. Die n vom Mittelpunkte des regulären Polygons nach dessen Eckpunkten gehenden Radien stellen ein System von n unter Winkeln von $\dfrac{360^0}{n}$ gegeneinander geneigten Haupthalbkreisen dar, ebenso die n vom Mittelpunkte nach den Mitten der Kanten gehenden Radien des konzentrischen, dem Polygone eingeschriebenen Kreises ein zweites derartiges System, welches aus dem ersten durch eine Drehung von $\dfrac{180^0}{n}$ um den Kugelradius des Mittelpunkts als Axe erhalten wird. Ist $n = 2\nu$ eine gerade Zahl, so fallen je zwei nach gegenüberliegenden Eckpunkten gezogene Radien, und ebenso je zwei nach gegenüberliegenden Kantenmitten gehende Radien in einen Hauptkreis zusammen, welcher das Polygon in zwei symmetrische Hälften teilt (dessen Ebene eine Symmetrieebene für das Polygon ist). Ist n eine ungerade Zahl, so fallen in jedem der n Symmetriehauptkreise je ein Eckradius und der nach der gegenüberliegenden Kantenmitte gehende Radius zusammen. Diese n Symmetriehauptkreise zerteilen in beiden Fällen das reguläre n-Eck in $2n$ rechtwinklige sphärische Dreiecke, von denen je zwei benachbarte, welche längs eines Eck- oder eines Kantenradius aneinander stossen, in Beziehung auf diesen symmetrisch sind.

Im ersteren Falle (n gerade) ist die Gegenfigur zu der Figur des regulären n-Ecks symmetrisch in Beziehung auf den Äquator des Mittelpunktes, im zweiten Falle (n ungerade) ist die Ebene dieses Äquators keine Symmetrieebene für Figur und Gegenfigur; die Symmetrie würde erst stattfinden, wenn die Figur (oder die Gegenfigur) um den nach dem Mittelpunkte des n-Ecks gehenden Kugelradius eine Drehung von $\dfrac{180^0}{n}$ erführe.

3. Bedeutet α die Kante, A den Innenwinkel, R den Radius des um-, P den Radius des eingeschriebenen Kreises, E den Exzess, aus welchem sich durch Multiplikation mit $\dfrac{r^2\,\pi}{180^0}$ der Flächeninhalt des n-Ecks ergiebt, wo r den Kugelradius bezeichnet, so bestehen folgende Relationen:

$$1\,\alpha)\quad \begin{cases} cos\,\tfrac{1}{2}\,\alpha \,.\, sin\,\tfrac{1}{2}\,A = cos\,\dfrac{180^0}{n}\,; \\[2ex] tang\,R = \dfrac{tang\,\tfrac{1}{2}\,\alpha}{cos\,\tfrac{1}{2}\,A}\,;\quad cos\,R = cotg\,\dfrac{180^0}{n}\,.\,cotg\,\tfrac{1}{2}\,A\,; \\[2ex] tang\,P = tang\,\tfrac{1}{2}\,A\,.\,sin\,\tfrac{1}{2}\,\alpha\,;\; sin\,P = cotg\,\dfrac{180^0}{n}\,.\,tang\,\tfrac{1}{2}\,\alpha\,; \\[2ex] E = nA - (n-2)\,180^0. \end{cases}$$

4. Die Polarfigur eines regulären n-Ecks, für welche die begrenzenden Hauptkreise die Äquatoren zu den Eckpunkten dieses und deren Eckpunkte die Pole zu den begrenzenden Hauptkreisen dieses als Äquatoren sind, ist ein zu diesem konzentrisches reguläres n-Eck. Werden die analogen Grössen der Polarfigur durch accentuierte Buchstaben bezeichnet, so gelten die einfachen Beziehungen:

$$1\,\beta)\quad \begin{cases} \alpha^{(1)} + A = 180^0, \quad \alpha + A^{(1)} = 180^0, \quad P^{(1)} + R = 90^0, \\[1ex] P + R^{(1)} = 90^0, \quad E^{(1)} = 360^0 - n\,\alpha. \end{cases}$$

5. Der oben angegebenen Konstruktion, nach welcher man vom gemeinschaftlichen Schnittpunkte von n unter gleichen Winkeln $\left(= \dfrac{360^0}{n}\right)$ gegeneinander geneigten Haupthalbkreisen aus auf diesen denselben Bogen $(= R)$ abschneidet und die so erhaltenen aufeinanderfolgenden Punkte durch Hauptkreisbogen verbindet, entspricht polar die folgende: Durch n die Peripherie eines Hauptkreises, welcher der Äquator des Mittelpunktes jenes regulären n-Ecks ist, in gleiche Teile teilende Punkte lege man Hauptkreise unter gleichen Winkeln $(= R)$; diese Hauptkreise stehen normal zu den Eckradien des ursprünglichen n-Ecks. Man bestimme sodann die Schnittpunkte je zweier aufeinanderfolgenden dieser Hauptkreise, so sind dieselben die Eckpunkte eines regulären n-Ecks, dessen Kanten einen Parallelkreis vom Radius $P^{(1)} = 90^0 - R$ berühren.

6. Ein reguläres sphärisches n-Eck der q^{ten} Art (sternförmiges reguläres n-Eck) wird erhalten, wenn man bei der ersten Konstruktion jeden Punkt mit dem $\overline{q+1}^{ten}$ darauf folgenden verbindet, bei der zweiten Konstruktion jeden Hauptkreis mit dem $\overline{q+1}^{ten}$ darauf folgenden zum Schnitte bringt.

Die Zahl q muss prim zu n und $\overset{=}{<} \dfrac{n-2}{n}$ für gerade, $\overset{=}{<} \dfrac{n-1}{n}$ für ungerade n sein; ist q nicht prim zu n, so werden Systeme von sich regelmässig kreuzenden regulären n'-Ecken ($n' < n$) niederer Art, als q erhalten.

Für ein reguläres sphärisches n-Eck der q^{ten} Art gelten die Relationen:

$$1\,\gamma) \qquad \begin{cases} cos\,\tfrac{1}{2}\,\alpha_q \,.\, sin\,\tfrac{1}{2}\,A_q = cos\,q\,.\, \dfrac{180^0}{n} \\[2mm] E_q = n\,.\,A_q - (n - 2\,q)\,180^0. \end{cases}$$

§ 5. Über halbreguläre sphärische Polygone.

Unter halbregulären sphärischen Polygonen verstehen wir solche, welche entweder nur gleicheckig oder nur gleichkantig sind[1]). Ein gleicheckiges Polygon hat gleiche Innenwinkel und abwechselnd gleiche Kanten; seine Eckpunkte liegen auf einem kleinen Kugelkreise. Ein gleichkantiges Polygon hat gleiche Kanten und abwechselnd gleiche Innenwinkel; seine Kanten berühren einen kleinen Kugelkreis. Von den beiden Figuren ist die eine die Polarfigur der andern.

1. Ein gleicheckiges Polygon (erster Art) wird erhalten, wenn man von dem gemeinschaftlichen Schnittpunkte zweier Systeme von je n unter gleichen Winkeln $\left(= \dfrac{360^0}{n}\right)$ gegeneinander geneigten Haupthalbkreisen, wobei das eine System aus dem andern durch eine Drehung von $\varkappa\,.\,\dfrac{360^0}{n}$ ($0 < \varkappa < 1$) um den Radius des Schnittpunktes entsteht, auf den sämtlichen Haupthalbkreisen gleiche Bogen ($= R$) abschneidet und die aufeinanderfolgenden Schnittpunkte durch Hauptkreisbogen verbindet. Die sämtlichen $2\,n$ Innenwinkel der erhaltenen Figur sind gleich ($= A$), dagegen die Kanten abwechselnd gleich, wobei die n Kanten von der einen Beschaffenheit ($= \alpha_1$) von einem Kreise vom Radius P_1, die n

---

1) Vergl. hierüber des Verfassers Schrift: „Über gleicheckige und gleichkantige Polygone", Cassel 1874, Th. Kay.

anderen Kanten ($= \alpha_2$) von einem Kreise vom Radius P_2 in ihren Mittelpunkten berührt werden; beide Kreise sind mit dem dem $2n$-Eck umgeschriebenen konzentrisch.

Jeder die Mittelpunkte zweier gegenüberliegender Kanten verbindende und auf diesen senkrecht stehende Hauptkreis (für gerade n sind je zwei gegenüberliegende Kanten gleich, für ungerade n dagegen verschieden) teilt die Figur in zwei symmetrische Hälften; jede Ecke des $2n$-Ecks, deren Winkel durch den zugehörigen Eckradius in zwei von einander verschiedene Winkel $A_{(1)}$ und $A_{(2)}$ zerlegt wird, ist daher der zunächst benachbarten nur symmetrisch gleich.

Wir bezeichnen daher dies Vieleck als ein gleicheckiges $(n+n)$-kantiges $2 \cdot n$-Eck, wobei — wie auch in der Folge — der zwischen die Zahlen 2 und n gesetzte Punkt die $2n$ Ecken als aus zwei Gruppen von je n rechten und je n linken Ecken bestehend kennzeichnen soll.

Dasselbe lässt sich auch einfach als eine Kombination zweier konzentrischer regulärer n-Ecke erhalten, bei welchen die Kanten des einen die Ecken des andern gleichmässig und gerade abstumpfen.

2. Der unter 1) zuerst angegebenen Konstruktion entspricht polar die folgende eines gleichkantigen Polygons: Durch jeden Punkt zweier Systeme von je n Punkten, welche die Peripherie eines Hauptkreises in n gleiche Teile teilen und von denen das eine aus dem andern durch eine Drehung von $\varkappa \dfrac{360^0}{n} \; (0 < \varkappa < 1)$ um die im Mittelpunkte dieses Hauptkreises errichtete Normale erhalten wird, lege man einen Hauptkreis unter demselben Winkel ($= R$), also senkrecht zu je einem Eckradius des gleicheckigen Polygons. Die aufeinanderfolgenden Schnittpunkte je zweier so konstruierten Hauptkreise bilden die Eckpunkte eines gleichkantigen Polygons mit abwechselnd gleichen Ecken. Die sämtlichen gleichen Kanten berühren einen Kreis vom Radius $P^{(1)} = 90^0 - R$, so dass der Berührungspunkt jede Kante $\alpha^{(1)} = 180^0 - A$ in zwei ungleiche Stücke $\alpha^{(1)}_{(1)} = 90^0 - A_{(1)}$ und $\alpha^{(1)}_{(2)} = 90^0 - A_{(2)}$ teilt.

Die n Eckpunkte, für welche die Innenwinkel gleich $A_1^{(1)} = 180^0 - \alpha_1$ sind, liegen auf einem Kreise vom Radius $R_1^{(1)} = 90^0 - P_1$; ebenso die n Eckpunkte, für welche die Innenwinkel gleich $A_2^{(1)} = 180^0 - \alpha_2$ sind, auf einem zu dem ersteren und dem eingeschriebenen Kreise konzentrischen Kreise vom Radius $R_2^{(1)} = 90^0 - P_2$.

Jeder zwei gegenüberliegende Eckpunkte (welche für gerade n auf demselben Kreise, für ungerade n auf verschiedenen Kreisen liegen) verbindende Hauptkreis teilt die Figur in zwei symmetrische Hälften; je zwei benachbarte Kanten sind daher als Teile dieser Figur rücksichtlich der beiden Teilstrecken einer jeden Kante und der beiden derselben anliegenden Winkel als symmetrisch gleich zu betrachten.

Man kann ein solches Vieleck als ein gleichkantiges $(n + n)$-eckiges $2 . n$-Kant bezeichnen. Dasselbe lässt sich auch als eine solche Kombination zweier konzentrischen regulären n-Ecke erhalten, bei welcher die Eckpunkte des einen auf den gleichmässig verlängerten, nach den Kantenmitten des andern gehenden Radien liegen.

3. Unter Anwendung der unter 1) und 2) eingeführten Bezeichnungen leitet man leicht für die betrachteten Polygone folgende Relationen ab:

$$2) \begin{cases} \sin \tfrac{1}{2} \alpha_1 = \cos \tfrac{1}{2} A_1^{(1)} = \sin R \, . \, \sin \varkappa \, \dfrac{180^0}{n} ; \\[2mm] \cotg A_{(1)} = \tang \alpha_{(1)}^{(1)} = \cos R \, . \, \tang \varkappa \, \dfrac{180^0}{n} ; \\[2mm] \sin \tfrac{1}{2} \alpha_2 = \cos \tfrac{1}{2} A_2^{(1)} = \sin R \, . \, \sin (1 - \varkappa) \dfrac{180^0}{n} ; \\[2mm] \cotg A_{(2)} = \tang \alpha_{(2)}^{(1)} = \cos R \, . \, \tang (1 - \varkappa) \dfrac{180^0}{n} ; \\[2mm] A_{(1)} + A_{(2)} = A; \quad \alpha_{(1)}^{(1)} + \alpha_{(2)}^{(1)} = \alpha^{(1)}; \quad A + \alpha^{(1)} = 180^0; \\[2mm] \cos \varkappa \, . \, \dfrac{180^0}{n} = \begin{cases} \cos \tfrac{1}{2} \alpha_1 \, . \, \sin A_{(1)} = \sin \tfrac{1}{2} A_1^{(1)} \, . \, \cos \alpha_{(1)}^{(1)} \\ = \cotg R \, . \, \tang P_1 = \tang P \, . \, \cotg R_1^{(1)}; \end{cases} \\[2mm] \cos (1 - \varkappa) \dfrac{180^0}{n} = \begin{cases} \cos \tfrac{1}{2} \alpha_2 \, . \, \sin A_{(2)} = \sin \tfrac{1}{2} A_2^{(1)} \, . \, \cos \alpha_{(2)}^{(1)} \\ = \cotg R \, . \, \tang P_2 = \tang P \, . \, \cotg R_{(2)}^{(1)}. \end{cases} \end{cases}$$

Für $\varkappa = \frac{1}{2}$ resultieren die Formeln für ein reguläres $2n$-Eck. Für $R = 45^0$ sind das gleicheckige und das polare gleichkantige Polygon demselben Kreise bezw. ein- und umgeschrieben.

Auch gilt für die gleicheckigen und die gleichkantigen Polygone ebenso wie für die regulären die Beziehung, dass für gerade n die Gegenfigur zu der Figur symmetrisch in Beziehung auf den Äquator des Mittelpunktes liegt, dass aber für ungerade n diese Symmetrie nicht stattfindet, sondern erst eintritt, wenn die Figur (oder die Gegenfigur) um den nach dem Mittelpunkte derselben gehenden Radius als Axe um einen Winkel von $\dfrac{180^0}{n}$ gedreht wird.

4. Aus der oben angegebenen Eigenschaft jedes halbregelmässigen Polygons, n durch den Mittelpunkt desselben gehende Symmetriehauptkreise zu besitzen, ergiebt sich noch eine Entstehung solcher Figuren, welche mit Rücksicht auf später folgende Anwendungen[1]) kurz erwähnt werden soll.

Wenn man innerhalb eines der $2n$ sphärischen Winkel, welche durch die Symmetriehauptkreise eines regulären sphärischen n-Ecks gebildet sind (vergl. § 4, 2), irgend einen Punkt auf der Kugelfläche annimmt und die Ebenen der beiden einschliessenden Hauptkreise auf ihren Innenseiten als spiegelnd voraussetzt, so stellen die durch die vereinte Wirkung dieser beiden Spiegel entstehenden Bilder nebst dem Punkte selbst die Eckpunkte eines gleicheckigen $2 \cdot n$-Ecks dar. Dies folgt sofort aus den bekannten Regeln, welche für die Anzahl und Lage der Bilder gelten, die von einem innerhalb eines ebenen Winkelspiegels von $\dfrac{180^0}{n}$ befindlichen Punkte entstehen[2]). Ein gleichkantiges Polygon wird ebenso durch die Spiegelung eines innerhalb jenes sphärischen

---

1) Vergl. Kapitel III § 18, 5 und Kapitel I.V § 57.

2) Vergl. z. B. die einfache und erschöpfende Darstellung dieser Regeln von H. Schubert, Mitteilungen der Mathem. Gesellsch. in Hamburg, 1882 Nr. 2.

Winkels liegenden Hauptkreisbogens erhalten, der durch die einschliessenden Hauptkreise begrenzt wird.

5. Was die halbregelmässigen Polygone höherer Art anlangt, so existieren von einem $(n+n)$-kantigen (-eckigen) gleicheckigen (gleichkantigen) $2.n$-Ecke ($2.n$-Kante) so viel Arten, als es Primzahlen zu n von 1 bis $n-1$ giebt[1]). Diese Polygone höherer Art lassen sich aus denen erster Art bezw. durch passende Verbindung der Eckpunkte oder durch Verlängerung der Kanten erhalten; dieselben können auch für bestimmte Wertintervalle der Variabeln x nicht konvex werden, d. h. überstumpfe Ecken und Kanten, sowie Flächenteile mit negativen Zellenkoefficienten darbieten.

§ 6. Einige kinematische Hilfssätze.

1. Jede sphärische Figur — als unveränderliches sphärisches System vorausgesetzt — kann aus einer Lage in jede andere mögliche auf der Kugel durch Rotation um eine bestimmte durch den Kugelmittelpunkt gehende Axe übergeführt werden. Die Endpunkte dieser Axe (die sog. Doppelpunkte) werden als Schnittpunkte der beiden sphärischen Perpendikel erhalten, welche in den Mittelpunkten zweier sphärischen Sehnen der Systeme errichtet werden, d. h. zweier solcher Hauptkreisbogen, welche je zwei homologe Punkte der beiden sphärischen Systeme verbinden.

2. Zwei aufeinanderfolgende Rotationen um zwei Kugeldurchmesser sind äquivalent einer einzigen Rotation um einen dritten Kugeldurchmesser. Es seien a und b die Endpunkte der beiden Axen, um welche aufeinanderfolgend Rotationen von der Amplitude α und β ausgeführt werden, und zwar diejenigen Endpunkte, für welche diese Winkel in dem positiven Sinne (z. B. linksum für einen die Kugel von aussen betrachtenden Beobachter) beschrieben werden. Sind

---

1) Vergl. des Verfassers oben angeführte Schrift: „Über gleicheckige und gleichkantige Polygone".

dann ac und bc Hauptkreisbogen, welche mit dem Hauptkreise ab bezüglich die Winkel $c\hat{a}b = -\tfrac{1}{2}\alpha$ und $c\hat{b}a = -\tfrac{1}{2}\beta$ bilden, so ist der Punkt c der Endpunkt der resultierenden Rotationsaxe Oc; die Amplitude der resultierenden Rotation ist $360^0 - 2\,.\,a\hat{c}b$, oder der Aussenwinkel des sphärischen Dreiecks abc bei c giebt die halbe Amplitude der resultierenden Rotation an (Eulers Satz).[1]

3. Eine Axe einer sphärischen Figur oder eines Systems sphärischer Figuren (z. B. eines durch lückenlos aneinanderschliessende Polygone gebildeten sphärischen Netzes) werde n-zählig[2] genannt, wenn bei einer vollen Umdrehung des Systems um diese Axe dasselbe n-mal mit sich selbst zur Deckung kommt, wobei die anfängliche und die letzte Stellung als eine gerechnet werden. Man hat also ausser der ursprünglich gegebenen sphärischen Figur, welche fest auf der Kugelfläche angenommen wird, eine zweite dieser kongruente sich starr gemacht zu denken, welche um jene Axe drehbar ist und durch diese Drehungen zur Koinzidenz mit der festen Figur gebracht wird. Für eine n-zählige Axe beträgt nach obiger Definition die kleinste Drehung, welche die bewegliche Figur aus einer Koinzidenz mit der festen Figur wiederum in eine solche bringt, einen Winkel von $\dfrac{360^0}{n}$[3].

Man kann auch sagen, dass die sphärische Figur in Beziehung auf eine n-zählige Axe n identische Stellungen derselben Art darbietet.

4. Der nach dem Mittelpunkte eines regulären sphärischen n-Ecks oder eines halbregulären $2\,.\,n$-Ecks (oder $2\,.\,n$-Kants) gezogene Kugelradius stellt eine n-zählige Axe dieser Figuren dar. Die n sphärischen Eckradien oder die n Kanten-

---

1) Die einfachen Beweise dieser Hilfssätze 1 und 2 findet man z. B. in Schell, Theorie der Bewegung und der Kräfte 1. Teil IV. Kap.; Sohncke, Entwickelung der Theorie der Krystallstruktur § 4; Jordan, Mémoire sur les groupes de mouvements, Ann. di matem. S. II T. II p. 168 ff.

2) Nach Sohncke a. a. O. Bravais nennt eine solche Axe von der Ordnungszahl n, Hessel eine n-gliedrige.

3) Vergl. Sohncke a. a. O. Kapitel II und III.

radien eines regulären n-Ecks, deren Verein die n Symmetrie-hauptkreise des regulären n-Ecks oder des halbregulären $2.n$-Ecks (oder $2.n$-Kants) darstellt, bilden jede für sich ein solches System, welches jenen Kugelradius zur n-zähligen Axe hat. Betrachtet man umgekehrt einen Punkt der Kugel-fläche, welcher in einem der $2\,n$ durch jene n Symmetrie-hauptkreise gebildeten Felder liegt und dessen zugehöriger sphärischer Radius mit dem nächsten Symmetriehauptkreise einen Winkel $= \varkappa \cdot \dfrac{360^0}{n}$ $(O < \varkappa < 1)$ bildet, so setzt sich eine Deckbewegung oder eine Rotation von der Amplitude $\dfrac{360^0}{n}$ aus zwei aufeinanderfolgenden Rotationen von der Am-plitude $\varkappa \cdot \dfrac{360^0}{n}$ und $(1 - \varkappa)\,\dfrac{360^0}{n}$ zusammen, von denen jede einer Spiegelung des Punktes in Beziehung auf einen Sym-metriehauptkreis entspricht.

Die Deckbewegung von $\dfrac{360^0}{n}$, durch deren Wiederholung aus jenem Punkte die Eckpunkte eines regulären n-Ecks er-halten werden, ist also äquivalent zweien aufeinanderfolgenden Spiegelungen oder Rotationen von der Amplitude $\varkappa \dfrac{360^0}{n}$ und $(1 - \varkappa)\,\dfrac{360^0}{n}$, welche durch Wiederholung die $2.n$ Eck-punkte eines halbregulären $2.n$-Ecks ergeben.

§ 7. Einige Eigenschaften der sphärischen Netze.

Bei einem sphärischen Netze oder der Gesamtheit von sphärischen Polygonen, welche lückenlos aneinanderschliessend die Kugelfläche ein- oder mehrere Mal bedecken, kommen als wesentliche Elemente die Grenzflächen, die sphärischen Ecken, sowie die sphärischen Kanten in Betracht[1]).

---

1) Man könnte ein sphärisches Netz als eine aus sphärischen Polygonen bestehende geschlossene Fläche auch wohl als sphärisches Polyeder bezeichnen; doch werden wir uns im Folgenden dieser Be-zeichnung nicht bedienen.

1. Die Beschaffenheit der Grenzflächen ist durch diejenige der Polygonkanten und Polygonecken bedingt; die Polygone können regelmässig, halbregelmässig oder unregelmässig und zwar von der ersten oder einer höheren Art sein. Sind sämtliche Grenzflächen einander gleich — und zwar entweder kongruent oder symmetrisch gleich —, so nennen wir das Netz ein gleichflächiges.

2. Eine sphärische Ecke wird durch mindestens drei in einem Punkte zusammenstossende Hauptkreisbogen gebildet; ihr Scheitel ist ein gemeinschaftlicher Eckpunkt von mindestens drei Grenzflächen des Netzes[1]). Eine solche sphärische Ecke (Netz-Ecke) heisst regulär, wenn ihre sämtlichen Winkel (deren Summe 360^0 oder für Ecken der a^{ten} Art $a \cdot 360^0$ beträgt) einander gleich sind und wenn die sämtlichen diese Winkel einschliessenden Hauptkreisbogen — die sphärischen Kanten der Ecke — gleiche Länge haben. Sind für gerade n nur die n Winkel (Kanten) gleich, die Kanten (Winkel) dagegen abwechselnd gleich, so heisst die Ecke halbregulär. Einer sphärischen Ecke lässt sich immer eine körperliche Ecke einbeschreiben, deren Beschaffenheit in einfacher Weise von derjenigen der sphärischen Ecke abhängt. Sind alle sphärischen Ecken eines Netzes gleich — und zwar entweder kongruent oder symmetrisch gleich —, so nennen wir das Netz ein gleicheckiges.

3. Jede sphärische Kante eines Netzes ist zwei benachbarten Grenzflächen gemeinsam und verbindet die Scheitel zweier benachbarten Ecken. Das Netz heisst gleichkantig, wenn alle Kanten gleich sind.

4. Ein sphärisches Netz heisst regulär, wenn seine sämtlichen Grenzflächen einander kongruente reguläre Polygone und seine sämtlichen Ecken regulär und kongruent sind. Ein solches Netz ist zugleich gleichflächig, gleicheckig und gleichkantig, während umgekehrt, wie die folgenden

---

1) Bei den nachfolgenden Betrachtungen wird es sich mitunter auch nützlich erweisen, zwei entgegengesetzt gerichtete Hauptkreisbogen als eine sphärische Ecke mit zwei Winkeln ($= 180^0$) bildend aufzufassen.

Betrachtungen ergeben werden, ein zugleich gleichflächiges und gleicheckiges Netz nicht notwendig auch gleichkantig, also auch nicht regulär zu sein braucht.

5. Halbreguläre Netze sind entweder solche, welche gleiche und ähnliche Flächen haben, während die regulären Ecken von einander verschieden sind oder solche, welche gleiche und ähnliche Ecken haben, während die regulären Grenzflächen von einander verschieden sind.

Heben wir die beschränkende Bestimmung, dass im ersteren Falle die von einander verschiedenen Ecken, im zweiten Falle die von einander verschiedenen Grenzflächen regulär sein sollen, auf, so erhalten wir die gleichflächigen und die gleicheckigen Netze (vergl. § 1), in welchen die halbregulären als besondere Gruppen enthalten sind.

6. Für jedes einfache d. h. die Kugelfläche einmal bedeckende Netz besteht folgende Relation (Eulersche Formel)

$$3) \qquad \mu + m = K + 2,$$

wo μ die Anzahl der Ecken, m diejenige der Grenzflächen und K die Anzahl der Kanten bedeutet.

Denn bezeichnet s_i die Summe der Innenwinkel einer n_i-eckigen Grenzfläche, so ergiebt sich, wenn die Summe aller Flächen des Netzes gleich der ganzen Kugelfläche gesetzt wird, die Beziehung:

$$\sum_1^m s_i - \sum_1^m (n_i - 2)\, 180^0 = 720^0,$$

aus welcher, da

$$\sum_1^m s_i = \mu \,.\, 360^0, \qquad \sum_1^m n_i = 2 \,.\, K$$

ist, sofort die obige Formel resultiert.

Für die die Kugelfläche mehrfach bedeckenden Netze, deren Grenzflächen oder Ecken von höherer Art sind, wird später (im letzten Kapitel) eine Relation zwischen den Zahlen μ, m, K und den die Arten der Ecken, Flächen und des Netzes bestimmenden Zahlen hergeleitet werden (erweiterte Eulersche Formel).

7. Wenn die Eckpunkte jeder Grenzfläche eines sphärischen Netzes auf einem kleinen Kugelkreise liegen, so erhält man, wenn die Mittelpunkte je zweier kleiner Kugelkreise durch Hauptkreisbogen, welche auf der gemeinsamen Kante der beiden eingeschriebenen Grenzflächen in dem Mittelpunkte der Kante senkrecht stehen, verbunden werden, ein zweites Netz, welches wir das Symmetrienetz des ersteren nennen wollen. Je zwei Eckpunkte des ersteren Netzes liegen symmetrisch zu einer Kante des zweiten Netzes, dessen Eckpunkte die Flächenmittelpunkte des ersteren sind.

Die Grenzflächen des Symmetrienetzes, von denen jede einen Eckpunkt des ersteren, dem Symmetrienetze zugeordneten Netzes einschliesst, können aber im allgemeinen nicht kleinen Kugelkreisen eingeschrieben werden, deren Mittelpunkte die Eckpunkte des zugeordneten Netzes sind. Tritt dieser besondere Fall ein, so nennen wir die beiden Netze einander konjugiert[1]); jedes der beiden Netze ist alsdann ein Symmetrienetz des andern, die Mittelpunkte der Flächen des einen Netzes sind die Eckpunkte des andern und die Kanten beider Netze stehen sich gegenseitig halbierend aufeinander senkrecht.

8. Einem sphärischen Netze, dessen sämtliche Grenzflächen kleinen Kugelkreisen einbeschreibbar sind, lässt sich sowohl ein Polyeder einschreiben, als auch ein Polyeder umschreiben. Die Grenzflächen des eingeschriebenen Polyeders sind die Sehnenpolygone der sphärischen Grenzflächen, die Ecken desselben sind den sphärischen Ecken eingeschrieben; die Grenzflächen des dem Netze umgeschriebenen Polyeders sind Berührungsebenen der Kugel, die Eckpunkte desselben sind die Pole zu den Ebenen der Grenzflächen des eingeschriebenen Polyeders als Polarebenen.

Denkt man sich zu dem Netze das Symmetrienetz konstruiert, dessen Eckpunkte die Schnittpunkte der Flächenaxen des eingeschriebenen oder der Eckenaxen des umge-

---

1) Vergl. Catalan, Journal de l'école polyt. Cat. 41.

schriebenen Polyeders mit der Kugelfläche sind, so finden folgende einfache Beziehungen statt.

Die Centralecke einer Grenzfläche des Symmetrienetzes ist die Supplementarecke zu derjenigen Ecke des eingeschriebenen Polyeders, deren Scheitel innerhalb jener Grenzfläche liegt. Daher ergänzen bezüglich die sphärischen Kanten und Winkel des Symmetrienetzes die Flächenwinkel und die ebenen Winkel des eingeschriebenen Polyeders zu 180⁰. Andererseits sind die sphärischen Kanten und Winkel des ersteren (dem Symmetrienetze zugeordneten) Netzes bezüglich die Supplemente der Flächenwinkel und der ebenen Winkel des umgeschriebenen Polyeders zu 180⁰.

9. Unter Axe eines Netzes verstehen wir den nach irgend einem Punkte desselben (z. B. einem Eckpunkte, dem Mittelpunkte einer Fläche oder Kante) gezogenen Kugelradius. Die Zähligkeit der Axe bestimmt sich nach den im § 6, 3 gegebenen Regeln und ist natürlich für den entgegengesetzt gerichteten Kugelradius als Rotationsaxe dieselbe. Dagegen können diese beiden entgegengesetzt gerichteten Axen in Beziehung auf das Netz selbst sich gleich oder verschieden verhalten, oder die Anordnung der Teile des Netzes um die Endpunkte jener beiden Axen kann gleich oder verschieden sein: im ersteren Falle heissen die Axen gleich (oder gleichendig), im zweiten Falle ungleich (oder ungleichendig). Bei zweien solchen entgegengesetzt gerichteten gleichen Axen kommt weiterhin die Berücksichtigung des Umstandes in Betracht, ob die Ebene des zu ihnen senkrechten Hauptkreises für das Netz eine direkte Symmetrieebene ist oder nicht, d. h. eine solche Ebene, welche das Netz in zwei symmetrische und symmetrisch zu einander liegende Hälften teilt.

Für die Axen (z. B. die Ecken-, Flächen- oder Kantenaxen) der Polyeder, welche sphärischen Netzen ein- oder umgeschrieben werden können, gelten ganz analoge Betrachtungen.

Zweites Kapitel.

Die einfachen, regulären Netze.

---

§ 8. Ableitung der möglichen Fälle.

Wir behandeln in diesem Kapitel zunächst den besonderen Fall der die Kugelfläche einmal bedeckenden regulären Netze (vergl. § 7, 4).

Soll ein reguläres sphärisches n-Eck so beschaffen sein, dass es mit seinen Wiederholungen ein die Kugelfläche einmal bedeckendes Netz mit kongruenten, regulären Ecken bildet, so müssen folgende beide Bedingungen erfüllt sein.

1. Der Inhalt des regulären n-Ecks muss den m^{ten} Teil der Kugelfläche betragen, wenn m die Anzahl der Flächen (Maschen) des Netzes ist, d. h. es gilt, wenn A den Innenwinkel des n-Ecks bedeutet, die Beziehung:

$$4) \qquad nA - (n-2)\,180^0 = \frac{720^0}{m}.$$

2. Da in jedem Eckpunkt gleichviel reguläre Polygone zusammenstossen sollen, so muss, wenn v die Anzahl dieser zusammenstossenden gleichen Winkel ist,

$$5) \qquad vA = 360^0$$

oder

$$5\alpha) \qquad A = \frac{360^0}{v}$$

sein.

Aus 4) und 5) folgt

$$6) \qquad m = \frac{4v}{2n - (n-2)\,v},$$

und aus dieser Formel ergeben sich, wenn n und v alle zulässigen positiven, ganzzahligen Werte erteilt werden, für welche m einen positiven, ganzzahligen Wert erhält, in Verbindung mit 5 α) und der Formel 1 α) (§ 4, 3)

$$6\beta) \qquad cos\,\tfrac{1}{2}\,\alpha\,.\,sin\,\tfrac{1}{2}\,A = cos\,\frac{180^0}{n}$$

alle regulären sphärischen Polygone von der geforderten Beschaffenheit.

3. Wir erhalten sonach nur folgende regulären Netze mit je m Flächen, μ Ecken und K Kanten, wobei

$$6\alpha) \qquad m\,.\,n = \mu\,.\,\nu = 2\,K$$

ist.

I) Für $\nu = 2$ (vergl. § 7 Anm. 1 S. 18) resultiert:

$$m = 2,\ \mu = n,\ A = 180^0,\ \alpha = \frac{360^0}{n},$$

d. h. für jeden Wert von $n \gtreqqless 2$ wird ein durch zwei reguläre sphärische n-Ecke, deren Umfang aus den n aufeinanderfolgenden Bogen eines in n gleiche Teile geteilten Hauptkreises besteht und deren Fläche eine Halbkugel beträgt, gebildetes Netz erhalten. Wir wollen derartige Netze kurz als reguläre Kreisteilungsnetze I bezeichnen.

II) Für $n = 2$ ergiebt sich:

$$m = \nu,\ \mu = 2,\ A = \frac{360^0}{\nu},\ \alpha = 180^0,$$

d. h. jedem Wert für $\nu \gtreqqless 2$ entspricht ein durch ν sphärische Winkel (Zweiecke) gebildetes Netz, in dessen beiden gegenüberliegenden Winkelpunkten je ν Halbkreise unter Winkeln $= \dfrac{360^0}{\nu}$ aneinanderstossen. Diese Netze sollen als reguläre Zweiecksnetze II bezeichnet werden.

III) Für $n = 3$ und $\nu = 3$ folgt:

$$m = 4,\ \mu = 4,\ A = 120^0,\ cos\,\frac{\alpha}{2} = \frac{1}{\sqrt{3}}\ \text{oder}\ cos\,\alpha = -\frac{1}{3},$$
$$\alpha = 109^0\,28'\,16'',\,4;$$

diesen Werten entspricht ein aus vier regulären Dreiecken bestehendes Netz mit vier regulär-dreiflächigen Ecken, das reguläre Tetraedernetz III.

IV) Für $n = 3$ und $\nu = 4$ resultiert:

$$m = 8, \quad \mu = 6, \quad A = 90^0, \quad \alpha = 90^0,$$

d. h. das durch die acht Kugeloktanten gebildete reguläre Oktaedernetz IV.

V) Den Werten $n = 3$ und $\nu = 5$ entspricht:

$$m = 20, \quad \mu = 12, \quad A = 72^0, \quad \cos\tfrac{1}{2}\alpha = \frac{1}{2 \sin 36^0}, \quad tang\ \alpha = 2,$$
$$\alpha = 63^0\,26'\,5'',\ 8,$$

wodurch ein aus 20 regulären Dreiecken gebildetes Netz mit 12 regulär-fünfflächigen Ecken, das reguläre Ikosaedernetz V bestimmt ist.

VI) Für $n = 4$ und $\nu = 3$ folgt:

$$m = 6, \quad \mu = 8, \quad A = 120^0, \quad \cos\tfrac{1}{2}\alpha = \sqrt{\frac{2}{3}}, \quad \cos\alpha = \frac{1}{3}$$
$$\alpha = 70^0\,31'\,43'',\ 6,$$

welchen Werten ein Netz mit sechs regulär-viereckigen Flächen und mit acht regulär-dreiflächigen Ecken, das reguläre Hexaedernetz VI entspricht.

VII) Für $n = 5$ und $\nu = 3$ resultiert schliesslich:

$$m = 12, \quad \mu = 20, \quad A = 120^0, \quad \cos\tfrac{1}{2}\alpha = \frac{\cos 36^0}{\tfrac{1}{2}\sqrt{3}}, \quad \sin\alpha = \frac{2}{3},$$
$$\alpha = 41^0\,48'\,37'',\ 2,$$

d. h. ein durch 12 reguläre Fünfecke gebildetes Netz, welches 20 regulär-dreiflächige Ecken hat: das reguläre Pentagondodekaedernetz VII.

Damit sind die möglichen Fälle erschöpft, da den zusammengehörigen Werten

$$n = 3, \quad \nu = 6,$$
$$n = 4, \quad \nu = 4,$$
$$n = 6, \quad \nu = 3,$$

die Werte $m = \infty$, $\mu = \infty$ entsprechen, also beziehungsweise die Grenzfälle eines ebenen aus regulären Dreiecken, aus Quadraten und aus regulären Sechsecken zusammengesetzten Netzes resultieren und für alle übrigen Wertkombinationen von n und ν negative Werte für m und μ erhalten werden.

§ 9. Tabellarische Zusammenstellung.

Ehe wir die wichtigsten Eigenschaften dieser sieben regulären Netze und die zwischen denselben stattfindenden Beziehungen, welche für die nachfolgenden Betrachtungen von grosser Bedeutung sind, angeben, sollen zuvor die wichtigsten für diese Netze geltenden Relationen übersichtlich in einer Tabelle zusammengestellt werden. In derselben haben die Grössen n, v, m, μ, A, α die bereits festgesetzte Bedeutung; R und P sollen resp. den Radius des einer Grenzfläche des Netzes um- und eingeschriebenen Kreises darstellen.

Der bei den Netzen III, IV und VI auftretende Winkel η bestimmt sich aus:

$$7) \begin{cases} \sin\eta = \sqrt{\dfrac{2}{3}}, \quad \cos\eta = \sqrt{\dfrac{1}{3}} = tang\,30^0, \quad tang\,\eta = \sqrt{2}, \\[2mm] \cos 2\eta = -\dfrac{1}{3}, \qquad \eta = 54^0 44' 8'', 2, \end{cases}$$

und die bei den Netzen V und VII auftretenden Winkel φ, ψ, χ sind durch folgende Beziehungen bestimmt:

$$8) \begin{cases} tang\,\varphi = 2\sin 18^0 = \dfrac{\sqrt{5}-1}{2}, \quad tang\,2\varphi = 2, \\[2mm] tang\,\psi = tang^2\varphi = \dfrac{3-\sqrt{5}}{2}, \quad \sin 2\psi = \dfrac{2}{3}, \\[2mm] tang\,\chi = 2\,tang\,\psi = 3 - \sqrt{5}, \quad \sin 2\chi = \dfrac{4}{3}\cos^2\varphi, \\[2mm] \varphi = 31^0 43' 2'', 9, \\ \psi = 20^0 54' 18'', 6, \\ \chi = 37^0 22' 38'', 5, \\ \varphi + \psi + \chi = 90^0. \end{cases}$$

9)

Netz.	n	v	m	μ	A	α	R	P
I. Reguläres Kreisteilungsnetz	$2,3,\ldots n$	2	2	n	180^0	$\dfrac{360^0}{n}$	90^0	90^0
II. „ Zweiecksnetz	2	$2,3,\ldots v$	v	2	$\dfrac{360^0}{v}$	180^0	90^0	$\dfrac{180^0}{v}$
III. „ Tetraedernetz	3	3	4	4	120^0	2η	$180^0 - 2\eta$	η
IV. „ Oktaedernetz	3	4	8	6	90^0	90^0	η	$90^0 - \eta$
VI. „ Hexaedernetz	4	3	6	8	120^0	$180^0 - 2\eta$	η	45^0
V. „ Ikosaedernetz	3	5	20	12	72^0	2φ	χ	ψ
VII „ Pentagondodekaedernetz	5	3	12	20	120^0	2ψ	χ	φ

§ 10. Eigenschaften der Netze I und II.

1. Die beiden Netze I und II stellen Grenzfälle dar, deren Berücksichtigung sich aber zumal bei den weiteren Betrachtungen als vorteilhaft erweisen wird. Dieselben stehen einmal in der einfachen Beziehung, dass das eine Netz als Polarfigur des andern erhalten wird, so dass die Eckpunkte des einen Netzes die Pole zu den Hauptkreisen des andern und umgekehrt die Hauptkreise des einen die Polaren (Äquatoren) zu den Eckpunkten des andern sind. Andererseits sind auch die Mittelpunkte der Flächen eines Netzes I (II) die Eckpunkte eines Netzes II (I), während die Kanten beider Netze sich gegenseitig halbierend auf einander senkrecht stehen. Von diesen beiden Netzen ist das eine das Symmetrienetz des andern oder beide Netze sind einander konjugiert (vergl. § 7, 7). (Vergl. Fig. 1α und 1β, in welchen die stereographischen Projektionen zweier solcher konjugierten Netze für $n = 5$ und $n = 6$ dargestellt sind. Der Projektionspunkt ist einer der beiden Eckpunkte A des Netzes II, die Bildebene die Ebene des Hauptkreises a des Netzes I.) In dem speziellen Falle $n = 2$, $\nu = 2$ sind die beiden Netze sowohl konjugiert, als sich polar entsprechend.

2. Die gemeinschaftlichen Symmetrieebenen der beiden konjugierten Netze I und II sind einmal die Ebene des Hauptkreises a des Netzes I, welcher die n Kanten dieses Netzes enthält, sodann die n Ebenen der auf jenem Hauptkreise senkrechten Hauptkreise, welche die n Kanten und die n die Winkel derselben halbierenden Hauptkreise des konjugierten Netzes II ergeben.

3. Die beiden entgegengesetzt gerichteten, zu der ersten Symmetrieebene a senkrechten Kugelradien, von denen jeder eine n-zählige Axe der beiden Netze ist, sollen als Hauptaxen bezeichnet werden. Dieselben sind gleich (oder gleichendig) (§ 7, 9); die beiden sphärischen Ecken des Netzes II, deren Scheitel die Punkte A und A' sind, können zur Deckung gebracht werden. Diese Deckung wird durch eine Drehung von der Amplitude 180° um je eine der $2n$ Axen

bewirkt, welche als Schnittlinien der n Symmetrieebenen b oder b und c mit der Ebene des Äquators a denselben in $2n$ gleiche Teile teilen (siehe Fig. 1α und 1β). Die beiden Netze I und II haben also ausser den beiden entgegengesetzt verlaufenden n-zähligen Hauptaxen noch zwei Gruppen von je n auf diesen senkrechten, zweizähligen Queraxen; je n einer Gruppe angehörige sind einander gleich und entsprechen einem regulären Strahlenbüschel; die Axen der einen Gruppe halbieren die Winkel der Axen der andern Gruppe[1]). Für $n = 2p + 1$ gehören je zwei entgegengesetzt verlaufende zweizählige Axen verschiedenen Gruppen an und sind ungleichendig.

Durch Anwendung des Eulerschen Satzes (§ 6, 2) überzeugt man sich leicht, dass die Kombination irgend zweier der erwähnten Drehaxen immer wieder als Resultante eine der übrigen mit der entsprechenden Amplitude ergiebt. Vergl. z. B. das sphärische Dreieck $A B_1 B'_4$ in Fig. 1α, oder das $A B_1 C_1$ in Fig. 1β. Ein solches zweirechtwinkliges Drei eck, dessen Inhalt den $4n^{\text{ten}}$ Teil der Kugelfläche beträgt, werde das charakteristische Dreieck des Netzes I oder II genannt.

Es giebt sonach wesentlich $2n$ Drehungen, welche ein Netz I oder II mit sich selbst zur Deckung bringen, wobei die ursprüngliche Stellung einmal mitgerechnet ist: n Drehungen von der Amplitude $\dfrac{360^0}{n}$ um eine Hauptaxe und n Drehungen von der Amplitude 180^0 um je eine Nebenaxe.

4. Den Netzen I und II lassen sich keine eigentlichen Polyeder ein- oder umschreiben, sondern nur Grenzfälle von solchen.

5. Endlich sei noch darauf hingewiesen, dass für $n = 2p + 1$ beim Netze I den sphärischen Ecken keine Gegenecken und beim Netze II den sphärischen Kanten nicht die Gegenkanten als Teile der Netze entsprechen.

---

1) Vergl. Sohncke a. a. O. Satz 16 p. 49.

§ 11. Eigenschaften der Netze III, IV und VI.

1. Das reguläre Tetraedernetz III $C_1 C'_2 C'_3 C_4$ (s. Fig. 2α, welche die stereographische Projektion für den Eckpunkt C_1 als Projektionspunkt darstellt) wird von sechs Hauptkreisbogen ($= 2\eta$) gebildet, welche sechs verschiedenen Hauptkreisen b_1, $b_2 \ldots b_6$ angehören. Bei diesem Netze ist zu keiner der Ecken oder Flächen die Gegenfigur vorhanden. Die Gegenfigur dieses Netzes ist ein diesem kongruentes reguläres Tetraedernetz $C'_1 C_2 C_3 C'_4$, dessen Eckpunkte die Flächenmitten des ersteren Netzes sind und dessen Flächen die Eckpunkte des ersteren zu Mittelpunkten haben. Beide Netze sind konjugiert. (Vergl. Fig. 2β, welche die stereographische Projektion beider Netze für einen der gemeinschaftlichen Kantenmittelpunkte A_1 als Projektionspunkt zeigt.)

2. Die vier Eckradien eines regulären Tetraedernetzes sind vier gleiche dreizählige Axen; ebenso sind die vier diesen entgegengesetzt gerichteten Radien, welche nach den Flächenmitten des Netzes (oder den Eckpunkten des konjugierten Tetraedernetzes) gehen, vier unter sich gleiche dreizählige Axen. Ferner ergiebt sich sofort durch Anwendung des Eulerschen Satzes (§ 6, 2) für je zwei benachbarte ungleiche dreizählige Axen als Komponenten das Vorhandensein von drei Paaren von entgegengesetzt gerichteten, einander gleichen, zweizähligen Axen, nämlich den nach den Kantenmitten A gehenden Kugelradien. Ein Dreieck, wie $C_1 C_2 A_1$, dessen Eckpunkte die Endpunkte zweier benachbarten ungleichen dreizähligen Axen und der Eckpunkt der resultierenden zweizähligen Axe ist, heisse das charakteristische Dreieck des reg. Tetraedernetzes. Sein Inhalt beträgt den 24ten Teil der Kugelfläche, und es giebt wesentlich zwölf Drehungen, welche ein Tetraedernetz mit sich selbst zur Deckung bringen, nämlich viermal zwei Drehungen von 120^0 um die dreizähligen, dreimal eine Drehung von 180^0 um die zweizähligen Axen, nebst der einmal zu rechnenden Drehung von 360^0, welche die ursprüngliche Stellung ergiebt.

Die sechs Ebenen der Hauptkreise $b_1, b_2 \ldots b_6$ sind die einzigen direkt-symmetrischen Mittelebenen eines regulären Tetraedernetzes.

3. Die drei Hauptkreise a_1, a_2, a_3 bilden das reguläre Oktaedernetz IV mit den Punkten A als Eckpunkten, während die Punkte C der beiden konjugierten Tetraedernetze, durch Bogen ($= 180^0 - 2\eta$) der sechs Hauptkreise b verbunden, das reguläre Hexaedernetz VI ergeben (s. Fig. 3). Die beiden so erhaltenen Netze sind konjugiert, die zwölf gemeinschaftlichen Kantenmittelpunkte B sind die Pole bezw. Gegenpole der sechs Hauptkreise b.

4. Die nach den Punkten A (den Eckpunkten des Netzes IV und den Flächenmittelpunkten des Netzes VI) gehenden Kugelradien haben für diese beiden Netze die Bedeutung von drei Paaren, entgegengesetzt gerichteten, einander gleichen vierzähligen Axen. Die nach den Punkten C (den Flächenmittelpunkten des Netzes IV und den Eckpunkten des Netzes VI) gehenden Kugelradien stellen vier Paare entgegengesetzt gerichteter, einander gleicher dreizähliger Axen, und endlich die nach den gemeinschaftlichen Kantenmitten B beider Netze gehenden Kugelradien sechs Paare entgegengesetzt gerichteter, einander gleicher zweizähliger Axen dar.

Die Endpunkte dreier benachbarter Axen, d. h. je einer vier-, einer drei- und einer zweizähligen Axe, von denen jede die Resultante der beiden andern ist, bilden ein rechtwinkliges Dreieck (z. B. $A_1 C_1 B_1$), das charakteristische Dreieck des Oktaeder- und des Hexaedernetzes; der Inhalt desselben beträgt den 48ten Teil der Kugelfläche. Es giebt wesentlich vierundzwanzig Drehungen, welche ein reguläres Oktaeder- oder Hexaedernetz mit sich selbst zur Deckung bringen, nämlich ausser der ursprünglichen Stellung dreimal drei Drehungen von 90^0 um die vierzähligen, viermal zwei Drehungen von 120^0 um die dreizähligen und sechsmal eine Drehung von 180^0 um die zweizähligen Axen.

5. Die drei zu den vierzähligen Axen senkrechten Ebenen der Hauptkreise a_1, a_2, a_3, sowie die sechs zu den zweizähligen

Axen senkrechten Ebenen der Hauptkreise $b_1, b_2 \ldots b_6$ sind direkte symmetrische Mittelebenen beider Netze. Dagegen sind die Ebenen der Hauptkreise c_1, c_2, c_3, c_4, welche die Äquatoren zu den Punkten C sind (z. B. der durch die Punkte $B_4 B_5 B_6$ gehende Hauptkreis c_1) keine direkten Symmetrieebenen der Netze, wiewohl sie dieselben in zwei gleiche und ähnliche Hälften teilen. Denn die um zwei gegenüberliegende Punkte C gruppierten und sich als Gegenfiguren entsprechenden regulären Flächen oder Ecken sind ungeradzählig und die direkt symmetrische Stellung beider Hälften würde erst eintreten, wenn die eine Hälfte um die dreizählige Axe eine Drehung von 60^0 erführe (vergl. § 4, 2).

Die Zahl der direkten Symmetrieebenen eines regulären Oktaeder- und eines regulären Hexaedernetzes beträgt also $3 + 6$, wobei die drei ersten die Hauptkreise des Oktaedernetzes, die sechs anderen diejenigen des Hexaedernetzes ergeben.

6. Das reguläre Oktaedernetz entspricht sich selbst polar, während dem Hexaedernetze, ebensowenig wie dem Tetraedernetze ein reguläres Netz polar entspricht. Denn weder die Polarfigur einer Grenzfläche des Hexaedernetzes (z. B. das reguläre, dem Viereck $C_1 C_2 C_3 C_4$ polar entsprechende Viereck $B_5 B_2 B_1 B_4$ (vergl. Fig. 17α), noch die Polarfigur einer Grenzfläche des Tetraedernetzes (z. B. das reguläre dem Dreieck $C_1 C_4 C'_2$ polar entsprechende Dreieck $B'_6 B_2 B_5$ (vergl. Fig. 17α) können, da ihre Exzesse keinen aliquoten Teil von 360^0 bilden, geschlossene reguläre Netze ergeben. Beide Figuren werden als Grenzflächen des später (§ 32) zu betrachtenden Kubo-Oktaedernetzes XIX' auftreten, dessen Eckpunkte die Punkte B sind.

7. Den Netzen III, IV und VI können sowohl reguläre Polyeder eingeschrieben werden, nach welchen die Netze benannt worden sind, als auch in den Eckpunkten entsprechende Polyeder umgeschrieben werden, nämlich dem Netze III wieder ein reguläres Tetraeder [III], dem Netze IV ein reguläres Hexaeder [IV] und dem Netze VI ein reguläres Oktaeder [VI]. Über die einfachen Beziehungen dieser

Polyeder zu den entsprechenden Netzen vergleiche man die allgemeinen Bemerkungen im § 13 unter 1e bis 1h.

§ 12. Eigenschaften der Netze V und VII.

1. Das reguläre Ikosaedernetz V und das reguläre Pentagondodekaedernetz VII werden durch dieselben fünfzehn Hauptkreise $b_1, b_2 \ldots b_{15}$ gebildet; diese schneiden sich einmal zu je fünf unter gleichen Winkeln in den zwölf Punkten $G_1, G_2 \ldots G_6$ und $G'_1, G'_2 \ldots G'_6$ des Ikosaedernetzes, dessen zwanzig regulär-dreieckige Grenzflächen die Kante 2φ (vergl. Tabelle § 9) haben, zweitens zu je drei unter gleichen Winkeln in den zwanzig Punkten $C_1, C_2 \ldots C_{10}$ und $C'_1, C'_2 \ldots C'_{10}$ des Pentagondodekaedernetzes, dessen zwölf regulär-fünfeckige Grenzflächen die Kante 2ψ haben, ausserdem noch senkrecht zu je zweien in den dreissig gemeinschaftlichen Kantenmittelpunkten $B_1, B_2 \ldots B_{15}$ und $B'_1, B'_2 \ldots B'_{15}$ dieser beiden konjugierten Netze. Diese Punkte B sind die Pole bezw. Gegenpole zu den Hauptkreisen b (vergl. Fig. 4, welche die stereographische Projektion dieser beiden konjugierten Netze für den Punkt G_1 als Projektionspunkt darstellt; das Ikosaedernetz ist punktiert, das Pentagondodekaedernetz stark gezeichnet).

2. Was die Axen dieser beiden Netze V und VII anlangt, so stellen die nach den Punkten G (den Eckpunkten des Netzes V und den Flächenmittelpunkten des Netzes VII) gehenden Kugelradien sechs Paare von entgegengesetzt gerichteten, einander gleichen fünfzähligen Axen dar; die nach den Punkten C (den Flächenmittelpunkten des Netzes V und den Eckpunkten des Netzes VII) gezogenen Kugelradien sind zehn Paare von entgegengesetzt gerichteten, einander gleichen dreizähligen Axen, und endlich stellen die nach den gemeinschaftlichen Kantenmittelpunkten B beider Netze gehenden Kugelradien fünfzehn Paare von entgegengesetzt gerichteten, einander gleichen zweizähligen Axen dar. Das charakteristische Dreieck des Ikosaeder- und Pentagondodekaedernetzes hat zu Eckpunkten die Endpunkte

dreier benachbarter solcher Axen, d. h. je einer fünf-, einer drei- und einer zweizähligen Axe (z. B. das Dreieck $G_1 C_1 B_1$); jede dieser Drehaxen ist die Resultante der beiden anderen. Der Inhalt eines solchen Dreiecks beträgt den 120ten Teil der Kugelfläche.

Es giebt wesentlich sechzig Drehungen, welche ein reguläres Ikosaeder- oder ein reguläres Pentagondodekaedernetz mit sich selbst zur Deckung bringen; nämlich ausser der die ursprüngliche Stellung ergebenden Drehung von 360°: sechsmal vier Drehungen von 72° um die fünfzähligen, zehnmal zwei Drehungen von 120° um die dreizähligen und fünfzehnmal eine Drehung von 180° um die zweizähligen Axen.

3. Analog, wie im § 11, 5 ergiebt sich, dass nur die zu den geradzähligen Axen senkrechten Mittelebenen direkte Symmetrieebenen dieser Netze sind, d. h. die Ebenen der fünfzehn Hauptkreise $b_1, b_2 \ldots b_{15}$, während die zu den fünf- und den dreizähligen Axen senkrechten Mittelebenen zwar die Netze in zwei gleiche und ähnliche, aber der Stellung nach sich nicht direkt symmetrisch entsprechende Hälften teilen. Die durch diese letzteren Ebenen bestimmten Hauptkreise g und c, welche bezw. die Äquatoren zu den Punkten G und C als Polen (und Gegenpolen) sind, werden in dem § 33 zu betrachtenden gleicheckigen Netze XX′ und in den Netzen XX′$_3$ und XX′$_7$ höherer Art (vgl. das letzte Kapitel) auftreten. Die Polarfiguren der Grenzflächen des Netzes V und VII können keine regulären Netze bilden, da die Exzesse dieser Polarfiguren keinem aliquoten Teil von 360° gleich sind.

4. Den Netzen V und VII können einmal bezw. die beiden regulären Polyeder [V] und [VII], nach welchen die Netze benannt sind, eingeschrieben, andererseits auch in den Eckpunkten reguläre Polyeder umgeschrieben werden, nämlich dem Netze V ein reguläres Pentagondodekaeder, dem Netze VII ein reguläres Ikosaeder. Vergl. § 13 unter 1 e) bis h).

§ 13. Allgemeine Eigenschaften der regulären Netze.

1. Von den in den vorhergehenden Paragraphen abgeleiteten und nach ihren hauptsächlichsten Eigenschaften behandelten sieben regulären Netzen entsprechen sich I und II, IV und VI, V und VII bezw. als konjugierte Netze, während das Netz III kurz als sich selbst konjugiert bezeichnet werden kann. Die wesentlichsten Beziehungen für zwei konjugierte reguläre Netze und die ihnen ein- oder umgeschriebenen Polyeder sollen im folgenden übersichtlich zusammengestellt werden.

a) Die Mittelpunkte der Flächen des einen Netzes sind die Eckpunkte des andern.

b) Die Kanten beider Netze stehen auf einander, sich gegenseitig halbierend, senkrecht. Das eine Netz ist das Symmetrienetz des andern (vergl. § 7, 7).

c) Der Radius des einer Fläche des einen Netzes eingeschriebenen Kreises ist gleich der halben Kante des andern Netzes.

d) Die Radien der den Grenzflächen beider Netze umgeschriebenen Kreise sind gleich.

e) Die Kanten des einen Netzes ergänzen die Flächen-(Innen-) Winkel des ihm selbst umgeschriebenen, dem konjugierten Netze eingeschriebenen Polyeders zu 180°.

f) Die Polygonwinkel des einen Netzes ergänzen die ebenen Winkel der Grenzflächen des ihm selbst um- oder dem konjugierten Netze eingeschriebenen Polyeders zu 180°.

g) Die zwei konjugierten Netzen ein - oder umgeschriebenen Polyeder besitzen dieselben Axen und Symmetrieebenen, welche den Netzen eigentümlich sind.

h) Zwei Polyeder, welche demselben Netze das eine ein-, das andere umgeschrieben ist, entsprechen sich polar in Beziehung auf die Kugel des Netzes als Direktrix.

Die besonderen Anwendungen dieser Beziehungen auf die einzelnen regulären Polyeder ergeben sich leicht mit Benutzung der Tabelle 9) in § 9.

2. Von den sieben regulären Netzen sind diejenigen I und II für $n = 2p$, die IV und VI, V und VII als vollzählige und zwar sowohl holoedrische, als auch hologonische zu bezeichnen, da bei ihnen zu jeder Fläche die Gegenfläche, zu jeder Ecke die Gegenecke im Netze vorhanden ist. Dagegen sind die Netze I und II für $n = 2p + 1$ und das Netz III als halbzählige zu bezeichnen. Von den beiden ersten ergiebt sich das Netz I aus demjenigen für $n = 4p + 2$ durch Entfernung von $2p + 1$ abwechselnd aufeinanderfolgenden Eckpunkten als Hemigonie, das zweite aus demjenigen II für $n = 4p + 2$ durch Entfernung von $2p + 1$ abwechselnd aufeinanderfolgenden Haupthalbkreisen als Hemiedrie. Das reguläre Tetraedernetz III wird als Hemigonie des Hexaedernetzes VI, ebenso wie das reguläre Tetraeder aus dem Hexaeder, erhalten; das reguläre Tetraeder ist zugleich die Hemiedrie des dem Hexaedernetze umgeschriebenen (oder dem Oktaedernetze eingeschriebenen) Oktaeders, während das reguläre Tetraedernetz sich nicht direkt aus dem regulären Oktaedernetze durch Entfernen von Kanten herleiten lässt.

3. Die Eckpunkte eines regulären Netzes bilden ein sog. regelmässiges Punktsystem (vergl. § 1), in welchem um jeden Punkt die übrigen Punkte des Systems in derselben Weise gruppiert sind und die von jedem Punkte nach allen übrigen Punkten gezogenen sphärischen Strahlenbüschel kongruent sind. Die für ein solches System charakteristischen Deckbewegungen, durch welche das beweglich und starr gedachte System mit dem ihm kongruenten festen Systeme zur Deckung gebracht wird, erfolgen um die oben angegebenen Axen als Drehaxen. Die Flächenmittelpunkte eines regulären Netzes bilden als Eckpunkte des konjugierten Netzes ebenfalls ein regelmässiges Punktsystem.

Die Beantwortung der Frage, ob aus einem regulären Netze noch andere regelmässige Punktsysteme erhalten werden können, wird in dem nächsten Kapitel gegeben werden, in welchem auch diejenigen regelmässigen Punktsysteme Berücksichtigung finden, für welche die von jedem Punkte nach allen übrigen Punkten des Systems gezogenen sphärischen Strahlenbüschel untereinander zur Hälfte kongruent, zur Hälfte symmetrisch gleich sind.

Drittes Kapitel.

Bestimmung der einfachen gleichflächigen und der diesen zugeordneten gleicheckigen Netze.

---

§ 14. Übersicht über die Entwicklungen dieses Kapitels.

Wir geben nunmehr die beschränkende Bestimmung, dass die gleichen Flächen eines Netzes regulär sein sollen, auf und behandeln in diesem Kapitel die Aufgabe, alle geschlossenen, durch lauter gleiche (und zwar kongruente oder symmetrisch-gleiche) Polygone zusammengesetzten Netze zu finden, welche die Kugelfläche einmal bedecken. Die verschiedenen Gesichtspunkte, nach welchen man diese Netze einteilen und in Gruppen zusammenfassen kann, werden bei den nachfolgenden Betrachtungen von selbst hervortreten oder an den geeigneten Stellen hervorgehoben werden.

Wir werden die Untersuchung in der Weise durchführen, dass wir der Reihe nach die möglichen gleichflächigen Dreiecks-, Vierecks-, Fünfecksnetze ableiten, indem wir immer von den einfacheren Fällen ausgehen. Es wird dann hierbei der wichtige Unterschied zwischen festen und veränderlichen gleichflächigen Netzen sich ergeben.

Zugleich werden wir für die erhaltenen gleichflächigen Netze die zugeordneten gleicheckigen Netze bestimmen, d. h. diejenigen Netze, deren Symmetrienetze die gleichflächigen sind und deren Eckpunkte durch homologe Punkte dieser Netze gebildet werden. Diese gleicheckigen Netze oder die durch sie bestimmten regelmässigen Punktsysteme zerfallen dann entsprechend in solche mit festen und mit veränderlichen Symmetrienetzen.

Endlich werden wir auch die den gleicheckigen Netzen eingeschriebenen gleicheckigen Polyeder, sowie die denselben umgeschriebenen gleichflächigen Polyeder, von welch' letzteren in den meisten Fällen eine Varietät dem entsprechenden gleichflächigen Symmetrienetze eingeschrieben werden kann, nebst ihren wichtigsten Eigenschaften aufführen. Nach diesen Polyedern sind die betreffenden Netze auch benannt worden.

Erste Abteilung.

Gleichflächige Dreiecksnetze[1]) nebst den zugeordneten gleicheckigen Netzen.

A) Fall, dass die Grenzfläche ein gleichschenkliges Dreieck ist.

§ 15. Ableitung der Relationen und der möglichen Fälle für die festen derartigen Netze.

Indem wir bei der Bestimmung der Dreiecksnetze von dem speziellen Falle, dass das Dreieck gleichschenklig sei, ausgehen, setzen wir voraus, dass für die Winkel A_1, A_2, A_3 und die Kanten α_1, α_2, α_3 die Beziehung bestehe:

$$10) \qquad A_2 = A_3, \quad \alpha_2 = \alpha_3.$$

Damit das Dreieck mit seinen Wiederholungen ein die Kugelfläche bedeckendes Netz bilden kann, muss einmal die Bedingung erfüllt sein

$$11) \qquad A_1 + 2A_2 - 180^0 = \frac{720^0}{m}$$

oder

$$11\alpha) \qquad A_1 + 2A_2 = \frac{m+4}{m} 180^0,$$

wenn wiederum m die Anzahl der Dreiecke des Netzes bedeutet.

---

1) Zweiecksnetze brauchen hier nicht berücksichtigt zu werden, da sich für diese nur der Fall der regulären Zweiecksnetze II) (§ 10) ergiebt. Über die zugeordneten gleicheckigen Netze im Fall eines geraden v vergl. § 16, 10 und § 18, 4 u. 5.

Was zweitens die sphärischen Ecken eines solchen Netzes anlangt, so ergeben sich für deren Beschaffenheit und Anordnung mehrere möglichen Fälle. Wir berücksichtigen zunächst den Fall der festen derartigen Netze, bei deren Grenzfläche sowohl der Winkel an der Basis, wie derjenige an der Spitze eines aliquoten Teil von 360^0 beträgt und bei welchen demgemäss zweierlei sphärische Ecken auftreten. Diejenigen Ecken, deren Scheitel die Spitzen der gleichschenkligen Dreiecke bilden, sind regulär, während diejenigen, deren Scheitel die Endpunkte der Basis bilden, als halbreguläre sphärische Ecken zu bezeichnen sind (vergl. § 7, 2).

Für derartige Netze gelten, wenn v_i die Zahl der in einem Eckpunkte zusammenstossenden gleichen Winkel A_i bedeutet, die Beziehungen:

$$12)\qquad \begin{cases} v_1\,A_1 = 360^0, \\ v_2\,A_2 = 360^0, \end{cases}$$

oder

$$12\,\alpha)\qquad \begin{cases} A_1 = \dfrac{360^0}{v_1}, \\[2mm] A_2 = \dfrac{360^0}{v_2}, \end{cases}$$

aus deren Vereinigung mit 11) sich ergiebt:

$$13)\qquad \frac{2}{v_1} + \frac{4}{v_2} = 1 + \frac{4}{m}$$

oder

$$13\,\alpha)\qquad m = \frac{4}{\dfrac{2}{v_1} + \dfrac{4}{v_2} - 1} = \frac{4\,v_1\,v_2}{4\,v_1 + 2\,v_2 - v_1\,v_2}.$$

Bezeichnen wir die Anzahl der durch die Winkel A_1 gebildeten Ecken durch μ_1, die Anzahl der durch Basiswinkel gebildeten Ecken durch μ_2, so ist:

$$14)\qquad \begin{cases} \mu_1 = \dfrac{m}{v_1}, \\[2mm] \mu_2 = \dfrac{2\,m}{v_2}, \end{cases}$$

und

$$14\,\alpha)\qquad v_1\,\mu_1 + v_2\,\mu_2 = 3\,m\,;$$

die Länge der Kanten $\alpha_2 = \alpha_3$ und α_1 des Netzes folgt aus:

$$15) \quad \begin{cases} \cos \tfrac{1}{2}\,\alpha_1 = \dfrac{\cos \tfrac{1}{2}\,A_1}{\sin A_2}, \\[2mm] \cos \alpha_2 = \operatorname{cotg} A_2 \cdot \operatorname{cotg} \tfrac{1}{2}\,A_1. \end{cases}$$

Erteilt man nun ν_1 und ν_2 alle zulässigen ganzzahligen Werte, wobei die Zahl ν_2 notwendig gerade und die zusammengehörigen Werte für ν_1 und ν_2 verschiedene ganze Zahlen sein müssen, so erhält man aus obigen Formeln durch einfache Diskussion nur folgende möglichen Fälle:

Nr.	Name des Netzes.	ν_1	ν_2	m	μ_1	μ_2	A_1	$A_2 = A_3$	α_1	$\alpha_2 = \alpha_3$
VIII	Doppelpyramidennetz .	$n = 3, 4, 5 \ldots$	4	$2n$	2	n	$\dfrac{360^\circ}{n}$	90°	$\dfrac{360^\circ}{n}$	90°
IX	Triakistetraedernetz ..	3	6	12	4	4	120°	60°	2η	$180^\circ - 2\eta$ [1]
X	Tetrakishexaedernetz..	4	6	24	6	8	90°	60°	$180^\circ - 2\eta$	η
XI	Pentakisdodekaedernetz	5	6	60	12	20	72°	60°	2ψ	χ [2]
XII	Triakisoktaedernetz ..	3	8	24	8	6	120°	45°	90°	η
XIII	Triakisikosaedernetz ..	3	10	60	20	12	120°	36°	2φ	χ

In den folgenden Paragraphen sollen diese gleichflächigen Netze hinsichtlich ihrer wichtigsten Eigenschaften nebst den zugeordneten gleicheckigen Netzen und den entsprechenden gleicheckigen und gleichflächigen Polyedern der Reihe nach betrachtet werden.

§ 16. Doppelpyramidennetze VIII nebst den zugeordneten gleicheckigen Netzen VIII′ und den entsprechenden Polyedern.

1. Diese Netze bestehen aus $2n$ $(n \gtreqqless 3)$ kongruenten zweirechtwinkligen sphärischen Dreiecken, deren dritter Winkel und dritte Kante $\dfrac{360^\circ}{n}$ betragen. In den beiden diametral gegenüberliegenden Punkten A und A' vereinigen sich die Spitzen von je n Dreiecken; die von denselben in diesen Punkten gebildeten sphärischen Ecken sind reguläre n-flä-

---

1) Vergl. Formel 7) in § 9.
2) Vergl. Formel 8) in § 9.

chige Ecken (vergl. § 7, 2); die Scheitel B der n anderen Ecken liegen auf dem Hauptkreise a, den Punkten eines regulären n-Ecks entsprechend. Diese sphärischen Ecken sind, da die vier sich rechtwinklig schneidenden Hauptkreisbogen abwechselnd gleich sind (ausser für $n = 4$) als halbreguläre vierflächige Ecken zu bezeichnen (vergl. die stark gezeichneten Teile der Fig. 5α ($n = 3$), 5β ($n = 5$) und 5γ ($n = 4$), (das reguläre Oktaedernetz) und Fig. 5δ ($n = 6$). Diese Netze, welche auch passend als

VIII sphärische $(2 + n)$-eckige $2n$-Flache bezeichnet werden können, entstehen also einfach durch Vereinigung der Netze I und II (Fig. 1α und 1β), d. h. die Eckpunkte eines Doppelpyramidennetzes entsprechen denjenigen eines Zweiecks- und eines Kreisteilungsnetzes.

2. Die Symmetrieebenen eines Doppelpyramidennetzes sind dieselben, wie diejenigen des Kreisteilungs- und des Zweiecksnetzes, durch deren Vereinigung jenes erhalten wird (vergl. § 10, 2). Die Ebene der gemeinschaftlichen Basis a, sowie die n auf diesen senkrechten Ebenen, welche die $2n$ Schenkel und die $2n$ Symmetrie-Hauptkreisbogen der gleichschenkligen Dreiecke bilden, sind also direkt symmetrische Mittelebenen des Netzes.

3. Ebenso besitzt ein Doppelpyramidennetz dieselben Axen und von gleicher Zähligkeit, wie sie den beiden entsprechenden Netzen I und II zukommen. Es sind also zwei gleiche, entgegengesetzt gerichtete n-zählige Hauptaxen (OA und OA') und zwei Gruppen von je n gleichen auf diesen senkrechten zweizähligen Queraxen (OB, bezw. OB und OC) vorhanden (vergl. § 10, 3), wobei für $n = 2p + 1$ je zwei entgegengesetzt gerichtete zweizählige Axen verschiedenen Gruppen angehören. Das sog. charakteristische Dreieck erscheint hier als die Hälfte einer Grenzfläche des Doppelpyramidennetzes.

4. Für $n = 2p + 1$ sind die Doppelpyramidennetze als halbzählige zu bezeichnen (§§ 13, 2 u. 10, 5), welche aus den dem Werte $2n$ entsprechenden einfach durch Entfernung von n abwechselnd aufeinander folgenden vierflächigen

Ecken erhalten werden können. Die n-flächigen Ecken mit den Scheiteln A und A' entsprechen sich für $n = 2p + 1$ nicht als Gegenecken.

5. Einem Doppelpyramidennetze lässt sich ein gleichflächiges Polyeder ein- und ein gleicheckiges Polyeder umschreiben. Das eingeschriebene Polyeder ist eine gerade reguläre Doppelpyramide, deren beide Endecken regulär n-flächig, deren n Randecken halbregulär vierflächig sind (d. h. gleiche ebene, aber abwechselnd gleiche Flächenwinkel haben) und für welche die End- und Randaxen gleich lang sind. Das in den Eckpunkten des Netzes der Kugel umgeschriebene Polyeder ist ein gerades Prisma, dessen beide Endflächen reguläre n-Ecke, dessen n Seitenflächen Rechtecke sind und für welches die beiden Endflächen und die n Seitenflächen gleichen Abstand vom Mittelpunkte der Kugel haben.

Beide Polyeder entsprechen sich polar in Beziehung auf die Kugel als Direktrix; die Eckpunkte des umgeschriebenen Polyeders sind die Pole zu den Ebenen der Grenzflächen des eingeschriebenen; die Kanten beider Polyeder entsprechen sich als reziproke Polaren. Die Eckenaxen des umgeschriebenen oder die Flächenaxen des eingeschriebenen Polyeders treffen die Kugel in den Mittelpunkten der den zweirechtwinkligen Dreiecken des Netzes umgeschriebenen Kreise. Diese Punkte sind die Eckpunkte eines der Kugel eingeschriebenen gleicheckigen Polyeders, welches dem umgeschriebenen ähnlich ist, während die in diesen Punkten an die Kugel gelegten Berührungsebenen eine der eingeschriebenen ähnliche Doppelpyramide einschliessen.

6. Diese Mittelpunkte der den Grenzflächen des Netzes VIII umgeschriebenen Kreise sind die Eckpunkte eines gleicheckigen Netzes, welches dem gleichflächigen konjugiert ist. Denn die Kanten dieses gleicheckigen Netzes stehen auf denjenigen des gleichflächigen Netzes in deren Mittelpunkten senkrecht und werden selbst in diesen Punkten halbiert; sie bilden in jedem Mittelpunkte einer Fläche des Netzes VIII eine gleichschenklig-dreiflächige sphärische Ecke,

während die Flächen des gleicheckigen Netzes zwei reguläre n-Ecke mit den Mittelpunkten A und A' und n halbreguläre gleicheckige Vierecke mit den Mittelpunkten B darstellen. Jedes dieser beiden Netze ist ein Symmetrienetz des andern, und es gelten für sie im wesentlichen (d. h. abgesehen von den durch den Umstand, dass die Grenzflächen und Ecken nicht sämtlich regulär sind, bedingten Änderungen) dieselben Beziehungen, welche für zwei reguläre konjugierte Netze im § 13, 1 a) bis h) aufgestellt worden sind. Eine solche Änderung findet hauptsächlich in betreff der unter c) ausgesprochenen Eigenschaft statt, welche nur für reguläre Grenzflächen gilt.

7. Nimmt man auf dem Symmetriekreisbogen einer Fläche des Netzes VIII, d. h. dem Halbierungskreise des Winkels A_8 und der gegenüberliegenden Kante α_8 einen Punkt P_1 beliebig an, so bilden die zu P_1 homologen Punkte sämtlicher Grenzflächen des Netzes VIII die Eckpunkte eines gleicheckigen, jenem zugeordneten (vergl. § 7, 7) Netzes. Die Kanten desselben, welche je zwei benachbarte Punkte P verbinden, stehen senkrecht zu den Kanten des gleichflächigen Netzes und werden in den Schnittpunkten halbiert; sie bilden in jedem Punkte P eine gleichschenklig-dreiflächige sphärische Ecke, während die Flächen zwei reguläre n-Ecke mit den Mittelpunkten A und A' und n halbreguläre gleicheckige Vierecke mit den Mittelpunkten B darstellen (vergl. Fig. 5α, 5β, 5γ und 5δ). Wir bezeichnen diese gleicheckigen Netze, deren Symmetrienetze die Netze VIII sind, auch als

VIII' sphärische $(2+n)$-flächige $2n$-Ecke.

Für $n=4$ erhält man ein dem regulären Oktaedernetz zugeordnetes

IV' $(2+4)$-flächiges Achteck,

dessen beide Endflächen reguläre, dessen Seitenflächen halbreguläre Vierecke sind.

Das in 6) betrachtete Netz ist der spezielle Fall dieser Netze, bei welchem der Punkt P der Mittelpunkt des der Grenzfläche des gleichflächigen Netzes umgeschriebenen

Kreises ist und bei welchem auch umgekehrt das gleicheckige Netz das Symmetrienetz des gleichflächigen ist.

Wenn der Punkt P_1 speziell der Mittelpunkt des dem Dreiecke $A_1 B_1 B_2$ eingeschriebenen Kreises ist, so werden die senkrechten Abstände jedes Punktes P von den Kanten des ihn einschliessenden Dreieckes gleich, die sämtlichen Kanten des gleicheckigen Netzes also einander gleich und die n Seitenflächen zu regulären Vierecken. Wir bezeichnen dieses besondere, zugleich gleicheckige und gleichkantige Netz als die Archimedeische Varietät der Netze VIII'.

8. Den Netzen VIII' kommen dieselben Symmetrieebenen und dieselben Axen von gleicher Zähligkeit zu, wie den zugehörigen Symmetrienetzen VIII (vgl. 2 u. 3 dieses Paragraphen). Insbesondere möge hervorgehoben werden, dass für die Archimedeische Varietät die Axen OB, wiewohl sie für die regulären Vierecke vierzählige Axen sind, doch für das Netz nur die Bedeutung zweizähliger Axen haben.

9. Jedem Netze VIII' lässt sich ein gleicheckiges Polyeder, nämlich ein gerades Prisma mit regulären Endflächen einschreiben und ein gleichflächiges Polyeder, nämlich eine gerade reguläre Doppelpyramide umschreiben. Beide Polyeder, welche man bez. als

[VIII'] gleicheckige $(2+n)$-flächige prismatische $2n$-Ecke

und als

[VIII] gleichflächige $(2+n)$-eckige $2n$-Flache

bezeichnen kann, entsprechen sich polar in Beziehung auf die Kugel (vergl. 5 dieses Paragraphen); ihre Symmetrieebenen und Axen sind dieselben, wie diejenigen der zugehörigen Netze. Der Archimedeischen Varietät der Netze entspricht bez. die Archimedeische Varietät der zugehörigen Polyeder.

10. Die sämtlichen möglichen Varietäten der gleicheckigen Netze VIII' werden erhalten, wenn der Punkt P alle möglichen Lagen auf dem Quadranten einnimmt, welcher das zweirechtwinklige Dreieck des Netzes VIII in zwei sym-

metrische Hälften teilt. Bezeichnen wir den sphärischen Abstand eines Punktes P_1 von der Spitze A des gleichschenkligen Dreiecks mit ε_a, den Abstand des Punktes P_1 von einem Endpunkte B der Basis mit ε_b, die Kanten und Polygonwinkel des gleicheckigen Netzes durch accentuierte Buchstaben α'_1, $\alpha'_2 = \alpha'_3$ und A'_1, $A'_2 = A'_3$, wobei also je zwei aufeinander senkrechte Kanten des gleicheckigen und des gleichflächigen Netzes denselben Index erhalten, so ergeben sich leicht folgende Relationen:

$$17\alpha) \quad \begin{cases} \sin \tfrac{1}{2}\alpha'_2 = \sin \varepsilon_a \sin \dfrac{180^0}{n}, \quad \cos \varepsilon_b = \sin \varepsilon_a \cos \dfrac{180^0}{n}, \\[2mm] \alpha'_2 = \alpha'_3, \quad \tfrac{1}{2}\alpha'_1 = 90^0 - \varepsilon_a, \\[2mm] \cotg \dfrac{A'_1}{2} = \cos \varepsilon_a \, \tang \dfrac{180^0}{n}, \quad A'_2 = A'_3 = 180^0 - \dfrac{A'_1}{2}. \end{cases}$$

Dem Werte $\varepsilon_a = 90^0$ entspricht der Grenzfall der regulären Kreisteilungsnetze I (vergl. § 8, I und § 9, 9).

Für die dem Netze VIII konjugierte Varietät des Netzes VIII' wird $\varepsilon_a = \varepsilon_b = R$ gleich dem gemeinschaftlichen Werte für die Radien des dem zweirechtwinkligen Dreiecke und den beiderlei Grenzflächen des Netzes VIII' umgeschriebenen Kreises. Alsdann bestehen die einfachen Beziehungen:

$$17\beta) \quad \begin{cases} \cotg \varepsilon_a = \cos \dfrac{180^0}{n}, \quad \varepsilon_a = \varepsilon_b = R, \\[3mm] \tang \tfrac{1}{2}\alpha'_2 = \dfrac{1}{\sqrt{2}} \tang \dfrac{180^0}{n}, \end{cases}$$

aus welchen z. B. für $n = 4$, $\alpha'_2 = 180^0 - 2\eta$, d. h. die Kante des regulären Hexaedernetzes VI (vergl. § 9, 9) sich ergiebt.

Für die Archimedeische Varietät des Netzes VIII' ist:

$$17\gamma) \quad \begin{cases} \cotg \varepsilon_a = \sin \dfrac{180^0}{n}, \\[3mm] \tfrac{1}{2}\alpha'_1 = \tfrac{1}{2}\alpha'_2 = \tfrac{1}{2}\alpha'_3 = P = 90^0 - \varepsilon_a, \end{cases}$$

wo P den Radius des dem zweirechtwinkligen Dreiecke eingeschriebenen Kreises bedeutet. Für $n = 4$ resultiert wiederum das Hexaedernetz VI.

11. Was die einem Netze VIII$'$ ein- und umgeschriebenen Polyeder anlangt, so ergeben sich die für dieselben charakteristischen Grössen in einfacher Weise aus den obigen Relationen.

§ 17. Beziehungen für die einem gleicheckigen Netze ein- und umgeschriebenen Polyeder.

Wir wollen bei dieser Gelegenheit gleich allgemein die Beziehungen aufstellen, welche für solche Polyeder gelten, die einem gleicheckigen Netze bezw. ein- und umgeschrieben sind (vergl. §§ 7,8 und auch § 13e u. f).

a) Die sphärischen Kanten α_i und Winkel A_i des gleichflächigen Netzes, welchem das gleicheckige Netz zugeordnet ist, ergänzen bezw. die Innenflächenwinkel W'_i und die ebenen Winkel w'_i des dem gleicheckigen Netze eingeschriebenen gleicheckigen Polyeders zu 180°, d. h. es ist

$$18\,a) \quad \begin{cases} W'_i = 180^0 - \alpha_i, \\ w'_i = 180^0 - A'_i. \end{cases}$$

b) Die sphärischen Kanten α'_i und Winkel A'_i des gleicheckigen Netzes ergänzen bezw. die Innenflächenwinkel W_i und die ebenen Winkel w_i des diesem Netze umgeschriebenen gleichflächigen Polyeders zu 180°, d. h. es ist

$$18\,b) \quad \begin{cases} W_i = 180^0 - \alpha'_i, \\ w_i = 180^0 - A'_i. \end{cases}$$

c) Bedeuten, wie bisher, ε_a, $\varepsilon_b \ldots$ die sphärischen Radien der den Grenzflächen des gleicheckigen Netzes umgeschriebenen Kreise (d. h. die Abstände eines Eckpunktes P_1 von den Eckpunkten der Grenzfläche des gleichflächigen Symmetrienetzes), so bestehen für die senkrechten Abstände ϱ'_a, $\varrho'_b \ldots$ der verschiedenen Grenzflächen des gleicheckigen Polyeders vom Mittelpunkte, sowie für die mit jenen Abständen gleichgerichteten Eckradien ϱ_a, $\varrho_b \ldots$ des umgeschriebenen Polyeders die Relationen:

$$18\,c)\quad \begin{cases} \varrho'_a = r\,cos\,\varepsilon_a,\quad \varrho'_b = r\,cos\,\varepsilon_b\ldots,\\[2mm] \varrho_a = \dfrac{r}{cos\,\varepsilon_a},\quad \varrho_b = \dfrac{r}{cos\,\varepsilon_b}\ldots,\\[2mm] \varrho'_i\,\varrho_i = r^2, \end{cases}$$

wo r den Radius der Kugel bezeichnet.

d) Die Kanten K'_i des eingeschriebenen gleicheckigen Polyeders sind die Sehnen zu den Bogen α'_i, welche die Kanten des gleicheckigen Netzes bilden; jede Kante K'_i des umgeschriebenen gleichflächigen Polyeders ergiebt sich aus den beiden zugehörigen Eckradien ϱ_k, ϱ_l und dem von diesen eingeschlossenen Winkel α_i, d. h. es ist

$$18\,d)\quad \begin{cases} K'_i = 2r\,sin\,\tfrac{1}{2}\,\alpha'_i\\[2mm] K_i = \sqrt{\varrho_k{}^2 + \varrho_l{}^2 - 2\,\varrho_k\,\varrho_l\,cos\,\alpha_i}. \end{cases}$$

Die Anwendung dieser Beziehungen auf die den Netzen VIII$'$ ein - und umgeschriebenen Polyeder bietet keine Schwierigkeit. Insbesondere entspricht dem unter $17\,\alpha)$ angegebenen Werte für ε_a bezw. diejenige Varietät der beiden Polyeder, welche zugleich einer Kugel ein - und einer andern umgeschrieben werden kann; dem aus $17\,\beta)$ folgenden Werte für ε_a entsprechen die Archimedeischen Varietäten beider Polyeder.

§ 18. Doppelpyramidennetze VIIIα nebst den zugeordneten gleicheckigen Netzen VIII$''$ und den entsprechenden Polyedern.

1. Wenn $n = 2p$ eine gerade Zahl ist, so sind dem Doppelpyramidennetze VIII gleicheckige Netze von noch allgemeinerer Beschaffenheit zugeordnet, als die in § 16 unter 7 bis 10 betrachteten. Nimmt man nämlich in diesem Falle im Innern eines zweirechtwinkligen Dreiecks des Netzes VIII beliebig (also nicht gerade auf dem Symmetriehauptkreise) einen Punkt P_1 an, konstruiert die zu demselben in Beziehung auf die einschliessenden Hauptkreise symmetrisch liegenden Punkte und verfährt mit den erhaltenen Punkten in gleicher Weise u. s. f., so erhält man ein gleicheckiges Netz, für welches je zwei benachbarte

sphärische Ecken, deren Scheitel P in zwei längs einer Kante
aneinanderstossenden Dreiecken des Netzes VIII liegen, nicht
kongruent, sondern symmetrisch gleich sind (vergl.
Fig. 6α ($p=2$), 6β ($p=3$), 6γ ($p=4$), 6δ ($p=5$).

Die $2n$ dreiflächigen Ecken dieses Netzes, deren Winkel
sowohl wie Kanten im allgemeinen ungleich sind, zerfallen
also in zwei Gruppen von je $2p$ rechten und $2p$ linken Ecken.
Die beiden Endflächen, deren Kanten auf den Schenkeln der
Dreiecke des Netzes VIII senkrecht stehen, sind halbreguläre gleicheckige $(p+p)$-kantige $2 \cdot p$-Ecke mit den Mittelpunkten A und A', während die Seitenflächen zwei verschiedene Gruppen von je p halbregulären $(2+2)$-kantigen
$2 \cdot 2$-Ecken mit bez. den Mittelpunkten B_1, B_3, B_5, ... und B_2,
B_4, B_6... bilden. Wir bezeichnen diese Netze daher auch als

VIII''   sphärische $(2+\overline{p+p})$-flächige $2 \cdot 2p$-Ecke.

2. Die direkt-symmetrischen Mittelebenen eines
Netzes VIII'' sind ausser der Ebene des Hauptkreises a, der
gemeinschaftlichen Basis, die p Ebenen, welche die Schenkel
der Dreiecke des Netzes VIII erzeugen, während die p Ebenen
der Symmetriehauptkreise dieser Dreiecke für das Netz VIII''
keine Symmetrieebenen sind. In der That sind die sämtlichen Eckpunkte P des Netzes VIII'' nur dann homologe
Punkte sämtlicher Grenzflächen des Netzes VIII, wenn diesen
letzteren selbst keine Symmetriehauptkreise zukommen. Man
hat also in diesem Falle auch das Doppelpyramidennetz VIII
als ein solches aufzufassen, dem jene p Symmetrieebenen
nicht eigentümlich sind, und je zwei längs eines Schenkels
aneinanderstossende zweirechtwinklige Dreiecke dieses Netzes
nur als symmetrisch gleich zu betrachten (vergl. die
Schraffierung in Fig. 6α).

Wir können, um auszudrücken, dass das Netz VIII die
angegebene Beschaffenheit hat, dasselbe als

VIIIα sphärisches $(2+\overline{p+p})$-eckiges $2 \cdot 2p$-Flach

bezeichnen.

Was die Axen des Netzes VIII'' anlangt, so besitzt
dasselbe zwei gleiche, entgegengesetzt gerichtete p-zählige

Hauptaxen (OA und OA') und zwei Gruppen von je p gleichen, auf diesen senkrechten zweizähligen Axen (OB), wobei, wenn p eine ungerade Zahl ist, je zwei entgegengesetzt gerichtete zweizählige Queraxen verschiedenen Gruppen angehören. Das Doppelpyramidennetz VIIIα, welchem die Netze VIII$''$ zugeordnet sind, besitzt also auch nur diese Axen; während, wenn die Grenzflächen des Netzes VIII als einander kongruent und selbst aus zwei symmetrischen Hälften bestehend betrachtet werden (wie § 16, 2 u. 3) die Zähligkeit der beiden Hauptaxen $2p$ betragen und zu den $2p$ Queraxen noch $2p$, nämlich die Axen OC (Fig. 1β), hinzutreten würden, welche die Winkel des ersteren halbieren.

Speziell für $p = 2$ ergiebt sich, dass die vierzähligen Axen des Oktaedernetzes jetzt nur noch die Bedeutung von zweizähligen haben und zwar, dass ein Paar als die Hauptaxen, die anderen beiden Paare als Nebenaxen aufzufassen sind; und ferner, dass die sechs Symmetrieebenen $b_1, b_2 \ldots b_6$ dem Netze nicht mehr zukommen.

3. Jedem Netze VIII$''$ kann ein gleicheckiges Polyeder, nämlich ein gerades Prisma mit gleicheckigen, halbregulären Endflächen, dessen Seitenflächen zwei Gruppen von Rechtecken bilden und welches $2p$ rechte und $2p$ linke gleiche dreiflächige Ecken besitzt, eingeschrieben werden. Wir bezeichnen ein solches Polyeder als

[VIII$''$]   gleicheckiges $(2 + \overline{p + p})$-flächiges, prismatisches $2.2p$-Eck.

Das dem Netze VIII$''$ in dessen Eckpunkten umgeschriebene gleichflächige Polyeder, welches dem gleicheckigen polar entspricht, ist eine gerade Doppelpyramide, welche von $2p$ rechten und $2p$ linken unregelmässigen Dreiecken begrenzt ist und deren ebener Rand ein $(\overline{p + p})$-eckiges gleichkantiges $2 . p$-Kant ist. Die beiden Scheitelecken sind halbregulär $2p$-flächig, mit $2p$ gleichen ebenen und abwechselnd gleichen Flächenwinkeln; die Randecken bilden zwei Gruppen von je vier halbregulär-vierflächigen Ecken. Wir bezeichnen dies Polyeder als

[VIIIα]   gleichflächiges $(2 + \overline{p + p})$-eckiges,
ebenrandiges $2.2p$-Flach.

Für $p = 2$ ist das gleicheckige Polyeder ein gerades rechtwinkliges Parallelepiped, das gleichflächige ein rhombisches Oktaeder.

4. Um die wichtigsten für die Netze VIII$''$ geltenden Relationen zu erhalten, bestimmen wir die Lage eines Punktes P z. B. P_1 innerhalb des Dreieckes AB_1B_2 (Fig. $6\alpha - 6\delta$) durch den sphärischen Abstand ε_a dieses Punktes von A (die Poldistanz) und den Winkel $\vartheta_a = \varkappa \dfrac{180^0}{p}$, welchen der Hauptkreisbogen AP_1 mit demjenigen AB_1 bildet (die Länge), wobei $0 < \varkappa < 1$ ist. Werden alsdann die sphärischen Abstände des Punktes P_1 von den Endpunkten B_1, B_2 der Basis durch ε_{b1}, ε_{b2}, die senkrechten Abstände von den Kanten B_1B_2, AB_1 und AB_2 bezw. mit $\tfrac{1}{2}\alpha'_1$, $\tfrac{1}{2}\alpha'_2$, $\tfrac{1}{2}\alpha'_3$, die von denselben bei P_1 gebildeten Winkel bezw. durch A'_1, A'_2, A'_3 bezeichnet, sodass also diese Winkel die Polygonwinkel, α'_1, α'_2, α'_3 die Kanten des Netzes VIII$''$ bedeuten, und sind A''_1 und A'''_1 die beiden Teilwinkel, in welche der Hauptkreisbogen A_1P_1 den Winkel A'_1 zerlegt (vergl. Fig. 6ε, in welcher $P_1A = \varepsilon_a$, $P_1B_1 = \varepsilon_{b1}$, $P_1B_2 = \varepsilon_{b2}$, $P_1D_1 = \tfrac{1}{2}\alpha'_1$, $P_1D_2 = \tfrac{1}{2}\alpha'_2$, $P_1D_3 = \tfrac{1}{2}\alpha'_3$ ist), so ergeben sich leicht folgende Beziehungen für die Elemente der Netze VIII$''$:

$$
19\alpha)\quad
\begin{cases}
\sin \tfrac{1}{2}\alpha'_2 = \sin \varepsilon_a \sin \varkappa \dfrac{180^0}{p}, \\[2ex]
\sin \tfrac{1}{2}\alpha'_3 = \sin \varepsilon_a \sin (1 - \varkappa)\dfrac{180^0}{p}, \quad \tfrac{1}{2}\alpha'_1 = 90^0 - \varepsilon_a, \\[2ex]
cotg\, A''_1 = \cos \varepsilon_a \, tang\, \varkappa \dfrac{180^0}{p}, \\[2ex]
cotg\, A'''_1 = \cos \varepsilon_a \, tang\, (1 - \varkappa)\dfrac{180^0}{p}, \\[2ex]
A'_2 = 180^0 - A''_1,\ A'_3 = 180^0 - A'''_1,\ A'_1 = A''_1 + A'''_1, \\[2ex]
\cos \varepsilon_{b1} = \sin \varepsilon_a \cos \varkappa \dfrac{180^0}{p}, \quad \cos \varepsilon_{b2} = \sin \varepsilon_a \cos (1 - \varkappa)\dfrac{180^0}{p}\,{}^1).
\end{cases}
$$

---

1) Vergl. Formel 2) in § 5.

Die Elemente der Netze VIII″ hängen von **zwei veränderlichen Grössen** ε_a und $\varkappa$ ab, wobei $0 < \varepsilon_a < 90^0$, $0 < \varkappa < 1$ ist.

Für $p = 2$ erhält man die Relationen für das dem Oktaedernetz zugeordnete

IV″ **prismatische** $(2 + 2 + 2)$-**flächige 2.4-Eck.**

Für $\varepsilon_a = 90^0$ resultiert der Grenzfall der

II′ **halbregulären Kreisteilungsnetze:**

$$19\beta) \qquad\qquad \alpha'_1 = 0, \; A'_1 = 180^0$$

(s. Fig. 6ζ, $p = 4$), welche den regulären Zweiecksnetzen zugeordnet sind. Je zwei benachbarte Zweiecke dieser Netze sind dann ebenfalls nur als **symmetrisch-gleich** aufzufassen.

Für $\varkappa = \tfrac{1}{2}$ werden bei einem beliebigen Werte des ε_a die einem geraden Werte von n entsprechenden Netze VIII′ (vergl. 7—9 des § 16) erhalten.

Was die einem Netze VIII″ ein- und umgeschriebenen **Polyeder** anlangt, so ergeben sich die sämtlichen wesentlichen Relationen einfach aus den Formeln 18a) bis 18d), wenn die bezüglichen Werte aus 19α) in dieselben eingeführt werden.

Auf die Beziehungen zwischen den Grössen ε_a, $\varkappa$ und den sog. **Ableitungskoefficienten** dieser Polyeder wird später (im fünften Kapitel) eingegangen werden.

5. Wir wollen zum Schlusse dieses Paragraphen noch eine allgemeine Bemerkung anfügen, welche durch die letzten Betrachtungen veranlasst wird und welche auch für die weiteren Untersuchungen von Wichtigkeit ist.

Die Netze VIII″ boten uns zuerst einen Fall solcher gleicheckigen Netze dar, welche gleiche, abwechselnd kongruente und symmetrische Ecken besitzen und deren Eckpunkte als homologe Punkte der Dreiecke des Symmetrienetzes VIII beliebig im Innern derselben gewählt werden konnten.

Für alle solche gleichflächigen Netze, bei welchen jeder Winkel der Grenzfläche einen aliquoten Teil von 360^0 beträgt, die Ecken des Netzes aber regulär oder halbregulär sind, müssen die Eckpunkte eines zugeordneten gleicheckigen Netzes — als solche homologe Punkte der Grenzflächen, welche zu den Kanten derselben symmetrisch liegen — die Eckpunkte von regulären oder halbregulären (gleicheckigen) Polygonen sein, deren Mittelpunkte die Eckpunkte des gleichflächigen Netzes sind. Die Eckpunkte jeder Grenzfläche des gleicheckigen Netzes können daher aus einem derselben (z. B. P_1) als Spiegelbilder erhalten werden, welche durch die vereinte Wirkung der spiegelnd zu denkenden Ebenen der beiden Hauptkreise, welche den Punkt P_1 einschliessen, erzeugt werden (vergl. § 5, 4 und § 4, 2). Ist der Winkel dieser beiden den Punkt P_1 einschliessenden Hauptkreise $\dfrac{360^0}{\nu}$, so kann für $\nu = 2p$ der Punkt P_1 eine beliebige Lage innerhalb des Winkels haben: die entstehenden Spiegelbilder stellen alsdann nebst dem Punkte P_1 selbst die Eckpunkte eines gleicheckigen $(p+p)$-kantigen $2 \cdot p$-Ecks dar; ist aber $\nu = 2p + 1$, so muss der Punkt P_1 auf dem Halbierungshauptkreise des Winkels liegen: die Spiegelbilder nebst dem Punkte sind alsdann die Eckpunkte eines regulären ν-Ecks.

Daraus folgt, dass, wenn die Winkel einer Grenzfläche des gleichflächigen Netzes $\dfrac{360^0}{\nu_1}, \dfrac{360^0}{\nu_2}, \dfrac{360^0}{\nu_3} \ldots$ betragen, und sämtliche Zahlen $\nu_1, \nu_2, \nu_3 \ldots$ gerade sind, der Punkt P_1 beliebig im Innern der Grenzfläche gewählt werden kann, während, wenn eine der Zahlen ν_1, ν_2, ν_3 ungerade (oder auch $= 2$) ist, derselbe auf dem Halbierungskreise dieses Winkels liegen muss; wenn zwei dieser Zahlen ungerade sind, also nur ein bestimmter Punkt der Grenzfläche sein kann.

Wenden wir diesen Satz noch auf die regulären Netze I bis VII an, so folgt, wie auch schon bei den Betrachtungen des § 16 unter 7 und 10 und dieses Paragraphen unter 4 hervorgetreten ist, dass nur beim regulären Oktaedernetz IV und bei dem regulären Zweiecksnetz II für $\nu = 2p$ sich auch bei beliebiger Lage des Punktes P_1 innerhalb oder bez. auf einem Symmetriekreisbogen der Grenzfläche dieser Netze zugeordnete gleicheckige Netze IV'' (oder speziell IV' und II') ergeben. Für die anderen regulären Netze jedoch, nämlich die Netze III, V, VI, VII und das reguläre Kreisteilungsnetz I (bei welchem die Winkel der Grenzflächen 180⁰ betragen) können die Punkte P der zugeordneten gleicheckigen Netze nur die Mittelpunkte der regulären Grenzflächen sein.

Dagegen tritt für die regulären Kreisteilungsnetze I, falls $n = 2p$ ist, der besondere Umstand ein, dass diesen sich halbreguläre Zweiecksnetze, deren Eckpunkte die Mittelpunkte A, A' der Grenzflächen jener (der Pol und Gegenpol zu dem gemeinsamen Hauptkreise a) sind, zuordnen lassen, da jeder von A (oder A') nach einem beliebigen Punkte von a gezogene Hauptkreisbogen auf diesem senkrecht steht. Es sind also einem regulären Kreisteilungsnetze I, wenn $n = 2p$ ist:

I'   gleicheckige, halbreguläre Zweiecksnetze

zugeordnet (vergl. Fig. 6ζ, in welcher die Haupthalbkreise $A P_1, A P_2 \ldots$ vollständig ausgezogen zu denken sind, während das reguläre Kreisteilungsnetz mit den Eckpunkten $B_1, B_2 \ldots$ das zugehörige Symmetrienetz darstellt).

§ 19. Triakistetraedernetz IX nebst den zugeordneten gleicheckigen Netzen IX' und den entsprechenden Polyedern.

1. Die Grenzfläche des Triakistetraedernetzes IX ist (vergl. Tabelle 16 in § 15) ein gleichschenkliges Dreieck, für welches die Beziehungen gelten:

$$20) \quad \begin{cases} A_2 = A_3 = 60^0, & \alpha_2 = \alpha_3 = 180^0 - 2\eta, \\ A_1 = 120^0, & \alpha_1 = 2\eta\,{}^1). \end{cases}$$

Die zwölf Grenzflächen des Netzes bilden vier regulär dreiflächige Ecken, deren Scheitel den Spitzen der gleichschenkligen Dreiecke entsprechen, und vier halbreguläre sechsflächige sphärische Ecken, deren Scheitel die Endpunkte der Basen sind.

---

1) Vergl. Formel 7) in § 9.

Dieses Netz wird daher einfach aus dem regulären Tetraedernetz III (§ 11, 1, vergl. Fig. 2 α u. 2 β) erhalten, wenn die Mittelpunkte der vier regulären Dreiecke (z. B. C_1, C'_2, C'_3, C_4), welche die Eckpunkte des konjugierten Tetraedernetzes sind, durch Hauptkreisbogen (= $180^0 - 2\eta$) mit den Eckpunkten (z. B. C_2, C_3, C'_4, C'_1) verbunden werden (vergl. die stark gezeichneten Teile der Fig. 7 α und 7 β, welche bezüglich der Fig. 2 α und 2 β entsprechend die stereographische Projektion für die Projektionspunkte C_1 und A_1 darstellen). Da diese Verbindungskreisbogen Fortsetzungen der Hauptkreise b des Tetraedernetzes darstellen, so werden die gesamten Kanten dieses Netzes durch die Hauptkreise b, welche bis auf einen Bogen (z. B. $C_1 A_1 C_4 = 180^0 - 2\eta$) ausgezogen sind, gebildet. Die $4 + 4$ Eckpunkte C entsprechen denjenigen eines regulären Hexaedernetzes VI, aus welchem hiernach das Netz IX ebenfalls in einfacher Weise hergeleitet werden kann.

Wir bezeichnen dies Triakistetraedernetz auch als

IX sphärisches $(4+4)$-eckiges 4.3-Flach.

2. Die Symmetrieebenen und Axen dieses Netzes sind dieselben, wie diejenigen der beiden konjugierten regulären Tetraedernetze, aus welchen das Netz zusammengesetzt ist. Die einzigen direkt symmetrischen Mittelebenen sind die Ebenen der sechs Hauptkreise b_1, $b_2 \ldots b_6$. Die vier nach den Eckpunkten der dreiflächigen Ecken gerichteten Kugelradien sind vier gleiche dreizählige Axen, ebenso stellen die vier diesen entgegengesetzt gerichteten, nach den Eckpunkten der sechsflächigen Ecken gezogenen Radien vier unter sich gleiche dreizählige Axen dar. Ausserdem bilden die nach den Mittelpunkten A der Basen der gleichschenkligen Dreiecke gerichteten Kugelradien drei Paare von entgegengesetzt gerichteten, einander gleichen, zweizähligen Axen. Das sog. charakteristische Dreieck erscheint also hier als die Hälfte der Grenzfläche eines Triakistetraedernetzes (vergl. § 11, 2).

Das Triakistetraedernetz ist ein halbzähliges, insofern zu keiner Grenzfläche die Gegenfläche und zu keiner Ecke am Gegenpunkte des Scheitels die Gegenecke im Netze vorhanden ist.

3. Wird auf dem Symmetriekreisbogen einer Grenzfläche des Netzes IX z. B. auf $C_1 A_1$ irgend ein Punkt P_1 angenommen und werden alsdann die zu P_1 homologen Punkte P sämtlicher Grenzflächen konstruiert, so bilden diese Punkte P, von denen je zwei benachbarte zu einer Kante des Netzes IX symmetrisch liegen, die Eckpunkte eines diesem zugeordneten gleicheckigen Netzes. Die Kanten dieses Netzes, welche senkrecht zu denjenigen des gleichflächigen Netzes stehen und in den Schnittpunkten halbiert werden, bilden in jedem Punkte P eine gleichschenklig-dreiflächige sphärische Ecke; die Flächen des Netzes sind vier reguläre Dreiecke mit den Mittelpunkten C_1, C_4, C'_2, C'_3 und vier halbreguläre $(3+3)$-kantige gleicheckige Sechsecke mit den Mittelpunkten C_2, C_3, C'_4, C'_1 (vergl. Fig. 7α u. 7β).

Ein solches gleicheckiges Netz, dessen Symmetrienetz das Netz IX ist, wird daher auch passend als

IX'   sphärisches $(4+4)$-flächiges 4.3-Eck

bezeichnet.

Für jede Lage des Punktes P_1 auf dem Symmetriekreisbogen $A_1 C_1$ resultiert eine bestimmte Varietät dieser gleicheckigen Netze. Ist der Punkt P_1 speziell der Mittelpunkt des dem Dreiecke $C_1 C_2 C_3$ eingeschriebenen Kreises, so werden die sämtlichen Kanten des Netzes gleich, die halbregulären Sechsecke zu regulären Sechsecken; dies besondere, zugleich gleicheckige und gleichkantige Netz bezeichnen wir als die Archimedeische Varietät der Netze IX'.

Der Mittelpunkt des dem Dreiecke $C_1 C_2 C_3$ umgeschriebenen Kreises fällt hier mit dem Halbierungspunkte der Basis, d. h. dem Punkte A_1 zusammen. Das dem Netze IX konjugierte gleicheckige Netz ist also wiederum das reguläre Oktaedernetz IV, dessen Eckpunkte die sechs Mittelpunkte A der Basen des gleichflächigen Netzes IX sind und dessen Kanten in den Mittelpunkten B der Schenkel desselben auf diesen senkrecht stehen (s. Fig. 3). Jedoch ist jetzt das reguläre Oktaedernetz, da sein Symmetrienetz nicht das reguläre Hexaedernetz VI, sondern das Netz IX ist, als derjenige Grenzfall des gleicheckigen Netzes IX′ zu betrachten, bei welchem die auf den Basen senkrechten Kanten verschwinden, demgemäss die vier halbregulären Sechsecke als reguläre Dreiecke erscheinen und in jedem Eckpunkte A die Scheitel von zwei gleichschenklig-dreiflächigen Ecken zusammenfallen.

Die Symmetrie-Ebenen und Axen der gleicheckigen Netze IX′ sind dieselben, wie diejenigen des zugehörigen Symmetrienetzes IX.

4. Jedem Netze IX′ lässt sich ein gleicheckiges Polyeder, nämlich

[IX′] ein gleicheckiges $(4+4)$-flächiges 4.3-Eck (ein Polyeder, welches sich auch durch gleichmässige und gerade Abstumpfung der Ecken eines regulären Tetraeders erhalten lässt) einschreiben und ebenso ein jenem polar zugeordnetes gleichflächiges Polyeder, nämlich

[IX] ein gleichflächiges $(4+4)$-eckiges 4.3-Flach (ein Triakistetraeder oder Pyramidentetraeder) umschreiben.

Der Archimedeischen Varietät des Netzes IX′ entsprechen die Archimedeischen Varietäten bez. des ein- und umgeschriebenen Polyeders.

Das dem unter 3. betrachteten, dem Netze IX konjugierten Netze eingeschriebene Polyeder ist ein reguläres Oktaeder, welches aber als derjenige Grenzfall der gleicheckigen Polyeder [IX′] anzusehen ist, in welchem die gerade Abstumpfung der Ecken eines regulären Tetraeders bis zum Verschwinden der Kanten desselben vorgeschritten ist. Ebenso ist das jenem konjugierten Netze umgeschriebene Polyeder, das als reguläres Hexaeder erscheint, als derjenige Grenzfall eines Pyramidentetraeders aufzufassen, in welchem je zwei sich in einer Tetraederkante schneidende Grenzflächen in eine Ebene fallen. Ein diesem letzteren Polyeder ähnliches ist auch dem Netze IX eingeschrieben, ebenso wie ein dem erwähnten Grenzfalle der gleicheckigen Polyeder entsprechendes diesem Netze IX umgeschrieben werden kann.

5. Bezeichnen wir den sphärischen Abstand eines Punktes P_1 von der Spitze C_1 des gleichschenkligen Dreiecks durch ε_{c1}, den Abstand von einem Endpunkte der Basis durch ε_{c2}, die Kanten und Winkel des gleicheckigen Netzes durch α'_1, $\alpha'_2 = \alpha'_3$, A'_1, $A'_2 = A'_3$ (vergl. § 16, 10), so ergeben sich leicht folgende Relationen:

$$20\,\alpha)\ \begin{cases} \sin\tfrac{1}{2}\,\alpha'_2 = \sin \varepsilon_{c1}\,\sin 60^0 = \tfrac{1}{2}\,\sqrt{3}\,\sin \varepsilon_{c1}, \\[1.2ex] \alpha'_2 = \alpha'_3, \quad \tfrac{1}{2}\,\alpha'_1 = \eta - \varepsilon_{c1}; \\[1.2ex] \cotg \dfrac{A'_1}{2} = \cos \varepsilon_{c1}\,\tang 60^0 = \sqrt{3}\,\cos \varepsilon_{c1}, \\[1.2ex] A'_2 = A'_3 = 180^0 - \dfrac{A'_1}{2}; \\[1.2ex] \cos \varepsilon_{c2} = \cos \eta \, \cos (\eta - \varepsilon_{c1}). \end{cases}$$

Für die dem Netze IX konjugierte Varietät folgt:

$$20\,\beta)\ \begin{cases} \varepsilon_{c1} = \varepsilon_{c2} = R = \eta, \\[1.2ex] \sin\tfrac{1}{2}\,\alpha'_2 = \dfrac{1}{\sqrt{2}}, \quad \alpha'_1 = 0^0; \quad A'_1 = A'_2 = A'_3 = 90^0; \end{cases}$$

für die Archimedeische Varietät der Netze IX′ ergiebt sich:

$$20\,\gamma)\ \begin{cases} \tang \varepsilon_{c1} = \dfrac{2\,\sqrt{2}}{5}; \\[1.2ex] \tfrac{1}{2}\,\alpha'_1 = \tfrac{1}{2}\,\alpha'_2 = \tfrac{1}{2}\,\alpha'_3 = P = \eta - \varepsilon_{c1}; \\[1.2ex] \tang P = \dfrac{\sin \eta}{\sqrt{3}} = \sqrt{3}\,\sin 3\eta = \dfrac{\sqrt{2}}{3}, \quad P = 25^0\,14'\,21'',8. \end{cases}$$

Durch Einführung der Werte $(20\,\alpha)$ in die Formeln $18\,a)$ bis $18\,d)$ des § 17 erhält man auch die Relationen für das dem Netze IX′ eingeschriebene gleicheckige und das dem Netze umgeschriebene gleichflächige Polyeder.

Aus diesen Formeln ergeben sich für die unter $20\,\beta)$ und $20\,\gamma)$ aufgeführten Werte von ε_{c1} auch sofort die Relationen für die entsprechenden besonderen Varietäten dieser Polyeder.

5. Da in dem gleichschenkligen Dreiecke des Netzes IX der Winkel an der Spitze $120^0 = \dfrac{360^0}{3}$ beträgt, so folgt aus

dem in § 18,5 aufgestellten Satze, dass nur die auf dem Halbierungskreise dieses Winkels liegenden Punkte P die Eckpunkte eines dem Netze IX zugeordneten gleicheckigen Netzes IX' bilden können, dass also der Punkt P_1 nicht beliebig im Innern jenes Dreieckes angenommen werden kann.

Die Netze IX' werden in § 35 als Hemigonieen von vollzähligen gleicheckigen Netzen (XXI') erhalten werden. Mit Rücksicht hierauf sind auch die Eckpunkte P in den Fig. 7α u. 7β numeriert worden (vergl. Fig. 19).

§ 20. Tetrakishexaedernetz X und Hexakistetraedernetz Xα, nebst den zugeordneten gleicheckigen Netzen X' und X'' und den entsprechenden Polyedern.

1. Das Netz X setzt sich aus 24 gleichschenkligen Dreiecken zusammen, für welche (vergl. § 15, Tab. 16)

$$20) \qquad \begin{cases} A_2 = A_3 = 60^0, & \alpha_2 = \alpha_3 = \eta, \\ A_1 = 90^0, & \alpha_1 = 180^0 - 2\eta \end{cases}$$

ist, und welche sechs regulär-vierflächige und acht halbregulär-sechsflächige sphärische Ecken bilden.

Dieses Netz wird daher einfach aus dem regulären Hexaedernetz VI durch Verbindung der Mittelpunkte A der regulären Vierecke mit den Eckpunkten C derselben erhalten (vergl. Fig. 3). Da diese Verbindungskreise den Hauptkreisen b dieses Netzes angehören, so wird das ganze Netz X durch die vollständig ausgezogenen Hauptkreise b_1, $b_2 \ldots b_6$ gebildet (vergl. Fig. 8α).

Wir bezeichnen dies Tetrakishexaedernetz auch als

X sphärisches (6+8)-eckiges 6.4-Flach.

2. Die Symmetrieebenen und Axen dieses Netzes stimmen mit denjenigen eines regulären Hexaeder- oder Oktaedernetzes überein (vergl. § 11,4 u. 5). Die Ebenen der sechs Hauptkreise b, welche die Kanten und die Ebenen der drei Hauptkreise a, welche die Symmetriekreisbogen der Dreiecke des Netzes bilden, sind direkt symmetrische Mittelebenen desselben. Die nach den Scheiteln A der vierflächigen Ecken gerichteten Kugelradien stellen drei Paare

gleicher, entgegengesetzt gerichteter vierzähliger Axen, die nach den Scheiteln C der sechsflächigen Ecken gerichteten Kugelradien vier Paare gleicher, entgegengesetzt gerichteter dreizähliger Axen dar; und endlich sind die nach den Mittelpunkten B der Basen gezogenen Radien sechs Paare von gleichen, entgegengesetzt gerichteten zweizähligen Axen des Netzes. Das charakteristische Dreieck ist also eine der beiden Hälften, in welche der Symmetriekreisbogen ein gleichschenkliges Dreieck (z. B. $A_1 C_1 C_2$) zerlegt.

Das Netz X ist ein vollzähliges Netz.

3. Die zu einem beliebig auf dem Symmetriekreisbogen einer Grenzfläche (z. B. auf $A_1 B_1$) angenommenen Punkte P_1 homologen Punkte aller Grenzflächen bilden die Eckpunkte eines gleicheckigen, dem Netze X zugeordneten Netzes. Denn je zwei benachbarte Punkte P liegen zu einer Kante des Netzes X symmetrisch; die sämtlichen Verbindungskreise je zweier benachbarten Punkte P bilden daher in jedem Punkte P eine gleichschenklig-dreiflächige sphärische Ecke. Die Flächen des so entstehenden gleicheckigen Netzes sind sechs reguläre Vierecke mit den Mittelpunkten A und acht halbreguläre $(3+3)$-kantige gleicheckige Sechsecke mit den Mittelpunkten C (vergl. in Fig. 8α den punktiert gezeichneten Teil).

Dieses dem Netze X zugeordnete gleicheckige Netz bezeichnen wir als

X' sphärisches $(6+8)$-flächiges 6.4-Eck;

ihm kommen wiederum dieselben Symmetrieebenen und Axen zu, wie dem Netze X.

Jeder Lage des Punktes P_1 auf dem Symmetriekreisbogen $A_1 B_1$ entspricht eine bestimmte Varietät der gleicheckigen Netze X'. Ist der Punkt P_1 der Mittelpunkt des dem gleichschenkligen Dreiecke $C_1 C_2 A_1$ umgeschriebenen Kreises, so sind die beiden Netze X' und X konjugiert, das eine das Symmetrienetz des andern. Fällt dagegen der Punkt P_1 mit dem Mittelpunkte des dem Dreiecke $C_1 C_2 A_1$ eingeschriebenen Kreises zusammen, so wird das gleicheckige Netz X' zugleich gleichkantig, die halbregulären

Sechsecke gehen in reguläre über; diese besondere Varietät bezeichnen wir wiederum als die Archimedeische Varietät der Netze X'.

4. Jedem Netze X' kann ein gleicheckiges Polyeder, nämlich ein

[X'] gleicheckiges (6 + 8)-flächiges 6.4-Eck eingeschrieben werden, d. h. ein Polyeder, welches auch durch gleichmässige und gerade Abstumpfung der Ecken eines regulären Oktaeders entsteht, dessen Flächen also eine Kombination der Flächen eines Hexaeders und eines Oktaeders darstellen. Ebenso kann jedem Netze X' in dessen Eckpunkten ein, dem gleicheckigen polar entsprechendes, gleichflächiges Polyeder, nämlich ein

[X] gleichflächiges (6 + 8)-eckiges 6.4-Flach umgeschrieben werden, d. h. ein sog. Tetrakishexaeder (Pyramidenwürfel), dessen Eckpunkte eine Kombination der Eckpunkte eines Oktaeders und eines Hexaeders darstellen.

Der Archimedeischen Varietät des Netzes X' entsprechen die Archimedeischen Varietäten bezw. des ein- und umgeschriebenen Polyeders. Das dem konjugierten Netze X' eingeschriebene, gleicheckige Polyeder ist zugleich einer konzentrischen Kugel umgeschrieben; dasselbe ist konzentrisch und ähnlich demjenigen Polyeder, welches dem gleichflächigen Netze X in dessen Eckpunkten umgeschrieben werden kann. Analog ist das dem konjugierten Netze X' umgeschriebene, gleichflächige Polyeder zugleich einer konzentrischen Kugel eingeschrieben; dasselbe ist konzentrisch und ähnlich demjenigen Polyeder, welches dem Netze X eingeschrieben werden kann.

5. Die Relationen für die Netze X' und die zugehörigen Polyeder ergeben sich wieder in einfacher Weise. Die Kanten und Polygonwinkel dieser Netze seien in ähnlicher Weise bezeichnet, wie in § 17, 10 und in § 19, 5 diejenigen der Netze VIII' und IX'; ε_a bedeute den sphärischen Abstand des Punktes P_1 von der Spitze A_1 des gleichschenkligen Dreiecks $C_1 C_2 A_1$, ε_c denjenigen von einem Endpunkte C_1 der Basis. Alsdann ist:

$$21\,\alpha) \quad \begin{cases} sin\,\tfrac{1}{2}\,\alpha'_2 = sin\,\varepsilon_a\,sin\,45^0 = \dfrac{1}{\sqrt{2}}\,sin\,\varepsilon_a, \\[2mm] \alpha'_2 = \alpha'_3, \quad \tfrac{1}{2}\,\alpha'_1 = 45^0 - \varepsilon_a; \\[2mm] cotg\,\dfrac{A'_1}{2} = cos\,\varepsilon_a\,tang\,45^0 = cos\,\varepsilon_a, \\[2mm] A'_2 = A'_3 = 180^0 - \dfrac{A'_1}{2}; \\[2mm] cos\,\varepsilon_c = sin\,\eta\,cos\,(45^0 - \varepsilon_a) = \dfrac{cos\,\varepsilon_a + sin\,\varepsilon_a}{\sqrt{3}}. \end{cases}$$

Für die dem Netze X konjugierte Varietät ist:

$$21\,\beta) \quad \begin{cases} \varepsilon_a = \varepsilon_c = R, \; tang\,R = \sqrt{2}\,tang\,\tfrac{1}{2}\,\eta = \dfrac{cotg\,\eta}{cos\,15^0} = \sqrt{3} - 1; \\[2mm] R = 36^0\,12'\,21'',\,2; \; tang\,\tfrac{1}{2}\,\alpha'_2 = sin\,\tfrac{1}{2}\,\eta; \end{cases}$$

und für die Archimedeische Varietät der Netze X' erhält man:

$$21\,\gamma) \quad \begin{cases} \varepsilon_a = 45^0 - P = 90^0 - 2\,\varphi, \; tang\,\varepsilon_a = \dfrac{1}{2}, \; tang\,P = \dfrac{1}{3}, \\[2mm] tang\,\varepsilon_c = \sqrt{\dfrac{2}{3}}, \; \tfrac{1}{2}\,\alpha'_1 = \tfrac{1}{2}\,\alpha'_2 = \tfrac{1}{2}\,\alpha'_3 = P = 18^0\,26'\,5'',\,8. \end{cases}$$

Die Substitution der Werte aus 21 α) bis 21 γ) in die Formeln 18 a) bis 18 d) liefert die Relationen für die den Netzen X' ein- und umgeschriebenen Polyeder, bezw. deren besondere Varietäten.

6. Wenn man den Punkt P_1 beliebig (also nicht gerade auf dem Symmetriekreisbogen) im Innern des Dreiecks $A_1\,C_1\,C_2$ annimmt, die zu demselben in Beziehung auf die einschliessenden Hauptkreise symmetrisch liegenden Punkte konstruiert und mit den so erhaltenen Punkten in gleicher Weise verfährt, so erhält man ein dem Netze X zugeordnetes gleicheckiges Netz, bei welchem je zwei benachbarte sphärische Ecken, deren Scheitel in zwei längs einer Kante aneinanderstossenden Dreiecken des Netzes X liegen, symmetrisch gleich sind. Dass in der That in diesem Falle ein solches gleicheckiges Netz existiert, ergiebt sich zufolge des allgemeinen in § 18, 5 aufgestellten Satzes daraus, dass bei dem Dreiecke des Netzes X sowohl für den Winkel A_1

an der Spitze, wie für denjenigen A_2 an der Basis die Quotienten $\left(\dfrac{360^0}{A_1} = 4, \quad \dfrac{360^0}{A_2} = 6 \right)$ gerade Zahlen sind, sich also die zu den Kanten einer sphärischen Ecke des Netzes X symmetrisch liegenden Punkte P als die Eckpunkte eines halbregulären gleicheckigen Polygons gruppieren.

Die 24 unregelmässig-dreiflächigen sphärischen Ecken dieses gleickeckigen Netzes zerfallen hiernach in zwei Gruppen von je zwölf rechten und linken Ecken. Die sechs Flächen dieses Netzes, deren Mittelpunkte die Punkte A des Netzes X sind und deren Kanten auf den Schenkeln der Dreiecke dieses Netzes senkrecht stehen, sind $(2+2)$-kantige gleicheckige Vierecke. Die acht Flächen dieses Netzes, deren Mittelpunkte die Punkte C des Netzes X sind, bilden zwei Gruppen von je vier $(3+3)$-kantigen gleicheckigen Sechsecken, wobei die Mittelpunkte der ersten und der zweiten Gruppe bezw. die Eckpunkte eines regulären Tetraedernetzes und des konjugierten sind (vergl. Fig. 8 β).

Wir bezeichnen diese gleicheckigen Netze als

X″ sphärische $(6 + \overline{4+4})$-flächige 2.12-Ecke.

7. Die Netze X″ haben zu direkt symmetrischen Mittelebenen nur die Ebenen der sechs Hauptkreise b, welche die Kanten des Symmetrienetzes X bilden, während die drei Ebenen der Hauptkreise a für diese Netze X″ keine direkten Symmetrieebenen sind. Es ist also auch das Netz X (analog wie in § 18, 2 das Netz VIII) als ein solches aufzufassen, dem diese Symmetriehauptkreise a nicht zukommen, dessen Grenzflächen also nicht aus zwei symmetrisch gleichen Hälften sich zusammensetzen. Die in 6) konstruierten Punkte P sind in der That auch nur bei dieser Beschaffenheit der Grenzflächen des Netzes X homologe Punkte derselben. Wir können, um auszudrücken, dass das Netz X in diesem Falle als ein solches aufzufassen ist, in welchem je zwei benachbarte Dreiecke nur symmetrisch-gleich sind und auch die acht halbregulär-sechsflächigen Ecken in zwei Gruppen von je vier zerfallen, das Netz X entsprechend als

Xα sphärisches $(6+\overline{4+4})$-eckiges 2.12-Flach bezeichnen.

Dieses Netz Xα von der angegebenen Beschaffenheit resultiert in sehr einfacher Weise, wenn in den beiden konjugierten regulären Tetraedernetzen (vergl. Fig. 2α und 2β) die Eckpunkte des einen mit denjenigen des andern Netzes durch Hauptkreisbogen (vermöge Ausziehens der Hauptkreise b) verbunden werden. Bei dieser Art der Entstehung ist das Fehlen der Symmetrieebenen a sofort evident, welche dem aus dem Hexaedernetze hergeleiteten Netze X (vergl. 1 dieses Paragraphen) zukommen, ebenso auch die verschiedene Beschaffenheit je zweier Schenkel eines gleichschenkligen Dreiecks (vergl. Fig. 8β, in welcher die verschiedene Beschaffenheit der Kanten des Netzes Xα zu erkennen ist). Wir bezeichnen dieser Entstehung gemäss das Netz Xα auch als Hexakistetraedernetz.

Die Axen der Netze X$''$ und des Symmetrienetzes Xα sind dieselben, wie diejenigen zweier konjugierten regulären Tetraedernetze. Die nach den Punkten A gerichteten Axen, welche für das Netz X und die Netze X$'$ vierzählige Axen waren, haben für die Netze Xα und X$''$ nur noch die Bedeutung von zweizähligen Axen; die nach den Punkten C gerichteten Kugelradien zerfallen in zwei Gruppen von je vier unter sich gleichen dreizähligen Axen, während die nach den Punkten B gezogenen Radien die Bedeutung zweizähliger Axen verloren haben.

8. Einem jeden Netze X$''$ kann ein gleicheckiges Polyeder eingeschrieben werden, welches eine Kombinationsgestalt darstellt, die von den sechs Flächen eines Hexaeders und von den $(4+4)$ Flächen zweier Tetraeder begrenzt ist. Die Seitenflächen desselben sind sechs Rechtecke und zwei Gruppen von je vier $(3+3)$-kantigen gleicheckigen Sechsecken; die 24 Ecken zerfallen in zwei Gruppen von zwölf rechten und zwölf linken Ecken.

Ein solches Polyeder wird daher als

[X$''$] gleicheckiges $(6+\overline{4+4})$-flächiges 2.12-Eck bezeichnet.

Das entsprechende gleichflächige, dem Netze X'' umgeschriebene Polyeder ist das sog. H e x a k i s t e t r a e d e r oder das

[$X\alpha$]   gleichflächige $(6 + \overline{4 + 4})$-eckige $2 . 12$-Flach, welches sechs $(2 + 2)$-kantige vierflächige Ecken, zwei Gruppen von je vier $(3 + 3)$-kantigen sechsflächigen Ecken hat und von $2 . 12$ unregelmässigen Dreiecken begrenzt ist. Die Eckpunkte sind also eine Kombination der Eckpunkte eines Oktaeders und zweier Tetraeder.

9. Um schliesslich noch die wichtigsten für die Netze X'' geltenden Beziehungen aufzustellen, wollen wir die Lage des Punktes P_1 innerhalb des Dreiecks $A_1 C_1 C_2$ (s. Fig. 8γ) durch den sphärischen Abstand $\varepsilon_a = P_1 A_1$ und den Winkel ϑ_a bestimmen, welchen der Hauptkreisbogen $A_1 P_1$ mit dem Halbierungskreise $A_1 B_1$ des Winkels A_1 bildet. Die sphärischen Abstände des Punktes P_1 von den Endpunkten C_1 und C_2 der Basis seien wiederum ε_{c1} und ε_{c2}, die senkrechten Abstände von den Kanten $C_1 C_2$, $A_1 C_1$, $A_1 C_2$ bez. $\frac{1}{2}\alpha'_1$, $\frac{1}{2}\alpha'_2$, $\frac{1}{2}\alpha'_3$, die von diesen bei P_1 gebildeten Winkel seien bez. A'_1, A'_2, A'_3 und A''_1, A'''_1; A''_2, A'''_2; A''_3, A'''_3 die Teilwinkel, in welche A'_1, A'_2, A'_3 bezw. durch $P_1 A_1$, $P_1 C_1$ und $P_1 C_2$ zerlegt werden; dann erhält man:

$$22)\ \begin{cases} \sin \tfrac{1}{2}\alpha'_2 = \sin \varepsilon_a \sin (45^0 - \vartheta_a) = \sin \varepsilon_a \dfrac{\cos \vartheta_a - \sin \vartheta_a}{\sqrt{2}}, \\[2ex] \sin \tfrac{1}{2}\alpha'_3 = \sin \varepsilon_a \sin (45^0 + \vartheta_a) = \sin \varepsilon_a \dfrac{\cos \vartheta_a + \sin \vartheta_a}{\sqrt{2}}, \\[2ex] \sin \tfrac{1}{2}\alpha'_1 = \dfrac{\cos \varepsilon_a - \sin \varepsilon_a \cos \vartheta_a}{\sqrt{2}}, \\[2ex] \cos \varepsilon_{c1} = \dfrac{\cos \varepsilon_a + (\cos \vartheta_a + \sin \vartheta_a) \sin \varepsilon_a}{\sqrt{3}}, \\[2ex] \cos \varepsilon_{c2} = \dfrac{\cos \varepsilon_a + (\cos \vartheta_a - \sin \vartheta_a) \sin \varepsilon_a}{\sqrt{3}}, \\[2ex] \cotg A''_1 = \cos \varepsilon_a \tang (45^0 + \vartheta_a), \\[1ex] \cotg A'''_1 = \cos \varepsilon_a \tang (45^0 - \vartheta_a), \\[1ex] \cos A''_2 = \tang \tfrac{1}{2}\alpha'_2 \cotg \varepsilon_{c1}, \quad \cos A'''_2 = \tang \tfrac{1}{2}\alpha'_1 \cotg \varepsilon_{c1}, \\[1ex] \cos A''_3 = \tang \tfrac{1}{2}\alpha'_1 \cotg \varepsilon_{c2}, \quad \cos A'''_3 = \tang \tfrac{1}{2}\alpha'_3 \cotg \varepsilon_{c2}. \end{cases}$$

Die Elemente der Netze X'' hängen von zwei veränderlichen Grössen ε_a und ϑ_a ab, wobei $O < \varepsilon_a < \eta$, $O < \vartheta_a < 45^0$ ist; für $\vartheta_a = O$ resultieren die Netze X' (vergl. 21 α).

Die wesentlichen Relationen für die den Netzen X'' ein- und umgeschriebenen Polyeder erhält man, wenn man die Werte aus 22) in die Formeln 18a) bis 18d) einsetzt.

§ 21. Pentakisdodekaedernetz XI nebst den zugeordneten gleicheckigen Netzen XI' und den entsprechenden Polyedern.

1. Die Grenzfläche des Pentakisdodekaedernetzes XI (vergl. Tab. 16 in § 15) ist ein gleichschenkliges Dreieck, für welches

$$23) \qquad \begin{cases} A_2 = A_3 = 60^0, & \alpha_2 = \alpha_3 = \chi, \\ A_1 = 72^0, & \alpha_1 = 2\,\psi\,^1) \end{cases}$$

ist.

Die sechzig Grenzflächen dieses Netzes bilden zwölf reguläre fünfflächige Ecken, deren Scheitel die Spitzen der gleichschenkligen Dreiecke sind, und zwanzig halbreguläre sechsflächige sphärische Ecken, deren Scheitel den Endpunkten der Basen entsprechen.

Verbindet man also die zwanzig Eckpunkte C des regulären Pentagondodekaedernetzes VII durch Hauptkreisbogen mit den Mittelpunkten G der regulären Fünfecke, so wird das in Rede stehende Netz erhalten (vergl. in Fig. 9 den stark gezeichneten Teil). Die angegebenen Verbindungskreisbogen gehören den Hauptkreisbogen $b_1 b_2 \ldots b_{15}$ des Pentagondodekaedernetzes an; also werden die sämtlichen Kanten des Netzes XI durch die zufolge der Konstruktion ausgezogenen Teile der fünfzehn Hauptkreise gebildet, und zwar sind diejenigen Teile der Hauptkreise b nicht ausgezogen, welche die Kanten des regulären Ikosaedernetzes V bilden. Das Netz XI wird passend auch als

---

1) Vergl. Formel 8) in § 9.

XI sphärisches $(12 + 20)$-eckiges 12.5-Flach
bezeichnet.

2. Das Netz XI besitzt dieselben direkt symmetrischen Mittelebenen und dieselben Axen, wie das reguläre Pentagondodekaeder- oder Ikosaedernetz (vergleiche § 12,2 u. 3). Die Ebenen der fünfzehn Hauptkreise b sind die direkten Symmetrieebenen, die fünfzähligen, die dreizähligen und die zweizähligen Axen bezw. die nach den Punkten G (den Spitzen der gleichschenkligen Dreiecke), nach den Punkten C (den Endpunkten der Basen) und nach den Punkten B (den Mittelpunkten der Basen) gerichteten Kugelradien. Das charakteristische Dreieck ist eine der beiden symmetrisch-gleichen Hälften einer Grenzfläche des Netzes XI. Das Netz selbst ist ein vollzähliges.

3. Die Eckpunkte der gleicheckigen Netze XI′, welche dem Netze XI zugeordnet sind, werden wiederum als die zu einem auf dem Symmetriekreisbogen einer Grenzfläche angenommenen Punkte P_1 homologen Punkte sämtlicher Grenzflächen gebildet. Die sechzig kongruenten Ecken dieser Netze sind gleichschenklig-dreiflächig, die Flächen sind zwölf reguläre Fünfecke mit den Mittelpunkten G und zwanzig halbreguläre $(3 + 3)$-kantige Sechsecke mit den Mittelpunkten C (s. Fig. 9).

Ein solches Netz wird daher auch als

XI′ sphärisches $(12 + 20)$-flächiges 12.5-Eck
bezeichnet.

Wenn der Punkt P_1 alle möglichen Lagen auf dem Symmetriekreisbogen $G_1 B_1$ einnimmt, so werden die sämtlichen möglichen Varietäten der Netze XI′ erhalten und zwar speziell das konjugierte Netz, wenn der Punkt P_1 der Mittelpunkt des dem gleichschenkligen Dreiecke $G_1 C_1 C_2$ umgeschriebenen, und das zugleich gleichkantige Netz (die Archimedeische Varietät), wenn der Punkt P_1 der Mittelpunkt des jenem Dreiecke eingeschriebenen Kreises ist.

Für eine andere Lage des Punktes P_1, als auf dem Halbierungskreise des Winkels bei G ergiebt sich (vergl. § 18,5) kein dem Netze XI zugeordnetes gleicheckiges Netz.

4. Das gleicheckige Polyeder, welches jedem Netze XI′ eingeschrieben werden kann und das wir als

[XI′] gleicheckiges (12 + 20)-flächiges 12.5-Eck bezeichnen, kann auch durch gleichmässige und gerade Abstumpfung der Ecken eines regulären Ikosaeders erhalten werden; seine Flächen sind also eine Kombination der Flächen eines Pentagondodekaeders und eines Ikosaeders.

Das jedem Netze XI′ umgeschriebene gleichflächige Polyeder ist ein

[XI] gleichflächiges (12 + 20)-eckiges 12.5-Flach (Pentakisdodekaeder oder Pyramidendodekaeder), welches auch durch Aufsetzen regulär-fünfseitiger Pyramiden auf die Flächen eines regulären Pentagondodekaeders erhalten werden kann; die Eckpunkte desselben stellen eine Kombination der Eckpunkte eines Ikosaeders und eines Pentagondodekaeders dar.

Die dem konjugierten Netze XI′ ein- und umgeschriebenen Polyeder sind bez. den beiden Polyedern, welche dem gleichflächigen Netze XI um- und eingeschrieben werden können, konzentrisch und ähnlich. Der Archimedeischen Varietät des Netzes XI′ entsprechen die Archimedeischen Varietäten des ein- und umgeschriebenen Polyeders.

5. Werden der sphärische Abstand des Punktes P_1 von der Spitze G_1 des gleichschenkligen Dreiecks mit ε_g, die Abstände von einem Endpunkte C_1 oder C_2 der Basis mit ε_c, die Kanten und Winkel des gleicheckigen Netzes XI′ wiederum durch $\alpha′$ und $A′$ bezeichnet, so ist (vergl. § 9 Formel 8)

$$23\,\alpha) \quad \begin{cases} \sin \tfrac{1}{2}\,\alpha′_2 = \sin \varepsilon_g \sin 36^0 = \dfrac{\sin \varepsilon_g}{2\cos \varphi}, \\[2mm] \alpha′_2 = \alpha′_3, \quad \tfrac{1}{2}\,\alpha′_1 = \varphi - \varepsilon_g, \\[2mm] \cotg \dfrac{A′_1}{2} = \cos \varepsilon_g \, \tang 36^0 = \cos \varepsilon_g \, \dfrac{\tang \varphi}{\cos \varphi}, \\[2mm] A′_2 = A′_3 = 180^0 - \dfrac{A′_1}{2}, \\[2mm] \cos \varepsilon_c = \cos \psi \cos (\varphi - \varepsilon_g). \end{cases}$$

Für die dem Netze XI konjugierte Varietät ist

$$23\,\beta)\begin{cases} \varepsilon_g = \varepsilon_c = R, \quad tang\,R = \dfrac{tang\,\frac{1}{2}\chi}{cos\,36^0} = \dfrac{tang\,\psi}{cos\,24^0}, \\[2mm] R = 22^0\,41'\,25'',\,8, \quad tang\,\frac{1}{2}\,\alpha'_2 = sin\,\frac{1}{2}\,\chi\,tang\,36^0; \end{cases}$$

und für die Archimedeische Varietät des Netzes XI' ist

$$23\,\gamma)\begin{cases} \varepsilon_g = \varphi - P, \quad cotg\,P = \dfrac{cotg\,30^0}{sin\,\psi} = \dfrac{cotg\,36^0}{sin\,(\chi-\psi)} = 3\,cotg\,\varphi, \\[2mm] \frac{1}{2}\,\alpha'_1 = \frac{1}{2}\,\alpha'_2 = \frac{1}{2}\,\alpha'_3 = P = 11^0\,38'\,26'',\,6. \end{cases}$$

Die Relationen für die den Netzen XI' ein- und umgeschriebenen Polyeder und deren besondere Varietäten ergeben sich durch Substitution der Werte 23 α) bis 23 γ) in die Formeln 18 a) bis 18 d).

§ 22. Triakisoktaedernetz XII nebst den zugeordneten gleicheckigen Netzen XII' und den entsprechenden Polyedern.

1. Die Grenzfläche des Triakisoktaedernetzes XII (vergl. Tab. 16 in § 15) ist ein gleichschenkliges Dreieck, für welches

$$24)\quad \begin{cases} A_2 = A_3 = 45^0, & \alpha_2 = \alpha_3 = \eta, \\ A_1 = 120^0, & \alpha_1 = 90^0 \end{cases}$$

ist, also speziell ein rechtseitiges Dreieck.

Da die 24 Grenzflächen dieses Netzes acht regulär-dreiflächige Ecken, deren Scheitel die Spitzen der gleichschenkligen Dreiecke sind, und sechs halbregulär achtflächige Ecken bilden, deren Scheitel die Endpunkte der Basen sind, so folgt, dass dieses Netz XII einfach erhalten wird, wenn man die Mittelpunkte C der Dreiecke des regulären Oktaedernetzes IV durch Hauptkreisbogen mit den Eckpunkten A desselben verbindet (vergl. in Fig. 10 den stark gezeichneten Teil).

Diese Verbindungskreisbogen gehören den Hauptkreisen $b_1, b_2 \ldots b_6$ des Hexaedernetzes VI an, die Kanten des Netzes XII werden also durch diese teilweise ausgezogenen Hauptkreise b, welche die Schenkel der gleichschenkligen Dreiecke, und durch die vollständig ausgezogenen Hauptkreise a des Oktaedernetzes, welche die Basen der gleichschenkligen Dreiecke bilden, dargestellt.

Von den Hauptkreisen b sind diejenigen Teile nicht ausgezogen, welche die Kanten des regulären Hexaedernetzes ergeben.

Das Netz XII wird passend als

XII   sphärisches $(8+6)$-eckiges 8.3-Flach

bezeichnet.

2. Die Symmetrieebenen und Axen des Netzes stimmen mit denen eines regulären Hexaeder- oder Oktaedernetzes (vergl. § 11, 4 u. 5) oder denjenigen eines Tetrakishexadernetzes X (§ 20, 2) überein. Das Netz ist ein vollzähliges.

3. Die Eckpunkte der dem Netze XII zugeordneten gleicheckigen Netze sind die zu einem Punkte P_1, welcher auf dem Symmetriekreisbogen $C_1 B_1$ einer Grenzfläche (z. B. $A_1 A_2 C_1$) angenommen wird, homologen Punkten sämtlicher Grenzflächen. Die 24 kongruenten Ecken dieser Netze sind gleichschenklig-dreiflächig, die Flächen sind acht reguläre Dreiecke mit den Mittelpunkten C und sechs halbreguläre $(4+4)$-kantige Achtecke mit den Mittelpunkten A (s. in Fig. 10 das punktiert gezeichnete Netz). Ein solches gleicheckiges Netz bezeichnen wir als

XII′   sphärisches $(8+6)$-flächiges 8.3-Eck.

Den verschiedenen Lagen des Punktes P_1 auf dem Symmetriekreisbogen $C_1 B_1$ entsprechen die verschiedenen möglichen Varietäten der Netze XII′. Wird also speziell der Punkt P_1 der Mittelpunkt des dem Dreiecke $C_1 A_1 A_2$ eingeschriebenen Kreises, so resultiert die zugleich gleichkantige, die sog. Archimedeische Varietät, bei welcher die halbregulären Achtecke zu regulären geworden sind.

Was dagegen das dem Netze XII konjugierte Netz XII′ anlangt, so tritt hier der besondere Umstand ein, dass der Mittelpunkt des einer Grenzfläche des Netzes XII umgeschriebenen Kreises ausserhalb dieser Fläche, nämlich auf dem Symmetriekreise $C_1 B_1$ über B_1 hinausfällt (vergl. unter 5) Formel 24 β), und also in dem längs der Basis $A_1 A_2$

anstossenden Nachbardreiecke liegt. Werden die zu einem
solchen Mittelpunkte in Beziehung auf die Kanten des zugehörigen Dreiecks symmetrisch liegenden Punkte konstruiert
und wird mit den erhaltenen Punkten in gleicher Weise
verfahren, so entsteht ein gleicheckiges Netz, dessen Eckpunkte die Mittelpunkte der den sämtlichen Dreiecken des
Netzes XII umgeschriebenen Kreise sind. Von den Grenzflächen dieses Netzes sind aber die $(4+4)$-kantigen Achtecke, deren Mittelpunkte die Punkte A sind, nicht konvexe Figuren, sog. überschlagene Achtecke; der innere
Flächenteil derselben, ein reguläres Viereck, hat den entgegengesetzten Zellenkoeffizienten[1]), wie die vier gleichschenklig-dreieckigen Flächenteile, welche durch die über die Eckpunkte des Vierecks hinaus verlängerten und gleichmässig
abgestumpften Kanten gebildet werden. Dieses sphärische
gleicheckige Netz ist daher als nicht konvex zu bezeichnen,
während es im übrigen alle Eigenschaften eines dem Netze
XII konjugierten Netzes besitzt. Auf diejenigen Netze
(höherer Art), deren Eckpunkte homologe, ausserhalb der
Flächen des gleichflächigen Netzes liegende Punkte sind,
wird im letzten Kapitel näher eingegangen werden.

Nur die auf dem Symmetriekreise $C_1 B_1$ liegenden
Punkte P_1 bilden nebst ihren homologen Punkten ein dem
Netze XII zugeordnetes gleicheckiges Netz (vergl. § 18, 5).

4. Jedem Netze XII′ lässt sich ein gleicheckiges Polyeder, nämlich ein

[XII′] gleicheckiges $(8+6)$-flächiges 8.3-Eck
einschreiben, d. h. ein Polyeder, welches durch gleichmässige
und gerade Abstumpfung der Ecken eines Hexaeders entsteht,
dessen Flächen also eine Kombination der Grenzflächen eines
Oktaeders und eines Hexaeders sind. Das diesem Polyeder
polar entsprechende gleichflächige Polyeder, welches dem
Netze XII′ umgeschrieben ist, das

[XII] gleichflächige $(8+6)$-eckige 8.3-Flach

---

1) Vergl. Möbius, Baryc. Calc. 165 Anm.; Statik 45, sowie meine
Schrift: Über gleicheckige und gleichkantige Polygone, Kassel, Th. Kay,
1874, § 16.

(Triakisoktaeder, Pyramidenoktaeder), wird auch durch Aufsetzen regulär-dreiseitiger Pyramiden auf die Flächen eines Oktaeders erhalten; die Eckpunkte desselben sind also eine Kombination derjenigen eines Hexaeders und eines Oktaeders.

Die der Archimedeischen Varietät der Netze XII′ ein- und umgeschriebenen Polyeder sind bez. die Archimedeischen Varietäten dieser gleicheckigen und gleichflächigen Polyeder. Das dem nicht konvexen, konjugierten Netze XI′ eingeschriebene gleicheckige Polyeder ist ein nicht konvexes Polyeder, dessen achteckige Grenzflächen (die den Hexaederflächen entsprechen) überschlagene halbreguläre Achtecke mit Flächenteilen von entgegengesetzt gleichen Zellenkoeffizienten sind, welche bezüglich der Innen- und Aussenseite der Grenzfläche entsprechen; das dem konjugierten Netze XII′ umgeschriebene gleichflächige Polyeder ist ebenfalls nicht konvex, insofern die Innenflächenwinkel an den Oktaederkanten überstumpf sind. Ein dem letzteren Polyeder konzentrisches und ähnliches ist das dem gleichflächigen Netze XII eingeschriebene Polyeder, ebenso wie das diesem Netze umgeschriebene gleicheckige Polyeder dem nicht konvexen gleicheckigen Polyeder konzentrisch und ähnlich ist.

5. Für die Kanten und Winkel der gleicheckigen Netze XII′ erhält man, wenn die Abstände des Punktes P_1 von C_1 und einem der beiden Punkte A_1 oder A_2 bez. mit ε_c und ε_a bezeichnet werden, die Relationen:

$$24\,\alpha)\quad\begin{cases} \sin\tfrac{1}{2}\,\alpha'_2 = \sin\varepsilon_c \sin 60^0 = \tfrac{1}{2}\sqrt{3}\,\sin\varepsilon_c, \\[2mm] \alpha'_2 = \alpha'_3, \quad \tfrac{1}{2}\,\alpha'_1 = 90^0 - \eta - \varepsilon_c, \\[2mm] \cotg\dfrac{A'_1}{2} = \cos\varepsilon_c\,\tang 60^0 = \sqrt{3}\,.\,\cos\varepsilon_c, \\[2mm] A'_2 = A'_3 = 180^0 - \dfrac{A'_1}{2}, \\[2mm] \cos\varepsilon_a = \cos 45^0\,.\,\cos(90^0 - \eta - \varepsilon_c) = \dfrac{1}{\sqrt{2}}\sin(\eta + \varepsilon_c) \\[2mm] \qquad = \dfrac{1}{\sqrt{3}}\left(\cos\varepsilon_c + \dfrac{\sin\varepsilon_c}{\sqrt{2}}\right). \end{cases}$$

Der Radius R des dem Dreiecke $C_1 A_1 A_2$ umgeschriebenen Kreises folgt aus

$$24\beta) \quad \left\{ \begin{array}{l} tang\, R = \dfrac{tang\, \frac{1}{2}\,\eta}{cos\, 60^0} = \dfrac{tang\, 45^0}{cos\, 15^0} = \sqrt{2}\,(\sqrt{3} - 1), \\[2mm] R = 45^0\, 59'\, 34'',\, 7. \end{array} \right.$$

R ist also grösser, als $C_1 B_1 = 90^0 - \eta = 35^0\, 15'\, 51'',\, 8$, d. h der Mittelpunkt des umgeschriebenen Kreises fällt auf die Verlängerung von $C_1 B_1'$ über B_1 hinaus (vergl. 3 dieses Paragraphen).

Für die dem Netze XII konjugierte Varietät der Netze XII″ wird daher

$$24\beta) \quad \left\{ \begin{array}{l} \varepsilon_c = \varepsilon_a = R, \;\; tang\, \frac{1}{2}\,\alpha'_2 = sin\, \frac{1}{2}\,\eta\; tang\, 60^0 \\[2mm] \qquad = \sqrt{\dfrac{\sqrt{3}\,(\sqrt{3} - 1)}{2}}\,, \end{array} \right.$$

und $\frac{1}{2}\,\alpha'_1 = (90^0 - \eta) - R$ wird negativ $= -[10^0 43' 42'',\, 9]$, d. h. das sphärische Perpendikel von dem Mittelpunkte des umgeschriebenen Kreises trifft die Aussenseite der Basis $A_1 A_2$.

Für die Archimedeische Varietät des Netzes XII′ ergiebt sich:

$$24\gamma) \quad \left\{ \begin{array}{l} \varepsilon_c = 90^0 - \eta - P, \;\; cotg\, P = \dfrac{cotg\, 22\frac{1}{2}^0}{sin\, 45^0} = \dfrac{cotg\, 60^0}{sin\,(\eta - 45^0)} \\[2mm] \qquad = \sqrt{2}\,(\sqrt{2} + 1), \\[2mm] \frac{1}{2}\,\alpha'_1 = \frac{1}{2}\,\alpha'_2 = \frac{1}{2}\,\alpha'_3 = P = 16^0 19' 29'',\, 8. \end{array} \right.$$

§ 23. Triakisikosaedernetz XIII nebst den zugeordneten gleicheckigen Netzen XIII′ und den entsprechenden Polyedern.

1. Das Triakisikosaedernetz XIII setzt sich aus sechzig kongruenten gleichschenkligen Dreiecken zusammen, für welche (vergl. Tab. 16 in § 15)

$$25) \quad \left\{ \begin{array}{ll} A_2 = A_3 = 36^0, & \alpha_2 = \alpha_3 = \chi, \\[1mm] A_1 = 120^0, & \alpha_1 = 2\varphi \end{array} \right.$$

ist; dieselben bilden zwanzig regulär-dreiflächige sphärische Ecken, deren Scheitel die Spitzen der gleichschenkligen Dreiecke, und zwölf halbreguläre zehnflächige Ecken, deren Scheitel die Endpunkte der Basen sind. Dieses Netz wird daher erhalten, wenn die Mittelpunkte C der Dreiecke des regulären Ikosaedernetzes V durch Hauptkreisbogen mit den Eckpunkten G derselben verbunden werden (vergl. in Fig. 11 den stark gezeichneten Teil).

Die sämtlichen Kanten des Netzes gehören den fünfzehn Hauptkreisen $b_1, b_2 \ldots b_{15}$ an, von denen diejenigen Teile nicht ausgezogen sind, welche die Kanten des regulären Pentagondodekaedernetzes VII bilden.

Wir bezeichnen das Netz XIII auch als

XIII   sphärisches $(20+12)$-eckiges 20.3-Flach.

2. Die Symmetrieebenen und Axen dieses Netzes sind dieselben, wie diejenigen eines regulären Ikosaeder- oder Pentagondodekaedernetzes (vergl. § 12, 2 u. 3). Das Netz ist ein vollzähliges.

3. Die zu einem Punkte P_1, welcher auf dem Symmetriekreisbogen $C_1 B_1$ einer Grenzfläche $(C_1 G_1 G_2)$ angenommen wird, homologen Punkte sämtlicher Grenzflächen bilden die Eckpunkte eines dem Netze XIII zugeordneten gleicheckigen Netzes XIII′. Dasselbe hat sechzig kongruente gleichschenklig-dreiflächige Ecken, seine Flächen sind zwanzig reguläre Dreiecke mit den Mittelpunkten C und zwölf halbreguläre $(5+5)$-kantige Zehnecke mit den Mittelpunkten G. Wir bezeichnen ein solches Netz als

XIII′   sphärisches $(20+12)$-flächiges 20.3-Eck

(vergl. in Fig. 11 den punktiert gezeichneten Teil).

Für die verschiedenen Lagen des Punktes P_1 auf dem Symmetriekreisbogen $C_1 B_1$ resultieren die verschiedenen möglichen Varietäten der Netze XIII′. Wenn der Punkt P_1 der Mittelpunkt des dem Dreiecke $C_1 G_1 G_2$ eingeschriebenen Kreises ist, so entsteht das zugleich gleichkantige Netz XIII′, die sog. Archimedeische Varietät, bei welcher die halbregulären Zehnecke zu regulären geworden sind.

Dagegen ist das dem Netze XIII konjugierte gleich-eckige Netz ebenso, wie das dem Netze XII konjugierte, ein nicht konvexes Netz. Denn der Mittelpunkt des einer Grenz-fläche des Netzes XIII umgeschriebenen Kreises liegt auf dem Symmetriekreise $C_1 B_1$ ausserhalb der Fläche, auf der Ver-längerung über B_1 hinaus (vergl. unter 5 die Formel 25 β). Das gleicheckige Netz, welches die Mittelpunkte der sämtlichen Dreiecken des Netzes XIII umgeschriebenen Kreise zu Eck-punkten hat und welches zu diesem Netze konjugiert ist, hat zu Grenzflächen zwanzig reguläre Dreiecke mit den Mittel-punkten C und zwölf nicht konvexe, sog. überschlagene $(5 + 5)$-kantige Zehnecke mit den Mittelpunkten G; der innere Flächenteil eines solchen Zehnecks, nämlich ein reguläres Fünfeck, hat den entgegengesetzten Zellenkoeffizienten, wie die fünf gleichschenklig-dreieckigen Flächenteile, welche durch die über die Eckpunkte des Fünfecks hinaus verlängerten und gleichmässig abgestumpften Kanten gebildet sind.

Für eine andere Lage des Punktes P_1, als auf dem Symmetriekreise des gleichschenkligen Dreiecks $C_1 G_1 G_2$, er-giebt sich (vergl. § 18, 5) kein dem Netze XIII zugeordnetes gleicheckiges Netz.

4. Das gleicheckige Polyeder, welches jedem Netze XIII′ eingeschrieben werden kann, ist ein

[XIII′] gleicheckiges $(20 + 12)$-flächiges 20.3-Eck, welches auch durch gleichmässige und gerade Abstumpfung der Ecken eines regulären Pentagondodekaeders erhalten werden kann, dessen Flächen also eine Kombination der Grenz-flächen eines Ikosaeders und eines Pentagondodekaeders sind.

Das jedem Netze XIII′ umgeschriebene gleich-flächige Polyeder, das

[XIII] gleichflächige $(20 + 12)$-eckige 20.3-Flach (Triakisikosaeder- oder Pyramidenikosaeder), kann auch durch Aufsetzen regulär-dreiseitiger Pyramiden auf die Flächen eines Ikosaeders erhalten werden; die Eck-punkte desselben stellen also eine Kombination derjenigen eines Pentagondodekaeders und eines Ikosaeders dar.

Der Archimedeischen Varietät der Netze XIII' sind auch die sog. Archimedeischen Varietäten der gleicheckigen und gleichflächigen Polyeder ein- bez. umgeschrieben. Das dem konjugierten, nicht konvexen Netze XIII' eingeschriebene gleicheckige Polyeder ist ebenfalls nicht konvex; die den Pentagondodekaederflächen entsprechenden Grenzflächen sind überschlagene halbreguläre Zehnecke, deren mit entgegengesetzt gleichen Zellenkoeffizienten behafteten Flächenteile bezüglich der Innen- und Aussenseite der Grenzflächen entsprechen. Ebenso ist das dem konjugierten Netze XIII' umgeschriebene gleichflächige Polyeder nicht konvex, da die Innen-Flächenwinkel an den Ikosaederkanten überstumpf sind. Das dem gleichflächigen Netze XIII eingeschriebene Polyeder ist diesem letzteren Polyeder konzentrisch und ähnlich, ebenso wie das diesem Netze umgeschriebene Polyeder dem nicht konvexen gleicheckigen Polyeder konzentrisch und ähnlich ist.

5. Bezeichnet man den Abstand des Punktes P_1 von der Spitze C_1 und einem der beiden Endpunkte G_1 oder G_2 der Basis wiederum bez. durch ε_c und ε_g, so erhält man für die Kanten und Winkel der gleicheckigen Netze XIII' die Beziehungen:

$$25\,\alpha)\quad \begin{cases} \sin \tfrac{1}{2}\,\alpha'_2 = \sin \varepsilon_c \sin 60^0 = \tfrac{1}{2}\sqrt{3}\,\sin \varepsilon_c\,, \\[2mm] \alpha'_2 = \alpha'_3\,, \quad \tfrac{1}{2}\,\alpha'_1 = \psi - \varepsilon_c\,, \\[2mm] \cot g\,\dfrac{A'_1}{2} = \cos \varepsilon_c \, \tan g\,60^0 = \sqrt{3}\,\cos \varepsilon_c\,, \\[2mm] A'_2 = A'_3 = 180^0 - \dfrac{A'_1}{2}\,, \\[2mm] \cos \varepsilon_g = \cos \varphi \cos (\psi - \varepsilon_c)\,. \end{cases}$$

Der Radius R des dem Dreiecke $C_1\,G_1\,G_2$ umgeschriebenen Kreises folgt aus

$$25\,\beta)\quad \tan g\,R = \frac{\tan g\,\tfrac{1}{2}\,\chi}{\cos 60^0} = \frac{\tan g\,\varphi}{\cos 24^0}\,;\quad R = 34^0\,4'\,45''\!,\,2,$$

d. h. R ist grösser als $C_1\,B_1 = \psi = 20^0\,54'\,18''\!,\,6$; der Mittelpunkt des umgeschriebenen Kreises fällt also auf die Verlängerung von $C_1\,B_1$ über B_1 hinaus (vergl. 3 dieses Paragraphen). Für die dem Netze XIII konjugierte Varietät der Netze XIII' ergiebt sich also:

$$25\,\beta')\quad \varepsilon_c = \varepsilon_g = R,\ tang\ \tfrac{1}{2}\,\alpha'_2 = sin\,\tfrac{1}{2}\,\chi\ tang\ 60^0 = \sqrt{3}\ sin\,\tfrac{1}{2}\,\chi,$$

und $\tfrac{1}{2}\,\alpha'_1 = \psi - R$ wird negativ $= -[13^0\,10'\,26'',\,6]$, d. h. das von dem Mittelpunkte des umgeschriebenen Kreises auf die Basis $G_1 G_2$ gefällte Perpendikel trifft die **Aussenseite** desselben.

Für die **Archimedeische** Varietät ist:

$$25\,\gamma)\quad \left\{ \begin{array}{l} \varepsilon_c = \psi - P,\ cotg\,P = \dfrac{cotg\,18^0}{sin\,\varphi} = \dfrac{cotg\,60^0}{sin\,(\chi - \varphi)} = \dfrac{cos\,\varphi}{sin^3\,\varphi}, \\[2ex] \tfrac{1}{2}\,\alpha'_1 = \tfrac{1}{2}\,\alpha'_2 = \tfrac{1}{2}\,\alpha'_3 = P = 9^0\,41'\,37'',\,4. \end{array} \right.$$

Die Substitution der Werte von 25 α) bis 25 γ) in die Formeln 18a bis 18d) ergiebt die Relationen für die den Netzen XIII' um- und eingeschriebenen Polyeder.

§ 24. Veränderliche gleichflächige Netze, deren Grenzfläche ein gleichschenkliges Dreieck ist.

1. Netz des tetragonalen Sphenoids XIV.

1. Die bisher betrachteten gleichflächigen Netze, deren Grenzfläche ein gleichschenkliges Dreieck ist, waren die sog. **festen** derartigen Netze, bei deren Grenzfläche sowohl der Winkel an der Basis, als derjenige an der Spitze einen aliquoten Teil von 360^0 betrug und bei welchen daher zweierlei sphärische Ecken auftraten, deren Scheitel den Eckpunkten zweier konjugierten regulären Netze entsprachen.

Für die Gruppierung und Beschaffenheit der Ecken eines aus gleichschenkligen Dreiecken zusammengesetzten Netzes ist nun aber **zweitens** der Fall möglich, dass die Winkel einer Grenzfläche keinen aliquoten Teil von 360^0 betragen und an allen Ecken des Netzes in gleicher Weise auftreten, sodass das gleichflächige Netz zugleich **gleicheckig** wird, d. h. lauter gleiche, wenn auch im allgemeinen nicht reguläre, sphärische Ecken besitzt.

Dieser Bedingung wird zunächst allgemein dadurch genügt, dass an jedem Eckpunkte der Basiswinkel A_2 $2k$-mal

auftritt, falls der Winkel A_1 (an der Spitze) k-mal auftritt.
Zu der in § 15 unter 11 α) aufgestellten Bedingungsgleichung:

$$11\,\alpha)\qquad A_1 + 2\,A_2 = \frac{m+4}{m}\,180^0$$

tritt also jetzt die folgende:

$$26)\qquad k\,(A_1 + 2\,A_2) = 360^0$$

hinzu. Aus beiden Gleichungen folgt:

$$26\,\alpha)\qquad m = \frac{4\,k}{2-k},$$

woraus als einzig zulässiger Wert für k der Wert $k = 1$ sich
ergiebt, welchem der Wert $m = 4$ entspricht. Für die Zahl
μ der Eckpunkte dieses Netzes ergiebt sich ebenfalls der
Wert 4, da die Zahl ν der in jeder Ecke zusammenstossenden
Flächen 3 beträgt.

2. Das so bestimmte Netz, welches wir als

XIV gleichschenkliges sphärisches viereckiges

4-Flach

oder als sphärisches Netz des tetragonalen Sphenoids bezeichnen wollen, hat also zu Grenzflächen vier gleichschenklige, einander kongruente Dreiecke und zu Ecken vier
gleichschenklig-dreiflächige, einander kongruente Ecken. Da
die Winkel einer Grenzfläche nur der Bedingung

$$26\,\beta)\qquad A_1 + 2\,A_2 = 360^0$$

genügen müssen, so folgt, dass dies zugleich gleicheckige
und gleichflächige Netz ein veränderliches (oder beweg-
liches) ist, dessen Elemente von einer veränderlichen Grösse
abhängen.

Für die Elemente des Dreiecks erhält man die einfachen
Beziehungen:

$$26\,\gamma)\quad\left\{\begin{array}{l} A_2 = A_3 = 180^0 - \dfrac{A_1}{2}\,;\; tang\,A_2 = -\,\dfrac{1}{cos\frac{1}{2}\alpha_1}\,; \\[2.5ex] cos\,\dfrac{\alpha_1}{2} = cotg\,\dfrac{A_1}{2}\,;\quad cos\,\tfrac{1}{2}\,\alpha_2 = cos\,\tfrac{1}{2}\,\alpha_3 = \dfrac{1}{\sqrt{2}}\,sin\,\tfrac{1}{2}\,\alpha_1\,; \\[2.5ex] cos\,\alpha_2 = cos\,\alpha_3 = -\,cotg^2\,\dfrac{A_1}{2} = -\,cos^2\,\dfrac{\alpha_1}{2}\,; \end{array}\right.$$

mit Hilfe deren leicht alle Veränderungen des Netzes verfolgt werden können, wenn man z. B. α_1, die Basis des gleichschenkligen Dreiecks, als Variable wählt. Für $0 < \alpha_1 < 180^\circ$ ist $90^\circ < A_1 < 180^\circ$, $135^\circ > A_2 > 90^\circ$, die Winkel sind also immer **stumpfe Winkel**, welche zwischen den angegebenen Grenzen liegen, ebenso sind die beiden Schenkel α_2 und α_3 immer stumpf, während die Basis α_1 spitz, recht oder stumpf sein kann. Für $\alpha_1 = 2\eta$ resultiert das **reguläre** (d. h. zugleich auch **gleichkantige**) **Tetraedernetz III** (§ 11, 1).

3. Ein solches Dreieck und ein durch vier solcher Dreiecke gebildetes Netz lässt sich durch folgende einfache Konstruktion erhalten: Man ziehe zwei auf einander senkrechte Durchmesser eines kleinen Kugelkreises und verbinde die Endpunkte P_1, P_3 des einen Durchmessers mit den Gegenpunkten P'_2, P'_4 der Endpunkte des andern Durchmessers durch Hauptkreise (s. Fig. 12 α).

Denn das Dreieck $P_1 P_3 P'_2$ ist das an die Basis $P_1 P_3$ anstossende Nebendreieck eines solchen gleichschenkligen Dreiecks, für welches der Winkel an der Spitze das doppelte desjenigen an der Basis beträgt, d. h. des Diagonaldreiecks eines regulären Vierecks.

Hieraus ist sofort ersichtlich, dass das Netz XIV auch einfach als **Hemigonie** des **gleicheckigen** $(2+4)$-flächigen **prismatischen Achtecks IV'** (vergl. § 16, 7) erhalten werden kann, welches dem regulären Oktaedernetze IV zugeordnet ist. Wählt man von den acht Eckpunkten (s. Fig. 5 γ) entweder diejenigen P_1, P_3, P'_2, P'_4 oder diejenigen P_2, P_4, P'_1, P'_3 aus und verbindet dieselben durch die Diagonalen der regulären und halbregulären viereckigen Grenzflächen, so wird je ein Netz XIV erhalten. Diese Diagonalen entstehen sämtlich durch Verlängerung der Kanten des Netzes IV'. Die Mittelpunkte der Basen sind die Punkte A_1 und A'_1, die Mittelpunkte der Schenkel die auf dem Hauptkreise a_1 liegenden Punkte A_2, A_3, A'_2, A'_3. Das Netz XIV ist ein **halbzähliges Netz.**

Die einzigen direkt symmetrischen Mittelebenen, welche dem Netze XIV zukommen, sind, wie auch aus der zuletzt angegebenen Entstehung des Netzes sich ergiebt, die beiden Ebenen der Hauptkreise, welche die Basen der gleichschenkligen Dreiecke bilden und auf einander senkrecht stehen. Dagegen sind die Ebenen der Hauptkreise, welche die Schenkel bilden, keine Symmetrieebenen des Netzes. Die nach den Mittelpunkten A_1 und A'_1 der Basen gerichteten Hauptaxen, welche für das vollzählige Netz IV' vierzählig waren, haben jetzt nur die Bedeutung zweizähliger Axen; die Queraxen OA_2, OA'_2 und OA_3, OA'_3 sind ebenfalls zweizählig, während die zweite Gruppe zweizähliger Queraxen, welche die Winkel der ersteren halbieren, nicht mehr vorhanden ist.

Das Netz XIV wird später als ein besonderer Fall des Netzes XVII eines rhombischen Sphenoids (§ 29), sowie auch als ein Grenzfall der hauptaxigen Deltoidnetze XXIV (§ 39) erhalten werden.

4. Nimmt man auf dem Symmetriekreisbogen eines gleichschenkligen Dreiecks — dieser Symmetriekreisbogen ergänzt die halbe Basis der beiden an die Spitze dieses Dreiecks anstossenden Dreiecke zu einem Halbkreis — einen Punkt Q_1 an, konstruiert in den drei anderen Dreiecken des Netzes die zu diesem homologen Punkte und verbindet diese vier Punkte durch Hauptkreisbogen, so entsteht wiederum ein Netz XIV', welches ebenfalls ein Netz eines tetragonalen Sphenoids ist und welches wir dem Netze XIV unsymmetrisch-konjugiert nennen wollen. Denn wiewohl die beiden Netze in der gegenseitigen Beziehung stehen, dass die Eckpunkte des einen homologe Punkte der Flächen des andern sind und dass die Kanten sich gegenseitig halbieren, so stehen doch nur die Basen der gleichschenkligen Dreiecke beider Netze, nicht aber die Schenkel auf einander senkrecht — das eine Netz ist also nicht das Symmetrienetz des andern. Ist speziell der sphärische Abstand des Punktes Q_1 von der Mitte der Basis des ihn einschliessenden Dreiecks gleich der Hälfte dieser Basis $(= \frac{1}{2}\alpha_2)$, so sind die beiden Netze XIV

und XIV′ kongruent und bilden zusammen das Netz IV′, als dessen Hemigonieen beide zu betrachten sind.

Wird aber der Punkt Q_1 speziell der Mittelpunkt $\mathfrak{P}_4$ des dem gleichschenkligen Dreieck $P_1 P_3 P'_2$ (Fig. 12 α) umgeschriebenen Kreises, so werden die beiden Netze **symmetrisch konjugiert**, d. h. das eine das Symmetrienetz des andern.

Zu jedem Netze XIV giebt es daher ein **symmetrisch-konjugiertes** (oder in dem frühern Sinne **konjugiertes**) Netz XIV′, welches das einzige jenem **symmetrisch-zugeordnete gleicheckige** Netz darstellt.

5. Die sämtlichen möglichen Varietäten des Netzes XIV werden erhalten, wenn die Variable $\varepsilon_a = \tfrac{1}{2}\alpha_1$ alle Werte von 0^0 bis 90^0 annimmt, d. h. wenn der Punkt P_1 den Quadranten des Symmetriekreises $A_1 B_3$ des regulären Oktaedernetzes durchläuft (vergl. Fig. 5 γ und Fig. 12 β). Da nun zu jeder einem Werte von $\varepsilon_a = \tfrac{1}{2}\alpha_1$ entsprechenden Varietät ein **symmetrisch-konjugiertes** Netz XIV′ gehört, welches wiederum eine andere bestimmte Varietät der Netze XIV darstellt, die dem Werte $\varepsilon'_a = \tfrac{1}{2}\alpha'_1$ (d. h. dem sphärischen Abstande des Punktes $\mathfrak{P}_4$ von A_1) entspricht, so wird, wenn der ε'_a entsprechende Bogen von A_1 aus auf $A_1 B_3$ abgetragen wird, ein Punkt $\mathfrak{P}_1$ erhalten, welcher nebst den drei entsprechenden Punkten $\mathfrak{P}_3, \mathfrak{P}'_2, \mathfrak{P}'_4$ die Eckpunkte eines jenem **symmetrisch-konjugierten** Netze XIV′ kongruenten Netzes bildet. Wir nennen die beiden Punkte P_1 und $\mathfrak{P}_1$ **konjugiert**; sie sind in der That konjugierte Punkte eines **projektivisch-involutorischen Punktsystems** auf dem Hauptkreise $A_1 B_3$. Die **Doppelpunkte** dieses Punktsystems sind die Punkte C_1 und C_4, da für die sphärischen Abstände ε_a und ε'_a der beiden Punkte P_1 und $\mathfrak{P}_1$ von A_1, der Mitte von $C_1 C_4$, die einfache Relation besteht

$$26\,\delta) \qquad tang\,\varepsilon_a \,.\, tang\,\varepsilon'_a = 2,$$

oder

$$26\,\delta') \qquad tang\,\tfrac{1}{2}\alpha_1 \,.\, tang\,\tfrac{1}{2}\alpha'_1 = 2.$$

Durchläuft P_1 den Bogen $A_1 C_1$, so durchläuft der konjugierte Punkt $\mathfrak{P}_1$ den Bogen $B_3 C_1$; durchläuft P_1 den

Bogen $C_1 B_3$, so durchläuft $\mathfrak{P}_1$ den Bogen $C_1 A_1$ u. s. f.; der Doppelpunkt C_1 entspricht, wie schon erwähnt, dem regulären Tetraedernetz.

Als weitere Relationen zwischen den Elementen der beiden symmetrisch-konjugierten Netze XIV und XIV' ergeben sich leicht ausser derjenigen (26 δ) folgende:

$$26\varepsilon)\begin{cases} tang\,\tfrac{1}{2}\,\alpha'_2 = \dfrac{sin\,\tfrac{1}{2}\,\alpha_2}{cos\,\tfrac{1}{2}\,\alpha_1}\,; \quad tang\,\tfrac{1}{2}\,\alpha_2 = \dfrac{sin\,\tfrac{1}{2}\,\alpha'_2}{cos\,\tfrac{1}{2}\,\alpha'_1}\,; \\[3mm] cos\,\tfrac{1}{2}\,\alpha'_2 = \dfrac{\sqrt{2}\,cos\,\tfrac{1}{2}\,\alpha_2}{\sqrt{1+3\,cos^2\,\tfrac{1}{2}\,\alpha_2}}\,; \quad cos\,\tfrac{1}{2}\,\alpha_2 = \dfrac{\sqrt{2}\,cos\,\tfrac{1}{2}\,\alpha'_2}{\sqrt{1+3\,cos^2\,\tfrac{1}{2}\,\alpha'_2}}\,; \\[3mm] cos\,R = cos\,\dfrac{\alpha_1}{2}\,cos\,\dfrac{\alpha'_1}{2} = cos\,\dfrac{\alpha_2}{2}\,cos\,\dfrac{\alpha'_2}{2} = cotg\,\dfrac{A_1}{2}\,cotg\,\dfrac{A'_1}{2} \\[3mm] \qquad = cotg\,A_1\,cotg\,A'_1\,, \end{cases}$$

wo R den Radius des den Grenzflächen beider Netze umgeschriebenen Kreises bedeutet.

6. Jedem Netze XIV oder XIV' kann sowohl ein Polyeder ein- als auch umgeschrieben werden, welches wie die Netze ein zugleich gleicheckiges und gleichflächiges ist. Jedes derartige Polyeder ist ein

[XIV]   tetragonales Sphenoid,

welches sowohl als die Hemigonie eines geraden tetragonalen Prisma, als auch als die Hemiedrie eines tetragonalen Oktaeders erhalten werden kann. Die beiden tetragonalen Sphenoide, von welchen das eine einem Netze XIV ein-, das andere demselben Netze umgeschrieben ist, sind symmetrisch-konjugiert, und zwar ist das eingeschriebene (umgeschriebene) demjenigen tetragonalen Sphenoide konzentrisch und ähnlich, welches dem symmetrisch-konjugierten Netze umgeschrieben (eingeschrieben) ist.

Die Beziehungen für zwei solche konjugierte tetragonale Sphenoide, sowie für ein tetragonales Sphenoid überhaupt, ergeben sich leicht durch Substitution der Werte 26γ) bis 26ε) in die Formeln 18a) bis 18d).

7. Es sei endlich noch einmal darauf hingewiesen, dass bei diesem veränderlichen Netze, welches zugleich gleicheckig

und gleichflächig ist, die Eckpunkte sich als die Hälfte der Eckpunkte eines (veränderlichen) gleicheckigen Netzes (IV′) ergeben, während sie bei den festen Netzen VIII bis XIII als Kombination der Eckpunkte zweier regulären Netze erhalten werden, und ferner, dass das Netz XIV nur ein teilweise symmetrisches ist, da nur die Ebenen der Basen, nicht aber diejenigen der Schenkel der Grenzflächen, direkt symmetrische Mittelebenen des Netzes repräsentieren.

§ 25.

2. Gleichschenklige Skalenoedernetze XVIII α.

1. Schliesslich ergiebt sich noch eine dritte Möglichkeit für die Anordnung und Beschaffenheit eines aus gleichschenkligen Dreiecken zusammengesetzten gleichflächigen Netzes. Von den beiden gleichen Winkeln $A_1 = A_2 = \dfrac{360^0}{\nu_1}$ können nämlich einmal je ν_1 Winkel A_1 in einer Ecke des Netzes zusammenstossen, so dass eine erste Gruppe von halbregulären sphärischen Ecken entsteht, welche von derselben Beschaffenheit sind, wie die Ecken der festen Netze VIII bis XIII; zweitens können alsdann je k Winkel A_2 mit je k Winkeln A_3 sich zu einer Ecke vereinigen, so dass eine zweite Gruppe von unter sich gleichen Ecken entsteht, deren Beschaffenheit derjenigen des veränderlichen Netzes XIV entspricht.

Bezeichnen wir die Anzahl der Ecken der ersten Gruppe durch μ_1, diejenige der Ecken der zweiten Gruppe durch μ_2, so gelten also für derartige Netze folgende Beziehungen:

$$27\,\alpha)\quad \left\{ \begin{array}{l} \nu_1 A_1 = 360^0; \quad k\,(A_2 + A_3) = 360^0; \\[2mm] A_3 = 360^0 \left(\dfrac{1}{k} - \dfrac{1}{\nu_1} \right); \\[2mm] \mu_1 = \dfrac{m}{\nu_1}, \quad \mu_2 = \dfrac{m}{k}, \end{array} \right.$$

aus welchen in Verbindung mit 11 α) folgt:

$$27\,\beta) \qquad 2\left(\frac{1}{v_1} + \frac{1}{k}\right) = \frac{m+4}{m},$$

oder

$$27\,\beta') \qquad m = \frac{4\,v_1\,k}{2\,v_1 - (v_1 - 2)\,k}.$$

Da aber zufolge des Wertes für A_3 in $27\,\alpha)$ nur der Wert $k = 2$ zulässig ist, so ergiebt sich:

$$27\,\gamma) \quad m = 2v_1, \quad A_2 + A_3 = 180^0; \quad \mu_1 = 2; \quad \mu_2 = v_1;$$

und da die Zahl $v_1 = \mu_2$ notwendig gerade sein muss, so ist $v_1 = 2p_1$ ($p_1 = 2, 3\ldots$), womit schliesslich die Formeln übergehen in:

$$27\,\delta) \quad \left\{ \begin{array}{l} A_1 = A_2 = \dfrac{180^0}{p_1}, \quad A_3 = 180^0\left(1 - \dfrac{1}{p_1}\right) \\[2mm] m = 4p_1, \quad \mu_1 = 2, \quad \mu_2 = 2p_1. \end{array} \right.$$

Die Basis α_3, sowie die Schenkel α_1, α_2 bestimmen sich aus den einfachen Formeln:

$$27\,\varepsilon) \left\{ \begin{array}{l} \cos\alpha_1 = cotg\,A_1\,cotg\,\dfrac{A_3}{2} = cotg\,\dfrac{180^0}{p_1}\,tang\,\dfrac{90^0}{p_1} = \dfrac{\cos\dfrac{180^0}{p_1}}{2\cos^2\dfrac{90^0}{p_1}}; \\[6mm] \sin\tfrac{1}{2}\,\alpha_1 = \dfrac{1}{2\cos\dfrac{90^0}{p_1}}; \\[6mm] \cos\tfrac{1}{2}\,\alpha_3 = \dfrac{\cos\dfrac{A_3}{2}}{\sin A_1} = \dfrac{\sin\dfrac{90^0}{p_1}}{\sin\dfrac{180^0}{p_1}} = \dfrac{1}{2\cos\dfrac{90^0}{p_1}} = \sin\tfrac{1}{2}\,\alpha_1; \\[6mm] \alpha_3 = 180^0 - \alpha_1, \end{array} \right.$$

d. h. die Grenzfläche ist das Nebendreieck eines regulären Dreiecks von der Kante α_3.

Dem Werte $p_1 = 2$ entspricht das reguläre Oktaedernetz IV.

2. Die im vorigen charakterisierten Netze bezeichnen wir als

XVIII*a*) gleichschenklige Skalenoedernetze.
Sie werden durch $4\,p_1$ gleichschenklige Dreiecke gebildet,
die in zwei gegenüberliegenden Eckpunkten zu je $2\,p_1$ mit
den gleichen Winkeln A_1 zusammenstossen, und ausserdem
$2\,p_1$ vierflächige sphärische Ecken bilden, in welchen je zwei
Basiswinkel A_2 und zwei Winkel A_3 zusammenstossen.

Diese Netze ergeben sich durch eine einfache Zerteilung
des Doppelpyramidennetzes VIII; doch soll jetzt auf die
genauere Beschaffenheit dieser Netze XVIII*a* sowie der entsprechenden gleicheckigen Netze und der zugehörigen Polyeder nicht eingegangen werden, da sich die Netze XVIII*a*
im § 30 als ein ganz spezieller Fall der dort zu betrachtenden
allgemeineren, veränderlichen Skalenoedernetze XVIII ergeben werden.

Es sei nur noch darauf hingewiesen, dass die Netze XVIII*a*
zwar feste Netze sind (für einen angenommenen Wert des
p_1), dass sie aber, wie die Netze XIV, zum Teil unsymmetrisch sind, indem nur die Ebenen der Hauptkreise der
Basis und des einen Schenkels, nicht aber des andern Schenkels Symmetrieebenen des Netzes darstellen.

3. Durch Berücksichtigung aller Möglichkeiten für die
Beschaffenheit und Anordnung der gleichschenkligen Dreiecke,
welche ein die Kugelfläche einmal bedeckendes Netz bilden
können, haben sich im vorstehenden wesentlich drei Hauptfälle ergeben. Der erste Hauptfall umfasst die festen und
symmetrischen derartigen Netze VIII bis XIII, der zweite
das veränderliche, zum Teil unsymmetrische, zugleich
gleicheckige und gleichflächige Netz XIV eines tetragonalen
Sphenoids, der dritte das feste, aber zum Teil unsymmetrische Netz XVIII*a* eines gleichschenkligen Skalenoeders.

Wir gehen nunmehr dazu über, den allgemeinsten Fall
der gleichflächigen Dreiecksnetze zu behandeln, bei welchem
die Dreiecke als ungleichkantig vorausgesetzt werden.

B. Allgemeiner Fall der gleichflächigen Dreiecksnetze: Die Grenzfläche ist ein ungleichkantiges Dreieck.

§ 26. Ableitung der Relationen und der möglichen Fälle für die festen und symmetrischen derartigen Netze.

Wenn ein ungleichkantiges Dreieck mit den Kanten α_1, α_2, α_3 und den Winkeln A_1, A_2, A_3 nebst seinen Wiederholungen ein die Kugelfläche einmal bedeckendes Netz bilden soll, so muss erstens die Bedingung erfüllt sein

$$28) \qquad A_1 + A_2 + A_3 = \frac{m+4}{m}\, 180^0,$$

wo m die Zahl der Dreiecke des Netzes bedeutet.

Was zweitens die Beschaffenheit und Anordnung der Ecken anlangt, so ergeben sich auch hier mehrere Fälle, von welchen wir zunächst den Fall der festen und symmetrischen Netze berücksichtigen, bei welchen jeder der drei Winkel A_1, A_2, A_3 einen aliquoten Teil von 360^0 beträgt und daher drei Gruppen von sphärischen Ecken entstehen, indem in jedem Eckpunkte je ν_i gleiche Winkel A_i zusammenstossen. Wir erhalten daher ferner die Beziehungen:

$$29) \qquad \begin{cases} \nu_1 A_1 = 360^0, \\ \nu_2 A_2 = 360^0, \\ \nu_3 A_3 = 360^0, \end{cases}$$

oder

$$29\,\alpha) \qquad \begin{cases} A_1 = \dfrac{360^0}{\nu_1}, \\[2mm] A_2 = \dfrac{360^0}{\nu_2}, \\[2mm] A_3 = \dfrac{360^0}{\nu_3}, \end{cases}$$

aus welchen in Verbindung mit 28) sich ergiebt:

$$30) \qquad \frac{2}{\nu_1} + \frac{2}{\nu_2} + \frac{2}{\nu_3} = 1 + \frac{4}{m},$$

oder

$$30\,\alpha) \quad m = \frac{4}{\dfrac{2}{\nu_1} + \dfrac{2}{\nu_2} + \dfrac{2}{\nu_3} - 1} = \frac{4\,\nu_1\,\nu_2\,\nu_3}{2\,(\nu_2\,\nu_3 + \nu_3\,\nu_1 + \nu_1\,\nu_2) - \nu_1\,\nu_2\,\nu_3}.$$

Wird die Zahl der durch je ν_i gleiche Winkel A_i gebildeten Ecken mit μ_i bezeichnet, so ist

$$31) \qquad \mu_1 = \frac{m}{\nu_1}, \quad \mu_2 = \frac{m}{\nu_2}, \quad \mu_3 = \frac{m}{\nu_3}$$

und

$$31\,\alpha) \qquad \nu_1\,\mu_1 + \nu_2\,\mu_2 + \nu_3\,\mu_3 = 3\,m.$$

Werden nun den Zahlen ν_1, ν_2, ν_3 diejenigen zulässigen ganzzahligen und von einander verschiedenen Werte erteilt, welchen ein positiver und ganzzahliger Wert von m entspricht, so werden die möglichen gleichflächigen Netze von der angegebenen Beschaffenheit erhalten. Die Diskussion liefert nur die folgenden beiden Fälle, in welchen die Dreiecke rechtwinklig sind, die Kanten derselben sich also auf sehr einfache Weise aus den Winkeln bestimmen lassen.

Nr.	Name des Netzes.	ν_1	ν_2	ν_3	m	μ_1	μ_2	μ_3	A_1	A_2	A_3	α_1	α_2	α_3
XV	Hexakisoktaedernetz	8	6	4	48	6	8	12	45°	60°	90°	$90^\circ - \eta$	45°	η [1]
XVI	Diakishexekontaedernetz .	10	6	4	120	12	20	30	36°	60°	90°	ψ	φ	χ [2]

Diese beiden gleichflächigen Netze XV und XVI sollen nebst den zugeordneten gleicheckigen Netzen und den entsprechenden Polyedern zunächst in den beiden folgenden Paragraphen genauer betrachtet werden.

---

1) Vergl. Formel 7) in § 9.
2) Vergl Formel 8) in § 9.

§ 27. Hexakisoktaedernetz XV nebst den zugeordneten gleicheckigen Netzen XV' und den entsprechenden Polyedern.

1. Aus den in Tabelle 32 aufgeführten Werten für die Winkel und Kanten einer Grenzfläche, sowie denjenigen für die Zahl der Ecken und der in ihnen zusammenstossenden Flächen ergiebt sich sofort, dass das Netz XV durch die drei vollständig ausgezogenen Hauptkreise a_1, a_2, a_3 des regulären Oktaedernetzes IV und durch die sechs vollständig ausgezogenen Hauptkreise b_1, b_2 ... b_6 des jenem konjugierten regulären Hexaedernetzes VI gebildet wird (vergl. in Fig. 13 α den stark gezeichneten Teil). Die sämtlichen Kanten des Netzes XV gehören also den $3+6$ Hauptkreisen an, deren Ebenen die direkt-symmetrischen Mittelebenen des regulären Oktaedernetzes IV oder des regulären Hexaedernetzes VI darstellen; und das Netz XV kann auch dadurch erhalten werden, dass man die gleichschenkligen Grenzflächen der Netze X oder XII durch Ziehen der Symmetriekreisbogen in je zwei symmetrisch-gleiche rechtwinklige Dreiecke zerteilt. Die 48 Grenzflächen des Netzes XV zerfallen hiernach in zwei Gruppen von je 24 einander kongruenten Dreiecken, während die Dreiecke der einen Gruppe denen der anderen symmetrisch gleich sind (vergl. Fig. 13 β, in welcher die Schraffierung diese Beschaffenheit des Netzes bezeichnen soll).

Was die Ecken dieses Netzes XV anlangt, so stossen in den sechs Oktaedereckpunkten A je acht, in den acht Hexaederpunkten C je sechs und in den zwölf Punkten B (den Kantenmittelpunkten der konjugierten Netze IV und VI) je vier Grenzflächen bezw. unter gleichen Winkeln aneinander, so dass die Ecken mit den Scheiteln A, C, B bezw. halbreguläre achtflächige, sechsflächige, vierflächige sphärische Ecken sind.

Wir bezeichnen daher das Netz XV passend auch als:

XV   sphärisches $(6+8+12)$-eckiges 2.24-Flach.

2. Die Grenzfläche (z. B. $A_1 C_1 B_1$) des Hexakisoktaedernetzes ist das früher (vergl. § 11, 4) erwähnte charakteristische Dreieck des regulären Oktaeder- und des Hexaedernetzes. Die Eckenaxen des Netzes XV bilden bez. die drei Paare vierzähliger, die vier Paare dreizähliger und die sechs Paare zweizähliger Axen desselben, während die die Kanten des Netzes XV erzeugenden Ebenen der drei Hauptkreise a (der Äquatoren zu den Punkten A) und der sechs Hauptkreise b (der Äquatoren zu den Punkten B) die direkt-symmetrischen Mittelebenen des Netzes darstellen (vergl. § 11, 5).

3. Werden zu einem beliebig im Innern einer Grenzfläche (z. B. $A_1 C_1 B_1$) angenommenen Punkte P_1 die homologen Punkte in allen übrigen Dreiecken des Netzes XV konstruiert, so liegen je zwei in Beziehung auf eine Kante benachbarte Punkte P symmetrisch zu derselben und das durch die Verbindung sämtlicher 48 Punkte P entstehende Netz ist ein gleicheckiges Netz XV′, welches dem Netze XV als seinem Symmetrienetze zugeordnet sind. Die 48 dreiflächigen sphärischen Ecken zerfallen in zwei Gruppen von je 24 rechten und linken Ecken, da je zwei benachbarte Ecken, deren Scheitel in zwei längs einer Kante anstossenden Dreiecken des Netzes XV liegen, symmetrisch-gleich sind. Diejenigen gleicheckigen Netze, deren Eckpunkte je einer dieser beiden Gruppen von 24 Punkten angehören, werden später in § 42 als Netze XXVI′, die den Pentagonikositetraedernetzen XXVI zugeordnet sind, erhalten werden.

Die Grenzflächen des Netzes XV′, deren Kanten durch die auf ihnen senkrecht stehenden Kanten des Symmetrienetzes XV halbiert werden, sind einmal sechs gleicheckige $(4 + 4)$-kantige Achtecke mit den Mittelpunkten A, ferner acht gleicheckige $(3 + 3)$-kantige Sechsecke mit den Mittelpunkten C und endlich zwölf gleicheckige $(2 + 2)$-kantige Vierecke mit den Mittelpunkten B (vergl. in Fig. 13 α das punktiert gezeichnete Netz). Wir bezeichnen das gleicheckige Netz XV′ als

XV′ sphärisches $(6 + 8 + 12)$-flächiges $2 . 24$-Eck.

Die sämtlichen möglichen Varietäten des Netzes XV′ entstehen, wenn der Punkt P_1 alle möglichen Lagen innerhalb des Dreieckes $A_1 C_1 B_1$ annimmt. Ist dieser Punkt der Mittelpunkt des dem Dreiecke umgeschriebenen Kreises, so erhält man diejenige Varietät, welche dem Netze XV konjugiert ist. Wenn dagegen der Punkt P_1 mit dem Mittelpunkte des dem Dreiecke $A_1 C_1 B_1$ eingeschriebenen Kreises zusammenfällt, so werden die sämtlichen Kanten des Netzes XV′ einander gleich, die sämtlichen im allgemeinen halbregulären Grenzflächen gehen in reguläre über. Wir bezeichnen diese Varietät wiederum als die Archimedeische Varietät der Netze XV′.

Die Netze X′ und XII′ entsprechen den beiden besonderen Fällen der Netze XV′, in welchen der Punkt P_1 bez. auf der Kante $A_1 B_1$ und der Kante $B_1 C_1$ liegt, das Netz XV also durch Zusammenfassen je zweier längs einer solchen Kante zusammenstossenden Dreiecke bez. in das Netz X und XII übergeht. Der Fall, in welchem der Punkt P_1 auf die Kante $C_1 A_1$ fällt, wird in § 35 erhalten werden, wobei die entsprechenden Netze als zugeordnete Netze des sog. Deltoidikositetraedernetzes XXI auftreten, welches durch Zusammenfassen je zweier längs einer Kante $C_1 A_1$ zusammenstossenden Dreiecke des Netzes XV resultiert.

Die dem Hexakistetraedernetz Xα zugeordneten gleicheckigen Netze X″ (§ 20) stellen diejenige Hemigonie der Netze XV′ dar, bei welcher von den 48 Eckpunkten dieser Netze nur diejenigen beibehalten werden, welche symmetrisch zu den Hauptkreisen b, nicht aber zu den Hauptkreisen a liegen.

Als eine andere Hemigonie dieser Netze XV′ werden im § 38 die dem Diakisdodekaedernetz XXIII zugeordneten gleicheckigen Netze XXIII′ auftreten.

4. Jedem Netze XV′ kann ein gleicheckiges Polyeder, nämlich ein

[XV′] gleicheckiges $(6+8+12)$-flächiges 2.24-Eck eingeschrieben werden, ein Polyeder, welches durch gleichmässige und gerade Abstumpfung der Ecken und der Kanten eines regulären Oktaeders erhalten werden kann, dessen Flächen also eine Kombination der Grenzflächen eines regulären Hexaeders, Oktaeders und eines Rhombendodekaeders darstellen. Die Beschaffenheit der Ecken und der Grenzflächen folgt einfach aus derjenigen der Ecken und der Grenzflächen des gleicheckigen Netzes.

Das einem Netze XV' in dessen Eckpunkten umgeschriebene gleichflächige Polyeder, welches dem eingeschriebenen gleicheckigen polar entspricht, ist ein Hexakisoktaeder oder ein

[XV] gleichflächiges $(6+8+12)$-eckiges 2.24-Flach,

dessen Eckpunkte eine Kombination der Eckpunkte eines regulären Oktaeders, Hexaeders und eines Kubooktaeders darstellen. Dasselbe ist von 2.24 (24 rechten und 24 linken) unregelmässigen Dreiecken begrenzt und hat sechs achtflächige, acht sechsflächige und zwölf vierflächige halbreguläre Ecken, deren Flächenwinkel im allgemeinen abwechselnd gleich sind.

Die dem konjugierten Netze XV' ein- und umgeschriebenen Polyeder sind bez. den beiden Polyedern konzentrisch und ähnlich, welche dem Netze XV um- und eingeschrieben werden können; während der Archimedeischen Varietät der Netze XV' die Archimedeischen Varietäten des ein- und umgeschriebenen Polyeders entsprechen, für welche bez. sämtliche Grenzflächen oder sämtliche Ecken regulär werden.

5. Die Elemente der Netze XV' hängen von zwei veränderlichen Grössen ab, als welche wir wiederum den sphärischen Abstand ε_a des Punktes P_1 vom Eckpunkte A_1 und den Winkel ϑ_a wählen wollen, welchen der Hauptkreis $A_1 P_1$ mit dem Hauptkreise $A_1 B_1$ bildet. Die Winkel des sphärischen Dreiecks bei A_1, B_1, C_1 mögen (statt wie bisher durch A_1, A_3, A_2) durch A, B, C, die Kanten (statt wie bisher durch $\alpha_1, \alpha_3, \alpha_2$) durch α, β, γ; die sphärischen Abstände des Punktes P_1 von den Eckpunkten B_1 und C_1 durch ε_b und ε_c und die Winkel, welche die Hauptkreisbogen $B_1 P_1$ und

$C_1 P_1$ bez. mit $B_1 C_1$ und $C_1 A_1$ einschliessen durch ϑ_b und ϑ_c bezeichnet werden. Die senkrechten Abstände des Punktes P_1 von den Kanten α, β, γ oder die halben Kanten des zugeordneten gleicheckigen Netzes XV' sollen durch $\frac{1}{2}\alpha'$, $\frac{1}{2}\beta'$, $\frac{1}{2}\gamma'$, die von ihnen eingeschlossenen Winkel durch A', B', C', und endlich die Teilwinkel, in welche die Winkel A', B', C' bez. durch die Bogen $P_1 A_1$, $P_1 B_1$, $P_1 C_1$ zerlegt werden, durch A'', A'''; B'', B'''; C'', C''' bezeichnet werden (vergl. Fig. 13γ). Alsdann gelten die Beziehungen:

$$33\,\alpha) \quad \begin{cases} \cos \varepsilon_b = \dfrac{\cos \varepsilon_a + \sin \varepsilon_a \cos \vartheta_a}{\sqrt{2}} = \dfrac{\cos \varepsilon_a + \cos \varepsilon_{a2}}{\sqrt{2}}, \\[2ex] \cos \varepsilon_c = \dfrac{\cos \varepsilon_a + (\cos \vartheta_a + \sin \vartheta_a)\, \sin \varepsilon_a}{\sqrt{3}} \\[2ex] \qquad = \dfrac{\cos \varepsilon_a + \cos \varepsilon_{a2} + \cos \varepsilon_{a3}}{\sqrt{3}}, \end{cases}$$

wo

$$33\,\beta) \quad \cos \varepsilon_{a2} = \sin \varepsilon_a \cos \vartheta_a, \quad \cos \varepsilon_{a3} = \sin \varepsilon_a \sin \vartheta_a$$

gesetzt ist, also ε_a oder $\varepsilon_{a1}, \varepsilon_{a2}, \varepsilon_{a3}$ die sphärischen Abstände des Punktes P_1 von den drei Eckpunkten A_1, A_2, A_3 des Oktantendreiecks bedeuten und

$$33\,\gamma) \quad \cos^2 \varepsilon_{a1} + \cos^2 \varepsilon_{a2} + \cos^2 \varepsilon_{a3} = 1$$

ist.

Ferner ist:

$$33\,\delta) \quad \begin{cases} \sin \tfrac{1}{2}\alpha' = \sin \varepsilon_b . \sin \vartheta_b = \sin \varepsilon_c . \sin (60^0 - \vartheta_c) \\[1ex] \qquad = \dfrac{\cos \varepsilon_a - \cos \varepsilon_{a2}}{\sqrt{2}}, \\[2ex] \sin \tfrac{1}{2}\beta' = \sin \varepsilon_c . \sin \vartheta_c = \sin \varepsilon_a . \sin (45^0 - \vartheta_a) \\[1ex] \qquad = \dfrac{\cos \varepsilon_{a2} - \cos \varepsilon_{a3}}{\sqrt{2}}, \\[2ex] \sin \tfrac{1}{2}\gamma' = \sin \varepsilon_a . \sin \vartheta_a = \sin \varepsilon_b . \cos \vartheta_b = \cos \varepsilon_{a3}; \end{cases}$$

und

$$33\,\varepsilon) \quad \begin{cases} \operatorname{cotg} A'' = \cos \varepsilon_a \operatorname{tang} \vartheta_a, \quad \operatorname{cotg} A''' = \cos \varepsilon_a \operatorname{tang} (45^0 - \vartheta_a), \\[1ex] \operatorname{cotg} B'' = \cos \varepsilon_b \operatorname{tang} \vartheta_b, \quad \operatorname{cotg} B''' = \cos \varepsilon_b \operatorname{cotg} \vartheta_b, \\[1ex] \operatorname{cotg} C'' = \cos \varepsilon_c \operatorname{tang} \vartheta_c, \quad \operatorname{cotg} C''' = \cos \varepsilon_c \operatorname{tang} (60^0 - \vartheta_c); \end{cases}$$

wobei:

$$33\,\zeta)\begin{cases} tang\ \vartheta_a = \dfrac{cos\ \varepsilon_{a_3}}{cos\ \varepsilon_{a_2}} = \dfrac{sin\ \frac{1}{2}\,\gamma'}{\sqrt{2}\ sin\ \frac{1}{2}\,\beta' + sin\ \frac{1}{2}\,\gamma'}, \\[3ex]
tang\ (45^0 - \vartheta_a) = \dfrac{cos\ \varepsilon_{a_2} - cos\ \varepsilon_{a_3}}{cos\ \varepsilon_{a_2} + cos\ \varepsilon_{a_3}} = \dfrac{sin\ \frac{1}{2}\,\beta'}{\sqrt{2}\ sin\ \frac{1}{2}\,\gamma' + sin\ \frac{1}{2}\,\beta'}, \\[3ex]
tang\ \vartheta_b = \dfrac{cos\ \varepsilon_a - cos\ \varepsilon_{a_2}}{\sqrt{2}\ cos\ \varepsilon_{a_3}} = \dfrac{sin\ \frac{1}{2}\,\alpha'}{sin\ \frac{1}{2}\,\gamma'}, \\[3ex]
tang\ \vartheta_c = \dfrac{\sqrt{3}\,(cos\ \varepsilon_{a_2} - cos\ \varepsilon_{a_3})}{2\ cos\ \varepsilon_a - (cos\ \varepsilon_{a_2} + cos\ \varepsilon_{a_3})} \\[3ex]
\qquad = \dfrac{\sqrt{3}\ sin\ \frac{1}{2}\,\beta'}{2\ sin\ \frac{1}{2}\,\alpha' + sin\ \frac{1}{2}\,\beta'}, \\[3ex]
tang\ (60^0 - \vartheta_c) = \dfrac{\sqrt{3}\,(cos\ \varepsilon_a - cos\ \varepsilon_{a_2})}{cos\ \varepsilon_a + cos\ \varepsilon_{a_2} - 2\ cos\ \varepsilon_{a_3}} \\[3ex]
\qquad = \dfrac{\sqrt{3}\ sin\ \frac{1}{2}\,\alpha'}{2\ sin\ \frac{1}{2}\,\beta' + sin\ \frac{1}{2}\,\alpha'} \end{cases}$$

ist.

Die von den sphärischen Perpendikeln $P_1\,J_a$, $P_1\,J_c$, $P_1\,J_b$ auf den Kanten α, γ, β erzeugten Abschnitte (s. Fig. 13γ)

$$\begin{array}{ccc}
A_1\,J_c = \gamma_{(1)} & C_1\,J_b = \beta_{(1)} & B_1\,J_a = \alpha_{(1)} \\
A_1\,J_b = \beta_{(2)} & C_1\,J_a = \alpha_{(2)} & B_1\,J_c = \gamma_{(2)},
\end{array}$$

welche bez. die beiden Radien der je einem halbregulären gleicheckigen Polygon des gleicheckigen Netzes eingeschriebenen Kreise darstellen, bestimmen sich aus den einfachen Formeln:

$$33\,\eta)\begin{cases} tang\ \gamma_{(1)} = \dfrac{cos\ \varepsilon_{a_2}}{cos\ \varepsilon_a}, \\[3ex]
tang\ \beta_{(2)} = \dfrac{cos\ \varepsilon_{a_2} + cos\ \varepsilon_{a_3}}{\sqrt{2}\ cos\ \varepsilon_a}, \\[3ex]
tang\ \beta_{(1)} = \dfrac{2\ cos\ \varepsilon_a - cos\ \varepsilon_{a_2} - cos\ \varepsilon_{a_3}}{\sqrt{2}\,(cos\ \varepsilon_a + cos\ \varepsilon_{a_2} + cos\ \varepsilon_{a_3})}, \\[3ex]
tang\ \alpha_{(2)} = \dfrac{cos\ \varepsilon_a + cos\ \varepsilon_{a_2} - 2\ cos\ \varepsilon_{a_3}}{\sqrt{2}\,(cos\ \varepsilon_a + cos\ \varepsilon_{a_2} + cos\ \varepsilon_{a_3})}, \\[3ex]
tang\ \alpha_{(1)} = \dfrac{\sqrt{2}\ cos\ \varepsilon_{a_3}}{cos\ \varepsilon_a + cos\ \varepsilon_{a_2}}, \\[3ex]
tang\ \gamma_{(2)} = \dfrac{cos\ \varepsilon_a - cos\ \varepsilon_{a_2}}{cos\ \varepsilon_a + cos\ \varepsilon_{a_2}}. \end{cases}$$

Für den Radius R des dem Dreiecke $A_1 C_1 B_1$ umgeschriebenen Kreises erhält man

$$33\,\vartheta)\begin{cases}tang\,R = \dfrac{tang\,(45^0 - \frac{1}{2}\eta)}{cos\,52\frac{1}{2}^0} = \dfrac{tang\,\frac{1}{2}\eta}{cos\,7\frac{1}{2}^0} = \dfrac{tang\,22\frac{1}{2}^0}{cos\,37\frac{1}{2}^0} \\ = 4\,sin\,7\frac{1}{2}^0, \quad R = 27^0\,34'\,9'',\,4;\end{cases}$$

damit folgt für das dem Netze XV konjugierte Netz XV′:

$$33\,\iota)\begin{cases}\varepsilon_a = \varepsilon_b = \varepsilon_c = R, \quad \vartheta_a = 90^0 - \vartheta_b = 45^0 - \vartheta_c = 37\frac{1}{2}^0, \\ cos\,\varepsilon_{a2} = (\sqrt{2} - 1)\,cos\,R, \quad cos\,\varepsilon_{a3} = (\sqrt{3} - \sqrt{2})\,cos\,R; \\ cos\,\varepsilon_a + cos\,\varepsilon_{a2} + cos\,\varepsilon_{a3} = \sqrt{3},\end{cases}$$

aus welchen Werten sich die Kanten und Winkel dieses Netzes in einfacher Weise ergeben.

Für die Archimedeische Varietät des Netzes XV′ wird:

$$33\,\varkappa)\begin{cases}cotg\,P = \dfrac{cotg\,22\frac{1}{2}^0}{sin\,(\eta - 22\frac{1}{2}^0)} = \dfrac{1}{sin\,(\eta + 22\frac{1}{2}^0)} = \dfrac{cotg\,30^0}{sin\,22\frac{1}{2}^0} \\ = \sqrt{6\sqrt{2}\,(\sqrt{2}+1)}, \quad P = 12^0\,27'\,32'',\,1; \\ \frac{1}{2}\alpha' = \frac{1}{2}\beta' = \frac{1}{2}\gamma' = P, \quad tang\,\varepsilon_a = \dfrac{tang\,(\eta - 22\frac{1}{2}^0)}{cos\,22\frac{1}{2}^0}; \\ \vartheta_a = 22\frac{1}{2}^0, \quad \vartheta_b = 45^0, \quad \vartheta_c = 30^0; \\ cos\,\varepsilon_a : cos\,\varepsilon_{a2} : cos\,\varepsilon_{a3} = 2\sqrt{2}+1 : \sqrt{2}+1 : 1 \\ \dfrac{cos\,\varepsilon_b}{cos\,\varepsilon_a} = \dfrac{5\sqrt{2}+1}{7} = \dfrac{7}{5\sqrt{2}-1}; \quad \dfrac{cos\,\varepsilon_c}{cos\,\varepsilon_a} = \dfrac{\sqrt{3}}{3-\sqrt{2}}.\end{cases}$$

Für diejenigen Varietäten, bei welchen der Punkt P_1 auf dem von B_1 auf die Hypotenuse $A_1 C_1$ gefällten sphärischen Perpendikel $B_1 D_1$ (s. Fig. 17 α) liegt, bestehen die einfachen Beziehungen:

$$33\,\lambda)\begin{cases}\dfrac{cos\,\varepsilon_{a2} + cos\,\varepsilon_{a3}}{cos\,\varepsilon_a} = 1; \quad cotg\,\varepsilon_a = cos\,\vartheta_a + sin\,\vartheta_a; \quad \vartheta_b = \eta; \\ \dfrac{cos\,\varepsilon_c}{cos\,\varepsilon_a} = \dfrac{2}{\sqrt{3}}; \quad \varepsilon_b + \frac{1}{2}\beta' = 30^0.\end{cases}$$

Wenn der Punkt P_1 auf die Kante $A_1 B_1$ rückt, so entstehen die Netze X', für welche (vergl. Formeln 21) in § 20):

$$33\,\mu)\qquad \vartheta_a = 0^0,\ \ \vartheta_b = 90^0;\ \ \varepsilon_a + \varepsilon_b = 45^0$$

wird; fällt der Punkt P_1 auf die Kante $B_1 C_1$, so werden die Netze XII' erhalten, für welche (vergl. § 22 Formeln 24) die Relationen gelten:

$$33\,\nu)\quad \vartheta_b = 0^0,\ \vartheta_c = 60^0;\ \ cotg\,\varepsilon_a = cos\,\vartheta_a;\ \ \varepsilon_b + \varepsilon_c = 90^0 - \eta.$$

Was die den Netzen XV' ein- und umgeschriebenen Polyeder anlangt, so ergeben sich die wichtigsten Beziehungen für dieselben und ihre bezüglichen besonderen Varietäten, wenn die Werte aus $33\,\alpha)$ bis $\nu)$ in die Formeln $18\,a)$ bis $d)$ eingesetzt werden, wobei nur die für die Netze XV' etwas geänderte Bezeichnung der Kanten und Winkel zu berücksichtigen ist. Auf die Beziehungen zwischen den Grössen ε_a, ϑ_a oder ε_a, ε_{a2}, ε_{a3} oder ε_a, ε_b, ε_c zu den sog. Ableitungskoeffizienten dieser Polyeder wird später im fünften Kapitel näher eingegangen werden.

§ 28. Diakishexekontaedernetz XVI nebst den zugeordneten gleicheckigen Netzen XVI' und den entsprechenden Polyedern.

1. Das Diakishexekontadernetz XVI wird, wie aus den Werten in Tab. 32 für die Winkel und Kanten einer Grenzfläche, sowie für die Zahl der Ecken und der sich in ihnen vereinigenden Flächen hervorgeht, durch die vollständig ausgezogenen fünfzehn Hauptkreise $b_1, b_2 \ldots b_{15}$ des regulären Ikosaeder- oder des konjugierten Pentagondodekaedernetzes erzeugt (s. in Fig. 14 α den stark gezeichneten Teil). Man kann dies Netz XVI auch dadurch erhalten, dass man die gleichschenkligen Grenzflächen der Netze XI oder XIII durch Ziehen der Symmetriekreisbogen, welche in die Verlängerung der Kanten dieser Netze fallen, in je zwei symmetrisch gleiche rechtwinklige Dreiecke zerteilt. Die 120 Grenzflächen des Netzes XVI bestehen daher aus zwei Gruppen von je sechzig

einander kongruenten Dreiecken, während die Dreiecke der einen Gruppe denen der andern symmetrisch gleich sind.

In den zwölf Ikosaedereckpunkten G dieses Netzes stossen je zehn, in den zwanzig Pentagondodekaedereckpunkten C je sechs und in den dreissig Punkten B (den Kantenmittelpunkten der konjugierten Netze V und VII) je vier Grenzflächen bezw. unter gleichen Winkeln aneinander, so dass die sphärischen Ecken mit den Scheiteln G, C, B bezw. als halbreguläre zehnflächige, sechsflächige und vierflächige zu bezeichnen sind.

Das Netz XVI wird daher passend als

XVI sphärisches $(12+20+30)$-eckiges

2.60-Flach

bezeichnet.

2. Eine Grenzfläche des Netzes XVI (z. B. $G_1 C_1 B_1$) stellt das früher (§ 12, 2) erwähnte charakteristische Dreieck des regulären Ikosaeder- und des Pentagondodekaedernetzes dar. Die nach den Punkten G, C, B gehenden Eckenaxen bilden sechs Paare fünfzähliger, zehn Paare dreizähliger und fünfzehn Paare zweizähliger Axen, während die fünfzehn Ebenen der Hauptkreise b (die Äquatoren der Punkte B) die einzigen direkt-symmetrischen Mittelebenen des Netzes sind (§ 12, 3).

3. Die zu einem beliebig im Innern einer Grenzfläche (z. B. $G_1 C_1 B_1$) angenommenen Punkte P_1 homologen Punkte sämtlicher Grenzflächen des Netzes XVI ergeben, wenn je zwei in Beziehung auf eine Kante dieses Netzes symmetrisch liegende, benachbarte Punkte verbunden werden, ein dem Netze XVI zugeordnetes gleicheckiges Netz XVI'. Je zwei benachbarte Ecken dieses Netzes, deren Scheitel in zwei längs einer Kante anstossenden Dreiecken des Netzes XVI liegen, sind symmetrisch gleich, so dass die 120 dreiflächigen sphärischen Ecken des Netzes XVI' entsprechend in zwei Gruppen von je sechzig rechten und linken Ecken zerfallen.

Auf diejenigen gleicheckigen Netze, deren Eckpunkte die sechzig Punkte je einer dieser beiden Gruppen sind,

werden wir später in § 43 unter XXVII' geführt werden,
wo sich diese Netze als dem Pentagon-Hexekontaedernetze
XXVII zugeordnet ergeben werden.

Das Netz XVI' besitzt dreierlei Grenzflächen, deren
Kanten durch die auf ihnen senkrecht stehenden Kanten des
Symmetrienetzes XVI halbiert werden, und zwar sind vor-
handen: zwölf gleicheckige $(5+5)$-kantige Zehnecke mit den
Mittelpunkten G, ferner zwanzig gleicheckige $(3+3)$-kantige
Sechsecke mit den Mittelpunkten C und endlich dreissig
gleicheckige $(2+2)$-kantige Vierecke mit den Mittelpunkten B
(vergl. das punktiert gezeichnete Netz der Fig. 14 α). Das
Netz XVI' wird daher passend als

XVI' sphärisches $(12+20+30)$-flächiges
2 . 60 - Eck

bezeichnet.

Den verschiedenen Lagen des Punktes P_1 innerhalb des
Dreiecks $G_1 C_1 B_1$ entsprechen die sämtlichen möglichen
Varietäten des Netzes XVI'; die dem Netze XVI konjugierte Varietät resultiert, wenn der Punkt P_1 der Mittelpunkt des dem Dreieck $G_1 C_1 B_1$ umgeschriebenen Kreises
ist, und die zugleich gleichkantige sog. Archimedeische
Varietät, wenn P_1 der Mittelpunkt des jenem Dreiecke eingeschriebenen Kreises wird. Fällt der Punkt P_1 speziell
auf die Kante $G_1 B_1$ oder die Kante $B_1 C_1$, so gehen die
Netze XVI' bez. in diejenigen XI' oder XIII' über, während
das Symmetrienetz XVI durch Zusammenfassen je zweier
Dreiecke längs einer Kante $G_1 B_1$ oder $B_1 C_1$ in die Netze XI
oder XIII übergeht. Der dritte noch mögliche Fall, in
welchem je zwei längs einer Kante $G_1 C_1$ benachbarte Dreiecke des Netzes XVI zusammengefasst werden, wird in § 36
als Deltoidhexekontaedernetz XXII erhalten werden,
bei welchem die Eckpunkte des zugeordneten gleicheckigen
Netzes auf jener Kante liegen.

4. Das gleicheckige Polyeder, welches jedem
Netze XVI' eingeschrieben werden kann, nämlich das

[XVI'] gleicheckige $(12+20+30)$-flächige
2 . 60 - Eck,

entsteht auch durch gleichmässige und gerade Abstumpfung
der Ecken und der Kanten eines regulären Ikosaeders; die
Flächen dieses Polyeders stellen also eine Kombination der
Grenzflächen eines regulären Pentagondodekaeders, Ikosaders
und eines Rhombentriakontaeders (vergl. § 33) dar.

Das gleichflächige Polyeder, welches jedem Netze XVI'
in dessen Eckpunkten umgeschrieben werden kann, ist ein

$$[XVI] \quad \text{gleichflächiges } (12+20+30)\text{-eckiges}$$
$$2.60\text{-Flach},$$

welches dem gleicheckigen polar entspricht und dessen Eckpunkte eine Kombination der Eckpunkte eines Ikosaeders,
Pentagondodekaeders und des dem Triakontaeder polar entsprechenden Polyeders (vergl. § 33) darstellen.

Die Beschaffenheit der Ecken und Grenzflächen dieser
Polyeder folgt in einfacher Weise aus derjenigen des gleicheckigen Netzes; die dem konjugierten Netze XVI' ein-
und umgeschriebenen Polyeder sind wiederum bez. konzentrisch und ähnlich den beiden Polyedern, welche dem gleichflächigen Netze XVI um- und eingeschrieben werden können;
für das der Archimedeischen Varietät ein- oder umgeschriebene Polyeder sind bez. die von einander verschiedenen
Grenzflächen oder Ecken sämtlich regulär.

5. Als die beiden veränderlichen Grössen, von welchen
die Lage des Punktes P_1 innerhalb des Dreiecks $G_1 C_1 B_1$
und damit die Elemente der Netze XVI' abhängen, wollen
wir den sphärischen Abstand ε_b des Punktes P_1 vom Eckpunkte B_1 und den Winkel ϑ_b wählen, welchen der Hauptkreis $B_1 P_1$ mit dem Hauptkreise $B_1 C_1$ bildet. Die Abstände
des Punktes P_1 von den Eckpunkten G_1 und C_1 mögen durch
$\varepsilon_{g1}, \varepsilon_{c1},$ und die Winkel, welche die Hauptkreisbogen $G_1 P_1$
und $C_1 P_1$ bez. mit $G_1 B_1$ und $C_1 G_1$ bilden, durch ϑ_g und ϑ_c bezeichnet werden (vergl. Fig. 14β). Die Winkel des sphä-
rischen Dreiecks bei G_1, B_1, C_1 sollen (statt wie bisher durch
A_1, A_3, A_2) durch G, B, C, die Kanten (statt wie bisher
durch $\alpha_1, \alpha_3, \alpha_2$) durch α, β, γ, die senkrechten Abstände

des Punktes P_1 von den Kanten α, β, γ, d. h. die halben Kanten des zugeordneten gleicheckigen Netzes XVI' durch $\frac{1}{2}\alpha'$, $\frac{1}{2}\beta'$, $\frac{1}{2}\gamma'$, die von ihnen eingeschlossenen Winkel durch G', B', C', und die Teilwinkel, in welche die Winkel G', B', C' bez. durch die Bogen $P_1 G_1$, $P_1 B_1$, $P_1 C_1$ zerlegt werden, durch G'', G'''; B'', B'''; C'', C''' bezeichnet werden.

Dann bestehen die Relationen:

$$34\,\alpha) \quad \begin{cases} \cos \varepsilon_g = \cos \varepsilon_b \cos \varphi + \sin \varepsilon_b \sin \varphi \sin \vartheta_b \\ \qquad = \cos \varepsilon_b \cos \varphi + \cos \varepsilon'''_b \sin \varphi, \\[2mm] \cos \varepsilon_c = \cos \varepsilon_b \cos \psi + \sin \varepsilon_b \sin \psi \cos \vartheta_b \\ \qquad = \dfrac{\cos \varepsilon_b \cot g\, \varphi + \sin \varepsilon_b \tan g\, \varphi \cos \vartheta_b}{\sqrt{3}} \\[2mm] \qquad = \dfrac{\cos \varepsilon_b \cot g\, \varphi + \cos \varepsilon''_b \tan g\, \varphi}{\sqrt{3}}, \end{cases}$$

wo

$$34\,\beta) \qquad \cos \varepsilon''_b = \sin \varepsilon_b \cos \vartheta_b; \quad \cos \varepsilon'''_b = \sin \varepsilon_b \sin \vartheta_b$$

gesetzt ist, also ε_b, ε''_b, ε'''_b die sphärischen Abstände des Punktes P_1 von den drei Eckpunkten B_1, B_{13}, B_{15} des Oktantendreiecks (vergl. Fig. 14 α) bedeuten und

$$34\,\gamma) \qquad \cos^2 \varepsilon_b + \cos^2 \varepsilon''_b + \cos^2 \varepsilon'''_b = 1$$

ist.

Ferner erhält man:

$$34\,\delta) \quad \begin{cases} \sin \tfrac{1}{2}\alpha' = \sin \varepsilon_b \sin \vartheta_b = \sin \varepsilon_c \sin (60^0 - \vartheta_c) = \cos \varepsilon'''_b, \\ \sin \tfrac{1}{2}\beta' = \sin \varepsilon_c \sin \vartheta_c = \sin \varepsilon_g \sin (36^0 - \vartheta_g) \\ \qquad = \sin 18^0 \cos \varepsilon_b - \cos 18^0 \sin \varepsilon_b \cos (\varphi - \vartheta_b) \\ \qquad = \tfrac{1}{2}(\tan g\, \varphi \cos \varepsilon_b - \cot g\, \varphi \cos \varepsilon''_b - \cos \varepsilon'''_b), \\ \sin \tfrac{1}{2}\gamma' = \sin \varepsilon_g \sin \vartheta_g = \sin \varepsilon_b \cos \vartheta_b = \cos \varepsilon''_b, \end{cases}$$

und

$$34\,\varepsilon) \quad \begin{cases} \cot g\, G'' = \cos \varepsilon_g \tan g\, \vartheta_g; \quad \cot g\, G''' = \cos \varepsilon_g \tan g\,(36^0 - \vartheta_g); \\ \cot g\, B'' = \cos \varepsilon_b \tan g\, \vartheta_b; \quad \cot g\, B''' = \cos \varepsilon_b \cot g\, \vartheta_b; \\ \cot g\, C'' = \cos \varepsilon_c \tan g\, \vartheta_c; \quad \cot g\, C''' = \cos \varepsilon_c \tan g\,(60^0 - \vartheta_c); \end{cases}$$

wobei

$$34\,\zeta)\begin{cases}
tang\,\vartheta_b = \dfrac{cos\,\varepsilon'''_b}{cos\,\varepsilon''_b} = \dfrac{sin\,\frac{1}{2}\,\alpha'}{sin\,\frac{1}{2}\,\gamma'}\,,\\[2ex]
tang\,\vartheta_g = \dfrac{cos\,\varepsilon''_b}{cos\,\varepsilon_b\,sin\,\varphi - cos\,\varepsilon'''_b\,cos\,\varphi} = \dfrac{sin\,\frac{1}{2}\,\gamma'\,tang\,\varphi}{2\,sin\,\frac{1}{2}\,\beta'\,sin\,\varphi + sin\,\frac{1}{2}\,\gamma'\,cos\,\varphi}\,,\\[2ex]
tang\,(36^0 - \vartheta_g) = \dfrac{cos\,\varepsilon_b\,tang^2\,\varphi - cos\,\varepsilon''_b - cos\,\varepsilon'''_b\,tang\,\varphi}{\dfrac{cos\,\varepsilon_b\,sin\,\varphi + cos\,\varepsilon''_b\,tang\,\varphi - cos\,\varepsilon'''_b\,cos\,\varphi}{cos\,\varphi}}\\[3ex]
\hphantom{tang\,(36^0 - \vartheta_g)} = \dfrac{sin\,\frac{1}{2}\,\beta'\,tang\,\varphi}{sin\,\frac{1}{2}\,\beta'\,cos\,\varphi + 2\,sin\,\frac{1}{4}\,\gamma'\,sin\,\varphi}\,,\\[2ex]
tang\,\vartheta_c = \sqrt{3}\cdot\dfrac{cos\,\varepsilon_b\,tang\,\varphi - cos\,\varepsilon''_b\,cotg\,\varphi - cos\,\varepsilon'''_b}{cos\,\varepsilon_b\,tang\,\varphi - cos\,\varepsilon''_b\,cotg\,\varphi + 3\,cos\,\varepsilon'''_b} = \dfrac{\sqrt{3}\,sin\,\frac{1}{2}\,\beta'}{sin\,\frac{1}{2}\,\beta' + 2\,sin\,\frac{1}{2}\,\alpha'}\\[2ex]
tang\,(60^0 - \vartheta_c) = \dfrac{\sqrt{3}\,cos\,\varepsilon'''_b}{cos\,\varepsilon_b\,tang\,\varphi - cos\,\varepsilon''_b\,cotg\,\varphi} = \dfrac{\sqrt{3}\,sin\,\frac{1}{2}\,\alpha'}{2\,sin\,\frac{1}{2}\,\beta' + sin\,\frac{1}{2}\,\alpha'}
\end{cases}$$

ist.

Die von den sphärischen Perpendikeln $P_1 J_g$, $P_1 J_b$, $P_1 J_c$ auf den Kanten α, β, γ erzeugten Abschnitte

$$\begin{array}{c|c|c}
B_1 J_g = \alpha_{(1)} & G_1 J_c = \gamma_{(1)} & C_1 J_b = \beta_{(1)}\\
B_1 J_c = \gamma_{(2)} & G_1 J_b = \beta_{(2)} & C_1 J_g = \alpha_{(2)},
\end{array}$$

welche bez. die beiden Radien der je einer halbregulären gleicheckigen Grenzfläche des gleicheckigen Netzes eingeschriebenen Kreise darstellen, bestimmen sich aus:

$$34\,\gamma)\begin{cases}
tang\,\alpha_{(1)} = \dfrac{cos\,\varepsilon''_b}{cos\,\varepsilon_b}\,;\quad tang\,\gamma_{(2)} = \dfrac{cos\,\varepsilon'''_b}{cos\,\varepsilon_b}\,;\\[2ex]
tang\,\gamma_{(1)} = \dfrac{cos\,\varepsilon_b\,sin\,\varphi - cos\,\varepsilon'''_b\,cos\,\varphi}{cos\,\varepsilon_b\,cos\,\varphi + cos\,\varepsilon'''_b\,sin\,\varphi}\,;\\[2ex]
tang\,\beta_{(2)} = \dfrac{\frac{1}{2}\left(cos\,\varepsilon_b\,cos\,\varphi + \dfrac{cos\,\varepsilon''_b}{cos\,\varphi} - cos\,\varepsilon'''_b\,cotg\,\varphi\,cos\,\varphi\right)}{cos\,\varepsilon_b\,cos\,\varphi + cos\,\varepsilon'''_b\,sin\,\varphi}\,;\\[3ex]
tang\,\beta_{(1)} = \dfrac{\frac{1}{2}\left(cos\,\varepsilon_b\,tang\,\varphi - cos\,\varepsilon''_b\,cotg\,\varphi + 3\,cos\,\varepsilon'''_b\right)}{cos\,\varepsilon_b\,cotg\,\varphi + cos\,\varepsilon''_b\,tang\,\varphi}\,;\\[2ex]
tang\,\alpha_{(2)} = \dfrac{cos\,\varepsilon_b\,tang\,\varphi - cos\,\varepsilon''_b\,cotg\,\varphi}{cos\,\varepsilon_b\,cotg\,\varphi + cos\,\varepsilon''_b\,tang\,\varphi}\,.
\end{cases}$$

Für den Radius R des dem Dreiecke $G_1 B_1 C_1$ umgeschriebenen Kreises erhält man:

$$34\vartheta)\quad \begin{cases} tang\, R = \dfrac{tang\, \frac{1}{2}\, \psi}{cos\, 57^0} = \dfrac{tang\, \frac{1}{2}\, \chi}{cos\, 3^0} = \dfrac{tang\, \frac{1}{2}\, \varphi}{cos\, 33^0} = 4\, cotg\, \varphi \,.\, sin\, 3^0 \\[2mm] R = 18^0\, 42'\, 45'',\, 2; \end{cases}$$

damit ergiebt sich für das dem Netze XVI konjugierte Netz XVI':

$$34\iota)\quad \begin{cases} \varepsilon_g = \varepsilon_b = \varepsilon_c = R\,;\quad \vartheta_b = 60^0 - \vartheta_c = 90^0 - \vartheta_g = 57^0; \\[2mm] cos\, \varepsilon''_b = tang\, \frac{1}{2}\, \psi\, cos\, R,\quad cos\, \varepsilon'''_b = tang\, \frac{1}{2}\, \varphi\, cos\, R. \end{cases}$$

Für die Archimedeische Varietät des Netzes XVI' gelten die Beziehungen:

$$34\varkappa)\quad \begin{cases} cotg\, P = \dfrac{cotg\, 18^0}{sin\, (45^0 - \psi)} = \dfrac{1}{sin\, (45^0 - \chi)} = \dfrac{cotg\, 30^0}{sin\, (45^0 - \varphi)} \\[3mm] \qquad = \dfrac{\sqrt{6}}{sin\, \varphi\, tang\, \varphi} = \sqrt{6}\, cotg\, 18^0, \\[3mm] P = 7^0\, 33'\, 21'',\, 8;\quad \frac{1}{2}\, \alpha' = \frac{1}{2}\, \beta' = \frac{1}{2}\, \gamma' = P; \\[3mm] tang\, \varepsilon_b = \sqrt{2}\, tang\, (45^0 - \chi),\quad tang\, \varepsilon_g = \dfrac{tang\, (45^0 - \psi)}{cos\, 18^0}, \\[3mm] tang\, \varepsilon_c = \dfrac{tang\, (45^0 - \varphi)}{cos\, 30^0};\quad \vartheta_g = 18^0;\ \vartheta_b = 45^0;\ \vartheta_c = 30^0; \\[3mm] cos\, \varepsilon''_b = cos\, \varepsilon'''_b = \dfrac{sin\, \varepsilon_b}{\sqrt{2}} = \dfrac{sin\, P}{2}, \\[3mm] cos\, \varepsilon_b : cos\, \varepsilon_c : cos\, \varepsilon_g = cos\, \chi + sin\, \chi : cos\, \varphi + sin\, \varphi : cos\, \psi + sin\, \psi \\[3mm] \qquad = \dfrac{cotg\, 36^0 + sec\, 18^0}{\sqrt{3}} : cotg\, 36^0 : \sqrt{\dfrac{5}{3}}. \end{cases}$$

Für diejenigen Varietäten, bei welchen der Punkt P_1 auf dem von B_1 auf die Hypotenuse $G_1 C_1$ gefällten sphärischen Perpendikel $B_1 F_1$ (Fig. 18) liegt, ist:

$$34\lambda)\quad \begin{cases} \vartheta_b = \varphi,\quad \varepsilon_b + \frac{1}{2}\, \beta' = 18^0, \\[2mm] cos\, \varepsilon''_b = sin\, \varepsilon_b\, cos\, \varphi,\quad cos\, \varepsilon'''_b = sin\, \varepsilon_b\, sin\, \varphi, \\[2mm] cos\, \varepsilon_g = cos\, \varepsilon_b\, cos\, \varphi + sin\, \varepsilon_b\, sin^2\, \varphi, \\[2mm] cos\, \varepsilon_c = \dfrac{cos\, \varepsilon_b\, cotg\, \varphi + sin\, \varepsilon_b\, sin\, \varphi}{\sqrt{3}}. \end{cases}$$

Die Netze XI$'$ werden erhalten, wenn der Punkt P_1 auf die Kante $B_1 G_1$ rückt; alsdann ist (vergl. die Formeln 23) in § 21):

$$34\,\mu) \qquad \vartheta_b = 90^{\,0}, \ \vartheta_g = 0^{\,0}; \ \varepsilon_b + \varepsilon_g = \varphi;$$

fällt dagegen der Punkt P_1 auf die Kante $B_1 C_1$, in welchem Falle die Netze XIII$'$ resultieren, so ist (vergl. die Formeln 25) in § 23):

$$34\,\nu) \qquad \vartheta_b = 0^{\,0}, \ \vartheta_c = 60^{\,0}; \ \varepsilon_b + \varepsilon_c = \psi.$$

Die wichtigsten Beziehungen für die den Netzen XVI$'$ ein- und umgeschriebenen Polyeder und deren besondere Varietäten ergeben sich wiederum durch Einsetzen der Werte aus $34\,\alpha)$ bis $\nu)$ in die Formeln 18a) bis d). In betreff der Beziehungen zwischen den Grössen ε_b, ϑ_b oder ε_b, ε''_b, ε'''_b oder ε_b, ε_g, ε_c und den sog. Ableitungskoeffizienten für diese Polyeder vergl. das fünfte Kapitel.

§ 29. Veränderliche gleichflächige Netze, deren Grenzfläche ein ungleichkantiges Dreieck ist.

1. Unsymmetrisches, zweifach veränderliches Netz eines rhombischen Sphenoids XVII.

1. Die beiden in den vorhergehenden Paragraphen betrachteten Netze XV und XVI waren die einzig möglichen festen und symmetrischen Netze mit ungleichkantigen dreieckigen Grenzflächen. Diese Netze boten drei Gruppen von halbregulären sphärischen Ecken dar, da jeder Winkel des Dreiecks einen aliquoten Teil $360^{\,0}$ betrug.

Als eine zweite Möglichkeit für die Gruppierung und Beschaffenheit der Ecken eines aus ungleichkantigen Dreiecken zusammengesetzten Netzes ist nun diejenige zu berücksichtigen, dass keiner der drei Winkel A_1, A_2, A_3 einen aliquoten Teil von $360^{\,0}$ beträgt, diese Winkel aber an allen Ecken des Netzes in gleicher Weise auftreten, so dass das gleichflächige Netz zugleich gleicheckig wird. Es tritt alsdann dieser Bedingung entsprechend zu der Gleichung 28) in § 26:

$$28) \qquad A_1 + A_2 + A_3 = \frac{m+4}{m} \, 180^0$$

die folgende hinzu:

$$35) \qquad k(A_1 + A_2 + A_3) = 360^0,$$

wo $k > 1$ ist.

Aus beiden Gleichungen folgt wiederum (vergl. 26)

$$35\,\alpha) \qquad m = \frac{4k}{2-k};$$

d. h. der einzig zulässige Wert für k ist der Wert $k = 1$, welchem $m = 4$ entspricht, womit auch für μ, die Zahl der Eckpunkte des Netzes, sich der Wert $\mu = 4$ ergiebt.

2. Wir bezeichnen dies von vier ungleichkantigen, einander kongruenten Dreiecken gebildete Netz, dessen vier unregelmässig dreiflächige Ecken ebenfalls einander kongruent sind, als

XVII ungleichkantiges sphärisches viereckiges Vierflach oder als sphärisches Netz eines rhombischen Sphenoids.

Die Winkel einer Grenzfläche müssen nur der Bedingung

$$35\,\beta) \qquad A_1 + A_2 + A_3 = 360^0$$

entsprechen; das Netz ist also ein zweifach veränderliches Netz, dessen Elemente von zwei variabelen Grössen abhängen.

Ein dieser Bedingung entsprechendes Dreieck und das zugehörige Netz wird durch folgende einfache Konstruktion erhalten: Man ziehe zwei unter einem beliebigen Winkel geneigte sphärische Durchmesser eines kleinen Kugelkreises und verbinde die Endpunkte P_1, P_3 des einen Durchmessers mit den Gegenpunkten P'_2, P'_4 der Endpunkte des andern Durchmessers (s. Fig. 15 α).

Denn das Dreieck $P_1 P_3 P'_2$ ist das Nebendreieck eines solchen, für welches ein Winkel gleich der Summe der

beiden anderen ist, d. h. des Diagonaldreiecks eines halbregulären gleicheckigen, jenem Kugelkreise eingeschriebenen
Vierecks.

Damit ergiebt sich das Netz XVII auch einfach als die
Hemigonie eines gleicheckigen $(2+2+2)$-flächigen
prismatischen 2.4-Ecks IV″ (vergl. § 18, 4), welches
dem regulären Oktaedernetz IV zugeordnet ist. Die acht
Eckpunkte dieses Netzes IV″ wurden erhalten, wenn man zu
einem beliebig im Innern eines Oktantendreiecks $A_1 A_2 A_3$
(s. Fig. 6α) angenommenen Punkte P_1 die homologen Punkte
der übrigen Oktantendreiecke konstruierte, wobei dem Oktaedernetze die Symmetrieebenen $b_1 b_1 \ldots b_6$ nicht mehr zu-
kamen (vergl. § 18, 2). Werden von diesen acht Eckpunkten
entweder diejenigen P_1, P_3, P'_2, P'_4 oder diejenigen $P_2, P_4,$
P'_1, P'_3 ausgewählt und durch die Diagonalen der halbregulären Vierecke, welche Diagonalen in die Verlängerung
der Kanten fallen, verbunden, so entsteht je ein Netz XVII.
Die Mittelpunkte der Kanten sind die Eckpunkte A des Oktaedernetzes, die halben Kanten einer Grenzfläche sind also
die Abstände $\varepsilon_{a1}, \varepsilon_{a2}, \varepsilon_{a3}$ eines Eckpunktes P_1 von den Eckpunkten A_1, A_2, A_3 des Oktaederdreiecks (vergl. Formel 33β).

Das Netz XVII besitzt, wie das Netz IV″, nur drei Paare
zweizähliger Axen, nämlich die nach den Kantenmittelpunkten A gehenden Radien, während keine direkt symmetrischen Mittelebenen vorhanden sind (vergl. Fig. 15α).

Das Netz XVII ist ein halbzähliges Netz; es enthält
das Netz XIV als einen speziellen Fall, während es selbst
auch als Grenzfall der später zu betrachtenden hauptaxigen
Trapezoidnetze XXV (§ 40) aufgefasst werden kann.

3. Als die beiden veränderlichen Grössen, durch welche
die Elemente des Netzes XVII ausgedrückt werden können,
wählt man passend eine der drei halben Kanten, z. B. $\frac{1}{2}\alpha_1 = \varepsilon_a$
und den Winkel ϑ_a, welchen dieselbe ($P_1 A_1$) mit dem Hauptkreise $A_1 A_2$ (vergl. Fig. 15β) bildet. Für die beiden andern
Kanten $P_1 A_2 P'_2 = \alpha_2 = 2\varepsilon_{a2}$ (vergl. Formel 33α und β),
$P_3 A'_3 P'_2 = P_1 A_3 P'_4 = \alpha_3 = 2\varepsilon_{a3}$ und die bezüglich von den

Kanten eingeschlossenen Winkel A_1, A_2, A_3 ergeben sich dann die Beziehungen:

$$35\gamma)\begin{cases} \cos\tfrac{1}{2}\,\alpha_2 = \sin\varepsilon_a\cos\vartheta_a\,, \\[2mm] \cos\tfrac{1}{2}\,\alpha_3 = \sin\varepsilon_a\sin\vartheta_a\,, \\[2mm] \tfrac{1}{2}\,\alpha_1 = \varepsilon_a\,; \\[3mm] \tan A_2 = -\dfrac{\cot\vartheta_a}{\cos\varepsilon_a}\,, \\[3mm] \tan A_3 = -\dfrac{\tan\vartheta_a}{\cos\varepsilon_a}\,, \\[3mm] \tan A_1 = -\tan(A_2 + A_3) = -\dfrac{2\cot\varepsilon_a}{\sin\varepsilon_a\sin 2\vartheta_a}\,; \end{cases}$$

aus welchen auch sofort ersichtlich ist, dass die drei Winkel A_1, A_2, A_3 sämtlich stumpf sind, während von den drei Kanten α_1, α_2, α_3 zufolge der Relation

$$35\delta)\qquad \cos^2\tfrac{1}{2}\,\alpha_1 + \cos^2\tfrac{1}{2}\,\alpha_2 + \cos^2\tfrac{1}{2}\,\alpha_3 = 1$$

oder

$$35\delta')\qquad \sin^2\tfrac{1}{2}\,\alpha_1 + \sin^2\tfrac{1}{2}\,\alpha_2 + \sin^2\tfrac{1}{2}\,\alpha_3 = 2$$

zwei (z. B. α_2 und α_3) stumpf sein müssen, während die dritte (α_1) spitz, recht oder stumpf sein kann. Für $\vartheta_a = 45^0$ resultiert das Netz eines tetragonalen Sphenoids XIV (vergl. Formeln 26γ), welches weiterhin für $\alpha_1 = 2\eta$ in das reguläre Tetraedernetz übergeht.

4. Die zu einem beliebig im Innern eines Dreieckes z. B. $P_1\,P'_2\,P_3$ angenommenen Punkte Q_1 homologen Punkte der drei andern Dreiecke des Netzes XVII ergeben — durch Hauptkreisbogen verbunden — wiederum ein Netz XVII′, welches dem Netze XVII im allgemeinen unsymmetrisch-konjugiert ist (vergl. § 24, 4). Denn wiewohl die Eckpunkte des einen Netzes homologe Punkte der Eckpunkte des andern Netzes sind und die Kanten derselben sich gegenseitig (in den Punkten A) halbieren, so stehen die Kanten des einen Netzes nicht senkrecht auf denen des andern, oder das eine Netz repräsentiert nicht das Symmetrienetz des andern. Durch Ausziehen der Hauptkreise des

einen Netzes wird ein diesem kongruentes — aber ebenfalls unsymmetrisch-konjugiertes — Netz erhalten; der Verein dieser beiden Netze bildet das Netz IV'', als dessen Hemigonieen beide zu betrachten sind.

Nur in dem einen Falle, dass der Punkt Q_1 der Mittelpunkt des der Grenzfläche (z. B. $P_1 P'_2 P_3$) umgeschriebenen Kreises wird, sind die beiden Netze symmetrisch-konjugiert, das eine Netz also das Symmetrienetz des andern.

5. Wir erhalten die sämtlichen möglichen Varietäten des Netzes XVII, wenn wir die Variabele $\varepsilon_a = \frac{1}{2}\alpha_1$ alle Werte von 0^0 bis 90^0 und zugleich die Variabele ϑ_a alle Werte von 0^0 bis 45^0 oder von 45^0 bis 90^0 durchlaufen, d. h. den Punkt P_1 alle Lagen innerhalb des Dreieckes $A_1 A_2 B_3$ (Fig. 15β) annehmen lassen. Denn für denselben Wert von ε_a und einen Wert $90^0 - \vartheta_a$ erhält man ein Netz, welches dem den ersteren Werten entsprechenden kongruent ist und mit diesem zusammen ein Netz IV'' bildet.

Zu einer jeden Varietät, welche einem Wertsystem für ε_a und ϑ_a entspricht, gehört nun ein symmetrisch-konjugiertes Netz XVII', welches eine andere Varietät der Netze XVII darstellt, die einem Wertsysteme ε'_a und ϑ'_a entsprechen möge. Man erhält sonach, wenn der durch die Werte ε'_a und ϑ'_a bestimmte Punkt $\mathfrak{P}_1$ in demselben Dreiecke $(A_1 A_2 A_3)$ konstruiert wird, in welchem der Punkt P_1 liegt, zwei sich entsprechende Punktsysteme P und $\mathfrak{P}$, welche als konjugiert bezeichnet werden sollen.

Zwei solche konjugierte Punkte sind konjugierte Pole zweier (sphärischen) Punktsysteme, welche in einer sog. Steinerschen Verwandtschaft[1]) zweiten Grades stehen. Die vier Mittelpunkte des sphärischen Kegelschnittbüschels (die

---

1) Vergl. hierüber: Durège, Ebene Kurven dritter Ordnung, Leipzig 1871, pag. 121. — Schröter, Steiners Vorlesungen, Leipzig 1867, pag. 316. — Steiner: System. Entw., Berlin 1832, pag. 254 ff. Der spezielle Fall, welcher im obigen sich darstellt, ist von H. Bücking: Beitrag zur Theorie der geometrischen Verwandtschaft zweiten Grades. Diss., Marburg 1874, pag. 9 und 10 berücksichtigt worden.

Basis der Verwandtschaft) sind die vier Punkte C_1, C_2, C_3, C_4 (s. Fig. 15β), welche ein regelmässiges Viereck bilden; das Diagonaldreieck desselben ist das Oktantendreieck $A_1 A_2 A_3$; diese Punkte A_1, A_2, A_3 selbst sind die sog. Hauptpunkte der Verwandtschaft. Aus der oben angegebenen Konstruktion des dem Punkte P_1 zugeordneten Punktes $\mathfrak{P}_1$ folgt in der That, dass die drei sphärischen Strahlen $A_1 \mathfrak{P}_1$, $A_2 \mathfrak{P}_2$, $A_3 \mathfrak{P}_3$ bez. symmetrisch zu den Strahlen $A_1 P_1$, $A_2 P_2$, $A_3 P_3$ in Beziehung auf die Halbierungsstrahlen $A_1 C_1$, $A_2 C_1$, $A_3 C_1$ liegen. Die sechs Halbierungskreise $b_1, b_2 \ldots b_6$ der Innen- und Aussenwinkel des Hauptdreiecks $A_1 A_2 A_3$ sind bez. sich selbst entsprechend, die vier Punkte C_1, C_2, C_3, C_4 sind sich selbst entsprechend, während jedem Hauptpunkte A alle Punkte des zugehörigen Äquators konjugiert sind. Insbesondere folgt, dass einem in einem der drei Dreiecke (s. Fig. 15β) $A_1 B_1 C_1$, $A_2 B_3 C_1$, $A_3 B_2 C_1$ liegenden Punkte P_1 bez. ein in dem Dreiecke $A_3 B_3 C_1$, $A_1 B_2 C_1$, $A_2 B_1 C_1$ liegender Punkt $\mathfrak{P}_1$ entspricht und umgekehrt, da die Verwandtschaft eine involutorische ist.

Werden die Abstände der Punkte P_1 und $\mathfrak{P}_1$ von den drei Hauptpunkten A_1, A_2, A_3 bez. mit ε_{a1} (statt ε_a), ε_{a2}, ε_{a3} und ε'_{a1}, (statt ε'_a), ε'_{a2}, ε'_{a3} und die Winkel, welche dieselben mit $A_1 A_2$, $A_2 A_3$ und $A_3 A_1$ bilden, bez. mit ϑ_{a1}, ϑ_{a2}, ϑ_{a3} und ϑ'_{a1}, ϑ'_{a2}, ϑ'_{a3} bezeichnet, so gelten die einfachen Beziehungen:

$$35\varepsilon) \quad \begin{cases} cotg\,\varepsilon_{ai}\,cotg\,\varepsilon'_{ai} = cos\,\vartheta_{ai}\,sin\,\vartheta_{ai}, \\ \vartheta_{ai} + \vartheta'_{ai} = 90^0, \quad (i = 1, 2, 3). \end{cases}$$

Für die Elemente des symmetrisch konjugierten Netzes XVII′, dessen Eckpunkte die drei zu dem Punkte $\mathfrak{P}_1$ symmetrisch in Beziehung auf a_1, a_2, a_3 liegenden Punkte Q und der Gegenpunkt von $\mathfrak{P}_1$ sind, erhält man leicht die Relationen $(\tfrac{1}{2}\,\alpha'_i = \varepsilon'_{ai})$

$$35\zeta) \quad \begin{cases} cos\,R = cos\,\tfrac{1}{2}\,\alpha_i\,cos\,\tfrac{1}{2}\,\alpha'_i = cotg\,A_i\,cotg\,A'_i, \\ tang\,\tfrac{1}{2}\,\alpha'_i = -\,sin\,\tfrac{1}{2}\,\alpha_i\,tang\,A_i, \\ tang\,\tfrac{1}{2}\,\alpha_i = -\,sin\,\tfrac{1}{2}\,\alpha'_i\,tang\,A'_i; \quad i = 1, 2, 3, \end{cases}$$

wo R den Radius des den Grenzflächen beider Netze umgeschriebenen Kreises bedeutet.

Für $\vartheta_a = 45^0$ gehen diese Formeln (35ε und 35ζ) in die Formeln 26δ) und 26ε) über.

6. Das zugleich gleicheckige und gleichflächige Polyeder, welches jedem Netze XVII oder XVII′ ein- oder umgeschrieben werden kann, ist ein

[XVII] rhombisches Sphenoid;

dasselbe kann sowohl als die Hemigonie eines prismatischen $(2+2+2)$-flächigen 2.4-Ecks, als auch als die Hemiedrie eines $(2+2+2)$-eckigen 2.4-Flachs (eines rhombischen Oktaeders) erhalten werden. Zwei rhombische Sphenoide, von denen das eine dem Netze XVII ein-, das andere demselben Netze umgeschrieben ist, sind symmetrisch konjugiert; das eingeschriebene (umgeschriebene) ist demjenigen rhombischen Sphenoide konzentrisch und ähnlich, welches dem symmetrisch-konjugierten Netze um-(ein)-geschrieben ist.

Die Relationen für derartige Sphenoide ergeben sich leicht aus den Formeln 18a) bis 18d) in Verbindung mit 35γ) bis 35ζ) (vergl. auch das fünfte Kapitel).

§ 30.

2. Skalenoedernetze XVIII nebst den zugeordneten gleicheckigen Netzen XVIII′ und den entsprechenden Polyedern.

1. Als eine dritte Möglichkeit für die Beschaffenheit eines aus ungleichkantigen Dreiecken zusammengesetzten gleichflächigen Netzes ergiebt sich endlich noch die folgende, welche für einen speziellen Fall bereits in § 25 betrachtet wurde.

Wenn nämlich einer der drei Winkel des Dreiecks, z. B. A_1 einen aliquoten Teil von 360^0 beträgt und indem je ν_1 Winkel A_1 in einer Ecke des Netzes zusammenstossen, eine erste Gruppe von μ_1 halbregulären Ecken entsteht, so können

die beiden anderen Winkel A_2 und A_3 eine zweite Gruppe
von μ_2 gleichen Ecken, ähnlich wie im Falle der Sphenoid-
netze, dadurch bilden, dass sie — ohne selbst aliquote Teile
von 360^0 zu betragen — gleichmässig zu je k an jeder dieser
Ecken auftreten. Wir erhalten (vergl. 27 α, β) als Ausdruck
für diese Beschaffenheit die Beziehungen:

$$36\alpha) \quad \nu_1 A_1 = 360^0, \quad k\,(A_2 + A_3) = 360^0, \quad \mu_1 = \frac{m}{\nu_1}, \quad \mu_2 = \frac{m}{k},$$

oder indem wir berücksichtigen, dass ν_1 notwendig eine gerade Zahl sein muss, für $\nu_1 = 2\,p_1$:

$$36\beta) \qquad A_1 = \frac{180^0}{p_1}, \quad \mu_1 = \frac{m}{2\,p_1},$$

woraus in Verbindung mit 28) (§ 26) folgt:

$$36\gamma) \qquad \frac{1}{p_1} + \frac{2}{k} = \frac{m+4}{m}$$
oder
$$36\gamma') \qquad m = \frac{4\,p_1\,k}{2\,p_1 - (p_1 - 1)\,k}.$$

Für Werte von $k > 3$ ergiebt sich für m, wenn $p_1 = 2$,
$3\ldots$ gesetzt wird, ein unendlich grosser oder ein negativer
Wert; für $k = 3$ ergiebt sich nur für $p_1 = 2$ der positive
Wert $m = 24$ und ferner $A_1 = 90^0$, $A_2 + A_3 = 120^0$, $\mu_1 = 6$,
$\mu_2 = 8$, welchen Werten als allein mögliches Netz das Tetrakishexaedernetz X (§ 20) entspricht, bei welchem $A_2 = A_3 = 60^0$
ist.

Dagegen erhält man für $k = 2$

$$36\delta) \quad \begin{cases} m = 4\,p_1, \quad \mu_1 = 2, \quad \mu_2 = 2\,p_1, \quad A_1 = \dfrac{180^0}{p_1}, \\ A_2 + A_3 = 180^0, \quad \alpha_2 + \alpha_3 = 180^0, \end{cases}$$

welchen Werten, da die Winkel A_2 und A_3 nur der Bedingung $A_2 + A_3 = 180^0$ zu genügen brauchen, einfach veränderliche Netze entsprechen, welche wir als

XVIII Skalenoedernetze

bezeichnen wollen.

Die Grenzfläche dieser Netze ist das Nebendreieck eines
gleichschenkligen Dreiecks, dessen Basis $180^0 - \alpha_1$, dessen

Schenkel α_2 betragen. Da die beiden Scheitel der halbregulären $2p_1$-flächigen sphärischen Ecken sich als Gegenpunkte entsprechen müssen, so ergeben sich die Netze XVIII einfach aus den regulären Zweiecksnetzen II (§ 10) $(\nu = 2p_1)$ dadurch, dass man von dem Scheitelpunkte A und dessen Gegenpunkte A' abwechselnd auf den Halbkreisen einen Bogen $= \alpha_2$ abträgt und die so erhaltenen aufeinander folgenden Punkte durch Hauptkreisbogen verbindet. Für $\alpha_2 = \alpha_3 = 90^0$ resultiert das Doppelpyramidennetz VIII (§ 16), für $\alpha_1 = \alpha_2$ das gleichschenklige Skalenoedernetz XVIIIa (§ 25).

2. Wir wollen mit Rücksicht auf die Beziehungen dieser Netze XVIII zu den weiter unten zu erhaltenden hauptaxigen Deltoidnetzen XXIV (§ 39) (vergl. in Fig. 16α und 16β die stark gezeichneten Netze)

$$\text{die Kante } \alpha_2 = AD_1 \text{ durch } \delta_1 = \varepsilon_a,$$
$$\text{,, ,, } \alpha_3 = AD_2 \text{ ,, } \delta_2 = 180^0 - \varepsilon_a,$$
$$\text{,, ,, } \alpha_1 = D_1 D_2 \text{ ,, } \alpha,$$

und die Winkel des Dreiecks $A D_1 D_2$

$$A_1 \text{ mit dem Scheitel } A \text{ durch } A = \frac{360^0}{2p_1} = \frac{180^0}{p_1},$$
$$A_3 \text{ ,, ,, ,, } D_1 \text{ ,, } D_1,$$
$$A_2 \text{ ,, ,, ,, } D_2 \text{ ,, } D_2 = 180^0 - D_1$$

bezeichnen.

Die Kanten δ_1 und δ_2 liegen auf den Haupthalbkreisen eines regulären Zweiecksnetzes II $(\nu = 2p_1)$; ihre Ebenen sind direkte Symmetrieebenen für das Netz XVIII, so dass je zwei längs einer Kante δ_1 oder δ_2 anstossende Dreiecke symmetrisch gleich sind. Dagegen ist die Ebene des Äquators a der Punkte A und A', welcher durch die Mittelpunkte C_1, $C_2 \ldots$ der Kanten α hindurch geht, keine direkte Symmetrieebene des Netzes XVIII; je zwei längs einer Kante α anstossende Dreiecke dieses Netzes sind kongruent. Die Gesamtheit der Kanten α, welche gegen den Äquator a gleich geneigt sind, bildet bei vertikaler Stellung des Durchmessers $A A'$ eine auf- und absteigende Zickzacklinie, die man als einen

Kronrand[1]) bezeichnen kann (vergl. § 39 die hauptaxigen Deltoidnetze XXIV).

Die Eckpunkte $D_1, D_2 \ldots D_{2p_1}$ dieses Randes bilden die Hemigonie eines sphärischen $(2+2p_1)$-flächigen $4p_1$-Ecks VIII' (§ 16, 7) oder eines prismatischen $(2+2p_1)$-flächigen $4p_1$-Ecks; die Gesamtheit derjenigen Diagonalen der Seitenflächen, welche successive je einen Eckpunkt des oberen (unteren) regulären $2p_1$-Ecks mit dem darauf folgenden des unteren (oberen) verbinden, konstituieren den Kronrand $D_1 D_2 \ldots D_{2p_1}$.

Die beiden Hauptaxen OA, OA' sind p_1-zählige Axen; die nach den $2p_1$ Kantenmittelpunkten $C_1, C_2 \ldots C_{2p_1}$ gerichteten Halbmesser sind zweizählige Axen des Netzes XVIII.

Mit Rücksicht auf die angegebenen Eigenschaften können wir das Netz XVIII auch passend als

XVIII kronrandiges sphärisches $(2+2p_1)$-eckiges
$2 . 2p_1$-Flach

bezeichnen.

3. Die Elemente des Netzes XVIII hängen bei einem angenommenen Werte für $p_1 = 2, 3, 4 \ldots$ von einer veränderlichen Grösse ab, als welche wir die Kante $\delta_1 = \varepsilon_a$ wählen wollen. Dann bestehen die Beziehungen (vergl. 2):

$$36\,\varepsilon)\quad\begin{cases} \cos\tfrac{1}{2}\,\alpha = \sin\varepsilon_a \cos\dfrac{90^0}{p_1}, \quad \delta_2 = 180^0 - \varepsilon_a, \quad A = \dfrac{180^0}{p_1}, \\[4mm] \tan D_1 = -\dfrac{\tan\dfrac{90^0}{p_1}}{\cos\varepsilon_a}, \quad D_2 = 180^0 = D_1, \\[4mm] \cot C = \tan\varepsilon_a \sin\dfrac{90^0}{p_1}; \end{cases}$$

wo C den Neigungswinkel $D_1 \hat{C}_1 B_1$ einer Randkante gegen den Äquator a bedeutet (Fig. 16 γ).

4. Werden die zu einem beliebig im Innern eines Dreieckes z. B. $A D_1 D_2$ angenommenen Punkte P_1 homologen Punkte sämtlicher Dreiecke des Netzes XVIII konstruiert,

---

1) Vergl. Hessel, Gleicheckige Polyeder etc. pag. 7.

so liegen zwar je zwei homologe Punkte zweier Dreiecke, welche längs einer Endkante δ_1 oder δ_2 aneinanderstossen, symmetrisch zu diesen Kanten; dagegen ist die Verbindungslinie zweier homologer Punkte, welche in zwei längs einer Randkante (z. B. $D_1 D_2$) anstossenden Dreiecken liegt, wiewohl sie durch den Mittelpunkt (C_1) derselben hindurchgeht, im allgemeinen nicht senkrecht zu derselben. Das gleicheckige Netz, welches durch die Verbindung dieser Punkte P erhalten wird, ist daher als ein dem Netze XVIII unsymmetrisch-zugeordnetes zu bezeichnen.

Wenn aber der Punkt P_1 und die zu ihm homologen Punkte auf dem in der Mitte (C_1) der Randkante ($D_1 D_2$) normal zu dieser errichteten Hauptkreise $C_1 F$ gewählt werden (Fig. 16γ), so ist das entstehende gleicheckige Netz dem Netze XVIII symmetrisch zugeordnet (oder in dem früheren Sinne zugeordnet); die sämtlichen Punkte P liegen zu je zweien symmetrisch zu je einer Kante des Netzes XVIII, oder dieses ist das Symmetrienetz des gleicheckigen Netzes.

Einer jeden Varietät der Netze XVIII, welche einem bestimmten Werte für ε_a entspricht, sind also die sämtlichen gleicheckigen Netze XVIII' zugeordnet, deren Eckpunkte solche homologe Punkte der Dreiecke jenes Netzes sind, welche auf dem Hauptkreisbogen $C_1 F$ liegen. Jedes derartige gleicheckige Netz hat $2 . 2p_1$ gleiche dreiflächige, ungleichkantige sphärische Ecken, indem je zwei Ecken bez. kongruent oder symmetrisch sind, je nachdem sie in zwei kongruenten oder symmetrischen Dreiecken des Symmetrienetzes XVIII liegen (vergl. in den Fig. 16α und 16β die punktiert gezeichneten Teile).

Von den Grenzflächen des gleicheckigen Netzes sind die beiden Endflächen, deren Mittelpunkte die Punkte A und A' sind, halbreguläre gleicheckige ($p_1 + p_1$)-kantige $2 . p_1$-Ecke; während die $2p_1$ Rand- oder Seitenflächen, deren Mittelpunkte die Punkte D sind, symmetrische Vierecke mit je zwei gleichen benachbarten Winkeln und mit zwei gleichen gegenüberliegenden Kanten (sphärische Paralleltrapeze) darstellen. Die gleichen Kanten derselben, welche auf den Randkanten des Netzes XVIII senkrecht stehen, bilden einen sog. unterbrochenen Kronrand.

Wir bezeichnen diese gleicheckigen Netze XVIII′ daher passend als

XVIII′ unterbrochenkronrandige sphärische $(2 + 2p_1)$-flächige $2.2p_1$-Ecke.

Die Elemente dieser Netze hängen von zwei variablen Grössen ab, da die einer bestimmten Varietät der Netze XVIII, welche einem Werte für ε_a entspricht, zugeordneten Netze XVIII′ erhalten werden, wenn der Punkt P_1 den Hauptkreisbogen C_1F beschreibt. Durchläuft also die Variabele ε_a die Werte von 0^0 bis 90^0, d. h. beschreibt der Punkt D_1 den Quadranten AB_1, womit alle Varietäten der Netze XVIII erhalten werden, so dreht sich der Hauptkreisbogen C_1F aus der Lage C_1B_2 successive in diejenige C_1A und beschreibt das zweirechtwinklige Dreieck AC_1B_2. Die Eckpunkte der Netze XVIII′ stellen daher auch die Hemigonie der Eckpunkte eines sphärischen $(2 + 2p_1 + 2p_1)$-flächigen $2.4p_1$-Ecks VIII″ (§ 18, 1) dar, d. h. man erhält die Eckpunkte eines Netzes XVIII′ auch dadurch, dass man von den Eckpunkten eines $(2 + 2p_1 + 2p_1)$-flächigen $2.4p_1$-Ecks VIII‴ abwechselnd die oberen und unteren Punktpaare, also von den oberen Eckpunkten die 1ten, 2ten; 5ten, 6ten, 9ten, 10ten u. s. w., von den unteren Eckpunkten die (3)^ten, (4)^ten; (7)^ten (8)^ten; (11)^ten, (12)^ten u. s. w. beibehält und diese unter sich und mit einander nach dem Schema:

Fig 16 ϑ.

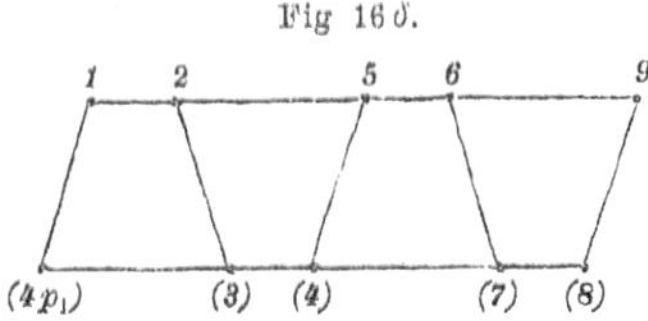

durch Hauptkreisbogen verbindet.

Unter den einem bestimmten Skalenoedernetze zugeordneten gleicheckigen Netzen giebt es eine Varietät, welche dem ersteren konjugiert ist, deren Eckpunkte nämlich die Mittelpunkte der den Dreiecken des Skalenoedernetzes umgeschriebenen Kreise sind. Der Mittelpunkt dieses Kreises kann aber je nach dem Werte für ε_a innerhalb des Dreiecks AD_1D_2 oder ausserhalb desselben liegen (vergl. unter 5), im ersteren Falle ist das konjugierte Netz konvex, im zweiten Falle nicht konvex, indem die beiden Endflächen in dem letzteren Falle (ähnlich wie bei den Netzen XII′ und XIII′) zu nicht konvexen sog. überschlagenen (p_1+p_1)-kantigen $2 \cdot p_1$-Ecken werden. Wegen des Übergangsfalles, in welchem der Mittelpunkt des umgeschriebenen Kreises auf die Kante $AD_2 = \delta_2$ fällt, vergl. § 39 unter 3.

5. Um die wichtigsten Beziehungen für die Elemente der Netze XVIII′ zu erhalten, bezeichnen wir die bez. auf den Kanten α, δ_1, δ_2 des Symmetrienetzes XVIII senkrecht stehenden Kanten durch α', δ'_1, δ'_2, die von diesen bez. eingeschlossenen Winkel durch A', D'_1, D'_2 (s. Fig. 16 γ, in welcher $P_1C_1 = \frac{1}{2}\alpha'$, $P_1G_1 = \frac{1}{2}\delta'_1$, $P_1G_2 = \frac{1}{2}\delta'_2$ ist). Die Entfernungen des Punktes P_1 von den Eckpunkten des Dreiecks AD_1D_2 seien $AP_1 = \varepsilon'_a$, $D_1P_1 = D_2P_1 = \varepsilon'_d$, der Winkel, welchen der Hauptkreisbogen AP_1 mit AC_1 bildet, sei ϑ'_a, und die Teilwinkel, in welche die Winkel A', D'_1, D'_2 durch die Hauptkreisbogen AP_1, D_1P_1, D_2P_1 bez. zerlegt werden, seien A'', A'''; D''_1, D'''_1; D''_2, D'''_2, wobei $D'''_1 = D'''_2$ ist.

Dann lassen sich die Elemente der Netze XVIII′ z. B. durch die beiden Variabelen ε'_a und ϑ'_a in einfacher Weise ausdrücken; ebenso auch die Beziehungen zwischen diesen beiden Variabelen und derjenigen ε_a, von welcher die Elemente des Symmetrienetzes XVIII abhängen, oder zwischen anderen, von jenen abhängigen Grössen, wie ε'_d, leicht erhalten.

$$36\,\zeta)\quad \begin{cases} \sin \dfrac{\delta'_1}{2} = \sin \varepsilon'_a \cdot \sin \left(\dfrac{90^0}{p_1} + \vartheta'_a \right), \\[2ex] \sin \dfrac{\delta'_2}{2} = \sin \varepsilon'_a \cdot \sin \left(\dfrac{90^0}{p_1} - \vartheta'_a \right), \\[2ex] \cos \tfrac{1}{2}\alpha' = \sin \varepsilon'_a \cdot \cos \vartheta'_a = \dfrac{\cos \varepsilon'_d}{\cos \tfrac{1}{2}\alpha}; \end{cases}$$

$$36\,\eta)\ \begin{cases} cotg\ A'' = cos\ \varepsilon'_a\ tang\left(\dfrac{90^0}{p_1} + \vartheta'_a\right), \\[2mm] cotg\ A''' = cos\ \varepsilon'_a\ tang\left(\dfrac{90^0}{p_1} - \vartheta'_a\right),\quad A' = A'' + A''', \\[2mm] cos\ D''_1 = tang\ \dfrac{\delta'_1}{2}\ cotg\ \varepsilon'_d, \\[2mm] cos\ D''_2 = tang\ \dfrac{\delta'_2}{2}\ cotg\ \varepsilon'_d,\quad D'_1 = D''_1 + D'''_1, \\[2mm] cos\ D'''_1 = cos\ D'''_2 = tang\ \dfrac{\alpha'}{2}\ cotg\ \varepsilon'_d,\quad D'_2 = D''_2 + D'''_2; \end{cases}$$

$$36\,\vartheta)\qquad cos\ \varepsilon'_d = sin\ \varepsilon_a\ cos\ \dfrac{90^0}{p_1}\ .\ sin\ \varepsilon'_a\ cos\ \vartheta'_a,$$

$$36\,\iota)\ \begin{cases} tang\ \varepsilon'_a\ .\ sin\ \vartheta'_a = tang\ C;\ \ tang\ \varepsilon_a\ .\ sin\ \dfrac{90^0}{p_1} = cotg\ C^{1}), \\[2mm] \qquad daher \\[2mm] tang\ \varepsilon_a\ .\ tang\ \varepsilon'_a\ .\ sin\ \vartheta'_a = \dfrac{1}{sin\ \dfrac{90^0}{p_1}}\ . \end{cases}$$

Wird der Bogen AF durch ε''_a bezeichnet, so besteht zwischen den beiden Grössen ε_a und ε''_a, d. h. den Poldistanzen der Eckpunkte des Kronrandes und des zugeordneten (im Netze XVIII' unterbrochenen) Kronrandes die einfache Beziehung:

$$tang\ \varepsilon''_a = \frac{tang\ \varepsilon'_a\ sin\ \vartheta'_a}{sin\ \dfrac{90^0}{p_1}} = \frac{1}{tang\ \varepsilon_a\ sin^2\ \dfrac{90^0}{p_1}},$$

oder

$$36\,\varkappa)\qquad tang\ \varepsilon_a\ .\ tang\ \varepsilon''_a = \frac{1}{sin^2\ \dfrac{90^0}{p_1}};$$

für

$$36\,\lambda)\qquad tang\ \varepsilon_a = \frac{1}{sin\ \dfrac{90^0}{p_1}}$$

---

1) Vergl. 36 ε).

ist $\varepsilon_a = \varepsilon''_a$, und $C = 45^0$, d. h. die beiden auf einander senkrechten Randkanten sind in diesem Falle symmetrisch zu AC, oder unter 45^0 gegen den Äquator a geneigt. Die Schnittpunkte dieser beiden Randkanten mit dem Haupthalbkreise AB_1A' sind die Doppelpunkte der involutorischen Beziehung, bei welcher je zwei Punkte, welche auf diesem Haupthalbkreise im Abstand ε_a und ε''_a vom Pole liegen, konjugierte Punkte sind.

Für den Radius R des dem Dreiecke AD_1D_2 umgeschriebenen Kreises erhält man:

$$36\mu)\quad tang\,R = \frac{tang\,\frac{1}{2}\alpha}{sin\,\dfrac{90^0}{p_1}}, \quad \varepsilon'_a = \varepsilon'_d = R, \quad tang\,\vartheta'_a = cos\,\varepsilon_a\,cotg\,\frac{90^0}{p_1},$$

mit welchen Werten die Elemente des dem Netze XVIII konjugierten Netzes XVIII' leicht bestimmt werden können. Der Mittelpunkt des umgeschriebenen Kreises liegt innerhalb des Dreiecks AD_1D_2, auf der (stumpfen) Kante δ_2, oder ausserhalb des Dreiecks, je nachdem

$$36\nu)\qquad tang^2\,\tfrac{1}{2}\,\varepsilon_a \gtreqless cos\,\frac{180^0}{p_1}$$

oder

$$cos\,\varepsilon_a \lesseqgtr tang^2\,\frac{90^0}{p_1}$$

ist, wo das obere Zeichen dem ersten, das untere dem dritten Falle entspricht. Im Übergangsfalle ist (vergl. 36$\varkappa$)

$$36\xi)\qquad \frac{\varepsilon_a}{2} + \varepsilon''_a = 90^0.$$

6. Jedem Netze XVIII' kann ein gleicheckiges Polyeder, nämlich ein

[XVIII'] gleicheckiges, unterbrochen-kronrandiges $(2+2p_1)$-flächiges $2.2p_1$-Eck

eingeschrieben werden, welches auch auf die unter 4) angegebene Weise aus einem prismatischen $(2+\overline{2p_1+2p_1})$-flächigen $2.4p_1$-Eck als Hemigonie erhalten werden kann. Die beiden Endflächen sind halbreguläre gleicheckige (p_1+p_1)-

kantige $2 \cdot p_1$-Ecke, die $2p_1$ Seitenflächen sind symmetrische Paralleltrapeze, deren nicht parallele Kanten den unterbrochenen Kronrand bilden. Die ungleichschenklig-dreiflächigen Ecken zerfallen in zwei Gruppen von je $2p_1$ rechten und $2p_1$ linken Ecken.

Das diesem polar entsprechende gleichflächige Polyeder, welches dem Netze XVIII' umgeschrieben ist, ist ein sog. Skalenoeder oder ein

[XVIII] gleichflächiges, kronrandiges $(2+2p_1)$-eckiges $2.2p_1$-Flach.

Dasselbe kann auch als Hemiedrie eines gleichflächigen $(2+\overline{2p_1+2p_1})$-eckigen, ebenrandigen $2.4p_1$-Flachs (vergl. § 18, 3) erhalten werden, wenn die Hälfte der Flächen entsprechend dem unter 4) gegebenen Schema mit einander zum Durchschnitte gebracht wird.

Ein Skalenoeder ist von $2.2p_1$, d. h. $2p_1$ rechten und $2p_1$ linken unregelmässigen Dreiecken begrenzt, die beiden Scheitelecken sind halbregulär $2 \cdot p_1$-flächig (mit abwechselnd gleichen Flächenwinkeln), die $2p_1$ Randecken sind symmetrisch-4-flächig.

Die Beschaffenheit der Ecken und Grenzflächen dieser Polyeder ergiebt sich aus derjenigen des gleicheckigen Netzes XVIII', welchem dieselben bez. ein- oder umgeschrieben sind. Die dem konjugierten Netze XVIII' ein- und umgeschriebenen Polyeder sind bez. konzentrisch und ähnlich den beiden Polyedern, welche dem entsprechenden gleichflächigen Netze XVIII um- und eingeschrieben sind, wobei diese Polyeder, ebenso wie das konjugierte Netz XVIII' (vergl. 36γ) konvex oder nicht konvex sein können.

7. Indem wir alle Möglichkeiten für die Anordnung und Beschaffenheit der ungleichkantigen sphärischen Dreiecke, welche ein einfaches Netz bilden können, berücksichtigten, haben wir wesentlich drei Hauptfälle erhalten. Der erste Hauptfall umfasste die beiden festen und symmetrischen Netze XV und XVI, der zweite Hauptfall

entsprach dem unsymmetrischen, zweifach veränderlichen Netze XVII eines rhombischen Sphenoids, und endlich der dritte dem zum Teil unsymmetrischen, einfach veränderlichen Skalenoedernetze XVIII.

Nach Erledigung sämtlicher für Dreiecksnetze möglichen Fälle wenden wir uns nunmehr in dem nächsten Abschnitte zu der Herleitung der gleichflächigen, durch sphärische Vierecke gebildeten und der diesen zugeordneten gleicheckigen Netze.

Zweite Abteilung.

Gleichflächige Vierecksnetze nebst den zugeordneten gleicheckigen Netzen.

A) Fall, dass die Grenzfläche ein sphärischer Rhombus ist.

---

§ 31. Relationen und mögliche Fälle für Rhombennetze.

1. Der spezielle Fall eines aus regulären Vierecken zusammengesetzten Netzes ist bereits erledigt und ergab als einzig mögliches Netz das reguläre Hexaedernetz VI. Betrachten wir nun zunächst den besonderen Fall, dass die Vierecke des Netzes gleichkantig mit abwechselnd gleichen Winkeln sind (vergl. § 5, 2).

Ein solches gleichkantiges $(2+2)$-eckiges 2.2-Kant, das wir der Kürze wegen als sphärischen Rhombus bezeichnen wollen, kann (vergl. § 5, 2) dadurch erhalten werden, dass von dem Schnittpunkte zweier auf einander senkrecht stehenden Hauptkreise auf dem einen ein Bogen $R_{(1)}$, auf dem andern ein Bogen $R_{(2)}$ nach beiden Seiten abgetragen wird und die Endpunkte durch Hauptkreisbogen verbunden werden. Wenn die Kante des Rhombus durch α, die durch die Diagonalen $2R_{(1)}$ und $2R_{(2)}$ halbierten Winkel bez. durch A_1 und A_2, der Radius des eingeschriebenen Kreises durch P bezeichnet werden, so bestehen die einfachen Beziehungen:

$$37\,\alpha)\quad\begin{cases}\cos\alpha = \cos R_{(1)}.\cos R_{(2)} = cotg\,\dfrac{A_1}{2}.cotg\,\dfrac{A_2}{2},\\[2ex] tang\,\dfrac{A_1}{2} = \dfrac{tang\,R_{(2)}}{\sin R_{(1)}},\quad tang\,\dfrac{A_2}{2} = \dfrac{tang\,R_{(1)}}{\sin R_{(2)}},\\[2ex] \sin P = \sin R_{(1)}.\sin\dfrac{A_1}{2} = \sin R_{(2)}.\sin\dfrac{A_2}{2}.\end{cases}$$

Da der Exzess eines sphärischen Rhombus

$$37\,\beta)\qquad E = 2\,(A_1 + A_2) - 360^0$$

beträgt, so muss für ein aus m gleichen sphärischen Rhomben zusammengesetztes Netz, welches einmal die Kugelfläche bedeckt, erstens die Bedingung erfüllt sein

$$2\,(A_1 + A_2) - 360^0 = \frac{720^0}{m},$$

oder

$$38)\qquad A_1 + A_2 = \frac{m+2}{m}\,180^0.$$

2. Beträgt jeder der beiden Winkel A_1 und A_2 einen aliquoten Teil von 360^0, so resultieren die festen Rhombennetze mit zwei Gruppen von regulären sphärischen Ecken.

Bedeutet ν_i die Zahl der in einem Eckpunkte zusammenstossenden gleichen Winkel A_i und μ_i die Anzahl der durch je ν_i Winkel A_i gebildeten Ecken, so erhält man zweitens die Bedingungen:

$$39)\qquad\begin{cases}\nu_1\,A_1 = 360^0\\ \nu_2\,A_2 = 360^0,\end{cases}$$

oder

$$39\,\alpha)\qquad\begin{cases}A_1 = \dfrac{360^0}{\nu_1}\\[2ex] A_2 = \dfrac{360^0}{\nu_2},\end{cases}$$

aus deren Vereinigung mit 38) sich ergiebt:

$$40)\qquad \frac{2}{\nu_1} + \frac{2}{\nu_2} = 1 + \frac{2}{m}$$

oder

$$40\,\alpha)\qquad m = \frac{2}{\dfrac{2}{v_1}+\dfrac{2}{v_2}-1} = \frac{2\,v_1\,v_2}{2\,v_1+2\,v_2-v_1\,v_2}$$

und ferner

$$41)\qquad \mu_1 = \frac{2\,m}{v_1}, \quad \mu_2 = \frac{2\,m}{v_2},$$

$$41\,\alpha)\qquad v_1\,\mu_1 + v_2\,\mu_2 = 4\,m.$$

Für die zusammengehörigen, von einander verschiedenen Werte von v_1 und v_2, denen zufolge $40\,\alpha)$ ganzzahlige positive Werte von m entsprechen, ergeben sich nun, wie eine einfache Diskussion zeigt, nur folgende beiden Fälle, denen die einzig möglichen symmetrischen und festen Rhombennetze entsprechen.

42)

Nr.	Name des Netzes.	v_1	v_2	m	μ_1	μ_2	A_1	A_2	α	$R_{(1)}$	$R_{(2)}$	P
XIX	Rhombendodekaedernetz .	4	3	12	6	8	90°	120°	η[1]	45°	$90^\circ-\eta$	30°
XX	Rhombentriakontaedernetz	5	3	30	12	20	72°	120°	χ[2]	φ	ψ	18°

Diese beiden Netze sollen nebst den zugeordneten gleicheckigen Netzen und den entsprechenden Polyedern in den beiden nächsten Paragraphen betrachtet werden.

3. Was die veränderlichen Rhombennetze anlangt, so ist ein gleicheckiges derartiges Netz nicht möglich, da in jeder der gleichen Ecken $2\,k$ Winkel A_1 und $2\,k$ Winkel A_2, wo $k \gtrless 1$ ist, zusammenstossen müssten, die Bedingung $k\,(A_1 + A_2) = 180^\circ$ aber sich wegen 38) nicht erfüllen lässt.

Dagegen ergiebt sich noch eine Möglichkeit für die Beschaffenheit und Anordnung der Winkel, welcher feste, aber zum Teil unsymmetrische Rhombennetze entsprechen. Es können nämlich zwei Gruppen von Ecken entstehen, indem einmal wie unter 2. je v_1 Winkel A_1 eine Ecke bilden, zweitens aber je ein Winkel A_1 und je zwei

---

1) Vergl. Formel 7) in § 9.
2) Vergl. Formel 8) in § 9.

Winkel A_2 sich zu einer Ecke vereinigen, d. h. es können die Beziehungen bestehen:

$$43) \quad \begin{cases} A_1 = \dfrac{360^0}{\nu_1}, \quad A_1 + 2\,A_2 = 360^0, \quad A_2 = \dfrac{\nu_1 - 1}{\nu_1}\,180^0; \\[2ex] m = 2\,\nu_1, \quad \mu_1 = \dfrac{m}{\nu_1} = 2, \quad \mu_2 = m = 2\,\nu_1. \end{cases}$$

Für jeden Wert von $\nu_1 > 3$ (für $\nu_1 = 3$ resultiert das reguläre Hexaedernetz VI) wird ein derartiges Rhombennetz erhalten, das als

XXIVa) hauptaxiges $(2 + 2\nu_1)$-eckiges Rhomben-
$2\nu_1$-Flach

bezeichnet werden kann und welches für einen gewählten Wert von ν_1 zwar fest, aber zum Teil unsymmetrisch ist. Die Netze werden als besondere Fälle der in § 39 zu behandelnden veränderlichen hauptaxigen Deltoid-netze XXIV auftreten; daher soll an dieser Stelle auf die genauere Beschaffenheit dieser Netze XXIVa) nicht einge-gangen werden.

§ 32. Rhombendodekaedernetz XIX nebst dem zuge-ordneten Kubooktaedernetz XIX′, und Netz XIXα nebst den zugeordneten Netzen XIX″.

1. Das Netz XIX (vergl. Tabelle 42) setzt sich aus zwölf kongruenten sphärischen Rhomben zusammen, deren Kante η beträgt und welche in sechs Punkten zu je vier, in acht Punkten zu je drei bez. unter gleichen Winkeln an-einanderstossen. Dies Netz lässt sich also einfach aus dem Hexakisoktaedernetz XV (§ 27) durch Vereinigung von je vier in einem Punkte B zusammenstossenden Dreiecken erhalten (vergl. in Fig. 17α das stark gezeichnete Netz), wobei die sechs Oktaedereckpunkte A die Scheitel der regulär vierflächigen, die acht Hexaedereckpunkte C die Schei-tel der regulär-dreiflächigen sphärischen Ecken bilden. Das Netz XIX, welches wir auch als

XIX sphärisches (6+8)-eckiges Zwölfflach

bezeichnen, lässt sich auch aus dem Tetrakishexaedernetze X oder dem Triakisoktaedernetze XII durch Vereinigung von je zwei längs der Basis ($C_1 B_1 C_2$ oder $A_1 B_1 A_2$) aneinander-stossenden gleichschenkligen Dreiecken dieser Netze erhalten.

Die sphärischen Kanten des Netzes XIX gehören also nur den sechs Hauptkreisen b an und zwar sind es gerade diejenigen Bogen dieser Hauptkreise, welche im Hexaeder-netze VI (vergl. Fig. 3) nicht ausgezogen sind.

2. Die direkt symmetrischen Mittelebenen und Axen des Netzes XIX stimmen mit denjenigen eines regu-lären Oktaeder- oder Hexaedernetzes (vergl. § 11, 4 und 5) überein.

Das Netz XIX ist ein vollzähliges Netz; dagegen kann demselben, da die Eckpunkte eines sphärischen Rhombus nicht in einer Ebene liegen, weder ein entsprechendes gleich-flächiges Polyeder eingeschrieben, noch in den Eckpunkten ein entsprechendes gleicheckiges Polyeder umgeschrieben werden.

3. Die zwölf Mittelpunkte B der den Rhomben des Netzes eingeschriebenen Kreise, welche Punkte zugleich die Pole und Gegenpole der sechs Hauptkreise $b_1 \ldots b_6$ dar-stellen (vergl. § 11, 5), bilden die Eckpunkte eines dem Netze XIX zugeordneten gleicheckigen Netzes XIX'. Die Kanten dieses gleicheckigen Netzes werden (vergl. in Fig. 17α den punktiert gezeichneten Teil) durch die Bogen der vier vollständig ausgezogenen Hauptkreise $c_1 \ldots c_4$, der Äqua-toren der Hexaedereckpunkte C, gebildet. Jeder dieser Hauptkreise (z. B. c_4) geht durch drei Punkte B (z. B. B_1, B_2, B_6) und deren Gegenpunkte (B'_1, B'_2, B'_6) hindurch, wobei der zwei benachbarte Punkte B verbindende Bogen $60°$ beträgt; zugleich steht jeder Hauptkreis c (z. B. c_4) auf den drei durch seinen Pol (z. B. C_4) hindurch gehenden Haupt-kreisen b in den durch D bezeichneten Punkten senkrecht, so dass $B_1 D_1 = D_1 B_2$ etc. die Radien der den sphärischen Rhom-ben eingeschriebenen Kreise darstellen (s. Fig. 28). Dabei ist

44α) $\quad A_1 D_1 = 90^0 - \eta = B_1 C_1 ; \quad D_1 C_1 = 2\eta - 90^0.$

Die Punkte D sind die Eckpunkte eines Netzes, welches einen besonderen Fall der im § 35 als gleicheckige Netze XXI′ auftretenden Netze bildet (vergl. Formel 51 γ).

Das gleicheckige Netz XIX′ hat zu Grenzflächen sechs reguläre Vierecke mit den Mittelpunkten A und dem ·Winkel $A'_1 = 180^0 - 2\eta$ und acht reguläre Dreiecke mit den Mittelpunkten C und dem Winkel $C'_1 = 2\eta$; die gemeinschaftliche Kante α' beträgt 60°. In jeder der zwölf gleichen Ecken vereinigen sich je zwei Winkel A'_1 und C'_1.

44β) $\qquad A'_1 = 180^0 - 2\eta, \quad C'_1 = 2\eta, \quad \alpha' = 60^0.$

Wir bezeichnen dies dem Netze XIX zugeordnete (aber nicht konjugierte) gleichkantige Netz XIX′ auch als

XIX′ gleicheckiges sphärisches $(6+8)$-flächiges Zwölfeck

oder als Kubooktaedernetz.

4. Das dem Netze XIX′ eingeschriebene gleicheckige Polyeder ist das

[XIX′] gleicheckige $(6+8)$-flächige Zwölfeck

oder Kubooktaeder, welches von sechs Quadraten und acht regulären Dreiecken begrenzt wird. Das dem Netze XIX′ umgeschriebene Polyeder, nämlich das

[XIX] gleichflächige $(6+8)$-eckige Zwölfflach

oder Rhombendodekaeder entspricht dem Kubooktaeder polar. Die wichtigsten Relationen für diese beiden Polyeder ergeben sich in einfacher Weise aus den sphärischen Figuren des Netzes XIX′ (vergl. 18a) bis 18d).

5. Zur Entscheidung der Frage, ob noch andere im Innern des Rhombus $A_1 C_1 A_2 C_2$ gewählte Punkte P nebst den homologen der übrigen Rhomben die Eckpunkte eines dem Netze XIX zugeordneten gleicheckigen Netzes sein können, führt sofort der in § 18 unter 5 aufgestellte Satz.

Da die beiden Winkel A_1 (mit den Scheiteln A_1 und A_2) $\dfrac{360^0}{4}$ betragen, ν_1 also gerade ist, so kann der Punkt P_1 innerhalb dieser beiden Winkel eine beliebige Lage haben; dagegen muss derselbe, da die beiden Winkel A_2 (mit den Scheiteln C_1 und C_2) $\dfrac{360^0}{3}$ betragen, ν_2 also ungerade ist, auf dem gemeinsamen Halbierungskreise $C_1 C_2$ dieser beiden Winkel liegen. Daraus folgt, dass der Punkt P_1 auf diesem Halbierungskreise $C_1 C_2$ eine beliebige Lage haben kann.

Nehmen wir in der That auf der einen Hälfte dieses Halbierungskreises z. B. $B_1 C_1$ (s. Fig. 17β) einen Punkt P_1 an und konstruieren die homologen Punkte in den elf übrigen Rhomben des Netzes XIX, so liegen diese Punkte zu je zweien symmetrisch zu den Kanten dieses Netzes und ergeben ein dem Netze XIX zugeordnetes gleicheckiges Netz XIX''. Die Grenzflächen dieses Netzes sind sechs halbreguläre gleicheckige $(2+2)$-kantige Vierecke mit den Mittelpunkten A und ausserdem zwei Gruppen von je vier regulären sphärischen Dreiecken, wobei die Mittelpunkte der vier unter sich kongruenten Dreiecke der ersten und der zweiten Gruppe bez. die Eckpunkte C der beiden konjugierten regulären Tetraedernetze sind. Wir bezeichnen dieses Netz daher auch als

XIX'' gleicheckiges sphärisches $(6+\overline{4+4})$-flächiges
Zwölfeck.

Dies Netz hat zu direkten Symmetrieebenen nur die sechs Ebenen der Hauptkreise b, während die Ebenen der drei Hauptkreise a für dies Netz keine Symmetrieebenen sind. Es ist also auch das Symmetrienetz XIX als ein solches aufzufassen, dem diese drei Symmetrieebenen nicht mehr zukommen und dessen acht regulär-dreiflächige Ecken in zwei Gruppen von je vier zerfallen, deren Scheitel den Eckpunkten zweier konjugierten regulären Tetraedernetze entsprechen. Man kann, um diese Beschaffenheit des Netzes XIX auszudrücken, dasselbe auch als

XIXα gleichflächiges sphärisches $(6+\overline{4+4})$-eckiges
Zwölfflach

bezeichnen.

Die zweizähligen Axen OB sind für die Netze XIX″
und XIXα nicht mehr vorhanden; dagegen stellen, wie
bei einem regulären Tetraedernetze (§ 11, 2) die nach den
Punkten A gehenden Kugelradien drei Paare gleicher, entgegengesetzt gerichteter zweizähliger und die nach den
Punkten C gehenden Kugelradien zwei Gruppen von je vier
gleichen dreizähligen Axen dar.

Hierdurch sind die Netze XIX″, wie das Netz XIXα
als zur Tetraedergruppe gehörig charakterisiert. Die Eckpunkte dieses Netzes XIX″ ergeben sich zufolge der oben
angeführten Entstehung desselben auch einfach als diejenige
Hemigonie der Eckpunkte eines Netzes XII′ (eines $[8+6]$-
flächigen 8.3-Ecks, § 22), bei welchen von den 24 Eckpunkten P solche zwölf, welche zu je drei um vier Tetraedereckpunkte C gruppiert sind, beibehalten werden (vergleiche
Fig. 10; der Numerierung der Eckpunkte P entsprechend
sind auch die Punkte P in Fig. 17β bezeichnet worden).

Die sämtlichen möglichen Varietäten der Netze XIX″
werden erhalten, wenn der Punkt P_1 alle Lagen auf dem
Bogen $B_1 C_1$ einnimmt. Das Kubooktaedernernetz XIX′
kann hiernach als die Archimedeische Varietät der
Netze XIX″ bezeichnet werden.

6. Das einem gleicheckigen Netze XIX″ eingeschriebene
Polyeder ist ein sog.

[XIX″] gleicheckiges $(6+\overline{4+4})$-flächiges Zwölfeck,
die Hemigonie des § 22, 4 betrachteten $(8+6)$-flächigen
8.3-Ecks. Dasselbe ist von sechs rechteckigen Hexaederflächen und von vier grösseren und von vier kleineren regu-
lär-dreieckigen Tetraederflächen der beiden Stellungen begrenzt. Dies Polyeder resultiert auch, wenn die Kanten
eines $(4+4)$-flächigen 4.3-Ecks (§ 19, 4) durch die Flächen
eines Hexaeders so abgestumpft werden, dass je zwei benachbarte Hexaederflächen einen Eckpunkt gemein haben.

Das einem gleicheckigen Netze XIX″ in dessen Eckpunkten umgeschriebene gleichflächige Polyeder ist ein

[XIXα] gleichflächiges $(6+\overline{4+4})$-eckiges
Zwölfflach,

ein sog. Deltoiddodekaeder. Dasselbe ist von zwölf symmetrischen Vierecken begrenzt und besitzt sechs halbreguläre vierflächige Ecken und zwei Gruppen von je vier regulärdreiflächigen Ecken. Dies Polyeder lässt sich in bekannter Weise auch als die tetraedrische Hemiedrie des gleichflächigen $(8+6)$-eckigen 8.3-Flachs (§ 22, 4) erhalten.

Den beiden einem Netze XIX″ bez. ein- und umgeschriebenen Polyedern kommen dieselben Symmetrieebenen und Axen zu, welche dem Netze XIX″ oder XIXα eigentümlich sind.

7. Die Elemente der Netze XIX″ bestimmen sich in einfacher Weise, wenn, wie bei den Netzen XII′ (§ 22, 5) der Abstand des Punktes P_1 von C_1 mit ε_c bezeichnet wird. Ferner sei (s. Fig. 17β): $P_1P_2 = P_1P_9 = \alpha''$ (in 24α) durch $\alpha'_2 = \alpha'_3$ bezeichnet), $P_1P_6 = P_1P'_{10} = \alpha'$ (in 24α) durch α'_1 bezeichnet), C'_1 und C'_2 bez. die Winkel in den regulären Dreiecken mit den Mittelpunkten C_1 und C_2 und A'_1 der Winkel der halbregulären Vierecke mit den Mittelpunkten A. Dann bestehen die Beziehungen (vergl. 24α):

$$44\gamma)\quad \begin{cases} \sin\tfrac{1}{2}\,\alpha'' = \tfrac{1}{2}\sqrt{3}\,\sin\varepsilon_c, \\[2mm] \sin\tfrac{1}{2}\,\alpha' = \tfrac{1}{2}\sqrt{3}\,\sin(2\,\eta+\varepsilon_c), \\[2mm] \operatorname{cotg}\dfrac{C'_1}{2} = \sqrt{3}\,\cos\varepsilon_c, \\[2mm] \operatorname{cotg}\dfrac{C'_2}{2} = \sqrt{3}\,\cos(2\,\eta+\varepsilon_c), \\[2mm] A'_1 = 180^0 - \dfrac{C'_1+C'_2}{2}, \end{cases}$$

aus welchen für $\varepsilon_c = 90^0 - \eta$ wiederum die unter 3. aufgeführten Elemente des Kubooktaedernetzes IX′ sich ergeben. Die Substitution der Werte 44) in die Formeln 18a bis d) liefert die wesentlichen Relationen für die den Netzen IX″ ein- und umgeschriebenen Polyeder.

§ 33. Rhombentriakontaedernetz XX nebst dem zugeordneten Netze XX'.

1. Aus den in Tab. 42) § 31 angegebenen Werten, zufolge deren das Netz XX aus dreissig kongruenten sphärischen Rhomben von der Kante χ besteht, welche in zwölf Punkten zu je fünf und in zwanzig Punkten zu je drei bez. unter gleichen Winkeln zusammenstossen, ist sofort ersichtlich, dass dies Netz XX einfach aus dem Diakishexekontaeder-netze XVI (§ 28) durch Vereinigung von je vier in einem Punkte B zusammenstossenden Dreiecken erhalten werden kann (vergl. Fig. 18, 29 u. 30, in welchen die zwölf Ikosaeder-eckpunkte G die Scheitel der regulär-fünfflächigen, die zwanzig Pentagondodekaedereckpunkte C die Scheitel der regulär-dreiflächigen sphärischen Ecken darstellen). Man kann dies Netz XX, welches auch als

XX   sphärisches $(12 + 20)$-eckiges 30-Flach

bezeichnet werden kann, ebenso aus dem Pentakisdodekaeder-netze XI oder dem Triakisikosaedernetze XIII durch Ver-einigung je zweier gleichschenkligen Dreiecke erhalten, welche bez. längs der Basis $C_1 B_1 C_2$ (Fig. 9) oder $G_1 B_1 G_2$ (Fig. 11) aneinanderstossen.

Die sphärischen Kanten des Netzes XX werden durch diejenigen Bogen der fünfzehn Hauptkreise $b_1 \ldots b_{15}$ gebildet, welche in den Netzen des regulären Ikosaeders V und des regulären Pentagondodekaeders VII (vergl. Fig. 4) gerade nicht ausgezogen waren.

2. Das Netz XX, welches ein vollzähliges Netz ist, besitzt dieselben direkt symmetrischen Mittelebenen und Axen, wie das reguläre Ikosaeder- und Pentagondodekaeder-netz (vergl. § 12).

Dem Netze XX kann kein entsprechendes gleichflächiges Polyeder eingeschrieben, noch in den Eckpunkten ein ent-sprechendes gleicheckiges Polyeder umgeschrieben werden.

3. Die dreissig Mittelpunkte B der den Rhomben des Netzes XX eingeschriebenen Kreise sind die Eckpunkte eines gleicheckigen, dem Netze XX zugeordneten und zugleich

gleichkantigen Netzes XX'. Die Kanten dieses Netzes, dessen Eckpunkte B die Pole und Gegenpole zu den fünfzehn Hauptkreisen $b_1 .. b_{15}$ sind, werden (s. in Fig. 18 das punktiert gezeichnete Netz) durch die sechs vollständig ausgezogenen Hauptkreise $g_1 ... g_6$, die Äquatoren der Ikosaedereckpunkte G gebildet. Jeder dieser Hauptkreise g geht durch fünf Punkte B (und deren Gegenpunkte) hindurch und wird durch dieselbe in zehn gleiche Teile ($= 36^0$) geteilt. Zugleich steht jeder dieser Hauptkreise g_i auf den fünf durch den Pol G_i desselben hindurchgehenden Hauptkreisen b in den durch F bezeichneten Punkten senkrecht, so dass $BF = 18^0$ den Radius des einem der sphärischen Rhomben eingeschriebenen Kreises darstellt. Die Seite GC eines sphärischen Rhombus wird in F so geteilt, dass

$$45\,\alpha) \qquad \begin{cases} GF = 90^0 - 2\varphi \\ CF = \varphi - \psi \end{cases}$$

ist.

Die Punkte F sind die Eckpunkte eines gleicheckigen Netzes, welches eine spezielle Varietät der in § 36 zu erhaltenden gleicheckigen Netze XXII' repräsentiert (vergl. Formel 52γ) (s. auch Fig. 29 u. 30).

Die Grenzflächen des gleicheckigen Netzes XX' sind zwölf reguläre Fünfecke mit den Mittelpunkten G und dem Winkel $A'_1 = 180^0 - 2\varphi$ und zwanzig reguläre Dreiecke mit den Mittelpunkten C und dem Winkel $C'_1 = 2\varphi$; die gemeinschaftliche Kante α' beträgt 36^0.

$$45\beta) \qquad \begin{cases} \alpha' = 36^0 \\ A'_1 = 180^0 - 2\varphi, \ C'_1 = 2\varphi. \end{cases}$$

Das Netz XX wird daher auch passend als

XX' gleicheckiges sphärisches $(12 + 20)$-flächiges
30-Eck

bezeichnet.

4. Dem Netze XX' ist ein gleicheckiges Polyeder, nämlich das

[XX'] gleicheckige $(12 + 20)$-flächige 30-Eck,

das bekannte Archimedeische Polyeder eingeschrieben, welches von zwölf regulären Fünfecken (Pentagondodekaederflächen) und zwanzig regulären Dreiecken (Ikosaederflächen) begrenzt ist und dreissig kongruente vierflächige Ecken mit gleichen Flächenwinkeln und zwei Paaren gleicher und sich gegenüberliegender ebener Winkel besitzt.

Das dem Netze XX' in dessen Eckpunkten umgeschriebene gleichflächige Polyeder ist das

[XX] gleichflächige $(12 + 20)$-eckige 30-Flach oder Rhombentriakontaeder, welches von dreissig kongruenten Rhomben begrenzt ist und zwölf regulär-fünfflächige, zwanzig regulär-dreiflächige Ecken hat, deren Scheitel bez. den Eckpunkten eines regulären Ikosaeders und eines regulären Pentagondödekaeders entsprechen.

Die Relationen für diese beiden sich polar entsprechenden Polyeder ergeben sich ohne Schwierigkeit aus den sphärischen Figuren des Netzes XX'.

5. Das Netz XX' ist das einzige, dem Netze XX zugeordnete gleicheckige Netz. Denn andere Annahmen für die Lage eines Punktes P_1 im Innern des sphärischen Rhombus $G_1 C_1 G_2 C_2$ können keine solche Gruppierungen homologer Punkte liefern, welche die Eckpunkte eines gleicheckigen, dem Netze XX zugeordneten Netzes darstellen, weil nicht nur die Zahl der in den Punkten C, sondern auch der in den Punkten G bez. unter gleichen Winkeln zusammenstossenden Hauptkreise ungerade ist (vergl. § 18, 5). Es kann also nur der Schnittpunkt der Halbierungskreise der Winkel bei C und G, d. h. der Punkt B nebst den homologen Punkten der übrigen Rhomben die Eckpunkte eines dem Netze XX zugeordneten, aber nicht konjugierten gleicheckigen Netzes bilden.

B) Allgemeiner Fall der gleichflächigen Viereksnetze.

----

§ 34. Aufstellung der möglichen Fälle für die festen Viereksnetze.

1. Nach Erledigung des besonderen Falles der sphärischen Rhombennetze wenden wir uns nun zur Er-

mittelung der weiteren Fälle, in welchen ein die Kugelfläche einmal bedeckendes Netz von gleichen sphärischen Vierecken möglich ist. Wir wollen die Winkel eines solchen sphärischen Vierecks durch A_1, A_2, A_3, A_4, bezeichnen; dieselben müssen alsdann, da die Fläche des Vierecks den m^{ten} Teil der Kugelfläche betragen soll, der Gleichung genügen:

$$46) \qquad A_1 + A_2 + A_3 + A_4 = 360^0 \left(1 + \frac{2}{m}\right).$$

Als ersten Hauptfall betrachten wir wiederum denjenigen, in welchem in jedem Eckpunkte des Netzes je ν_i gleiche Winkel A_i zusammenstossen, welchem Hauptfalle die festen und symmetrischen Vierecksnetze entsprechen. Es ergeben sich dann folgende Beziehungen, wenn wiederum die Zahl der durch je ν_i gleiche Winkel A_i gebildeten Ecken mit μ_i bezeichnet wird:

$$47) \quad A_1 = \frac{360^0}{\nu_1}, \quad A_2 = \frac{360^0}{\nu_2}, \quad A_3 = \frac{360^0}{\nu_3}, \quad A_4 = \frac{360^0}{\nu_4};$$

$$48) \qquad \mu_1 = \frac{m}{\nu_1}, \quad \mu_2 = \frac{m}{\nu_2}, \quad \mu_3 = \frac{m}{\nu_3}, \quad \mu_4 = \frac{m}{\nu_4}.$$

Aus 46) und 47) folgt:

$$49) \qquad \frac{1}{\nu_1} + \frac{1}{\nu_2} + \frac{1}{\nu_3} + \frac{1}{\nu_4} = 1 + \frac{2}{m},$$

oder

$$49\,\alpha) \qquad m = \frac{2}{\dfrac{1}{\nu_1} + \dfrac{1}{\nu_2} + \dfrac{1}{\nu_3} + \dfrac{1}{\nu_4} - 1}.$$

2. Die Formel $49\,\alpha)$ ergiebt einen negativen Wert für m, wenn die vier Zahlen ν_1, ν_2, ν_3, ν_4 sämtlich von einander verschieden $(\nu_i > 3)$ sind, während, wenn sämtliche vier Zahlen ν_i einander gleich sind, für den allein zulässigen Wert $\nu_i = 3$ das reguläre Hexaedernetz VI resultiert.

3. Der Annahme von zwei gleichen Wertpaaren entspricht für $\nu_1 = \nu_3 = 4$, $\nu_2 = \nu_4 = 3$ das Rhombendodekaedernetz XIX, für $\nu_1 = \nu_3 = 5$, $\nu_2 = \nu_4 = 3$ das Rhombentriakontaedernetz XX.

Werden in diesen beiden Fällen je zwei gleiche Winkel als benachbarte angenommen, also im ersten Falle $v_1 = v_2 = 4$, $v_3 = v_4 = 3$, im zweiten Falle $v_1 = v_2 = 5$, $v_3 = v_4 = 3$, so ergeben sich keine entsprechenden Netze. Denn die Beschaffenheit dieser Netze erfordert, dass je zwei Kanten, welche einen Winkel $= 120^0$ oder $= 72^0$ einschliessen, gleich sein müssen.

4. Werden drei der Zahlen v_i als gleich angenommen, so ergiebt sich einmal für

$$50) \begin{cases} v_1, \ v_2 = v_3 = v_4 = 3, \quad m = 2\,v_1, \quad \mu_1 = 2, \ 3\,\mu_2 = 2\,v_1, \\ v_1 = 4, \ 5, \ 6 \ldots \end{cases}$$

eine Reihe von Netzen XXIV b), welche sämtlich als besondere Varietäten der in § 39 zu behandelnden veränderlichen hauptaxigen Deltoidnetze XXIV zu betrachten sind und auf welche wir an jener Stelle zurückkommen werden.

5. Ein zweites Wertsystem, welches noch der letzteren Annahme 4. genügt, nämlich

$$51) \begin{cases} \qquad v_1 = v_2 = v_4 = 4, \quad v_3 = 3, \\ \text{ergiebt} \\ \quad m = 24, \quad A_1 = A_2 = A_4 = 90^0, \quad A_3 = 120^0, \\ \qquad \mu_1 = \mu_2 = \mu_4 = 6, \quad \mu_3 = 8, \end{cases}$$

und diesen Werten entspricht ein gleichflächiges Netz, das wir als

XXI Deltoidikositetraedernetz

bezeichnen und in dem nächsten Paragraphen nebst den zugeordneten gleicheckigen Netzen betrachten wollen.

6. Werden endlich zwei der Zahlen v_i als gleich, die beiden anderen von diesen und unter sich verschieden angenommen, so ergiebt sich als einzige Lösung, welcher ein ganzzahliger, positiver Wert für m (Formel $48\,\alpha$) entspricht, die folgende

$$52) \begin{cases} \qquad v_1 = 5, \quad v_2 = v_4 = 4, \quad v_3 = 3, \\ m = 60, \quad A_1 = 72^0, \quad A_2 = A_4 = 90^0, \quad A_3 = 120^0, \\ \qquad \mu_1 = 12, \quad \mu_2 = \mu_4 = 15, \quad \mu_3 = 20. \end{cases}$$

Diese Werte bestimmen ein gleichflächiges Netz, das als

XXII Deltoidhexekontaedernetz

bezeichnet und in § 36 nebst den zugeordneten gleicheckigen Netzen betrachtet werden soll.

7. Weitere Annahmen für die Werte der vier Zahlen ν_1, ν_2, ν_3, ν_4 ergeben keine ganzzahligen positiven Werte für m; und es sind damit alle der im ersten Hauptfalle angenommenen Anordnung der Winkel entsprechenden Netze, welche sämtlich feste Netze darstellen, abgeleitet.

§ 35. Deltoidikositetraedernetz XXI nebst den zugeordneten gleicheckigen Netzen XXI' und den entsprechenden Polyedern.

1. Durch die in 49) (§ 34) angegebenen Werte für die Winkel des Vierecks: $A_1 = A_2 = A_4 = 90^0$, $A_3 = 120^0$ ist das Viereck noch nicht eindeutig bestimmt. Da aber je drei zusammenstossende Winkel A_3 ($= 120^0$) eine regulär-dreiflächige sphärische Ecke (deren es im Netze acht giebt) bilden, so folgt, dass die beiden, den Winkel $A_3 = 120^0$ einschliessenden Kanten des Vierecks gleich sein müssen, womit sich auch die Gleichheit der beiden anderen den Winkel $A_1 = 90^0$ einschliessenden Kanten ergiebt. Die Grenzfläche des Netzes XXI ist also ein symmetrisches Viereck, welches durch die Diagonale $A_1 A_3$ in zwei symmetrisch gleiche Dreiecke mit den Winkeln 45^0, 60^0, 90^0 zerlegt wird.

Das Viereck des Netzes XXI wird hiernach einfach durch Vereinigung zweier Dreiecke ACB des Hexakisoktaedernetzes längs einer Kante AC und damit das Netz XXI in einfacher Weise aus dem Hexakisoktaedernetz XV erhalten (vergl. § 27, 3). (S. in Fig. 19 den stark gezeichneten Teil.)

Die beiden den Winkel A_1 einschliessenden Kanten betragen 45^0, die beiden den Winkel A_3 (oder C_1 mit dem Scheitel C_1) einschliessenden Kanten $90^0 - \eta$, während die Symmetriediagonale η, die andere Diagonale ($B_1 B_2$) 60^0 beträgt (vergl. § 27, 1 und § 32, 3). Der Schnittpunkt der beiden auf einander senkrecht stehenden Diagonalen, von denen die letztere halbiert wird, ist einer der in § 32, 3 erwähnten Punkte D. (S. Fig. 28.)

Die sechs Eckpunkte A, welche die Scheitel der regulär-vierflächigen Ecken sind, entsprechen den Eckpunkten des regulären Oktaedernetzes IV, die acht Eckpunkte C den Eckpunkten des regulären Hexaedernetzes VI, während die zwölf Eckpunkte B, in denen je zwei Winkel A_2 und A_4 ($= 90^0$) zusammenstossend eine halbreguläre sphärische Ecke bilden, den Eckpunkten eines Kubooktaedernetzes XIX$'$ (§ 32) entsprechen.

Wir bezeichnen das Netz XXI dieser Gruppierung der Eckpunkte entsprechend als

XXI sphärisches $(6 + 8 + 12)$-eckiges 24-Flach

oder kurz als Deltoidikositetraedernetz.

Dies Netz wird nachher als ein besonderer Fall des veränderlichen Diakisdodekaedernetzes XXIII (§ 38) erhalten werden.

2. Aus der angegebenen Entstehung des Netzes folgt ohne weiteres, dass dasselbe ein vollzähliges Netz ist, welchem dieselben direkt-symmetrischen Mittelebenen und Axen zukommen, wie dem regulären Oktaeder- und Hexaedernetze (vergl. § 11, 3 bis 5).

Auch diesem Netze lässt sich kein entsprechendes gleichflächiges Polyeder einschreiben, da die Eckpunkte des sphärischen Vierecks nicht auf einem kleinen Kugelkreise liegen. Dagegen kann dem Vierecke ein Kreis eingeschrieben werden, dessen Mittelpunkt auf der Diagonale $A_1 C_1$ liegt (vergl. unter 5. Formel 51β).

3. Die zu einem Punkte P_1, welcher auf dem Symmetriekreisbogen $A_1 C_1$ einer Grenzfläche (z. B. $A_1 B_1 C_1 B_2$) angenommen wird, homologen Punkte aller Grenzflächen sind die Eckpunkte eines gleicheckigen, dem Netze XXI zugeordneten Netzes XXI$'$ (vergl. § 27, 3).

Die Grenzflächen eines solchen Netzes XXI′ sind sechs reguläre Vierecke mit den Mittelpunkten A, acht reguläre Dreiecke mit den Mittelpunkten C und zwölf gleicheckige $(2+2)$-kantige Vierecke mit den Mittelpunkten B. In jedem Eckpunkte des Netzes stossen je eins der sechs Vierecke, je eins der acht Dreiecke und je zwei der zwölf Vierecke zusammen (s. in Fig. 19 das punktiert gezeichnete Netz).

Wir bezeichnen ein solches Netz als

XXI′   sphärisches $(6+8+12)$-flächiges 24-Eck.

Die verschiedenen möglichen Varietäten der Netze XXI′ werden erhalten, wenn der Punkt P_1 alle möglichen Lagen auf dem Symmetriekreisbogen $A_1 C_1$ annimmt. Ein dem Netze XXI konjugiertes Netz kann es (vergl. 2) nicht geben; besonders bemerkenswerte Varietäten sind einmal die Archimedeische Varietät, bei welcher der Punkt P_1 der Mittelpunkt des dem sphärischen Vierecke des Netzes XXI eingeschriebenen Kreises ist und bei welcher die zweierlei Kanten einander gleich werden, dann auch diejenige Varietät, deren Eckpunkte die Punkte D, die Schnittpunkte der Diagonalen eines Vierecks, sind (vergl. § 32, 3).

Andere Lagen des Punktes P_1, als auf dem Symmetriekreise $A_1 C_1$, können keine dem Netze XXI zugeordneten gleicheckigen Netze ergeben (vergl. § 18, 5 und § 32, 5).

4. Jedem Netze XXI′ kann ein gleicheckiges Polyeder, nämlich ein

[XXI′]   gleicheckiges $(6+8+12)$-flächiges 24-Eck

eingeschrieben werden. Dies Polyeder, welches von sechs Quadraten, acht regulären Dreiecken und zwölf Rechtecken begrenzt ist und 24 kongruente vierflächige Ecken hat, kann auch dadurch erhalten werden, dass die Oktaederkanten eines $(6+8)$-flächigen 6.4-Ecks (§ 20, 3) so durch die Flächen eines Rhombendodekaeders abgestumpft werden, dass je zwei benachbarte Dodekaederflächen einen Eckpunkt gemein haben. Das einem gleicheckigen Netze XXI′ in dessen Eckpunkten umgeschriebene gleichflächige Polyeder, welches dem eingeschriebenen polar entspricht, ist ein

[XXI] gleichflächiges $(6+8+12)$-eckiges 24-Flach (ein Deltoidikositetraeder, Leucitoeder), welches von 24 kongruenten Deltoiden begrenzt ist, und sechs regulär-vierflächige, acht regulär-dreiflächige und zwölf halbregulär-vierflächige Ecken (mit abwechselnd gleichen Flächenwinkeln) hat, deren Scheitel bez. den Eckpunkten eines Oktaeders, Hexaeders und Kubooktaeders entsprechen.

Die Archimedeischen Varietäten dieser Polyeder sind der Archimedeischen Varietät des Netzes XXI' bez. ein- und umgeschrieben.

5. Bezeichnen wir den Abstand des Punktes P_1 von A_1 wiederum mit ε_a, den Abstand desselben von C_1 mit ε_c, wobei $\varepsilon_a + \varepsilon_c = \eta$ ist, ferner die Kanten des Netzes XXI', welche bez. auf $A_1 B_1 = A_1 B_2 = \gamma$ und auf $C_1 B_1 = C_1 B_2 = \alpha$ senkrecht stehen, durch γ' und α' und endlich durch

A' den durch zwei Kanten γ' eingeschlossenen Winkel,
C' „　　„　　„　　„　　α'　　　　„　　　　　　„　,
B' „　　„　je eine Kante γ' und α'　„　　　　　　„　,

so erhalten wir folgende einfache Beziehungen für die Elemente des Netzes XXI':

$$51\,a)\quad\begin{cases} \sin \tfrac{1}{2}\gamma' = \dfrac{1}{\sqrt{2}}\sin \varepsilon_a, \\[2mm] \sin \tfrac{1}{2}\alpha' = \tfrac{1}{2}\sqrt{3}\sin \varepsilon_c = \dfrac{\sqrt{2}\cos \varepsilon_a - \sin \varepsilon_a}{2}, \\[2mm] \cot g\,\dfrac{A'}{2} = \cos \varepsilon_a,\ \cot g\,\dfrac{C'}{2} = \sqrt{3}\cos \varepsilon_c = \cos \varepsilon_a + \sqrt{2}\sin \varepsilon_a, \\[2mm] B' = 180^0 - \dfrac{A'+C'}{2}. \end{cases}$$

Für die Archimedeische Varietät des Netzes XXI' wird:

$$51\,\beta)\quad\begin{cases} \tan g\,\varepsilon_a = \sqrt{2}(\sqrt{2}-1),\ \tan g\,P = \sin 22\tfrac{1}{2}^{0}, \\[2mm] \tfrac{1}{2}\alpha' = \tfrac{1}{2}\gamma' = P = 20^0\,56'\,27'',\ 7; \end{cases}$$

und für diejenige Varietät, deren Eckpunkte die Punkte D (§ 32, 3) sind, resultiert:

$$51\gamma) \begin{cases} \varepsilon_a = 90^0 - \eta, \quad \varepsilon_c = 2\eta - 90^0, \\[2mm] \sin\tfrac{1}{2}\gamma = \dfrac{1}{\sqrt{6}}, \quad \sin\tfrac{1}{2}\alpha' = \dfrac{1}{2\sqrt{3}}, \quad \cotg\dfrac{A'}{2} = \sqrt{\dfrac{2}{3}}, \\[3mm] \cotg\dfrac{C'}{2} = 2\sqrt{\dfrac{2}{3}}. \end{cases}$$

Bei dieser letzteren Varietät teilt die Kante γ' die zu ihr senkrechte $A_1 B_1 = \gamma$ in dem Punkte E_1 so, dass

$$51\gamma') \qquad tang\, A_1 E_1 = \tfrac{1}{2}, \quad tang\, E_1 B_1 = \tfrac{1}{3}$$

ist, d. h. der Punkt E_1 ist ein Eckpunkt der Archimedeischen Varietät der Netze X' (vergl. Formel 21γ) in § 20).

§ 36. Deltoidhexekontaedernetz XXII nebst den zugeordneten gleicheckigen Netzen XXII' und den entsprechenden Polyedern.

1. Das durch die in Formel 50) (§ 34) angegebenen Werte bestimmte Netz hat zur Grenzfläche ein Viereck mit den Winkeln $A_1 = 72^0$, $A_2 = A_4 = 90^0$, $A_3 = 120^0$. Da aber je fünf zusammenstossende Winkel A_1 eine regulär-fünfflächige sphärische Ecke (deren es im Netze zwölf giebt) und ebenso je drei zusammenstossende Winkel A_3 eine regulär-dreiflächige Ecke (deren es im Netze zwanzig giebt) bilden, so folgt, dass sowohl die beiden den Winkel A_1, wie die beiden den Winkel A_3 einschliessenden Kanten gleich sein müssen. Damit ist die Grenzfläche eindeutig als ein symmetrisches Viereck bestimmt, das durch die Symmetriediagonale $A_1 A_3$ in zwei symmetrisch gleiche Dreiecke mit den Winkeln 36^0, 60^0, 90^0 zerlegt wird. Man sieht auch sofort, dass ein den gegebenen Bedingungen entsprechendes Viereck, bei welchem die beiden rechten Winkel benachbarte wären, nicht möglich ist.

Die Grenzfläche des Netzes XXII entsteht hiernach durch Vereinigung zweier Dreiecke GCB des Diakishexekontaedernetzes XVI längs einer Kante GC und somit auch das Netz XXII in einfacher Weise aus dem Netze XVI (vergl. § 28, 3). (S. in Fig. 20 das stark gezeichnete Netz.)

Die beiden den Winkel A_1 (bei G_1 z. B. des Vierecks $G_1 B_1 C_1 B_2$ der Fig. 20) einschliessenden Kanten $G_1 B_1 = G_1 B_2$ betragen φ, die beiden den Winkel A_3 (bei C_1) einschliessenden Kanten $C_1 B_1 = C_1 B_2$ betragen ψ, die Symmetriediagonale $G_1 C_1$ beträgt χ, die andere Diagonale $B_1 B_2$ beträgt 36^0 (vergl. § 28, 1 und § 33, 3). Der Schnittpunkt der beiden aufeinander senkrecht stehenden Diagonalen ist einer der in § 33, 3 erwähnten Punkte F.

Die zwölf Scheitel der regulär-fünfflächigen Ecken sind die Eckpunkte G eines regulären Ikosaedernetzes V, die zwanzig Scheitel der regulär-dreiflächigen Ecken sind die Eckpunkte C eines regulären Pentagondodekaedernetzes VII, während die dreissig Eckpunkte B, in denen je zwei Winkel A_2 und A_4 ($= 90^0$) zusammenstossend eine halbreguläre sphärische Ecke bilden, den Eckpunkten des gleicheckigen Netzes XX′ (§ 33) entsprechen.

Das Netz XXII wird daher passend als

XXII sphärisches $(12 + 20 + 30)$-eckiges 60-Flach

oder als Deltoidhexekontaedernetz bezeichnet.

2. Die direkten Symmetrieebenen und die Axen dieses vollzähligen Netzes sind, wie aus der angegebenen Entstehung des Netzes sofort hervorgeht, dieselben, wie diejenigen eines regulären Ikosaeder- und Pentagondodekaedernetzes (vergl. § 12, 1 bis 3).

Der Grenzfläche des Netzes XXII kann kein Kreis umgeschrieben, also auch dem Netze kein entsprechendes gleichflächiges Polyeder ein- oder ein gleicheckiges umgeschrieben werden. Dagegen lässt sich dem Vierecke $G_1 B_1 C_1 B_2$ ein Kreis einschreiben, dessen Mittelpunkt auf der Diagonale $G_1 C_1$ liegt (vergl. unter 5. Formel 52β).

3. Nimmt man auf der Symmetriediagonale $G_1 C_1$ der Grenzfläche $G_1 B_1 C_1 B_2$ einen Punkt P_1 an, so sind die sämtlichen homologen Punkte aller Grenzflächen des Netzes XXII

die Eckpunkte eines gleicheckigen, diesem Netze zugeordneten Netzes $XXII'$ (vergl. § 28, 3).

Die Grenzflächen eines solchen Netzes $XXII'$ sind zwölf reguläre Fünfecke mit den Mittelpunkten G, zwanzig reguläre Dreiecke mit den Mittelpunkten C und dreissig gleicheckige $(2+2)$-kantige Vierecke mit den Mittelpunkten B. Das Netz hat sechzig kongruente vierflächige sphärische Ecken, indem in jedem Eckpunkte je eins der zwölf Fünfecke, je eins der zwanzig Dreiecke und je zwei der dreissig Vierecke zusammenstossen (s. in Fig. 20 das punktiert gezeichnete Netz).

Das Netz wird daher passend als

$\quad$ $XXII'$ sphärisches $(12+20+30)$-flächiges 60-Eck

bezeichnet.

Den verschiedenen Lagen des Punktes P_1 auf dem Symmetriekreisbogen $G_1 C_1$ entsprechen die möglichen Varietäten der Netze $XXII'$. Ein dem Netze XXII konjugiertes Netz giebt es nicht (vergl. 2); die Archimedeische Varietät der Netze $XXII'$ hat zu Eckpunkten die Mittelpunkte der den Vierecken des Netzes XXII eingeschriebenen Kreise; für dieselben werden die zweierlei Kanten einander gleich. Eine weitere bemerkenswerte Varietät ist noch diejenige, deren Eckpunkte die Punkte F sind (vergl. § 33, 3).

Für andere Lagen des Punktes P_1, als auf dem Symmetriekreisbogen $G_1 C_1$, resultieren keine dem Netze XXII zugeordneten gleicheckigen Netze (vergl. § 18, 5 und § 32, 5).

4. Das gleicheckige Polyeder, welches jedem Netze $XXII'$ eingeschrieben werden kann, nämlich das

$[XXII']$ gleicheckige $(12+20+30)$-flächige 60-Eck,

ist von zwölf regulären Fünfecken, 20 regulären Dreiecken und 30 Rechtecken begrenzt und hat 60 kongruente vierflächige Ecken. Dasselbe kann auch dadurch erhalten werden, dass die Ikosaederkanten eines $(12+20)$-flächigen 12.5-Ecks (§ 21, 3) durch die Flächen eines Rhombentriakontaeders so abgestumpft werden, dass je zwei benachbarte Triakontaederflächen einen Eckpunkt gemein haben.

Das gleichflächige Polyeder, welches einem Netze XXII′ in dessen Eckpunkten umgeschrieben werden kann, ist ein

[XXII] gleichflächiges (12 + 20 + 30)-eckiges
60-Flach

oder ein Deltoidhexekontaeder. Dasselbe ist von 60 kongruenten Deltoiden begrenzt und hat 12 regulär-fünfflächige, 20 regulär-dreiflächige und 30 halbregulär-vierflächige Ecken, deren Scheitel bezw. den Eckpunkten eines Ikosaeders, Pentagondodekaeders und eines (12 + 20)-flächigen 30-Ecks [XX′] (§ 33, 3) entsprechen.

Die Relationen für diese beiden sich polar entsprechenden Polyeder ergeben sich mit Leichtigkeit aus den sphärischen Figuren des Netzes XXII′; die Archimedeischen Varietäten der Polyeder sind der Archimedeischen Varietät des Netzes XXII′ bez. ein- und umgeschrieben.

5. Werden die Abstände des Punktes P_1 von G_1 und C_1 bez. mit ε_g und ε_c bezeichnet ($\varepsilon_g + \varepsilon_c = \chi$), werden ferner die auf $G_1 B_1 = G_1 B_2 = \gamma$ senkrechten Kanten des Netzes XXII′ durch γ' und die auf $C_1 B_1 = C_1 B_2 = \alpha$ senkrecht stehenden Kanten durch α' und endlich

der durch je zwei Kanten γ' eingeschlossene Winkel durch G',

„   „   „   „   „ α' „   „   „ C',

„   „   „ eine Kante γ' und α' „   „   „ B',

bezeichnet, so bestehen folgende Beziehungen:

$$52\,\alpha)\quad \begin{cases} \sin\tfrac{1}{2}\,\gamma' = \sin 36^0 . \sin \varepsilon_g = \dfrac{1}{2\cos\varphi} \cdot \sin \varepsilon_g, \\[2ex] \sin\tfrac{1}{2}\,\alpha' = \tfrac{1}{2}\sqrt{3} . \sin \varepsilon_c = \tfrac{1}{2}\sqrt{3} . \sin (\chi - \varepsilon_g) \\[1ex] \qquad = \sin\varphi\cos\varepsilon_g - \dfrac{\cos^2\varphi}{2\sin\varphi}\,\sin\varepsilon_g, \\[2ex] \cotg\dfrac{G'}{2} = \tang 36^0 . \cos\varepsilon_g = \dfrac{\sin\varphi}{\cos^2\varphi}\,\cos\varepsilon_g, \\[2ex] \cotg\dfrac{C'}{2} = \sqrt{3}\cos\varepsilon_c = \dfrac{\cos^2\varphi}{\sin\varphi}\,\cos\varepsilon_g + 2\sin\varphi\sin\varepsilon_g, \\[2ex] B' = 180^0 - \dfrac{G' + C'}{2}. \end{cases}$$

Für die Archimedeische Varietät des Netzes XXII' ist

$$52\,\beta)\ \begin{cases} tang\ \varepsilon_g = \tfrac{2}{3}\,tang\ \varphi = \dfrac{\sqrt{5}-1}{3}\,, \quad tang\,P = \dfrac{tang\ \varphi\ sin\ \varphi}{\sqrt{2}} = \\[2mm] = \dfrac{tang\ 18^0}{\sqrt{2}}\,, \quad \tfrac{1}{2}\,\alpha' = \tfrac{1}{2}\,\gamma' = P = 12^0\,56'\,21''\!,\,6\,, \end{cases}$$

und für diejenige Varietät, deren Eckpunkte die Schnittpunkte F der Diagonalen sind (vergl. § 33, 8), resultiert:

$$52\,\gamma)\ \begin{cases} \varepsilon_g = 90^0 - 2\,\varphi, \quad \varepsilon_c = \varphi - \psi\,, \\[2mm] sin\ \tfrac{1}{2}\,\gamma' = \dfrac{cos\ 2\,\varphi}{2\ cos\ \varphi} = \tfrac{1}{2}\,sin\ \varphi\,, \\[2mm] sin\ \tfrac{1}{2}\,\alpha' = sin\,(\varphi - \psi)\,.\,sin\ 60^0 = \tfrac{1}{2}\,sin\ \varphi\ tang\ \varphi\,, \\[2mm] cotg\ \dfrac{G'}{2} = 2\ tang\ \varphi\ sin\ \varphi\,, \quad cotg\ \dfrac{C'}{2} = \sqrt{3}\ cos\,(\varphi - \psi) \\[2mm] \qquad\qquad\qquad\qquad\qquad = 2\ cos\ \varphi\,. \end{cases}$$

Durch Substitution der Werte 52 α) bis γ) in die Formeln 18 a) bis d) erhält man die Relationen für die den Netzen XXII' ein- und umgeschriebenen Polyeder und deren besondere Varietäten.

§ 37. Ableitung der möglichen Fälle für die veränderlichen Vierecksnetze.

1. Nach Erledigung des ersten Hauptfalles der festen und symmetrischen gleichflächigen Vierecksnetze (§ 34) wenden wir uns nunmehr zu der Untersuchung des zweiten Hauptfalles, nämlich desjenigen der veränderlichen derartigen Netze.

Der Fall, dass — analog wie bei den Netzen XVII eines rhombischen Sphenoids (§ 29) — keiner der vier Winkel A_1, A_2, A_3, A_4 des Vierecks einen aliquoten Teil von 360^0 beträgt und diese Winkel an allen Ecken des Netzes in gleicher Weise auftreten, so dass das Netz zugleich gleicheckig wird, ergiebt sich sofort als unmöglich; denn einerseits müssten die vier Winkel des Vierecks mindestens einmal an jeder Ecke auftreten, ihre Summe also höchstens 360^0 betragen, andererseits muss aber diese Summe grösser als 360^0 sein.

Dagegen bietet sich diejenige Möglichkeit für die Beschaffenheit und Anordnung der Winkel und Ecken dar, dass einige der Winkel aliquote Teile von 360^0 betragen und eine Hauptgruppe von Ecken, wie im ersten Hauptfalle bilden, indem sich je ν_i Winkel A_i in einer Ecke vereinigen; dass aber eine zweite Hauptgruppe von Ecken dadurch entsteht, dass die übrigen — einander gleichen oder von einander verschiedenen — Winkel, welche keinen aliquoten Teil von 360^0 betragen, sich in gleicher Weise zu je einer Ecke vereinigen.

Es sind hier nur die beiden Fälle zu berücksichtigen, dass entweder zwei der Winkel des Vierecks je einen aliquoten Teil von 360^0 betragen oder dass nur ein Winkel einen aliquoten Teil von 360^0 beträgt.

2. Sind im ersten Falle die beiden (nicht benachbarten) Winkel

$$53\,\alpha) \qquad A_1 = \frac{360^0}{\nu_1}, \quad A_3 = \frac{360^0}{\nu_3}$$

und bilden zweierlei Ecken von der im ersten Hauptfalle festgesetzten Beschaffenheit, so können die beiden Winkel A_2 und A_4 eine zweite Gruppe von μ'_2 Ecken bilden, an welchen dieselben in gleicher Zahl auftreten, so dass

$$53\,\beta) \qquad k\,(A_2 + A_4) = 360^0, \quad k = 2,\ 3 \ldots$$

ist. Hieraus ergiebt sich in Verbindung mit 46) (§ 34) die Relation:

$$53\,\gamma) \qquad \frac{1}{\nu_1} + \frac{1}{\nu_3} + \frac{1}{k} - 1 = \frac{2}{m}.$$

Da ν_1 und ν_3 beide mindestens gleich 3 sein müssen, so folgt für k der einzig zulässige Wert $k = 2$ und damit wird:

$$53\,\delta) \qquad m = \frac{2}{\dfrac{1}{\nu_1} + \dfrac{1}{\nu_3} - \dfrac{1}{2}}.$$

Aus dieser Formel ergiebt sich nur für die folgenden drei Wertkombinationen ein positiver, ganzzahliger Wert für m

$$53\,\varepsilon) \begin{cases} a)\ \nu_1 = 3,\ \nu_3 = 3,\ m = 12;\ \mu_1 = \mu_3 = 4,\ \mu'_2 = \dfrac{m}{k} = 6; \\[2ex] b)\ \nu_1 = 4,\ \nu_3 = 3,\ m = 24;\ \mu_1 = 6,\ \mu_3 = 8,\ \mu'_2 = \dfrac{m}{k} = 12; \\[2ex] c)\ \nu_1 = 5,\ \nu_3 = 3,\ m = 60;\ \mu_1 = 12,\ \mu_3 = 20,\ \mu'_2 = \dfrac{m}{k} = 30. \end{cases}$$

Im Falle $a)$ und $c)$ muss aber, da je zwei Kanten, welche einen Winkel $= 120^0$ oder $= 72^0$ einschliessen, einander gleich sein müssen, auch $A_2 = A_4 = 90^0$ sein; d. h. es resultiert in $a)$ das Rhombendodekaedernetz XIX, in $c)$ das Deltoidhexekontaedernetz XXII.

Dagegen können im Falle $b)$, während die den Winkel $A_3 = 120^0$ einschliessenden Kanten gleich sein müssen, die den Winkel $A_1 = 90^0$ einschliessenden Kanten an Länge von einander verschieden sein; es ergiebt sich daher in der That, da die beiden Winkel A_2 und A_4 nur der Bedingung:

$$53\,\zeta) \qquad\qquad A_2 + A_4 = 180^0$$

unterworfen sind, ein veränderliches Netz, das sog.

XXIII Diakisdodekaedernetz,

welches für $A_2 = A_4 = 90^0$ das Deltoidikositetraedernetz XXI als einen besonderen Fall enthält.

Das Netz XXIII soll nebst den zugeordneten gleicheckigen Netzen im folgenden § 38 betrachtet werden.

Wenn die beiden Winkel, welche je einen aliquoten Teil von 360^0 betragen, als benachbarte vorausgesetzt werden, z. B. A_1 und A_2, so ergiebt sich in dem $a)$ analogen Falle kein entsprechendes Netz (vergl. § 34, 3), in dem $c)$ analogen Falle kein entsprechendes Viereck (vergl. § 36, 1), während in dem $b)$ analogen Falle für $\nu_1 = 4,\ \nu_2 = 3$ auch $A_3 = A_4 = 90^0$ sein muss, also wiederum das Deltoidikositetraedernetz XXI resultiert.

3. Beträgt im zweiten Falle einer der Winkel des sphärischen Vierecks einen aliquoten Teil von 360^0, ist also z. B.

$$54\alpha) \qquad A_1 = \frac{360^0}{\nu_1}$$

und bilden diese Winkel die erste Gruppe von μ_1 Ecken, so können die drei anderen Winkel A_2, A_3, A_4 eine zweite Gruppe von μ'_2 gleichen Ecken in der Weise konstituieren, dass sie an jeder dieser Ecken in gleicher Zahl auftreten. Alsdann muss

$$54\beta) \qquad A_2 + A_3 + A_4 = 360^0$$

sein (für $k\,[A_2 + A_3 + A_4] = 360^0$, wo $k > 2$, würde sich für die Winkelsumme des sphärischen Vierecks ein Wert kleiner als 360^0 ergeben).

Aus $54\alpha)$ und $54\beta)$ folgt in Verbindung mit 46) (§ 34):

$$54\gamma) \qquad \frac{1}{\nu_1} = \frac{2}{m}$$

oder

$$54\gamma') \qquad \begin{cases} m = 2\,\nu_1 \\ \mu_1 = 2 \\ \mu'_2 = 2\,\nu_1. \end{cases}$$

Für einen gewählten Wert von $\nu_1 > 3$ hängen die Elemente eines solchen Vierecks und der durch Wiederholung desselben bestimmten Netze im allgemeinen von zwei veränderlichen Grössen ab, da zufolge $54\beta)$ von den drei Winkeln A_2, A_3, A_4 zwei innerhalb gewisser Grenzen beliebig annehmbar sind. In dem besonderen Falle, dass zwei dieser Winkel z. B. A_2 und A_4 einander gleich sind, hängen die Elemente noch von einer veränderlichen Grösse ab. Die diesem letzteren Falle entsprechenden Netze, welche als

XXIV hauptaxige Deltoidnetze

bezeichnet werden mögen, sollen im § 39, die dem allgemeineren Fall entsprechenden zweifach veränderlichen, als

XXV hauptaxige Trapezoidnetze

zu bezeichnenden Netze, sollen im § 40, nebst den zugeordneten gleicheckigen Netzen und den diesen letzteren ein- und umgeschriebenen Polyedern betrachtet werden.

§ 38. Diakisdodekaedernetze XXIII nebst den zugeordneten gleicheckigen Netzen XXIII′ und den entsprechenden Polyedern.

1. Die im § 37, 2 unter b) 53 ε) und ζ) aufgestellten Werte

$$55\,\alpha) \qquad \begin{cases} A_1 = 90^0, \ A_3 = 120^0, \ A_2 + A_4 = 180^0, \\ m = 24, \ \mu_1 = 6, \ \mu_3 = 8, \ \mu'_2 = 12 \end{cases}$$

bestimmen ein einfach veränderliches, aus 24 gleichen, unsymmetrischen Vierecken zusammengesetztes Netz. Da die beiden den Winkel $A_3 = 120^0$ einschliessenden Kanten gleich, die den Winkel $A_1 = 90^0$ einschliessenden Kanten im allgemeinen ungleich sind, so sind von den sphärischen Ecken des Netzes die acht dreiflächigen regulär, die sechs vierflächigen halbregulär, während in jeder der zwölf veränderlichen Ecken der 2ten Gruppe sich je zwei Winkel A_2 und zwei Winkel A_4 vereinigen.

Die Scheitel der acht regulär-dreiflächigen Ecken müssen nun mit den Eckpunkten C eines Hexaedernetzes, die Scheitel der sechs halbregulär-vierflächigen Ecken mit den Eckpunkten A des konjugierten Oktaedernetzes zusammenfallen. Denn betrachtet man (s. Fig. 21 α) vier in dem Scheitel des rechten Winkels A_1 zusammenstossende Vierecke des Netzes, so müssen die vier Scheitelpunkte C_1, C_2, C_4, C_3 der regulär-dreiflächigen Ecken die Eckpunkte eines regulären Vierecks bilden. Aus der Kongruenz der gleichschenkligen Dreiecke $C_1 L_1 C_2 \cong C_1 L_2 C_3$ folgt aber, dass das Viereck $A_1 B_1 C_1 B_2$, dessen Inhalt den 24ten Teil der Kugelfläche beträgt, nur die Grenzfläche des Netzes eines Deltoidikositetraeders XXI sein kann.

Damit ergiebt sich folgende einfache Konstruktion eines Diakisdodekaedernetzes XXIII:

Man trage auf den Hauptkreisen a des Hexakisoktaedernetzes XV von jedem der Oktaedereckpunkte A aus auf dem einen nach beiden Seiten einen Bogen ε_a, auf dem andern, darauf senkrechten, einen Bogen $90^0 - \varepsilon_a$ ab und verbinde jeden der so erhaltenen Punkte L mit den beiden nächst benachbarten Hexaedereckpunkten C durch Hauptkreise (s. Fig. 21 β, in welcher $A_1 L_2 = A_1 L_4 = A_2 L_1 = A_8 L_5 = \ldots = \varepsilon_a$, $A_1 L_1 = A_1 L_3 = A_2 L_5 = A_8 L_2 = \ldots = 90^0 - \varepsilon_a$ ist).

Jedes Oktantendreieck wird hierdurch in drei Vierecke von der geforderten Beschaffenheit zerlegt, welche im Mittelpunkte C unter Winkeln von 120^0 zusammenstossen, und ebenso in den sechs Punkten A und in den zwölf Punkten L die sphärischen Ecken von der verlangten Beschaffenheit bilden. Je zwei längs einer Kante anstossende Vierecke des Netzes XXIII sind symmetrisch gleich, so dass die 24 Flächen in zwei Gruppen von zwölf rechten und zwölf linken Flächen zerfallen. Wir bezeichnen das Netz XXIII hiernach als

XXIII sphärisches $(6 + 8 + 12)$-eckiges 2.12-Flach.

Man kann sich die Grenzfläche des Netzes XXIII und das Netz selbst auch einfach aus dem Netze XXI eines Deltoidikositetraeders dadurch entstanden denken, dass von dem einen der durch die Diagonale $A_1 C_1$ gebildeten Dreiecke $A_1 B_2 C_1$ des Vierecks $A_1 B_1 C_1 B_2$ das rechtwinklige Dreieck $B_2 C_1 L_2$ abgeschnitten und an der Kante $B_1 C_1$ an das andere Diagonaldreieck $A_1 B_1 C_1$ angefügt wird. (Fig. 21 α.)

Die zwölf auf den Hauptkreisen a beweglichen Punkte L dieses Netzes sind die Hälfte der 24 Eckpunkte eines Netzes X' eines $(6 + 8)$-flächigen 6.4-Ecks (§ 20, 3). Und zwar ist von den Eckpunkten eines solchen Netzes von je zwei in Beziehung auf einen Hauptkreis b symmetrisch liegenden Punkten nur einer beizubehalten.

Das durch solche zwölf Eckpunkte L allein bestimmte gleicheckige Netz wird im § 45 als ein dem Netze eines symmetrischen Pentagondodekaeders XXIX zugeordnetes Netz auf andere Weise erhalten und betrachtet werden.

2. Wir wollen die Winkel und Kanten einer Grenzfläche des Netzes, z. B. von $A_1 L_1 C_1 L_2$, in folgender Weise bezeichnen:

den Winkel A_1 mit dem Scheitel A_1 durch $A_1 = 90^0$,

$$\begin{array}{ccccccc}
\text{\"{}} & \text{\"{}} & A_3 & \text{\"{}} & \text{\"{}} & \text{\"{}} & C_1 & \text{\"{}} & C_1 = 120^0,\\
\text{\"{}} & \text{\"{}} & A_2 & \text{\"{}} & \text{\"{}} & \text{\"{}} & L_1 & \text{\"{}} & L_1 \left. \right| L_1 + L_2\\
\text{\"{}} & \text{\"{}} & A_4 & \text{\"{}} & \text{\"{}} & \text{\"{}} & L_2 & \text{\"{}} & L_2 \left. \right| = 180^0,
\end{array}$$

die den Winkel C_1 einschliessenden Kanten $C_1 L_1 = C_1 L_2 = \alpha$,

die Kante $A_1 L_1 = \gamma_1$,

$\text{\"{}} \quad \text{\"{}} \quad A_1 L_2 = \gamma_2$

setzen.

Dann lassen sich die Elemente einer Grenzfläche in einfacher Weise z. B. durch die Variabele ε_a, den Abstand des Punktes L_2 von A_1, ausdrücken. Die sämtlichen möglichen Varietäten der Netze XXIII resultieren, wenn ε_a die Werte von 0^0 bis 45^0 annimmt, wobei der Punkt L_2 den Bogen $A_1 B_2$, der Punkt L_1 den Bogen $A_2 B_1$ durchläuft (vergl. Fig. 21γ). Für $45^0 > \varepsilon_a > 90^0$ resultieren dieselben Netze, wie für $0 < \varepsilon_a^0 < 45^0$, nur in anderer Stellung. Dem Werte $\varepsilon_a = 45^0$ entspricht das Deltoidikositetraedernetz XXI.

Die Beziehungen:

$$55\beta)\quad\begin{cases}
\gamma_1 = 90^0 - \varepsilon_a, \quad \gamma_2 = \varepsilon_a, \quad \gamma_1 + \gamma_2 = 90^0,\\[2mm]
\cos \alpha = \sin \eta \cdot \cos(45^0 - \varepsilon_a) = \dfrac{\cos \varepsilon_a + \sin \varepsilon_a}{\sqrt{3}},\\[2mm]
\cot g\, L_1 = - \cot g\, L_2 = \cos \varepsilon_a - \sin \varepsilon_a,\\[2mm]
\cos L_1 L_2 = \tfrac{1}{2} \sin 2\,\varepsilon_a
\end{cases}$$

gestatten in einfacher Weise die Art der Veränderlichkeit der Elemente des Netzes XXIII zu verfolgen.

3. Die einzigen direkt symmetrischen Mittelebenen des Netzes XXIII sind die Ebenen der drei Hauptkreise a. Was die Axen dieses Netzes anlangt, so sind es dieselben, wie diejenigen eines regulären Tetraedernetzes III (§ 11, 2), nämlich zwei Gruppen von je vier gleichen dreizähligen Axen OC und drei Paare von entgegengesetzt gerichteten, gleichen, zweizähligen Axen OA. Es sind dieser Beschaffenheit entsprechend auch die acht regulär-dreiflächigen Ecken mit den Scheiteln C — als Teile des Netzes betrachtet — in zwei Gruppen von je vier, deren Scheitel den

Eckpunkten zweier konjugierten Tetraedernetze entsprechen, zusammenzufassen. Die sechs Ebenen der Hauptkreise b kommen dagegen dem Netze XXIII nicht als direkt symmetrische Mittelebenen zu.

Wiewohl daher das Netz XXIII ebenso wie die vollzähligen Netze die Eigenschaft hat, dass zu jeder Grenzfläche die Gegenfläche und zu jeder Ecke die Gegenecke im Netze vorhanden ist (vergl. § 13, 2), so bietet es doch andererseits Eigentümlichkeiten dar, welche den hemigonischen und hemiedrischen Netzen zukommen. Dies besondere Verhalten wird unter 4—6 bei Betrachtung der zugeordneten gleicheckigen Netze und der entsprechenden Polyeder deutlich hervortreten.

Einem Vierecke des Diakisdodekaedernetzes XXIII lässt sich weder ein Kreis um- noch einschreiben. Die erste Eigenschaft, zufolge deren dem Netze kein entsprechendes gleichflächiges Polyeder ein- und kein gleicheckiges umgeschrieben werden kann, ergiebt sich einfach daraus, dass die Summe zweier gegenüberliegenden Winkel ($A_1 + C_1 = 90^0 + 120^0 = 210^0$) niemals der Summe der beiden anderen Winkel $L_1 + L_2 = 180^0$ gleich ist. Die zweite Eigenschaft folgt daraus, dass die Summe zweier gegenüberliegenden Kanten ($\alpha + 90^0 - \varepsilon_a$) der Summe der beiden anderen Kanten ($\alpha + \varepsilon_a$) nur in dem Grenzfalle $\varepsilon_a = 45^0$ gleich wird, oder auch daraus, dass der Halbierungskreis des Winkels A_1 durch C_1 geht, während der Halbierungskreis des Winkels C_1 die gegenüberliegende Kante $A_1 L_1$ in einem Punkte S_1 schneidet (s. Fig. 21 γ).

Dabei ist:

$$55\gamma) \qquad \begin{cases} tang\ A_1\ \hat{C}_1\ S_1 = \sqrt{3}\ tang\ (45^0 - \varepsilon_a), \\[2mm] tang\ S_1\ B_1 = \dfrac{tang\ \varepsilon_a}{2 - tang\ \varepsilon_a}, \\[2mm] tang\ A_1\ S_1 = 1 - tang\ \varepsilon_a. \end{cases}$$

4. Wird im Innern einer Grenzfläche (z. B. $A_1 L_1 C_1 L_2$) ein Punkt P_1 angenommen, so erhält man, wenn die sämtlichen homologen Punkte der 24 Grenzflächen — und zwar je zwei in Beziehung auf eine Kante derselben benachbarte —

durch Hauptkreisbogen verbunden werden, ein gleicheckiges Netz, welches aber im allgemeinen dem Netze XXIII unsymmetrisch zugeordnet ist (vergl. § 30, 4). Denn bei beliebiger Lage des Punktes P_1 liegen zwar immer je vier homologe, um einen Punkt A gruppierte Punkte, symmetrisch zu den Hauptkreisen a, welche die Kanten γ_1 und γ_2 bilden, dagegen liegen je drei um einen Punkt C gruppierten homologen Punkte P zu den Kanten $(C_1 L_1 = C_1 L_2 = C_1 L_5 = \alpha)$ nur dann symmetrisch, wenn der Punkt P_1 auf dem Halbierungskreise $C_1 S_1$ des Winkels C_1 liegt.

Die sämtlichen einem Netze XXIII symmetrisch zugeordneten (oder in dem früheren Sinne zugeordneten) gleicheckigen Netze XXIII' werden also erhalten, wenn der Punkt P_1 und die zu ihm homologen auf dem Hauptkreisbogen $C_1 S_1$ gewählt werden; alle Punkte P liegen in diesem Falle symmetrisch zu je einer Kante des Netzes XXIII, welches daher das Symmetrienetz des gleicheckigen Netzes darstellt.

Jedes derartige gleicheckige Netz XXIII' (s. in Fig. 21 β das punktiert gezeichnete Netz) hat 2.12 gleiche vierflächige sphärische Ecken, von denen je zwei benachbarte symmetrisch gleich sind. Die Grenzflächen sind einmal sechs halbreguläre $(2+2)$-kantige Vierecke mit den Mittelpunkten A, ferner acht reguläre Dreiecke mit den Mittelpunkten C und endlich zwölf symmetrische viereckige Grenzflächen mit je zwei gleichen benachbarten Winkeln und mit zwei gleichen gegenüberliegenden Kanten, sog. sphärische Paralleltrapeze, deren Mittelpunkte die Punkte L sind. Diese gleicheckigen Netze werden daher passend als

XXIII' sphärische $(6+8+12)$-flächige 2.12-Ecke

bezeichnet.

Die Elemente dieser Netze hängen von zwei veränderlichen Grössen ab, da einem jeden durch einen Wert für ε_a bestimmten Diakisdodekaedernetze alle diejenigen gleicheckigen Netze (symmetrisch) zugeordnet sind, deren Eckpunkte homologe Punkte der Halbierungskreisbogen $C_1 S_1$

sind. Nimmt also ε_a alle Werte von 0^0 bis 45^0 an, d. h. beschreibt der Punkt L_1 den Bogen $B_1 A_2 = 45^0$ (und der Punkt L_2 den Bogen $A_1 B_2 = 45^0$), so wird der zugehörige Halbierungskreis $C_1 S_1$, indem er sich aus der Lage $A_1 B_1$ in diejenige $A_1 C_1$ dreht, das Hexakisoktaederdreieck $A_1 B_1 C_1$ beschreiben. Die 2.12 zusammengehörigen Eckpunkte eines gleicheckigen Netzes können daher auch einfach dadurch erhalten werden, dass man von den 48 Eckpunkten des Netzes XV', welches dem Hexakisoktaedernetze zugeordnet ist, die Hälfte weglässt, d. h. von je sechs um einen Punkt C gruppierten nur drei abwechselnd aufeinander folgende beibehält, so dass die Symmetrie der Gruppierung in Beziehung auf die Hauptkreise a bestehen bleibt. Von den acht ursprünglich um einen der Punkte A gruppierten Punkte werden dann nur der erste, vierte, fünfte, achte oder der zweite, dritte, sechste, siebente beibehalten (vergl. die Numerirung der Eckpunkte P in Fig. 21β).

Jedes gleicheckige Netz XXIII' ist hiernach auch als eine bestimmte Hemigonie des gleicheckigen Netzes XV' zu betrachten, wiewohl ebenso wie bei den vollzähligen Netzen zu jeder Ecke die Gegenecke und zu jeder Fläche die Gegenfläche im Netze vorhanden ist (vergl. 3).

Eine dem Netze XXIII konjugierte oder eine Archimedeische Varietät des Netzes XXIII' kann es nicht geben (vergl. 3).

5. Wir bezeichnen die Abstände eines auf dem Halbierungskreise $C_1 S_1$ angenommenen Punktes P_1 von A_1 und C_1 wie früher bez. mit ε'_a und ε'_c, den Winkel, welchen der Hauptkreisbogen $A_1 P_1$ mit $A_1 B_1$ bildet, mit ϑ'_a (vergl. § 27, 5), ferner die bez. auf den Kanten α, γ_1 und γ_2 des Symmetrienetzes senkrecht stehenden Kanten durch α', γ'_1, γ'_2, (s. Fig. 21γ: $P_1 J_1 = P_1 J_2 = \frac{1}{2} \alpha'$, $P_1 H_1 = \frac{1}{2} \gamma'_1$, $P_1 H_2 = \frac{1}{2} \gamma'_2$), die von diesen Kanten eingeschlossenen und bez. den Winkeln A_1, C_1, L_1, L_2 gegenüberliegenden Winkel durch A'_1, C'_1, L'_1, L'_2 und die beiden Teilwinkel, in welche der Winkel A'_1 durch den Hauptkreisbogen $A_1 P_1$ zerlegt wird, durch A''_1,

A'''_1. Dann können die Elemente eines Netzes XXIII′ entweder direkt, wie diejenigen des vollzähligen Netzes XV′ durch die beiden Veränderlichen ε'_a, ϑ'_a, oder auch durch eine dieser beiden Veränderlichen und die Grösse ε_a, deren Wert die Varietät des Symmetrienetzes XXIII bestimmt, ausgedrückt werden. Man erhält leicht die folgenden Beziehungen:

$$55\,\delta)\;\begin{cases} sin\,\tfrac{1}{2}\,\alpha' = \tfrac{1}{2}\sqrt{3}\,sin\,\varepsilon'_c, \quad cos\,\varepsilon'_c = \dfrac{cos\,\varepsilon'_a + (cos\,\vartheta'_a + sin\,\vartheta'_a)\,sin\,\varepsilon'_a}{\sqrt{3}}, \\[2mm] sin\,\tfrac{1}{2}\,\gamma'_1 = sin\,\varepsilon'_a\,sin\,\vartheta'_a, \quad sin\,\tfrac{1}{2}\,\gamma'_2 = sin\,\varepsilon'_a\,.\,cos\,\vartheta'_a, \\[2mm] cotg\,A''_1 = cos\,\varepsilon'_a\,tang\,\vartheta'_a, \\[2mm] cotg\,A'''_1 = cos\,\varepsilon'_a\,cotg\,\vartheta'_a, \\[2mm] cotg\,\tfrac{1}{2}\,C' = \sqrt{3}\,cos\,\varepsilon'_c, \\[2mm] L'_1 = 180° - A''_1 - \tfrac{1}{2}\,C' \\[1mm] L'_2 = 180° - A'''_1 - \tfrac{1}{2}\,C' \end{cases} \quad L'_1 - L'_2 = A'''_1 - A''_1,$$

und ferner (vergl. 55 α) bis γ) ergiebt sich zwischen ε_a einerseits und ε'_a und ϑ'_a andererseits die Relation:

$$55\,\varepsilon) \qquad tang\,\varepsilon_a = \frac{cos\,\vartheta'_a - cotg\,\varepsilon'_a}{sin\,\vartheta'_a - cotg\,\varepsilon'_a}.$$

Bezeichnet man den Abstand $A_1\,S_1$ durch ε''_a, so besteht zwischen den beiden Grössen ε_a und ε''_a die einfache Beziehung (vergl. 55γ):

$$55\,\zeta) \qquad tang\,\varepsilon_a + tang\,\varepsilon''_a = 1;$$

d. h. wenn man auch auf $A_1\,A_2$ einen Punkt $\mathfrak{L}_2$ im Abstand $A_1\,\mathfrak{L}_2 = \varepsilon_a$ annimmt, so sind $\mathfrak{L}_2$ und S_1 konjugierte Punkte eines involutorischen Systems, dessen Doppelpunkte einmal der Punkt S_o, für welchen

$$55\,\eta) \qquad tang\,\varepsilon_a = \tfrac{1}{2}$$

(vergl. 51γ' und 21γ) ist, d. h. der Schnittpunkt des Halbierungskreises des Winkels $A_1\,\hat{C}_1\,B_1$ mit $A_1\,A_2$ und zweitens der Punkt A_2 sind (vergl. § 45, 7, Formel 66ν).

6. Das gleicheckige Polyeder, welches jedem Netze XXIII′ eingeschrieben werden kann, hat 24 gleiche (zwölf rechte und zwölf linke) vierflächige Ecken; seine Grenzflächen sind sechs Rechtecke (Hexaederflächen), acht reguläre Dreiecke (Oktaederflächen) und zwölf gleichschenklige Paralleltrapeze (deren Flächen für sich ein symmetrisches Pentagondodekaeder, die im § 45 noch zu betrachtende Hemiedrie des $(6+8)$-eckigen 6.4-Flachs, einschliessen).

Das Polyeder, welches hiernach passend als

[XXIII′] gleicheckiges $(6+8+12)$-flächiges 2.12-Eck

bezeichnet wird, lässt sich (vergl. 4 am Ende) als eine bestimmte Hemigonie des gleicheckigen $(6+8+12)$-flächigen 2.24-Ecks [XV′] (§ 27, 4) erhalten.

Das gleichflächige Polyeder, welches jedem Netze XXIII′ in dessen Eckpunkten umgeschrieben werden kann, ist das

[XXIII] gleichflächige $(6+8+12)$-eckige 2.12-Flach

oder Diakisdodekaeder, welches von zwölf rechten und zwölf linken unsymmetrischen Vierecken begrenzt ist und sechs vierflächige halbreguläre, acht dreiflächige reguläre und zwölf symmetrisch-vierflächige Ecken besitzt. Die Scheitel dieser Ecken entsprechen bez. den Eckpunkten eines Oktaeders, eines Hexaeders und der unter XXIX′ im § 45 noch zu betrachtenden Hemigonie eines $(6+8)$-flächigen 6.4-Ecks; die Projektionen dieser Eckpunkte auf die Kugel sind die Eckpunkte des gleichflächigen Netzes XXIII.

Das Diakisdodekaeder, welches dem eingeschriebenen gleicheckigen Polyeder polar entspricht, lässt sich ebenso als eine bestimmte Hemiedrie des Hexakisoktaeders durch Unterdrückung von 24 Flächen, welche die Berührungsebenen an den 24 oben angegebenen Punkten sind, erhalten. Man bezeichnet diese Art der Hemiedrie wohl auch als parallelflächige oder dodekaedrische.

Die weiteren Beziehungen für diese Polyeder ergeben sich aus den für das sphärische Netz XXIII′ aufgestellten Formeln ohne Schwierigkeit.

§ 39. Hauptaxige Deltoidnetze XXIV nebst den zugeordneten gleicheckigen Netzen XXIV′ und den entsprechenden Polyedern.

1. Wir betrachten zunächst den besondern, aber wichtigen Fall der in § 37, 3 kurz charakterisierten Netze, in welchem von den drei Winkeln A_2, A_3, A_4 zwei und zwar A_2 und A_4 einander gleich sind, also die Beziehungen gelten (vergl. 54 α) bis γ):

$$56\,\alpha)\quad \begin{cases} A_1 = \dfrac{360^0}{\nu_1},\ A_2 = A_4,\ A_3 = 360^0 - 2\,A_2, \\[2mm] m = 2\,\nu_1,\ \mu_1 = 2,\ \mu'_2 = 2\,\nu_1. \end{cases}$$

Aus der geforderten Beschaffenheit der $2\nu_1$ gleichen dreiflächigen sphärischen Ecken ergiebt sich, dass auch im Falle eines geraden ν_1 die beiden den Winkel A_1 einschliessenden Kanten gleich sein müssen und daher auch, wegen $A_2 = A_4$, die beiden den Winkel A_3 einschliessenden Kanten einander gleich sind: die Grenzfläche ist also ein **symmetrisches Viereck** (Deltoid).

Da sich die Scheitel der beiden regulären ν_1-flächigen Ecken als Gegenpunkte entsprechen müssen, so kann man ein solches Netz aus einem regulären **Zweiecksnetze II** (§ 10) für $p = 2\,\nu_1$ einfach dadurch erhalten, dass man von dem Scheitelpunkte A und dessen Gegenpunkte A' (den Endpunkten der Hauptaxen) abwechselnd auf den Halbkreisen einen Bogen $= \varepsilon_a$ abschneidet und die so erhaltenen aufeinander folgenden Punkte durch Hauptkreisbogen verbindet — also das **Skalenoedernetz XVIII** (§ 30, 1) konstruiert. Durch Vereinigung je zweier längs einer (stumpfen) Kante $180^0 - \varepsilon_a$ aneinander stossenden Dreiecke dieses Skalenoedernetzes resultiert das Netz XXIV.

Wenden wir dieselben Bezeichnungen wie bei dem **Skalenoedernetze XVIII** (§ 30, 2) an (s. die Fig. 22 α ($\nu_1 = 3$), 22 β ($\nu_1 = 4$), 22 γ ($\nu_1 = 5$), so sind (für $\nu_1 = p_1 = p$):

die beiden gleichen Kanten $A D_1 = A D_3$ durch $\delta_1 = \varepsilon_a$

„   „   „   „ $D_1 D_2 = D_2 D_3$ „ α,

der Winkel A_1 mit dem Scheitel A durch $A = \dfrac{360^0}{p}$,

die Winkel A_2 und A_4 mit den Scheiteln D_1 und D_3 durch
$$D_1 = D_3 = D,$$
der Winkel A_3 mit dem Scheitel D_2 durch $D_2 = 360^0 - 2$
zu bezeichnen. Die Winkel A und D_2 sind bez. das Doppelte der entsprechend bezeichneten Winkel der Grenzfläche des Skalenoedernetzes XVIII.

Für die Elemente einer Grenzfläche bestehen die einfachen Beziehungen (vergl. § 30, Formel 36 ε) für $p_1 = p$)

$$56\,\beta)\quad
\begin{cases}
\cos \tfrac{1}{2}\,\alpha = \sin \varepsilon_a \cos \dfrac{90^0}{p}, \\[2ex]
A = \dfrac{360^0}{p}, \qquad tang\,D = -\dfrac{tang\,\dfrac{90^0}{p}}{\cos \varepsilon_a}, \\[3ex]
D_1 = D_3 = D, \quad \tfrac{1}{2}\,D_2 = 180^0 - D, \\[2ex]
A_1\,D_3 = \delta_2 = 180^0 - \varepsilon_a, \quad \sin \tfrac{1}{2}\,D_1\,D_3 = \sin \tfrac{1}{2}\,\beta = \\[2ex]
\qquad \sin \varepsilon_a \sin \dfrac{180^0}{p}, \\[2ex]
cotg\,C = tang\,\varepsilon_a \sin \dfrac{90^0}{p},
\end{cases}$$

wo C wiederum den Neigungswinkel einer Kante α gegen den Äquator a von A bedeutet. Die Elemente des Netzes XXIV hängen bei einem für $p = 3, 4, \ldots$ angenommenen Werte von einer veränderlichen Grösse ab, als welche ε_a passend gewählt wird. Durchläuft ε_a die Werte von 0^0 bis 90^0, so nimmt der Winkel D die Werte zwischen $180^0 - \dfrac{90^0}{p}$ und 90^0 an. Den Werten $\varepsilon_a = 90^0$ und $D = 90^0$ entspricht das Doppelpyramidennetz VIII.

2. Die Kanten δ, welche auf den Haupthalbkreisen eines regulären Zweiecksnetzes II liegen, werden passend als End- oder Scheitelkanten, die Halbmesser OA und OA' als Hauptaxen des Netzes bezeichnet. Die Gesamtheit der Kanten α bildet wie beim Skalenoedernetze einen sog.

Kronrand (vergl. § 30, 2), so dass jede Randkante unter demselben Winkel C gegen den Äquator a geneigt ist.

Die p Ebenen der Endkanten sind **direkte Symmetrieebenen** des Netzes, während die Ebene des Äquators a, deren Hauptkreis die Randkanten in den Punkten C halbiert, keine solche direkte Symmetrieebene ist.

Die Eckpunkte D_1, $D_3 \ldots D_{2p-1}$ und D_2, $D_4 \ldots D_{2p}$ sind (vergl. § 30, 2) die Hemigonie eines sphärischen $(2+2p)$-flächigen $4p$-Ecks VIII' (§ 16, 7).

Auch bei diesem Netze XXIV sind die beiden Hauptaxen OA und OA' p-zählige Axen, die nach den $2p$ Kantenmittelpunkten C_1, $C_2, \ldots C_{2p}$ gerichteten Halbmesser zweizählige Axen.

Das hauptaxige Deltoidnetz XXIV wird mit Rücksicht auf die angegebenen Eigenschaften auch als

kronrandiges sphärisches $(2+2p)$-eckiges $2p$-Flach bezeichnet.

3. Einem Netze XXIV kann im allgemeinen kein entsprechendes gleichflächiges Polyeder eingeschrieben werden, da dem Deltoide $AD_1D_2D_3$ sich im allgemeinen kein Kreis umschreiben lässt. Für einen angenommenen Wert von p giebt es nur eine, einem bestimmten Werte von ε_a entsprechende Varietät, welcher ein Kreis umgeschrieben werden kann, nämlich diejenige, für welche

$$56\gamma) \qquad tang^2 \tfrac{1}{2}\,\varepsilon_a = cos\,\frac{180^0}{p}$$

oder

$$cos\,\varepsilon_a = tang^2\,\frac{90^0}{p}$$

und der Radius des umgeschriebenen Kreises

$$56\gamma') \qquad R = 90^0 - \tfrac{1}{2}\,\varepsilon_a$$

ist.

Diese Varietät wird z. B. einfach dadurch bestimmt, dass für sie die Summe zweier gegenüberliegenden Winkel des Vierecks der Summe der beiden anderen gleich sei. Aus

$2\,D = \dfrac{360^0}{p} + 360^0 - 2\,D$ folgt $D = \dfrac{90^0}{p} + 90^0$ und damit aus

56β) sofort die angegebene Beziehung 56γ).

Die Formel 56γ) entspricht dem in § 30, 4 besprochenen Übergangsfall, wie denn die Formel 36ν) für den Übergangsfall ($=$) und für $p_1 = p$ genau in die Formel 56γ) übergeht.

Dem besonderen Netze 56γ) lässt sich daher ein entsprechendes gleichflächiges Polyeder ein- und ein gleicheckiges Polyeder umschreiben (vergl. unter 7.).

Dagegen kann jedem sphärischen Netze XXIV ein Kreis eingeschrieben werden, dessen Mittelpunkt der Schnittpunkt des Symmetriekreises $A D_2$ mit dem Halbierungskreise des Winkels D_1 oder D_3 ist und dessen Radius leicht durch die das Viereck bestimmenden Grössen ausgedrückt werden kann.

Zwei besondere Varietäten der Netze XXIV sind noch bemerkenswert, auf welche schon früher hingewiesen wurde. Einmal ist dies diejenige Varietät, bei welcher die Deltoide in Rhomben übergehen; diese bereits im § 31, 3 als $(\nu_1 = p)$

XXIVa)   hauptaxige sphärische $(2 + 2p)$-eckige
Rhomben-$2p$-Flache

erwähnten Netze sind durch die Bedingungen und Relationen (vergl. Formel 43) charakterisiert:

$$56\,\delta)\quad \begin{cases} \alpha = \delta = \varepsilon_a, \quad A = D_2, \quad D = \dfrac{p-1}{p}\,180^0, \\[2ex] \sin\dfrac{\varepsilon_a}{2} = \dfrac{1}{2\cos\dfrac{90^0}{p}}. \end{cases}$$

Die zweite bemerkenswerte Varietät ist diejenige, für welche $D_1 = D_2 = D_3 = 120^0$ ist, die $2p$ dreiflächigen Ecken also regulär werden und die beiden Kanten α von dem eingeschriebenen Kreise in deren Mittelpunkten C berührt werden. Diese im § 34, 4 unter XXIVb) bereits aufgeführte

Archimedeische Varietät ist durch die Beziehungen (vergl. Formel 50)

$$56\,\varepsilon)\begin{cases} D_1 = D_2 = D_3 = 120^0, \quad \cos \varepsilon_a = \dfrac{1}{\sqrt{3}}\, tang\, \dfrac{90^0}{p}, \\[2ex] sin\, \tfrac{1}{2}\,\alpha = \dfrac{2}{\sqrt{3}}\, sin\, \dfrac{90^0}{p} \end{cases}$$

charakterisiert.

Für den Wert $p = 3$ fallen diese beiden Varietäten XXIVa) und b) und die durch die Werte 56γ) bestimmte Varietät in eine zusammen, indem das reguläre Hexaedernetz VI resultiert.

4. Wenn man zu einem beliebig auf der Symmetriediagonale AD_2 angenommenen Punkte P_1 die homologen Punkte sämtlicher Vierecke eines Netzes XXIV konstruiert und je zwei in Beziehung auf eine Kante dieses Netzes benachbarten Punkte durch Hauptkreisbogen verbindet, so erhält man ein gleicheckiges Netz, welches aber im allgemeinen dem Netze XXIV unsymmetrisch zugeordnet ist. Denn von den Hauptkreisen dieses gleicheckigen Netzes stehen zwar diejenigen, welche je p um einen der Scheitelpunkte A gruppierte Punkte successive verbinden, auf den Hauptkreisen, deren Bogen $= \varepsilon_a$ ist, senkrecht. Dagegen steht derjenige Hauptkreis, welcher zwei auf den beiden Seiten einer Randkante liegende Punkte P verbindet, wiewohl er immer durch den Mittelpunkt derselben hindurchgeht, doch auf dieser Randkante im allgemeinen nicht senkrecht. Dies tritt nur dann ein, wenn der Punkt P_1 der Mittelpunkt des dem Dreiecke $D_1 D_2 D_3$ umgeschriebenen Kreises, d. h. der Schnittpunkt eines im Mittelpunkt C der Randkante senkrecht zu dieser errichteten Hauptkreisbogens mit der Symmetriediagonale AD_2 ist.

Ist der Punkt P_1 dieser bezeichnete Punkt, so ist das gleicheckige Netz, dessen Eckpunkte die sämtlichen zu P_1 homologen Punkte sind, dem Netze XXIV symmetrisch zugeordnet, da alsdann alle Punkte P zu je zweien symmetrisch zu je einer Kante des Netzes XXIV liegen.

Einer jeden Varietät der Netze XXIV, welche für einen angenommenen Wert des p einem bestimmten Werte für ε_a entspricht, ist also ein gleicheckiges Netz XXIV′ symmetrisch zugeordnet. Ein solches gleicheckiges Netz hat $2p$ kongruente vierflächige sphärische Ecken; seine Grenzflächen sind einmal zwei reguläre p-Ecke, deren Mittelpunkte A und A' sind und deren Kanten δ' auf den Kanten δ senkrecht stehen, sodann $2p$ gleichschenklige Dreiecke, deren Basen die Kanten δ' sind, deren Schenkel α' auf den Randkanten α des Netzes XXIV in deren Mittelpunkten senkrecht stehen und einen ähnlichen Kronrand bilden, wie diese (s. in den Fig. 22α, 22β, 22γ die punktiert gezeichneten Teile). Man kann den einen Kronrand dem andern konjugiert nennen, da die Kanten beider sich gegenseitig halbierend aufeinander senkrecht stehen. Man kann diese Netze XXIV daher auch als

XXIV′ sphärische kronrandige $(2+2p)$-flächige

$2p$-Ecke

bezeichnen.

Die Eckpunkte P eines gleicheckigen Netzes XXIV′ sind also ebenso wie die Eckpunkte D des konjugierten Randes die Hemigonie eines sphärischen $(2+2p)$-flächigen $4p$-Ecks VIII′ (§ 16, 7, vergl. unter 2. dieses Paragraphen und § 30, 2), dessen Seitenkanten auf den Symmetriehauptkreisen der Deltoide des Netzes XXIV liegen. Durch die successive Verbindung je eines Eckpunktes des obern (untern) regulären $2p$-Ecks mit dem darauf folgenden des untern (obern) wird der Kronrand erhalten, und die Verbindung der so bestimmten p oberen und p unteren Punkte durch die Diagonalen der Endflächen liefert die Kanten der regulären Endflächen des Netzes XXIV′.

Die Elemente dieser Netze hängen von einer veränderlichen Grösse ab, da jeder Varietät der Netze XXIV auch nur eine Varietät der Netze XXIV′ zugeordnet ist. Das der durch die Werte 56γ) bestimmten Varietät zugeordnete Netz ist das einzige, welches seinem Symmetrienetze zugleich konjugiert ist (vergl. unter 5. 56ι), während das der Archimedeischen Varietät XXIVb) (56ε) zugeordnete Netz die einzige zugleich gleichkantige, also die **Archimedeische Varietät der Netze XXIV'** darstellt.

5. Bezeichnen wir den Abstand des Punktes P_1 von A mit ε'_a, die Entfernung desselben von den drei Punkten D_1, D_2, D_3 mit ε'_d, die von den Kanten δ' und α' eingeschlossenen und bez. den Winkeln $A, D_1 = D_3 = D$ und D_2 des Vierecks gegenüberliegenden Winkel durch $A', D'_1 = D'_3 = D'$ und D'_2, so bestehen folgende einfache Beziehungen zwischen den Elementen des Netzes XXIV' und denjenigen des Symmetrienetzes XXIV:

$$56\zeta)\quad \begin{cases} \sin\tfrac{1}{2}\delta' = \sin\varepsilon'_a \sin\dfrac{180^0}{p}, \quad \sin\tfrac{1}{2}\alpha' = \sin\varepsilon'_d . \sin D, \\[2em] \cos\tfrac{1}{2}\alpha' = \sin\varepsilon'_a \cos\dfrac{90^0}{p}, \\[2em] \cot g\tfrac{1}{2}A' = \cos\varepsilon'_a \, tang\dfrac{180^0}{p}, \quad \cot g\tfrac{1}{2}D'_2 = -\cos\varepsilon'_d \, tang\, D = \\[2em] \dfrac{\cos\varepsilon'_d}{\cos\varepsilon_a} tang\dfrac{90^0}{p} = \cos\varepsilon'_a \cot g\dfrac{90^0}{p}, \\[2em] D'_1 = D'_3 = D' = 180^0 - \dfrac{A' + D'_2}{2}, \end{cases}$$

und ferner:

$$56\eta)\quad \begin{cases} \varepsilon_a + \varepsilon'_a + \varepsilon'_d = 180^0, \quad \cot g\, C' = tang\, C = tang\,\varepsilon'_a \sin\dfrac{90^0}{p}, \\[2em] tang\,\varepsilon_a\, tang\,\varepsilon'_a = \dfrac{1}{\sin^2\dfrac{90^0}{p}}, \\[2em] \cos\varepsilon'_d = \cos\tfrac{1}{2}\alpha \cos\tfrac{1}{2}\alpha' = \dfrac{\cos\varepsilon_a \cos\varepsilon'_a}{tang^2\dfrac{90^0}{p}} = \cot g\tfrac{1}{2}D_2 \cot g\tfrac{1}{2}D'_2. \end{cases}$$

Aus der Formel

$$tang\ \varepsilon_a\ tang\ \varepsilon'_a = \cfrac{1}{sin^2\ \cfrac{90^0}{p}}$$

folgt wiederum (vergl. § 30 36$\varkappa$) und 36λ), dass zwei auf derselben Endkante z. B. AD_1 in den Abständen ε_a und ε'_a (gleich den Poldistanzen der Endpunkte der beiden konjugierten Kronränder) von A liegende Punkte konjugierte Punkte eines involutorischen Systems sind. Die Doppelpunkte dieser Involution sind die Punkte, in welchen die beiden symmetrisch gegen den Äquator unter 45^0 geneigten und aufeinander senkrechten Randkanten, welche für

$$56\,\vartheta) \qquad\qquad tang\ \varepsilon_a = \cfrac{1}{sin\ \cfrac{90}{p}}\ ,$$

d. h. $\varepsilon_a = \varepsilon'_a$ erhalten werden, den Haupthalbkreis AD_1A' schneiden.

Für die durch 56ϑ) bestimmte Varietät ist also der eine Kronrand dem konjugierten Kronrand kongruent, da $\alpha = \alpha'$ und $C = C' = 45^0$ wird.

Für das seinem Symmetrienetze konjugierte gleicheckige Netz ist (vergl. 56γ)

$$56\,\iota)\begin{cases} \varepsilon'_a = \varepsilon'_d = R,\ \text{ also }\ \varepsilon'_a = 90^0 - \tfrac{1}{2}\,\varepsilon_a\,, \\[2ex] sin\,\tfrac{1}{2}\,\delta' = cos\,\tfrac{1}{2}\,\varepsilon_a\,sin\,\cfrac{180^0}{p}\,, \quad cos\,\tfrac{1}{2}\,\alpha' = cos\,\tfrac{1}{2}\,\varepsilon_a\,cos\,\cfrac{90^0}{p} \end{cases}$$

u. s. f.; für die den Varietäten XXIV a) und XXIV b) zugeordneten Netze werden die Relationen einfach durch Substitution der Werte aus 56δ) und 56ε) in die Formeln 56η) bis 56ι) erhalten.

Bei der Archimedeischen Varietät XXIV'b) wird insbesondere (vergl. 56ε):

$$56 \varkappa) \begin{cases} sin\,\tfrac{1}{2}\,\delta' = sin\,\tfrac{1}{2}\,\alpha' = sin\,P = \tfrac{1}{2}\,\sqrt{3}\,sin\,\varepsilon'_d, \\[2ex] tang\,\tfrac{1}{2}\,\alpha' = tang\,P = 2\,sin\,\dfrac{90^0}{p} = \sqrt{3}\,sin\,\tfrac{1}{2}\,\alpha; \\[2ex] tang\,\varepsilon'_a = \dfrac{1}{sin\,\dfrac{90^0}{p}\,\sqrt{4\,cos^2\,\dfrac{90^0}{p} - 1}}, \\[4ex] tang\,\varepsilon'_d = \dfrac{4\,sin\,\dfrac{90^0}{p}}{\sqrt{4\,cos^2\,\dfrac{90^0}{p} - 1}}, \\[4ex] tang\,\varepsilon_a = \dfrac{\sqrt{4\,cos^2\,\dfrac{90^0}{p} - 1}}{sin\,\dfrac{90^0}{p}}, \\[4ex] tang\,\varepsilon_a\,tang\,\varepsilon'_d = 4. \end{cases}$$

Für $p = 3$ fallen diese drei letzteren Varietäten in die eine des regulären Oktaedernetzes IV, welches dem Hexaedernetze VI konjugiert ist, zusammen.

6. Es verdient bemerkt zu werden, dass für $p = 3$ bei jeder Varietät das gleicheckige Netz durch die drei vollständig ausgezogenen Hauptkreise eines regulären Dreiecks gebildet wird (s. Fig. 22 α). Denn jede Kante α des Randes bildet in diesem Falle die Fortsetzung der Diagonale $D_1 D_3 (= \beta)$ des anstossenden Vierecks, oder es liegen von den sechs Eckpunkten des Randes je zwei aufeinander folgende obere (untere) Punkte mit den beiden darauf folgenden unteren (oberen) als deren Gegenpunkten auf einem Hauptkreise. Es folgt dies z. B. einfach aus der Formel

$$56 \lambda) \quad tang\,A\,\hat{D}_1 D_3 = \dfrac{cotg\,\dfrac{180^0}{p}}{cos\,\varepsilon_a} = -\dfrac{cotg\,\dfrac{180^0}{p}}{tang\,\dfrac{90^0}{p}} \cdot tang\,D,$$

welche für $p = 3$

$tang\, A D_1 D_3 = -\, tang\, D$, also $A D_1 D_3 = 180^0 - D$

ergiebt.

Diese Eigenschaft kommt also jedem sphärischen kronrandigen $(2+6)$-flächigen Sechsecke zu.

Für den besondern Wert $p = 2$ reduziert sich das Deltoid des gleichflächigen Netzes (vergl. 56 β) wegen $A = 180^0$, $\beta = 2\,\varepsilon_a$ auf ein gleichschenkliges Dreieck; das Netz geht in das im § 24 behandelte Netz XIV des tetragonalen Sphenoids über. Das zugeordnete gleicheckige Netz wird alsdann das symmetrisch-zugeordnete Netz XIV' eines tetragonalen Sphenoids (§ 24, 4), indem die regulären Endflächen sich auf die Gipfelkanten $\beta' = 2\,\varepsilon'_a$ reduzieren.

7. Jedem Netze XXIV' kann ein gleicheckiges Polyeder eingeschrieben werden, welches von zwei regulären p-Ecken (den Endflächen) und von $2p$ gleichschenkligen Dreiecken (den Rand- oder Seitenflächen) begrenzt ist und $2p$ kongruente vierflächige Ecken mit zwei Paaren von unter sich gleichen Flächenwinkeln besitzt. Dies Polyeder, welches hiernach als

[XXIV'] kronrandiges gleicheckiges $(2+2p)$-flächiges $2p$-Eck

zu bezeichnen ist, kann einfach als Hemigonie eines prismatischen $(2+2p)$-flächigen $4p$-Ecks (§ 16, 9), ebenso wie das Netz XXIV' als Hemigonie eines Netzes VIII' (4 dieses Paragraphen) erhalten werden. Die Diagonalen der rechteckigen Seitenflächen bilden den Kronrand, die Diagonalen der Endflächen die Endkanten des abgeleiteten Polyeders.

Das dem Netze XXIV' in seinen Eckpunkten umgeschriebene gleichflächige Polyeder ist ein

[XXIV] kronrandiges gleichflächiges $(2+2p)$-eckiges $2p$-Flach

oder ein hauptaxiges Deltoid-$2p$-Flach.

Dasselbe ist von $2p$ kongruenten Deltoiden begrenzt und hat zwei regulär p-flächige Scheitelecken und $2p$ gleichschenklig - dreiflächige Randecken. Die in einem Scheitel konvergierenden Kanten sind unter einander gleich, ebenso die sämtlichen, den Kronrand konstituierenden Randkanten. Da dies gleichflächige Polyeder dem gleicheckigen polar entspricht, so kann es auch als Hemiedrie der geraden regulären Doppelpyramiden (§ 16, 9) erhalten werden und zwar als diejenige Hemiedrie, bei welcher von den $4p$ Flächen der Pyramiden nur die abwechselnd aufeinander folgenden Flächen beibehalten werden. Für $p = 3$ resultiert die sog. rhomboedrische Hemiedrie, da in diesem Falle das abgeleitete Polyeder ein Rhomboeder wird. Bei diesem Polyeder schneiden sich (vergl. 6.) die Berührungsebenen, welche an je vier auf einem Hauptkreise des gleicheckigen Netzes liegende Punkte P gelegt werden, in parallelen Durchschnittslinien oder bilden eine sog. Zone.

Die Relationen für diese gleicheckigen und gleichflächigen Polyeder, sowie für deren besondere Varietäten ergeben sich ohne Schwierigkeit aus den oben aufgestellten Formeln. Insbesondere sind die demjenigen Netze XXIV′, welches seinem Symmetrienetze konjugiert ist (56ι), ein- und umgeschriebenen Polyeder bez. den beiden Polyedern, welche der Varietät 56γ) des Netzes XXIV um- und eingeschrieben sind, konzentrisch und ähnlich. Der Archimedeischen Varietät des Netzes XXIV′ entsprechen die Archimedeischen Varietäten des ein- und umgeschriebenen Polyeders, für welche beim gleicheckigen Polyeder die gleichschenkligen Dreiecke, beim gleichflächigen Polyeder die gleichschenklig-dreiflächigen Ecken regulär werden.

§ 40. Hauptaxige Trapezoidnetze XXV nebst den zugeordneten gleicheckigen Netzen XXV′ und den entsprechenden Polyedern.

1. Wir gehen nunmehr zur Betrachtung des allgemeinen Falles der in § 37, 3 aufgestellten Netze über, in-

dem wir die besondere, im vorigen Paragraphen gemachte Voraussetzung, dass unter den drei Winkeln A_2, A_3, A_4 zwei und zwar A_2 und A_4 einander gleich seien, aufgeben. Für diese Netze gelten (vergl. 54 α bis γ) die Beziehungen:

$$57\,\alpha)\qquad \left\{ \begin{array}{l} A_1 = \dfrac{360^0}{\nu_1}, \quad A_2 + A_3 + A_4 = 360^0, \\[2mm] m = 2\,\nu_1, \quad \mu_1 = 2, \quad \mu'_2 = 2\,\nu_1. \end{array} \right.$$

Auch hier erfordert die Beschaffenheit der $2\,\nu_1$ gleichen dreiflächigen sphärischen Ecken, in deren jeder die drei Winkel A_2, A_3, A_4 zusammenstossen, dass die beiden den Winkel A_1 einschliessenden Kanten — auch im Falle eines geraden ν_1 — gleich sein müssen, während die beiden den Winkel A_3 einschliessenden Kanten im allgemeinen von einander verschieden sein werden.

Wir wollen — entsprechend, wie bei dem Netze XXIV und dem Skalenoedernetze XVIII (§ 30, 2) — für die Elemente der Grenzfläche dieses Netzes XXV, welche ein unsymmetrisches Viereck (Trapezoid) darstellt, folgende Bezeichnungen anwenden:

Es werden:

die beiden gleichen Kanten $AD_1 = AD_3$ durch $\delta =$

„ Kante $D_1 D_2$ durch α_1, die Kante $D_2 D_3$ durch α_2,

der Winkel A_1 mit dem Scheitel A durch $A = \dfrac{360^0}{p}$, $(\nu_1 = p)$,

die „ A_2 und A_4 mit den Scheiteln D_1 und D_3 durch $D_1, D_3,$

der „ A_3 mit dem Scheitel D_2 durch $D_2 = 360^0 - (D_1 + D_3)$ bezeichnet.

Da die Scheitel der beiden regulär-p-flächigen Ecken sich als Gegenpunkte entsprechen müssen, so ergiebt sich folgende einfache Konstruktion einer Grenzfläche und damit des Netzes XXV (s. Fig. 23 α). Auf den Haupthalbkreisen eines sphärischen Winkels (Zweiecks) von der Weite $\dfrac{360^0}{p}$ schneide

man von dem einen Scheitelpunkt A einen Bogen $AD_1 = AD_3 = \varepsilon_a$ (wobei $0 < \varepsilon_a < 90^0$) ab, ziehe sodann einen Haupthalbkreis durch $A\,A'$, welcher gegen denjenigen $AD_1\,A'$ unter

einem Winkel $\varkappa\,\dfrac{360^0}{p}$ $(0 < \varkappa < 1)$ geneigt sei; auf diesem

Haupthalbkreise schneide man von A' aus den Bogen $A'D_2 = \varepsilon_a$ ab und verbinde die Punkte D_1, D_2, D_3 successive durch Hauptkreisbogen. Das Netz XXV resultiert, wenn die angegebene Konstruktion in allen Zweiecken des regulären Zweiecksnetzes ausgeführt wird (s. den ausgezogenen Teil der Fig. 23β (für $p = 4$) und Fig. 23γ (für $p = 5$). Die so erhaltene Grenzfläche $AD_1\,D_2\,D_3$ besitzt alle geforderten Eigenschaften; die Diagonale $AD_2 = 180^0 - \varepsilon_a$ zerlegt das Viereck in zwei Dreiecke, von denen jedes das Nebendreieck eines gleichschenkligen Dreieckes ist; die Teilwinkel bei A sind bezüglich:

$$57\beta)\quad D_1\hat{A}D_2 = A^{(1)} = \varkappa\,\frac{360^0}{p}, \quad D_2\hat{A}D_3 = A^{(2)} = (1 - \varkappa)\frac{360^0}{p},$$

die Teilwinkel von D_2 sind:

$$57\gamma)\quad \begin{cases} D_1\hat{D}_2A = D_2^{(1)} = 180^0 - D_1, \\ A\hat{D}_2D_3 = D_2^{(2)} = 180^0 - D_3, \end{cases}$$

die Mittelpunkte C_1 und C_2 von $D_1D_2 = \alpha_1$ und $D_2D_3 = \alpha_2$ liegen auf dem Äquator a von A, so dass die Bogen AC_1, AC_2, welche die Teilwinkel $A^{(1)}$ und $A^{(2)}$ halbieren, Quadranten sind. Die von einander verschiedenen Neigungswinkel der Kanten $D_1D_2 = \alpha_1$ und $D_2D_3 = \alpha_2$ gegen den Äquator a werden mit C_1 und C_2 und endlich die Diagonale D_1D_3 durch β bezeichnet.

Dann erhält man folgende Relationen für die Elemente einer Grenzfläche, bei welchen die beiden Grössen ε_a und $\varkappa$ die Rolle der beiden unabhängigen Veränderlichen spielen:

$$57\,\delta) \quad \left\{ \begin{array}{l} \delta = \varepsilon_a, \\[4pt] \cos \tfrac{1}{2}\,\alpha_1 = \sin \varepsilon_a \cos \varkappa \dfrac{180^0}{p}, \quad \cos \tfrac{1}{2}\,\alpha_2 = \sin \varepsilon_a \cos (1 - \varkappa) \dfrac{180^0}{p}, \\[10pt] A = \dfrac{360^0}{p}, \quad tang\, D_1 = - \dfrac{tang\,\varkappa \dfrac{180^0}{p}}{\cos \varepsilon_a}, \quad tang\, D_3 = - \dfrac{tang\,(1-\varkappa)\dfrac{180^0}{p}}{\cos \varepsilon_a}, \\[12pt] \qquad\qquad D_2 = 360^0 - (D_1 + D_3), \\[8pt] \sin \tfrac{1}{2}\,\beta = \sin \varepsilon_a \sin \dfrac{180^0}{p}, \\[8pt] cotg\, C_1 = tang\, \varepsilon_a \sin \varkappa \dfrac{180^0}{p}, \quad cotg\, C_2 = tang\, \varepsilon_a \sin (1 - \varkappa) \dfrac{180^0}{p}, \\[12pt] \dfrac{tang\, D_1}{tang\, D_3} = \dfrac{tang\,\varkappa\, \dfrac{180^0}{p}}{tang\,(1 - \varkappa)\dfrac{180^0}{p}}. \end{array} \right.$$

Für $\varkappa = \tfrac{1}{2}$ resultieren die Formeln 56 β) und die Grenz-fläche geht in das Deltoid des Netzes XXIV über.

Man könnte auch die beiden Winkel D_1 und D_3 als unabhängige Veränderliche wählen; dieselben müssen alsdann immer der Bedingung $D_1 + D_3 > 180^0$ genügen.

2. Auch hier bezeichnen wir die auf den Hauptkreisen eines regulären Zweiecksnetzes II liegenden Kanten als End- oder Scheitelkanten, die Halbmesser OA und OA' als die Hauptaxen des Netzes.

Die Gesamtheit der Kanten α_1 und α_2 bildet bei vertikaler Stellung des Durchmessers AA' eine auf- und absteigende Zickzacklinie, die man nach Hessel[1]) als einen Sägerand bezeichnen kann. Die Eckpunkte dieses Randes, nämlich die $2p$ Punkte D bilden die Hemigonie eines sphärischen $(2+p+p)$-flächigen $2.2p$-Ecks VIII″ (§ 18) oder eines gleicheckigen $(2+p+p)$-flächigen prismatischen $2.2p$-Ecks (§ 18, 3), und zwar diejenige Hemigonie, bei welcher nur die $2p$ Eckpunkte der rechten oder der linken Ecken beibehalten werden. Die Gesamtheit der-

---

1) Hessel, Gleicheckige Polyeder etc. pag. 8.

jenigen Diagonalen der $(2 + 2)$-kantigen Seitenflächen, welche successive je einen Eckpunkt des oberen (unteren) halbregulären $2 \cdot p$-Ecks mit dem darauf folgenden des unteren (oberen) verbinden, konstituieren den Sägerand mit den Kanten α_1 und α_2.

Die beiden Hauptaxen OA und OA' sind p-zählige Axen; die nach den Mittelpunkten C der Randkanten gehenden Durchmesser bilden zwei Gruppen von je p gleichen zweizähligen Queraxen (vergl. § 18, 2).

Dagegen hat das Netz XXV keine direkten Symmetrieebenen, ist also ein unsymmetrisches Netz.

Zufolge der angegebenen Eigenschaften wird das Netz XXV passend als

XXV sägerandiges sphärisches $(2+2p)$-eckiges
$2p$-Flach

oder kurz als hauptaxiges Trapezoidnetz bezeichnet.

3. Der Grenzfläche dieses Netzes lässt sich nur in dem Falle, dass dieselbe in ein Deltoid übergeht, ein Kreis einbeschreiben; denn die Summe zweier gegenüberliegender Kanten $(\delta + \alpha_1)$ wird der Summe der beiden anderen $(\delta + \alpha_2)$ nur gleich für $\alpha_1 = \alpha_2$. Dagegen giebt es eine einfach-unendliche Vielheit (bei einem fest angenommenen Werte für p) von solchen Netzen, deren Grenzflächen ein Kreis umgeschrieben werden kann. Denn die Bedingung, dass die Summe zweier gegenüberliegender Winkel der Grenzfläche der Summe der beiden anderen gleich sei, giebt die Beziehung:

$$57\,\varepsilon)\quad D_1 + D_3 = 180^0 + \frac{180^0}{p} \quad \text{oder}\quad D_2 = 180^0 - \frac{180^0}{p},$$

oder

$$57\,\varepsilon')\qquad \cos \varepsilon_a = tang\,\varkappa\, \frac{180^0}{p}\, tang\, \frac{1-\varkappa}{p}\, 180^0,$$

oder

$$tang^2\, \tfrac{1}{2}\, \varepsilon_a = \frac{\cos \dfrac{180^0}{p}}{\cos \dfrac{1-2\varkappa}{p}\, 180^0};$$

und der Radius R des umgeschriebenen Kreises bestimmt sich alsdann aus:

$$57\,\varepsilon'')\qquad tang\,R = \frac{tang\,\frac{1}{2}\,\varepsilon_a}{cos\,\dfrac{180^0}{p}} = \frac{cotg\,\frac{1}{2}\,\varepsilon_a}{cos\,\dfrac{1-2\varkappa}{p}\,180^0}.$$

Allen denjenigen Netzen XXV, für welche die Bedingung $57\,\varepsilon)$ oder $57\,\varepsilon')$ erfüllt ist, lässt sich daher ein entsprechendes gleichflächiges Polyeder ein- und ein gleicheckiges Polyeder umschreiben (vergl. $57\,\varkappa$) und unter 7 am Ende).

4. Nimmt man beliebig im Innern des Trapezoids $AD_1\,D_2\,D_3$ einen Punkt P_1 an und konstruiert die homologen Punkte P sämtlicher Vierecke des Netzes, so entsteht zwar ein gleicheckiges Netz, wenn je zwei in Beziehung auf eine Kante des Netzes XXV benachbarte Punkte durch Hauptkreisbogen verbunden werden, aber dies gleicheckige Netz ist dem gleichflächigen im allgemeinen **vollständig unsymmetrisch zugeordnet.** Denn es liegen weder zwei homologe Punkte zweier längs einer End- (oder Scheitel-) Kante aneinander stossenden Grenzflächen des Netzes symmetrisch zu dieser Endkante, noch auch steht der Hauptkreisbogen, welcher zwei homologe Punkte zweier längs einer Randkante aneinander stossenden Vierecke verbindet, senkrecht auf dieser Randkante, wiewohl er durch den Mittelpunkt (C) derselben hindurch geht. Wird dagegen der Punkt P_1 auf dem Halbierungskreisbogen des Winkels $A = \dfrac{360^0}{p}$ gewählt, so stehen diejenigen Hauptkreise des Netzes, welche je p um einen der beiden Scheitelpunkte A und A' gruppierte Punkte verbinden, auf den Hauptkreisen $AD_1 = AD_3 = \ldots$ senkrecht; die durch die Mittelpunkte der Randkanten des Netzes XXV gehenden Hauptkreisbogen stehen aber auf diesen nur dann senkrecht, wenn der Punkt P_1 der Mittelpunkt des dem Dreiecke $D_1\,D_2\,D_3$ umgeschriebenen Kreises ist. Dieser Mittelpunkt liegt aber auf dem Halbierungskreise des Winkels $A = \dfrac{360^0}{p}$, da der in der Mitte der Diagonale $D_1\,D_3 = \beta$ normal errichtete Hauptkreis den Winkel A halbiert.

Hieraus folgt, dass einer bestimmten Varietät der Netze XXV, welche bei fest gewähltem Werte von p einem angenommenen Wertsystem für ε_a und $\varkappa$ (oder D_1 und D_3) entspricht, nur ein bestimmtes gleicheckiges Netz XXV′ symmetrisch zugeordnet ist, dasjenige nämlich, dessen Eckpunkte die $2p$ auf dem Halbierungskreise des Winkels A liegenden Punkte sämtlicher Vierecke sind, welche von den Punkten D_1, D_2, D_3 gleichen Abstand haben (s. die punktiert gezeichneten Teile der Fig. 23β und 23γ).

Wenn den Vierecken des gleichflächigen Netzes ein Kreis umgeschrieben werden kann, also die Bedingungsgleichung 57ε) oder $57\varepsilon'$) erfüllt ist, dann sind die Mittelpunkte dieser Kreise die Eckpunkte des zugeordneten gleicheckigen Netzes. Beide Netze sind alsdann konjugiert, indem wechselseitig die Kanten des einen Netzes auf denen des andern in deren Mittelpunkten senkrecht stehen.

Jedes solche einem hauptaxigen Trapezoidnetze zugeordnete gleicheckige Netz hat $2p$ kongruente vierflächige sphärische Ecken. Die Grenzflächen desselben sind einmal zwei reguläre p-Ecke mit den Mittelpunkten A und A' und den auf den Endkanten δ senkrecht stehenden Kanten δ', und sodann $2p$ ungleichschenklige Dreiecke mit den Kanten δ', α'_1, α'_2, wobei die Kanten α'_1, α'_2 bez. auf den Randkanten α_1, α_2 des Netzes XXV in deren Mittelpunkten senkrecht stehen. Diese Randkanten α'_1, α'_2 (s. Fig. 23β und 23γ) bilden einen ähnlichen zickzackförmigen Sägerand, den man dem Sägerand des gleichflächigen Netzes wiederum konjugiert nennen kann, da die Kanten beider sich wechselseitig halbierend aufeinander senkrecht stehen. Wir nennen die Netze XXV′ daher auch

XXV′   sägerandige sphärische $(2+2p)$-flächige
$2p$-Ecke.

Die Eckpunkte P eines gleicheckigen Netzes können daher, ebenso wie die Eckpunkte D des konjugierten Randes, als die Hemigonie eines sphärischen $(2+\overline{p+p})$-flächigen $2.2p$-Ecks VIII″ (§ 18) oder eines gleicheckigen

$(2 + \overline{p+p})$-flächigen prismatischen $2.2p$-Ecks (§ 18, 3)
erhalten werden (vergl. 2. dieses Paragraphen). Die successive Verbindung je eines Eckpunktes des oberen (unteren)
halbregulären $2.p$-Ecks mit dem darauf folgenden des unteren (oberen) liefert den Sägerand und die Verbindung der
so erhaltenen p oberen und p unteren Punkte unter sich die
Kanten der regulären Endflächen.

Aus dieser Art der Entstehung der Netze XXV' folgt
ebenso, wie aus der oben angegebenen, dass die Elemente dieser
Netze ebenfalls von zwei veränderlichen Grössen abhängen.

5. Wird wiederum der Abstand des Punktes P_1 von A
mit ε'_a, die Entfernung desselben von den drei Punkten
D_1, D_2, D_3 mit ε'_d bezeichnet und sind A', D'_1, D'_2, D'_3 diejenigen von den Kanten $\delta', \alpha'_1, \alpha'_2$ eingeschlossenen Winkel,
welche bez. den Winkeln A, D_1, D_2, D_3 des Vierecks gegen-
überliegen, D''_2, D'''_2 die beiden Teilwinkel, in welche
der Winkel D'_2 durch den Halbierungskreis des Winkels A
zerlegt wird, so bestehen die Beziehungen:

$$57\,\zeta)\quad\begin{cases} \sin\tfrac{1}{2}\delta' = \sin\varepsilon'_a \sin\dfrac{180^0}{p}, \\[2mm] \cos\tfrac{1}{2}\alpha'_1 = \cos\left(\dfrac{1-\varkappa}{p}180^0\right)\sin\varepsilon'_a, \\[2mm] \cos\tfrac{1}{2}\alpha'_2 = \cos\dfrac{\varkappa}{p}180^0 \sin\varepsilon'_a, \\[2mm] \cotg\tfrac{1}{2}A' = \cos\varepsilon'_a \tang\dfrac{180^0}{p}, \\[2mm] \cotg D''_2 = \cos\varepsilon'_a \cotg\dfrac{1-\varkappa}{p}180^0, \\[2mm] \cotg D'''_2 = \cos\varepsilon'_a \cotg\dfrac{\varkappa}{p}180^0, \\[2mm] D'_2 = D''_2 + D'''_2,\quad D'_1 = 180^0 - \dfrac{A'}{2} - D''_2, \\[2mm] D'_3 = 180^0 - \dfrac{A'}{2} - D'''_2; \end{cases}$$

und ferner (vergl. 57 δ):

$$57\,\eta)\quad \begin{cases} \operatorname{cotg} C'_1 = \operatorname{tang} C_1 = \operatorname{tang} \varepsilon'_a \sin \dfrac{1-\varkappa}{p}\,180^0, \\[2ex] \operatorname{cotg} C'_2 = \operatorname{tang} C_2 = \operatorname{tang} \varepsilon'_a \sin \dfrac{\varkappa}{p}\,180^0; \end{cases}$$

daher

$$57\,\vartheta)\quad \operatorname{tang} \varepsilon_a \operatorname{tang} \varepsilon'_a = \cfrac{1}{n\,\dfrac{\varkappa}{p}\,180^0\,\sin \dfrac{1-\varkappa}{p}\,180^0};$$

endlich:

$$57\,\iota)\quad \begin{cases} \cos \varepsilon'_d = \cos \tfrac{1}{2}\,\alpha_1 \cos \tfrac{1}{2}\,\alpha'_1 = \cos \tfrac{1}{2}\,\alpha_2 \cos \tfrac{1}{2}\,\alpha'_2 \\[2ex] \quad = \cos \dfrac{\varkappa}{p}\,180^0 \cos \dfrac{1-\varkappa}{p}\,180^0 \sin \varepsilon_a \sin \varepsilon'_a \\[2ex] \quad = \cos \varepsilon_a \cos \varepsilon'_a \operatorname{cotg} \dfrac{\varkappa}{p}\,180^0 \operatorname{cotg} \dfrac{1-\varkappa}{p}\,180^0 \\[2ex] \quad = - \operatorname{cotg} D_1 \operatorname{cotg} D''_2 = - \operatorname{cotg} D_3 \operatorname{cotg} D'''_2. \end{cases}$$

Für diejenigen gleicheckigen Netze XXV′, welche ihren Symmetrienetzen konjugiert sind (vergl. 57 ε'), wird:

$$57\,\varkappa)\quad \varepsilon'_d = \varepsilon'_a = R,\ \operatorname{tang} \varepsilon'_a = \cfrac{\operatorname{tang} \tfrac{1}{2}\,\varepsilon_a}{\cos \dfrac{180^0}{p}} = \cfrac{\operatorname{cotg} \tfrac{1}{2}\,\varepsilon_a}{\cos \dfrac{1-2\varkappa}{p}\,180^0}.$$

6. Wenn bei einem bestimmten Werte für $\varkappa$ die Variabele ε_a die Werte von 0^0 bis 90^0 durchläuft, so beschreiben die Eckpunkte D_1, D_2, D_3 … des Randes auf den Scheitelkanten Quadranten von A (bez. A') bis zu dem Äquator a, während die Mittelpunkte C_1, C_2 … der Randkanten fest bleiben. Durchläuft aber gleichzeitig $\varkappa$ die Werte von 0 bis $\tfrac{1}{2}$ (oder von $\tfrac{1}{2}$ bis 1), so ändert sich der Winkel, welchen die oberen mit den unteren Scheitelkanten bilden, und welcher für je eine benachbarte obere und untere Scheitelkante $\dfrac{\varkappa}{p}\,360^0$ oder $\dfrac{1-\varkappa}{p}\,360^0$ beträgt (s. Fig. 23 α).

Diese zweite Änderung kann entweder dadurch bewirkt werden, dass man (vergl. unter 1.) das eine, z. B. das obere

System der Scheitelkanten festhält, und dem unteren um AA' als Axe eine Drehung von $\frac{\varkappa}{p} 360^0$ erteilt, wobei die Mittelpunkte C_1, C_2 ... der Randkanten sich um $\frac{\varkappa}{p} 180^0$ auf dem Äquator a verschieben. Oder man kann auch diese Mittelpunkte C_1, C_2 ... festhalten und sowohl das obere, wie das untere System der Scheitelkanten je um einen Winkel von $\frac{\varkappa}{p} 180^0$, aber das eine in entgegengesetzter Richtung wie das andere um AA' als Axe drehen. Ändert sich hierbei, während $\varkappa$ von 0 bis $\frac{1}{2}$ (oder von $\frac{1}{2}$ bis 1) wächst, gleichzeitig ε_a von 0^0 bis 90^0, so wird ein Punkt $\mathfrak{D}_1$ (siehe Fig. 23 δ), zu welchem die Punkte D_1, D_2, D_3 bez. in Beziehung auf die Hauptkreise AC_1, C_1C_2, AC_2 symmetrisch liegen, das zweirechtwinklige Dreieck AC_1C_2, dessen dritter Winkel und Kante $C_1C_2 = \dfrac{180^0}{p}$ ist, beschreiben.

Wir erhalten dann wiederum eine höchst einfache Beziehung zwischen je einem Punkte $\mathfrak{D}_1$, welcher eine Varietät der Netze XXV bestimmt und je einem Punkte P_1, welchem die zugeordnete Varietät des gleicheckigen Netzes XXV' entspricht.

Je zwei solcher Punkte $\mathfrak{D}_1$ und P_1 sind wiederum (vergl. § 29, 5) konjugierte Pole zweier (sphärischen) Punktsysteme, welche in einer Steinerschen Verwandtschaft stehen. Die Eckpunkte A, C_1, C_2 des zweirechtwinkligen Dreiecks AC_1C_2 sind die sog. Hauptpunkte der Verwandtschaft. Aus der oben angegebenen Konstruktion, sowie aus den Werten für die Winkel der Hauptkreise folgt, dass die drei sphärischen Strahlen $A\mathfrak{D}_1$, $C_1\mathfrak{D}_1$, $C_2\mathfrak{D}_1$ bez. symmetrisch zu den Strahlen AP_1, C_1P_1, C_2P_1 in Beziehung auf die Halbierungsstrahlen der Dreieckswinkel liegen. (Die Beziehungen zwischen den entsprechenden Grössen ε_a, ε'_a; $\frac{1}{2}\alpha_1$, $\frac{1}{2}\alpha'_1$; $\frac{1}{2}\alpha_2$, $\frac{1}{2}\alpha'_2$ siehe in den Formeln 57 ϑ) und 57 ι). Die Verwandtschaft ist eine involutorische; die Halbierungskreise der Innen- und Aussenwinkel des Dreiecks AC_1C_2 sind bez. sich selbst entsprechend; ebenso entsprechen die vier Mittelpunkte der das Dreieck berührenden Kreise sich selbst. Dem Mittelpunkt des das Dreieck von innen berührenden Kreises entspricht die Varietät 56 ϑ) der Netze XXIV, bei welcher der eine Kronrand dem konjugierten kongruent ist.

Für den speziellen Wert $p = 2$ wird das früher in § 29 behandelte Netz XVII eines rhombischen Sphenoids erhalten, indem sich wegen (vergl. 57 α) und δ) $A = 180^\circ$, $\beta = 2\,\varepsilon_a$ das Trapezoid auf ein ungleichkantiges Dreieck reduziert. Das zugeordnete gleicheckige Netz wird das symmetrisch-konjugierte Netz XVII′ (vergl. § 29, 4 bis 5), indem die regulären Endflächen in die beiden Gipfelkanten ($\beta' = 2\,\varepsilon'_a$) übergehen. Die Übereinstimmung der früher aufgestellten Formeln 35) mit den aus 57) für $p = 2$ resultierenden lässt sich leicht nachweisen.

7. Das gleicheckige Polyeder, welches jedem Netze XXV′ eingeschrieben werden kann, ist von zwei regulären p-Ecken (den Endflächen) und von $2p$ ungleichkantigen Dreiecken (den Rand- oder Seitenflächen) begrenzt und hat $2p$ kongruente vierflächige Ecken. Man kann dieses Polyeder, welches als

[XXV′] sägerandiges gleicheckiges $(2+2p)$-flächiges
$2p$-Eck

bezeichnet werden kann, einfach als Hemigonie eines prismatischen $(2+\overline{p+p})$-flächigen $2.2p$-Ecks (§ 18, 3) [vergl. 4. dieses Paragraphen] erhalten; die Diagonalen der beiden Gruppen von rechteckigen Seitenflächen bilden den Sägerand, die Diagonalen der Endflächen die Endkanten des abgeleiteten Polyeders.

Die Berührungsebenen, welche in den Eckpunkten eines Netzes XXV′ an die Kugel gelegt werden, hüllen als inneren Kern ein gleichflächiges Polyeder ein, welches als

[XXV] sägerandiges gleichflächiges $(2+2p)$-eckiges
$2p$-Flach

oder als hauptaxiges Trapezoid-$2p$-Flach bezeichnet werden kann. Die $2p$-Grenzflächen sind unsymmetrische,

einander kongruente Vierecke (Trapezoide), welche zwei
regulär p-flächige Scheitelecken und $2p$ unregelmässig-dreiflächige Randecken bilden. Die in den beiden Scheitel-
punkten konvergierenden Kanten sind einander gleich; dagegen sind zwei aufeinander folgende Randkanten von jenen
und untereinander an Länge verschieden. Dieselben bilden
(bei vertikaler Stellung der Hauptaxen) den zickzackförmigen
Rand, welcher sich mit den Zähnen einer Säge vergleichen
lässt.

Diese gleichflächigen Polyeder können, da sie den gleicheckigen polar entsprechen, auch als Hemiedrieen der geraden
Doppelpyramiden mit halbregulären Scheitelecken oder
der (vergl. § 18, 3) gleichflächigen $(2+\overline{p+p})$-eckigen,
ebenrandigen $2.2p$-Flache erhalten werden. Es sind
alsdann von den $2.2p$-Flächen nur die abwechselnd aufeinander folgenden, d. h. entweder die $2p$ rechten oder linken
Flächen beizubehalten. Für $p=4$ und $p=6$ resultieren die
sog. tetragonalen und hexagonalen Trapezoeder.

Mit Hilfe der oben aufgestellten Formeln kann man
leicht die wesentlichen Relationen für diese gleicheckigen und
gleichflächigen Polyeder, sowie für deren besondere Varietäten
aufstellen. Den gleichflächigen Netzen XXV, deren Grenzflächen ein Kreis umgeschrieben werden kann (57 ε), lässt
sich ein gleichflächiges Polyeder ein- und ein gleicheckiges
Polyeder umschreiben; dieselben sind bez. konzentrisch und
ähnlich denjenigen Polyedern, welche den besonderen gleicheckigen Netzen XXV' (57 κ), die ihren Symmetrienetzen konjugiert sind, um- und eingeschrieben werden können.

8. Es sei schliesslich noch darauf hingewiesen, dass die
Eckpunkte der hauptaxigen Deltoid- und Trapezoidnetze XXIV
und XXV Kombinationen der beiden Eckpunkte A und A'
eines festen Zweiecksnetzes und der $2p$ beweglichen Punkte D
des Randes darstellen, welche letztere selbst die Eckpunkte
eines dem gleichflächigen Netze entsprechenden gleicheckigen Netzes XXIV' oder XXV' sind.

Nach Erledigung der sämtlichen für Vierecksnetze
möglichen Fälle wollen wir nunmehr im nächsten Abschnitte

die gleichflächigen, durch sphärische Fünfecke gebildeten,
sowie die diesen zugeordneten gleicheckigen Netze herleiten.

Dritte Abteilung.

Gleichflächige Fünfecksnetze nebst den zugeordneten gleicheckigen Netzen.

---

§ 41. Aufstellung der möglichen Fälle.

1. Wenn ein aus m gleichen und ähnlichen sphärischen
Fünfecken zusammengesetztes Netz die Kugelfläche einmal
bedecken soll, so muss einmal die Bedingungsgleichung:

$$58) \qquad A_1 + A_2 + A_3 + A_4 + A_5 = \left(3 + \frac{4}{m}\right) 180^0$$

erfüllt sein, wo $A_1, A_2 \ldots A_5$ die Winkel des Fünfecks bezeichnen.

Wird sodann als erster Hauptfall wiederum derjenige ins Auge gefasst, in welchem in jedem Eckpunkte des
Netzes je ν_i gleiche Winkel A_i zusammenstossen, also

$$59) \qquad A_i = \frac{360^0}{\nu_i}, \quad i = 1, 2, 3, 4, 5$$

und

$$60) \qquad \mu_i = \frac{m}{\nu_i}$$

ist, wo μ_i die Zahl der durch je ν_i gleiche Winkel A_i
gebildeten Ecken bedeutet, so ergiebt sich aus 58) und 59)
die weitere Relation:

$$61) \qquad 2 \sum_{i=1}^{i=5} \frac{1}{\nu_i} = 3 + \frac{4}{m},$$

oder

$$61\,\alpha) \qquad m = \frac{4}{2\left(\dfrac{1}{\nu_1} + \dfrac{1}{\nu_2} + \dfrac{1}{\nu_3} + \dfrac{1}{\nu_4} + \dfrac{1}{\nu_5}\right) - 3}.$$

Die dieser Relation entsprechenden Werte für v_i und m bestimmen die möglichen festen und symmetrischen Fünfecksnetze.

2. Die Annahme $v_1 = v_2 = v_3 = v_4 = v_5 = 3$ ergiebt $m = 12$ und als entsprechendes Netz das reguläre Pentagondodekaedernetz VII (§ 8) als einzigen Fall eines durch reguläre Fünfecke gebildeten Netzes.

3. Werden sämtliche Werte für die Zahlen v_i ($v_i > 3$) von einander verschieden angenommen, so ergiebt sich ein negativer Wert für m; ebenso auch, wenn zwei oder drei Werte für die v_i einander gleich, die übrigen davon verschieden — und zwar entweder von einander verschieden oder zum Teil einander gleich — angenommen werden.

Nur der Annahme, dass vier der Zahlen v_i einander gleich, die fünfte davon verschieden sei, entsprechen zwei zulässige Lösungen, nämlich

XXVI c) $v_1 = 4$, $v_2 = v_3 = v_4 = v_5 = 3$, $m = 24$, $\mu_1 = 6$, $4\mu_2 = 32$
  und
XXVII c) $v_1 = 5$, $v_2 = v_3 = v_4 = v_5 = 3$, $m = 60$, $\mu_1 = 12$, $4\mu_2 = 80$.

Beide Netze werden sich als besondere (nämlich die Archimedeischen) Varietäten der bez. in § 42 und § 43 zu betrachtenden veränderlichen Netze XXVI und XXVII ergeben.

Damit ist die Zahl der möglichen Fälle für die festen und symmetrischen Fünfecksnetze erschöpft.

4. Als zweiter Hauptfall für die Anordnung und Beschaffenheit der Winkel und Ecken eines gleichflächigen Fünfecksnetzes bietet sich wiederum (vergl. § 37, 1) derjenige dar, dass zwei Hauptgruppen von Ecken vorhanden sind. Die erste Hauptgruppe ist von der im ersten Hauptfalle angenommenen Beschaffenheit, indem einige der Winkel A_i aliquote Teile von 360^0 betragen und Ecken bilden, in welchen je v_i gleiche Winkel A_i zusammenstossen. Die zweite Hauptgruppe entsteht dadurch, dass die übrigen — einander gleichen oder von einander verschiedenen — Winkel,

welche keinen aliquoten Teil von 360^0 betragen, sich auf gleiche Weise zu je einer Ecke zusammenschliessen.

Der Fall, dass nur Ecken der zweiten Hauptgruppe auftreten, dass also — analog wie bei den Netzen eines rhombischen Sphenoids XVII (§ 29) — die Winkel, von denen keiner einen aliquoten Teil von 360^0 beträgt, in gleicher Weise an allen Ecken des Netzes auftreten, d. h. dass das Netz zugleich gleicheckig sei, ergiebt sich sofort als unmöglich. Denn da die fünf Winkel des Fünfecks an jeder solchen Ecke mindestens einmal auftreten müssten, so würde ihre Summe höchstens 360^0 betragen, was unmöglich ist, da die Winkelsumme grösser als 540^0 ist.

5. Ebenso stellen sich die Fälle als unmöglich heraus, dass nur ein Winkel oder dass drei Winkel des Fünfecks je einen aliquoten Teil von 360^0 betragen. Denn im ersten Falle müsste die Summe der vier übrigen Winkel höchstens 360^0, im zweiten Falle diejenige der beiden übrigen Winkel höchstens 180^0 betragen; beiden Forderungen lässt sich aber, da die Winkelsumme grösser als 540^0 ist, nicht genügen.

6. Es bleibt also nur noch der Fall zu berücksichtigen, dass zwei der Winkel des Fünfecks je einen aliquoten Teil von 360^0 betragen und zwei der ersten Hauptgruppe angehörige Gruppen von Ecken bilden, während die übrigen drei Winkel eine zweite Hauptgruppe von Ecken konstituieren, an deren jeder diese drei Winkel in gleicher Weise auftreten.

Es seien A_1 und A_3 jene beiden (nicht benachbarten) Winkel, so folgt aus

$$62\,\alpha) \qquad A_1 = \frac{360^0}{\nu_1}, \quad A_3 = \frac{360^0}{\nu_3}$$

und

$$62\,\beta) \qquad k\,(A_2 + A_4 + A_5) = 360^0$$

in Verbindung mit 58) die Relation:

$$62\,\gamma) \qquad 2\left(\frac{1}{\nu_1} + \frac{1}{\nu_3} + \frac{1}{k}\right) - 3 = \frac{4}{m}.$$

Da aber v_1 und v_3 mindestens gleich 3 sein müssen, so folgt für k der allein zulässige Wert $k = 1$; d. h. die Ecken der zweiten Hauptgruppe sind dreiflächig, und die Relation 62γ) geht über in:

$$62\,\delta) \qquad 2\left(\frac{1}{v_1} + \frac{1}{v_3}\right) - 1 = \frac{4}{m}.$$

Bei von einander verschiedenen Werten für v_1 und v_3 ergeben sich nun folgende beiden Lösungen:

$$63) \quad v_1 = 4,\ v_3 = 3,\ m = 24,\ \mu_1 = 6,\ \mu_3 = 8,\ \mu'_2 = 24$$

und

$$64) \quad v_1 = 5,\ v_3 = 3,\ m = 60,\ \mu_1 = 12,\ \mu_3 = 20,\ \mu'_2 = 60,$$

wo $\mu'_2 = \dfrac{m}{k} = m$ wiederum die Zahl der Ecken der zweiten Hauptgruppe bedeutet.

Das durch die Werte 63) charakterisierte, zweifach-veränderliche

XXVI Pentagonikositetraedernetz,

welches das unter 3. XXVIc) aufgeführte Netz als besonderen Fall enthält ($A_2 = A_4 = A_5 = 120^0$) soll nebst den zugeordneten gleicheckigen Netzen im folgenden § 42, das durch die Werte 64) charakterisierte zweifach veränderliche

XXVII Pentagonhexekontaedernetz,

welches das unter 3. XXVIIc) als besondern Fall ($A_2 = A_4 = A_5 = 120^0$) enthält, soll nebst den zugeordneten gleicheckigen Netzen im § 43 genauer betrachtet werden.

Wenn dagegen die beiden Werte v_1 und v_3 einander gleich angenommen werden, so dass die Formel 62δ) übergeht in:

$$62\,\varepsilon) \qquad \frac{4}{v_1} - 1 = \frac{4}{m},$$

so ergiebt sich hier nur die einzige Lösung:

$$65) \qquad v_1 = 3,\ m = 12,\ \mu_1 = \mu_3 = 4,\ \mu'_2 = 12.$$

Durch diese Werte ist das zweifach-veränderliche

XXVIII Tetraedrische Pentagondodekaedernetz

bestimmt, von welchem für $A_2 = A_4$ das einfach veränderliche

XXIX symmetrische Pentagondodekaedernetz

einen besondern Fall darstellt, während für $A_2 = A_4 = A_5 = 120^0$ das reguläre Pentagondodekaedernetz VII resultiert.

Diese Netze XXVIII und XXIX sollen nebst den zugeordneten gleicheckigen Netzen bez. in den §§ 44 und 45 einer genauen Betrachtung unterworfen werden.

7. Die Annahme, dass die beiden Winkel, welche je einen aliquoten Teil von 360^0 betragen, benachbarte seien, z. B. A_1 und A_2, erweist sich für die beiden Fälle 63) und 64) sofort als unzulässig. Denn die Beschaffenheit eines solchen Netzes würde erfordern, dass die drei von einem Winkelpunkte, in welchem sich je drei Winkel $A_2 = 120^0$ vereinigen, ausgehenden Kanten gleich lang und gleichwertig seien, dass also an jedem andern Endpunkte derselben je ein Winkel A_1 ($= 90^0$ oder 72^0) ausser den veränderlichen Winkeln aufträte — was der Voraussetzung widerstreitet. Im Falle 65) würde die Annahme, dass die beiden regulärdreiflächigen Ecken benachbarte seien, erfordern, dass auch jeder der drei übrigen Winkel 120^0 betrüge, also sich das reguläre Pentagondodekaedernetz VII ergeben.

Durch die Wertsysteme 63), 64), 65) sind also die allein möglichen Fälle der veränderlichen gleichflächigen Fünfecksnetze dargestellt.

§ 42. Pentagonikositetraedernetz XXVI nebst den zugeordneten gleicheckigen Netzen XXVI′ und den entsprechenden Polyedern.

1. Die in § 41 unter 63) aufgestellten Werte

$$63\,\alpha) \quad \begin{cases} A_1 = 90^0, \ A_3 = 120^0, \ A_2 + A_4 + A_5 = 360^0, \\ m = 24, \ \mu_1 = 6, \ \mu_3 = 8, \ \mu'_2 = 24 \end{cases}$$

bestimmen ein zweifach veränderliches, aus 24 gleichen und ähnlichen, unsymmetrischen Fünfecken zusammengesetztes Netz. Die Beschaffenheit des Netzes erfordert, dass nicht nur die beiden den Winkel $A_3 = 120^0$ einschliessenden Kanten gleich sind, sondern auch dass die beiden den Winkel $A_1 = 90^0$ einschliessenden Kanten einander gleich sein müssen, da an jedem Eckpunkte der vier von A_1 ausgehenden und sich rechtwinklig schneidenden Kanten jeder der beiden Winkel A_2 und A_5 nebst A_4 einmal auftreten muss.

Das Netz besitzt hiernach sechs regulär-vierflächige und acht regulär-dreiflächige sphärische Ecken, während in jeder der 24 veränderlichen Ecken der zweiten Hauptgruppe sich je drei Winkel A_2, A_4, A_5 vereinigen. Die Scheitel der sechs regulär-vierflächigen Ecken müssen nun mit den Eckpunkten A eines Oktaedernetzes, die Scheitel der acht regulär-dreiflächigen Ecken mit den Eckpunkten C des konjugierten Hexaedernetzes zusammenfallen, so dass die Diagonale $A_1 A_3 = \eta$ (Formel 7 in § 9) ist.

Denn bezeichnen wir (s. Fig. 24 α)

$$63\,\beta) \begin{cases} \text{den Winkel } A_1\,(=90^0) \text{ mit dem Scheitel } A_1 \text{ durch } A, \\ \text{"} \quad\text{"} \quad A_3\,(=120^0) \text{ "} \quad\text{"} \quad\text{"} \quad C_1 \text{ "} \quad C, \\ \text{"} \quad\text{"} \quad A_2 \quad\text{"} \quad\text{"} \quad\text{"} \quad P_2 \text{ "} \quad P_\beta, \\ \text{"} \quad\text{"} \quad A_4 \quad\text{"} \quad\text{"} \quad\text{"} \quad P_9 \text{ "} \quad P_\alpha, \\ \text{"} \quad\text{"} \quad A_5 \quad\text{"} \quad\text{"} \quad\text{"} \quad P_8 \text{ "} \quad P_\gamma, \end{cases}$$

so dass $P_\alpha + P_\beta + P_\gamma = 360^0$ ist, und werden alsdann in den vier um A_1 gruppierten Fünfecken die von A_1 ausgehenden Diagonalen $A_1 C_1, A_1 C_2, A_1 C_4, A_1 C_3$ gezogen, welche auf zwei sich normal schneidenden Hauptkreisen liegen, und werden endlich die Punkte C_1, C_2, C_4, C_3 successive durch Hauptkreisbogen verbunden, wobei der Schnittpunkt von $C_1 C_2$ mit $P_8 P_9$ durch B_1 bezeichnet werde, so folgt aus der Kongruenz der Dreiecke $A_1 P_2 C_1 \backsimeq A_1 P_8 C_2$ und $B_1 P_9 C_1 \backsimeq B_1 P_8 C_2$, dass das gleichschenklig-rechtwinklige Dreieck $A_1 C_1 C_2$ dem Fünfeck $A_1 P_2 C_1 P_9 P_8$ an Inhalt gleich ist und daher, da es den 24ten Teil der Kugelfläche beträgt, das Dreieck des Tetrakishexaedernetzes X (§ 20) sein muss. Zugleich folgt, dass der Punkt B_1, der Mittelpunkt der Basis $C_1 C_2$, auch der

Mittelpunkt der Kante $P_8 P_9$ des Fünfecks ist und dass die drei Eckpunkte P_2, P_8, P_9 symmetrisch zu einem innerhalb des Hexakisoktaederdreiecks $A_1 C_1 B_1$ in Beziehung auf $A_1 C_1$, $A_1 B_1$ und $B_1 C_1$ liegenden Punkte P_1 gruppiert sind.

Hieraus ist ersichtlich, dass die 24 Eckpunkte P_2, P_4, P_6, P_8, P_9 ... diejenige Hemigonie der 2.24 Eckpunkte eines gleicheckigen Netzes XV' (§ 27, 3) darstellen, bei welcher nur die 24 rechten oder die 24 linken Ecken beibehalten werden, nämlich diejenigen, deren Scheitel in den Dreiecken des Hexakisoktaedernetzes liegen, welche dem den Punkt P_1 enthaltenden Dreiecke $A_1 C_1 B_1$ symmetrisch gleich sind.

Damit ergiebt sich auch folgende einfache Konstruktion eines Netzes XXVI, welches als

XXVI sphärisches $(6+8+24)$-eckiges 24-Flach, oder kurz als Pentagonikositetraedernetz bezeichnet wird:

Man verbinde je drei Eckpunkte A, C, B eines Hexakisoktaederdreieckes durch Hauptkreisbogen mit den drei Punkten P eines Netzes XV', welche zu dem im Innern des Dreiecks liegenden Punkte dieses Netzes symmetrisch liegen. Dann bilden die beiden von A ausgehenden gleichen Bogen einen Winkel von 90^0, die beiden von C ausgehenden gleichen Bogen einen Winkel von 120^0, während die beiden von B ausgehenden gleichen Bogen einen Winkel von 180^0 bilden, also in einen Hauptkreis fallen (vergl. Fig. $24\,\alpha$ und Fig. $24\,\beta$, in welchen das ganze Netz stark gezeichnet dargestellt ist).

2. In Übereinstimmung mit den früher gebrauchten Bezeichnungen (§ 27, 5) wollen wir die Abstände eines Punktes P_1 von den drei Eckpunkten A_1, C_1, B_1 des Dreieckes $A_1 C_1 B_1$ mit ε_a, ε_c, ε_b, die Winkel, welche diese Hauptkreisbogen $A_1 P_1$, $C_1 P_1$, $B_1 P_1$ bez. mit $A_1 B_1$, $C_1 A_1$, $B_1 C_1$ bilden, durch ϑ_a, ϑ_c, ϑ_b bezeichnen. Dann hat man für die Kanten und Winkel eines Fünfecks folgende Werte (vergl. $33\,\alpha$):

63γ) $A_1 P_2 = A_1 P_8 = \varepsilon_a$; $C_1 P_2 = C_1 P_9 = \varepsilon_c$; $P_8 P_9 = 2\,\varepsilon_b$,

und

$$63\,\delta)\quad
\begin{cases}
\cos P_\alpha = \dfrac{\sqrt{\dfrac{2}{} } - \cos \varepsilon_b \cos \varepsilon_c}{\sin \varepsilon_b \sin \varepsilon_c}\,, \\[3ex]
\cos P_\beta = \dfrac{\sqrt{\dfrac{1}{3}} - \cos \varepsilon_c \cos \varepsilon_a}{\sin \varepsilon_c \sin \varepsilon_a}\,, \\[3ex]
\cos P_\gamma = \dfrac{\sqrt{\dfrac{1}{2}} - \cos \varepsilon_a \cos \varepsilon_b}{\sin \varepsilon_a \sin \varepsilon_b}\,,
\end{cases}$$

in welchen ε_b und ε_c mit Hilfe der Formeln $33\,\alpha)$ durch ε_a und ϑ_a als die beiden unabhängigen Veränderlichen ausgedrückt werden können.

3. Die sämtlichen möglichen Varietäten der Netze XXVI resultieren, wenn der Punkt P_1 alle möglichen Lagen innerhalb des Hexakisoktaederdreiecks $A_1 C_1 B_1$ annimmt, also die Variabele ε_a alle Werte zwischen 0^0 und η und gleichzeitig die Variabele ϑ_a alle Werte zwischen 0^0 und 45^0 durchläuft.

Von besonderen Varietäten der Netze XXVI sind folgende bemerkenswert:

a) Wenn der Punkt P_1 der Mittelpunkt des dem Dreiecke $A_1 C_1 B_1$ umgeschriebenen Kreises ist, so wird (vergl. $33\,\vartheta)$ und $33\,\iota)$:

$$\text{XXVI}\,a)\quad
\begin{cases}
\varepsilon_a = \varepsilon_c = \varepsilon_b = R, \quad tang\, R = 4\, sin\, 7\tfrac{1}{2}^{\,0}, \\[1ex]
\quad\text{also:} \\[1ex]
A_1 P_2 = A_1 P_8 = C_1 P_2 = C_1 P_9 = R, \quad P_8 P_9 = 2\,R, \\[0.5ex]
\qquad\qquad R = 27^0\, 34'\, 9'',\, 4, \\[1ex]
P_\alpha = 81^0\, 45'\, 36'',\, 0, \\[0.5ex]
P_\beta = 166^0\, 41'\, 13'',\, 1, \\[0.5ex]
P_\gamma = 111^0\, 33'\, 10'',\, 9.
\end{cases}$$

b) Wenn der Punkt P_1 der Mittelpunkt des dem Dreiecke $A_1 C_1 B_1$ eingeschriebenen Kreises ist, die sämtlichen mit P_1 homologen Punkte also die Eckpunkte der Archimedeischen Varietät des Netzes XV′ sind (vergl. 33ϰ), so gelten, wenn P den Radius jenes Kreises bedeutet,

$$
\text{XXVIb)} \begin{cases}
cotg\,P = \dfrac{cotg\,30^0}{sin\,22\frac{1}{2}^0}, & P = 12^0\,27'\,32'',\,1, \\[2mm]
sin\,\varepsilon_a = \dfrac{sin\,P}{sin\,22\frac{1}{2}^0}, \quad sin\,\varepsilon_c = \dfrac{sin\,P}{sin\,30^0}, \quad sin\,\varepsilon_b = \dfrac{sin\,P}{sin\,45^0}, \\[2mm]
\varepsilon_a = 34^0\,18'\,57'',\,0, & P_\alpha = 108^0\,53'\,12'',\,3, \\[1mm]
\varepsilon_c = 25^0\,33'\,41'',\,2, & P_\beta = 133^0\,36'\,\,3'',\,5, \\[1mm]
\varepsilon_b = 17^0\,45'\,51'',\,4, & P_\gamma = 117^0\,30'\,44'',\,2.
\end{cases}
$$

Bei diesem Fünfecke halbieren die Bogen $A_1 P_1$ und $C_1 P_1$ bez. die Winkel bei A_1 und C_1, während der Bogen $B_1 P_1$ in B_1 auf der Kante $P_8 P_9$ normal steht. Der Punkt P_1 ist also zugleich der Mittelpunkt des dem Dreiecke $P_2 P_8 P_9$ umgeschriebenen Kreises, dessen Radius R' sich aus $cos\,R' = cos^2\,\varepsilon_b$, $R' = 24^0\,55'\,3''$, 8 bestimmt.

c) Wenn der Punkt P_1 eine solche Lage hat, dass die drei Bogen $P_1 A_1$, $P_1 B_1$ und $P_1 C_1$ unter gleichen Winkeln von 120^0 gegeneinander geneigt sind, so werden die Winkel

$$
63\,\varepsilon) \qquad P_\alpha = P_\beta = P_\gamma = 120^0
$$

und die dreiflächigen Ecken mit den Scheiteln P zu regulären Ecken. Die so entstehende Varietät des Netzes XXVI ist die bereits in § 41, 3 erwähnte Archimedeische Varietät XXVIc).

Dem Fünfecke des Netzes XXVIc) kann ein Kreis eingeschrieben werden; der Radius P_1 dieses Kreises, welcher die Kante $P_8 P_9$ in ihrem Mittelpunkte B_1 und ebenso die Kanten $P_9 C_1$ und $C_1 P_2$ in ihren Mittelpunkten berührt, bestimmt sich aus

$$
63\,\zeta) \quad tang\,P_1 = \sqrt{3}\,sin\,\varepsilon_b = sin\,(\varepsilon_a - \varepsilon_b), \quad P_1 = 21^0\,50'\,43'',\,2,
$$

während

$$
63\,\eta) \quad \begin{cases}
\varepsilon_c = 2\,\varepsilon_b = 26^0\,45'\,55'',\,2, \\[1mm]
\varepsilon_a = 37^0\,\,0'\,59'',\,3
\end{cases}
$$

ist, wobei sich der Wert für ε_b aus der kubischen Gleichung:

$$63\,\vartheta)\qquad \cos^3 \varepsilon_b - \frac{2}{3}\cos\varepsilon_b - \frac{1}{3}\sqrt{\frac{2}{3}} = 0$$

ergiebt.

Die drei Kanten $P_8 P_9$, $P_9 C_1$, $C_1 P_2$, welche in ihren Mittelpunkten berührt werden, sind gleich lang, während die in A_1 zusammenstossenden gleichen Kanten durch den Berührungspunkt in die Abschnitte ε_b und $\varepsilon_a - \varepsilon_b$ geteilt werden.

Der Mittelpunkt Q_1 des dem Fünfeck eingeschriebenen Kreises ist zugleich der Mittelpunkt des dem Dreiecke $P_2 P_8 P_9$ umgeschriebenen Kreises, dessen Radius R' sich einfach aus

$$63\,\iota)\qquad \cos R' = \cos P_1 \cos\varepsilon_b, \quad R' = 25^0\,26'\,47'',\,0$$

bestimmt. Für die Abstände ε'_a, ε'_c, ε'_b dieses Punktes Q_1 von den Eckpunkten des Dreieckes $A_1\,C_1\,B_1$ erhält man

$$63\,\varkappa)\quad \begin{cases} \cos\varepsilon'_a = \cos P_1 \cos(\varepsilon_a - \varepsilon_b), \quad \varepsilon'_a = 31^0\,45'\,4'',\,5, \\ \varepsilon'_c = R', \quad \varepsilon'_b = P_1. \end{cases}$$

d) Eine vierte bemerkenswerte Varietät des Fünfecks ist endlich noch diejenige, welcher ein Kreis umgeschrieben werden kann und deren Sehnenpolygon hiernach ein ebenes Fünfeck ist.

Da der Mittelpunkt dieses Kreises der Schnittpunkt der die Winkel bei A_1 $(= 90^0)$ und C_1 $(= 120^0)$ halbierenden Hauptkreisbogen sein muss, so folgt

$$63\,\lambda)\quad \begin{cases} P_\beta = 45^0 + 60^0 = 105^0, \\ P_\gamma = 75^0 + 45^0 = 120^0, \\ P_\alpha = 60^0 + 75^0 = 135^0. \end{cases}$$

Wird der Radius dieses Kreises mit R_1 bezeichnet, so ist

$$63\,\mu)\quad \begin{cases} tang\, R_1 = \sqrt{2}\, tang\, \tfrac{1}{2}\varepsilon_a = \dfrac{1}{sin\,15^0}\, tang\, \varepsilon_b = 2\, tang\, \tfrac{1}{2}\varepsilon_c, \\ \text{woraus} \\ \dfrac{tang\, \tfrac{1}{2}\varepsilon_a}{tang\, \tfrac{1}{2}\varepsilon_c} = \sqrt{2}, \quad \dfrac{tang\, \varepsilon_b}{tang\, \tfrac{1}{2}\varepsilon_c} = 2\, sin\, 15^0 = \sqrt{2 - \sqrt{3}} \end{cases}$$

folgt. Mit Benutzung der Formeln $63\,\delta)$ erhält man

$$63\nu)\quad\begin{cases} \varepsilon_a = 40^{\,0}\,43'\,12'',\ 0,\\[2pt] \varepsilon_c = 29^{\,0}\,24'\,24'',\ 7,\\[2pt] \varepsilon_b = \ \ 7^{\,0}\,44'\ \ 7'',\ 1,\\[2pt] R_1 = 27^{\,0}\,41'\,28'',\ 7\,[1]). \end{cases}$$

Die Entfernungen $\varepsilon'_a,\ \varepsilon'_c,\ \varepsilon'_b$ des Mittelpunktes des umgeschriebenen Kreises von den Eckpunkten des Dreieckes $A_1\,C_1\,B_1$ sind:

$$63\xi)\quad\begin{cases} \varepsilon'_a = \varepsilon'_c = R_1 = 27^{\,0}\,41'\,28'',\ 7,\\[6pt] \cos\varepsilon'_b = \dfrac{\cos R_1}{\cos\varepsilon_b};\quad \varepsilon'_b = 26^{\,0}\,35'\,33'',\ 0. \end{cases}$$

Nur dieser Varietät XXVI d) kann daher ein entsprechendes gleichflächiges Polyeder ein- und ein gleicheckiges Polyeder umgeschrieben werden.

e) Wenn der Punkt P_1 speziell auf die Kante $A_1\,B_1$ fällt, d. h. $\vartheta_a = 0^{\,0}$ wird, so ergeben sich die im § 38 behandelten Diakisdodekaedernetze XXIII, während für die Fälle, dass der Punkt P_1 auf $A_1\,C_1$ oder $B_1\,C_1$ liegt, keine gleichflächigen, die Kugelfläche einmal bedeckenden Netze resultieren.

4. Ein jedes Netz XXVI hat dieselben Axen, wie ein Hexakisoktaedernetz XV (vergl. § 27, 2), nämlich drei Paare vierzähliger nach den Punkten A, vier Paare dreizähliger nach den Punkten C und sechs Paare zweizähliger nach den Punkten B gerichteter Axen. Dagegen hat ein Netz XXVI keine direkt-symmetrischen Mittelebenen, ist also ein vollständig unsymmetrisches Netz.

5. Wenn die zu einem beliebig im Innern einer Grenzfläche angenommenen Punkte $\mathfrak{P}_1$ homologen Punkte sämtlicher 24 Grenzflächen konstruiert und je zwei in Beziehung auf eine Kante benachbarte Punkte $\mathfrak{P}$ durch Hauptkreisbogen verbunden werden, so wird ein gleicheckiges Netz erhalten, welches aber im allgemeinen dem Netze XXVI unsymmetrisch-zugeordnet ist (vergl. § 30, 4 und § 38, 4).

---

[1]) Dieser Wert für R_1 differiert nur um 7', 3 von dem Werte für R in XXVI a).

Dagegen giebt es zu jeder bestimmten Varietät eines Netzes XXVI nur ein symmetrisch-zugeordnetes Netz, dessen Eckpunkte durch diejenigen homologen Punkte $\mathfrak{P}$ aller Fünfecke gebildet werden, welche in Beziehung auf die Kanten derselben symmetrisch liegen. Jeder solcher Punkt $\mathfrak{P}$, z. B. $\mathfrak{P}_1$, ist der Schnittpunkt der beiden die Winkel bei A_1 und C_1 halbierenden Hauptkreise, oder der Mittelpunkt des dem Dreiecke $P_2 P_8 P_9$ umgeschriebenen Kreises; derselbe liegt also insbesondere auch auf dem in B_1 auf $P_8 P_9$ normal errichteten Hauptkreise. Der Punkt $\mathfrak{P}_1$ fällt nur bei der Varietät XXVIb) (s. unter 3) mit dem Punkte P_1 zusammen, da nur bei dieser Varietät die die Winkel bei A_1 und C_1 des Fünfecks halbierenden Hauptkreise zugleich die Winkel bei A_1 ($=45^{\circ}$) und C_1 ($=60^{\circ}$) des Dreieckes $A_1 C_1 B_1$ halbieren (vergl. Fig. 24γ).

Jedes derartige gleicheckige Netz XXVI′, welches einem Netze XXVI symmetrisch zugeordnet ist (s. in Fig. 24β den punktiert gezeichneten Teil), besteht aus sechs regulären sphärischen Vierecken mit den Mittelpunkten A, aus acht regulären Dreiecken mit den Mittelpunkten C und aus 24 ungleichkantigen Dreiecken, deren eine auf $P_8 P_9$ senkrechte Kante im Punkte B_1 halbiert wird und für welche die 24 Punkte $P_2, P_8, P_9 \ldots$ des Symmetrienetzes XXVI die Mittelpunkte der umgeschriebenen Kreise sind. Die 24 sphärischen einander kongruenten Ecken des Netzes sind fünfflächig, indem in jedem Eckpunkte je ein reguläres Viereck, je ein reguläres Dreieck und je drei der ungleichkantigen Dreiecke zusammenstossen.

Da die 24 Scheitelpunkte $\mathfrak{P}$ dieser Ecken auch homologe Punkte der 24 von den Fünfecken des Symmetrienetzes XXVI eingeschlossenen Dreiecke $A C B$ sind, so folgt, dass diese Punkte die Hemigonie eines gleicheckigen Netzes XV′ sind und dass ein Netz XXVI′ hiernach einfach dadurch erhalten werden kann, dass man von den 2.24 Eckpunkten $\mathfrak{P}$ eines Netzes XV′ nur die abwechselnd auf einander folgenden (d. h. entweder die Scheitelpunkte der 24 rechten oder die der 24 linken Ecken) beibehält und von diesen je vier um einen der sechs Punkte A, je drei um einen der acht Punkte C und je zwei um einen der zwölf Punkte B gruppierten Punkte $\mathfrak{P}$ durch Hauptkreisbogen verbindet[1]).

Die Netze XXVI' bezeichnen wir als

XXVI' sphärische $(6+8+24)$-flächige 24-Ecke.

Bei dem der Varietät XXVI b) symmetrisch zugeordneten Netze XXVI b') fallen, wie bereits erwähnt, die Punkte $\mathfrak{P}_1, \mathfrak{P}_3 \ldots$ mit den Punkten $P_1, P_3 \ldots$ zusammen.

Die der Varietät XXVI c) zugeordnete Varietät XXVI c') ist dadurch ausgezeichnet, dass die Punkte $\mathfrak{P}_1 \ldots$ mit den Mittelpunkten $Q_1 \ldots$ der den Fünfecken eingeschriebenen Kreise zusammenfallen, dass also die sämtlichen Kanten des gleicheckigen Netzes gleich werden, die 24 Dreiecke also zu regulären werden. Dies zugleich gleichkantige gleicheckige Netz stellt die Archimedeische Varietät XXVI c') der Netze XXVI' dar.

Das Netz, welches der Varietät XXVI d) symmetrisch zugeordnet ist, hat die Eigentümlichkeit, dass seine Eckpunkte $\mathfrak{P}$ mit den Mittelpunkten der den Fünfecken des Symmetrienetzes umgeschriebenen Kreise zusammenfallen. Die Kanten dieses gleicheckigen Netzes halbieren also auch ihrerseits diejenigen des gleichflächigen Netzes; d. h. beide Netze XXVI d) und XXVI d') sind symmetrisch konjugiert.

6. Bezeichnen wir die Abstände des Punktes $\mathfrak{P}_1$ von den Eckpunkten A_1, C_1, B_1 mit $\varepsilon'_a, \varepsilon'_c, \varepsilon'_b$, ebenso durch $\vartheta'_a, \vartheta'_c, \vartheta'_b$, die Winkel, welche die Hauptkreisbogen $A_1\mathfrak{P}_1$, $C_1\mathfrak{P}_1$, $B_1\mathfrak{P}_1$ bez. mit $A_1 B_1$, $C_1 A_1$, $B_1 C_1$ bilden, ferner durch R' den Radius des einem Dreiecke $P_2 P_8 P_9$ umgeschriebenen Kreises, durch α' und A' Kante und Winkel eines regulären Vierecks, durch γ' und C' Kante und Winkel eines regulären Dreiecks und endlich durch β' die in B_1 halbierte Kante, so bestehen folgende Relationen:

---

1) Sohncke bezeichnet (s. dessen Krystallstruktur p. 166) das durch die 24 Punkte $\mathfrak{P}$ bestimmte Punktsystem als oktaedrischen 24-Punktner.

$$63\,\pi)\ \begin{cases} \sin \tfrac{1}{2}\alpha' = \dfrac{1}{\sqrt{2}}\sin \varepsilon'_a, & \sin \tfrac{1}{2}\gamma' = \tfrac{1}{2}\sqrt{3}\sin \varepsilon'_c, & \tfrac{1}{2}\beta' = \varepsilon'_b, \\[2mm] \cot \tfrac{1}{2}A' = \cos \varepsilon'_a, & \cot \tfrac{1}{2}C' = \sqrt{3}\cos \varepsilon'_c, \end{cases}$$

$$63\,\varrho)\ \begin{cases} \cos R' = \cos \varepsilon_b \cos \varepsilon'_b = \cos \varepsilon_a \cos \varepsilon'_a + \dfrac{\sin \varepsilon_a \sin \varepsilon'_a}{\sqrt{2}} \\[3mm] \qquad\qquad = \cos \varepsilon_c \cos \varepsilon'_c + \dfrac{\sin \varepsilon_c \sin \varepsilon'_c}{2}, \end{cases}$$

$$63\,\sigma)\quad \vartheta_a + \vartheta'_a = 45^0,\quad \vartheta_c + \vartheta'_c = 60^0,\quad \vartheta_b + \vartheta'_b = 90^0,$$

$$63\,\tau)\ \begin{cases} \tan \varepsilon_a \tan \varepsilon'_a (\sqrt{2} - \cos \vartheta_a \cos \vartheta'_a) - \tan \varepsilon_a \cos \vartheta_a \\[1mm] \qquad\qquad - \tan \varepsilon'_a \cos \vartheta'_a - 1 = 0. \end{cases}$$

Die Winkel $\mathfrak{P}'_\alpha$, $\mathfrak{P}'_\beta$, $\mathfrak{P}'_\gamma$ eines ungleichkantigen Dreieckes (z. B. $\mathfrak{P}_1 \mathfrak{P}_{16} \mathfrak{P}_{17}$, s. Fig. 24$\beta$) bestimmen sich leicht aus den Formeln:

$$63\,\upsilon)\ \begin{cases} \mathfrak{P}'_\alpha = \beta'' + \gamma'', & \cos \alpha'' = \cot R' \tan \tfrac{1}{2}\alpha', \\[1mm] \mathfrak{P}'_\beta = \gamma'' + \alpha'', & \cos \beta'' = \cot R' \tan \tfrac{1}{2}\beta', \\[1mm] \mathfrak{P}'_\gamma = \alpha'' + \beta'', & \cos \gamma'' = \cot R' \tan \tfrac{1}{2}\gamma', \\[1mm] \mathfrak{P}'_\alpha + \mathfrak{P}'_\beta + \mathfrak{P}'_\gamma = 360^0. \end{cases}$$

Statt der Variabeln $\varepsilon_a, \varepsilon_c, \varepsilon_b$ oder $\varepsilon_a, \vartheta_a$ und entsprechend statt $\varepsilon'_a, \varepsilon'_c, \varepsilon'_b$ oder $\varepsilon'_a, \vartheta'_a$ können in obige Formeln auch [vergl. die Formeln 33) in § 27] die Variabeln $\varepsilon_{a1}, \varepsilon_{a2}, \varepsilon_{a3}$ und entsprechend $\varepsilon'_{a1}, \varepsilon'_{a2}, \varepsilon'_{a3}$ eingeführt werden, wobei $\cos^2 \varepsilon_{a1} + \cos^2 \varepsilon_{a2} + \cos^2 \varepsilon_{a3} = \cos^2 \varepsilon'_{a1} + \cos^2 \varepsilon'_{a2} + \cos^2 \varepsilon'_{a3} = 1$ ist. Die Einführung dieser Variabeln wird sich später (vergl. das fünfte Kapitel) bei Benutzung der rechtwinkligen Koordinaten der Punkte $\mathfrak{P}$ als vorteilhaft erweisen.

Für die Varietät XXVIb) und die zugeordnete Varietät XXVIb') wird (s. Formel 33$\varkappa$)

$$63\,\varphi)\quad \vartheta_a = \vartheta'_a = 22\tfrac{1}{2}^0,\quad \tan \varepsilon_a = \tan \varepsilon'_a = \frac{\tan (\eta - 22\tfrac{1}{2}^0)}{\cos 22\tfrac{1}{2}^0},$$

welche Wertsysteme auch die Gleichung 63τ) befriedigen.

Die Punktsysteme $P_1 \ldots$ und $\mathfrak{P}_1 \ldots$ stehen, wie aus den angegebenen Konstruktionen unmittelbar folgt und auch aus der Formel 63σ) hervorgeht, wiederum in einer Steinerschen involutorischen Verwandtschaft (vergl. § 29, 5 und

§ 40, 6). (S. Fig. 24γ.) Der einem Punkte P_1 konjugierte Pol $\mathfrak{P}_1$ ist der Schnittpunkt der drei Strahlen $A_1\mathfrak{P}_1$, $C_1\mathfrak{P}_1$, $B_1\mathfrak{P}_1$, welche bez. symmetrisch in Beziehung auf die Halbierungsstrahlen der Winkel des Dreiecks $A_1C_1B_1$ zu den Strahlen A_1P_1, C_1P_1, B_1P_1 liegen. Die Punkte A_1, C_1, B_1 sind die Hauptpunkte der Verwandtschaft, während die vier Mittelpunkte der das Dreieck $A_1C_1B_1$ berührenden Kreise die Doppelpunkte darstellen. Insbesondere ist der Mittelpunkt des das Dreieck von Innen berührenden Kreises der durch die Formel 63φ) bestimmte Punkt, dessen 2.24 homologe Punkte die Eckpunkte der Archimedeischen Varietät des Netzes XV′ bilden, während die Hemigonie derselben die Eckpunkte der Varietät XXVIb′) darstellt.

Die Werte für die Archimedeische Varietät XXVIc′) sowie für diejenige XXVId′) ergeben sich ohne Schwierigkeit aus den Formeln 63$\varkappa$) und 63ξ).

7. Das gleicheckige Polyeder, welches jedem Netze XXVI′ eingeschrieben werden kann, ist von sechs Quadraten (Hexaederflächen), acht regulären Dreiecken (Oktaederflächen) und von 24 unregelmässigen Dreiecken begrenzt und hat 24 kongruente fünfflächige Ecken. Wir bezeichnen dasselbe als

[XXVI′] gleicheckiges (6 + 8 + 24)-flächiges 24-Eck. Ihm entspricht polar das demselben Netze in dessen Eckpunkten umgeschriebene gleichflächige Polyeder, nämlich das

[XXVI] gleichflächige (6 + 8 + 24)-eckige 24-Flach

oder Pentagonikositetraeder, welches von 24 kongruenten unsymmetrischen Fünfecken begrenzt ist und sechs regulärvierflächige Ecken (deren Scheitel Oktaedereckpunkte sind), acht regulär-dreiflächige Ecken (deren Scheitel Hexaedereckpunkte sind) und 24 unregelmässig-dreiflächige Ecken hat.

Die 24 unregelmässigen Dreiecke des gleicheckigen Polyeders [XXVI′] sind die Grenzflächen einer bestimmten Varietät des gleichflächigen Polyeders [XXVI], und ebenso sind die 24 Scheitel der unregelmässig-dreiflächigen Ecken des Polyeders [XXVI] die Eckpunkte einer bestimmten Varietät des gleicheckigen Polyeders [XXVI′]. Denn die oben durch P bezeichneten Punkte der Kugel sind bei dem eingeschriebenen gleicheckigen Polyeder die Schnittpunkte der vom Mittelpunkte der Kugel auf die Ebenen dieser Dreiecke gefällten Normalen, bei dem umgeschriebenen gleichflächigen Polyeder die Schnittpunkte der vom Mittelpunkte der Kugel nach den Scheiteln der unregelmässig-dreiflächigen Ecken gezogenen Eckradien.

Die nähere Beschaffenheit der Ecken, Flächen, Axen, Flächenwinkel u. s. w. der beiden Polyeder ergiebt sich einfach mit Benutzung der Beziehungen 18a) bis d) aus den für das gleicheckige sphärische Netz aufgestellten Formeln. Auch wird man die besonderen Varietäten, welche den speziellen Netzen XXVIa') bis d') entsprechen, ohne Schwierigkeit herleiten und die besonderen Eigenschaften derselben feststellen.

Das dem gleicheckigen Netze XXVIb') eingeschriebene gleicheckige Polyeder [XXVIb')] hat die Eigenschaft, dass die 24 unregelmässig-dreieckigen Grenzflächen erweitert ein gleichflächiges Pentagonikositetraeder einschliessen, welches dem demselben Netze umgeschriebenen Polyeder [XXVIb)] geometrisch ähnlich ist; umgekehrt sind die 24 Scheitel der unregelmässig-dreiflächigen Ecken dieses letzteren Polyeders die Eckpunkte eines gleicheckigen, welches dem eingeschriebenen geometrisch ähnlich ist.

Dem gleicheckigen Netze XXVIc') entsprechen als ein- und umgeschriebene Polyeder die bezüglichen Archimedeischen Varietäten der gleicheckigen und gleichflächigen Polyeder, bei welchen bez. die 24 unregelmässig-dreieckigen Grenzflächen und die 24 unregelmässig-dreiflächigen Ecken regulär werden.

Das dem gleicheckigen Netze XXVId') eingeschriebene Polyeder berührt zugleich eine konzentrische Kugel; dasselbe ist dem gleicheckigen Polyeder, welches dem konjugierten Netze XXVId) umgeschrieben ist, konzentrisch und ähnlich. Ebenso ist das dem Netze XXVId') umgeschriebene gleichflächige Polyeder zugleich einer konzentrischen Kugel eingeschrieben und demjenigen Polyeder konzentrisch und ähnlich, welches dem konjugierten Netze XXVI d) eingeschrieben werden kann.

Endlich folgt aus der zwischen den beiden sich polar entsprechenden Polyedern [XXVI] und [XXVI'] bestehenden Beziehung, dass so wie das letztere eine bestimmte Hemigonie eines $(6+8+24)$-flächigen 2.24-Ecks [XV'] ist, so auch das gleichflächige Polyeder [XXV] diejenige bestimmte Hemiedrie[1]) eines $(6+8+12)$-flächigen 2.24-Flachs [XV] (eines Hexakisoktaeders) darstellt, welche durch Erweiterung der abwechselnd aufeinander folgenden Grenzflächen, d. h. der 24 rechten oder der 24 linken, aus jenem erhalten werden kann.

§ 43. Pentagonhexekontaedernetz XXVII nebst den zugeordneten gleicheckigen Netzen XXVII' und den entsprechenden Polyedern.

1. Das durch die unter 64) § 41 aufgestellten Werte

$$64\,\alpha)\quad \begin{cases} A_1 = 72^0, \ A_3 = 120^0, \ A_2 + A_4 + A_5 = 360^0, \\ m = 60, \ \mu_1 = 12, \ \mu_3 = 20, \ \mu'_2 = 60 \end{cases}$$

bestimmte, zweifach veränderliche Netz setzt sich aus sechzig gleichen und ähnlichen, unsymmetrischen Fünfecken zusammen. Da zufolge der Beschaffenheit dieses Netzes sowohl die beiden den Winkel $A_1 = 72^0$, als auch die beiden den Winkel $A_3 = 120^0$ einschliessenden Kanten bez. einander gleich sein müssen, so besitzt das Netz zwölf regulär-fünfflächige, zwanzig regulär-dreiflächige sphärische Ecken, während in jeder der sechzig veränderlichen Ecken der zweiten Hauptgruppe sich je drei Winkel A_2, A_4, A_5 vereinigen.

Die Scheitel der zwölf regulär-fünfflächigen Ecken müssen mit den Eckpunkten G eines Ikosaedernetzes V, die Scheitel der regulär-dreiflächigen Ecken mit den Eckpunkten

---

1) Man bezeichnet diese Art der Hemiedrie (welche an Krystallformen bisher noch nicht beobachtet wurde) als plagiedrische oder gyroidische Hemiedrie; vergl. Sohncke, Krystallstruktur S. 188.

des konjugierten Pentagondodekaedernetzes VII zusammenfallen, so dass die Diagonale $A_1 A_3 = \chi$ (Formel 8 in § 9) ist.
Denn wenn man (s. Fig. 25α)

$$64\beta) \begin{cases} \text{den Winkel } A_1 \; (=90^0) \text{ mit dem Scheitel } G_1 \text{ durch } G, \\ \quad\text{,,} \qquad\text{,,} \quad A_3 \; (=120^0) \text{ ,,} \quad\text{,,} \qquad\text{,,} \quad C_1 \text{ ,, } C, \\ \quad\text{,,} \qquad\text{,,} \quad A_2 \qquad\quad\text{,,} \quad\text{,,} \qquad\text{,,} \quad P_2 \text{ ,, } P_\beta, \\ \quad\text{,,} \qquad\text{,,} \quad A_4 \qquad\quad\text{,,} \quad\text{,,} \qquad\text{,,} \quad P_{10} \text{ ,, } P_\gamma, \\ \quad\text{,,} \qquad\text{,,} \quad A_5 \qquad\quad\text{,,} \quad\text{,,} \qquad\text{,,} \quad P_{11} \text{ ,, } P_\alpha \end{cases}$$

bezeichnet, wobei $P_\alpha + P_\beta + P_\gamma = 360^0$ ist, alsdann in den fünf
um G_1 gruppierten Fünfecken des Netzes die Diagonalen
$G_1 C_1$, $G_1 C_3$, $G_1 C_7$, $G_1 C_5$, $G_1 C_2$ zieht, welche unter 72^0 gegeneinander geneigt sind, und die fünf Punkte C_1, C_3, C_7, C_5, C_2
durch Hauptkreisbogen successive verbindet, wobei der Schnittpunkt von $C_2 C_1$ mit $P_{10} P_{11}$ durch B_1 bezeichnet werde, so
ergiebt sich aus der Kongruenz der Dreiecke

$$G_1 P_2 C_1 \simeq G_1 P_{10} C_2 \text{ und } B_1 P_{11} C_1 \simeq B_1 P_{10} C_2,$$

dass das gleichschenklige Dreieck $G_1 C_1 C_2$, dessen Winkel
an der Spitze 72^0 beträgt, dem Fünfeck $G_1 P_2 C_1 P_{11} P_{10}$ an
Inhalt (gleich dem 60ten Teile der Kugelfläche) gleich ist
und also das Dreieck des Pentakisdodekaedernetzes XI (§ 21)
sein muss. Weiter folgt, dass der Mittelpunkt B_1 der Basis
$C_1 C_2$ auch der Mittelpunkt der Kante $P_{10} P_{11}$ des Fünfeckes
ist und dass die Eckpunkte P_2, P_{10}, P_{11} symmetrisch zu einem
innerhalb des Dreieckes $G_1 C_1 B_1$ eines Diakishexekontaedernetzes XVI in Beziehung auf $G_1 C_1$, $G_1 B_1$ und $B_1 C_1$
liegenden Punkte P_1 gruppiert sind.

Die sechzig Eckpunkte P_2, P_4, P_6, P_8, P_{10}, $P_{11} \ldots$ entsprechen also derjenigen Hemigonie der 2.60 Eckpunkte
eines gleicheckigen Netzes XVI' (§ 28, 3), bei welcher nur
die sechzig rechten oder die sechzig linken Ecken beibehalten werden, nämlich diejenigen, deren Scheitel in den
Dreiecken des Netzes XVI liegen, welche dem den Punkt P_1
enthaltenden Dreiecke $G_1 C_1 B_1$ symmetrisch gleich sind.

Daraus folgt, dass das Netz XXVII, welches als

XXVII   sphärisches $(12 + 20 + 60)$-eckiges 60-Flach

oder kurz als **Pentagonhexekontaedernetz** bezeichnet werden soll, auf folgende Art konstruiert werden kann:

Man verbinde je drei Punkte G, C, B des Dreieckes eines Netzes XVI durch Hauptkreisbogen mit den drei Punkten eines Netzes XVI', welche zu dem im Innern des Dreieckes liegenden Punkte dieses Netzes symmetrisch liegen. Die beiden von G ausgehenden gleichen Bogen bilden alsdann einen Winkel von 72^0, die beiden von C ausgehenden gleichen Bogen einen Winkel von 120^0, während die beiden von B ausgehenden gleichen Bogen in einen Hauptkreis fallen (einen Winkel von 180^0 bilden) (vergl. Fig. 25α und Fig. 25β, deren ausgezogener Teil das vollständige Netz darstellt).

2. Wir bezeichnen, wie in § 28, 5, die Abstände eines Punktes P_1 von den drei Eckpunkten G_1, C_1, B_1 des Dreieckes $G_1 C_1 B_1$ durch ε_g, ε_c, ε_b, die Winkel, welche diese Hauptkreisbogen $G_1 P_1$, $C_1 P_1$, $B_1 P_1$ bez. mit $G_1 B_1$, $C_1 G_1$, $B_1 C_1$ bilden, durch ϑ_g, ϑ_c, ϑ_b. Dann erhalten wir für die Kanten und Winkel des Fünfecks folgende Werte [vergl. 34α) in § 28]:

64γ) $\quad G_1 P_2 = G_1 P_{10} = \varepsilon_g, \quad C_1 P_2 = C_1 P_{11} = \varepsilon_c, \quad P_{10} P_{11} = 2\,\varepsilon_b$

und

$$64\delta)\quad \begin{cases} \cos P_\alpha = \dfrac{\cos\psi - \cos\varepsilon_b \cos\varepsilon_c}{\sin\varepsilon_b \sin\varepsilon_c}, \quad \cos P_\beta = \dfrac{\cos\chi - \cos\varepsilon_c \cos\varepsilon_g}{\sin\varepsilon_c \sin\varepsilon_g}, \\[2ex] \cos P_\gamma = \dfrac{\cos\varphi - \cos\varepsilon_g \cos\varepsilon_b}{\sin\varepsilon_g \sin\varepsilon_b}, \end{cases}$$

in welchen ε_g und ε_c mit Hilfe der Formeln 34α) durch ε_b und ϑ_b als die unabhängigen Variabeln ausgedrückt werden können.

3. Wenn die Variable ε_b alle Werte zwischen 0 und φ und gleichzeitig die Variable ϑ_b alle Werte zwischen 0^0 und 90^0 durchläuft, also der Punkt P_1 alle möglichen Lagen innerhalb des Dreieckes $G_1 C_1 B_1$ annimmt, so werden die sämtlichen möglichen Varietäten der Netze XXVII erhalten.

Von diesen Varietäten sind, analog wie bei dem Netze XXVI (§ 42, 3), folgende bemerkenswert:

a) Wenn der Punkt P_1 der Mittelpunkt des dem Dreiecke $G_1 C_1 B_1$ umgeschriebenen Kreises ist, so wird [vergl. § 28 Formel 34ϑ) und 34ι)]:

$$\mathrm{XXVIIa)} \begin{cases} \varepsilon_g = \varepsilon_c = \varepsilon_b = R, \quad tang\, R = 4\,cotg\, \varphi \cdot sin\, 3^0, \\[4pt] \text{also} \\[4pt] G_1 P_2 = G_1 P_{10} = C_1 P_2 = C_1 P_{11} = R, \quad P_{10} P_{11} = 2R, \\ R = 18^0\, 42'\, 45'',\, 2, \quad P_\alpha = 68^0\, 52'\, 22'',\, 6, \\ P_\beta = 174^0\, 19'\, 0'',\, 4, \\ P_\gamma = 116^0\, 48'\, 37'',\, 0. \end{cases}$$

b) Ist der Punkt P_1 der Mittelpunkt des dem Dreiecke $G_1 C_1 B_1$ eingeschriebenen Kreises, so dass die sämtlichen mit P_1 homologen Punkte die Eckpunkte der Archimedeischen Varietät des Netzes XVI' darstellen ($34\varkappa$), so bestehen, wenn P den Radius dieses Kreises bedeutet, die Beziehungen:

$$\mathrm{XXVIIb)} \begin{cases} cotg\, P = \sqrt{6}\, cotg\, 18^0, \quad P = 7^0\, 33'\, 21'',\, 8, \\[6pt] sin\, \varepsilon_g = \dfrac{sin\, P}{sin\, 18^0}, \quad sin\, \varepsilon_c = \dfrac{sin\, P}{sin\, 30^0}, \quad sin\, \varepsilon_b = \dfrac{sin\, P}{sin\, 45^0}, \\[8pt] \varepsilon_g = 25^0\, 11'\, 3'',\, 3, \quad P_\alpha = 106^0\, 23'\, 6'',\, 2, \\ \varepsilon_c = 15^0\, 14'\, 51'',\, 7, \quad P_\beta = 134^0\, 29'\, 45'',\, 5, \\ \varepsilon_b = 10^0\, 43'\, 2'',\, 4, \quad P_\gamma = 119^0\, 7'\, 8'',\, 3. \end{cases}$$

Die charakteristische Eigenschaft dieses Fünfecks besteht darin, dass die Bogen $G_1 P_1$ und $C_1 P_1$ bez. die Winkel bei G_1 und C_1 halbieren, während der Bogen $B_1 P_1$ in B_1 auf der Kante $P_{10} P_{11}$ normal steht, so dass der Punkt P_1 zugleich der Mittelpunkt des dem Dreiecke $P_2 P_{10} P_{11}$ umgeschriebenen Kreises ist, dessen Radius R' sich aus $cos\, R' = cos^2\, \varepsilon_b$, $R' = 15^0\, 6'\, 44'',\, 0$ bestimmt.

c) Für diejenige Lage des Punktes P_1, bei welcher die drei Bogen $P_1 G_1$, $P_1 B_1$ und $P_1 C_1$ unter gleichen Winkeln von 120^0 gegeneinander geneigt sind, d. h.

$$64\varepsilon) \qquad P_\alpha = P_\beta = P_\gamma = 120^0$$

ist und die dreiflächigen Ecken mit den Scheiteln $P_2 \ldots$ regulär werden, resultiert die bereits in § 41, 3 erwähnte Archimedeische Varietät XXVIIc).

In diesem Falle lässt sich dem Fünfecke ein Kreis einschreiben, welcher die Kante $P_{10} P_{11}$ in ihrem Mittelpunkte
B_1 und ebenso die Kanten $P_{11} C_1$ und $C_1 P_2$ in ihren Mittelpunkten berührt. Der Radius P_1 dieses Kreises bestimmt
sich aus

$$64\,\zeta) \quad \begin{cases} tang\, P_1 = \sqrt{3}\, sin\, \varepsilon_b = tang\, 36^0 . sin\, (\varepsilon_g - \varepsilon_b), \\ \qquad P_1 = 13^0\, 24'\, 38'',\, 1, \end{cases}$$

während

$$64\,\eta) \quad \begin{cases} \varepsilon_c = 2\,\varepsilon_b = 15^0\, 49'\, 28'',\, 4, \\ \qquad \varepsilon_g = 27^0\ \ 4'\, 11'',\, 9 \end{cases}$$

ist, wobei der Wert für ε_b sich aus der kubischen Gleichung:

$$64\,\vartheta) \qquad cos^3\, \varepsilon_b - \tfrac{2}{3}\, cos\, \varepsilon_b - \tfrac{1}{3}\, cos\, \psi = 0$$

ergiebt.

Die drei Kanten $P_{10} P_{11}$, $P_{11} C_1$ und $C_1 P_2$, welche in
ihren Mittelpunkten berührt werden, sind gleichlang, während
die beiden andern, in G_1 zusammenstossenden gleichen Kanten durch den Berührungspunkt in die Abschnitte ε_g und
$\varepsilon_g - \varepsilon_b$ geteilt werden.

Der Mittelpunkt Q_1 des dem Fünfeck eingeschriebenen
Kreises ist zugleich der Mittelpunkt des dem Dreiecke
$P_2 P_{10} P_{11}$ umgeschriebenen Kreises, dessen Radius R' sich
aus

$$64\,\iota) \qquad cos\, R' = cos\, P_1 . cos\, \varepsilon_b, \quad R' = 15^0\, 32'\, 1'',\, 7$$

bestimmt. Für die Entfernungen ε'_g, ε'_c, ε'_b des Punktes Q_1
von G_1, C_1, B_1 erhält man

$$64\,\varkappa) \quad \begin{cases} cos\, \varepsilon'_g = cos\, P_1 . cos\, (\varepsilon_g - \varepsilon_b), \quad \varepsilon'_g = 23^0\, 14'\, 23'',\, 0, \\ \qquad \varepsilon'_c = R', \quad \varepsilon'_b = P_1. \end{cases}$$

d) Als eine vierte bemerkenswerte Varietät XXVIId)
ist endlich noch diejenige zu erwähnen, bei welcher dem
Fünfecke ein Kreis umgeschrieben werden kann, das Sehnenpolygon also ein ebenes Fünfeck ist.

Für die Winkel P_α, P_β, P_γ folgt, da der Mittelpunkt
dieses Kreises der Durchschnittspunkt der die Winkel bei
G_1 ($= 72^0$) und C_1 ($= 120^0$) halbierenden Hauptkreisbogen
sein muss:

$$64\lambda)\quad \begin{cases} P_\beta = 36^\circ + 60^\circ = 96^\circ, \\ P_\gamma = 84^\circ + 36^\circ = 120^\circ, \\ P_\alpha = 60^\circ + 84^\circ = 144^\circ. \end{cases}$$

Bezeichnet man den Radius dieses Kreises durch R_1, so erhält man:

$$64\mu)\quad \begin{cases} tang\, R_1 = \dfrac{tang\,\frac{1}{2}\,\varepsilon_g}{cos\,36^\circ} = \dfrac{tang\,\varepsilon_b}{sin\,6^\circ} = 2\,tang\,\tfrac{1}{2}\,\varepsilon_c, \\[2mm] \text{woraus} \\[2mm] \dfrac{tang\,\frac{1}{2}\,\varepsilon_g}{tang\,\frac{1}{2}\,\varepsilon_c} = cotg\,\varphi = \dfrac{\sqrt{5}+1}{2}, \quad \dfrac{tang\,\varepsilon_b}{tang\,\frac{1}{2}\,\varepsilon_c} = 2\,sin\,6^\circ \end{cases}$$

folgt. Mit Benutzung der Formeln $(64\,\delta)$ wird erhalten:

$$64\nu)\quad \begin{cases} \varepsilon_g = 30^\circ\,39'\,33'',6, \\ \varepsilon_c = 19^\circ\,13'\,52'',9, \quad R_1 = 18^\circ\,43'\,6'',1\,^1). \\ \varepsilon_b = 2^\circ\,1'\,42'',5. \end{cases}$$

Die Abstände ε'_g, ε'_c, ε'_b des Mittelpunktes des umgeschriebenen Kreises von den Punkten G_1, C_1, B_1 sind:

$$64\xi)\quad \begin{cases} \varepsilon'_g = \varepsilon'_c = R_1 = 18^\circ\,43'\,6'',1, \\[2mm] cos\,\varepsilon'_b = \dfrac{cos\,R_1}{cos\,\varepsilon_b}, \quad \varepsilon'_b = 18^\circ\,36'\,43'',3. \end{cases}$$

Die Varietät XXVII d) ist die einzige, welcher ein entsprechendes gleichflächiges Polyeder ein- und ein gleicheckiges Polyeder umgeschrieben werden kann.

4. Die Axen eines Netzes XXVII sind dieselben und von gleicher Zähligkeit, wie diejenigen eines Diakishexekontaedernetzes XVI (vergl. § 28, 2). Es sind also sechs Paare fünfzähliger nach den Punkten G, zehn Paare dreizähliger, nach den Punkten C und 15 Paare zweizähliger nach den Punkten B gerichteter Axen vorhanden. Dagegen besitzt ein Netz XXVII keine direkt-symmetrischen Mittelebenen, ist also ein vollständig unsymmetrisches Netz.

---

1) Dieser Wert für R_1 differiert nur um $21''$ von dem Werte für R in XXVII a).

5. Die zu einem beliebig im Innern einer Grenzfläche angenommenen Punkte $\mathfrak{P}_1$ homologen Punkte sämtlicher Grenzflächen ergeben, wenn je zwei in Beziehung auf eine Kante benachbarte Punkte $\mathfrak{P}$ durch Hauptkreisbogen verbunden werden, ein gleicheckiges Netz, welches dem Netze XXVII im allgemeinen unsymmetrisch-zugeordnet ist (vergl. § 30, 4, § 38, 4, § 42, 5). Jeder bestimmten Varietät eines Netzes XXVII ist dagegen nur ein gleicheckiges Netz symmetrisch-zugeordnet. Die Eckpunkte dieses Netzes sind diejenigen homologen Punkte $\mathfrak{P}$ aller Fünfecke, welche in Beziehung auf die Kanten derselben symmetrisch liegen.

Jeder solche Punkt $\mathfrak{P}$, z. B. $\mathfrak{P}_1$, ist der Schnittpunkt der beiden Hauptkreise, welche die Winkel bei G_1 und C_1 halbieren, also auch der Mittelpunkt des dem Dreiecke $P_2 P_{10} P_{11}$ umgeschriebenen Kreises, welcher auch auf dem in B_1 auf $P_{10} P_{11}$ normal errichteten Hauptkreisbogen liegt. Der Punkt $\mathfrak{P}_1$ fällt nur bei der Varietät XXVIIb) mit dem Punkte P_1 zusammen.

Ein derartiges gleicheckiges Netz XXVII′, welches einem Netze XXVII symmetrisch zugeordnet ist (s. in Fig. 25β den punktiert gezeichneten Teil), besteht aus zwölf regulären sphärischen Fünfecken mit den Mittelpunkten G, aus 20 regulären Dreiecken mit den Mittelpunkten C und aus 60 ungleichkantigen Dreiecken, deren auf $P_{10} P_{11}$ normale Kante im Punkte B_1 halbiert wird und für welche die 60 Punkte $P_2 \ldots$, P_{10}, $P_{11} \ldots$ des Symmetrienetzes XXVII die Mittelpunkte der umgeschriebenen Kreise sind. In jeder der 60 einander kongruenten fünfflächigen sphärischen Ecken stossen je ein reguläres Fünfeck, je ein reguläres Dreieck und je drei der ungleichkantigen Dreiecke zusammen.

Die 60 Scheitelpunkte $\mathfrak{P}$ dieser Ecken stellen, da sie auch homologe Punkte der 60 von den Fünfecken des Symmetrienetzes XXVII eingeschlossenen Dreiecke $G_1 C_1 B_1$ sind, die Hemigonie eines gleicheckigen Netzes XVI′ (§ 28, 3) dar. Man kann hiernach ein Netz XXVII′ einfach dadurch erhalten, dass man von den $2 \cdot 60$ Eckpunkten $\mathfrak{P}$ eines $(12 + 20 + 30)$-flächigen $2 \cdot 60$-Ecks XVI′ nur die abwechselnd aufeinander folgenden (d. h. entweder die Scheitelpunkte der 60 rechten oder die der 60 linken Ecken) beibehält und von diesen je fünf um einen der zwölf Punkte G, je drei um einen der 20 Punkte C und je zwei um einen der 30 Punkte B gruppierte Punkte $\mathfrak{P}$ durch Hauptkreisbogen verbindet[1]).

Die Netze XXVII′ bezeichnen wir als

XXVII′ sphärische $(12 + 20 + 60)$-flächige 60-Ecke.

Bei der der Varietät XXVIIc) symmetrisch zugeordneten Varietät XXVIIc′) fallen die Punkte $\mathfrak{P}_1 \ldots$ mit den Mittelpunkten $Q_1 \ldots$ der den Fünfecken eingeschriebenen Kreise zusammen. Da sämtliche Kanten des gleicheckigen Netzes alsdann gleich, die 60 Dreiecke also zu regulären werden, so stellt dies zugleich gleichkantige gleicheckige Netz XXVIIc′) die Archimedeische Varietät der Netze XXVII′ dar.

Das der Varietät XXVIId) symmetrisch zugeordnete Netz XXVIId′) ist dadurch ausgezeichnet, dass seine Eckpunkte $\mathfrak{P}$ mit den Mittelpunkten der den Fünfecken des Symmetrienetzes umgeschriebenen Kreise zusammenfallen. Die Netze XXVIId) und XXVIId′) sind symmetrisch konjugiert, da die Kanten des gleichflächigen Netzes auch durch diejenigen des gleicheckigen Netzes halbiert werden.

6. Werden die Entfernungen des Punktes $\mathfrak{P}_1$ von den Eckpunkten G_1, C_1, B_1 mit ε'_g, ε'_c, ε'_b, die Winkel, welche die Hauptkreisbogen $G_1\mathfrak{P}_1$, $C_1\mathfrak{P}_1$, $B_1\mathfrak{P}_1$ bez. mit G_1B_1, C_1G_1, B_1C_1 bilden, durch ϑ'_g, ϑ'_c, ϑ'_b, ferner der Radius des einem Dreiecke $P_2P_{10}P_{11}$ umgeschriebenen Kreises durch R', Kante und Winkel eines regulären Fünfeckes durch α' und A', Kante und Winkel eines regulären Dreieckes durch γ' und C', die Winkel eines ungleichkantigen Dreieckes (z. B. $\mathfrak{P}_1\mathfrak{P}_{20}\mathfrak{P}_{21}$) durch $\mathfrak{P}'_\alpha$, $\mathfrak{P}'_\beta$, $\mathfrak{P}'_\gamma$ und die in B_1 halbierte Kante durch β' bezeichnet, so bestehen die Beziehungen:

---

1) Man könnte (analog wie in § 42, 5) das durch die 60 Punkte $\mathfrak{P}$ bestimmte Punktsystem als ikosaedrischen 60-Punktner bezeichnen.

$$64\,\pi) \begin{cases} \sin\tfrac{1}{2}\alpha' = \sin 36^0 \cdot \sin \varepsilon'_g, \quad \sin\tfrac{1}{2}\gamma' = \tfrac{1}{2}\sqrt{3}\sin\varepsilon'_c, \quad \tfrac{1}{2}\beta' = \varepsilon'_b, \\ \cot g\,\tfrac{1}{2}A' = \tan g\,36^0 \cdot \cos\varepsilon'_g, \quad \cot g\,\tfrac{1}{2}C' = \sqrt{3}\cos\varepsilon'_c, \end{cases}$$

$$64\,\varrho) \begin{cases} \cos R' = \cos\varepsilon_b \cos\varepsilon'_b = \cos\varepsilon_g \cos\varepsilon'_g + \sin\varepsilon_g \sin\varepsilon'_g \cdot \dfrac{\cot g\,\varphi}{2} \\[2mm] \qquad\quad = \cos\varepsilon_c \cos\varepsilon'_c + \dfrac{\sin\varepsilon_c \sin\varepsilon'_c}{2}, \end{cases}$$

$$64\,\sigma) \quad \vartheta_g + \vartheta'_g = 36^0, \quad \vartheta_c + \vartheta'_c = 60^0, \quad \vartheta_b + \vartheta'_b = 90^0,$$

$$64\,\tau) \begin{cases} \tan g\,\varepsilon_g \tan g\,\varepsilon'_g \left[\dfrac{\cot g\,\varphi}{2} - \sin^2\varphi \cos\vartheta_g \cos\vartheta'_g\right] - \tan g\,\varepsilon_g \cdot \sin\varphi \cos\varphi \cdot \cos\vartheta \\[2mm] \qquad - \tan g\,\varepsilon'_g \cdot \sin\varphi \cos\varphi \cdot \cos\vartheta'_g + \sin^2\varphi = 0. \end{cases}$$

Die Winkel $\mathfrak{P}'_\alpha$, $\mathfrak{P}'_\beta$, $\mathfrak{P}'_\gamma$ bestimmen sich aus den Formeln $63\,v)$ (§ 42, 5), wenn die Teilwinkel, sowie die Kanten α', β', γ' und der Radius R' die dem Netze XXVII' entsprechende Bedeutung erhalten.

Man kann auch statt der Variabeln ε_g, ϑ_g oder ε_g, ε_c, ε_b und entsprechend statt ε'_g, ϑ'_g oder ε'_g, ε'_c, ε'_b diejenigen ε_b, ϑ_b und ε'_b, ϑ'_b oder auch [vergl. die Formeln 34) in § 28] die Variabeln ε_b, ε''_b, ε'''_b und ε'_b, $\varepsilon^{(II)}_b$, $\varepsilon^{(III)}_b$ einführen (vergl. das fünfte Kapitel).

Bei der Varietät XXVII b) und der zugeordneten Varietät XXVII b') wird (s. Formel $34\,\varkappa$)

$$64\,\varphi) \quad \vartheta_g = \vartheta'_g = 18^0; \quad \tan g\,\varepsilon_g = \tan g\,\varepsilon'_g = \frac{\tan g\,(45^0 - \psi)}{\cos 18^0}$$
$$= 2\sin\varphi \tan g\,(45^0 - \psi),$$

welche Wertsysteme die obige Gleichung $(64\,\tau)$ befriedigen.

Die Formeln $(64\,\sigma)$ lassen sofort wiederum erkennen, dass die beiden Punktsysteme $P_1\ldots$ und $\mathfrak{P}_1\ldots$ in einer involutorischen Steinerschen Verwandtschaft stehen (vergl. § 42, 6) (s. Fig. $25\,\gamma$). Zwei konjugierte Pole P_1 und $\mathfrak{P}_1$ stehen in der Beziehung, dass die Strahlen $G_1\mathfrak{P}_1$ und $G_1 P_1$, $C_1\mathfrak{P}_1$ und $C_1 P_1$, $B_1\mathfrak{P}_1$ und $B_1 P_1$ bez. symmetrisch zu den Halbierungsstrahlen der Winkel G_1, C_1, B_1 des Dreieckes $G_1 C_1 B_1$ liegen. Die Eckpunkte dieses Dreieckes sind die Hauptpunkte der Verwandtschaft, die vier Mittelpunkte der das Dreieck $G_1 C_1 B_1$ berührenden Kreise die Doppelpunkte derselben. Der Mittelpunkt des das Dreieck von Innen berührenden Kreises ist der durch die Formel 64φ) bestimmte Punkt; dieser und die zu ihm homologen Punkte stellen die Eckpunkte der Varietät XXVIIb') dar.

Für die Archimedeische Varietät XXVIIc'), sowie für diejenige XXVIId') sind die besonderen Werte für die Grössen ε'_g, ε'_c, ε'_b aus den Formeln 64$\varkappa$) und 64ξ) zu entnehmen.

7. Jedem Netze XXVII' lässt sich ein gleicheckiges Polyeder einschreiben, welches von zwölf regulären Fünfecken (Pentagondodekaederflächen), von zwanzig regulären Dreiecken (Ikosaederflächen) und sechzig unregelmässigen Dreiecken begrenzt ist und sechzig kongruente fünfflächige Ecken hat. Dies Polyeder wird als

[XXVII'] gleicheckiges (12 + 20 + 60)-flächiges
60-Eck

bezeichnet.

Das diesem polar entsprechende, demselben Netze in dessen Eckpunkten umgeschriebene gleichflächige Polyeder, nämlich das

[XXVII] gleichflächige (12 + 20 + 60)-eckige
60-Flach

oder Pentagonhexekontaeder ist von sechzig kongruenten unsymmetrischen Fünfecken begrenzt und hat zwölf regulär-fünfflächige Ecken (deren Scheitel Ikosaedereckpunkte sind), zwanzig regulär-dreiflächige Ecken (deren Scheitel Pentagondodekaedereckpunkte sind) und sechzig unregelmässig-dreiflächige Ecken.

Die sechzig unregelmässigen Dreiecke des Netzes [XXVII'] sind die Grenzflächen einer bestimmten Varietät des gleichflächigen Polyeders [XXVII]. Ebenso sind die sechzig Scheitel der unregelmässig-dreiflächigen Ecken des Polyeders [XXVII] die Eckpunkte einer bestimmten Varietät des gleicheckigen Polyeders [XXVII']. Denn die Punkte P der Kugel sind die Schnittpunkte der vom Mittelpunkte der Kugel auf die Ebenen jener Dreiecke gefällten Normalen, welche verlängert durch die Scheitel der unregelmässig-dreiflächigen Ecken des der Kugel umgeschriebenen gleichflächigen Polyeders hindurchgehen.

Weitere Eigenschaften dieser unsymmetrischen Polyeder, die nähere Beschaffenheit der Ecken, Flächen, Axen, Flächenwinkel u. s. w. ergeben sich mit Leichtigkeit aus den für das gleicheckige Netz aufgestellten Beziehungen mit Benutzung von 18a) bis 18d). Von besonderen Varietäten seien noch die folgenden erwähnt.

Das dem gleicheckigen Netze XXVIIb′) eingeschriebene gleicheckige Polyeder [XXVIIb′)] hat die Eigenschaft, dass die sechzig unregelmässig-dreieckigen Grenzflächen erweitert ein Pentagonhexekontaeder einschliessen, welches dem demselben Netze umgeschriebenen Polyeder [XXVIIb)] geometrisch ähnlich ist. Umgekehrt sind die sechzig Scheitel der unregelmässig-dreiflächigen Ecken dieses letzteren Polyeders die Eckpunkte eines gleicheckigen, welches dem eingeschriebenen geometrisch ähnlich ist.

Dem Netze XXVIIc′) entsprechen als ein- und umgeschriebene Polyeder die bezüglichen Archimedeischen Varietäten der Polyeder [XXVII′] und [XXVII], bei welchen bez. die sechzig unregelmässig-dreieckigen Grenzflächen und die sechzig unregelmässig-dreiflächigen Ecken zu regulären werden.

Das gleicheckige Polyeder [XXVIId′)], welches dem Netze XXVIId′) eingeschrieben ist, ist zugleich einer konzentrischen Kugel umgeschrieben und zwar ist dasselbe konzentrisch und ähnlich demjenigen gleicheckigen Polyeder, welches dem konjugierten Netze XXVIId) umgeschrieben werden kann. Ebenso ist das dem Netze XXVIId′) umgeschriebene, gleichflächige Polyeder [XXVIId] zugleich einer konzentrischen Kugel eingeschrieben und ist demjenigen Polyeder konzentrisch und ähnlich, welches dem konjugierten Netze XXVIId) eingeschrieben werden kann.

Aus der zwischen den beiden polar sich entsprechenden Polyedern [XXVII] und [XXVII′] bestehenden Beziehung folgt endlich auch, dass, da das letztere eine bestimmte Hemigonie eines $(12+20+30)$-flächigen 2.60-Ecks [XVI′] ist, auch das gleichflächige Polyeder [XXVII] diejenige (gyroidische) Hemiedrie eines $(12+20+30)$-eckigen 2.60 Flachs [XVI] (eines Diakishexekontaeders) darstellt, welche durch Erweiterung der sechzig rechten oder der sechzig linken Grenzflächen aus jenem erhalten werden kann.

§ 44. Tetraedrisches Pentagondodekaedernetz XXVIII nebst den zugeordneten gleicheckigen Netzen XXVIII′ und den entsprechenden Polyedern.

1. Das dritte noch mögliche, zweifach veränderliche gleichflächige Fünfecksnetz ist durch die Werte [vergl. 65) in § 41]:

$$65\alpha) \qquad \begin{cases} A_1 = A_3 = 120^0, \;\; A_2 + A_4 + A_5 = 360^0, \\ m = 12, \;\; \mu_1 = \mu_3 = 4, \;\; \mu'_2 = 12 \end{cases}$$

bestimmt. Zufolge der Beschaffenheit dieses Netzes müssen sowohl die beiden den Winkel $A_1 = 120^0$, als auch die beiden den Winkel $A_3 = 120^0$ einschliessenden Kanten bez. einander gleich sein, so dass das aus zwölf einander kongruenten, unsymmetrischen Fünfecken zusammengesetzte Netz zwei Gruppen von je vier einander kongruenten regulär-dreiflächigen Ecken besitzt, während in jeder der zwölf veränderlichen Ecken der zweiten Hauptgruppe sich je drei Winkel A_2, A_4, A_5 vereinigen.

Die Scheitel der beiden Gruppen von je vier regulärdreiflächigen Ecken müssen nun mit den Eckpunkten C zweier konjugierten regulären Tetraedernetze III zusammenfallen. Denn wenn man (s. Fig. 26α)

$$65\beta) \quad \begin{cases} \text{den Winkel } A_1 \,(=120^0) \text{ mit dem Scheitel } C_1 \text{ durch } C_{(1)}, \\ \quad\text{"} \qquad\text{"} \quad A_3 \,(=120^0) \quad\text{"} \quad\text{"} \quad\text{"} \quad C_2 \;\text{"} \; C_{(2)}, \\ \quad\text{"} \qquad\text{"} \quad A_2 \qquad\qquad\quad\text{"} \quad\text{"} \quad\text{"} \quad P_{16} \;\text{"} \; P_{\alpha}, \\ \quad\text{"} \qquad\text{"} \quad A_4 \qquad\qquad\quad\text{"} \quad\text{"} \quad\text{"} \quad P_7 \;\text{"} \; P_{\gamma(1)}, \\ \quad\text{"} \qquad\text{"} \quad A_5 \qquad\qquad\quad\text{"} \quad\text{"} \quad\text{"} \quad P_3 \;\text{"} \; P_{\gamma(2)} \end{cases}$$

bezeichnet, wobei $P_\alpha + P_{\gamma(1)} + P_{\gamma(2)} = 360^0$ ist, alsdann in den drei um C_1 gruppierten Fünfecken des Netzes die Diagonalen $C_1 C_2$, $C_1 C_3$, $C_1 C'_4$ zieht, welche unter 120^0 gegeneinander geneigt sind und die drei Punkte C_2, C_3, C'_4 successive durch Hauptkreisbogen verbindet, wobei der Schnittpunkt von $C_2 C_3$ mit $P_7 P_3$ durch A_1 bezeichnet werde, so folgt aus der Kongruenz der Dreiecke $C_1 C_2 P_{16} \backsimeq C_1 C_3 P_3$ und $C_2 A_1 P_7 \backsimeq C_3 A_1 P_3$, dass das gleichschenklige Dreieck $C_1 C_2 C_3$, dessen Winkel an der Spitze 120^0 beträgt, dem Fünfecke $C_1 P_{16} C_2 P_7 P_3$ an Inhalt (gleich dem 12ten Teile der Kugelfläche) gleich ist und also das Dreieck des Triakistetraedernetzes IX (§ 19) sein muss. Der Mittelpunkt A_1 der Basis $C_2 C_3$ ist auch der Mittelpunkt der Kante $P_7 P_3$ des Fünfecks und die Eckpunkte P_3, P_7, P_{16} sind symmetrisch zu einem innerhalb des Dreieckes $A_1 C_1 C_2$ eines Hexakistetraedernetzes Xα) (§ 20, 7) in Beziehung auf $A_1 C_1$, $A_1 C_2$, $C_1 C_2$ liegenden Punkte P_8 gruppiert.

Die zwölf Eckpunkte P_3, P_7, P_{12}, P_{16}, P_{19}, P_{23} ... stellen diejenige Hemigonie der 2.12 Eckpunkte eines gleicheckigen $(6 + \overline{4 + 4})$-flächigen 2.12-Ecks X″ (§ 20, 6) dar, bei welcher nur die zwölf rechten oder die zwölf linken Ecken beibehalten werden. Da die Netze X″ selbst eine bestimmte Hemigonie der Netze XV′ (vergl. § 27, 3) repräsentieren, so können die zwölf Eckpunkte P_3, P_7 ... auch als Tetartogonie der Netze XV′ bezeichnet werden. (Die zwölf Punkte P_3, P_7 ... sind die Hälfte der 2.12 Punkte, welche in dem Netze X″, das in Fig. 8β dargestellt ist, weggelassen sind.)

Man kann hiernach das Netz XXVIII, welches als

XXVIII   sphärisches $(\overline{4 + 4} + 12)$-eckiges Zwölfflach

oder als tetraedrisches Pentagondodekaedernetz bezeichnet werden soll, auf folgende Art konstruieren:

Man verbinde je drei Eckpunkte des Dreiecks eines Hexakistetraedernetzes Xα) z. B. C_1, C_2, A_1 mit den drei Punkten P_3, P_7, P_{16} eines Netzes X″, welche zu dem im Innern dieses Dreiecks liegenden Punkte P_8 symmetrisch liegen. Je zwei von C_1 und C_2 ausgehende und bez. einander gleiche Bogen schliessen einen Winkel von 120^0 ein, die von A_1 ausgehenden fallen in einen Hauptkreis. [Vergl. Fig. 26 α) und in Fig. 26 β)] den ausgezogenen Teil. Die erste Figur ist die stereographische Projektion für den Projektionspunkt C'_1, die zweite für den Projektionspunkt A'_1.]

2. Die Abstände eines Punktes, z. B. P_8, von den Eckpunkten A_1, C_1, C_2 bezeichnen wir (wie in § 20, 9) durch ε_a, ε_{c1}, ε_{c2}, die Winkel, welche diese Hauptkreisbogen $A_1 P_8$, $C_1 P_8$, $C_2 P_8$ bez. mit dem Halbierungskreise des rechten Winkels bei A_1, mit $C_1 A_1$, mit $C_2 A_1$ bilden, durch ϑ_a, ϑ_{c1}, ϑ_{c2}. Dann erhalten die Kanten und Winkel des Fünfecks folgende Werte:

65γ) $\quad C_1 P_3 = C_1 P_{16} = \varepsilon_{c1}, \quad C_2 P_7 = C_2 P_{16} = \varepsilon_{c2}, \quad P_3 P_7 = 2\varepsilon_a$

und

$$
65\delta) \qquad
\begin{cases}
\cos P_\alpha = \dfrac{\dfrac{1}{3} - \cos \varepsilon_{c1} \cos \varepsilon_{c2}}{\sin \varepsilon_{c1} \sin \varepsilon_{c2}}, \\[2em]
\cos P_{\gamma(1)} = \dfrac{\sqrt{\dfrac{1}{3}} - \cos \varepsilon_{c2} \cos \varepsilon_a}{\sin \varepsilon_{c2} \sin \varepsilon_a}, \\[2em]
\cos P_{\gamma(2)} = \dfrac{\sqrt{\dfrac{1}{3}} - \cos \varepsilon_{c1} \cos \varepsilon_a}{\sin \varepsilon_{c1} \sin \varepsilon_a},
\end{cases}
$$

in welchen ε_{c1} und ε_{c2} durch ε_a und ϑ_a ausgedrückt werden können (vergl. Formel 22) in § 20).

3. Die sämtlichen möglichen Varietäten der Netze XXVIII resultieren, wenn die Variabele ε_a alle Werte zwischen 0 und η und gleichzeitig die Variabele ϑ_a alle Werte zwischen 0^0 und 45^0 oder zwischen 0^0 und -45^0 durchläuft. Der Punkt P_8 nimmt hierbei alle Lagen in dem einen der rechtwinkligen Dreiecke an, in welche der Symmetriekreisbogen $A_1 B_1$ das gleichschenklig-rechtwinklige Dreieck $A_1 C_1 C_2$ zerlegt.

Liegt der Punkt P_8 auf diesem Symmetriekreisbogen selbst, so wird

$$65\,\varepsilon) \qquad \vartheta_a = 0, \quad \varepsilon_{c\,1} = \varepsilon_{c\,2}, \quad P_{\gamma(1)} = P_{\gamma(2)},$$

das Fünfeck wird zu einem symmetrischen mit vier untereinander gleichen Kanten. Das entsprechende Netz, auf welches bereits im § 38,1 am Ende hingewiesen wurde, soll als

XXIX symmetrisches Pentagondodekaedernetz

nebst einigen seiner besonderen Varietäten im nächsten Paragraphen betrachtet werden.

Für diejenigen Fünfecke und zugehörigen Netze XXVIII, bei welchen der Punkt P_8 nicht auf dem Symmetriehauptkreise des gleichschenkligen Dreiecks $A_1 C_1 C_2$ liegt, existieren keine besonderen, vor den übrigen ausgezeichnete Varietäten.

Insbesondere lässt sich den Fünfecken eines tetraedrischen Pentagondodekaedernetzes XXVIII weder ein Kreis ein- noch umschreiben, also kann auch einen Netze XXVIII weder ein gleichflächiges Polyeder ein-, noch ein gleicheckiges Polyeder umgeschrieben werden.

4. Einem Netze XXVIII kommen dieselben Axen zu, wie einem **Hexakistetraedernetze** Xα) oder einem Netze X$''$ (vergl. § 20, 7), nämlich zwei Gruppen von je vier **gleichen dreizähligen Axen**, welche nach den Punkten C, und drei Paare gleicher **zweizähliger Axen**, welche nach den Punkten A gerichtet sind. Dagegen sind in einem Netze XXVIII keine direkt symmetrischen Mittelebenen vorhanden; das Netz ist also ein **vollständig unsymmetrisches Netz.**

5. Analoge Betrachtungen zu denjenigen, welche in den beiden vorhergehenden Paragraphen unter 5. angestellt wurden, ergeben leicht, dass jeder bestimmten Varietät eines Netzes XXVIII nur ein gleicheckiges Netz XXVIII$'$ symmetrisch zugeordnet ist, dessen Eckpunkte $\mathfrak{P}$ die Mittelpunkte der den Dreiecken $P_8 P_7 P_{16} \ldots$ umgeschriebenen Kreise sind. Ein solcher Punkt $\mathfrak{P}_1$ ist also der Schnittpunkt der beiden Hauptkreisbogen, welche die Winkel bei C_1 und C_2 halbieren, und des in A_1 auf $P_8 P_7$ normal errichteten Hauptkreisbogens.

Ein solches gleicheckiges Netz XXVIII$'$ (siehe den punktiert gezeichneten Teil der Fig. 26β) hat zu Grenzflächen zwei Gruppen von je vier regulären Dreiecken mit den Kanten γ'_1 und γ'_2 und den Mittelpunkten C (welche den Eckpunkten zweier konjugierten Tetraeder entsprechen), und zwölf ungleichkantige Dreiecke, für welche die zwölf Punkte P_3, P_7... des Symmetrienetzes XXVIII die Mittelpunkte der umgeschriebenen Kreise sind. In jeder der zwölf einander kongruenten fünfflächigen sphärischen Ecken stossen je ein reguläres Dreieck der ersten und der zweiten Gruppe und je drei der ungleichkantigen Dreiecke zusammen.

Die zwölf Scheitelpunkte $\mathfrak{P}_1$, $\mathfrak{P}_5$, $\mathfrak{P}_{10}$, $\mathfrak{P}_{14}$, $\mathfrak{P}_{17}$, $\mathfrak{P}_{21}$... sind als homologe Punkte der zwölf von den Fünfecken des Symmetrienetzes XXVIII eingeschlossenen Dreiecke $A_1 C_1 C_2$, die oben unter 1. besprochene Hemigonie eines gleicheckigen Netzes X''. Ein Netz XXVIII' resultiert also einfach, wenn von den 2.12 Eckpunkten eines $(6 + \overline{4 + 4})$-flächigen 2.12-Ecks X'' (§ 20, 6), vergl. Fig. 8β) nur die Scheitelpunkte der zwölf rechten (oder der zwölf linken) Ecken beibehalten und von diesen je drei um einen der Punkte C und je zwei um einen Punkt A gruppierte Punkte $\mathfrak{P}$ durch Hauptkreisbogen verbunden werden[1]).

Die zwölf Punkte $\mathfrak{P}$ sind auch (vergl. 1.) die Tetartogonie eines Netzes XV'. Die Netze XXVIII' bezeichnen wir als

XXVIII' sphärische $(\overline{4 + 4} + 12)$-flächige Zwölfecke.

Die besonderen Varietäten, bei welchen die Punkte $\mathfrak{P}_1$... mit den Punkten P_8... zusammenfallen, oder die Punkte $\mathfrak{P}$ mit den Mittelpunkten der den Fünfecken des Symmetrienetzes ein- oder umgeschriebenen Kreise zusammenfallen, können nur dann resultieren, wenn die Punkte P_8 ..., wie die Punkte $\mathfrak{P}_1$... auf die Symmetriekreisbogen der gleichschenkligen Dreiecke $A_1 C_1 C_2$... fallen. Wir werden diese Varietäten also bei den symmetrischen Netzen XXIX' (§ 45) als besondere Fälle erhalten.

6. Wenn die Abstände des Punktes $\mathfrak{P}_1$ von den Eckpunkten A_1, C_1, C_2 mit ε'_a, ε'_{c1}, ε'_{c2}, die Winkel, welche

---

1) Sohncke nennt (Krystallstruktur p. 156) das durch die zwölf Punkte $\mathfrak{P}$ bestimmte Punktsystem einen Zwölfpunktner.

die Hauptkreisbogen $A_1 \mathfrak{P}_1$, $C_1 \mathfrak{P}_1$, $C_2 \mathfrak{P}_1$ bez. mit dem Halbierungskreise des rechten Winkels bei A_1, mit $C_1 A_1$, mit $C_2 A_2$ bilden durch ϑ'_a, ϑ'_{c1}, ϑ'_{c2}, der Radius des einem Dreiecke $P_3 P_7 P_{16}$ umgeschriebenen Kreises durch R', die Kanten und Winkel der beiden Gruppen von regulären Dreiecken durch γ'_1, C'_1 und γ'_2, C'_2 und endlich die Winkel eines ungleichkantigen Dreieckes $\mathfrak{P}_1 \mathfrak{P}'_{20} \mathfrak{P}_{17}$ durch $\mathfrak{P}'_a$, $\mathfrak{P}'_{\gamma 1}$, $\mathfrak{P}'_{\gamma 2}$, sowie die in A_1 halbierte Kante durch α' bezeichnet werden, so gelten die Beziehungen:

$$65\zeta) \quad \begin{cases} \tfrac{1}{2}\alpha' = \varepsilon'_a, \quad \sin\tfrac{1}{2}\gamma'_1 = \tfrac{1}{2}\sqrt{3}\,\sin\varepsilon'_{c1}, \quad \sin\tfrac{1}{2}\gamma'_2 = \tfrac{1}{2}\sqrt{3}\,\sin\varepsilon'_{c2}, \\ \cot\tfrac{1}{2}C'_1 = \sqrt{3}\,\cos\varepsilon'_{c1}, \quad \cot\tfrac{1}{2}C'_2 = \sqrt{3}\,\cos\varepsilon'_{c2}, \end{cases}$$

$$65\eta) \quad \begin{cases} \cos R' = \cos\varepsilon_a \cos\varepsilon'_a = \cos\varepsilon_{c1}\cos\varepsilon'_{c1} + \dfrac{\sin\varepsilon_{c1}\sin\varepsilon'_{c1}}{2} \\[2mm] \qquad\qquad = \cos\varepsilon_{c2}\cos\varepsilon'_{c2} + \dfrac{\sin\varepsilon_{c2}\sin\varepsilon'_{c2}}{2}, \end{cases}$$

$$65\vartheta) \quad \vartheta_a + \vartheta'_a = 0^0, \quad \vartheta_{c1} + \vartheta'_{c1} = \vartheta_{c2} + \vartheta'_{c2} = 60^0,$$

$$65\iota) \quad \begin{cases} \tan\varepsilon_{c1}\tan\varepsilon'_{c1}[3 - 4\cos\vartheta_{c1}\cos\vartheta'_{c1}] - 2\sqrt{2}\,\tan\varepsilon_{c1}\cos\vartheta_{c1} \\[2mm] \qquad\qquad - 2\sqrt{2}\,\tan\varepsilon'_{c1}\cos\vartheta'_{c1} + 4 = 0, \end{cases}$$

$$65\varkappa) \quad \begin{cases} \mathfrak{P}'_a = \gamma''_1 + \gamma''_2, \quad \cos\gamma''_1 = \cot R'\,\tan\tfrac{1}{2}\gamma'_1, \\ \mathfrak{P}'_{\gamma 1} = \gamma''_2 + \alpha'', \quad \cos\gamma''_2 = \cot R'\,\tan\tfrac{1}{2}\gamma'_2, \\ \mathfrak{P}'_{\gamma 2} = \alpha'' + \gamma''_1, \quad \cos\alpha'' = \cot R'\,\tan\tfrac{1}{2}\alpha'. \end{cases}$$

In diese Formeln können statt der Variabeln $\varepsilon_{c1}, \vartheta_{c1}, \varepsilon_{c2}, \vartheta_{c2}$ und entsprechend $\varepsilon'_{c1}, \vartheta'_{c1}, \varepsilon'_{c2}, \vartheta'_{c2}$ (vergl. Formel 22) des § 20) die beiden Variabeln $\varepsilon_a, \vartheta_a$ und entsprechend $\varepsilon'_a, \vartheta'_a$ eingeführt werden.

Die Punktsysteme $P_8 \ldots$ und $\mathfrak{P}_1 \ldots$ stehen wiederum in einer Steinerschen Verwandtschaft [s. Formeln 65ϑ) und 65ι)]. (Vergl. § 42, 6 und § 43, 6). Denn die Strahlen, welche je zwei konjugierte Pole P_8 und $\mathfrak{P}_1$ mit den Eckpunkten A_1, C_1, C_2 verbinden, liegen bez. symmetrisch zu den Halbierungsstrahlen der Winkel des Dreiecks $A_1 C_1 C_2$, dessen Eckpunkte die Hauptpunkte der Verwandtschaft sind. (S. Fig. 26γ). Die Doppelpunkte sind wiederum die Mittelpunkte der vier das Dreieck $A_1 C_1 C_2$ berührenden Kreise, nämlich die Punkte A_2, B_2, B_4 und der Mittelpunkt S_0 des

das Dreieck von innen berührenden Kreises. S. Fig. 26 δ).
Vergl. § 38, 5 und § 45, 2 unter XXIX b) und 6. Der Mittelpunkt S_0 des das Dreieck von Innen berührenden Kreises
und die zu ihm homologen Punkte bilden die Eckpunkte
einer besonderen Varietät der symmetrischen Netze XXIX′
(vergl. § 45, 6). Insbesondere ist ersichtlich, dass zwei konjugierte Pole P_8 und $\mathfrak{P}_1$ immer zu beiden Seiten dieses
Halbierungskreisbogens $A_1 B_1$ liegen.[1])

7. Das gleicheckige Polyeder, welches jedem
Netze XXVIII′ eingeschrieben werden kann, ist von zwei
Gruppen von je vier regulären Dreiecken (Tetraederflächen)
und von zwölf ungleichkantigen Dreiecken begrenzt; es hat
zwölf kongruente fünfflächige Ecken. Wir bezeichnen dasselbe als

[XXVIII′] gleicheckiges $(\overline{4+4}+12)$-flächiges Zwölfeck.

Das ihm polar entsprechende, demselben Netze umgeschriebene gleichflächige Polyeder, nämlich das

[XXVIII] gleichflächige $(\overline{4+4}+12)$-eckige Zwölfflach
oder das tetraedrische Pentagondodekaeder ist von
zwölf kongruenten, unsymmetrischen Fünfecken begrenzt und
hat zwei Gruppen von je vier regulär-dreiflächigen Ecken
(deren Scheitel Tetraedereckpunkte sind) und zwölf unregelmässig-dreiflächige Ecken.

Die 12 unregelmässigen Dreiecke eines Netzes [XXVIII′]
sind die Grenzflächen einer bestimmten Varietät des gleichflächigen Polyeders [XXVIII]. Ebenso sind die zwölf Scheitel der unregelmässig-dreiflächigen Ecken eines Polyeders
[XXVIII] die Eckpunkte einer bestimmten Varietät des
gleicheckigen Polyeders [XXVIII′] (vergl. § 42, 7 und § 43, 7).

Die nähere Beschaffenheit der Ecken, Flächen, Axen,
Flächenwinkel etc. dieser unsymmetrischen Polyeder folgt
aus den für das gleicheckige Netz aufgestellten Relationen.

---

1) Auf weitere Beziehungen, die sich infolge der zwischen den
Punktsystemen P und $\mathfrak{P}$ bestehenden Steinerschen Verwandtschaft
bei den Netzen XXV bis XXVIII und XVII ergeben, wird im fünften
Kapitel eingegangen werden.

Endlich ergiebt sich aus der zwischen je zwei sich polar entsprechenden Polyedern [XXVIII] und [XXVIII'] bestehenden Beziehung, dass, sowie das letztere eine bestimmte Hemigonie eines $(6 + \overline{4 + 4})$-flächigen 2.12-Ecks [X''] oder eine Tetartogonie eines $(6 + 8 + 12)$-flächigen 2.24-Ecks [XV'] ist, so auch das gleichflächige Polyeder [XXVIII] als eine bestimmte Hemiedrie eines $(6 + \overline{4 + 4})$-eckigen 2.12-Flachs [Xα] oder als eine Tetartoedrie eines $(6 + 8 + 12)$-eckigen 2.24-Flachs [XV] (eines Hexakisoktaeders) erhalten werden kann.

§ 45. Symmetrisches Pentagondodekaedernetz XXIX nebst den zugeordneten Netzen XXIX' und den entsprechenden Polyedern.

1. Das symmetrische Pentagondodekaedernetz XXIX stellt den besonderen Fall des tetraedrischen XXVIII dar, in welchem der Punkt P_8 auf dem Symmetriekreisbogen des gleichschenkligen Dreieckes $A_1 C_1 C_2$ liegt. Das Fünfeck wird ein symmetrisches mit vier gleichen Kanten (vergl. § 44, Formel 65ε), da

66α) $\quad \vartheta_a = 0, \; \varepsilon_{c1} = \varepsilon_{c2} = \varepsilon_c, \; \vartheta_{c1} = \vartheta_{c2} = \vartheta_c, \; P_{\gamma(1)} = P_{\gamma(2)} = P_\gamma$

wird. Die beiden Gruppen von je vier einander kongruenten regulär-dreiflächigen Ecken bilden eine Gruppe von acht kongruenten regulär-dreiflächigen Ecken, die zwölf veränderlichen dreiflächigen Ecken werden gleichschenklig. Das Netz, welches wir als

XXIX sphärisches $(8 + 12)$-eckiges Zwölfflach

oder als symmetrisches Pentagondodekaedernetz bezeichnen, ist, da die veränderlichen Winkel P_α, P_γ nur der Bedingung

66β) $\qquad\qquad P_\alpha + 2\,P_\gamma = 360^0$

zu genügen haben, ein einfach veränderliches Netz.

Die zwölf Scheitel der veränderlichen Ecken L_1, L_3... (s. Fig. 27) sind die Hemigonie der 24 Eckpunkte eines Netzes X' eines gleicheckigen $(6 + 8)$-flächigen 6.4-Ecks

(§ 20, 3), und zwar dieselbe Hemigonie, welche (vergl. § 38, 1) bereits beim Diakisdodekaedernetze XXIII aufgetreten ist. Damit ergiebt sich auch die einfache Konstruktion eines solchen Netzes XXIX durch Zusammenfassen je zweier längs eines Hauptkreisbogens $A_1 L_1$, $A_1 L_3 \ldots$ (vergl. Fig. 21β) zusammenstossenden Vierecke eines Diakisdodekaedernetzes XXIII.

2. Besondere bemerkenswerte Varietäten dieses Netzes XXIX, welche auch als ganz spezielle Varietäten der Netze XXVIII angesehen werden können, sind folgende:

a) Wenn der Punkt L_1 der Mittelpunkt des dem Dreiecke $A_2 C_1 C_2$ umgeschriebenen Kreises ist, die sämtlichen 24 Punkte L also die Eckpunkte des dem Netze X konjugierten gleicheckigen Netzes X' [vergl. § 20, 3 und Formel 21β] darstellen, so ist, wenn R den Radius jenes Kreises bezeichnet:

$$\text{XXIX a)}\begin{cases} \varepsilon_a = \varepsilon_c = R, \quad tang\, R = \sqrt{3} - 1, \quad R = 36^0\, 12'\, 21'',\, 2, \\[4pt] C_1 L_1 = C_1 L_2 = C_2 L_1 = C_2 L_4 = R, \quad L_2 L_4 = 2\,R, \\[4pt] cos\, \tfrac{1}{2}\, P_\alpha = sin\, 15^0\, sin\, \eta = \dfrac{\sqrt{3}-1}{2\sqrt{3}}, \\[4pt] cos\, \tfrac{1}{2}\, P_\gamma = sin\, 45^0\, cos\, \tfrac{1}{2}\, \eta = \tfrac{1}{2}\sqrt{\dfrac{\sqrt{3}+1}{\sqrt{3}}}, \\[4pt] P_\alpha = 155^0\, 36'\, 0'',\, 0, \\[4pt] P_\gamma = 102^0\, 12'\, 0'',\, 0. \end{cases}$$

b) Ist der Punkt L_1 der Mittelpunkt des dem Dreiecke $A_2 C_1 C_2$ eingeschriebenen Kreises, so dass die 24 Punkte L die Eckpunkte der Archimedeischen Varietät eines Netzes X' (vergl. § 20, 3 und Formel 21γ) darstellen, so erhält man, wenn P den Radius jenes Kreises bedeutet

$$\text{XXIX b)}\begin{cases} tang\, P = \tfrac{1}{3}, \quad P = 18^0\, 26'\, 5'',\, 8, \\[4pt] tang\, \varepsilon_a = \tfrac{1}{2}, \quad \varepsilon_a = 45^0 - P = 26^0\, 33'\, 54'',\, 2 = 90^0 - 2\,\varphi, \\[4pt] tang\, \varepsilon_c = \dfrac{1}{\sqrt{6}}, \quad \varepsilon_c = 22^0\, 12'\, 27'',\, 5, \\[4pt] cos\, \tfrac{1}{2}\, P_\alpha = -\, cos\, P_\gamma = \dfrac{1}{\sqrt{6}}, \quad \begin{aligned} P_\alpha &= 131^0\, 48'\, 37'',\, 1, \\ P_\gamma &= 114^0\, 5'\, 41'',\, 5. \end{aligned} \end{cases}$$

Der im Dreiecke $A_1 C_1 C_2$ liegende Punkt L_0 ist zugleich der Mittelpunkt des dem Dreiecke $L_1 L_2 L_4$ umgeschriebenen Kreises, dessen Radius R' sich aus

$$66\gamma)\qquad \cos R' = \cos^2 \varepsilon_a = \tfrac{4}{5}, \qquad R' = 36^0 52' 11'', 7$$

bestimmt.

c) Die beiden besonderen Varietäten des Fünfecks, denen ein Kreis ein- und ein Kreis umgeschrieben werden kann, fallen hier in die eine desjenigen regulären Fünfecks zusammen, dessen Kante sich aus der Bedingung

$$2\,\varepsilon_a = \varepsilon_c, \quad \sin \varepsilon_c = \tfrac{2}{3}, \quad \text{also} \quad \varepsilon_c = 2\psi$$

(vergl. § 9, Formel 8), d. h. gleich der Kante des Fünfecks ergiebt, welche die Grenzfläche des regulären Pentagondodekaedernetzes VII (§ 8) bildet. Der Radius R_1 des diesem Fünfecke um- und der Radius P_1 des demselben eingeschriebenen Kreises ist nach früherem (§ 9, Tabelle 9)

$$66\delta)\qquad\qquad R_1 = \chi, \quad P_1 = \varphi,$$

der Mittelpunkt $\mathfrak{L}_1$ des Fünfecks, für welchen

$$66\varepsilon)\qquad\qquad \varepsilon'_a = \varphi, \quad \varepsilon'_c = \chi$$

ist, steht also von dem Punkte L_0, für welchen

$$66\zeta)\qquad\qquad \varepsilon_a = \psi, \quad \varepsilon_c = 2\psi$$

ist, um den Bogen $\varphi - \psi = 10^0 48' 44'', 3$ ab.

4. Jedem Netze XXIX kommen dieselben Axen zu, wie einem Hexakistetraedernetze Xα) (§ 20, 7), oder einem Diakisdodekaedernetze XVIII (§ 38, 3), da auch hier die acht regulär-dreiflächigen Ecken als Teile des Netzes betrachtet in zwei Gruppen von je vier zusammenzufassen sind. Die Ebenen der drei Hauptkreise a sind, wie bei den Diakisdodekaedernetzen XXIII, direkt-symmetrische Mittelebenen der Netze XXIX.

Dass die Netze XXIX, wiewohl zu jeder Grenzfläche die Gegenfläche und zu jeder Ecke die Gegenecke im Netze vorhanden ist, dennoch nicht als vollzählige zu betrachten sind, folgt aus den über die Netze XXIII und XXIII' (vergl. § 38, 3 und 4. bis 6.) gemachten Bemerkungen.

5. Jedem gleichflächigen Netze XXIX ist (vergl. § 44, 5) ein gleicheckiges Netz XXIX′ symmetrisch-konjugiert, dessen Eckpunkte $\mathfrak{L}_1, \mathfrak{L}_2 \ldots$ als Mittelpunkte der den gleichschenkligen Dreiecken $L_1 L_2 L_4 \ldots$ umgeschriebenen Kreise auf den Hauptkreisen a liegend, die Hemigonie eines $(6+8)$-flächigen 6.4-Ecks X′ darstellen (s. in Fig. 27 den punktiert gezeichneten Teil). Die Grenzflächen eines solchen Netzes XXIX′ sind einmal acht reguläre Dreiecke, deren Mittelpunkte die Punkte C sind, welche aber — als Teile des Netzes betrachtet — zwei Gruppen von je vier Dreiecken bilden, und ferner zwölf gleichschenklige Dreiecke, für welche die Punkte $L_1 L_2 \ldots$ die Mittelpunkte der umgeschriebenen Kreise sind. Das Netz hat zwölf kongruente fünfflächige sphärische Ecken.

Ein derartiges Netz, welches wir als

XXIX′ sphärisches $(8+12)$-flächiges Zwölfeck

bezeichnen, wird also einfach erhalten, wenn die zwölf Punkte $\mathfrak{L}_1, \mathfrak{L}_2 \ldots$, welche die Hemigonie eines Netzes X′ bilden, passend durch Hauptkreisbogen mit einander verbunden werden.

Bei dem der Varietät XXIX b) zugeordneten Netze XXIX b′) fallen die Punkte $\mathfrak{L}_1 \ldots$ mit den Punkten $L_0 \ldots$ bez. zusammen, während für das der Varietät XXIX c) zugeordnete Netz XXIX c′) die Eckpunkte mit den Mittelpunkten der regulären Fünfecke zusammenfallen und das dem regulären Pentagondodekaedernetze VII konjugierte reguläre Ikosaedernetz V resultiert.

6. Die Formeln $(65\zeta - 65\varkappa)$ des vorigen § 44, 6 vereinfachen sich wesentlich, da

$$66\,\eta) \quad \begin{cases} \varepsilon'_{c1} = \varepsilon'_{c2} = \varepsilon'_c, \quad \gamma'_1 = \gamma'_2 = \gamma', \quad C'_1 = C'_2 = C', \\ \vartheta'_a = 0, \quad \vartheta'_{c1} = \vartheta'_{c2} = \vartheta'_c, \quad \mathfrak{P}'_{\gamma1} = \mathfrak{P}'_{\gamma2} = \mathfrak{P}'_\gamma \end{cases}$$

wird. Man erhält:

$$66\,\vartheta) \quad \tfrac{1}{2}\alpha' = \varepsilon'_a, \quad \sin\tfrac{1}{2}\gamma' = \tfrac{1}{2}\sqrt{3}\,\sin\varepsilon'_c, \quad \cot\tfrac{1}{2}C' = \sqrt{3}\cos\varepsilon'_c,$$

$$66\,\iota) \quad \cos R' = \cos\varepsilon_a \cos\varepsilon'_a = \cos\varepsilon_c \cos\varepsilon'_c + \frac{\sin\varepsilon_c \sin\varepsilon'_c}{2},$$

$$66\,\varkappa) \quad \vartheta_c + \vartheta'_c = 60^0,$$

wobei

$$66\lambda) \quad \cos \varepsilon_c = \frac{\cos \varepsilon_a + \sin \varepsilon_a}{\sqrt{3}}, \quad \cot \varepsilon_a = \frac{1 + \sqrt{3}\cot \vartheta_c}{2}$$

ist.

Für $\vartheta_c = \vartheta'_c = 30^0$ wird der unter XXIXb) bestimmte Punkt L_0 erhalten, für welchen $tang\, \varepsilon_a = tang\, \varepsilon'_a = \frac{1}{2}$, $tang\, \varepsilon_c = tang\, \varepsilon'_c \frac{1}{\sqrt{6}}$ ist (vergl. Formel 65ι). Dieser Punkt wurde bereits früher mit S_0 (§ 38, 5) bezeichnet (vergl. auch § 44, 6).

Dieser Punkt S_0 (vergl. auch Fig. 26δ) ist der eine Doppelpunkt des auf dem Hauptkreise $A_1 A_2$ liegenden projektivisch-involutorischen Punktsystems, in welchem je zwei Punkte L_1 und $\mathfrak{L}_1$ konjugierte Pole sind und dessen anderer Doppelpunkt der Punkt A_2 ist.

Der Mittelpunkt dieses Systems oder der Halbierungspunkt J des Bogens $S_0 A_2$ steht von den Doppelpunkten um φ ab, so dass der zu J in Beziehung auf $C_1 C_2$ symmetrisch liegende Punkt des Dreieckes $A_1 C_1 C_2$ der Mittelpunkt des regulären Fünfecks XXIXc) oder ein Eckpunkt des regulären Ikosaedernetzes ist. Für die Abstände ε_i und ε'_i zweier konjugierter Pole L_1 und $\mathfrak{L}_1$ von dem Punkte J erhält man einfach

$$66\mu) \qquad tang\, \varepsilon_i . tang\, \varepsilon'_i = tang^2 \varphi = \frac{3 - \sqrt{5}}{2}$$

und aus $\varepsilon_i = 90^0 - \varphi - \varepsilon_a$ folgt die einfache Beziehung:

$$66\nu) \qquad tang\, \varepsilon_a + tang\, \varepsilon'_a = 1.$$

Es ist dies dieselbe Beziehung, welche im § 38, 5 bei den dem Diakisdodekaedernetze XXIII zugeordneten Netzen erhalten wurde. [Formel 55ζ) und 51γ)].

Für $\varepsilon_a = \psi$ ergiebt sich $\varepsilon'_a = \varphi$ [vergl. die Formeln 66ε) und 66ζ) für die Varietät XXIXc)].

In den Netzen XXIX$'$ bietet sich daher in einfacher Weise eine Beziehung zwischen den oktaedrisch-hexaedrischen und den ikosaedrisch-dodekaedrischen Netzen und ein Übergang aus den einen in die anderen dar.

7. Die Eigenschaften der gleicheckigen und der gleichflächigen Polyeder, welche den Netzen XXIX$'$ bez. ein- und umgeschrieben werden können, ergeben sich ohne Schwierig-

keit. (Vergl. § 44, 7.) Das eingeschriebene gleicheckige Polyeder, welches wir als

[XXIX'] gleicheckiges (8 + 12)-flächiges Zwölfeck

bezeichnen, ist von acht regulären Dreiecken (Oktaederflächen, welche aber als zwei Gruppen von je vier Tetraederflächen aufzufassen sind) und von zwölf gleichschenkligen Dreiecken begrenzt; es hat zwölf kongruente symmetrisch-fünfflächige Ecken.

Das diesem polar entsprechende, demselben Netze XXIX' in dessen Eckpunkten umgeschriebene, gleichflächige Polyeder, nämlich das

[XXIX] gleichflächige (8 + 12)-eckige Zwölfflach

oder das symmetrische Pentagondodekaeder (Eisenkiesdodekaeder) ist von zwölf kongruenten symmetrischen Fünfecken begrenzt; die Scheitel der acht regulär-dreiflächigen Ecken entsprechen den Eckpunkten zweier konjugierten Tetraeder, die zwölf anderen Ecken sind gleichschenklig-dreiflächig.

Ebenso wie die zwölf gleichschenkligen Dreiecke des Polyeders [XXIX'] die Grenzflächen einer bestimmten Varietät des Polyeders [XXIX] sind, so sind auch die zwölf Scheitel der gleichschenklig-dreiflächigen Ecken des Polyeders [XXIX] die Eckpunkte einer bestimmten Varietät des Polyeders [XXIX'] [vergl. die Nummer 7.) der §§ 42, 43, 44].

Die Beziehungen für die den besonderen Netzen XXIX a'), b') c') ein- und umgeschriebenen Polyeder folgen ohne weiteres; insbesondere erhält man bei XXIX c') das reguläre Ikosaeder [V] und das reguläre Pentagondodekaeder [VII].

Endlich ergiebt sich auch das Polyeder [XXIX] als eine bestimmte (parallelflächige) Hemiedrie eines gleichflächigen Polyeders [X] (eines Pyramidenwürfels), da das polare gleicheckige Polyeder [XXIX'] als eine bestimmte Hemigonie eines gleicheckigen Polyeders [X'] erhalten werden kann.

14*

§ 46. Schlussbemerkung.

Durch die in den drei Abteilungen dieses Kapitels durchgeführten Betrachtungen sind sämtliche mögliche gleichflächige Netze, welche die Kugelfläche einmal bedecken, nebst den ihnen zugeordneten (bez. konjugierten) gleicheckigen Netzen und den entsprechenden gleicheckigen und gleichflächigen Polyedern hergeleitet worden.

Einfache gleichflächige Netze, deren Grenzflächen sphärische Sechsecke (oder Polygone von höherer Eckenzahl) wären, kann es nicht geben. Denn aus dem Werte für den Exzess eines sphärischen Sechsecks ergiebt sich

$$67) \quad A_1 + A_2 + A_3 + A_4 + A_5 + A_6 = 720^0 \left(1 + \frac{1}{m}\right).$$

Hieraus folgt, dass — abgesehen von dem Grenzfall der regulären Kreisteilungsnetze I (vergl. auch § 18, 5 am Ende) — ein aus m gleichen und ähnlichen Sechsecken zusammengesetzes, die Kugelfläche einmal bedeckendes Netz unmöglich ist, da die Polygone sich weder zu nur regelmässigen, noch zu teilweise regelmässigen und unregelmässigen, noch endlich zu nur unregelmässigen sphärischen Ecken zusammenschliessen können.

In dem folgenden Kapitel sollen nun die bisher erhaltenen Resultate nochmals übersichtlich zusammengefasst, die gefundenen Netze in bestimmte Hauptgruppen zusammengestellt und weitere Eigenschaften derselben, sowie der ihnen zugehörigen Polyeder hergeleitet werden.

Viertes Kapitel.

Zusammenfassung der gleichflächigen und der gleicheckigen Netze, sowie der entsprechenden Polyeder in bestimmte Hauptklassen und Gruppen. Herleitung von Lagebeziehungen.

§ 47. Aufstellung und Unterscheidung der Hauptklassen und Gruppen. Definition der Polarnetze.

1. Man kann die in den vorigen Kapiteln abgeleiteten gleichflächigen Netze (einschliesslich der regulären), ebenso wie die ihnen zugeordneten gleicheckigen Netze von verschiedenen Gesichtspunkten ausgehend gruppieren. Ausser der bei den Entwicklungen des vorigen Kapitels befolgten Einteilung der gleichflächigen Netze in Dreiecks-, Vierecks- und Fünfecksnetze ist daselbst der wichtige Unterschied der festen und der veränderlichen (oder beweglichen) Netze hervorgetreten. Ferner kann man sämtliche gleichflächige Netze in die folgenden zwei Hauptklassen anordnen.

Die erste Hauptklasse ist die der gleichflächigen Netze mit einem Hauptdurchmesser oder mit zwei entgegengesetzt gerichteten gleichen Hauptaxen. Die sämtlichen in diese Hauptklasse gehörigen Netze ergeben sich aus dem regulären Kreisteilungsnetze I und aus dem regulären Zweiecksnetze II (§ 8 und § 9).

Die zweite Hauptklasse ist die der gleichflächigen Netze mit mehr, als einem Hauptdurchmesser oder mit gleichen Hauptaxen nach mehr, als zwei Richtungen[1]).

---

1) Vergl. Sohncke, Krystallstruktur, Kap. VI und VII. Hessel nennt (Krystallometrie) die in die erste Hauptklasse gehörigen Gestalten hauptaxig, die der zweiten Hauptklasse angehörigen hauptaxenlos.

Die dieser zweiten Hauptklasse angehörigen Netze lassen sich in zwei Ordnungen bringen, von denen die erstere drei Gruppen umfasst.

Erste Ordnung der zweiten Hauptklasse.

Die dreizähligen Axen sind nach den Eckpunkten eines regulären Hexaedernetzes VI gerichtet:

erste Gruppe: Hexakisoktaedernetze,
zweite   „   : Diakisdodekaedernetze,
dritte   „   : Hexakistetraedernetze.

Zweite Ordnung der zweiten Hauptklasse.

Die dreizähligen Axen sind nach den Eckpunkten eines regulären Pentagondodekaedernetzes VII gerichtet:

einzige Gruppe: Diakishexekontaedernetze.

In jeder dieser einzelnen Gruppen, sowie bei der ersten Hauptklasse kommt dann als weiterer Einteilungsgrund das Vorhandensein oder Fehlen von Symmetrieebenen und damit die Unterscheidung der festen und veränderlichen Netze zur Geltung.

2. Dieselbe Einteilung in Klassen, Ordnungen und Gruppen gilt für die den gleichflächigen Netzen zugeordneten (bez. konjugierten) gleicheckigen Netze. Dieselben zerfallen weiterhin in solche mit festen und mit veränderlichen Symmetrienetzen, während die gleicheckigen Netze selbst, mit Ausnahme der regulären Netze und der Netze XIX' (§ 32) und XX' (§ 33) sämtlich veränderliche (oder bewegliche) Netze darstellen.

Zwischen den verschiedenen Klassen, Ordnungen und Gruppen ergeben sich andererseits auch mehrfache Beziehungen, zufolge deren die einer Klasse, Ordnung oder Gruppe angehörigen Netze aus besonderen Netzen einer andern Klasse oder Gruppe hergeleitet werden können.

Im folgenden sollen die gleichflächigen und die gleicheckigen Netze nebst den entsprechenden Polyedern zunächst nach ihrer Zugehörigkeit in die beiden Hauptklassen, Ordnungen, Gruppen und fernere besondere Abteilungen nochmals zusammengestellt und zugleich einige weitere Eigenschaften jener Gebilde hergeleitet werden.

3. In Beziehung auf diese Eigenschaften, welche wesentlich Lagebeziehungen betreffen, mögen zuvor noch folgende allgemeine Bemerkungen vorausgeschickt werden.

Die Kanten eines gleicheckigen Netzes, welches einem (festen oder veränderlichen) gleichflächigen Netze zugeordnet (bez. konjugiert) ist, gehen, da sie auf denjenigen des Symmetrienetzes senkrecht stehen, durch die Pole der Hauptkreise dieses letzteren Netzes hindurch. Ferner sind die Grenzflächen des dem gleicheckigen Netze eingeschriebenen Polyeders parallel zu den Ebenen der Hauptkreise, welche die Polaren zu den Eckpunkten des gleichflächigen Symmetrienetzes sind.

Damit bietet sich die Berücksichtigung des Polarnetzes des gleichflächigen Netzes dar. Dieses Polarnetz setzt sich aus den Polarfiguren, der sämtlichen gleichen Flächen des Symmetrienetzes zusammen, ist also selbst gleichflächig; doch bildet dasselbe nur in sehr wenigen — in der Folge hervorzuhebenden — Fällen selbst ein die Kugelfläche ein- oder mehrere Mal bedeckendes Netz.

4. Andererseits ist auch das Polarnetz des gleicheckigen Netzes für die Betrachtung von Wichtigkeit; denn die Pole der Hauptkreise des gleicheckigen Netzes, d. h. die Eckpunkte dieses Polarnetzes liegen auf den Hauptkreisen des gleichflächigen Symmetrienetzes, und die Grenzflächen des dem gleicheckigen Netze in seinen Eckpunkten umgeschriebenen gleichflächigen Polyeders sind parallel zu den Ebenen der Hauptkreise, welche die Polaren zu den Eckpunkten des gleicheckigen Netzes, also die Kanten des Polarnetzes desselben sind.

Wir wollen dies zweite Polarnetz kurz als das dem ersteren (gleichflächigen) Polarnetze zugeordnete Polarnetz bezeichnen.

§ 48. I. Netze der ersten Hauptklasse.

A) Feste hierher gehörige Netze.

1. Unter den zu der ersten Hauptklasse gehörigen gleichflächigen Netzen sind — ausser den regulären Kreisteilungsnetzen I und den regulären Zweiecksnetzen II (§ 8 und § 9) — die Doppelpyramidennetze VIII (§ 16) und VIIIα) (§ 18) die einzigen festen Netze. Die Hauptkreise eines solchen Netzes sind der (in n gleiche Teile geteilte) Äquator a eines Netzes I und die n durch den Pol A (und den Gegenpol A') desselben gehenden und unter Winkeln von $\dfrac{360^0}{n}$ gegeneinander geneigten Haupthalbkreise des konjugierten Netzes II.

Die Grenzfläche des Polarnetzes ist wiederum ein zweirechtwinkliges sphärisches Dreieck, dessen dritte Kante und dritter Winkel $\dfrac{n-2}{n}$ 180^0 beträgt. Der Inhalt eines solchen Polarnetzes ist das $\dfrac{n-2}{2}$-fache der Kugelfläche; für $n = 4p_1$ ($p_1 = 1, 2, 3 \ldots$) erhält man solche eigentliche (kontinuierliche) Netze, welche $(2\,p_1 - 1)$-mal die Kugelfläche bedecken (vergl. das letzte Kapitel). Das einzige einfache derartige Polarnetz ist das dem Werte $n = 4$ (oder $p_1 = 1$) entsprechende, nämlich das seinem Polarnetze kongruente reguläre Oktaedernetz IV.

2. Die einem Netze VIII zugeordneten gleicheckigen Netze, nämlich die prismatischen $(2 + n)$-flächigen $2n$-Ecke VIII′ (§ 16) [Fig. 6α) bis 6δ)] sind einfach veränderliche Netze, deren Hauptkreise durch die Eckpunkte des gleichflächigen Polarnetzes hindurchgehen. Von diesen Hauptkreisen sind die durch A und A' hindurchgehenden Seitenkanten, deren Länge zwischen 0^0 und 90^0 variiert und welche Hauptkreise eines regulären Zweiecksnetzes II sind, der Lage nach fest, während die auf den Schenkeln der gleichschenkligen Dreiecke des Netzes VIII senkrecht ste-

henden Endkanten, welche durch die auf dem Äquator a liegenden Eckpunkte des gleichflächigen Polarnetzes hindurchgehen, in der Weise beweglich sind, dass die Neigung je zweier durch denselben Pol symmetrisch zum Äquator a hindurchgehenden Hauptkreise zwischen 0^0 und 180^0 variiert, wenn der Punkt P die Symmetrieaxe eines gleichschenkligen Dreiecks durchläuft.

Da die beiden Endflächen eines Netzes VIII' für $n = 2p$ ein reguläres n-Eck und dessen Gegenfigur, für $n = 2p + 1$ dagegen zwei kongruente reguläre n-Ecke darstellen, von welchen das eine durch eine Drehung der Gegenfigur des andern von der Amplitude $\dfrac{180^0}{n}$ um den Durchmesser $A\,A'$ als Rotationsaxe resultiert, so folgt, dass im ersten Falle $(n = 2p)$ die Endkanten auf den n Hauptkreisen eines regulären n-Ecks, im zweiten Falle $(n = 2p + 1)$ auf den $2n$ Hauptkreisen eines regulären $2n$-Ecks liegen.

Das Polarnetz eines Netzes VIII' (das zugeordnete Polarnetz) wird für $n = 2p$ durch die n Hauptkreise eines regulären n-Ecks, welche die Polaren zu den n Eckpunkten und deren Gegenpunkten sind, für $n = 2p + 1$ durch die $2n$ Hauptkreise eines regulären $2n$-Ecks gebildet, welche die Polaren zu den $2n$ Eckpunkten des Netzes VIII' sind. Die Grenzflächen der dem Netze VIII' umgeschriebenen regulären Doppelpyramide sind den Ebenen dieser Hauptkreise parallel (vergl. § 47, 4).

3. Bei den gleicheckigen Netzen VIII'' (§ 18), nämlich den prismatischen $(2 + \overline{p + p})$-flächigen $2.2p$-Ecken sind, da ein Eckpunkt P_1 jede beliebige Lage innerhalb der Grenzfläche des Symmetrienetzes VIIIα) einnehmen kann, auch die Seitenkanten in der Weise beweglich, dass sie immer durch den Pol A des Hauptäquators a hindurchgehend ein halbreguläres Zweiecksnetz I' (§ 18, 5) bilden.

Die beiden Endflächen eines Netzes VIII'' sind gleicheckige $(p + p)$-kantige $2.p$-Ecke (vergl. § 5, 1), welche für $p = 2p_1$ sich als Gegenfiguren entsprechen, während für

$p = 2p_1 + 1$ das eine $2p$-Eck durch eine Drehung der Gegenfigur des anderen von der Amplitude $\dfrac{180^0}{p}$ um den Durchmesser $A\,A'$ als Rotationsaxe erhalten wird.

Daher liegen im ersten Falle $(p = 2p_1)$ die Endkanten des Netzes VIII'' auf den $2.2p_1$ Hauptkreisen eines $(2p_1 + 2p_1)$-kantigen $2.2p_1$-Ecks, von denen immer je zwei gegenüberliegende (parallele) durch einen auf dem Hauptäquator a liegenden Eckpunkt des Polarnetzes gehen und abwechselnd einen Winkel $2P_1$ und $2P_2$ einschliessen, wo P_1 und P_2 die Radien der beiden die Kanten des gleicheckigen $2.2p_1$-Ecks berührenden Kreise bedeuten [vergl. § 5, 1) und Fig. 6ε), wo $P_1 = A\,D_2$, $P_2 = A\,D_3$ ist].

Im zweiten Falle $(p = 2p_1 + 1)$ liegen die Endkanten auf $2.2p$ Hauptkreisen zweier konzentrischen $(p + p)$-kantigen $2.p$-Ecke, so dass durch jeden der p Punkte des Hauptäquators a und deren Gegenpunkte zwei Paare von Hauptkreisen, die bez. je einen Winkel $2P_1$ und $2P_2$ einschliessen, hindurch gehen.

Das Polarnetz eines Netzes VIII'' wird im ersten Falle durch die $2.2p_1$ Hauptkreise eines gleichkantigen $(2p_1 + 2p_1)$-eckigen $2.2p_1$-Kants, im zweiten Falle durch die $2.2p$ Hauptkreise zweier konzentrischen $(p + p)$-eckigen $2.p$-Kante gebildet (vergl. § 5, 2). Diese Hauptkreise gehen zu je zweien durch die auf dem Hauptäquator a liegenden Pole der Eckradien der gleicheckigen Endflächen hindurch und schliessen sämtlich einen Winkel $2P^{(1)} = 180^0 - 2R$ (vergl. § 5, 2 und 3) ein. Diese Pole sind für $p = 2p_1$ die Eckpunkte eines halbregulären Kreisteilungsnetzes II' (vergl. § 18, 19β), nämlich eines $(2p_1 + 2p_1)$-kantigen $2.2p_1$-Ecks, für $p = 2p_1 + 1$ die Eckpunkte zweier konzentrischen halbregulären Kreisteilungsnetze II', nämlich zweier $(p + p)$-kantigen $2.p$-Ecke, von denen das eine aus dem andern durch eine Drehung von der Amplitude $\dfrac{180^0}{p}$ um die Axe $A\,A_1$ erhalten wird.

B) Veränderliche gleichflächige Netze nebst den zugeordneten gleicheckigen Netzen.

4. Die in die erste Hauptklasse gehörigen veränderlichen gleichflächigen Netze sind einmal die hauptaxigen Deltoidnetze XXIV (§ 39) und die zu diesen in naher Beziehung stehenden Skalenoedernetze XVIII (§ 30), andererseits die hauptaxigen Trapezoidnetze XXV (§ 40), von denen man mit Rücksicht auf die Beschaffenheit des Randes die beiden ersteren als kronrandige, die letzteren als sägerandige Netze bezeichnen kann. Die Netze der tetragonalen Sphenoide XIV (§ 24) und der rhombischen Sphenoide XVII (§ 29) sind als die dem Werte $p = 2$ entsprechenden Grenzfälle bezüglich in den Netzen XXIV und XXV enthalten.

5. Bei den hauptaxigen Deltoidnetzen und den Skalenoedernetzen, welch' letztere aus den ersteren durch Ausziehen der die Endkanten bildenden Hauptkreise erhalten werden können, sind die beiden Endpunkte A und A' des Hauptdurchmessers fest; dagegen die auf den Endkanten liegenden Eckpunkte D (vergl. die Fig. 16 und 22) des Randes beweglich.

Die Endkanten, deren $2p$ Hauptkreise ein reguläres Zweiecksnetz und deren Ebenen die Symmetrieebenen der Netze bilden, sind der Lage nach fest; die Randkanten sind in der Weise beweglich, dass jede derselben sich um einen der Punkte C (vergl. die Fig. 16 und 22) des Hauptäquators dreht und einen Winkel von 90° beschreibt, wenn der Punkt D auf der Endkante einen Quadranten zurücklegt.

Da für jede Varietät dieser Netze die Randkanten durch die Punkte C des Hauptäquators hindurchgehen und unter demselben Winkel ($= C$) gegen denselben geneigt sind, so folgt, dass die Hauptkreise dieser Randkanten, falls p ungerade ist, ein reguläres p-Eck, falls p gerade ist, ein reguläres $2p$-Eck einhüllen. (Für die Skalenoedernetze gelten dieselben Regeln, wenn p_1 statt p gesetzt wird.) Dies letztere Resultat ergiebt sich auch leicht, wenn man berücksichtigt, dass die Eckpunkte des Randes die Hemigonie eines prismatischen $(2 + 2p)$-flächigen $4p$-Ecks darstellen, also sowohl die p oberen, als die p unteren Eckpunkte ein reguläres p-Eck bestimmen, wobei für p ungerade die beiden p-Ecke sich als Gegenfiguren entsprechen, während für p gerade die p Eckpunkte des einen mit den p Gegenpunkten der Eckpunkte des anderen ein reguläres $2p$-Eck bestimmen. Die Randkanten ergeben sich dann einfach als diejenigen verlängerten Diagonalen, welche bei diesen p-Ecken (für ungerades p) über je $\frac{p-1}{2}$, bei den $2p$-Ecken (für gerades p) über je $p-1$ Kanten gezogen sind.

Was die Polarnetze der Netze XXIV und XVIII betrifft, so liegen die Pole der Endkanten auf dem Hauptäquator a, den Eckpunkten eines regulären Kreisteilungsnetzes entsprechend, während die Pole der Randkanten den Eckpunkten eines regulären p-Ecks (für p ungerade) oder eines regulären $2p$-Ecks (für p gerade) entsprechend gruppiert sind. Hiernach lässt sich die Beschaffenheit einer Grenzfläche dieser Polarnetze, sowie die Art der Veränderlichkeit bestimmter Elemente derselben leicht erkennen.

6. Einem jeden hauptaxigen Deltoidnetze XXIV ist ein gleicheckiges Netz XXIV' [ein kronrandiges $(2 + 2p)$-flächiges $2p$-Eck] symmetrisch zugeordnet (vergl. § 39, 3). Die Gruppierung und die Art der Beweglichkeit der Eckpunkte und der Kanten des konjugierten Kronrandes folgt unmittelbar aus dem früher (§ 39) und unter 5. Gesagten. Die Endkanten der beiden regulären Endflächen drehen sich, während ein Eckpunkt P_1 den Symmetriekreisbogen des Deltoides beschreibt, um die auf dem Hauptäquator liegenden Eckpunkte des Polarnetzes (die Pole der Endkanten des Netzes XVIII), während gleichzeitig die Randkanten immer durch die Punkte C senkrecht zu den Randkanten des Symmetrienetzes XVIII hindurchgehen. Für $p = 3$ fallen End- und Randkanten zusammen, so dass das Netz aus den drei vollständig ausgezogenen Kreisen eines regulären Dreiecks besteht (§ 39, 6).

Das zugeordnete Polarnetz wird durch die p (für p ungerade) oder $2p$ (für p gerade) Hauptkreise eines regulären p-Ecks oder $2p$-Ecks gebildet, welche die Polaren zu den Eckpunkten des Netzes XXIV' sind.

7. Einem jeden Skalenoedernetze XVIII ist die Gesamtheit derjenigen gleicheckigen Netze XVIII' [nämlich der unterbrochen kronrandigen $(2 + 2p_1)$-flächigen $2.2p_1$-Ecke] symmetrisch zugeordnet (vergl. § 30, 4), deren Eckpunkte homologe Punkte P der Kreisbogen $C_1 F$ (s. Fig. 16γ) des konjugierten Kronrandes sind. Die Kanten dieses konjugierten Kronrandes sind dieselben und auf dieselbe Art beweglich, wie diejenigen der Netze XXIV' (vergl. unter 6. dieses Paragraphen); dagegen sind für einen bestimmten Neigungswinkel C dieser Randkanten gegen den Hauptäquator a die Endkanten der beiden halbregulären gleicheckigen Endflächen in der Weise beweglich, dass, während diese Endkanten sich um die Pole der Endkanten des Symmetrienetzes XVIII drehen, der Durchschnittspunkt P_1 je zweier benachbarten Endkanten alle Lagen auf dem Bogen $C_1 F$ (vergl. Fig. 16γ) einnehmen kann. Wenn der Punkt P_1 mit F zusammenfällt, so resultieren die Netze XXIV' als Grenzfall der zweifach veränderlichen Netze XVIII'. Umgekehrt kann jedes Netz XVIII' aus einem Netze XXIV' durch gleichmässige und gerade Abstumpfung der Randkanten erhalten werden. Nur in dem Falle eines ungeraden p_1 entsprechen sich die beiden halbregulären gleicheckigen Endflächen als Gegenfiguren (vergl. auch das Schema in Fig. 16δ).

Das zugeordnete Polarnetz wird durch die Polaren der Eckpunkte eines Netzes XVIII' gebildet; für ungerades p_1 sind dies die $2.p_1$ Hauptkreise eines gleichkantigen $(p_1 + p_1)$-eckigen $2.p_1$-Kants, für gerades p_1 dagegen die $2.2p_1$ Hauptkreise eines gleichkantigen $(2p_1 + 2p_1)$-eckigen $2.2p_1$-Kants.

Die früher (§ 30, 4) angegebene Herleitung der Netze XVIII' als bestimmte Hemigonieen (vergl. Fig. 16δ) der Netze VIII'' (für $n = 4p_1$) führt ebenfalls auf eine anschauliche Darstellung der Art der Veränderlichkeit dieser Netze und der oben erwähnten Lagebeziehungen.

8. Was die hauptaxigen Trapezoidnetze XXV oder die sägerandigen Netze (§ 40) anlangt, so ist bei diesen unsymmetrischen Netzen der Winkel, welchen das System der oberen mit dem Systeme der unteren End- (oder Scheitel-) Kanten bildet, veränderlich ($= \varkappa \dfrac{360^0}{p}$ vergl. § 40), während zugleich die Eckpunkte des Sägerandes auf jenen Endkanten beweglich sind.

Die zweifache Veränderlichkeit und die Entstehung der sämtlichen möglichen Varietäten dieser Netze XXV (bei einem für p gewählten Werte) stellt sich z. B. sehr anschaulich dar, wenn man (vergl. § 40, 5.) die auf dem Hauptäquator a liegenden Mittelpunkte C der Randkanten als fest annimmt, die beiden Systeme der Endkanten gleichzeitig (in entgegengesetztem Sinne) um den Hauptdurchmesser dreht und hierbei die Randkanten um die Punkte C sich so drehen lässt, dass deren Schnittpunkte mit den Endkanten von den festen Endpunkten A und A' der beiden Hauptaxen gleichen Abstand haben [vergl. auch die Fig. 23 α) bis 23 δ)].

Je zwei aufeinanderfolgende Randkanten sind unter verschiedenen Winkeln C_1 und C_2 gegen den Hauptäquator a geneigt; die Hauptkreise dieser Randkanten hüllen daher zwei konzentrische reguläre p-Ecke oder ein gleicheckiges $(p+p)$-kantiges $2.p$-Eck der $\overline{p-1}^{\text{ten}}$ Art ein. Diese Beziehungen ergeben sich auch leicht, wenn man beachtet, dass die Eckpunkte des Sägerandes die Hemigonie eines prismatischen $(2+\overline{p+p})$-flächigen $2.2p$-Ecks VIII″ (§ 18) darstellen, so dass die p oberen und die p unteren Eckpunkte je ein reguläres p-Eck bestimmen, von denen das eine mit der Gegenfigur des andern durch eine Drehung von $\varkappa . \dfrac{360^0}{p}$ $\left(\text{oder } (1-\varkappa)\dfrac{360^0}{p}\right)$ um eine der beiden Hauptaxen zur Deckung gebracht werden kann. Die Randkanten sind für gerades p die über je $p-1$ (oder $p+1$) Kanten in demselben Sinne gezogenen Diagonalen jener halbregulären Endflächen, für ungerades p die abwechselnd über je $2p-1$ (oder $2p+1$) und je $2p-3$ (oder $2p+3$) Kanten in demselben Sinne gezogenen Diagonalen der halbregulären $(2p+2p)$-kantigen $2 \cdot 2p$-Ecke, deren Eckpunkte die $2 \cdot p$ Eckpunkte der oberen (unteren) und die $2 \cdot p$ Gegenpunkte der Eckpunkte der unteren (oberen) Grenzfläche sind.

Die Grenzfläche des Polarnetzes eines Netzes XXV ist ein unsymmetrisches Viereck, dessen beide auf dem Hauptäquator a liegende Eckpunkte in der Weise beweglich sind, dass ihr Abstand unverändert $\left(= \dfrac{p-2}{p} \, 180^{\,0} \right)$ bleibt, während die beiden Eckpunkte, welche die Pole zweier aufeinanderfolgenden Randkanten sind, auf den Polaren c der Punkte C ihre Lage ändern.

9. Die Gruppierung und die Art der Beweglichkeit der Eckpunkte und Kanten eines gleicheckigen Netzes XXV' [eines sägerandigen $(2+2p)$-flächigen $2p$-Ecks], welches je einem Netze XXV symmetrisch zugeordnet ist, ergiebt sich mit Leichtigkeit aus den im § 40 und in diesem Paragraphen unter 8. hervorgehobenen Beziehungen.

Die Beschaffenheit der zugeordneten Polarnetze folgt aus derjenigen der Polarnetze der Netze VIII'' (vergl. 3. dieses Paragraphen). Die Kanten dieser Polarnetze liegen für $p = 2p_1$ auf den $2 \cdot 2p_1$ Hauptkreisen eines gleichkantigen $(2p_1 + 2p_1)$-eckigen $2 \cdot 2p_1$-Kants, für $p = 2p_1 + 1$ auf den $2 \cdot p$ Hauptkreisen eines der beiden konzentrischen $(p+p)$-eckigen $2 \cdot p$-Kante.

10. Resümieren wir noch einmal die wesentlichen Resultate für die Lage und Beschaffenheit der Ecken und Kanten der festen und beweglichen Netze dieser Klasse, zu welch' letzteren auch (dem Werte $p = 2$ entsprechend) die zugleich gleicheckigen und gleichflächigen Netze XIV und XVII der tetragonalen und rhombischen Sphenoide gehören.

Die Eckpunkte und Kanten der festen gleichflächigen Netze VIII stimmen mit denjenigen der regulären Netze I und II überein. Die Eckpunkte der diesen Netzen zugeordneten gleicheckigen Netze VIII' und VIII'' stimmen mit denjenigen eines bez. zweier konzentrischen regulären oder halbregulären (gleicheckigen) sphärischen n-Ecke überein. Die Seitenkanten der Netze VIII' sind fest und entsprechen den Kanten eines regulären Netzes II, die Seitenkanten der Netze VIII'' sind um die Punkte A und A' in der Weise drehbar, dass sie den Kanten eines halbregulären Zweiecksnetzes I' entsprechen. Die Endkanten sind als Kanten regulärer oder gleicheckiger n-Ecke um die festen auf dem Hauptäquator a liegenden Pole der Endkanten des Symmetrienetzes, also um die Eckpunkte eines regulären Kreisteilungsnetzes I in der Weise drehbar, dass ihre Neigung gegen den Hauptäquator gleich oder abwechselnd gleich ist.

Was die beweglichen gleichflächigen Netze anlangt, so sind ihre Eckpunkte Kombinationen der festen Eckpunkte A und A' mit den beweglichen Eckpunkten des Randes, welche Hemigonieen der gleicheckigen Netze VIII' und VIII'' darstellen. Die Endkanten sind bei den Netzen XXIV und XVIII fest, bei den Netzen XXV um die Punkte A und A' drehbar; die Randkanten sind um die Eckpunkte C eines regulären Kreisteilungsnetzes in der Weise drehbar, dass für die beiden ersteren Netze die Neigung aller Randkanten gegen den Hauptäquator gleich, für die Netze XXV dagegen abwechselnd gleich ist.

Die Eckpunkte der den beweglichen gleichflächigen Netzen zugeordneten gleicheckigen Netze sind Hemigonieen der Netze VIII' und VIII'', welche für die Netze XXIV' und XXV' vollständig den Eckpunkten des konjugierten Randes der Symmetrienetze entsprechen. Die Randkanten sind bei sämtlichen Netzen in derselben Weise, wie diejenigen des konjugierten Randes des Symmetrienetzes, um die Punkte C drehbar. Die Endkanten der Netze XXIV' und XVIII' sind um die festen Pole der Endkanten ihrer Symmetrienetze und zwar bez. bei gleicher und abwechselnd gleicher Neigung gegen den Hauptäquator drehbar; dagegen gehen die Endkanten der Netze XXV' bei gleicher Neigung gegen den Hauptäquator durch die auf diesem beweglichen Pole der Endkanten des Symmetrienetzes hindurch, wobei diese Pole den Eckpunkten eines halbregulären Kreisteilungsnetzes II' entsprechen.

Die Beziehungen für die Lage der Eckpunkte und Grenzflächen der den gleicheckigen Netzen ein- und umgeschriebenen Polyeder ergeben sich aus dem Obigen ohne weiteres [vergl. § 47, 3) u. 4)]; auf die analytische Darstellung der abgeleiteten Lagebeziehungen wird im nächsten Kapitel (vergl. die §§ 58 bis 62) näher eingegangen werden.

IIa) Netze der zweiten Hauptklasse erster Ordnung.

§ 49.

Erste Gruppe: Hexakisoktaedernetze.

A) Feste gleichflächige Netze nebst den zugeordneten gleicheckigen Netzen.

1. Die festen dieser Gruppe angehörigen gleichflächigen Netze lassen sich sämtlich in einfacher Weise aus dem allgemeinsten Netze, dem Hexakisoktaedernetze XV (§ 27) herleiten, welches durch die drei Hauptkreise a und die sechs Hauptkreise b gebildet wird.

Die festen hierher gehörigen Netze sind (einschliesslich der regulären):

1. das Hexakisoktaedernetz XV (§ 27), $(6+8+12)$-eckig, 2.24-flächig (Fig. 13α, β),

2. das Tetrakishexaedernetz X (§ 20), $(6+8)$-eckig, 6.4-flächig (Fig. 8α),

3. das Triakisoktaedernetz XII (§ 22), $(8+6)$-eckig, 8.3-flächig (Fig. 10),

4. das Deltoidikositetraedernetz XXI (§ 35), $(6+8+12)$-eckig, 24-flächig (Fig. 19),

5. das Rhombendodekaedernetz XIX (§ 32), $(6+8)$-eckig, 12-flächig (Fig. 17α),

6. das reguläre Oktaedernetz IV (§ 8 und § 11), 6-eckig,
    8-flächig (Fig. 3),
7. das reguläre Hexaedernetz VI (§ 8 und § 11), 8-eckig,
    6-flächig (Fig. 3).

Die Netze 2. bis 4. werden auf die früher angegebene
Weise durch das Zusammenfassen je zweier benachbarten
Dreiecke, das fünfte durch Zusammenfassen von je vier, das
sechste von je sechs und das siebente von je acht Dreiecken
des Hexakisoktaedernetzes erhalten. Die Kanten dieser Netze
werden für das Netz 1. durch die vollständig, für die Netze
3. und 4. durch die nur teilweise ausgezogenen Hauptkreise a
und b, für das Netz 2. durch die vollständig, für die Netze
5. und 7. durch die teilweise ausgezogenen Hauptkreise b und
für das Netz 6. durch die vollständig ausgezogenen Hauptkreise a gebildet. Die Ebenen der drei Hauptkreise a und
der sechs Hauptkreise b, zu welchen bez. die Grenzflächen
eines Hexaeders und eines Rhombendodekaeders parallel sind,
sind für sämtliche Netze direkte Symmetrieebenen.

Die Eckpunkte sind für die Netze 2., 3. und 5. Kombinationen der Eckpunkte A des Netzes 6. und der Eckpunkte
C des Netzes 7., für die Netze 1. und 4. Kombinationen
dieser Eckpunkte A, C und der Eckpunkte B eines Kubooktaedernetzes XIX', welches das einzige feste gleicheckige
Netz dieser Gruppe ist. Für sämtliche Netze sind die nach
den Punkten A, C, B gerichteten Radien Axen von der früher
bestimmten Zähligkeit.

2. Die Beschaffenheit der Polarnetze dieser sieben
Netze lässt sich hiernach leicht erkennen. Die Eckpunkte
der Grenzflächen dieser Polarnetze werden durch die Punkte
A und B, die Kanten derselben durch die Hauptkreise a, c
und b gebildet, wobei die vier Hauptkreise c die Polaren
der Punkte C sind und für sich das Kubooktaedernetz XIX'
erzeugen.

Das Polarnetz des Hexakisoktaedernetzes ist
wiederum ein solches gleichflächiges Netz, welches die
Kugelfläche mehrere Mal und zwar 15-mal bedeckt, da die
Winkel einer Grenzfläche 135°, $90^\circ + \eta$ und $180^\circ - \eta$ betragen.

Auf dieses gleichflächige Netz höherer Art werden wir im letzten Kapitel zurückkommen.

Das Polarnetz des Tetrakishexaedernetzes setzt sich aus den Netzen von sechs tetragonalen Sphenoiden zusammen, für welche die Winkel einer Grenzfläche $180^0 - \eta$, $180^0 - \eta$ und 2η betragen und bei welchen in jedem Punkte B die Scheitel zweier sphärischen Ecken zusammenfallen. Dies Netz ist als ein diskontinuierliches Netz höherer Art zu bezeichnen (vergl. das letzte Kapitel).

Die Polarnetze der übrigen gleichflächigen Netze stellen aber — mit Ausnahme des sich selbst als Polarnetz entsprechenden regulären Oktaedernetzes — keine solchen gleichflächigen Netze dar, welche die Kugel ein oder mehrere Mal bedecken.

3. Den sieben gleichflächigen Netzen sind bez. folgende gleicheckige zugeordnet:

1'. das Netz XV' des $(6 + 8 + 12)$-flächigen $2 . 24$-Ecks
    (§ 27, Fig. 13 α),
2'. das Netz X' des $(6 + 8)$-flächigen $6 . 4$-Ecks (§ 20,
    Fig. 8 α),
3'. das Netz XII' des $(8 + 6)$-flächigen $8 . 3$-Ecks (§ 22,
    Fig. 10),
4'. das Netz XXI' des $(6 + 8 + 12)$- flächigen 24-Ecks
    (§ 35, Fig. 19),
5'. das Netz XIX' des $(6 + 8)$-flächigen 12-Ecks (Kubo-
    oktaedernetz) (§ 32, Fig. 17 α),
6'. das reguläre Hexaedernetz VI $\big\}$
7'. „   „   Oktaedernetz IV $\big\}$ (§ 8 u. § 11, Fig. 3).

Die Netze XV' sind zweifach veränderliche Netze, da ein Eckpunkt P_1 jede Lage innerhalb der Grenzfläche des Symmetrienetzes, d. h. des Hexakisoktaederdreieckes $A_1 C_1 B_1$ annehmen kann. Die Netze X', XII' und XXI' sind einfach veränderliche Netze, da ein Eckpunkt P_1 jede Lage auf dem Symmetriekreisbogen einer Grenzfläche des Symmetrienetzes annehmen kann. Die Netze XIX', VI und IV endlich sind feste Netze, deren Eckpunkte die Mittelpunkte der Grenz-flächen des Symmetrienetzes darstellen.

15*

Die 2.24 Eckpunkte eines Netzes XV$'$ gruppieren sich einmal als diejenigen von drei kongruenten prismatischen Netzen VIII$''$, $p=4$, deren Hauptaxen die Axen OA sind und zwar auf dreierlei Art; ferner als die Eckpunkte von vier kongruenten prismatischen Netzen VIII$''$, $p=3$, deren Hauptaxen die Axen OC sind und zwar auf viererlei Art, und endlich als die Eckpunkte von sechs kongruenten prismatischen Netzen VIII$''$, $p=2$, deren Hauptaxen die Axen OB sind und zwar auf sechs Arten. Für die Netze 2$'$. bis 7$'$. reduzieren sich diese prismatischen Netze VIII$''$ zum Teil oder vollständig auf solche VIII$'$ von der halben Eckenzahl; auch vermindert sich die Zahl der möglichen Gruppierungen (vergl. Kap. V, § 67).

Bei sämtlichen Netzen 1$'$. bis 7$'$. gehen die Kanten durch die festen Eckpunkte der Polarnetze, also durch die Punkte A und B hindurch.

4. Von den 36 Hauptkreisen eines Netzes XV$'$ gehen dreimal je vier durch die Punkte A hindurch, wobei der Winkel je zweier benachbarten zwischen 0^0 und 90^0 variiert und je zwei abwechselnd auf einander folgende zu einander senkrecht stehen. Je vier durch einen Punkt A hindurchgehende Hauptkreise entsprechen also den Hauptkreisen eines halbregulären Zweiecksnetzes; je zwei benachbarte, zu einem Hauptkreise a symmetrisch liegende schliessen einen Winkel $2\gamma_{(1)}$ [vergl. Formel 33η) des § 27] ein. Zu den zwölf Ebenen dieser Hauptkreise sind die Ebenen der Grenzflächen eines $(6+8)$-eckigen 6.4-Flachs [X] (eines Pyramidenwürfels) parallel.

Von den übrigen 24 Hauptkreisen eines Netzes XV$'$ gehen zweimal je zwei durch die Punkte B hindurch, wobei der Winkel $2\alpha_{(1)}$ [Formel 33η), § 27] zwischen je zwei benachbarten, auf der Kante $B_1 C_1$ normal stehenden, von 0^0 bis $180^0-2\eta$, der Winkel $2\beta_{(2)}$ zwischen je zwei benachbarten, auf der Kante $C_1 A_1$ normal stehenden, von 0^0 bis 2η variiert. Zu den Ebenen der zwölf ersteren Hauptkreise sind die Grenzflächen eines $(6+8+12)$-eckigen 24-Flachs [XXI] (eines Deltoidikositetraeders) parallel. Was die Ebenen der letzteren zwölf Hauptkreise anlangt, so sind zu ihnen, so lange der Punkt P_1 innerhalb des Dreieckes $A_1 B_1 D_1$ liegt (vergl. Fig. 28, in welcher $B_1 D_1$ normal auf $A_1 C_1$ steht und dem Hauptkreise c_4 angehört), die Grenzflächen eines $(8 + 6)$-eckigen $8 . 3$-Flachs [XII] (eines Pyramidenoktaeders) parallel; liegt der Punkt P_1 auf dem Hauptkreisbogen $B_1 D_1$, so fallen die zwölf Hauptkreise in die vier Hauptkreise c zusammen, zu deren Ebenen die Grenzflächen eines regulären Oktaeders parallel sind; für alle Lagen des Punktes P_1 innerhalb des Dreieckes $B_1 D_1 C_1$ endlich sind zu den zwölf Ebenen wiederum die Grenzflächen eines $(6 + 8 + 12)$-eckigen 24-Flachs [XXI] parallel.

Diese letzteren Beziehungen folgen auch einfach aus der Lage der Pole jener Hauptkreise, der Eckpunkte des zugeordneten Polarnetzes, indem die Ebenen jener Hauptkreise zu den in den Polen an die Kugel gelegten Berührungsebenen parallel sind.

5. Bei dem Netze X′ sind die zwölf durch die Punkte A hindurchgehenden Hauptkreise nicht vorhanden und ferner fallen je zwei durch je einen Punkt B hindurchgehende und auf der Kante $B C$ senkrecht stehende Hauptkreise in einen Hauptkreis a zusammen. Die zwölf vorhandenen Hauptkreise, welche zu je zweien durch die Punkte B hindurchgehen und senkrecht zu der Kante $A C$ stehen, sind nur solche, zu deren Ebenen die Grenzflächen eines gleichflächigen Polyeders [XII] (vergl. unter 4.) parallel sind, da die Fusspunkte der sphärischen Perpendikel, welche von dem auf dem Symmetriekreisbogen $A_1 B_1$ liegenden Punkte P_1 auf die Kante $A_1 C_1$ gefällt werden, zwischen A_1 und D_1 fallen.

6. Bei dem Netze XII′ fallen von den vier durch je einen Punkt A hindurchgehenden Hauptkreisen je zwei benachbarte in einen Hauptkreis b zusammen. Die zwölf durch die Punkte B gehenden und auf den Kanten $B C$ normalen Hauptkreise fehlen, während die auf den Kanten $A C$ normalen vorhanden sind. Diese letzteren Hauptkreise sind aber für alle auf dem Symmetriekreisbogen $B_1 C_1$ innerhalb

des gleichschenkligen Dreieckes $A_1 A_2 C_1$ liegenden Punkte P_1 nur solche, zu deren Ebenen die Grenzflächen eines gleichflächigen Polyeders [XXI] (vergl. unter 4.) parallel sind; denn die Fusspunkte der von jenem Punkte P_1 auf $A_1 C_1$ gefällten sphärischen Perpendikel liegen zwischen C_1 und D_1.

7. Bei dem Netze XXI′ fehlen die zwölf Hauptkreise, welche durch die Punkte B gehen und normal zu den Kanten $A\,C$ sind, während die zu den Kanten $B\,C$ normalen und die durch die Punkte A hindurchgehenden Hauptkreise dieselben sind, wie bei dem Netze XV′.

8. Die vier Hauptkreise c, welche die Kanten eines Kubooktaedernetzes XIX′ bilden, entsprechen demjenigen Übergangsfall für die zwölf auf den Kanten $A\,C$ senkrechten Hauptkreise, in welchem dieselben durch die Punkte D hindurchgehen und zu je drei in einen Hauptkreis hineinfallen (vergl. 4.).

9. Die sechs Hauptkreise b des regulären Hexaedernetzes VI erscheinen hier als derjenige Grenzfall der zu je vier durch die Punkte A hindurchgehenden Hauptkreise, in welchem je zwei dieser letzteren in einen Hauptkreis zusammenfallen.

10. Endlich lassen sich die drei Hauptkreise a eines regulären Oktaedernetzes IV als derjenige besondere Fall entweder der durch die Punkte A oder der durch die Punkte B senkrecht zu den Kanten $B\,C$ hindurchgehenden zwölf Hauptkreise ansehen, in welchem je vier Hauptkreise in einen zusammenfallen.

11. Die Beschaffenheit der Polarnetze dieser gleicheckigen Netze, die Lage und Gruppierung der Eckpunkte und Hauptkreise derselben, lässt sich aus den gegebenen Beziehungen mit Leichtigkeit erkennen.

Bevor die beweglichen gleichflächigen Netze dieser und der zweiten Gruppe (welche nur bewegliche Netze enthält) und die ihnen entsprechenden gleicheckigen Netze betrachtet werden, sollen im folgenden Paragraphen zunächst die festen gleichflächigen Netze der Hexakistetraeder-

gruppe, welche zu der des Hexakisoktaeders in naher Beziehung steht, nebst den zugeordneten gleicheckigen Netzen
aufgestellt und untersucht werden.

§ 50.

Dritte Gruppe: Hexakistetraedernetze.

A) Feste gleichflächige Netze nebst den zugeordneten gleicheckigen Netzen.

1. Die hierhergehörigen gleichflächigen Netze, deren
Kanten durch die ganz oder nur zum Teil ausgezogenen
Hauptkreise b gebildet werden, sind:

1. das Hexakistetraedernetz Xα), (§ 20), $(6 + \overline{4 + 4})$-
   eckig, 2.12-flächig (Fig. 8β),
2. das Triakistetraedernetz IX, (§ 19), $(4 + 4)$-eckig,
   4.3-flächig [Fig. 7α), 7β)],
3. das Deltoiddodekaedernetz XIXα), (§ 32), $(6 + \overline{4 + 4})$-
   eckig, 12-flächig (Fig. 17β),
4. das reguläre Tetraedernetz III, (§ 8 u. § 11), 4-eckig,
   4-flächig [Fig. 2α), 2β)].

Bei diesen Netzen sind die direkten Symmetrieebenen
der Hauptkreise a nicht mehr vorhanden, die Eckpunkte
werden nur durch die Punkte A und C gebildet, wobei die
letzteren in zwei Gruppen von je vier geschieden sind, welche
den Eckpunkten zweier konjugierten Tetraeder entsprechen.
Dies Fehlen der Symmetriekreise a und die Zuordnung der
acht Punkte C und der nach ihnen gerichteten dreizähligen
Axen in zwei Gruppen, sowie die Zweizähligkeit der Axen
OA charakterisiert auch die beiden Netze Xα) und XIXα)
als bez. von den Netzen X und XIX, mit welchen sie
übrigens durchaus übereinstimmen, verschieden. Insbesondere
sind also je zwei mit einer Kante aneinanderstossende Dreiecke des Hexakistetraedernetzes Xα) als symmetrisch gleich
und die 24 Dreiecke als zwölf rechte und zwölf linke aufzufassen. Durch Vereinigung je zweier längs eines Schenkels
oder der Basis aneinanderstossenden Dreiecke entstehen bez.
die Netze IX und XIXα); durch Zusammenfassen von je

sechs um einen der Punkte C herumliegenden Dreiecken resultiert das reguläre Tetraedernetz III.

2. Die Eckpunkte der Polarnetze dieser vier Netze werden durch die Punkte B, die Kanten durch die Hauptkreise a und c gebildet. Nur das Polarnetz des Netzes Xα) ist wiederum ein die Kugelfläche sechsmal bedeckendes, aber diskontinuierliches Netz (s. § 49, 2.).

3. Die den vier gleichflächigen Netzen zugeordneten gleicheckigen sind:

1'. das Netz X'' des $(6+\overline{4+4})$-flächigen 2.12-Ecks (§ 20, Fig. 8β),

2'. das Netz IX' des $(4+4)$-flächigen 4.3-Ecks (§ 19, Fig. 7α, 7β),

3'. das Netz XIX'' des $(6+\overline{4+4})$-flächigen 12-Ecks (§ 32, Fig. 17β),

4'. das Netz III des 4-flächigen 4-Ecks (reguläres Tetraedernetz) (§ 8 u. § 11, Fig. 2α, 2β).

Das Netz X'' ist ein zweifach veränderliches Netz, da ein Eckpunkt P_1 jede Lage innerhalb der Grenzfläche des Symmetrienetzes, d. h. des Hexakistetraederdreieckes $A_1 C_1 C_2$ und zwar innerhalb einer der beiden durch den Bogen $A_1 B_1$ getrennten Hälften dieses Dreieckes annehmen kann. Die 2.12 Eckpunkte bilden diejenige (tetraedrische) Hemigonie des Netzes XV', bei welcher von den 2.24 Eckpunkten dieses nur die zu den Hauptkreisen b, nicht aber die zu den Hauptkreisen a symmetrisch liegenden beibehalten werden.

Die Netze IX' und XIX'' sind einfach veränderliche Netze und zwar bilden die Eckpunkte eines Netzes IX', welche auf den Kreisbogen AC liegen, die Hemigonie eines Netzes XXI', die Eckpunkte eines Netzes XIX'', welche auf den Kreisbogen BC liegen, die Hemigonie eines Netzes XII'.

Die Eckpunkte eines Netzes X'' gruppieren sich als die Eckpunkte von vier kongruenten gleicheckigen $(3+3)$-kantigen Sechsecken, deren Mittelpunkte die Eckpunkte C eines regulären Tetraedernetzes oder des ihm konjugierten sind, und zwar auf vier Arten; ferner auch als die Eckpunkte von drei kongruenten Netzen XVIII', $p_1 = 2$, deren Hauptaxen die Axen OA sind, und zwar auf drei Arten. Für die Netze 2′. bis 4′. gehen die halbregulären Sechsecke zum Teil oder vollständig in reguläre Dreiecke über, die Netze XVIII′ reduzieren sich auf Netze XIV, und die Zahl der möglichen Gruppierungen vermindert sich (vergl. Kap. V, § 69).

Die Kanten der sämtlichen Netze 1′. bis 4′. gehen durch die festen Eckpunkte der Polarnetze, d. h. durch die Punkte B hindurch.

4. Von den 36 Hauptkreisen eines Netzes X″ gehen zweimal je zwei durch einen Punkt B hindurch, indem sie auf einer Kante AC normal stehen. Die einen zwölf dieser Hauptkreise [z. B. die Hauptkreise $P_1 P_2$, $P_6 P_5$ etc. in Fig. 8 β)] verhalten sich ebenso, wie die zwölf auf je einer Kante AC senkrecht stehenden Hauptkreise eines Netzes XV′ (vergl. § 49, 4.); der Winkel $2\beta_{(2)}$ zwischen je zwei benachbarten variiert von 0^0 bis 2η, und je nach der Lage des Punktes P_1 innerhalb des Dreieckes $A_1 C_1 B_1$ sind zu den Ebenen dieser Hauptkreise die Grenzflächen eines Polyeders [XII], [IV] oder [XXI] parallel. Bei den andern zwölf der auf einer Kante AC senkrecht stehenden Hauptkreise [z. B. den Hauptkreisen $P_1 P_6$, $P_2 P_5$ etc. in Fig. 8 β)] variiert der Winkel je zweier benachbarten zwischen 0^0 und $180^0 - 2\eta$; zu den Ebenen derselben sind also immer die Grenzflächen eines Polyeders [XII] parallel.

Die letzten zwölf Hauptkreise endlich gehen zu je zweien durch einen Punkt B hindurch, indem sie auf einer Kante BC normal stehen; der Winkel zwischen je zwei benachbarten (vergl. § 49, 4.) variiert also von 0^0 bis $180^0 - 2\eta$ und zu den Ebenen derselben sind die Grenzflächen eines Polyeders [XXI] parallel.

Die in den $(12 + 12 + 12)$ Polen jener Hauptkreise, den Eckpunkten des zugeordneten Polarnetzes, an die Kugel gelegten Berührungsebenen sind die Grenzflächen je dreier hemiedrischen Gestalten der Polyeder [XII], [XXI] oder speziell [IV], bei welchen von je zwei parallelen Grenzflächen dieser vollzähligen Polyeder nur eine beibehalten ist, nämlich bez. eines Polyeders [XIX α] (eines Deltoiddodekaeders),

[IX] (eines Pyramidentetraeders) und [III] (eines regulären Tetraeders).

5. Bei dem Netze IX' fehlen die ersten zwölf Hauptkreise, welche senkrecht auf den Kanten AC stehen, während von den zweiten zwölf je zwei in einen Hauptkreis b zusammenfallen; dagegen sind die zwölf auf den Kanten BC normalen Hauptkreise, zu deren Ebenen die Grenzflächen eines Polyeders [IX] parallel sind, vorhanden.

6. Bei dem Netze XIX'' fehlen die zwölf auf den Kanten BC normalen Hauptkreise, während die 2.12 auf den Kanten AC normalen vorhanden sind. Die ersteren zwölf sind aber nur solche Hauptkreise, zu deren Ebenen die Grenzflächen eines Polyeders [IX] parallel sind, die andern zwölf dagegen nur solche, zu deren Ebenen die Grenzflächen eines Polyeders [XIXα] parallel sind.

7. Die sechs Hauptkreise b eines regulären Tetraedernetzes III erscheinen als derjenige Grenzfall der auf den Kanten AC senkrecht stehenden Hauptkreise, in welchem je zwei derselben in einen Hauptkreis b zusammenfallen.

8. Die Beschaffenheit der Polarnetze dieser gleicheckigen Netze ergiebt sich leicht aus dem Vorstehenden.

Als eine besondere Gruppe dieser zweiten Hauptklasse lassen sich auch noch die dem regulären Oktaedernetze zugeordneten Netze IV'' eines $(2+2+2)$-flächigen 2.4-Ecks (§ 18, Fig. 6α) und die spezielle Fälle derselben darstellenden Netze IV' (§ 16, Fig. 5γ) ansehen. Diese Netze bilden also einen Uebergangsfall aus der ersten in die zweite Hauptklasse, da sie andererseits die dem Werte $p=2$ oder $n=4$ entsprechenden Fälle der Netze VIII'' und VIII' repräsentieren.

§ 51.
Erste Gruppe: Hexakisoktaedernetze.

B) Veränderliches gleichflächiges und zugeordnetes gleicheckiges Netz.

1. Das einzige veränderliche gleichflächige Netz dieser Gruppe ist

das Pentagonikositetraedernetz XXVI (§42), (6+8+24)-
    eckig, 24-flächig (Fig. 24β),
welchem als zugeordnetes gleicheckiges Netz

das Netz des (6+8+24)-flächigen 24-Ecks XXVI′
    (§ 42, Fig. 24β)
entspricht.

Diese Netze sind vollständig unsymmetrisch, während
ihnen die charakteristischen Axen eines Hexakisoktaedernetzes zukommen.

Die Eckpunkte des zweifach veränderlichen Netzes XXVI
sind eine Kombination der Eckpunkte A, C und derjenigen
24 Eckpunkte P_2, P_4, P_6 ... (Fig. 24β), welche die abwechselnd
aufeinanderfolgenden Eckpunkte eines Netzes XV′ darstellen.
Diese 24 Eckpunkte P sind diejenigen eines Netzes XXVI′,
wobei zwischen den Eckpunkten P und denjenigen $\mathfrak{P}$, den
Eckpunkten des dem Netze XXVI zugeordneten Netzes, eine
Steinersche Verwandtschaft besteht (vergl. § 42, 6.).

Da die Eckpunkte der Netze XXVI′ eine bestimmte
(gyroidische) Hemigonie der Netze XV′ darstellen, so ergeben sich sofort die möglichen Arten der Gruppierung
dieser Eckpunkte (vergl. § 49, 3.). Dieselben gruppieren
sich auf drei Arten als Eckpunkte von drei kongruenten
sägerandigen Netzen XXV′, $p = 4$, mit den Hauptaxen OA;
ferner auf vier Arten als Eckpunkte von vier kongruenten
sägerandigen Netzen XXV′, $p = 3$, mit den Hauptaxen OC;
und endlich auf sechs Arten als Eckpunkte von sechs
solchen Netzen XXV′, $p = 2$, mit den Hauptaxen OB, d. h.
von sechs kongruenten Netzen XVII (von rhombischen
Sphenoiden).

2. Was die Kanten eines Netzes XXVI anlangt, so
liegen dieselben einmal auf zwölf Hauptkreisen, welche —
zu zweien auf einander senkrecht — durch je einen der
sechs Punkte A und $A′$ hindurchgehen. Zu den Ebenen
dieser zwölf Hauptkreise sind, da die Pole derselben auf
den Hauptkreisen a je ein gleicheckiges 2.4-Eck bilden,
die Grenzflächen eines Polyeders [X] parallel.

Ferner liegen die zu dreien durch je einen der acht Punkte C und C' hindurchgehenden Kanten auf 24 Hauptkreisen, zu deren Ebenen die Grenzflächen eines solchen Pentagonikositetraeders [XXVI] parallel sind, für welches die Berührungspunkte von je sechs Grenzflächen auf einem Hauptkreise c liegen. (Ein solches Polyeder [XXVI] ist die gyroidische Hemiedrie eines sog. parallelkantigen Hexakisoktaeders).

Endlich gehören die zwölf Kanten, welche durch je einen der zwölf Punkte B und B' gehen, solchen zwölf Hauptkreisen an, zu deren Ebenen die Grenzflächen eines Polyeders [XIX α], [III] oder [IX] parallel sind, je nachdem der Punkt P_1 innerhalb des Dreieckes $B_1 C_1 D_1$ auf dem Bogen $B_1 D_1$ oder innerhalb des Dreieckes $A_1 B_1 D_1$ liegt.

Diese drei Gruppen von Hauptkreisen, nämlich die zu einander senkrechten, durch die Punkte A hindurchgehenden, ferner die unter Winkeln von 120^0 gegeneinander geneigten, durch die Punkte C gehenden und endlich die durch die Punkte B hindurchgehenden Hauptkreise, drehen sich in bestimmter Weise bez. um die Punkte A, C und B, wenn der Punkt P_1 alle Lagen innerhalb des Hexakisoktaederdreieckes $A_1 C_1 B_1$ einnimmt. Damit ergiebt sich die Art und Weise, auf welche die Pole dieser Hauptkreise, nämlich die Eckpunkte des Polarnetzes bez. auf den Hauptkreisen a, c und b beweglich sind.

3. Von den 60 Hauptkreisen des zugeordneten gleicheckigen Netzes XXVI' bilden 24 die Kanten der regulären sphärischen Vierecke mit den Mittelpunkten A und A' und gehen durch die auf den Hauptkreisen a liegenden Eckpunkte des Polarnetzes hindurch. Zu den Ebenen dieser 24 Hauptkreise sind die Grenzflächen eines Polyeders [XXVI] parallel, welche in den Polen dieser Hauptkreise, d. h. denjenigen Eckpunkten des zugeordneten Polarnetzes, welche auf den zu jenen Hauptkreisen normalen Hauptkreisen des Symmetrienetzes liegen, die Kugel berühren.

Weitere 24 Hauptkreise bilden die Kanten der regulären sphärischen Dreiecke mit den Mittelpunkten C und C'

und gehen durch die auf den Hauptkreisen c liegenden Eckpunkte des Polarnetzes hindurch. Zu den Ebenen dieser 24 Hauptkreise sind ebenfalls die Grenzflächen eines Polyeders [XXVI] parallel. Dieselben sind Berührungsebenen der Kugel in den Polen dieser Hauptkreise, d. h. solchen Eckpunkten des zugeordneten Polarnetzes, welche auf den zu jenen Hauptkreisen normalen Hauptkreisen des Symmetrienetzes, nämlich den 24 durch die Punkte C hindurchgehenden liegen.

Endlich gehen die zwölf in den Punkten B und B' auf den entsprechenden Hauptkreisen des Symmetrienetzes senkrecht stehenden Hauptkreise durch die auf den Hauptkreisen b liegenden Pole der ersteren hindurch. Die Pole dieser zwölf Hauptkreise des gleicheckigen Netzes sind daher auch die Schnittpunkte der zu jenen senkrechten Hauptkreise des Symmetrienetzes mit den Hauptkreisen b. Zu den Ebenen dieser zwölf Hauptkreise sind die Grenzflächen eines Polyeders [XIXα], [III] oder [IX] parallel, je nachdem der dem Punkte P_1 zugeordnete Punkt $\mathfrak{P}_1$ innerhalb des Dreieckes $B_1 C_1 D_1$, auf dem Bogen $B_1 D_1$ oder innerhalb des Dreieckes $A_1 B_1 D_1$ liegt.

<h2 style="text-align:center">§ 52.</h2>

<h3 style="text-align:center">Zweite Gruppe: Diakisdodekaedernetze.</h3>

1. Diese Gruppe enthält nur die beiden veränderlichen gleichflächigen Netze:

1. das Diakisdodekaedernetz XXIII (§ 38), $(6+8+12)$-eckig, 2.12-flächig (Fig. 21β),
2. das symmetrische Pentagondodekaedernetz XXIX (§ 45), $(8+12)$-eckig, 12-flächig (Fig. 27),

welchen bezüglich als zugeordnete gleicheckige Netze:

1'. das Netz des $(6+8+12)$-flächigen 2.12-Ecks XXIII' (§ 38, Fig. 21β),
2'. das Netz des $(8+12)$-flächigen 12-Ecks XXIX' (§ 45, Fig. 27)

entsprechen.

Die Netze dieser Gruppe nehmen eine Mittelstellung zwischen denjenigen der ersten und der dritten Gruppe ein. Denn die Axen sind mit denjenigen eines Hexakistetraedernetzes übereinstimmend, indem je zwei entgegengesetzt gerichtete dreizählige Axen zwar gleichwertig, aber nur symmetrisch gleich sind und die nach den Punkten A gerichteten Axen nur zweizählige sind; dagegen kommen diesen Netzen die Ebenen der drei Hauptkreise a, nicht aber die der sechs Hauptkreise b, als Symmetrieebenen zu (vergl. § 38, 3). Auch lässt sich als charakteristisches Merkmal, durch welches die Netze dieser Gruppe wesentlich von den übrigen beweglichen Netzen dieser Ordnung unterschieden sind, dasjenige anführen, dass bei den ersteren zu jedem Punkte der Gegenpunkt, zu jeder Fläche die Gegenfläche im Netze vorhanden ist.

Die gleicheckigen Netze dieser Gruppe sind solche Hemigonieen der vollzähligen Netze XV′ und X′, bei welchen die beibehaltenen Punkte sich als Gegenpunkte entsprechen; die diesen Netzen umgeschriebenen gleichflächigen Polyeder [XXIII] und [XXIX] werden als parallelflächige Hemiedrien der vollzähligen Polyeder [XV] und [X] bezeichnet. Man kann daher diese Art von Hemigonie, welche auch bei den Netzen XXIV′ und XVIII′ (§ 48, 6. bis 7.) für den Fall eines ungeraden p bez. p_1 sich darbietet, wohl als gegenpunktige Hemigonie bezeichnen.

2. Bei dem einfach veränderlichen Netze XXIII sind die Eckpunkte eine Kombination der Eckpunkte A, C und derjenigen zwölf Eckpunkte $L_1 \ldots$ (Fig. 21β), welche eine gegenpunktige Hemigonie eines Netzes X′ darstellen und selbst ein Netz XXIX′ bestimmen. Die Eckpunkte des einem Netze XXIII zugeordneten Netzes XXIII′ bilden diejenige (gegenpunktige) Hemigonie eines Netzes XV′, bei welcher nur die symmetrisch zu den Hauptkreisen a liegenden Eckpunkte beibehalten, die symmetrisch zu den Hauptkreisen b liegenden dagegen weggelassen sind. Ein Netz XXIII′ ist ein zweifach veränderliches Netz, da ein Eckpunkt P_1 beliebig auf dem Halbierungskreisbogen $C_1 S_1$

(Fig. 21 γ) des Winkels bei C_1 in der Grenzfläche des Symmetrienetzes gewählt werden kann.

Das Netz XXIX wird einfach aus dem Netze XXIII durch Zusammenfassen je zweier längs einer Kante $A_1 L_1 \ldots$ zusammenstossenden Vierecke erhalten. Die Eckpunkte dieses Netzes sind also eine Kombination der Eckpunkte C und der zwölf Eckpunkte L eines Netzes XXIX', wobei die Punkte L und diejenigen $\mathfrak{L}$, die Eckpunkte des dem Netze XXIX zugeordneten Netzes, konjugierte Punkte eines involutorischen Systems sind.

Die verschiedenen Gruppierungen der Eckpunkte der beiden Netze XXIII' und XXIX' in Beziehung auf die Axen OA und OC ergeben sich einfach aus denjenigen der Eckpunkte der vollzähligen Netze XV' und X'.

3. Die Kanten eines Netzes XXIII werden einmal durch die drei festen Hauptkreise a, sodann durch die zwölf beweglichen Hauptkreise gebildet, von welchen je drei unter Winkeln von 120^{0} durch je einen Punkt C und dessen Gegenpunkt hindurchgehen. Zu den Ebenen dieser Hauptkreise sind die Grenzflächen eines solchen Diakisdodekaeders [XXIII] parallel, für welches die Berührungspunkte von je sechs — zu zweien parallelen — Grenzflächen auf je einem Hauptkreise c liegen. (Ein solches Polyeder ist die parallelflächige Hemiedrie eines sog. parallelkantigen Hexakisoktaeders.) Jene Berührungspunkte, d. h. die Pole und Gegenpole der zwölf Hauptkreise sind auf den Hauptkreisen c bei ungeändertem gegenseitigem Abstande beweglich, wenn die Punkte L (Fig. 21 β) ihre Lage auf den Hauptkreisen a ändern.

4. Von den Hauptkreisen der einem bestimmten Netze XXIII zugeordneten gleicheckigen Netze XXIII' gehen zwölf, welche die Kanten der gleicheckigen Vierecke bilden, durch die Punkte A hindurch; sie zerfallen in zwei Gruppen von je sechs Hauptkreisen, so dass zu den Ebenen der sechs Hauptkreise jeder Gruppe die Grenzflächen eines symmetrischen Pentagondodekaeders [XXIX] parallel sind, welche in den auf Hauptkreisen a liegenden Polen jener Hauptkreise die Kugel berühren

Die übrigen zwölf Hauptkreise, welche die Kanten der regulären Dreiecke mit den Mittelpunkten C bilden, gehen durch die auf den Hauptkreisen c liegenden Eckpunkte des Polarnetzes (zum Symmetrienetze XXIII) hindurch. Zu den Ebenen dieser Hauptkreise sind die Grenzflächen eines Diakisdodekaeders [XXIII] parallel, welche in den Polen dieser Hauptkreise, d. h. denjenigen Eckpunkten des zugeordneten Polarnetzes, welche auf den zu jenen Hauptkreisen normalen Hauptkreisen des Symmetrienetzes liegen, Berührungsebenen der Kugel sind.

5. Die Hauptkreise des Netzes XXIX stimmen mit denen des Netzes XXIII überein; von den Hauptkreisen a, welche bei dem Netze XXIII (Fig. 21β) vollständig ausgezogen waren, treten bei dem Netze XXIX nur die Bogen $L_1 L'_3$, $L_2 L_4$, $L_5 L_6$ und deren Gegenbogen als Kanten auf. (Fig. 27.)

6. Bei dem gleicheckigen Netze XXIX' fallen die zwölf durch die Punkte A hindurchgehenden Hauptkreise des Netzes XXIII' in die drei Hauptkreise a zusammen, während die zwölf Hauptkreise, welche die Kanten der regulären Dreiecke mit den Mittelpunkten C bilden, analog den entsprechenden Hauptkreisen eines Netzes XXIII' gruppiert sind.

§ 53.

Dritte Gruppe: Hexakistetraedernetze.

B) Veränderliches gleichflächiges und zugeordnetes gleicheckiges Netz.

1. Das einzige veränderliche gleichflächige Netz der Hexakistetraedergruppe ist:

das tetraedrische Pentagondodekaedernetz XXVIII (§ 44), $(\overline{4+4}+12)$-eckig, 12-flächig (Fig. 26β), welchem das gleicheckige

Netz des $(\overline{4+4}+12)$-flächigen 12-Ecks XXVIII' (§ 44, Fig. 26β)

zugeordnet ist.

Diesen Netzen kommen keine Symmetrieebenen, wohl aber die charakteristischen Axen eines Hexakistetraedernetzes zu.

Die Eckpunkte des zweifach veränderlichen Netzes XXVIII sind eine Kombination der Eckpunkte C zweier konjugierten regulären Tetraedernetze und derjenigen zwölf Eckpunkte P_3, P_7, P_{12}, P_{16}... (Fig. 26β), welche die abwechselnd aufeinanderfolgenden Eckpunkte eines Netzes X'', also eine Tetartogonie des Netzes XV' darstellen, ebenso aber auch als (gyroidische) Hemigonie jedes der beiden Netze XXVI' und XXIII' erhalten werden können. Diese zwölf Eckpunkte P bestimmen ein Netz XXVIII', wobei zwischen den Punktsystemen P und $\mathfrak{P}$, den Eckpunkten des dem Netze XXVIII zugeordneten gleicheckigen Netzes, eine Steinersche Verwandtschaft besteht (vergl. § 44, 6.).

Die verschiedenen Gruppierungen dieser Eckpunkte in Beziehung auf die Axen OC folgen einfach aus denjenigen der Eckpunkte der vollzähligen Netze.

2. Von den Hauptkreisen des gleichflächigen Netzes XXVIII gehen sechs durch die Punkte A, und zwar je einer durch einen Punkt A oder A' hindurch. Zu den Ebenen dieser sechs Hauptkreise sind, da die Pole derselben auf jedem Hauptkreise a ein gleicheckiges 2.2-Eck bilden, die Grenzflächen eines symmetrischen Pentagondodekaeders [XXIX] parallel. Die übrigen Hauptkreise zerfallen in zwei Gruppen von je zwölf, von denen die der ersten Gruppe zu je drei durch die vier Eckpunkte C eines regulären Tetraedernetzes, die der zweiten Gruppe zu je drei durch die Eckpunkte C des konjugierten Tetraedernetzes hindurchgehen. Zu den Ebenen dieser Hauptkreise sind die Grenzflächen zweier solchen tetraedrischen Pentagondodekaeder [XXVIII] parallel, für welche die Berührungspunkte von je drei Grenzflächen auf je einem Hauptkreise c liegen, welche also Tetartoëdrieen zweier sog. parallelkantigen Hexakisoktaeder sind (vergl. § 51, 3.).

3. Analog ergiebt sich für die Hauptkreise des zugeordneten gleicheckigen Netzes XXVIII' das Resultat, dass zu den Ebenen der sechs durch die Punkte A hindurch-

gehenden Hauptkreise die Grenzflächen eines symmetrischen Pentagondodekaeders [XXIX] parallel sind. Weiterhin gehen die Hauptkreise der beiden Gruppen von je zwölf, welche die Kanten der beiden Gruppen regulärer Dreiecke mit den Mittelpunkten C bilden, durch die auf den Hauptkreisen c liegenden Eckpunkte des Polarnetzes hindurch. Zu den zwölf Ebenen jeder Gruppe sind die Grenzflächen eines tetraedrischen Pentagondodekaeders [XXVIII] parallel, welche die Kugel in den Polen jener Hauptkreise, d. h. denjenigen Eckpunkten des zugeordneten Polarnetzes berühren, welche auf den durch die Punkte C gehenden beiden Gruppen von je zwölf Hauptkreisen des Symmetrienetzes liegen.

4. Endlich möge noch darauf hingewiesen werden, dass auch die Hemigonieen der Netze IV" und IV' (vergl. § 50, 8.), nämlich die Netze XVII eines rhombischen und die Netze XIV eines tetragonalen Sphenoids als eine besondere Gruppe beweglicher — zugleich gleichflächiger und gleicheckiger — Netze der zweiten Hauptklasse aufgefasst werden können, während dieselben andererseits früher als Grenzfälle der hauptaxigen Trapezoid- und Deltoidnetze — also zur ersten Hauptklasse gehörig — erhalten wurden.

Auf diejenigen regelmässigen Gruppierungen der Netze XVII und XIV, bei welchen die Eckpunkte mit denjenigen der gleicheckigen Netze der verschiedenen Klassen und Gruppen zusammenfallen, wird im letzten Kapitel eingegangen werden.

IIb) Netze der zweiten Hauptklasse zweiter Ordnung.

Einzige Gruppe: Diakishexekontaedernetze.

§ 54.

A) Feste gleichflächige Netze nebst den zugeordneten gleicheckigen Netzen.

1. Auch diese Gruppe ist nach dem allgemeinsten gleichflächigen Netze benannt worden, da alle übrigen hierhergehörigen Netze sich in einfacher Weise aus diesem herleiten lassen.

Die festen gleichflächigen Netze dieser Gruppe sind:

1. das Diakishexekontaedernetz XVI (§ 28), $(12+20+30)$-eckig, $2 \cdot 60$-flächig (Fig. 14 α),
2. das Pentakisdodekaedernetz XI (§ 21), $(12+20)$-eckig, $12 \cdot 5$-flächig (Fig. 9),
3. das Triakisikosaedernetz XIII (§ 23), $(20+12)$-eckig, $20 \cdot 3$-flächig (Fig. 11),
4. das Deltoidhexekontaedernetz XXII (§ 36), $(12+20+30)$-eckig, 60-flächig (Fig. 20),
5. das Rhombentriakontaedernetz XX (§ 33), $(12+20)$-eckig, 30-flächig (Fig. 18),
6. das reguläre Ikosaedernetz V (§ 8 u. § 12), 12-eckig, 20-flächig (Fig. 4),
7. das reguläre Pentagondodekaedernetz VII (§ 8 und § 12), 20-eckig, 12-flächig (Fig. 4).

Das Netz 1. wird durch die vollständig ausgezogenen 15 Hauptkreise b gebildet, welche nur teilweise ausgezogen die sechs übrigen gleichflächigen, bez. regulären Netze liefern. Und zwar werden die Netze 2. bis 4. auf die früher angegebene Art durch Zusammenfassen je zweier benachbarten Dreiecke längs einer Kante, das fünfte durch Vereinigung von je vier, das sechste von je sechs und das siebente von je zehn Dreiecken des Diakishexekontaedernetzes XVI erhalten. Die Ebenen der 15 Hauptkreise b, zu welchen die Grenzflächen eines Triakontaeders [XX] parallel sind, sind für sämtliche sieben Netze direkte Symmetrieebenen.

Die Eckpunkte sind für die Netze 2., 3. und 5. Kombinationen der Eckpunkte G des Netzes 6. und der Eckpunkte C des Netzes 7., für die Netze 1. und 4. Kombinationen dieser Eckpunkte G, C und der Eckpunkte B eines sphärischen $(12+20)$-flächigen 30-Ecks XX', welches das einzige feste gleicheckige Netz [erster Art[1])] dieser Gruppe ist.

Die nach den Punkten G, C, B gerichteten Radien sind für sämtliche sieben Netze Axen von der früher bestimmten Zähligkeit.

---

1) Zwei andere noch mögliche feste gleicheckige Netze höherer Art mit den Eckpunkten B werden sich im letzten Kapitel ergeben.

2. Was die Polarnetze der Netze 1. bis 7. anlangt, so werden die Eckpunkte derselben durch die 15 Punkte B und deren Gegenpunkte, die Kanten derselben durch die Hauptkreise g, c, b gebildet, welche bez. die Polaren der Punkte G, C und B sind.

Nur das Polarnetz des Diakishexekontaedernetzes XVI ist ein solches gleichflächiges (und speziell zugleich gleicheckiges) Netz, welches die Kugelfläche mehrere Mal und zwar 45-mal bedeckt. Denn die Winkel einer Grenzfläche dieses Polarnetzes betragen $180^0 - \varphi$, $180^0 - \chi$, $180^0 - \psi$, der Exzess also, da $\varphi + \chi + \psi = 90^0$ ist, 270^0, d. h. das aus 120 solcher Dreiecke zusammengesetzte Netz bedeckt 45-mal die Kugelfläche. Auf dieses Netz werden wir im letzten Kapitel zurückkommen.

3. Den sieben gleichflächigen Netzen 1. bis 7. sind bez. folgende gleicheckige zugeordnet:

1'. das Netz XVI' des $(12 + 20 + 30)$-flächigen $2 . 60$-Ecks ($\S$ 28, Fig. 14α),

2'. das Netz XI' des $(12 + 20)$-flächigen $12 . 5$-Ecks ($\S$ 21, Fig. 9),

3'. das Netz XIII' des $(20 + 12)$-flächigen $20 . 3$-Ecks ($\S$ 23, Fig. 11),

4'. das Netz XXII' des $(12 + 20 + 30)$-flächigen 60-Ecks ($\S$ 36, Fig. 20),

5'. das Netz XX' des $(12 + 20)$-flächigen 30-Ecks ($\S$ 33, Fig. 18),

6'. das Netz VII des 12-flächigen 20-Ecks (das reguläre Pentagondodekaedernetz) ($\S$ 8 u. $\S$ 12, Fig. 4),

7'. das Netz V des 20-flächigen 12-Ecks (das reguläre Ikosaedernetz) ($\S$ 8 u. $\S$ 12, Fig. 4).

Die Netze XVI' sind zweifach veränderliche Netze, da ein Eckpunkt P_1 jede Lage innerhalb des Diakishexekontaederdreieckes $G_1 C_1 B_1$, der Grenzfläche des Symmetrienetzes, annehmen kann. Die Netze XI', XIII' und XXII' sind einfach veränderliche Netze, weil ein Eckpunkt P_1 jede Lage auf dem Symmetriekreisbogen einer Grenzfläche des Symmetrienetzes annehmen kann. Endlich sind die

Netze XX′, VII und V feste Netze, bei welchen die Eckpunkte die Mittelpunkte der Grenzflächen des Symmetrienetzes darstellen.

Die 2.60 Eckpunkte eines Netzes XVI′ gruppieren sich einmal als diejenigen von sechs kongruenten prismatischen Netzen VIII″, $p = 5$, deren Hauptaxen die Axen OG sind und zwar auf sechs Arten; ferner als die Eckpunkte von zehn kongruenten prismatischen Netzen VIII″, $p = 3$, deren Hauptaxen die Axen OC sind und zwar auf zehn Arten; endlich als die Eckpunkte von 15 kongruenten prismatischen Netzen VIII″, $p = 2$, deren Hauptaxen die Axen OB sind und zwar auf 15 Arten. Für die Netze 2′. bis 7′. reduzieren sich diese prismatischen Netze VIII″ zum Teil oder vollständig auf Netze VIII′ von der halben Eckenzahl, womit sich auch die Zahl der möglichen Gruppierungen vermindert (vergl. Kap. V, § 77).

Die Kanten sämtlicher Netze 1′. bis 7′. gehen durch die Punkte B, nämlich die festen Eckpunkte der Polarnetze hindurch.

4. Die 90 Hauptkreise eines Netzes XVI′ zerfallen in drei Gruppen von je 30, wobei von den Hauptkreisen jeder Gruppe je zwei durch einen Punkt B hindurchgehen und zu den beiden sich in demselben rechtwinklig schneidenden Hauptkreisen b symmetrisch liegen.

Die 30 Hauptkreise der ersten Gruppe stehen auf den Kanten $BC = \psi$ senkrecht, so dass der Winkel $2\alpha_{(2)}$ [vergl. Formel 34η) in § 28] je zweier auf demselben Hauptkreise b normalen Hauptkreise zwischen $0°$ und 2ψ variiert. Zu den Ebenen dieser Hauptkreise sind die Grenzflächen eines $(12+20)$-eckigen 12.5-Flachs [XI] (eines Pentakisdodekaeders) parallel.

Die 30 Hauptkreise der zweiten Gruppe stehen auf den Kanten $BG = \varphi$ senkrecht, wobei der Winkel $2\gamma_{(2)}$ je zweier auf demselben Hauptkreise b normalen Hauptkreise zwischen $0°$ und 2φ variiert. Trägt man (Fig. 29, welche die stereographische Projektion eines Netzes XVI für den Projektionspunkt B'_1 darstellt) auf der Kante $B_1 G_1 = \varphi$ des Diakishexekontaederdreieckes $G_1 C_1 B_1$ den Bogen $B_1 E_1 = B_1 C_1$ $= \psi$ ab und errichtet in E_1 normal zu $B_1 G_1$ den Kreisbogen $E_1 D_1$, welcher dem Hauptkreise c_8 angehört, so folgt, dass zu den Ebenen der 30 Hauptkreise die Grenzflächen eines $(20 + 12)$-eckigen 20.3-Flachs [XIII] (eines Pyramiden-ikosaeders) parallel sind, so lange der Punkt P_1 innerhalb des Vierecks $B_1 E_1 D_1 C_1$ liegt, dagegen zu den Grenzflächen eines $(12 + 20 + 30)$-eckigen 60-Flachs [XXII] (eines Deltoid-hexekontaeders) parallel sind, wenn der Punkt P_1 innerhalb des Dreieckes $E_1 G_1 D_1$ liegt. Im Übergangsfalle, in welchem der Punkt P_1 auf dem Bogen $E_1 D_1$ liegt, fallen die 30 Hauptkreise in die zehn Hauptkreise c zusammen, zu deren Ebenen die Grenzflächen eines regulären Ikosaeders parallel sind.

Endlich stehen die 30 Hauptkreise der dritten Gruppe auf den Kanten $C G = \chi$ senkrecht, so dass der Winkel $2 (\psi + \beta_{(1)})$ je zweier auf demselben Hauptkreise b normalen Hauptkreise zwischen 2ψ und $2\psi + 2\chi = 180^0 - 2\varphi$ variiert. Fällt man (Fig. 29, vergl. auch Fig. 18) von B_1 auf $C_1 G_1$ das sphärische Perpendikel $B_1 F_1$, welches dem Hauptkreise g_6 angehört und wobei $C_1 F_1 = E_1 G_1 = \varphi - \psi$, $F_1 D_1 = D_1 G_1 = 45^0 - \varphi$ ist, so folgt, dass zu den Ebenen der 30 Haupt-kreise dieser dritten Gruppe die Grenzflächen eines $(12 + 20)$-eckigen 12.5-Flachs [XI] parallel sind, so lange der Punkt P_1 innerhalb des Dreieckes $B_1 C_1 F_1$ liegt, dagegen zu den Grenzflächen eines $(12 + 20 + 30)$-eckigen 60-Flachs [XXII] parallel sind, wenn der Punkt P_1 innerhalb des Dreieckes $B_1 F_1 G_1$ liegt. In dem Übergangsfalle, in welchem der Punkt P_1 auf dem Bogen $B_1 F_1$ liegt, fallen die 30 Haupt-kreise in die sechs Hauptkreise g zusammen, zu deren Ebenen die Grenzflächen eines regulären Pentagondodekaeders parallel sind.

Die Varietäten der Polyeder [XI] und [XXII], welche bei dieser dritten Gruppe in Betracht kommen, sind von denen bez. bei der ersten und zweiten Gruppe auftretenden Varietäten dieser Polyeder verschieden, wobei die Varie-täten, deren Grenzflächen bez. in den Punkten E und D der

Kugel umgeschrieben sind, die Übergangsfälle darstellen. Diese letzteren Varietäten werden in dem nächsten Kapitel analytisch bestimmt und charakterisiert werden.

Die aufgestellten Beziehungen folgen auch einfach aus der Lage der Pole jener Hauptkreise, nämlich der Eckpunkte des zugeordneten Polarnetzes.

5. Bei dem Netze XI′, dessen Eckpunkte auf den Kanten $BG = \varphi$ liegen, reduziert sich die erste Gruppe der 30 Hauptkreise auf die 15 Hauptkreise b, die Hauptkreise der zweiten Gruppe fehlen und die der dritten Gruppe sind, wie im allgemeinen Falle vorhanden; es treten aber nur solche 30 Hauptkreise auf, zu deren Ebenen die Grenzflächen eines Polyeders [XXII] parallel sind, da die Fusspunkte der von den Eckpunkten P_1 auf die Kante $C_1 G_1$ gefällten sphärischen Perpendikel zwischen F_1 und G_1 fallen.

6. Bei dem Netze XIII′ fehlen die Hauptkreise der ersten Gruppe, die der zweiten reduzieren sich auf die 15 Hauptkreise b, während die der dritten Gruppe vorhanden sind; es kommen aber hier nur solche 30 Hauptkreise vor, zu deren Ebenen die Grenzflächen eines Polyeders [XI] parallel sind, da die Fusspunkte der sphärischen Perpendikel, welche von den auf den Kanten $BC = \psi$ liegenden Eckpunkten auf die Kante $C_1 G_1$ gefällt werden, zwischen C_1 und F_1 fallen.

7. Bei dem Netze XXII′, dessen Eckpunkte auf den Kanten $GC = \chi$ liegen, fehlen die Hauptkreise der dritten Gruppe, während diejenigen der ersten und der zweiten Gruppe, wie im allgemeinen Falle vorhanden sind.

8. Die sechs Hauptkreise g, welche die Kanten des Netzes XX′ bilden, stellen den bereits oben erwähnten Übergangsfall für die 30 Hauptkreise der dritten Gruppe dar.

9. Für die regulären Netze VII und V reduzieren sich bez. die Hauptkreise der zweiten und der ersten Gruppe, während die der übrigen Gruppen fehlen, auf die nur teilweise ausgezogenen 15 Hauptkreise b.

Das reguläre Netz VII kann auch, wie bereits früher hervorgehoben wurde, als spezieller Fall des symmetrischen

Pentagondodekaedernetzes XXIX, und das reguläre Ikosaedernetz V als spezieller Fall des Netzes XXIX′ eines $(8+12)$-
flächigen 12-Ecks angesehen werden.

10. Die Beschaffenheit der Polarnetze dieser gleicheckigen Netze 1′. bis 7′. ergiebt sich aus dem Vorhergehenden
ohne Schwierigkeit.

§ 55.

B) Veränderliches gleichflächiges und zugeordnetes
gleicheckiges Netz.

1. Das einzige veränderliche gleichflächige Netz der
Diakishexekontaedergruppe ist
das Pentagonhexekontaedernetz XXVII (§ 43),
        $(12+20+60)$-eckig, 60-flächig (Fig. 25 β),
welchem das gleicheckige
Netz des $(12+20+60)$-flächigen 60-Ecks XXVII′ (§ 43,
        Fig. 25 β)
zugeordnet ist.

Diese beiden Netze sind vollständig unsymmetrisch;
doch kommen ihnen die charakteristischen Axen eines Diakishexekontaedernetzes zu.

2. Die Eckpunkte des zweifach veränderlichen Netzes
XXVII sind eine Kombination der Eckpunkte G, C und derjenigen 60 Eckpunkte P_2, P_4, P_6 ... (vergl. Fig. 25 β), welche
die abwechselnd aufeinanderfolgenden Eckpunkte eines Netzes
XVI′ darstellen. Diese 60 Eckpunkte P gehören einem
Netze XXVII′ an, so dass zwischen den Punktsystemen P
und $\mathfrak{P}$, den Eckpunkten des dem Netze XXVII zugeordneten
gleicheckigen Netzes, eine Steinersche Verwandtschaft besteht (vergl. § 43, 6.).

Die möglichen Arten der Gruppierung der Eckpunkte
eines Netzes XXVII′, welche eine (gyroidische) Hemigonie
eines Netzes XVI′ darstellen, in Beziehung auf die Axen
OG, OC, OB ergeben sich einfach aus denjenigen des vollzähligen Netzes (vergl. § 54, 3). Die Eckpunkte eines Netzes
XXVII′ gruppieren sich auf sechs Arten als Eckpunkte von

sechs kongruenten sägerandigen Netzen XXV′, $p = 5$, mit den Hauptaxen OG; ferner auf zehn Arten als Eckpunkte von zehn kongruenten sägerandigen Netzen XXV′, $p = 3$, mit den Hauptaxen OC, und endlich auf 15 Arten als Eckpunkte von 15 solchen Netzen XXV′, $p = 2$, mit den Hauptaxen OB, d. h. von 15 kongruenten Netzen XVII (von rhombischen Sphenoiden).

3. Von den Hauptkreisen des gleichflächigen Netzes XXVII gehen 60 zu je fünf unter Winkeln von 72^0 durch je einen der zwölf Punkte G und G' hindurch. Zu den Ebenen dieser Hauptkreise sind die Grenzflächen eines solchen Pentagonhexekontaeders [XXVII] parallel, für welches die Berührungspunkte zu je zehn — den Eckpunkten eines gleicheckigen 2.5-Ecks entsprechend — auf einem der sechs Hauptkreise g liegen. (Ein solches Polyeder ist die gyroidische Hemiedrie eines Diakishexekontaeders, bei welchem die Berührungspunkte der Flächen zu je 20 auf einem Hauptkreise g liegen.)

Zu den Ebenen der 60 Hauptkreise, welche zu je drei unter Winkeln von 120^0 durch je einen der 20 Punkte C und C' gehen, sind die Grenzflächen eines solchen Pentagonhexekontaeders [XXVII] parallel, für welches die Berührungspunkte zu je sechs — den Eckpunkten eines gleicheckigen 2.3-Ecks entsprechend — auf einem der zehn Hauptkreise c liegen. (Ein solches Polyeder ist die gyroidische Hemiedrie eines Polyeders [XVI], bei welchem die Berührungspunkte der Flächen zu je zwölf auf einem Hauptkreise c liegen.)

Endlich gehören die 30 Kanten, welche durch je einen der 30 Punkte B und B' hindurchgehen, solchen 30 Hauptkreisen an, zu deren Ebenen bez. die Grenzflächen eines Polyeders [XI] oder [XXII] oder [XIII] parallel sind, welche in den auf den Hauptkreisen b liegenden Polen jener Hauptkreise die Kugel berühren, je nachdem der Punkt P_1 innerhalb des Dreieckes (s. Fig. 29) $B_1 C_1 F_1$ oder des Dreieckes $B_1 F_1 D_1$ oder endlich des Dreieckes $B_1 D_1 G_1$ liegt. In den beiden Übergangsfällen, in welchen der Punkt P_1 auf dem Hauptkreisbogen $B_1 F_1$ oder $B_1 D_1$ liegt, reduzieren sich jene 30 Hauptkreise auf die sechs Hauptkreise g oder die zehn Hauptkreise c.

4. Was die Hauptkreise des zugeordneten gleicheckigen Netzes XXVII′, dessen Eckpunkte die Punkte $\mathfrak{P}_1$, $\mathfrak{P}_3$... (Fig. 25 β) sind, anlangt, so gehen dieselben bez. durch die auf den Hauptkreisen g, c und b liegenden Eckpunkte des Polarnetzes hindurch.

Zu den Ebenen der beiden Gruppen von je 60 Hauptkreisen, welche bez. die Kanten der regulären sphärischen Fünfecke mit den Mittelpunkten G und G' und die Kanten der regulären sphärischen Dreiecke mit den Mittelpunkten C und C' bilden, sind die Grenzflächen je eines Pentagonhexekontaeders parallel. Diese Grenzflächen berühren die Kugel in den Polen dieser Hauptkreise, d. h. in denjenigen Eckpunkten des zugeordneten Polarnetzes, welche auf den zu jenen Hauptkreisen normalen Hauptkreisen des Symmetrienetzes liegen.

Zu den Ebenen der 30 Hauptkreise, welche durch die Punkte B und B' senkrecht zu den entsprechenden Hauptkreisen des Symmetrienetzes hindurchgehen, sind die Grenzflächen eines der drei Polyeder [XI] oder [XIII] oder [XXII] parallel, welche in den Eckpunkten eines der drei gleicheckigen Netze XI′, XIII′, XXII′ der Kugel umgeschrieben sind. Da ein solcher Eckpunkt auf einem Hauptkreise b um einen Quadranten von dem entsprechenden Eckpunkte des gleichflächigen Polarnetzes (vergl. 3. am Ende) absteht, so lässt sich die nähere Beschaffenheit jenes Polyeders immer leicht feststellen. Als Übergangsfälle treten hierbei wieder die besondere Varietät der Polyeder [XI], welche in den Punkten E und die besonderen Varietäten der Polyeder [XXII] auf, welche in den Punkten F und den Punkten D der Kugel umgeschrieben sind.

In der Fig. 29 ist die gegenseitige Lage der entsprechenden Punkte auf dem Hauptkreise b_{13} leicht zu erkennen. Die Punkte

$$B_1 \ E_1 \ G_1 \ D_{15} \ F_{15} \ C_7 \ B_{15}$$

stehen von den entsprechenden Punkten:

$$B'_{15}\ C_8\ F_{16}\ D_{16}\ G_2\ E_2\ B_1$$

um je einen Quadranten ab. Dabei ist

$$\odot \begin{cases} B'_{15}C_8 = E_2B_1 = B_1E_1 = C_7B_{15} = \psi, \\ C_8F_{16} = G_2E_2 = E_1G_1 = F_{15}C_7 = \varphi - \psi, \\ F_{16}D_{16} = D_{16}G_2 = G_1D_{15} = D_{15}F_{15} = 45^0 - \varphi, \\ B'_{15}F_{16} = G_2B_1 = B_1G_1 = F_{15}B_{15} = \varphi, \\ C_8G_2 = G_1C_7 = \chi;\quad B'_{15}D_{16} = D_{16}B_1 = B_1D_{15} = D_{15}B_{15} = 45^0. \end{cases}$$

Über die analytische Darstellung und Herleitung dieser Beziehungen vergl. man das folgende Kapitel unter IIb).

§ 56. Über die gleicheckigen und die gleichflächigen Polyeder erster Art.

1. Durch die in den §§ 48 bis 55 angestellten Betrachtungen ergeben sich auch mit Leichtigkeit die — zum Teil schon hervorgehobenen — Lagebeziehungen für die Eckpunkte, Kanten, Grenzflächen, Axen und Symmetrieebenen der gleicheckigen und der gleichflächigen Polyeder, welche bez. den gleicheckigen Netzen ein- und umgeschrieben werden können (vergl. § 47, 3. u. 4. und § 17).

Das polare Entsprechen je eines gleicheckigen und eines gleichflächigen Polyeders tritt noch allgemeiner hervor, wenn man um den Mittelpunkt des Symmetrienetzes und des zugeordneten gleicheckigen Netzes zwei konzentrische Kugeln mit den Radien r_1 und r_2 beschreibt und den auf diesen beiden Kugeln entstehenden gleicheckigen Netzen je ein gleicheckiges Polyeder ein- und ein gleichflächiges Polyeder umschreibt. Es entsprechen sich alsdann je ein der einen Kugel ein- und je ein der andern Kugel umgeschriebenes Polyeder in der Weise polar in Beziehung auf eine konzentrische Kugel mit dem Radius $r = \sqrt{r_1 r_2}$, dass die Eckpunkte (Grenzflächen) des einen Polyeders die Pole (Polarebenen) zu den Grenzflächen (Eckpunkten) des anderen Polyeders darstellen.

2. Es möge daher genügen, im Nachstehenden eine Zusammenstellung der sämtlichen gleicheckigen und der

ihnen polar entsprechenden gleichflächigen Polyeder erster
Art[1]) zu geben und an dieselbe noch einige Bemerkungen
zu knüpfen. Die Einteilung dieser Polyeder in Klassen,
Ordnungen und Gruppen stimmt mit der in § 47 gegebenen
und in den §§ 48 bis 55 befolgten Einteilung der gleichflächigen und gleicheckigen Netze überein. Der Übersicht-
lichkeit wegen sind die für jede Gruppe charakteristischen
Axen nochmals angegeben worden. In jeder Gruppe wird
die durch **A**) bezeichnete Untergruppe durch diejenigen Polyeder mit festen Symmetrienetzen gebildet, denen die sämtlichen direkten Symmetrieebenen jener Gruppe zukommen;
die durch **B**) und **C**) bezeichneten Untergruppen umfassen
diejenigen hemigonischen oder hemiedrischen Polyeder mit
veränderlichen Symmetrienetzen, denen jene Symmetrieebenen nur zum Teil oder gar nicht zukommen. Die verschiedenen Arten der Hemiedrieen (und entsprechend der
Hemigonieen) sind durch die in der Krystallographie üblichen
Namen gekennzeichnet.

<table>
<tr><td>Gleicheckige Polyeder.</td><td>Gleichflächige Polyeder.</td></tr>
</table>

Erste Hauptklasse.

Axen: zwei gleiche, entgegengesetzt gerichtete, n-(oder p-) zählige
Hauptaxen OA,
zwei Systeme von je n (oder p) zweizähligen Queraxen OB,
bez. OB und OC.

A′) Prismatische (ohne Rand).	**A) Ebenrandige (gerade Doppel-pyramiden).**

Symmetrieebenen: die Ebene des Hauptäquators a eines Netzes I,
die n (oder p) Ebenen der Hauptkreise b oder
b und c eines Netzes II.

1′. Prismatische $(2+n)$-flächige $2n$-Ecke [VIII′], (§ 16),	1. Ebenrandige $(2+n)$-eckige $2n$-Flache [VIII],
2′. Prismatische $(2+\overline{p+p})$-flächige $2.2p$-Ecke [VIII″], (§ 18).	2. Ebenrandige $(2+\overline{p+p})$-eckige $2.2p$-Flache [VIII α].

---

1) Vergl. Hessel, Übersicht der gleicheckigen Polyeder etc. Marburg, O. Ehrhardt, 1871. Hessel hat jene Polyeder zuerst vollständig
durch Betrachtungen entwickelt, welche von den unsrigen zum Teil
verschieden sind.

<table>
<tr><td>

Gleicheckige Polyeder.

B′) Kronrandige (symmetrischer Rand).

</td><td>

Gleichflächige Polyeder.

B) Kronrandige (symmetrischer Rand).

</td></tr>
</table>

Symmetrieebenen: die p (oder p_1) Ebenen der Hauptkreise eines Netzes II.

<table>
<tr><td>

3′. Kronrandige $(2+2p)$-flächige $2p$-Ecke [XXIV′] (§ 39), (Gyroidische Hemigonie von 1′. für $n=2p$),

4′. Kronrandige 4-flächige 4-Ecke (Tetragonale Sphenoide) [XIV] (§ 24),

5′. Unterbrochen-kronrandige $(2+2p_1)$-flächige $2.2p_1$-Ecke [XVIII′] (§ 30) (Hemigonie von 2′. für $p=2p_1$).

</td><td>

3. Kronrandige $(2+2p)$-eckige $2p$-Flache [XXIV], (Gyroidische Hemiedrie von 1. für $n=2p$),

4. Kronrandige 4-eckige 4-Flache (Tetragonale Sphenoide) [XIV],

5. Kronrandige $(2+2p_1)$-eckige $2.2p_1$-Flache [XVIII] (Skalenoeder) (Rhomb. Hemiedr. von 2. für $p=2p_1$).

</td></tr>
<tr><td>

C′) Sägerandige (unsymmetrischer Rand).

</td><td>

C) Sägerandige (unsymmetrischer Rand).

</td></tr>
</table>

Symmetrieebenen: nicht vorhanden.

<table>
<tr><td>

6′. Sägerandige $(2+2p)$-flächige $2p$-Ecke [XXV′] (§ 40) (Gyroidische Hemigonie von 2′.).

7′. Sägerandige 4-flächige 4-Ecke (Rhombische Sphenoide) [XVII] (§ 29).

</td><td>

6. Sägerandige $(2+2p)$-eckige $2p$-Flache [XXV] (Gyroidische [trapezoedrische] Hemiedrie von 2.)

7. Sägerandige 4-eckige 4-Flache (Rhombische Sphenoide) [XVII].

</td></tr>
</table>

Zweite Hauptklasse.

Gleiche Hauptaxen nach mehr als zwei Richtungen.

Erste Ordnung.

Die dreizähligen Axen sind nach den Eckpunkten eines regulären Hexaeders gerichtet.

<table>
<tr><td>

1′. Erste Gruppe des $(6+8+12)$-flächigen 2.24-Ecks.

</td><td>

1. Erste Gruppe des $(6+8+12)$-eckigen 2.24-Flachs (Hexakisoktaedergruppe).

</td></tr>
</table>

Axen: drei Paare von entgegengesetzt gerichteten, gleichen 4-zähligen Axen OA,
    vier „ „ „ „ „ 3- „ „ OC,
    sechs „ „ „ „ „ 2- „ „ OB.

<table>
<tr><td>

A′) Vollzählige, symmetrische Polyeder.

</td><td>

A) Vollzählige, symmetrische Polyeder.

</td></tr>
</table>

Symmetrieebenen: die drei Symmetrieebenen der Hauptkreise a eines Netzes IV,
die sechs Symmetrieebenen der Hauptkreise b eines Netzes VI.

Gleicheckige Polyeder.

8′. Reguläres 8-flächiges 6-Eck (Reg. Oktaeder) [IV] (§ 11),

9′. Reguläres 6-flächiges 8-Eck (Reg. Hexaeder) [VI] (§ 11),

10′. (6 + 8)-flächiges 12-Eck (Kubooktaeder) [XIX′] (§ 32),

11′. (6 + 8)-flächiges 6.4-Eck [X′] (§ 20),

12′. (8 + 6)-flächiges 8.3-Eck [XII′] (§ 22),

13′. (6 + 8 + 12)-flächiges 24-Eck [XXI′] (§ 35),

14′. (6 + 8 + 12)-flächiges 2.24-Eck [XV′] (§ 27).

B′) Gyroidisch-hemigonische unsymmetrische Polyeder.

Gleichflächige Polyeder.

8. Reguläres 8-eckiges 6-Flach (Reg. Hexaeder) [VI],

9. Reguläres 6-eckiges 8-Flach (Reg. Oktaeder) [IV].

10. (6+8)-eckiges 12-Flach (Rhombendodekaeder) [XIX],

11. (6+8)-eckiges 6.4-Flach (Tetrakishexaeder) [X],

12. (8 + 6)-eckiges 8.3-Flach (Triakisoktaeder [XII],

13. (6+8+12)-eckiges 24-Flach (Deltoidikositetraeder) [XXI],

14. (6+8+12)-eckiges 2.24-Flach (Hexakisoktaeder) [XV].

B) Gyroidisch-hemiedrische unsymmetrische Polyeder.

Symmetrieebenen: nicht vorhanden.

15′. (6 + 8 + 24)-flächiges 24-Eck [XXVI′] (Gyroidische Hemigonie von 14′.) (§ 42).

2′. Zweite Gruppe des (6 + 8 + 12)-flächigen 2.12-Ecks.

15. (6+8+24)-eckiges 24-Flach (Pentagonikositetraeder) [XXVI] (Gyroidische Hemiedrie von 14.).

2. Zweite Gruppe des (6 + 8 + 12)-eckigen 2.12-Flachs (Diakisdodekaedergruppe).

Axen: zwei Systeme von je vier gleichen, dreizähligen Axen OC; je zwei entgegengesetzt gerichtete sind symmetrisch gleich,

drei Paare von entgegengesetzt gerichteten, gleichen zweizähligen Axen OA.

B′) Gegenpunktig-hemigonische Polyeder.

B) Parallelflächig-hemiedrische Polyeder.

Symmetrieebenen: die Ebenen der drei Hauptkreise a eines Netzes IV.

16′. (8+12)-flächiges 12-Eck [XXIX′] (Gegenp. Hemigonie von 11′.) (§ 45),

17′. (6 + 8 + 12)-flächiges 2.12-Eck [XXIII′] (Gegenp. Hemigonie von 14′.) (§ 38).

3′. Dritte Gruppe des $(\overline{4+4+6})$-flächigen 2.12-Ecks.

16. (8+12)-flächiges 12-Flach (Symmetrisches Pentagondodekaeder) [XXIX] (Parallelfläch. Hemiedrie von 11.),

17. (6 + 8 + 12)-eckiges 2.12-Flach (Diakisdodekaeder) [XXIII], (Parallelflächige Hemiedrie von 14.).

3. Dritte Gruppe des $(\overline{4+4+6})$-eckigen 2.12-Flachs (Hexakistetraedergruppe).

Gleicheckige Polyeder.	Gleichflächige Polyeder.

Axen: zwei Systeme von je vier gleichen, dreizähligen Axen OC, je zwei entgegengesetzt gerichtete sind ungleichwertig,

drei Paare von entgegengesetzt gerichteten, gleichen zweizähligen Axen OA.

A') Symmetrische Polyeder, zugleich tetragonische Hemigonieen von Polyedern der Gruppe 1. A').	**A) Symmetrische Polyeder, zugleich tetraedrische Hemiedrieen von Polyedern der Gruppe 1. A).**

Symmetrieebenen: die Ebenen der sechs Hauptkreise b eines Netzes III.

18'. Reguläres 4-flächiges 4-Eck (Reg. Tetraeder) [III] (§ 11) (Tetragon. Hemigonie von 9'.),	18. Reguläres 4-eckiges 4-Flach (Reg. Tetraeder) [III] (Tetraedr. Hemiedrie von 9.),
19'. $(4+4)$-flächiges 4.3-Eck [IX'] (§ 19) (Tetragon. Hemigonie von 18'.),	19. $(4+4)$-eckiges 4.3-Flach (Triakistetraeder) [IX] (Tetraedr. Hemiedrie von 13.),
20'. $(\overline{4+4}+6)$-flächiges 12-Eck [XIX''] (§ 32) (Tetragon. Hemigonie von 12'.),	20. $(\overline{4+4}+6)$-eckiges 12-Flach (Deltoiddodekaeder) [XIXα] (Tetraedr. Hemiedrie von 12.),
21'. $(\overline{4+4}+6)$-flächiges 2.12-Eck [X''] (§ 20) (Tetragon. Hemigonie von 14'.).	21. $(\overline{4+4}+6)$-eckiges 2.12-Flach (Hexakistetraeder) [Xα] (Tetraedr. Hemiedrie von 14.).

B') Unsymmetrische Polyeder.	**B) Unsymmetrische Polyeder.**

Symmetrieebenen: nicht vorhanden.

22'. $(\overline{4+4}+12)$-flächiges 12-Eck [XXVIII'] (Gyroidische Hemigonie von 21'. oder von 15'. oder von 17'., Gyroidische Tetartogonie von 14'.) (§ 44).	22. $(\overline{4+4}+12)$-eckiges 12-Flach (Tetraedrisches Pentagondodekaeder) [XXVIII]) Gyroidische Hemiedrie von 21., oder von 15. oder von 17., Gyroidische Tetartoedrie von 14.

Zweite Ordnung.

Die dreizähligen Axen sind nach den Eckpunkten eines regulären Pentagondodekaeders gerichtet.

Einzige Gruppe des $(12+20+30)$-flächigen 2.60-Ecks.	Einzige Gruppe des $(12+20+30)$-eckigen 2.60-Flachs (Diakishexekontaedergruppe).

Axen: 6 Paare von entgegengesetzt gerichteten, gleichen 5-zähligen Axen OG,

10 ,, ,, ,,	,, ,, 3- ,, ,, OC,
15 ,, ,, ,,	,, ,, 2- ,, ,, OB.

A') Vollzählige, symmetrische Polyeder.	**A) Vollzählige, symmetrische Polyeder.**

Gleicheckige Polyeder.	Gleichflächige Polyeder.

Symmetrieebenen: die Ebenen der 15 Hauptkreise b eines Netzes V
oder VII.

23′. Reguläres 20-flächiges 12-Eck (Reg. Ikosaeder) [V] (§ 12),	23. Reguläres 20-eckiges 12-Flach (Reg. Pentagondodekaeder) [VII],
24′. Reguläres 12-flächiges 20-Eck (Reg. Pentagondodekaeder) [VII] (§ 12),	24. Reguläres 12-eckiges 20-Flach (Reg. Ikosaeder) [V],
25′. $(12+20)$-flächiges 30-Eck [XX′] (§ 33),	25. $(12+20)$-eckiges 30-Flach (Rhombentriakontaeder) [XX],
26′. $(12+20)$-flächiges 12.5-Eck [XI′] (§ 21),	26. $(12+20)$-eckiges 12.5-Flach (Pentakisdodekaeder) [XI],
27′. $(20+12)$-flächiges 20.3-Eck [XIII′] (§ 23),	27. $(20+12)$-eckiges 20.3-Flach (Triakisikosaeder) [XIII],
28′. $(12+20+30)$-flächiges 60-Eck [XXII′] (§ 36),	28. $(12+20+30)$-eckiges 60-Flach (Deltoidhexekontaeder) [XXII],
29′. $(12+20+30)$-flächiges 2.60-Eck [XVI′] (§ 28).	29. $(12+20+30)$-eckiges 2.60-Flach (Diakishexekontaeder) [XVI].

B′) Gyroidisch-hemigonische, unsymmetrische Polyeder.	**B) Gyroidisch-hemiedrische, unsymmetrische Polyeder.**

Symmetrieebenen: nicht vorhanden.

30′. $(12+20+60)$-flächiges 60-Eck [XXVII′], Gyroid. Hemigonie von 29′. (§ 43).	30. $(12+20+60)$-eckiges 60-Flach (Pentagonhexekontaeder), [XXVII] Gyroid. Hemiedrie von 29.

4. Von den in vorstehender Zusammenstellung aufgeführten Polyedern kommen die regulären Polyeder und ausserdem die tetragonalen und die rhombischen Sphenoide 4. und 7. sowohl in der Reihe der gleicheckigen, als auch der gleichflächigen Körper vor; die Polyeder 4. und 7. sind also zugleich gleicheckige und gleichflächige, nicht aber auch — wie die regulären Körper — gleichkantige Polyeder.

Ferner können viele Polyeder als besondere Fälle von allgemeinen Polyedern angesehen und Beziehungen zwischen den verschiedenen Klassen und Gruppen gefunden werden. So ist das reguläre Tetraeder ein spezieller Fall der tetragonalen Sphenoide, welche selbst in den rhombischen Sphenoiden enthalten sind. Das reguläre Oktaeder ist — als gleicheckiges Polyeder betrachtet — ein besonderer Fall von 3′. für $p = 3$, dagegen als gleichflächiges Polyeder ein besonderer Fall von 1. für $n = 4$ (von dem tetragonalen Oktaeder). Entsprechend ist das reguläre Hexaeder als gleichflächiges Polyeder ein besonderer Fall von 3. für $p = 3$ (von dem Rhomboeder), als gleicheckiges Polyeder von 1. für $n = 4$ (einem quadratischen Prisma). Das reguläre Ikosaeder ist als gleicheckiges Polyeder ein besonderer Fall von 16'., das reguläre Pentagondodekaeder als gleichflächiges Polyeder ein besonderer Fall von 16. (dem symmetrischen Pentagondodekaeder), dies letztere ist in 22. enthalten u. s. f.

5. Die sog. Archimedeischen Polyeder stellen diejenigen besonderen Fälle der obigen Polyeder dar, bei welchen für die gleicheckigen Polyeder die Grenzflächen, für die gleichflächigen Polyeder die Ecken regulär sind. Die Eckpunkte der gleicheckigen Netze, denen die Archimedeischen Varietäten der gleicheckigen und der gleichflächigen Polyeder bez. ein- und umgeschrieben sind, sind die Mittelpunkte der den Grenzflächen des gleichflächigen Symmetrienetzes eingeschriebenen Kreise (vergl. Kap. III).

In der obigen Tabelle sind ausser den regulären Polyedern die unter 10'., 10. und 25'., 25. aufgeführten unmittelbar Archimedeische Polyeder; ausserdem giebt es für die unter den folgenden Nummern (und den accentuierten) aufgeführten Polyeder Archimedeische Varietäten:

Aus der ersten Hauptklasse 1. und 3.; aus der ersten Ordnung der zweiten Hauptklasse 11., 12., 13., 14., 15. (16. ergiebt 23.); 19.; aus der zweiten Ordnung: 26., 27., 28., 29., 30. Diese 13 Polyeder ergeben mit 10. und 25. die bekannten 15 Archimedeischen gleichflächigen, die mit den entsprechenden accentuierten Nummern versehen die 15 Archimedeischen gleicheckigen Polyeder[1]).

6. Als konjugierte Varietäten der gleicheckigen und gleichflächigen Polyeder werden (vergl. Kap. III) solche bezeichnet, für welche das entsprechende gleicheckige Netz

---

1) Vergl. Baltzer, Elemente der Mathem. Stereometrie § 6, 5 oder J. H. T. Müller, Trigonometrie 1852. S. 345.

seinem Symmetrienetze konjugiert ist, so dass die Eckpunkte des ersteren Netzes die Mittelpunkte der den Grenzflächen des Symmetrienetzes umgeschriebenen Kreise darstellen. Diese besonderen Varietäten der Polyeder sind also dadurch charakterisiert, dass bei den gleicheckigen Polyedern die Grenzflächen zugleich eine der umgeschriebenen konzentrische Kugel berühren, bei den gleichflächigen Polyedern die Eckpunkte zugleich auf einer der eingeschriebenen konzentrischen Kugel liegen. Jene Berührungspunkte und diese Eckpunkte sind die Eckpunkte des Symmetrienetzes.

Diese besonderen Fälle sind ausser für die regulären Polyeder und die Sphenoide 4., 7. für die unter den folgenden Nummern (und den accentuierten) aufgeführten Polyeder der obigen Tabelle möglich:

Aus der ersten Hauptklasse: 1., 3., 5., 6.; aus der ersten Ordnung der zweiten Hauptklasse: 11., 12., 14., 15. (16. ergiebt 23.); 19.; aus der zweiten Ordnung: 26., 27., 29., 30.; wobei die konjugierten Varietäten von 12. und 27. und ebenso von 12′. und 27′. nicht konvexe Polyeder sind (vergl. § 22 und § 23).

7. Bei allen gleicheckigen Polyedern mit festen Symmetrienetzen [vergl. die in obiger Zusammenstellung unter A′) aufgeführten] stellen die Grenzflächen Kombinationen von Ebenen dar, welche in den Eckpunkten zweier oder dreier konzentrischen regulären oder zweier regulären und eines der beiden festen gleicheckigen Netze die zugehörigen Kugeln berühren. Für die Polyeder der ersten Hauptklasse sind dies zwei parallele Ebenen in Verbindung mit den Ebenen eines oder zweier regulär-prismatischen Räume; bei den Polyedern der ersten Ordnung der zweiten Hauptklasse sind es Ebenen entweder je eines regulären Oktaeders und Hexaeders, oder zweier regulären Tetraeder, oder eines Oktaeders, eines Hexaeders und eines Rhombendodekaeders oder endlich zweier Tetraeder und eines Hexaeders; bei den Polyedern der zweiten Ordnung der zweiten Hauptklasse sind es entweder die Ebenen je eines regulären Ikosaeders und

Pentagondodekaeders oder die Ebenen dieser beiden Polyeder in Verbindung mit denen eines konzentrischen Triakontaeders.

Analog ergiebt sich für die gleichflächigen Polyeder mit festen Symmetrienetzen [vergl. die in obiger Zusammenstellung unter A) aufgeführten], dass deren Eckpunkte Kombinationen von den Eckpunkten zweier oder dreier konzentrischen regulären oder zweier regulären und eines der beiden festen gleicheckigen Netze darstellen. Für die Polyeder der ersten Hauptklasse sind dies die beiden Endpunkte der Hauptaxen in Verbindung mit den Eckpunkten eines oder zweier regulären n-Ecke; bei den Polyedern der ersten Ordnung der zweiten Hauptklasse sind es die Eckpunkte entweder je eines regulären Hexaeders und Oktaeders, oder zweier regulären Tetraeder, oder eines Hexaeders, eines Oktaeders und eines Kubooktaeders oder endlich zweier Tetraeder und eines Oktaeders; bei den Polyedern der zweiten Ordnung sind es entweder die Eckpunkte je eines regulären Pentagondodekaeders und eines Ikosaeders, oder die Eckpunkte dieser beiden Polyeder kombiniert mit denjenigen eines konzentrischen $(12 + 20)$-flächigen 30-Ecks.

Was die gleicheckigen Polyeder mit veränderlichen Symmetrienetzen anlangt [vergl. die in obiger Zusammenstellung unter B') und C') aufgeführten], so sind in der ersten Hauptklasse die Grenzflächen eine Kombination zweier parallelen Ebenen mit den Grenzflächen eines hemiedrischen gleichflächigen Polyeders mit veränderlichem Symmetrienetze; und zwar ist bei den Polyedern 3'. und 6'. dies gleichflächige Polyeder bez. eine bestimmte Varietät der entsprechenden Polyeder 3. und 6., bei den Polyedern 5'. dagegen eine bestimmte Varietät der Polyeder 3. In der zweiten Hauptklasse sind die Grenzflächen eine Kombination der Grenzflächen eines oder zweier regulären Polyeder mit denjenigen eines gleichflächigen hemiedrischen Polyeders mit veränderlichem Symmetrienetze. Dies gleichflächige Polyeder ist bei den Polyedern 15'., 16'., 22'. und 30'. bez. eine bestimmte Varietät der entsprechenden Polyeder 15., 16., 22. und 30., bei den Polyedern 17'. eine bestimmte Varietät der Polyeder 16.

Analog ergeben sich die Eckpunkte der gleichflächigen Polyeder mit veränderlichen Symmetrienetzen [vergl. Zusammenstellung unter **B**) und **C**)] als Kombinationen der beiden Endpunkte der Hauptaxen, oder der Eckpunkte eines oder zweier regulären Polyeder mit den Eckpunkten eines hemigonischen gleicheckigen Polyeders derselben Gruppe.

Hessel[1]) hat mit Rücksicht auf die im Vorstehenden hervorgehobenen Beziehungen die sämtlichen gleicheckigen Polyeder (erster Art) durch gerade und gleichmässige Abstumpfung der Ecken und Kanten der regulären Polyeder (einschliesslich der geraden Prismen mit regulären Endflächen) hergeleitet. Analog kann man die gleichflächigen Polyeder aus den regulären (und den regulären Doppelpyramiden) durch gleichmässige Verlängerung der Flächen- und der Kantenaxen erhalten. Auf diese Art der Herleitung werden wir im nächsten Kapitel noch zurückkommen.

8. Der Nachweis, dass in der That alle möglichen einfachen gleicheckigen Polyeder (und entsprechend die gleichflächigen) durch die in obiger Zusammenstellung aufgeführten gegeben sind, lässt sich einfach folgendermassen führen.

Zu jedem einfachen gleicheckigen Polyeder $\mathfrak{P}$ lässt sich ein zugehöriges Symmetrienetz konstruieren, indem man von einem beliebigen Punkte des Raumes Perpendikel auf die Innenseiten aller Grenzflächen fällt und durch je zwei benachbarte Perpendikel, welche auf zweien in einer Kante des Polyeders $\mathfrak{P}$ sich schneidenden Grenzflächen senkrecht stehen, Ebenen hindurchlegt. Beschreibt man nun um das gemeinschaftliche Centrum der sämtlichen auf diese Weise konstruierten Polarecken zu den Ecken des betrachteten Polyeders mit beliebigem Radius eine Kugel, so wird das durch die Ebenen dieser Polarecken auf der Kugelfläche erzeugte Netz gleichflächig sein und die Kugel einmal bedecken.

____

1) A. a. O.

Dies Netz muss also notwendig mit einem der im Kapitel III hergeleiteten einfachen gleichflächigen Netze übereinstimmen.

Aus der Beschaffenheit dieses Netzes folgt nun umgekehrt die Beschaffenheit und Anordnung der Ecken und Grenzflächen des Polyeders $\mathfrak{P}$, da die ebenen Winkel und die Flächenwinkel desselben die Supplemente bez. der sphärischen Winkel und der sphärischen Kanten des Symmetrienetzes sind. Da nun in einem gleichflächigen Netze höchstens drei verschiedene Systeme von sphärischen Ecken vorhanden sein können, deren Scheitel den Eckpunkten eines oder zweier regulären Netze, oder zweier regulären und eines festen gleicheckigen Netzes, mindestens aber denjenigen eines regulären Netzes entsprechen, so können bei einem gleicheckigen Polyeder auch nur höchstens drei verschiedene Systeme von Grenzflächen auftreten, welche auf den Eckradien dieser regulären Netze oder eines festen gleicheckigen Netzes senkrecht stehen. Ist das gleichflächige Netz ein veränderliches, so entsprechen die Scheitel des zweiten oder des dritten Systems von Ecken den Eckpunkten eines beweglichen (hemigonischen) gleicheckigen Netzes; das zweite oder das dritte System von Flächen des gleicheckigen Polyeders steht auf jenen Eckradien senkrecht.

In allen Fällen müssen aber diejenigen Grenzflächen des gleicheckigen Polyeders, welche auf den Eckradien des einen — sicher vorhandenen — regulären Netzes senkrecht stehen, einander kongruente reguläre oder halbregulär - gleicheckige Polygone sein. Denn da die sphärischen Ecken des Symmetrienetzes, deren Scheitel die Eckpunkte jenes regulären Netzes sind, regulär oder halbregulär sind, so folgt, dass die entsprechenden Grenzflächen des gleicheckigen Polyeders $\mathfrak{P}$ gleichwinklig sind und dass die Flächenwinkel an den Kanten einer Grenzfläche gleich oder abwechselnd gleich sein müssen. Nun sind aber ferner nach der Voraussetzung je zwei benachbarte Ecken des Polyeders entweder kongruent oder symmetrisch gleich, d. h. es sind für solche nicht nur die ebenen und Flächen-Winkel bezüglich gleich und auf gleiche Weise mit einander verbunden, sondern auch die homologen Kanten von gleicher Länge. Damit ergiebt sich denn, dass jene kongruenten Grenzflächen gleicheckig sein müssen, d. h., dass die Kanten entweder gleich oder abwechselnd gleich, die Polygone also regulär oder halbregulär-gleicheckig sein müssen.

Da sonach die sämtlichen Eckpunkte des gleicheckigen Polyeders auf den Ebenen der Grenzflächen eines regulären Polyeders (oder auf zwei parallelen Ebenen) als die Eckpunkte kongruenter gleicheckiger (oder speziell regulärer) Vielecke liegen, so folgt, dass der Mittelpunkt dieses regulären Polyeders von allen Eckpunkten gleichen Abstand hat, das gleicheckige Polyeder also einer Kugel eingeschrieben werden kann. Das ursprünglich konstruierte Symmetrienetz, dessen Mittelpunkt ein beliebiger Punkt des Raumes war, wird daher durch eine Verschiebung parallel mit sich, infolge deren dieser Mittelpunkt mit dem Mittelpunkt des regulären und zugleich des gleicheckigen Polyeders zusammenfällt, in eine solche Lage gebracht werden können, dass die Eckradien des Symmetrienetzes in den Mittelpunkten jener gleicheckigen Polygone auf den Grenzflächen senkrecht stehen. Das gleicheckige Polyeder stimmt also mit einem derjenigen überein, welche den gleicheckigen, dem Symmetrienetze zugeordneten Netzen eingeschrieben werden können.

§ 57. Anwendung auf die Theorie der räumlichen Winkelspiegel (Polyederkaleidoskope).

1. Zum Schlusse dieses Kapitels möge noch eine nicht uninteressante Anwendung auf die Theorie der räumlichen Winkelspiegel kurz behandelt werden[1]).

Bereits im § 18, 5. (vergl. auch § 5, 4.) wurde darauf hingewiesen, dass die Eckpunkte jeder regulären oder halb-

---

1) Vergl. eine Abhandlung des Verf.: Über ein Problem der Katoptrik, Sitzungsber. der Gesellsch. z. Bef. der ges. Naturw. zu Marburg, 1879, S. 7 bis 20, sowie eine Mitteilung: Über Polyederkaleidoskope, Ebenda 1882, S. 9 bis 12.

regulären Grenzfläche eines gleicheckigen Netzes, dessen Symmetrienetz ein festes ist, aus einem dieser Eckpunkte (z. B. P_1) als Spiegelbilder erhalten werden können, welche durch die vereinte Wirkung der spiegelnd zu denkenden Ebenen der beiden Hauptkreise, welche den Punkt P_1 einschliessen, erzeugt werden. Hieraus folgt, dass, wenn man die Ebenen aller Hauptkreise, welche die Grenzfläche eines festen gleichflächigen Netzes einschliessen, auf ihren Innenseiten als spiegelnd annimmt, die gesamten Eckpunkte eines diesem Netze als Symmetrienetz zugeordneten gleicheckigen Netzes durch einen passend im Innern jener Grenzfläche angenommenen Punkt P_1 und dessen durch die vereinte Wirkung dieser spiegelnden Ebenen erzeugten Spiegelbilder dargestellt werden.

Alle diejenigen räumlichen Winkelspiegel (d. h. drei- oder mehrflächige Ecken, deren Seitenflächen auf der Innenseite als spiegelnd angenommen werden), deren Kugelschnitt die Grenzfläche eines festen gleichflächigen Netzes ist, haben hiernach die Eigenschaft, dass die sämtlichen Spiegelbilder eines im Innern der Ecke angenommenen Punktes P_1 nebst dem Punkte P_1 selbst den Eckpunkten eines gleicheckigen (oder speziell regulären) Netzes oder Polyeders entsprechen. Ob der Punkt P_1 beliebig im Innern der Ecke oder auf einer Symmetrieebene derselben oder endlich nur auf einem Radiusvektor derselben angenommen werden kann, hängt von der Beschaffenheit der Ecke ab und ist mit Benutzung der in diesem und dem vorigen Kapitel gewonnenen Resultate immer leicht zu entscheiden.

Da die Seitenflächen jener Winkelspiegel den direkten Symmetrieebenen der festen gleichflächigen Netze der beiden Hauptklassen entsprechen, so kann man mit Hilfe der vier dreiflächigen Winkelspiegel, denen als Kugelschnitte die charakteristischen Dreiecke der festen Netze der ersten Hauptklasse, ferner der Hexakisoktaeder-, der Hexakistetraeder- und der Diakishexekontaedergruppe der zweiten Hauptklasse entsprechen, die Eckpunkte sämtlicher gleicheckigen Netze mit festen Symmetrienetzen auf die angegebene Weise erhalten. Es sind dies folgende vier dreiflächige Ecken, für welche die Zahl der Bilder $m-1$ ist, wenn das sphärische Dreieck, welches den Kugelschnitt der Ecke bildet, den m^{ten} Teil der Kugelfläche beträgt:

1. $A_1 = \dfrac{180^0}{p}$, $A_2 = A_3 = 90^0$; $\alpha_1 = \dfrac{180^0}{p}$, $\alpha_2 = \alpha_3 = 90^0$, $m = 4p$,

2. $A_1 = 45^0$, $A_2 = 60^0$, $A_3 = 90^0$; $\alpha_1 = 90^0 - \eta$, $\alpha_2 = 45^0$, $\alpha_3 = \eta$; $m = 48$,

3. $A_1 = 90^0$, $A_2 = A_3 = 60^0$; $\alpha_1 = 180^0 - 2\eta$, $\alpha_2 = \alpha_3 = \eta$; $m = 24$,

4. $A_1 = 36^0$, $A_2 = 60^0$, $A_3 = 90^0$; $\alpha_1 = \psi$, $\alpha_2 = \varphi$, $\alpha_3 = \chi$, $m = 120$.

Legt man senkrecht zum Radiusvektor eines innerhalb der spiegelnden Ecke befindlichen Punktes eine Ebene und bestimmt die dreieckige Schnittfigur derselben mit den Seitenflächen der Ecke, so stellen die $m-1$ Spiegelbilder eines solchen Dreiecks mit diesem zusammen die vollständige Oberfläche eines gleichflächigen Polyeders dar, wobei für besondere Lagen der Ebene sich zwei und mehrere Dreiecke zu einer Grenzfläche vereinigen können. Es lassen sich auf diese Weise die sämtlichen den angegebenen gleicheckigen Netzen mit festen Symmetrienetzen umgeschriebenen gleichflächigen Polyeder der beiden Hauptklassen (auch diejenigen höherer Art) mit Hilfe solcher Spiegel erzeugen, wenn ein passend ausgeschnittenes Dreieck in richtiger Lage in das Innere einer solchen Ecke gebracht wird.

Aber auch die zugehörigen gleicheckigen Polyeder, alle Kombinationsgestalten, sowie überhaupt die Oberfläche jedes Körpers, welchem die betreffenden Symmetrieebenen einer Gruppe zukommen (also auch die sphärischen Netze selbst), werden durch jene Spiegelapparate erzeugt, wenn man denjenigen Teil der Oberfläche eines solchen Körpers, welcher durch die Ebenen der Ecke ausgeschnitten wird, in passender Lage in dieselbe hineinbringt.

Versieht man hierbei das einzulegende Dreieck oder den entsprechenden Teil der Oberfläche mit einer Öffnung, so kann man in das Innere des Körpers hineinsehen und die Lage und den Verlauf der Flächen-, Ecken- und Kantenaxen, welche durch die Kanten der Ecke und deren Spiegelbilder dargestellt sind, sehr bequem verfolgen[1]).

---

1) Die drei unter 2. bis 4. angegebenen Winkelspiegel sind nach meinen Angaben von dem Optiker Herrn Dr. Krüss in Hamburg angefertigt und von mir in der Sitzung der Gesellsch. z. Bef. d. ges. Naturw. zu Marburg am 15. Februar 1882 vorgelegt und demonstriert worden. Vergl. Sitzungsber. von diesem Datum und Beiblätter zu den Annalen der Physik und Chemie. Bd. VI. 1882. S. 742.

Fünftes Kapitel.

Analytische Darstellung der gleichflächigen und der gleicheckigen Netze, sowie der zugehörigen Polyeder.

I) Netze und Polyeder der ersten Hauptklasse.

§ 58. Feste Netze VIII und VIII α) nebst den Netzen VIII$'$ und VIII$''$ und den zugehörigen Polyedern.

1. Zu einer einfachen und übersichtlichen Darstellung der in den vorhergehenden Kapiteln hergeleiteten und beschriebenen Netze, sowie auch der zugehörigen Polyeder gelangen wir, indem wir unter Zugrundelegung eines bestimmten Koordinatensystems die Hauptkreise und Eckpunkte dieser Netze durch analytische Ausdrücke repräsentieren. Als anzuwendendes Koordinatensystem bietet sich ein rechtwinkliges bei sämtlichen Gruppen beinahe von selbst dar; mitunter gewährt auch die Einführung von Polarkoordinaten Nutzen. Der Radius der Kugel wird, wie auch früher geschehen, immer durch r bezeichnet werden.

2. Was zunächst die Netze der ersten Hauptklasse anlangt, so erscheint es passend, die beiden entgegengesetzten Richtungen der Hauptaxen als die beiden Richtungen einer der Koordinatenaxen, z. B. der Z-Axe (und zwar als positive Z-Axe die von unten nach oben gehende) und daher die Ebene des Hauptäquators als XY-Ebene zu wählen. Die ZX-Ebene sei die Ebene eines der n durch die Endpunkte A und A' der Hauptaxen hindurchgehenden Hauptkreise, die von hinten nach vorn gerichtete Axe (OB_1 vergl. die Fig. 1 und 6) die positive X-Axe, die von links nach rechts gehende die positive Y-Axe; die YZ-Ebene wird nur für $n = 4p_1$ mit der Ebene eines Hauptkreises des regulären Zweiecksnetzes II zusammenfallen. Die Polar- (Äquator-) Ebene irgend eines Punktes (x_1, y_1, z_1) der Kugel:

1)
$$x^2 + y^2 + z^2 - r^2 = 0$$

wird alsdann bekanntlich durch:

1α)
$$x_1\, x + y_1\, y + z_1\, z = 0,$$

die Polarebene irgend eines Punktes $x_2,\, y_2,\, z_2$ des Raumes in Beziehung auf die Kugel durch

1β)
$$x_2\, x + y_2\, y + z_2\, z - r^2 = 0$$

dargestellt.

3. Die Ebenen der Hauptkreise eines Doppelpyramidennetzes VIII (§ 16), nämlich die Ebene des Hauptäquators a eines Netzes I und die Ebenen der n (bez. p) Hauptkreise eines Netzes II haben die Gleichungen:

2α)
$$\begin{cases} z = 0; \quad y = x\,tang\,l\,\dfrac{360^0}{n}, \quad l = 0, 1, 2, \ldots n-1, \\[2ex] bez.\ y = x\,tang\,l\,\dfrac{180^0}{p}, \quad l = 0, 1, 2, \ldots p-1, \end{cases}$$

während die beiden Eckpunkte $A,\, A'$ und die n auf dem Hauptäquator a liegenden Punkte durch die Gleichungen:

2β)
$$\begin{cases} x = 0 \\ y = 0 \\ z = \pm r; \end{cases} \quad \begin{cases} x_{l+1} = r\,cos\,l\,\dfrac{360^0}{n}, \\[2ex] y_{l+1} = r\,sin\,l\,\dfrac{360^0}{n}, \quad l = 0, 1, 2, \ldots n-1 \\[2ex] z_{l+1} = 0 \end{cases}$$

dargestellt sind.

Die Eckpunkte P eines zugeordneten Netzes VIII′, deren Poldistanz vom nächsten Punkte A früher (§ 16, Formeln 17) durch ε_a bezeichnet wurde, haben die Koordinaten:

2γ)
$$\begin{cases} x_{l+1} = r\,sin\,\varepsilon_a\,cos\,\dfrac{2l+1}{n}\,180^0, \\[2ex] y_{l+1} = r\,sin\,\varepsilon_a\,sin\,\dfrac{2l+1}{n}\,180^0, \\[2ex] z_{l+1} = \pm\,r\,cos\,\varepsilon_a; \end{cases}$$

die Ebenen der Seitenkanten sind durch die Gleichungen:

$$2\,\delta)\qquad\qquad y = x\,tang\,\frac{2l+1}{n}\,180^0,$$

die Ebenen der Endkanten durch die Gleichungen:

$$2\,\varepsilon)\quad x\,cos\,\frac{l+1}{n}\,360^0 + y\,sin\,\frac{l+1}{n}\,360^0 \mp z\,cos\,\frac{180^0}{n}\,tang\,\varepsilon_a = 0$$

repräsentiert. Die konjugierte und die Archimedeische Varietät entspricht bez. den Relationen:

$$2\,\zeta)\qquad cotg\,\varepsilon_a = cos\,\frac{180^0}{n}\quad\text{und}\quad cotg\,\varepsilon_a = sin\,\frac{180^0}{n}$$

[vergl. § 16, Formel 17β) und 17γ)].

4. Die End- und Seitenflächen des einem Netze VIII′ eingeschriebenen gleicheckigen Prisma [VIII′] haben bez. die Gleichungen:

$$2\,\eta)\quad\begin{cases} z = \pm\,r\,cos\,\varepsilon_a, \\[2mm] x\,cos\,l\,\dfrac{360^0}{n} + y\,sin\,l\,\dfrac{360^0}{n} - r\,cos\,\dfrac{180^0}{n}\,sin\,\varepsilon_a = 0; \end{cases}$$

die Pole dieser Ebenen, nämlich die Endpunkte der beiden Hauptaxen und die Scheitel der halbregulär-4-flächigen Randecken des dem Netze VIII′ umgeschriebenen gleichflächigen Polyeders [VIII] haben bez. die Koordinaten:

$$2\,\vartheta)\quad\begin{cases} x = 0, \\ y = 0, \\ z = \pm\,\dfrac{r}{cos\,\varepsilon_a}; \end{cases}\qquad\begin{cases} x = \dfrac{r}{sin\,\varepsilon_a\,cos\,\dfrac{180^0}{n}}\cdot cos\,l\,\dfrac{360^0}{n}, \\[4mm] y = \dfrac{r}{sin\,\varepsilon_a\,cos\,\dfrac{180^0}{n}}\cdot sin\,l\,\dfrac{360^0}{n}, \\[4mm] z = 0, \end{cases}$$

während die Gleichungen der Grenzflächen (der Berührungsebenen an den Punkten P) sind:

$$2\,\iota)\quad x\,cos\,\frac{2l+1}{n}\,180^0 + y\,sin\,\frac{2l+1}{n}\,180^0 \pm z\,cotg\,\varepsilon_a - \frac{r}{sin\,\varepsilon_a} = 0.$$

Die Abstände ϱ'_a und ϱ'_b der End- und der Seitenflächen des Polyeders [VIII′] vom Mittelpunkte, sowie die

Eckradien ϱ_a und ϱ_b der Scheitel- und der Randecken des Polyeders [VIII] bestimmen sich aus:

$$2\varkappa) \quad \left\{ \begin{aligned} \varrho'_a &= r\,\cos\varepsilon_a, \\ \varrho'_b &= r\,\cos\varepsilon_b = r\,\sin\varepsilon_a\,\cos\frac{180^0}{n}, \end{aligned} \right. \quad \left| \begin{aligned} \varrho_a &= \frac{r}{\cos\varepsilon_a}, \\ \varrho_b &= \frac{r}{\cos\varepsilon_b} = \frac{r}{\sin\varepsilon_a\,\cos\dfrac{180^0}{n}}, \end{aligned} \right.$$

$$\varrho_a \cdot \varrho_a' = \varrho_b \cdot \varrho'_b = r^2.$$

Die Länge der Kanten, die Neigungswinkel zweier Seitenflächen ergeben sich leicht mit Benutzung der Beziehungen 18a) und 18d) des § 17.

5. Für die Netze VIIIα) (§ 18) sind die analytischen Ausdrücke der Hauptkreisebenen und der Eckpunkte dieselben, wie die für die Netze VIII in 2α) und 2β) gegebenen, wenn $n = 2p$ gesetzt wird und in 2α) dem l die Werte $0, 1, 2 \ldots p - 1$ erteilt werden.

Was die beiden Gruppen von je $2p$ Eckpunkten eines zugeordneten Netzes VIII" anlangt, so werden dieselben, wenn (vergl. § 18, Formeln 19) die Poldistanz eines Punktes P mit ε_a bezeichnet wird und die Länge ϑ_a (d. h. der Winkel des Bogens AP mit dem in der ZX-Ebene liegenden Bogen AB_1) für den ersten Punkt P_1 der ersten Gruppe $\varkappa\dfrac{180^0}{p}$, für den ersten Punkt P_2 der zweiten Gruppe $\dfrac{2-\varkappa}{p}180^0$ beträgt, durch folgende Werte der Koordinaten bestimmt:

$$3\alpha) \quad \left\{ \begin{aligned} x_{2l+1} &= r\,\sin\varepsilon_a\,\cos\frac{2l+\varkappa}{p}180^0 \\ y_{2l+1} &= r\,\sin\varepsilon_a\,\sin\frac{2l+\varkappa}{p}180^0 \\ z_{2l+1} &= \pm\,r\,\cos\varepsilon_a, \end{aligned} \right.$$

$$3\alpha') \quad \left\{ \begin{aligned} x_{2l+2} &= r\,\sin\varepsilon_a\,\cos\frac{2l+2-\varkappa}{p}180^0 \\ y_{2l+2} &= r\,\sin\varepsilon_a\,\sin\frac{2l+2-\varkappa}{p}180^0 \\ z_{2l+2} &= \pm\,r\,\cos\varepsilon_a \end{aligned} \right. \qquad \begin{aligned} &0 < \varkappa < 1, \\ &l = 0, 1, 2, \ldots p - 1. \end{aligned}$$

Für $\varkappa = 0$ und für $\varkappa = 1$ stellt jede Gruppe die $2p$ Eckpunkte eines Netzes VIII$'$ (vergl. 2γ) dar, für $\varkappa = \frac{1}{2}$ resultieren die Eckpunkte eines Netzes VIII$'$ mit $4p$ Ecken.

Die beiden Gruppen der Ebenen der Seitenkanten haben zu Gleichungen:

$$3\beta) \qquad y = x\, tang \frac{2l + \varkappa}{p}\, 180^{0},$$

$$3\beta') \qquad y = x\, tang \frac{2l + 2 - \varkappa}{p}\, 180^{0},$$

während die beiden Gruppen der Endkanten durch die Gleichungen:

$$3\gamma) \quad x\cos\frac{l+1}{p}\, 360^{0} + y\sin\frac{l+1}{p}\, 360^{0} \mp z\cos\frac{\varkappa}{p}\, 180^{0}\, tang\,\varepsilon_a = 0,$$

$$3\gamma') \; x\cos\frac{2l+1}{p}\, 180^{0} + y\sin\frac{2l+1}{p}\, 180^{0} \mp z\cos\frac{1-\varkappa}{p}\, 180^{0}\, tang\,\varepsilon_a = 0$$

dargestellt sind.

6. Die beiden Endflächen, sowie die beiden Gruppen der Seitenflächen des einem Netze VIII$''$ eingeschriebenen gleicheckigen Polyeders [VIII$''$] haben bez. die Gleichungen:

$$3\delta) \qquad z = \pm\, r\cos\varepsilon_a = \pm\, \varrho'_a,$$

$$3\varepsilon) \qquad x\cos\frac{l+1}{p}\, 360^{0} + y\sin\frac{l+1}{p}\, 360^{0} - \varrho'_{b_1} = 0,$$

$$3\varepsilon') \quad x\cos\frac{2l+1}{p}\, 180^{0} + y\sin\frac{2l+1}{p}\, 180^{0} - \varrho'_{b_2} = 0,$$

wobei (vergl. § 18, Formel 19α):

$$3\zeta) \qquad \varrho'_{b_1} = r\cos\varepsilon_{b_1} = r\sin\varepsilon_a \cos\frac{\varkappa}{p}\, 180^{0},$$

$$3\zeta') \qquad \varrho'_{b_2} = r\cos\varepsilon_{b_2} = r\sin\varepsilon_a \cos\frac{1-\varkappa}{p}\, 180^{0}$$

gesetzt ist.

Die Pole der Ebenen $3\delta)$, $3\varepsilon)$, und $3\varepsilon')$, nämlich die Endpunkte der beiden Hauptaxen und die Scheitel der beiden Gruppen von halbregulär-4-flächigen Randecken des

dem Netze VIII″ umgeschriebenen gleichflächigen Polyeders
[VIII α] haben bez. die Koordinaten:

$$3\,\eta)\qquad \begin{cases} x = 0, \\ y = 0, \\ z = \pm\dfrac{r}{\cos\varepsilon_a} = \pm\varrho_a, \end{cases}$$

$$3\,\vartheta)\qquad \begin{cases} x = \varrho_{b_1}.\cos\dfrac{l+1}{p}\,360^0, \\[2mm] y = \varrho_{b_1}.\sin\dfrac{l+1}{p}\,360^0, \\[2mm] z = 0, \end{cases}$$

$$3\,\vartheta')\qquad \begin{cases} x = \varrho_{b_2}.\cos\dfrac{2l+1}{p}\,180^0, \\[2mm] y = \varrho_{b_2}.\sin\dfrac{2l+1}{p}\,180^0, \\[2mm] z = 0, \end{cases}$$

wobei

$$3\,\iota)\qquad \varrho_a . \varrho'_a = \varrho_{b_1} . \varrho'_{b_1} = \varrho_{b_2} . \varrho'_{b_2} = r^2$$

ist.

Die Gleichungen der beiden Gruppen von Grenzflächen,
welche in den Punkten P die Kugel berühren, sind endlich:

$$3\,\varkappa)\qquad x\cos\frac{2l+\varkappa}{p}\,180^0 + y\sin\frac{2l+\varkappa}{p}\,180^0 \pm z\,cotg\,\varepsilon_a - \frac{r}{sin\,\varepsilon_a} = 0,$$

$$3\,\varkappa')\quad x\cos\frac{2l+2-\varkappa}{p}\,180^0 + y\sin\frac{2l+2-\varkappa}{p}\,180^0 \pm z\,cotg\,\varepsilon_a - \frac{r}{sin\,\varepsilon_a} = 0,$$

welche durch Multiplikation mit $sin\,\varepsilon_a$ die sog. Normalform
erhalten.

7. Die Eckpunkte eines Netzes VIII″ gruppieren sich
einmal in Beziehung auf die Hauptaxen OA und OA' als
die Eckpunkte zweier gleicheckigen $(p+p)$-kantigen $2p$-
Ecke, welche für $p = 2p_1$ sich als Gegenfiguren entsprechen
(vergl. § 48, 3.).

In Beziehung auf eine zweizählige Queraxe, z. B. diejenige OB_1 der ersten Gruppe (§ 18, 2.) sind die Eckpunkte
eines Netzes VIII″ zu je vier, den Eckpunkten eines $(2+2)$-

kantigen $2 \cdot 2$-Ecks entsprechend, auf einem kleinen Kugelkreise mit dem sphärischen Mittelpunkte B angeordnet. Die sphärischen Radien ε'_{b_1}, ε''_{b_1}, $\varepsilon'''_{b_1} \ldots$ für einen Punkt B der ersten Gruppe, z. B. B_1 und diejenigen ε'_{b_2}, ε''_{b_2}, $\varepsilon'''_{b_2} \ldots$ für einen Punkt B (z. B. B_2) der zweiten Gruppe lassen sich leicht angeben. Man erhält:

$$3\lambda) \quad \begin{cases} \cos \varepsilon'_{b_1} = \sin \varepsilon_a \cos \dfrac{\varkappa}{p} 180^0, \\[2.5ex] \cos \varepsilon''_{b_1} = \sin \varepsilon_a \cos \dfrac{2-\varkappa}{p} 180^0, \\[2.5ex] \cos \varepsilon'''_{b_1} = \sin \varepsilon_a \cos \dfrac{2+\varkappa}{p} 180^0, \\[2.5ex] \cos \varepsilon^{(IV)}_{b_1} = \sin \varepsilon_a \cos \dfrac{4-\varkappa}{p} 180^0 \end{cases}$$

u. s. f.

und analog:

$$3\mu) \quad \begin{cases} \cos \varepsilon'_{b_2} = \sin \varepsilon_a \cos \dfrac{1-\varkappa}{p} 180^0, \\[2.5ex] \cos \varepsilon''_{b_2} = \sin \varepsilon_a \cos \dfrac{1+\varkappa}{p} 180^0, \\[2.5ex] \cos \varepsilon'''_{b_2} = \sin \varepsilon_a \cos \dfrac{3-\varkappa}{p} 180^0, \\[2.5ex] \cos \varepsilon^{(IV)}_{b_2} = \sin \varepsilon_a \cos \dfrac{3+\varkappa}{p} 180^0 \end{cases}$$

u. s. f.

Hieraus erhält man für $\varkappa = \frac{1}{2}$ die Gruppierung der Eckpunkte eines Netzes VIII' in Beziehung auf eine zweizählige Queraxe OB.

§ 59. Einführung der Ableitungskoeffizienten.

1. Die gleicheckigen Netze VIII' und VIII'' hängen ebenso, wie die ihnen ein- und umgeschriebenen gleicheckigen und gleichflächigen Polyeder für einen gewählten Wert von n oder p, die ersteren von einer Variabelen ε_a, die zweiten von zwei Variabelen ε_a und $\varkappa$ ab.

Wenn man umgekehrt bei einem gleicheckigen Polyeder [VIII$'$] den Abstand ϱ'_b der Seitenflächen unverändert, dagegen denjenigen ϱ'_a der Endflächen und damit auch r als veränderlich annimmt, d. h. wenn man:

$$4\,\alpha) \qquad \begin{cases} \varrho'_b = r\,\sin\varepsilon_a\cos\dfrac{180^0}{n} = b', \\[2ex] \varrho'_a = r\,\cos\varepsilon_a = b'.\,t, \end{cases}$$

setzt, so erhält man:

$$4\,\beta) \qquad t = \frac{\cotg\varepsilon_a}{\cos\dfrac{180^0}{n}}, \qquad r = b'\sqrt{\frac{1}{\cos^2\dfrac{180^0}{n}} + t^2},$$

wobei die reelle Variable t den sog. Ableitungskoeffizienten, d. h. das Verhältnis der Abstände einer End- und einer Seitenfläche vom Mittelpunkte bedeutet.

Wird bei dem polaren gleichflächigen Polyeder [VIII] entsprechend:

$$4\,\gamma) \qquad \begin{cases} \varrho_b = \dfrac{r}{\sin\varepsilon_a\cos\dfrac{180^0}{n}} = b, \\[3ex] \varrho_a = \dfrac{r}{\cos\varepsilon_a} = b.\tau \end{cases}$$

gesetzt, so ist:

$$4\,\delta) \qquad \tau = \frac{1}{t} = \lang\varepsilon_a\cos\frac{180^0}{n}, \qquad r = \frac{b\,\tau}{\sqrt{1 + \dfrac{\tau^2}{\cos^2\dfrac{180^0}{n}}}},$$

wo τ das Verhältnis einer Hauptaxe zu der Randeckenaxe angiebt.

2. Ebenso kann man bei einem gleicheckigen Polyeder [VIII$''$] den Abstand ϱ'_{b_1} der Seitenflächen der ersten Gruppe konstant, dagegen denjenigen ϱ'_{b_2} der Seitenflächen der zweiten Gruppe, sowie denjenigen ϱ'_a der Endflächen und damit auch r als variabel annehmen. Setzt man dementsprechend:

$$5\alpha)\quad\begin{cases}\varrho'_{b_1}=r\,\sin\varepsilon_a\,\cos\dfrac{\varkappa}{p}180^0=b',\\[2ex]\varrho'_{b_2}=r\,\sin\varepsilon_a\,\cos\dfrac{1-\varkappa}{p}180^0=b'.s,\\[2ex]\varrho'_{a}=r\,\cos\varepsilon_a=b'.t,\end{cases}$$

so erhält man die Relationen:

$$5\beta)\quad t=\frac{cotg\,\varepsilon_a}{\cos\dfrac{\varkappa}{p}180^0},\quad s=\frac{\cos\dfrac{1-\varkappa}{p}180^0}{\cos\dfrac{\varkappa}{p}180^0},\quad \frac{s}{t}=tang\,\varepsilon_a\cos\frac{1-\varkappa}{p}180^0,$$

$$5\gamma)\quad tang\,\frac{\varkappa}{p}180^0=\frac{s-\cos\dfrac{180^0}{p}}{\sin\dfrac{180^0}{p}},\quad tang\,\frac{1-\varkappa}{p}180^0=\frac{1-s.\cos\dfrac{180^0}{p}}{s.\sin\dfrac{180^0}{p}},$$

$$5\delta)\quad tang\,\varepsilon_a=\frac{\sqrt{1-2s\cos\dfrac{180^0}{p}+s^2}}{t.\sin\dfrac{180^0}{p}},$$

$$5\varepsilon)\quad r=\frac{b'}{\sin\dfrac{180^0}{p}}\sqrt{t^2\sin^2\frac{180^0}{p}+1-2s\cos\frac{180^0}{p}+s^2}.$$

Für das polare gleichflächige Polyeder erhält man, wenn entsprechend

$$5\zeta)\quad\begin{cases}\varrho_{b_1}=\dfrac{r}{\sin\varepsilon_a\cos\dfrac{\varkappa}{p}180^0}=b,\\[3ex]\varrho_{b_2}=\dfrac{r}{\sin\varepsilon_a\cos\dfrac{1-\varkappa}{p}180^0}=b.\sigma,\\[3ex]\varrho_{a}=\dfrac{r}{\cos\varepsilon_a}=b.\tau\end{cases}$$

gesetzt wird:

$$5\eta)\quad \tau=\frac{1}{t}=tang\,\varepsilon_a\,cos\frac{\varkappa}{p}\,180^0,\quad \sigma=\frac{1}{s}=\frac{cos\dfrac{\varkappa}{p}\,180^0}{cos\dfrac{1-\varkappa}{p}\,180^0}\,,$$

$$5\vartheta)\quad tang\frac{\varkappa}{p}\,180^0=\frac{1-\sigma\,.\,cos\dfrac{180^0}{p}}{\sigma\,.\,sin\dfrac{180^0}{p}}\,,\quad tang\frac{1-\varkappa}{p}\,180^0=\frac{\sigma-cos\dfrac{180^0}{p}}{sin\dfrac{180^0}{p}}\,,$$

$$5\iota)\quad tang\,\varepsilon_a=\tau\,\frac{\sqrt{1-2\,\sigma\,cos\dfrac{180^0}{p}+\sigma^2}}{\sigma\,.\,sin\dfrac{180^0}{p}}\,,$$

$$5\varkappa)\quad r=b\,.\,sin\frac{180^0}{p}\,.\,\frac{\sigma\,\tau}{\sqrt{\tau^2\left(\sigma^2-2\,\sigma\,cos\dfrac{180^0}{p}+1\right)+\sigma^2\,sin^2\dfrac{180^0}{p}}}\,.$$

Die Variable s $\left(cos\dfrac{180^0}{p}<s<\dfrac{1}{cos\dfrac{180^0}{p}}\right)$ giebt für ein

gleicheckiges Polyeder [VIII''] das Verhältnis der beiden
Seitenflächenaxen (also das Mass der Abstumpfung) an,
wenn dies Polyeder durch gleichmässige und gerade Abstumpfung der Seitenkanten aus einem Polyeder [VIII'] hergeleitet wird, die Variable σ giebt für das gleichflächige
Polyeder [VIII α)] das Verhältnis der beiden Randeckenaxen
an. Für $s=1$ oder für $\sigma=1$ resultiert dem Werte $\varkappa=\frac{1}{2}$
entsprechend ein Polyeder [VIII'] oder [VIII].

3. Die Elemente eines gleicheckigen Netzes VIII''
(oder speziell eines VIII') lassen sich hiernach in einfacher
Weise durch die Variabeln t und s ausdrücken. So erhält
man für die Koordinaten der Eckpunkte (vergl. 3α):

$$6\,\alpha)\quad\begin{cases} x_{2l+1} = \dfrac{b'}{\sin\dfrac{180^0}{p}}\left(\sin\dfrac{2l+1}{p}180^0 - s\,.\,\sin\dfrac{2l}{p}180^0\right), \\[2em] y_{2l+1} = \dfrac{b'}{\sin\dfrac{180^0}{p}}\left(s\,.\,\cos\dfrac{2l}{p}180^0 - \cos\dfrac{2l+1}{p}180^0\right), \\[2em] z_{2l+1} = \pm\,b'\,.\,t; \end{cases}$$

$$6\,\alpha')\quad\begin{cases} x_{2l+2} = \dfrac{b'}{\sin\dfrac{180^0}{p}}\left(s\,.\,\sin\dfrac{2l+2}{p}180^0 - \sin\dfrac{2l+1}{p}180^0\right), \\[2em] y_{2l+2} = \dfrac{b'}{\sin\dfrac{180^0}{p}}\left(\cos\dfrac{2l+1}{p}180^0 - s\,.\,\cos\dfrac{2l+2}{p}180^0\right), \\[2em] z_{2l+2} = \pm\,b'\,.\,t. \end{cases}$$

Fasst man t und s als die rechtwinkligen Koordinaten eines Punktes einer Ebene auf, so sind jedem Punkte t, s je $2\,.\,2p$ Punkte der Kugel zugeordnet. Lässt man hingegen einem Punkte t_1, s_1 nur einen dieser $2\,.\,2p$ Punkte, z. B. den dem Werte $l=0$ zugehörigen Punkt P_1 entsprechen, so erhält man eine eindeutige Abbildung des gleicheckigen Netzes VIII'' auf die Ebene der t, s. Setzt man dem entsprechend:

$$6\,\beta)\quad\begin{cases} x = b', \\[1.5em] y = \dfrac{b'}{\sin\dfrac{180^0}{p}}\left(s - \cos\dfrac{180^0}{p}\right), \\[2em] z = b'\,.\,t, \end{cases}$$

so dass:

$$6\,\gamma)\qquad x:y:z = 1 : \dfrac{s - \cos\dfrac{180^0}{p}}{\sin\dfrac{180^0}{p}} : t$$

ist, so ergeben sich die Koordinaten sämtlicher Eckpunkte der Abbildung in folgender Weise aus denjenigen t_1, s_1 des abgebildeten Punktes P_1:

$$6\,\delta)\quad\begin{cases} t_{2\,l+1}=\pm\dfrac{t_1\cdot sin\dfrac{180^0}{p}}{sin\dfrac{2\,l+1}{p}180^0-s_1\cdot sin\dfrac{2\,l}{p}180^0}\,,\\[3em] s_{2\,l+1}=\dfrac{sin\dfrac{2\,l}{p}180^0-s_1\cdot sin\dfrac{2\,l-1}{p}180^0}{sin\dfrac{2\,l+1}{p}180^0-s_1\cdot sin\dfrac{2\,l}{p}180^0}\,; \end{cases}$$

$$6\,\delta')\quad\begin{cases} t_{2\,l+2}=\pm\dfrac{t_1\cdot sin\dfrac{180^0}{p}}{s_1\cdot sin\dfrac{2\,l+2}{p}180^0-sin\dfrac{2\,l+1}{p}180^0}\,,\\[3em] s_{2\,l+2}=\dfrac{s_1\cdot sin\dfrac{2\,l+1}{p}180^0-sin\dfrac{2\,l}{p}180^0}{s_1\cdot sin\dfrac{2\,l+2}{p}180^0-sin\dfrac{2\,l+1}{p}180^0}\,. \end{cases}$$

Dem Punkte A (und A') des Symmetrienetzes entspricht der unendlich ferne Punkt der T-Axe, dem Hauptäquator a die S-Axe: $t=0$. Den Punkten B_1, $B_2\ldots$ entsprechen die Punkte:

$$6\,\varepsilon)\quad\begin{cases} t=0\,,\\[1em] s=\dfrac{cos\dfrac{1-l}{p}180^0}{cos\dfrac{l}{p}180^0}\,, \end{cases}$$

und den Seitenkanten des Symmetrienetzes die Parallelen zur T-Axe:

$$6\,\zeta)\qquad s=\dfrac{cos\dfrac{1-l}{p}180^0}{cos\dfrac{l}{p}180^0}\,.$$

Den beiden Gruppen der Seitenkanten des Netzes VIII″ [vergl. $3\,\beta)$, $3\,\beta')$] entsprechen die beiden Gruppen von Geraden:

$$6\,\eta)\qquad s=s_{2\,l+1}\ \text{und}\ s=s_{2\,l+2}\,,$$

[vergl. 6δ)] und die den beiden Gruppen der Endkanten [vergl. 3γ), $3\gamma'$)] entsprechenden Geraden sind durch die Gleichungen:

$$6\vartheta) \quad s \cdot \sin \frac{2l+1}{p} 180^0 \mp \frac{s_1}{t_1} \cdot t \cdot \sin \frac{180^0}{p} - \sin \frac{2l}{p} 180^0 = 0,$$

$$6\vartheta') \quad s \cdot \sin \frac{2l+2}{p} 180^0 \mp \frac{1}{t_1} \cdot t \cdot \sin \frac{180^0}{p} - \sin \frac{2l+1}{p} 180^0 = 0$$

dargestellt.

Für $s_1 = 1$ geben diese Formeln 6) die Eckpunkte und Geraden der Abbildung eines Netzes VIII' an.

Auf weitere Eigenschaften dieser ebenen Abbildungen soll hier nicht eingegangen werden; es genüge, noch darauf hinzuweisen, dass jedem Punkt einer solchen Ebene eine Gerade entspricht, welche die Polare desselben in Beziehung auf die den Kernkegelschnitt des Polarsystems bildende imaginäre Ellipse:

$$6\iota) \quad \left(s - \cos \frac{180^0}{p} \right)^2 + t^2 \sin^2 \frac{180^0}{p} + \sin^2 \frac{180^0}{p} = 0$$

darstellt.

§ 60. Veränderliche Netze der ersten Hauptklasse.

A) Netze XXIV und XXIV' nebst den zugehörigen Polyedern.

1. Die beiden Scheitelpunkte, sowie die Endkanten eines hauptaxigen Deltoidnetzes XXIV (vergl. § 39 und § 48, 5.) stimmen mit denjenigen eines Netzes VIII für $n = 2p$ überein. Die Ebenen der oberen und der unteren Endkanten sind bez. durch die Gleichungen:

$$7\alpha) \qquad\qquad y = x \, tang \, 2l \frac{180^0}{p},$$

$$7\alpha') \qquad\qquad y = x \, tang \, (2l+1) \frac{180^0}{p}$$

dargestellt; je zwei solcher Hauptkreise, für welche die Faktoren des $\frac{180^0}{p}$ um p differieren, gehören derselben Ebene an.

Die Eckpunkte des Kronrandes, welche eine Hemigonie eines prismatischen $(2 + 2p)$-flächigen $4p$-Ecks bilden, haben und zwar bez. die oberen und die unteren folgende Koordinaten:

$$7\,\beta)\qquad\begin{cases} x_{2\,l+1} = r\,\sin\varepsilon_a\,\cos\dfrac{2\,l}{p}\,180^0, \\[2ex] y_{2\,l+1} = r\,\sin\varepsilon_a\,\sin\dfrac{2\,l}{p}\,180^0, \\[2ex] z_{2\,l+1} = r\,\cos\varepsilon_a; \end{cases}$$

$$7\,\beta')\qquad\begin{cases} x_{(2\,l+2)} = r\,\sin\varepsilon_a\,\cos\dfrac{2\,l+1}{p}\,180^0, \\[2ex] y_{(2\,l+2)} = r\,\sin\varepsilon_a\,\sin\dfrac{2\,l+1}{p}\,180^0, \\[2ex] z_{(2\,l+2)} = -\,r\,\cos\varepsilon_a. \end{cases}$$

Die Ebenen der oberen bez. unteren Randkanten, welche je einen Punkt des oberen (bez. unteren) mit dem benachbarten des unteren (bez. oberen) Randes verbinden, haben die Gleichungen:

$$7\,\gamma)\quad -x\,\sin\frac{4\,l+1}{p}\,90^0 + y\,\cos\frac{4\,l+1}{p}\,90^0 + z\,\operatorname{tang}\varepsilon_a\,\sin\frac{90^0}{p} = 0,$$

$$7\,\gamma')\quad x\,\sin\frac{4\,l+3}{p}\,90^0 - y\,\cos\frac{4\,l+3}{p}\,90^0 + z\,\operatorname{tang}\varepsilon_a\,\sin\frac{90^0}{p} = 0.$$

2. Die Eckpunkte P des zugeordneten Netzes XXIV′, deren Poldistanz ε'_a beträgt, wobei [vergl. Formel $56\,\eta)$, § 39] die Relation: $\operatorname{tang}\varepsilon_a\,\operatorname{tang}\varepsilon'_a = \dfrac{1}{\sin^2\dfrac{90^0}{p}}$ besteht, haben und zwar bez. die oberen und die unteren die Koordinaten:

$$7\,\delta)\qquad\begin{cases} x'_{2\,l+1} = r\,\sin\varepsilon'_a\,\cos\dfrac{2\,l+1}{p}\,180^0, \\[2ex] y'_{2\,l+1} = r\,\sin\varepsilon'_a\,\sin\dfrac{2\,l+1}{p}\,180^0, \\[2ex] z'_{2\,l+1} = r\,\cos\varepsilon'_a; \end{cases}$$

$$7\,\delta')\quad
\begin{cases}
x'_{(2l+2)} = r\,\sin\varepsilon'_a\,\cos\dfrac{2l+2}{p}\,180^0,\\[2ex]
y'_{(2l+2)} = r\,\sin\varepsilon'_a\,\sin\dfrac{2l+2}{p}\,180^0,\\[2ex]
z'_{(2l+2)} = -\,r\,\cos\varepsilon'_a.
\end{cases}$$

Die Ebenen der oberen und unteren Kanten des konjugierten Kronrandes sind durch die Gleichungen:

$$7\,\varepsilon)\quad -x\,\sin\frac{4l+3}{p}\,90^0 + y\,\cos\frac{4l+3}{p}\,90^0 + z\,\tang\varepsilon'_a\,\sin\frac{90^0}{p} = 0,$$

$$7\,\varepsilon')\quad x\,\sin\frac{4l+1}{p}\,90^0 - y\,\cos\frac{4l+1}{p}\,90^0 + z\,\tang\varepsilon'_a\,\sin\frac{90^0}{p} = 0$$

dargestellt, in welchen der Koeffizient des z auch durch $\dfrac{cotg\,\varepsilon_a}{\sin\dfrac{90^0}{p}}$ ersetzt werden kann; die Ebenen der Endkanten, welche die beiden regulären Endflächen einschliessen, haben und zwar bez. die oberen und die unteren die Gleichungen:

$$7\,\zeta)\quad x\,\cos\frac{2l+2}{p}\,180^0 + y\,\sin\frac{2l+2}{p}\,180^0 - z\,\tang\varepsilon'_a\,\cos\frac{180^0}{p} = 0,$$

$$7\,\zeta')\quad x\,\cos\frac{2l+1}{p}\,180^0 + y\,\sin\frac{2l+1}{p}\,180^0 + z\,\tang\varepsilon'_a\,\cos\frac{180^0}{p} = 0.$$

Aus den Gleichungen $7\,\alpha)$ bis $7\,\zeta)$ ergeben sich mit Leichtigkeit die in § 48, 5. u. 6. erörterten Lagebeziehungen; ebenso auch die besonderen Beziehungen für die in § 39 [vergl. die Formeln $56\,\gamma)$, $56\,\delta)$, $56\,\vartheta)$, $56\,\iota)$] bestimmten Varietäten der Netze XXIV und XXIV'. Für $p = 2$ resultieren die Beziehungen für das Netz XIV eines tetragonalen Sphenoids.

3. Die beiden Endflächen des einem Netze XXIV' eingeschriebenen gleichflächigen Polyeders [XXIV'] stimmen mit denjenigen eines Polyeders [VIII'] [vergl. $2\,\eta)$, § 58] überein; die Seitenflächen sind durch folgende beiden Systeme von Gleichungen in der Normalform dargestellt:

$$7\,\eta)\quad x\,\sin\varepsilon_a\,\cos\frac{2l+2}{p}\,180^0 + y\,\sin\varepsilon_a\,\sin\frac{2l+2}{p}\,180^0 + z\,\cos\varepsilon_a - \varrho'_d = 0,$$

$7\eta'$) $x \sin \varepsilon_a \cos \dfrac{2l+1}{p} 180^0 + y \sin \varepsilon_a \sin \dfrac{2l+1}{p} 180^0 - z \cos \varepsilon_a - \varrho'_d = 0,$

wobei [vergl. Formel $56\,\eta$) in § 39]:

$7\,\vartheta$) $\varrho'_d = r \cos \varepsilon'_d = \dfrac{r \cos \varepsilon_a \cos \varepsilon'_a}{tang^2 \dfrac{90^0}{p}} = r \sin \varepsilon_a \sin \varepsilon'_a \cos^2 \dfrac{90^0}{p}$

ist.

Die Pole dieser Ebenen, nämlich die Scheitel der gleichschenklig-dreiflächigen Randecken des dem Netze XXIV′ umgeschriebenen gleichflächigen Polyeders [XXIV] haben die Koordinaten:

$7\,\iota$)
$$\begin{cases} x = \varrho_d \cdot \sin \varepsilon_a \cos \dfrac{2l+2}{p} 180^0, \\[2mm] y = \varrho_d \cdot \sin \varepsilon_a \sin \dfrac{2l+2}{p} 180^0, \\[2mm] z = \varrho_d \cdot \cos \varepsilon_a; \end{cases}$$

$7\,\iota'$)
$$\begin{cases} x = \varrho_d \cdot \sin \varepsilon_a \cos \dfrac{2l+1}{p} 180^0, \\[2mm] y = \varrho_d \cdot \sin \varepsilon_a \sin \dfrac{2l+1}{p} 180^0, \\[2mm] z = - \varrho_d \cdot \cos \varepsilon_a, \end{cases}$$

wobei

$7\,\varkappa$)
$$\varrho_d = \frac{r^2}{\varrho'_d}$$

ist; während die Gleichungen der Grenzflächen (der Berührungsebenen an den Eckpunkten P) durch:

$7\,\lambda$) $x \sin \varepsilon'_a \cos \dfrac{2l+1}{p} 180^0 + y \sin \varepsilon'_a \sin \dfrac{2l+1}{p} 180^0 + z \cos \varepsilon'_a - r = 0,$

$7\,\lambda'$) $x \sin \varepsilon'_a \cos \dfrac{2l+2}{p} 180^0 + y \sin \varepsilon'_a \sin \dfrac{2l+2}{p} 180^0 - z \cos \varepsilon'_a - r = 0$

dargestellt sind.

Aus diesen Gleichungen ergeben sich auch sofort die einfachen Beziehungen, welche zwischen diesem und dem durch die Ebenen 7η) und $7\eta'$) bestimmten gleichflächigen Polyeder bestehen.

4. Führt man mit Rücksicht auf die Entstehung eines Polyeders [XXIV′] als Hemigonie eines Polyeders [VIII′] und eines Polyeders [XXIV] als Hemiedrie eines Polyeders [VIII] für die dem Netze XXIV′ ein- und umgeschriebenen Polyeder die Ableitungskoeffizienten $t′$ und $\tau′$ (vergl. § 51) ein, so erhält man die Relationen:

$$7\,\mu)\quad
\begin{cases}
\varrho′_a = r\cos\varepsilon′_a = b′\,t′,\\[2mm]
b′ = r\sin\varepsilon′_a\cos\dfrac{90^0}{p} = \dfrac{r\cos\varepsilon′_a}{t′},\\[3mm]
\varrho′_d = b′\sin\varepsilon_a\cos\dfrac{90^0}{p} = b′\,t′\cos\varepsilon_a\,cotg^2\dfrac{90^0}{p}\\[3mm]
\qquad = \dfrac{b′\,t′\cos^2\dfrac{90^0}{p}}{\sqrt{\sin^4\dfrac{90^0}{p} + t′^{\,2}\cos^2\dfrac{90^0}{p}}},\\[6mm]
t′ = tang\,\varepsilon_a\,\dfrac{\sin^2\dfrac{90^0}{p}}{\cos\dfrac{90^0}{p}} = \dfrac{cotg\,\varepsilon′_a}{\cos\dfrac{90^0}{p}};
\end{cases}$$

$$7\,\mu′)\quad
\begin{cases}
\varrho_a = \dfrac{r}{\cos\varepsilon′_a} = b\,\tau′,\\[3mm]
b = \dfrac{r}{\sin\varepsilon′_a\cos\dfrac{90^0}{p}} = \dfrac{r}{\tau′\cos\varepsilon′_a},\\[4mm]
\varrho_d = \dfrac{b}{\sin\varepsilon_a\cos\dfrac{90^0}{p}} = \dfrac{b\,\tau′\,tang^2\dfrac{90^0}{p}}{\cos\varepsilon_a}\\[4mm]
\qquad = \dfrac{b\,\sqrt{\tau′^{\,2}\sin^4\dfrac{90^0}{p} + \cos^2\dfrac{90^0}{p}}}{\cos^2\dfrac{90^0}{p}},\\[6mm]
\tau′ = cotg\,\varepsilon_a\,\dfrac{\cos\dfrac{90^0}{p}}{\sin^2\dfrac{90^0}{p}} = tang\,\varepsilon′_a\cos\dfrac{90^0}{p}.
\end{cases}$$

Werden die Ableitungskoeffizienten für das gleicheckige Polyeder, dessen Eckpunkte die Scheitel der Randecken des gleichflächigen Polyeders [XXIV] sind [vergl. ·7 ι) und 7 ι')] und für das gleichflächige Polyeder, welches durch die Seitenflächen des gleicheckigen Polyeders [XXIV′] eingeschlossen wird [vergl. 7 η) und 7 η')] bez. durch t und τ bezeichnet, so resultieren die Beziehungen:

$$7\,\nu)\quad \begin{cases} \varrho'_{a_1} = \varrho_d\,\cos\varepsilon_a = r\,\dfrac{tang^2\,\dfrac{90^0}{p}}{\cos\varepsilon'_a} = b\,t = b\,\tau'\,tang^2\,\dfrac{90^0}{p}, \\[4mm] \varrho'_{d_1} = r = b\,\tau'\,\cos\varepsilon'_a, \\[4mm] t = tang\,\varepsilon'_a\,\dfrac{sin^2\,\dfrac{90^0}{p}}{\cos\dfrac{90^0}{p}} = \dfrac{cotg\,\varepsilon_a}{\cos\dfrac{90^0}{p}}; \end{cases}$$

$$7\,\nu')\quad \begin{cases} \varrho_{a_1} = \dfrac{\varrho'_d}{\cos\varepsilon_a} = r\,\cos\varepsilon'_a\,cotg^2\,\dfrac{90^0}{p} = b'\,\tau = b'\,t'\,cotg^2\,\dfrac{90^0}{p}, \\[4mm] \varrho_{d_1} = r = \dfrac{b'\,t'}{\cos\varepsilon'_a}, \\[4mm] \tau = cotg\,\varepsilon'_a\,\dfrac{\cos\dfrac{90^0}{p}}{sin^2\,\dfrac{90^0}{p}} = tang\,\varepsilon_a\,\cos\dfrac{90^0}{p}\cdot \end{cases}$$

Die projektivisch-involutorische Verwandtschaft der beiden Punktgruppen, welche durch die Eckpunkte der beiden konjugierten Ränder gebildet werden, wird durch die Relation:

$$7\,\xi)\qquad\qquad t\,t' = tang^2\,\dfrac{90^0}{p},$$

ebenso diejenige der beiden Gruppen von Ebenen, welche durch die Grenzflächen 7 η) bis 7 η') und 7 λ) bis 7 λ') gebildet werden, durch die Relation:

$$7\,\xi')\qquad\qquad \tau\,\tau' = cotg^2\,\dfrac{90^0}{p}$$

ausgedrückt.

Die beiden Punkte $\begin{cases} t = \pm\, tang\, \dfrac{90^0}{p}, \\ s = 1 \end{cases}$ sind die Doppel-

punkte der Verwandtschaft.

§ 61.

B) Netze XVIII und XVIII′ nebst den zugehörigen Polyedern.

1. Die Elemente eines Skalenoedernetzes XVIII (vergl. § 30 und § 48, 5. u. 6.) stimmen mit denjenigen eines Netzes XXIV überein; da die die Endkanten bildenden Hauptkreise vollständig ausgezogen sind, so fällt der Unterschied der oberen und unteren Endkanten [vergl. § 60, Formeln 7α) und 7α')] fort und die Ebenen der Endkanten sind durch die Gleichungen:

$$8\alpha) \qquad y = x\, tang\, l_1\, \frac{180^0}{p_1}, \quad l_1 = 0, 1, 2 \ldots 2p_1 - 1,$$

dargestellt, wenn die Zahl der Flächen eines Netzes XVIII, wie früher, $2 . 2p_1$ beträgt. In den Formeln 7β), 7β') des § 60 ist daher auch p durch p_1 zu ersetzen.

2. Was die Eckpunkte P eines diesem Netze XVIII zugeordneten gleicheckigen Netzes XVIII′, nämlich eines sog. unterbrochen-kronrandigen $(2 + 2p_1)$-flächigen $2 . 2p_1$-Ecks anlangt, so zerfallen sowohl die oberen, wie die unteren Eckpunkte in zwei Gruppen, für welche sich, wenn (vergl. § 30, Formeln 36ζ)

$$8\beta) \qquad\qquad\qquad \vartheta'_a = \varkappa'\, \frac{90^0}{p_1}$$

gesetzt wird, die Koordinaten ergeben:

$$8\gamma_1) \quad \begin{cases} x'_{4l+1} = r\, sin\, \varepsilon'_a\, cos\, \dfrac{4l + \varkappa'}{p_1}\, 90^0, \\[2mm] y'_{4l+1} = r\, sin\, \varepsilon'_a\, sin\, \dfrac{4l + \varkappa'}{p_1}\, 90^0, \\[2mm] z'_{4l+1} = r\, cos\, \varepsilon'_a; \end{cases}$$

$$8\,\gamma'_1)\quad
\begin{cases}
x'_{4l+2} = r\,\sin\varepsilon'_a\,\cos\dfrac{4l+2-\varkappa'}{p_1}\,90^0,\\[2ex]
y'_{4l+2} = r\,\sin\varepsilon'_a\,\sin\dfrac{4l+2-\varkappa'}{p_1}\,90^0,\\[2ex]
z'_{4l+2} = r\,\cos\varepsilon'_a\,;
\end{cases}$$

$$8\,\gamma_2)\quad
\begin{cases}
x'_{(4l+3)} = r\,\sin\varepsilon'_a\,\cos\dfrac{4l+2+\varkappa'}{p_1}\,90^0,\\[2ex]
y'_{(4l+3)} = r\,\sin\varepsilon'_a\,\sin\dfrac{4l+2+\varkappa'}{p_1}\,90^0,\\[2ex]
z'_{(4l+3)} = -\,r\,\cos\varepsilon'_a\,;
\end{cases}$$

$$8\,\gamma'_2)\quad
\begin{cases}
x'_{(4l+4)} = r\,\sin\varepsilon'_a\,\cos\dfrac{4l+4-\varkappa'}{p_1}\,90^0,\\[2ex]
y'_{(4l+4)} = r\,\sin\varepsilon'_a\,\sin\dfrac{4l+4-\varkappa'}{p_1}\,90^0,\\[2ex]
z'_{(4l+4)} = -\,r\,\cos\varepsilon'_a\,.
\end{cases}$$

Dabei sind die beiden Systeme der rechten und der linken Ecken diejenigen, deren Scheitel bez. die Koordinaten $8\,\gamma_1)$, $8\,\gamma_2)$ und $8\,\gamma'_1)$, $8\,\gamma'_2)$ haben.

Die Ebenen der oberen und unteren Kanten des konjugierten (unterbrochenen) Kronrandes stimmen mit denen des Netzes XXIV′ überein; ihre Gleichungen sind diejenigen $7\,\varepsilon)$ und $7\,\varepsilon')$ des § 60, wenn in denselben p_1 statt p und ε''_a statt ε'_a geschrieben wird, wobei [vergl. Formel $36\,\iota)$ und $36\,\varkappa)$ in § 30]

$$8\,\delta)\qquad \tan\varepsilon'_a\,\sin\vartheta'_a = \tan\varepsilon''_a\,\sin\dfrac{90^0}{p_1}$$

und

$$8\,\delta')\quad \tan\varepsilon_a\,\tan\varepsilon'_a = \cfrac{1}{\sin\vartheta'_a\,\sin\dfrac{90^0}{p_1}} = \cfrac{1}{\sin\varkappa'\,\dfrac{90^0}{p_1}\,\sin\dfrac{90^0}{p_1}}$$

ist.

Die Ebenen der Endkanten, welche die beiden halbregulären Endflächen einschliessen, sind durch die Systeme der Gleichungen:

$$8\,\varepsilon)\quad x\,\cos\dfrac{4l+1}{p_1}\,90^0 + y\,\sin\dfrac{4l+1}{p_1}\,90^0 \mp z\,\tan\varepsilon'_a\,\cos\dfrac{1-\varkappa'}{p_1}\,90^0 = 0,$$

$$8\,\varepsilon') \quad x\cos\frac{4\,l+2}{p_1}\,90^{0}+y\sin\frac{4\,l+2}{p_1}\,90^{0}\mp z\,tang\,\varepsilon'_a\cos\frac{1+\varkappa'}{p_1}\,90^{0}=0$$

dargestellt, wobei das obere Vorzeichen dem oberen, das untere dem unteren Parallelkreise entspricht.

3. Die Darstellung eines Netzes XVIII′ als eine bestimmte Hemigonie eines Netzes VIII″ für $p=2\,p_1$ ist unmittelbar in den obigen Formeln $8\,\gamma)$ [vergl. $3\,\alpha)$ und $3\,\alpha')$ in § 58] enthalten, wobei ε'_a dem früher gebrauchten ε_a und $\varkappa'$ dem $\varkappa$ entspricht.

Die Gleichungen der Grenzflächen eines gleicheckigen Polyeders [XVIII′], welches einem Netze XVIII′ eingeschrieben ist, sowie diejenigen der Grenzflächen und die Koordinaten der Eckpunkte des gleichflächigen Polyeders [XVIII], welches jenem Netze umgeschrieben werden kann, folgen ohne Schwierigkeit aus den unter $8\,\gamma)$ gegebenen Werten.

Für den Abstand ϱ'_d der Seitenflächen des eingeschriebenen gleicheckigen Polyeders erhält man:

$$8\,\zeta) \quad \varrho'_d=r\cos\varepsilon'_d=r\sin\varepsilon_a\sin\varepsilon'_a\cos\frac{90^{0}}{p_1}\cos\varkappa'\frac{90^{0}}{p_1},$$

während der Eckradius ϱ_d der vierflächigen Randecken des umgeschriebenen Skalenoeders sich aus:

$$8\,\zeta') \qquad \varrho_d=\frac{r^{2}}{\varrho'_d}$$

bestimmt.

4. Durch Einführung der Ableitungskoeffizienten lassen sich die Beziehungen zwischen den Netzen XVIII und XVIII′ und ebenso zwischen den entsprechenden Polyedern ebenfalls in einfacher Weise darstellen und nach den in § 59 gegebenen Regeln auch die Abbildungen jener Netze auf die Ebene der t, s bestimmen. Es möge genügen, hier die wichtigsten Relationen aufzuführen.

Es sei

$$8\,\eta) \qquad t=\frac{cotg\,\varepsilon_a}{cos\dfrac{90^{0}}{p_1}},\quad \tau=\frac{1}{t},$$

$$8\,\eta') \quad t' = \frac{cotg\,\varepsilon'_a}{cos\,\dfrac{\varkappa'}{p_1}\,90^0}, \quad s' = \frac{cos\,\dfrac{1-\varkappa'}{p_1}\,90^0}{cos\,\dfrac{\varkappa'}{p_1}\,90^0}, \quad \tau' = \frac{1}{t'}, \quad \sigma' = \frac{1}{s'},$$

$$8\,\eta'') \quad t'' = \frac{cotg\,\varepsilon''_a}{cos\,\dfrac{90^0}{p_1}}, \quad \tau'' = \frac{1}{t''},$$

wobei ε_a die Poldistanz der Randeckpunkte des gleichflächigen Netzes, ε'_a diejenige der Eckpunkte des (unterbrochenen) Randes des gleicheckigen Netzes und ε''_a die Poldistanz der Eckpunkte bedeutet, welche die Schnittpunkte je zweier benachbarten Randkanten des gleicheckigen Netzes sind und wiederum einen Kronrand bilden. Dann ergeben sich leicht die Beziehungen:

$$8\,\vartheta) \quad \begin{cases} \varrho'_a = r\,cos\,\varepsilon'_a = b'\,t', \\[2em] \varrho'_d = r\,cos\,\varepsilon'_d = \dfrac{b'\,t'\,cos\,\dfrac{90^0}{p_1}}{\sqrt{t'^2 + \left(s' - cos\,\dfrac{90^0}{p_1}\right)^2}}; \end{cases}$$

$$8\,\vartheta') \quad \begin{cases} \varrho_a = \dfrac{r}{cos\,\varepsilon'_a} = b\,\tau', \\[2em] \varrho_d = \dfrac{r}{cos\,\varepsilon'_d} = b\,\dfrac{\sqrt{\sigma'^2 + \tau'^2\left(1 - \sigma'\,cos\,\dfrac{90^0}{p_1}\right)^2}}{\sigma'\,cos\,\dfrac{90^0}{p_1}}. \end{cases}$$

Die Verwandtschaftsgleichung für die projektivisch-involutorische Beziehung, welche zwischen den den Koeffizienten t und t'' entsprechenden Punktsystemen (und den den Koeffizienten τ und τ'' entsprechenden Ebenensystemen) stattfindet, lautet:

$$8\,\iota) \qquad t\,t'' = \frac{1}{\tau\,\tau''} = tang^2\,\frac{90^0}{p_1}$$

[vergl. 36$\varkappa$) in § 30]; die Doppelpunkte sind die beiden Punkte $t = \pm\,tang\,\dfrac{90^0}{p_1}$, $s = 1$, während

$$8\,\varkappa)\qquad tt' = \frac{1}{\tau\,\tau'} = tang\,\frac{90^0}{p_1}\,tang\,\varkappa'\,\frac{90^0}{p_1} = \frac{s' - cos\,\dfrac{90^0}{p_1}}{cos\,\dfrac{90^0}{p_1}}$$

ist. Diese letztere Gleichung stellt in der Abbildung den durch den Punkt C_1 der Ebene der $t,\,s$, dessen Koordinaten

$$\begin{cases} t' = 0 \\ s' = cos\,\dfrac{90^0}{p_1} \end{cases} \text{sind, hindurchgehenden Strahl } C_1\,P_1 \text{ dar.}$$

Für das gleicheckige Polyeder, dessen Eckpunkte die Scheitel der Randecken des gleichflächigen Polyeders [XVIII] sind, und für das gleichflächige Polyeder, welches durch die Seitenflächen des eingeschriebenen gleicheckigen Polyeders [XVIII′] eingeschlossen wird, erhält man:

$$8\,\lambda)\qquad \varrho'_{a_1} = \varrho_d\,cos\,\varepsilon_a = b\,t, \quad \varrho_{a_1} = \frac{\varrho'_d}{cos\,\varepsilon_a} = b'\,\tau.$$

§ 62.

**C) Netze XXV und XXV′ nebst den zugehörigen
Polyedern.**

1. Die Systeme der oberen und der unteren Endkanten eines hauptaxigen Trapezoidnetzes XXV (vergl. § 40 und § 48, 8.) werden durch die Gleichungen:

$$9\,\alpha)\qquad\qquad y = x\,tang\,\frac{2\,l}{p}\,180^0,$$

$$9\,\alpha')\qquad\qquad y = x\,tang\,\frac{2\,l + 2\,\varkappa}{p}\,180^0$$

dargestellt; die Eckpunkte des Sägerandes, welche eine (gyroidische) Hemigonie eines prismatischen $(2 + \overline{p + p})$-flächigen $2.\,2\,p$-Ecks bilden, haben und zwar bez. die oberen und die unteren Eckpunkte folgende Koordinaten:

$$9\,\beta)\qquad \begin{cases} x_{2\,l+1} = r\,sin\,\varepsilon_a\,cos\,\dfrac{2\,l}{p}\,180^0, \\[2ex] y_{2\,l+1} = r\,sin\,\varepsilon_a\,sin\,\dfrac{2\,l}{p}\,180^0, \\[2ex] z_{2\,l+1} = r\,cos\,\varepsilon_a; \end{cases}$$

$$9\,\beta')\quad\begin{cases} x_{(2\,l+2)} = r\,\sin\varepsilon_a\,\cos\dfrac{2\,l+2\,\varkappa}{p}\,180^0, \\[2mm] y_{(2\,l+2)} = r\,\sin\varepsilon_a\,\sin\dfrac{2\,l+2\,\varkappa}{p}\,180^0, \\[2mm] z_{(2\,l+2)} = -\,r\,\cos\varepsilon_a. \end{cases}$$

Diese Werte ergeben sich aus denjenigen für die Eckpunkte des vollzähligen Netzes VIII′′′, wenn in den Formeln 3 α) und 3 α′) des § 58 die Länge um einen Winkel von $\dfrac{\varkappa}{p}\,180^0$ vermindert und $\varkappa$ statt $1-\varkappa$ geschrieben wird.

Für die Ebenen der beiden Gruppen von Randkanten erhält man die Gleichungen:

$$9\,\gamma)\quad -x\,\sin\frac{2\,l+\varkappa}{p}\,180^0 + y\,\cos\frac{2\,l+\varkappa}{p}\,180^0 + z\,\tan\varepsilon_a\,\sin\frac{\varkappa}{p}\,180^0 = 0,$$

$$9\,\gamma')\quad x\,\sin\frac{2\,l+\varkappa+1}{p}\,180^0 - y\,\cos\frac{2\,l+\varkappa+1}{p}\,180^0$$
$$+ z\,\tan\varepsilon_a\,\sin\frac{1-\varkappa}{p}\,180^0 = 0.$$

Die Formeln 9 β), 9 β′) und 9 γ), 9 γ′) gehen für $\varkappa = \tfrac{1}{2}$ bez. in diejenigen 7 β), 7 β′) und 7 γ), 7 γ′) des § 60 über.

2. Die Eckpunkte P des zugeordneten Netzes XXV′, deren Poldistanz ε'_a beträgt und bei welchen der Punkt P_1 die Länge $\dfrac{180^0}{p}$ hat, wobei [vergl. Formel 57 ϑ) des § 40]

die Relation:

$$\tan\varepsilon_a\,\tan\varepsilon'_a = \frac{1}{\sin\dfrac{\varkappa}{p}\,180^0\,\sin\dfrac{1-\varkappa}{p}\,180^0}$$

besteht, haben und zwar bez. die oberen und unteren Eckpunkte die Koordinaten:

$$9\,\delta)\quad\begin{cases} x'_{2\,l+1} = r\,\sin\varepsilon'_a\,\cos\dfrac{2\,l+1}{p}\,180^0, \\[2mm] y'_{2\,l+1} = r\,\sin\varepsilon'_a\,\sin\dfrac{2\,l+1}{p}\,180^0, \\[2mm] z'_{2\,l+1} = r\,\cos\varepsilon'_a; \end{cases}$$

$$9\,\delta')\quad\begin{cases} x'_{(2l+2)} = r\,\sin\varepsilon'_a\,\cos\dfrac{2\,l+2\,\varkappa+1}{p}\,180^0, \\[2mm] y'_{(2l+2)} = r\,\sin\varepsilon'_a\,\sin\dfrac{2\,l+2\,\varkappa+1}{p}\,180^0, \\[2mm] z'_{(2l+2)} = -\,r\,\cos\varepsilon'_a. \end{cases}$$

Die Ebenen der **oberen** und der **unteren** Kanten des konjugierten Sägerandes haben die Gleichungen:

$$9\,\varepsilon)\quad -x\,\sin\dfrac{2l+\varkappa+1}{p}180^0 + y\,\cos\dfrac{2l+\varkappa+1}{p}180^0 + z\,\operatorname{tang}\varepsilon'_a\,\sin\dfrac{\varkappa}{p}180^0 = 0$$

$$9\,\varepsilon')\quad x\,\sin\dfrac{2l+\varkappa}{p}180^0 - y\,\cos\dfrac{2l+\varkappa}{p}180^0 + z\,\operatorname{tang}\varepsilon'_a\,\sin\dfrac{1-\varkappa}{p}180^0 = 0$$

hierin können die Koeffizienten des z auch bez. durch

$$\dfrac{\cot g\,\varepsilon_a}{\sin\dfrac{1-\varkappa}{p}180^0} \quad\text{und durch}\quad \dfrac{\cot g\,\varepsilon_a}{\sin\dfrac{\varkappa}{p}180^0} \quad\text{ersetzt werden.}$$

Die Ebenen der oberen und unteren **Endkanten**, welche die beiden regulären Endflächen einschliessen, sind durch die Gleichungen:

$$9\,\zeta)\quad x\,\cos\dfrac{2l+2}{p}180^0 + y\,\sin\dfrac{2l+2}{p}180^0 - z\,\operatorname{tang}\varepsilon'_a\,\cos\dfrac{180^0}{p} = 0,$$

$$9\,\zeta')\quad x\,\cos\dfrac{2l+2\varkappa}{p}180^0 + y\,\sin\dfrac{2l+2\varkappa}{p}180^0 + z\,\operatorname{tang}\varepsilon'_a\,\cos\dfrac{180^0}{p} = 0$$

dargestellt.

Auch diese Formeln $9\,\delta)$ bis $9\,\zeta')$ gehen für $\varkappa = \tfrac{1}{2}$ in die entsprechenden $7\,\delta)$ bis $7\,\zeta')$ des § 60 über.

Die Koordinaten der Eckpunkte $9\,\delta)$, $9\,\delta')$ folgen auch aus den Werten für die Eckpunkte eines vollzähligen Netzes VIII'', wenn in den Formeln $3\,\alpha)$, $3\,\alpha')$ die Länge um den Winkel $\dfrac{1-\varkappa}{p}180^0$ vermehrt und ε'_a statt ε_a, sowie $\varkappa$ statt $1-\varkappa$ geschrieben wird.

Alle in § 48, 8. hervorgehobenen Lagebeziehungen können aus den Gleichungen $9\,\alpha)$ bis $9\,\zeta')$ hergeleitet werden; für $p = 2$ resultieren die Beziehungen für das Netz XVII eines rhombischen Sphenoides.

3. Die Gleichungen der Grenzflächen eines gleicheckigen Polyeders [XXV′], welches einem Netze XXV′ eingeschrieben ist, ferner diejenigen der Grenzflächen und die Koordinaten der Eckpunkte des jenem Netze umgeschriebenen gleichflächigen Polyeders [XXV] lassen sich ebenfalls ohne Schwierigkeit aus den unter 9 δ), 9 δ′) gegebenen Werten herleiten.

Der Abstand ϱ'_d der Seitenflächen des Polyeders [XXV′], sowie der Eckradius ϱ_d der dreiflächigen Randecken des Polyeders [XXV] ergiebt sich aus:

$$9\,\eta)\quad \varrho'_d = \frac{r^2}{\varrho_d} = r\cos\varepsilon'_d = r\sin\varepsilon_a\,\sin\varepsilon'_a\,\cos\frac{\varkappa}{p}90^0\,\cos\frac{1-\varkappa}{p}90^0.$$

4. Endlich können auch die Beziehungen zwischen den Netzen XXV und XXV′ und ebenso zwischen den entsprechenden Polyedern durch Einführung der Ableitungskoeffizienten in einfacher Weise dargestellt und die ebenen Abbildungen jener Netze (vergl. § 59) bestimmt werden.

Wählt man wiederum, wie bei den Netzen VIII″, als ZX-Ebene die Ebene des Hauptkreises AC_1 (Fig. 23 α und 23 δ), so sind die rechtwinkligen Koordinaten der konjugierten Pole $\mathfrak{D}_1$ und P_1 bez. [vergl. 3 α) § 58]:

$$9\,\vartheta)\quad
\begin{cases}
x_1 = r\sin\varepsilon_a\cos\dfrac{2\,l+\varkappa}{p}180^0,\\[2ex]
y_1 = r\sin\varepsilon_a\cos\dfrac{2\,l+\varkappa}{p}180^0,\\[2ex]
z_1 = r\cos\varepsilon_a;
\end{cases}$$

$$9\,\vartheta')\quad
\begin{cases}
x'_1 = r\sin\varepsilon'_a\cos\dfrac{2\,l+1-\varkappa}{p}180^0,\\[2ex]
y'_1 = r\sin\varepsilon'_a\sin\dfrac{2\,l+1-\varkappa}{p}180^0,\\[2ex]
z'_1 = r\cos\varepsilon'_a.
\end{cases}$$

Setzt man daher [vergl. 5 β) bis 5 δ) in § 59]

$$9\,\iota)\quad t = \frac{1}{\tau} = \frac{\cot g\,\varepsilon_a}{\cos\dfrac{\varkappa}{p}180^0},\qquad
s = \frac{1}{\sigma} = \frac{\cos\dfrac{1-\varkappa}{p}180^0}{\cos\dfrac{\varkappa}{p}180^0},$$

$$9\,\iota')\quad t' = \frac{1}{\tau'} = \frac{cotg\,\varepsilon'_a}{cos\dfrac{1-\varkappa}{p}180^0}\,,\quad s' = \frac{1}{\sigma'} = \frac{cos\dfrac{\varkappa}{p}180^0}{cos\dfrac{1-\varkappa}{p}180^0} = \frac{1}{s} = \sigma,$$

so ist:

$$9\varkappa)\quad \left\{ \begin{aligned} &\varrho'_a = r\,cos\,\varepsilon'_a = b'\,t',\\[2mm] &\varrho'_d = r\,cos\,\varepsilon'_d = b'\,t'\,cos\,\varepsilon_a\,cotg\frac{\varkappa}{p}180^0\,cotg\frac{1-\varkappa}{p}180^0\\[2mm] & = \frac{b'\,t'.s.sin^2\dfrac{180^0}{p}}{\sqrt{\left(1-2s\,cos\dfrac{180^0}{p}+s^2\right)t'^2 sin^2\dfrac{180^0}{p}+\left(1-s\,cos\dfrac{180^0}{p}\right)^2\!\left(s-cos\dfrac{180^0}{p}\right)}} \end{aligned} \right.$$

$$9\varkappa')\quad \left\{ \begin{aligned} &\varrho_\alpha = \frac{r}{cos\,\varepsilon_a} = b\,\tau',\\[2mm] &\varrho_d = \frac{r}{cos\,\varepsilon'_d} = \frac{b\,\tau'}{cos\,\varepsilon_a}\,tang\frac{\varkappa}{p}180^0\,tang\frac{1-\varkappa}{p}180^0\\[2mm] & = \frac{b\sqrt{\left(1-2\sigma\,cos\dfrac{180^0}{p}+\sigma^2\right)\sigma^2 sin^2\dfrac{180^0}{p}+\tau'^2\!\left(\sigma-cos\dfrac{180^0}{p}\right)^2\!\left(1-\sigma\,cos\dfrac{180^0}{p}\right)}}{\sigma\,sin^2\dfrac{180^0}{p}} \end{aligned} \right.$$

Die Steinersche Verwandtschaft, welche zwischen je einem Punkte $\mathfrak{D}_1$ und P_1 besteht, wird durch je zwei der drei Relationen [vergl. Formel 57 ϑ) des § 40] charakterisiert:

$$9\lambda)\qquad\qquad ss' - 1 = 0,$$

$$9\mu)\quad tt'\,sin^2\frac{180^0}{p} - \left(s - cos\frac{180^0}{p}\right)\left(s' - cos\frac{180^0}{p}\right) = 0,$$

$$9\nu)\quad tt'\,sin^2\frac{180^0}{p} - \left(1 - s\,cos\frac{180^0}{p}\right)\left(1 - s'\,cos\frac{180^0}{p}\right) = 0.$$

Für $s = s'$, $t = t'$ stellen diese drei Gleichungen die drei Linienpaare dar, welche durch die vier Basispunkte der Verwandtschaft hindurchgehen. Diesen drei Linienpaaren der Abbildung entsprechen die drei Paare von Hauptkreisen, welche durch die Mittelpunkte T_1, T_2, T_3, T_4 der vier Kreise gehen, welche dem Hauptdreieck AC_1C_2 und den drei Nebendreiecken desselben eingeschrieben sind.

Die Gleichungen dieser Linienpaare (oder Hauptkreispaare) werden:

$9\,\lambda')$
$$s^2 - 1 = 0,$$

$9\,\mu')$
$$t^2 \sin^2 \frac{180^0}{p} - \left(s - \cos \frac{180^0}{p}\right)^2 = 0,$$

$9\,\nu')$
$$t^2 \sin^2 \frac{180^0}{p} - \left(1 - s \cos \frac{180^0}{p}\right)^2 = 0;$$

oder:

$9\,\lambda'')$
$$\begin{cases} T_1\,T_2 \ldots s - 1 = 0, \\ T_3\,T_4 \ldots s + 1 = 0, \end{cases}$$

$9\,\mu'')$
$$\begin{cases} T_1\,T_3 \ldots t \sin \dfrac{180^0}{p} - s + \cos \dfrac{180^0}{p} = 0, \\[2mm] T_2\,T_4 \ldots t \sin \dfrac{180^0}{p} + s - \cos \dfrac{180^0}{p} = 0, \end{cases}$$

$9\,\nu'')$
$$\begin{cases} T_1\,T_4 \ldots t \sin \dfrac{180^0}{p} + s \cos \dfrac{180^0}{p} - 1 = 0, \\[2mm] T_2\,T_3 \ldots t \sin \dfrac{180^0}{p} - s \cos \dfrac{180^0}{p} + 1 = 0; \end{cases}$$

während die vier Basispunkte T_1, T_2, T_3, T_4 und die drei
Hauptpunkte A, C_1, C_2 durch die Koordinatenwerte:

$9\,\varrho)$
$$\left\{ \begin{array}{c|c} T_1 \begin{cases} t = tang \dfrac{90^0}{p} \\[2mm] s = 1 \end{cases} & T_2 \begin{cases} t = - tang \dfrac{90^0}{p} \\[2mm] s = 1 \end{cases} \\[8mm] \hline \\ T_3 \begin{cases} t = - cotg \dfrac{90^0}{p} \\[2mm] s = -1 \end{cases} & T_4 \begin{cases} t = cotg \dfrac{90^0}{p} \\[2mm] s = -1 \end{cases} \end{array} \right.$$

und

$9\,\sigma)$
$$A \begin{cases} t = \infty \\ s \end{cases} \quad C_1 \begin{cases} t = 0 \\[2mm] s = \cos \dfrac{180^0}{p} \end{cases} \quad C_2 \begin{cases} t = 0 \\[2mm] s = \dfrac{1}{\cos \dfrac{180^0}{p}} \end{cases}$$

dargestellt werden. Die entsprechenden Werte für ε_a, ε'_a,
$\varkappa$ und für die rechtwinkligen Koordinaten der Basis- und

Hauptpunkte auf der Kugel ergeben sich leicht aus den obigen Formeln.

5. Für den Abstand ϱ'_{a_1} der Endflächen des gleicheckigen Polyeders, dessen Eckpunkte die Scheitel der Randecken des der Kugel umgeschriebenen Polyeders [XXV] sind, und für die Hauptaxe ϱ_{a_1} des gleichflächigen Polyeders, welches durch die Seitenflächen des der Kugel eingeschriebenen Polyeders [XXV'] gebildet wird, ergiebt sich:

$$9\,\tau) \qquad \varrho'_{a_1} = \varrho_d \cdot cos\,\varepsilon_a = b\,t; \quad \varrho_{a_1} = \frac{\varrho'_d}{cos\,\varepsilon_a} = b'\,\tau.$$

6. Zum Schlusse sei noch darauf hingewiesen, dass das Netz VIII'' alle gleicheckigen Netze dieser ersten Hauptklasse als besondere Fälle oder als Hemigonieen in sich enthält. Es können daher auch die — für die Betrachtungen des letzten Kapitels wichtigen — Eigenschaften der vollständigen Figuren aller dieser Netze, sowie der ein- und umgeschriebenen Polyeder aus den Eigenschaften der vollständigen Figur dieses Netzes VIII'' hergeleitet werden.

IIa) Netze und Polyeder der zweiten Hauptklasse erster Ordnung.

§ 63. Analytische Relationen für die Gruppe des Hexakisoktaedernetzes.

1. Das Hexakisoktaedernetz XV, welches, wie früher angegeben wurde (§ 27 und § 49, 1.), in einfacher Weise die sämtlichen festen gleichflächigen Netze dieser Gruppe in sich enthält, wird durch die drei Hauptkreise a_1, a_2, a_3 und die sechs Hauptkreise $b_1 \ldots b_6$ gebildet. Wählen wir die drei aufeinander senkrecht stehenden Ebenen der Hauptkreise a zu Koordinatenebenen, also die Eckenaxen des Oktaedernetzes zu Koordinatenaxen, und zwar als positive Z-Axe die von unten nach oben, als positive X-Axe die von hinten nach vorn und als positive Y-Axe die von links nach rechts gerichtete, so erhalten wir als Gleichungen der Hauptkreise a und b die folgenden (vergl. Fig. 3):

$$10\,\alpha)\qquad \begin{cases} a_1 \ldots z = 0, \\ a_2 \ldots x = 0, \\ a_3 \ldots y = 0; \end{cases}$$

$$10\,\beta)\qquad \begin{cases} b_1 \ldots x + z = 0, \\ b_2 \ldots y + z = 0, \\ b_3 \ldots x + y = 0, \\ b_4 \ldots -y + z = 0, \\ b_5 \ldots -x + z = 0, \\ b_6 \ldots \;\; x - y = 0; \end{cases}$$

während die Koordinaten der Punkte A, C, B bezüglich dargestellt werden durch:

$$10\,\alpha')\qquad A_1\begin{cases} x = 0, \\ y = 0, \\ z = r, \end{cases} \quad A_2\begin{cases} x = r, \\ y = 0, \\ z = 0, \end{cases} \quad A_3\begin{cases} x = 0, \\ y = r, \\ z = 0; \end{cases}$$

$$10\,\gamma')\qquad \begin{aligned} &C_1\begin{cases} x = + \\ y = + \\ z = + \end{cases}\frac{r}{\sqrt{3}}, \quad C_2\begin{cases} x = + \\ y = - \\ z = + \end{cases}\frac{r}{\sqrt{3}}, \\[2ex] &C_3\begin{cases} x = - \\ y = + \\ z = + \end{cases}\frac{r}{\sqrt{3}}, \quad C_4\begin{cases} x = - \\ y = - \\ z = + \end{cases}\frac{r}{\sqrt{3}}; \end{aligned}$$

$$10\,\beta')\qquad \begin{aligned} &B_1\begin{cases} x = \dfrac{r}{\sqrt{2}}, \\ y = 0, \\ z = \dfrac{r}{\sqrt{2}}, \end{cases} \quad B_2\begin{cases} x = 0, \\ y = \dfrac{r}{\sqrt{2}}, \\ z = \dfrac{r}{\sqrt{2}}, \end{cases} \quad B_3\begin{cases} x = \dfrac{r}{\sqrt{2}}, \\ y = \dfrac{r}{\sqrt{2}}, \\ z = 0, \end{cases} \\[3ex] &B_4\begin{cases} x = 0, \\ y = -\dfrac{r}{\sqrt{2}}, \\ z = \dfrac{r}{\sqrt{2}}, \end{cases} \quad B_5\begin{cases} x = -\dfrac{r}{\sqrt{2}}, \\ y = 0, \\ z = \dfrac{r}{\sqrt{2}}, \end{cases} \quad B_6\begin{cases} x = \dfrac{r}{\sqrt{2}}, \\ y = -\dfrac{r}{\sqrt{2}}, \\ z = 0, \end{cases} \end{aligned}$$

wobei selbstverständlich den Gegenpunkten jedesmal die entgegengesetzt gleichen Werte für die Koordinaten zukommen.

2. Die Hauptkreise a und b sind bez. die Äquatoren zu den Punkten A und B, während den Punkten C als Äquatoren die vier Hauptkreise c [welche das Kubooktaedernetz XIX' (§ 32) bilden] (vergl. Fig. 28):

$$10\gamma) \quad \begin{cases} c_1 \ldots B_4\,B_5\,B_6 \ldots & x+y+z=0, \\ c_2 \ldots B_2\,B_3\,B_5 \ldots & x-y+z=0, \\ c_3 \ldots B_1\,B_3\,B_4 \ldots & -x+y+z=0, \\ c_4 \ldots B_1\,B_2\,B_6 \ldots & -x-y+z=0 \end{cases}$$

entsprechen.

Die Ebenen dieser Hauptkreise c sind parallel zu den Grenzflächen eines regulären Oktaeders, welches dem Netze IV ein- oder dem Netze VI (§ 8 und § 11) umgeschrieben ist; die Grenzflächen dieser beiden Oktaeder haben die Gleichungen:

$$10\gamma'') \qquad \pm x \pm y \pm z - r = 0$$

und

$$10\gamma''') \qquad \pm x \pm y \pm z - r\sqrt{3} = 0.$$

Die Ebenen a sind parallel zu den Grenzflächen eines regulären Hexaeders, welches dem Netze IV um- oder dem Netze VI eingeschrieben ist; die Gleichungen dieser Grenzflächen sind:

$$10\alpha'') \qquad \pm x = r, \quad \pm y = r, \quad \pm z = r$$

und

$$10\alpha''') \qquad \pm x = \frac{r}{\sqrt{3}}, \quad \pm y = \frac{r}{\sqrt{3}}, \quad \pm z = \frac{r}{\sqrt{3}}.$$

Endlich sind die Ebenen b parallel den Grenzflächen eines in den Eckpunkten B der Kugel umgeschriebenen Rhombendodekaeders, dessen Grenzflächen die Gleichungen haben:

$$10\beta'') \quad \pm x \pm z - r\sqrt{2} = 0, \quad \pm y \pm z - r\sqrt{2} = 0, \quad \pm x \pm y - r\sqrt{2} = 0.$$

3. Die vier Punkte C sind die Eckpunkte eines vollständigen sphärischen Vierecks, dessen drei Seitenpaare durch die sechs Hauptkreise b gebildet werden und für welches die Eckpunkte A die Diagonalpunkte, die Hauptkreise a die Diagonalen darstellen.

Entsprechend sind die vier Hauptkreise c die Seiten eines vollständigen sphärischen Vierseits, dessen drei Eckpunktpaare die Punkte B_1, B_5; B_2, B_4; B_3, B_6 sind und dessen Diagonaldreieck ebenfalls $A_1 A_2 A_3$ ist.

§ 64. Koordinaten der Eckpunkte eines Netzes XV′ und seiner Hemigonieen.

1. Je 2.24 homologe Punkte der 2.24 rechtwinkligen, durch die Hauptkreise a und b gebildeten Dreiecke des Hexakisoktaedernetzes XV sind die Eckpunkte des zugeordneten gleicheckigen $(6+8+12)$-flächigen 2.24-Ecks XV′ [vergl. § 27 und Fig. $13\alpha)$, $13\beta)$]. Bedeutet, wie früher, $\varepsilon_a = A_1 P_1$ die Poldistanz und $\vartheta_a = (A_1 P_1, A_1 B_1)$ die Länge des Punktes P_1, so sind dessen Koordinaten:

$$10\,\delta)\qquad\begin{cases} x_1 = r\,\sin\varepsilon_a\cos\vartheta_a, \\ y_1 = r\,\sin\varepsilon_a\sin\vartheta_a, \\ z_1 = r\,\cos\varepsilon_a, \end{cases}$$

welche wir kurz symbolisch durch

$$10\,\delta') \qquad\qquad (x_1,\ y_1,\ z_1)$$

darstellen wollen.

Die Koordinaten der sämtlichen 2.24 Eckpunkte werden dann in einfacher Weise durch die sechs Permutationen der drei Elemente x_1, y_1, z_1, wobei jeder Komplexion eine der acht Vorzeichenkombinationen zuzusetzen ist, dargestellt.

Je acht Punkte, deren Koordinaten dieselben absoluten Werte haben, welche also derselben, mit den acht Vorzeichenkombinationen versehenen Permutation der drei Elemente x_1, y_1, z_1 entsprechen, liegen in den acht Oktanten so, dass sie die Eckpunkte eines rechtwinkligen Parallelepipeds mit den Kanten $2x_1$, $2y_1$, $2z_1$ oder eines Netzes IV″ darstellen. Je sechs Punkte, deren Koordinaten den sechs Permutationen der drei Elemente x_1, y_1, z_1 entsprechen, während die Vorzeichenkombination für alle dieselbe ist, liegen in einem der Oktanten als Eckpunkte eines gleicheckigen Sechsecks, dessen sphärischer Mittelpunkt einer der acht Punkte C ist.

2. Diese Beziehungen stellen sich auf der in die 2.24 Dreiecke des Hexakisoktaedernetzes [s. Fig. 13α) und 13β)] eingeteilten Kugelfläche sehr anschaulich dar. Wird nämlich beim Übergang von einem der 2.24 Punkte zu einem benachbarten einer der drei Hauptkreise a überschritten, so ändert eine der drei Koordinaten das Zeichen, während die Permutation dieselbe bleibt; wird dagegen einer der sechs Hauptkreise b überschritten, so findet eine Vertauschung zweier Koordinatenwerte statt, während die Vorzeichenkombination dieselbe bleibt.

3. Unterscheiden wir die sechs Permutationen von x_1, y_1, z_1 in die beiden Klassen mit gerader und ungerader Anzahl von Inversionen, wobei die der ersten Klasse angehörigen:

$$10\,\varepsilon) \quad \begin{cases} x_1\,y_1\,z_1, \\ y_1\,z_1\,x_1, \\ z_1\,x_1\,y_1, \end{cases}$$

kurz als positive, die der zweiten Klasse angehörigen:

$$10\,\varepsilon') \quad \begin{cases} x_1\,z_1\,y_1, \\ y_1\,x_1\,z_1, \\ z_1\,y_1\,x_1, \end{cases}$$

kurz als negative bezeichnet werden sollen, nennen wir ferner diejenigen vier Vorzeichenkombinationen, deren Produkt positiv ist, kurz positive, diejenigen vier, deren Produkt negativ ist, negative Vorzeichenkombinationen, so können wir die 48 Komplexionen in folgende vier Gruppen von je zwölf bringen:

$$10\,\zeta) \begin{cases} \text{Erste Gruppe } \Pi_1\text{: die drei positiven Permutationen} \\ \qquad \text{mit den positiven Vorzeichenkombinationen.} \\ \text{Zweite Gruppe } \Pi_2\text{: die drei positiven Permutationen} \\ \qquad \text{mit den negativen Vorzeichenkombinationen.} \\ \text{Dritte Gruppe } \Pi_3\text{: die drei negativen Permutationen} \\ \qquad \text{mit den positiven Vorzeichenkombinationen.} \\ \text{Vierte Gruppe } \Pi_4\text{: die drei negativen Permutationen} \\ \qquad \text{mit den negativen Vorzeichenkombinationen.} \end{cases}$$

Jede dieser vier Gruppen von je zwölf Punkten bildet die Eckpunkte eines Netzes XXVIII′, nämlich eines $(\overline{4+4}+12)$-flächigen 12-Ecks (§ 44, § 53), welches, wie schon früher (§ 53, 1.) bemerkt wurde, als die Tetartogonie eines $(6+8+12)$-flächigen 2.24-Ecks angesehen werden kann.

Die zwölf der Gruppe Π_1 angehörigen Punkte sind z. B. durch folgende Werte der Koordinaten dargestellt:

$$10\,\eta) \quad \Pi_1 \begin{cases} (x_1,\, y_1,\, z_1), & (y_1,\, z_1,\, x_1), & (z_1,\, x_1,\, y_1), \\ (x_1,\, -y_1,\, -z_1), & (y_1,\, -z_1,\, -x_1), & (z_1,\, -x_1,\, -y_1), \\ (-x_1,\, y_1,\, -z_1), & (-y_1,\, z_1,\, -x_1), & (-z_1,\, x_1,\, -y_1), \\ (-x_1,\, -y_1,\, z_1), & (-y_1,\, -z_1,\, x_1), & (-z_1,\, -x_1,\, y_1). \end{cases}$$

4. Durch Zusammenfassen je zweier der vier Gruppen Π ergeben sich die drei Hemigonieen des $(6+8+12)$-flächigen 2.24-Ecks XV′.

Es bilden nämlich:

a) Π_1 und Π_2 oder Π_3 und Π_4 die 2.12 Eckpunkte eines
$(6+8+12)$-flächigen 2.12-Ecks XXIII′
(vergl. § 38 u. § 52);

b) Π_1 und Π_3 oder Π_2 und Π_4 die 2.12 Eckpunkte eines
$(\overline{4+4}+6)$-flächigen 2.12-Ecks X″
(vergl. § 20 u. § 50);

c) Π_1 und Π_4 oder Π_2 und Π_3 die 24 Eckpunkte eines
$(6+8+24)$-flächigen 24-Ecks XXVI′
(vergl. § 42 u. § 51),

dessen 24 Eckpunkte die Scheitel der 24 rechten oder der 24 linken Ecken des $(6+8+12)$-flächigen 2.24-Ecks XV′ sind.

Aus jedem dieser drei gleicheckigen Netze kann daher umgekehrt eine der vier Gruppen Π von je zwölf Punkten als Hemigonie erhalten werden.

5. Für besondere Lagen des Punktes P_1 innerhalb des Dreieckes $A_1 B_1 C_1$ des Hexakisoktaedernetzes erhalten die Koordinaten x_1, y_1, z_1 besondere Werte, die sich aus den im dritten Kapitel aufgestellten besonderen Werten für ε_a und ϑ_a in einfacher Weise ergeben und spezielle bemerkenswerte Varietäten des Netzes XV′ oder seiner Hemigonieen bedingen.

Durch Einführung der drei Winkel ε_{a_1}, ε_{a_2}, ε_{a_3} [vergl. § 27, Formeln 33β), 33γ)] nehmen die Koordinatenwerte die einfache Form an:

$$10\,\vartheta)\qquad \begin{cases} x_1 = r\,cos\,\varepsilon_{a_2}, \\ y_1 = r\,cos\,\varepsilon_{a_3}, \\ z_1 = r\,cos\,\varepsilon_{a_1}; \end{cases}$$

auch ist die Einführung der Winkel ε_{a_1}, ε_b, ε_c [vergl. § 27, Formel 33α)] häufig von Vorteil.

§ 65. Koordinaten der Eckpunkte der besonderen gleicheckigen Netze, welche zu der ersten Ordnung der zweiten Hauptklasse gehören.

1. Wenn der Punkt P_1 auf einer der drei Kanten des Dreiecks $A_1 B_1 C_1$, nämlich auf $A_1 B_1$, $B_1 C_1$ oder $C_1 A_1$ liegt, so bilden die homologen Punkte die Eckpunkte der gleicheckigen Netze X' (§ 20), XII' (§ 22), XXI' (§ 35) (vergl. auch § 49), deren Hemigonieen besondere gleicheckige Netze der zweiten und dritten Gruppe dieser Ordnung darstellen (vergl. auch die Tabelle der zugehörigen Polyeder in § 56, 8.).

2. Die Koordinaten eines auf $A_1 B_1$ (dem Hauptkreise a_3) liegenden Punktes P_1 folgen aus 10δ) für $\vartheta_a = 0$ (vergl. Formeln 21, in § 20):

$$11\,\alpha)\qquad \begin{cases} x_1 = r\,sin\,\varepsilon_a, \\ y_1 = 0, \\ z_1 = r\,cos\,\varepsilon_a, \end{cases}$$

oder

$$11\,\alpha')\qquad\qquad (x_1,\ 0,\ z_1).$$

Die Koordinaten der 24 Eckpunkte des Netzes X' sind wiederum durch die sechs Permutationen der drei Elemente $x_1, 0, z_1$, wobei jeder Komplexion eine der möglichen Vorzeichenkombinationen zuzusetzen ist, dargestellt. Die Zahl dieser Vorzeichenkombinationen reduziert sich hier auf vier, da ein Element Null ist; die Einteilung derselben in positive und negative (§ 64) fällt also hier fort.

Es zerfallen hiernach die $6.4 = 24$ Komplexionen nur in zwei Gruppen von je zwölf, welche durch die **positiven** und die **negativen** Permutationen gebildet sind, nämlich in die beiden Gruppen:

$$11\,\beta)\qquad \Pi_1 \begin{cases} (\pm x_1,\ 0,\ \pm z_1), \\ (0,\ \pm z_1,\ \pm x_1), \\ (\pm z_1,\ \pm x_1,\ 0) \end{cases}$$

und

$$11\,\beta')\qquad \Pi_3 \begin{cases} (\pm x_1,\ \pm z_1,\ 0), \\ (\pm z_1,\ 0,\ \pm x_1), \\ (0,\ \pm x_1,\ \pm z_1). \end{cases}$$

Jede dieser Gruppen stellt die Koordinaten der Eckpunkte eines

$$(8+12)\text{-flächigen 12-Ecks XXIX}'$$

(§ 45 u. § 52) dar, welche die beiden (gegenpunktigen) Hemigonieen eines Netzes X' bilden.

3. Wenn der Punkt P_1 auf $B_1 C_1$ (dem Hauptkreise b_5) liegt, so wird wegen $cotg\,\varepsilon_a = cos\,\vartheta_a$ [Formel 33ν) in § 27]

$$12\,\alpha)\qquad \begin{cases} x_1 = z_1 = r\,cos\,\varepsilon_a, \\ y_1 = r\,\sqrt{-\,cos\,2\,\varepsilon_a} \end{cases}$$

oder

$$12\,\alpha')\qquad\qquad (x_1,\ y_1,\ x_1).$$

Es reduzieren sich daher die sechs Permutationen der drei Elemente x_1, y_1, z_1 auf drei, deren jeder aber die acht Vorzeichenkombinationen zugesetzt werden können. Die 8.3 Komplexionen, welche die Koordinaten der Eckpunkte eines Netzes XII' (§ 22) ergeben, zerfallen also in zwei Gruppen Π_1 und Π_2 [10ζ) in § 64], von denen jede die Koordinaten der Eckpunkte der (tetragonischen) Hemigonie dieses Netzes, nämlich eines

$$(\overline{4+4}+6)\text{-flächigen 12-Ecks XIX}''$$

(§ 32 und § 50, 3.) darstellt. Die Gruppe Π_2 wird z. B. durch folgende Wertsysteme der Koordinaten gebildet:

$$12\,\beta)\ \ \Pi_2 \begin{cases} (-x_1,\,y_1,\,x_1), & (-y_1,\,x_1,\,x_1), & (-x_1,\,x_1,\,y_1), \\ (x_1,\,-y_1,\,x_1), & (y_1,\,-x_1,\,x_1), & (x_1,\,-x_1,\,y_1), \\ (x_1,\,y_1,\,-x_1), & (y_1,\,x_1,\,-x_1), & (x_1,\,x_1,\,-y_1), \\ (-x_1,\,-y_1,\,-x_1), & (-y_1,\,-x_1,\,-x_1), & (-x_1,\,-x_1,\,-y_1). \end{cases}$$

4. Liegt der Punkt P_1 zwischen C_1 und A_1 (auf dem Hauptkreise b_6), so wird wegen $\vartheta_a = 45^0$:

$$13\,\alpha) \qquad \begin{cases} x_1 = y_1 = \dfrac{r}{\sqrt{2}}\,sin\,\varepsilon_a, \\[2ex] z_1 = r\,cos\,\varepsilon_a, \end{cases}$$

oder

$$13\,\alpha') \qquad (x_1,\,x_1,\,z_1).$$

Auch hier erhält man, wie unter 3., nur die drei Permutationen der drei Elemente x_1, y_1, z_1, deren jeder die acht Vorzeichenkombinationen hinzuzusetzen sind. Die beiden Gruppen Π_1 und Π_2 sind bez. durch die positiven und die negativen Vorzeichenkombinationen der drei Permutationen:

$$13\,\beta) \qquad (x_1,\,x_1,\,z_1),\ (x_1,\,z_1,\,x_1),\ (z_1,\,x_1,\,x_1)$$

gebildet; und während ihr Verein die Koordinaten der 24 Eckpunkte eines Netzes XXI' (§ 35) darstellt, so liefert jede der beiden Gruppen Π_1 und Π_2 die Koordinaten der Eckpunkte der (tetragonischen) Hemigonie, nämlich eines

$$(4+4)\text{-flächigen } 4.3\text{-Ecks IX'}$$

(§ 19 und § 50, 5.).

5. Wenn endlich der Punkt P_1 mit einem der drei Eckpunkte A_1, C_1, B_1 zusammenfällt, so resultieren bez. die Koordinaten der Eckpunkte des regulären Oktaeder-, Hexaeder- und des Kubooktaedernetzes.

Beim Oktaedernetze IV (§ 11) ist

$$14) \qquad x_1 = y_1 = 0, \quad z_1 = r;$$

es treten also hier nur die drei Permutationen mit den beiden möglichen Vorzeichenkombinationen auf.

Für das Hexaedernetz VI (§ 11) ist

$$15) \qquad x_1 = y_1 = z_1 = \dfrac{r}{\sqrt{3}},$$

hier also die einzige Permutation mit den acht Vorzeichenkombinationen zu versehen, wobei die vier positiven und die vier negativen Vorzeichenkombinationen je eines der beiden konjugierten regulären Tetraedernetze III (§ 11) als Hemigonieen ergeben.

Endlich ist beim Kubooktaedernetze XIX' (§ 32):

$$16) \qquad x_1 = z_1 = \frac{r}{\sqrt{2}}, \quad y_1 = 0;$$

die Koordinaten der Eckpunkte sind daher hier durch die drei Permutationen mit den vier möglichen Vorzeichenkombinationen dargestellt.

§ 66. Die den gleicheckigen Netzen mit festen Symmetrienetzen ein- und umgeschriebenen Polyeder. Ableitungskoeffizienten.

1. Die Gleichungen der Grenzflächen der gleichflächigen Polyeder, welche den gleicheckigen Netzen umgeschrieben sind, werden einfach durch:

$$17\,\alpha) \qquad x_1\,x + y_1\,y + z_1\,z - r^2 = 0$$

dargestellt, wenn für x_1, y_1, z_1 die Koordinaten sämtlicher Berührungspunkte eingesetzt werden. Für das allgemeinste gleichflächige Polyeder dieser Gruppe, das Hexakisoktaeder [XV], sind also die drei Elemente x_1, y_1, z_1 zu permutieren und jede Permutation mit den acht Vorzeichenkombinationen zu versehen u. s. f.

Da (vergl. § 56, 7.) für alle gleicheckigen (gleichflächigen) Polyeder mit festen Symmetrienetzen die Grenzflächen (Eckpunkte) Kombinationen der Grenzflächen (Eckpunkte) zweier oder dreier konzentrischen regulären oder zweier regulären und eines Rhombendodekaeders (Kubooktaeders) darstellen, so genügt es, die senkrechten Abstände $\varrho'_a, \varrho'_c, \varrho'_b$ dieser Grenzflächen vom Mittelpunkte (die Längen der Eckenaxen $\varrho_a, \varrho_c, \varrho_b$) anzugeben (vergl. § 17 c).

Nun ist (vergl. § 27, Formeln 33) für die beiden sich polar entsprechenden Polyeder [XV'] und [XV]:

$$17\beta) \quad \left\{ \begin{aligned} \varrho'_a &= r\, cos\, \varepsilon_a, \\ \varrho'_c &= r\, cos\, \varepsilon_c, \\ \varrho'_b &= r\, cos\, \varepsilon_b; \end{aligned} \right.$$

$$17\beta') \quad \left\{ \begin{aligned} \varrho_a &= \frac{r}{cos\, \varepsilon_a}, \\ \varrho_c &= \frac{r}{cos\, \varepsilon_c}, \\ \varrho_b &= \frac{r}{cos\, \varepsilon_b}, \end{aligned} \right.$$

in welchen Formeln ε_b und ε_c auch nach $33\alpha)$ in § 27 durch ε_a und ϑ_a oder durch ε_{a_1}, ε_{a_2}, ε_{a_3} ausgedrückt werden können.

Die Innen-Flächenwinkel, die ebenen Winkel, die Länge der Kanten der beiden Polyeder können mit Hilfe der in § 17 unter a), b), c), d) gegebenen Beziehungen durch Einführung der sphärischen Abstände $\frac{\alpha'}{2}$, $\frac{\gamma'}{2}$, $\frac{\beta'}{2}$ [Formeln $33\delta)$ in § 27] des Punktes P_1 von den Kanten des sphärischen Dreieckes $A_1\, C_1\, B_1$ leicht bestimmt werden.

Für sämtliche den besonderen gleicheckigen Netzen mit festen Symmetrienetzen ein- und umgeschriebenen Polyeder [vergl. die Tabelle § 56, 3., zweite Hauptklasse, erste Ordnung unter **A'**) und A)] erhält man die entsprechenden Relationen durch Einführung der früher (Kap. III) gegebenen besonderen Werte für ε_a und ϑ_a oder ε_a, ε_c, ε_b oder auch ε_{a_1}, ε_{a_2}, ε_{a_3}. (Vergl. auch die Zusammenstellung in § 67, 4.)

2. Das gleicheckige $(6+8+12)$-flächige 2.24-Eck [XV'] kann aus einem regulären Oktaeder durch gleichmässige und gerade Abstumpfung der Ecken- und der Kantenaxen, entsprechend das Hexakisoktaeder — nach dem in der Krystallographie üblichen Verfahren — aus dem regulären Hexaeder erhalten werden, wenn man die Flächen- und die Kantenaxen in einem bestimmten Verhältnisse (welches bekanntlich für alle in der Natur vorkommenden Krystallformen ein rationales ist) verlängert und durch je drei benachbarte Eckpunkte der beiden verlängerten Axen und der unveränderten Eckenaxe eine Ebene legt.

Es seien für ein reguläres Oktaeder mit der Eckenaxe a_0 die Zahlen t und s die Ableitungskoeffizienten, d. h. das Mass der Abstumpfung bez. für die Ecken- und die Kantenaxe, entsprechend seien τ und σ die Ableitungskoeffizienten für die Flächen- und Kantenaxe eines regulären Hexaeders von der Flächenaxe a_h, dann ergeben sich für die beiden sich polar entsprechenden Polyeder [XV'] und [XV] folgende Beziehungen [vergl. 17β) und $17\beta'$)]:

$$17\gamma) \qquad \begin{cases} \varrho'_a = r\cos\varepsilon_a = a_0 \cdot t, \\[2mm] \varrho'_c = r\cos\varepsilon_c = \dfrac{a_0}{\sqrt{3}}, \\[2mm] \varrho'_b = r\cos\varepsilon_b = \dfrac{a_0}{\sqrt{2}} \cdot s; \end{cases}$$

$$17\gamma') \qquad \begin{cases} \varrho_a = \dfrac{r}{\cos\varepsilon_a} = a_h \cdot \tau, \\[2mm] \varrho_c = \dfrac{r}{\cos\varepsilon_c} = a_h\sqrt{3}, \\[2mm] \varrho_b = \dfrac{r}{\cos\varepsilon_b} = a_h\,\sigma\sqrt{2}. \end{cases}$$

Hierbei werden also die Flächenaxe ϱ'_c des Oktaeders oder die Eckenaxe ϱ_c des Hexaeders als unverändert, die Abstände ϱ'_a und ϱ'_b oder die Axen ϱ_a und ϱ_b und damit auch r als veränderlich angenommen. Man erhält nun (vergl. § 27, Formel 33α):

$$17\delta) \quad t = \frac{1}{\tau} = \frac{1}{\sqrt{3}}\frac{\cos\varepsilon_a}{\cos\varepsilon_c} = \frac{1}{1 + (\sin\vartheta_a + \cos\vartheta_a)\,tang\,\varepsilon_a}$$

$$= \frac{\cos\varepsilon_{a_1}}{\cos\varepsilon_{a_1} + \cos\varepsilon_{a_2} + \cos\varepsilon_{a_3}},$$

$$17\varepsilon) \quad s = \frac{1}{\sigma} = \sqrt{\frac{2}{3}}\frac{\cos\varepsilon_b}{\cos\varepsilon_c} = \frac{1 + \cos\vartheta_a\,tang\,\varepsilon_a}{1 + (\sin\vartheta_a + \cos\vartheta_a)\,tang\,\varepsilon_a}$$

$$= \frac{\cos\varepsilon_{a_1} + \cos\varepsilon_{a_2}}{\cos\varepsilon_{a_1} + \cos\varepsilon_{a_2} + \cos\varepsilon_{a_3}},$$

$$17\zeta) \quad s - t = \frac{\tau - \sigma}{\sigma\tau} = \frac{\cos\varepsilon_{a_2}}{\cos\varepsilon_{a_1} + \cos\varepsilon_{a_2} + \cos\varepsilon_{a_3}},$$

$$17\,\eta)\quad 1-s=\frac{\sigma-1}{\sigma}=\frac{\cos\varepsilon_{a_3}}{\cos\varepsilon_{a_1}+\cos\varepsilon_{a_2}+\cos\varepsilon_{a_3}},$$

und umgekehrt:

$$17\,\vartheta)\quad \cos\varepsilon_a=\frac{t}{m}=\frac{1}{m\tau},\quad \cos\varepsilon_b=\frac{s}{m\sqrt{2}}=\frac{1}{m\sigma\sqrt{2}},\quad \cos\varepsilon_c=\frac{1}{m\sqrt{3}},$$

$$17\,\iota)\quad \begin{cases} \cos\varepsilon=\dfrac{s-t}{m}=\dfrac{\tau-\sigma}{\tau\sigma m}, \\[2mm] \cos\varepsilon_{a_3}=\dfrac{1-s}{m}=\dfrac{\sigma-1}{\sigma m}, \\[2mm] \operatorname{tang}\vartheta_a=\dfrac{\cos\varepsilon_{a_3}}{\cos\varepsilon_{a_2}}=\dfrac{1-s}{s-t}=\dfrac{\sigma-1}{\tau-\sigma}, \end{cases}$$

wobei:

$$17\,\varkappa)\quad \begin{cases} m=\dfrac{r}{a_0}=\dfrac{a_h}{r}=\dfrac{1}{\sqrt{3}\,\cos\varepsilon_c}=\dfrac{1}{\cos\varepsilon_{a_1}+\cos\varepsilon_{a_2}+\cos\varepsilon_{a_3}} \\[3mm] =\sqrt{(s-t)^2+(1-s)^2+t^2}=\dfrac{1}{\tau\sigma}\sqrt{(\tau-\sigma)^2+\tau^2(\sigma-1)^2+\sigma^2} \end{cases}$$

ist.

3. Für die Koordinaten des Punktes P_1 erhält man:

$$17\,\lambda)\quad \begin{cases} x_1=a_0\,(s_1-t_1), \\ y_1=a_0\,(1-s_1), \\ z_1=a_0\,t_1; \end{cases}$$

$$17\,\lambda')\qquad x_1+y_1+z_1=a_0=\frac{r}{m_1}.$$

Die Winkel $\tfrac{1}{2}\alpha'$, $\tfrac{1}{2}\beta'$, $\tfrac{1}{2}\gamma'$ [Formeln $33\,\delta)$ in § 27] bestimmen sich aus:

$$17\,\mu)\quad \sin\tfrac{1}{2}\alpha'=\frac{2\,t_1-s_1}{m_1\sqrt{2}},\quad \sin\tfrac{1}{2}\beta'=\frac{2\,s_1-t_1-1}{m_1\sqrt{2}},\quad \sin\tfrac{1}{2}\gamma'=\frac{1-s_1}{m_1},$$

mit Hilfe welcher Formeln sich z. B. die Kanten des dem Netze XV' eingeschriebenen Polyeders einfach durch a_0 (oder r), t_1 und s_1 ausdrücken lassen u. s. f.

Analog erhält man als Gleichung der Grenzfläche des Hexakisoktaeders [vergl. Formel 17)]:

$17\nu)$ $(\tau_1 - \sigma_1)\, x + \tau_1\, (\sigma_1 - 1)\, y + \sigma_1\, z - a_h\, \sigma_1\, \tau_1 = 0$

und damit einfache Ausdrücke für die ebenen, die Flächenwinkel u. s. f. dieses dem Netze XV' umgeschriebenen gleichflächigen Polyeders.

4. Die Relationen $17\lambda)$ ergeben:

$18\alpha)$ $\qquad\qquad x : y : z = s - t : 1 - s : t$

und damit:

$$18\beta)\quad\begin{cases} t = \dfrac{z}{x+y+z}, \qquad s = \dfrac{x+z}{x+y+z}, \\[2mm] s - t = \dfrac{x}{x+y+z}, \quad 1 - s = \dfrac{y}{x+y+z}. \end{cases}$$

Betrachtet man wiederum (vergl. § 59, 3.) t und s als
die rechtwinkligen Koordinaten eines Punktes einer Ebene,
so vermitteln diese Formeln die Abbildung des gleicheckigen
Netzes XV' auf die Ebene der t, s.

Die Koordinaten der Eckpunkte A, C und B des zugehörigen Symmetrienetzes XV erhalten dann folgende Werte
[vergl. $10\alpha')$, $10\beta')$, $10\gamma')$ in § 63]:

$$18\gamma)\quad A_1\begin{cases} t=1, \\ s=1, \end{cases}\ \Big|\ A_2\begin{cases} t=0, \\ s=1, \end{cases}\ \Big|\ A_3\begin{cases} t=0, \\ s=0; \end{cases}$$

$$18\delta)\quad C_1\begin{cases} t=\tfrac{1}{3}, \\ s=\tfrac{2}{3}, \end{cases}\ \Big|\ C_2\begin{cases} t=1, \\ s=2, \end{cases}\ \Big|\ C_3\begin{cases} t=1, \\ s=0, \end{cases}\ \Big|\ C_4\begin{cases} t=-1, \\ s=0; \end{cases}$$

$$18\varepsilon)\quad\begin{cases} B_1\begin{cases} t=\tfrac{1}{2}, \\ s=1, \end{cases}\ \Big|\ B_2\begin{cases} t=\tfrac{1}{2}, \\ s=\tfrac{1}{2}, \end{cases}\ \Big|\ B_3\begin{cases} t=0, \\ s=\tfrac{1}{2}, \end{cases} \\[4mm] B_4\begin{cases} t=\infty, \ \dfrac{t}{s}=1, \\ s=\infty, \end{cases}\ \Big|\ B_5\begin{cases} t=\infty, \\ s, \end{cases}\ \Big|\ B_6\begin{cases} t, \\ s=\infty. \end{cases} \end{cases}$$

Jedem Hauptkreise, dessen Ebene die Gleichung:

$18\zeta)$ $\qquad\qquad u'\, x + v'\, y + w'\, z = 0$

hat, entspricht in der Abbildung eine Gerade:

$$18\zeta')\qquad\qquad \frac{w'-u'}{v'}\, t + \frac{u'-v'}{v'}\, s + 1 = 0.$$

Die geraden Linien, welche die Bilder der Hauptkreise
a, c, b [vergl. § 63, $10\alpha)$, $10\beta)$, $10\gamma)$] sind, haben die
Gleichungen:

$$18\gamma') \qquad a_1 \ldots t = 0, \quad a_2 \ldots -t+s = 0, \quad a_3 \ldots -s+1 = 0;$$

$$18\delta') \quad \begin{cases} c_1 \ldots 0.s + 0.t + 1 = 0 \ldots G_\infty, & c_2 \ldots 2s - 1 = 0; \\ c_3 \ldots 2t - 2s + 1 = 0, & c_4 \ldots 2t - 1 = 0. \end{cases}$$

$$18\varepsilon') \quad \begin{cases} b_1 \ldots s = 0, & b_2 \ldots t - s + 1 = 0, & b_3 \ldots -t + 1 = 0; \\ b_4 \ldots t + s - 1 = 0, & b_5 \ldots 2t - s = 0, & b_6 \ldots -t + 2s - 1 = 0. \end{cases}$$

Die Koordinatenaxen sind also: b_1 die T-Axe, a_1 die S-Axe, A_3 ist der Koordinatenanfangspunkt, C_1 ist der Schwerpunkt des gleichschenklig-rechtwinkligen Dreiecks $A_1 A_2 A_3$, ebenso von $C_2 C_3 C_4$ und von $B_1 B_2 B_3$, c_1 ist die unendlich ferne Gerade der Ebene u. s. f.

Jedem Punkte t_1, s_1 der Ebene entspricht als Polare die Gerade:

$$(s_1 - t_1)(s - t) + (1 - s_1)(1 - s) + t_1 t = 0$$

oder:

$$18\eta) \qquad t_1 t - \tfrac{1}{2}(s_1 t + t_1 s) + s s_1 - \tfrac{1}{2}(s + s_1) + \tfrac{1}{2} = 0,$$

d. h. die Polare in Beziehung auf die den Kernkegelschnitt des Polarsystems bildende imaginäre Ellipse:

$$13\vartheta) \qquad t^2 - s t + s^2 - s + \tfrac{1}{2} = 0,$$

deren Mittelpunkt der Punkt C_1 ist und deren Hauptaxen unter 45^0 gegen die Koordinatenaxen geneigt sind.

Zwischen den Koordinaten t_1, s_1 des Pols und denjenigen u_1, v_1 der Polare bestehen also die Relationen:

$$18\vartheta) \qquad \begin{cases} u_1 = \dfrac{2 t_1 - s_1}{1 - s_1}, & v_1 = \dfrac{2 s_1 - t_1 - 1}{1 - s_1}, \end{cases}$$

und umgekehrt:

$$18\vartheta'') \qquad \begin{cases} t_1 = \dfrac{u_1 + v_1 + 1}{u_1 + 2 v_1 + 3}, & s_1 = \dfrac{u_1 + 2 v_1 + 2}{u_1 + 2 v_1 + 3}. \end{cases}$$

5. Die verschiedenen Lagen des Punktes P_1 innerhalb des Dreieckes $A_1 B_1 C_1$ oder auf den Kanten desselben lassen sich hiernach durch einfache Relationen zwischen den Grössen t und s (oder τ und σ) charakterisieren und so die besonderen Fälle der gleicheckigen Netze und der ihnen ein- und umgeschriebenen Polyeder leicht unterscheiden. In der folgenden Zusammenstellung sind die charakteristischen Werte

für die einfachen vollzähligen Gestalten der ersten Ordnung der zweiten Hauptklasse aufgeführt (vergl. § 56, 3.).

Gleicheckige Polyeder:

$$18\iota)\begin{cases} 8'. & \text{Oktaeder: } t=1,\ s=1, \\ 9'. & \text{Hexaeder: } t=\tfrac{1}{3},\ s=\tfrac{2}{3}, \\ 10'. & \text{Kubooktaeder: } t=\tfrac{1}{2},\ s=1, \\ 11'. & (6+8)\text{-flächiges } 6.4\text{-Eck: } t,\ s=1, \\ 12'. & (8+6)\text{-flächiges } 8.3\text{-Eck: } t=\dfrac{s}{2} \text{ oder } s=2\,t, \\ 13'. & (6+8+12)\text{-flächiges } 24\text{-Eck: } t=2\,s-1 \text{ oder } \\ & \hspace{4cm} s=\dfrac{1+t}{2}, \\ 14'. & (6+8+12)\text{-flächiges } 2.24\text{-Eck: } t,\ s. \end{cases}$$

Gleichflächige Polyeder:

$$18\iota')\begin{cases} 8. & \text{Hexaeder: } \tau=1,\ \sigma=1, \\ 9. & \text{Oktaeder: } \tau=3,\ \sigma=\tfrac{3}{2}, \\ 10. & \text{Rhombendodekaeder: } \tau=2,\ \sigma=1, \\ 11. & (6+8)\text{-eckiges } 6.4\text{-Flach: } \tau,\ \sigma=1, \\ 12. & (8+6)\text{-eckiges } 8.3\text{-Flach: } \tau=2\,\sigma \text{ oder } \sigma=\dfrac{\tau}{2}, \\ 13. & (6+8+12)\text{-eckiges } 24\text{-Flach: } \tau=\dfrac{\sigma}{2-\sigma} \text{ oder } \\ & \hspace{4cm} \sigma=\dfrac{2\,\tau}{\tau+1}, \\ 14. & (6+8+12)\text{-eckiges } 2.24\text{-Flach: } \tau,\ \sigma. \end{cases}$$

§ 67. Anordnung der Eckpunkte der gleicheckigen Netze. Anwendung auf die Polyeder.

1. Die in den vorigen Paragraphen behandelte analytische Darstellung gestattet auch die Anordnung der hierher gehörigen gleicheckigen Netze, sowie überhaupt die Eigenschaften der vollständigen Figuren dieser und der gleichflächigen Netze auf einfache Weise auszudrücken. Diese

Beziehungen sind zumal für diejenigen Untersuchungen, welche die Ableitung der die Kugelfläche mehrfach bedeckenden Netze zum Gegenstande haben (vergl. hierüber das letzte Kapitel) von Wichtigkeit. Wir wollen uns hier darauf beschränken, einige der wichtigsten dieser Beziehungen, welche entsprechende Eigenschaften der zugehörigen Polyeder bedingen, abzuleiten.

2. Die 2.24 Eckpunkte des Netzes XV', des allgemeinsten Netzes dieser Ordnung, liegen, wie aus den im § 64 aufgestellten Werten für die rechtwinkligen Koordinaten unmittelbar folgt (vergl. auch § 49, 3.), einmal zu je acht auf drei kleinen Kugelkreisen und deren Gegenkreisen, deren gemeinsamer sphärischer Mittelpunkt einer der drei Punkte A, z. B. der Punkt A_1 ist. Die sphärischen Radien dieser Parallelkreise sind die Bogen der Winkel ε_{a_1}, ε_{a_2}, ε_{a_3}, deren Cosinus sich in einfacher Weise durch t und s ausdrücken lassen [s. Formeln 17ϑ) und 17ι) des § 66]:

$$19\alpha)\quad \cos\varepsilon_{a_1}=\frac{t}{m},\quad \cos\varepsilon_{a_2}=\frac{s-t}{m},\quad \cos\varepsilon_{a_3}=\frac{1-s}{m}.$$

Zweitens gruppieren sich die 48 Eckpunkte zu je sechs auf vier kleinen Kugelkreisen und deren Gegenkreisen, deren gemeinsamer sphärischer Mittelpunkt einer der vier Punkte C (z. B. C_1) ist. Bezeichnen wir die sphärischen Radien dieser Parallelkreise der Reihe nach durch ε_{c_1}, ε_{c_2}, ε_{c_3}, ε_{c_4}, so ergiebt sich durch Benutzung des Cosinussatzes der sphärischen Trigonometrie aus den Dreiecken $A_1P_1C_1$, $A_1P_1C_2$, $A_1P_1C_3$, $A_1P_1C_4$ [vergl. Fig. 13β) und 13γ) und Formel 33α) in § 27, sowie Formel 17ϑ) bis $17\varkappa$) des § 66]:

$$19\beta)\begin{cases}\cos\varepsilon_{c_1}=\dfrac{\cos\varepsilon_a+\sin\varepsilon_a(\cos\vartheta_a+\sin\vartheta_a)}{\sqrt{3}}=\dfrac{\cos\varepsilon_{a_1}+\cos\varepsilon_{a_2}+\cos\varepsilon_{a_3}}{\sqrt{3}}=\dfrac{1}{m\sqrt{3}},\\[4mm]
\cos\varepsilon_{c_2}=\dfrac{\cos\varepsilon_a+\sin\varepsilon_a(\cos\vartheta_a-\sin\vartheta_a)}{\sqrt{3}}=\dfrac{\cos\varepsilon_{a_1}+\cos\varepsilon_{a_2}-\cos\varepsilon_{a_3}}{\sqrt{3}}=\dfrac{2s-1}{m\sqrt{3}},\\[4mm]
\cos\varepsilon_{c_3}=\dfrac{\cos\varepsilon_a+\sin\varepsilon_a(-\cos\vartheta_a+\sin\vartheta_a)}{\sqrt{3}}=\dfrac{\cos\varepsilon_{a_1}-\cos\varepsilon_{a_2}+\cos\varepsilon_{a_3}}{\sqrt{3}}=\dfrac{2t-2s+1}{m\sqrt{3}},\\[4mm]
\cos\varepsilon_{c_4}=\dfrac{\cos\varepsilon_a+\sin\varepsilon_a(-\cos\vartheta_a-\sin\vartheta_a)}{\sqrt{3}}=\dfrac{\cos\varepsilon_{a_1}-\cos\varepsilon_{a_2}-\cos\varepsilon_{a_3}}{\sqrt{3}}=\dfrac{2t-1}{m\sqrt{3}}.\end{cases}$$

Die dritte Anordnung der 48 Eckpunkte ist diejenige zu je vier auf sechs kleinen Kugelkreisen und deren Gegenkreisen, deren gemeinschaftlicher sphärischer Mittelpunkt einer der sechs Punkte B (z. B. B_1) ist. Für die sphärischen Radien ε_{b_1}, ε_{b_2} ... ε_{b_6} dieser Parallelkreise ergiebt sich aus den sphärischen Dreiecken $A_1 P_1 B$ [vergl. Fig. 13β) u. 13γ), sowie Formel 33α) in § 27]:

$$
19\gamma)\quad
\begin{cases}
\cos \varepsilon_{b_1} = \dfrac{\cos \varepsilon_a + \sin \varepsilon_a \cos \vartheta_a}{\sqrt{2}} = \dfrac{\cos \varepsilon_{a_1} + \cos \varepsilon_{a_2}}{\sqrt{2}} = \dfrac{s}{m\sqrt{2}}, \\[2.5ex]
\cos \varepsilon_{b_2} = \dfrac{\cos \varepsilon_a + \sin \varepsilon_a \sin \vartheta_a}{\sqrt{2}} = \dfrac{\cos \varepsilon_{a_1} + \cos \varepsilon_{a_3}}{\sqrt{2}} = \dfrac{t-s+1}{m\sqrt{2}}, \\[2.5ex]
\cos \varepsilon_{b_3} = \dfrac{\sin \varepsilon_a \cos \vartheta_a + \sin \varepsilon_a \sin \vartheta_a}{\sqrt{2}} = \dfrac{\cos \varepsilon_{a_2} + \cos \varepsilon_{a_3}}{\sqrt{2}} = \dfrac{1-t}{m\sqrt{2}}, \\[2.5ex]
\cos \varepsilon_{b_4} = \dfrac{\cos \varepsilon_a - \sin \varepsilon_a \sin \vartheta_a}{\sqrt{2}} = \dfrac{\cos \varepsilon_{a_1} - \cos \varepsilon_{a_3}}{\sqrt{2}} = \dfrac{t+s-1}{m\sqrt{2}}, \\[2.5ex]
\cos \varepsilon_{b_5} = \dfrac{\cos \varepsilon_a - \sin \varepsilon_a \cos \vartheta_a}{\sqrt{2}} = \dfrac{\cos \varepsilon_{a_1} - \cos \varepsilon_{a_2}}{\sqrt{2}} = \dfrac{2t-s}{m\sqrt{2}}, \\[2.5ex]
\cos \varepsilon_{b_6} = \dfrac{\sin \varepsilon_a \cos \vartheta_a - \sin \varepsilon_a \sin \vartheta_a}{\sqrt{2}} = \dfrac{\cos \varepsilon_{a_2} - \cos \varepsilon_{a_3}}{\sqrt{2}} = \dfrac{2s-t-1}{m\sqrt{2}}.
\end{cases}
$$

2. Die Zähler der zuletzt stehenden Brüche in den Formeln 19α) bis 19γ) sind [vergl. 18γ') bis 18ε') des § 66] die linken Teile der Gleichungen für die Hauptkreise (in der Abbildung für die geraden Linien) a, c und b.

Bestimmt man einen Punkt der Kugel durch seine Abstände ε_a, ε_c, ε_b von den Eckpunkten A_1, C_1, B_1 des Hexakisoktaederdreieckes, wobei die Relation [vergl. 17$\varkappa$) in § 66]:

$$
\cos^2 \varepsilon_a + (\sqrt{2} \cos \varepsilon_b - \cos \varepsilon_a)^2 + (\sqrt{3} \cos \varepsilon_c - \sqrt{2} \cos \varepsilon_b)^2 = 1
$$

besteht, so werden die 24 Punkte (bez. deren Gegenpunkte) durch folgende Kombinationen der Werte ε_a, ε_c, ε_b (bez. der diese zu 180° ergänzenden) dargestellt:

$$19\,\odot)\ \begin{cases}
P_1 \ldots \varepsilon_{a_1},\ \varepsilon_{c_1},\ \varepsilon_{b_1}, & P_9 \ldots \varepsilon_{a_2},\ \varepsilon_{c_1},\ \varepsilon_{b_1}, \\[4pt]
P_2 \ldots \varepsilon_{a_1},\ \varepsilon_{c_1},\ \varepsilon_{b_2}, & P_{10} \ldots \varepsilon_{a_2},\ \varepsilon_{c_1},\ \varepsilon_{b_3}, \\[4pt]
P_3 \ldots \varepsilon_{a_1},\ \varepsilon_{c_2},\ \varepsilon_{b_4}, & P_{11} \ldots \varepsilon_{a_2},\ \varepsilon_{c_2},\ \varepsilon_{b_6}, \\[4pt]
P_4 \ldots \varepsilon_{a_1},\ \varepsilon_{c_3},\ \varepsilon_{b_5}, & P_{12} \ldots \varepsilon_{a_2},\ 180^0 - \varepsilon_{c_4},\ 180^0 - \varepsilon_{b_5}, \\[4pt]
P_5 \ldots \varepsilon_{a_1},\ \varepsilon_{c_4},\ \varepsilon_{b_5}, & P_{13} \ldots \varepsilon_{a_2},\ 180^0 - \varepsilon_{c_3},\ 180^0 - \varepsilon_{b_5}, \\[4pt]
P_6 \ldots \varepsilon_{a_1},\ \varepsilon_{c_4},\ \varepsilon_{b_4}, & P_{14} \ldots \varepsilon_{a_2},\ 180^0 - \varepsilon_{c_3},\ \varepsilon_{b_6}, \\[4pt]
P_7 \ldots \varepsilon_{a_1},\ \varepsilon_{c_3},\ \varepsilon_{b_2}, & P_{15} \ldots \varepsilon_{a_2},\ 180^0 - \varepsilon_{c_4},\ \varepsilon_{b_3}, \\[4pt]
P_8 \ldots \varepsilon_{a_1},\ \varepsilon_{c_2},\ \varepsilon_{b_1}, & P_{16} \ldots \varepsilon_{a_2},\ \varepsilon_{c_2},\ \varepsilon_{b_1}, \\[4pt]
\multicolumn{2}{c}{P_{17} \ldots \varepsilon_{a_3},\ \varepsilon_{c_1},\ \varepsilon_{b_2},} \\[4pt]
\multicolumn{2}{c}{P_{18} \ldots \varepsilon_{a_3},\ \varepsilon_{c_1},\ \varepsilon_{b_3},} \\[4pt]
\multicolumn{2}{c}{P_{19} \ldots \varepsilon_{a_3},\ \varepsilon_{c_3},\ 180^0 - \varepsilon_{b_6},} \\[4pt]
\multicolumn{2}{c}{P_{20} \ldots \varepsilon_{a_3},\ 180^0 - \varepsilon_{c_4},\ 180^0 - \varepsilon_{b_4},} \\[4pt]
\multicolumn{2}{c}{P_{21} \ldots \varepsilon_{a_3},\ 180^0 - \varepsilon_{c_2},\ 180^0 - \varepsilon_{b_4},} \\[4pt]
\multicolumn{2}{c}{P_{22} \ldots \varepsilon_{a_3},\ 180^0 - \varepsilon_{c_2},\ 180^0 - \varepsilon_{b_6},} \\[4pt]
\multicolumn{2}{c}{P_{23} \ldots \varepsilon_{a_3},\ 180^0 - \varepsilon_{c_4},\ \varepsilon_{b_3},} \\[4pt]
\multicolumn{2}{c}{P_{24} \ldots \varepsilon_{a_3},\ \varepsilon_{c_3},\ \varepsilon_{b_2}.}
\end{cases}$$

Werden nun die Koordinaten des Punktes P_1 der Abbildung durch t_1, s_1 bezeichnet und bedeuten (a_i), (c_k), (b_l) die linken Teile der Gleichungen $18\gamma'$) bis $18\varepsilon'$) des § 66 nach Substitution der Werte t_1, s_1, so sind die Koordinaten eines Punktes P, dessen Abstände ε_{a_i}, ε_{c_k}, ε_{b_l} sind:

$$19\,\mathbb{C})\qquad t = \frac{\cos \varepsilon_{a_i}}{\sqrt{3}\,\cos \varepsilon_{c_k}} = \frac{(a_i)}{(c_k)},\qquad s = \frac{\sqrt{2}\,\cos \varepsilon_{b_l}}{\sqrt{3}\,\cos \varepsilon_{c_k}} = \frac{(b_l)}{(c_k)}.$$

Für die Abstände $180^0 - \varepsilon_{a_i}$, $180^0 - \varepsilon_{c_k}$, $180^0 - \varepsilon_{b_l}$ erhalten (a_i), (c_k), (b_l) das entgegengesetzte Vorzeichen; Punkt und Gegenpunkt fallen in der Abbildung zusammen.

Bei den Punkten P_5, P_6, P_{12}, P_{15} ist der Wert für ε_{c_4} kleiner oder grösser als 90^0, je nachdem der Punkt P_1 innerhalb des Dreieckes $A_1 B_1 D_1$ oder $B_1 D_1 C_1$ (Fig. 28) liegt [vergl. 20γ) unter 9 c) dieses Paragraphen].

3. Aus den Formeln 19α) bis 19γ) erhält man auch sofort die senkrechten Abstände ϱ'_{a_1}, ϱ'_{a_2}, ϱ'_{a_3}; $\varrho'_{c_1} \ldots \varrho'_{c_4}$; $\varrho'_{b_1} \ldots \varrho'_{b_6}$ derjenigen Ebenen des eingeschriebenen gleicheckigen Polyeders [XV'] vom Mittelpunkte, welche bez. auf den 4-zähligen Axen OA, den 3-zähligen Axen OC und den 2-zähligen Axen OB senkrecht stehen. So ist z. B.:

$$19\,\delta)\quad \begin{cases} \varrho'_{a_3} = r\cos\varepsilon_{a_3} = r\dfrac{1-s}{m} = a_0\,(1-s), \\[3mm] \varrho'_{c_2} = r\cos\varepsilon_{c_2} = r\dfrac{2s-1}{m\sqrt{3}} = \dfrac{a_0}{\sqrt{3}}\,(2s-1), \\[3mm] \varrho'_{b_4} = r\cos\varepsilon_{b_4} = r\dfrac{t+s-1}{m\sqrt{2}} = \dfrac{a_0}{\sqrt{2}}\,(t+s-1) \end{cases}$$

u. s. f.

Ebenso resultieren für das umgeschriebene Hexakisoktaeder [XV] die Abstände $\varrho_{a_1}, \varrho_{a_2}, \varrho_{a_3};\ \varrho_{c_1}\cdots\varrho_{c_4};\ \varrho_{b_1}\cdots\varrho_{b_6}$ derjenigen Schnittpunkte vom Zentrum, in welchem sich dreimal je acht Ebenen auf einer 4-zähligen, viermal je sechs Ebenen auf einer 3-zähligen und sechsmal je vier Ebenen auf einer 2-zähligen Eckenaxe schneiden. Diese Schnittpunkte sind die Pole zu jenen auf den Axen senkrecht stehenden Ebenen des gleicheckigen Polyeders als Polarebenen. Dabei ist in den Formeln $19\alpha)$ bis $19\gamma)$ $\tau=\dfrac{1}{t}$, $\sigma=\dfrac{1}{s}$ zu setzen und auf die Beziehungen:

$$19\,\varepsilon)\qquad \varrho_{a_i}\cdot\varrho'_{a_i}=\varrho_{c_i}\cdot\varrho'_{c_i}=\varrho_{b_i}\cdot\varrho'_{b_i}=a_0\cdot a_h=r^2$$

Rücksicht zu nehmen. So ist z. B.

$$19\,\delta')\quad \begin{cases} \varrho_{a_3}=\dfrac{r}{\cos\varepsilon_{a_3}}=\dfrac{r\,m}{1-\dfrac{1}{\sigma}}=a_h\dfrac{\sigma}{\sigma-1}, \\[5mm] \varrho_{c_2}=\dfrac{r}{\cos\varepsilon_{c_2}}=\dfrac{r\,m\sqrt{3}}{\dfrac{2}{\sigma}-1}=a_h\sqrt{3}\dfrac{\sigma}{2-\sigma}, \\[5mm] \varrho_{b_4}=\dfrac{r}{\cos\varepsilon_{b_4}}=\dfrac{r\,m\sqrt{2}}{\dfrac{1}{\tau}+\dfrac{1}{\sigma}-1}=a_h\sqrt{2}\dfrac{\tau\sigma}{\tau+\sigma-\tau\sigma} \end{cases}$$

u. s. f.

4. Für die besonderen gleicheckigen Netze und die ihnen ein- und umgeschriebenen Polyeder vereinfachen sich diese Beziehungen, indem diese Abstände besondere Werte (auch 0 und ∞) erhalten und zum Teil einander gleich

werden. In der folgenden Tabelle sind die betreffenden Werte für die Grössen ε_{a_i}, ε_{c_i} und ε_{b_i} zusammengestellt [vergl. 18ι) in § 66]:

Reguläres Oktaedernetz IV (§ 8, § 11):

$$19\,\zeta)\quad\begin{cases} t = s = 1, \ m = 1; \\ \varepsilon_{a_1} = 0^0, \ \varepsilon_{a_2} = \varepsilon_{a_3} = 90^0; \\ \varepsilon_{c_1} = \varepsilon_{c_2} = \varepsilon_{c_3} = \varepsilon_{c_4} = \eta; \\ \varepsilon_{b_1} = \varepsilon_{b_2} = \varepsilon_{b_4} = \varepsilon_{b_5} = 45^0, \ \varepsilon_{b_3} = \varepsilon_{b_6} = 90^0. \end{cases}$$

Reguläres Hexaedernetz VI (§ 8, § 11):

$$19\,\eta)\quad\begin{cases} t = \tfrac{1}{3}, \ s = \tfrac{2}{3}, \ m = \sqrt{\tfrac{1}{3}}; \\ \varepsilon_{a_1} = \varepsilon_{a_2} = \varepsilon_{a_3} = \eta; \\ \varepsilon_{c_1} = 0^0, \ \varepsilon_{c_2} = \varepsilon_{c_3} = 180^0 - 2\eta, \ \varepsilon_{c_4} = 2\eta; \\ \varepsilon_{b_1} = \varepsilon_{b_2} = \varepsilon_{b_3} = 90^0 - \eta, \ \varepsilon_{b_4} = \varepsilon_{b_5} = \varepsilon_{b_6} = 90^0. \end{cases}$$

Netz des $(6+8)$-flächigen 12-Ecks XIX′ (§ 32) (Kubooktaedernetz):

$$19\,\vartheta)\quad\begin{cases} t = \tfrac{1}{2}, \ s = 1, \ m = \sqrt{\tfrac{1}{2}}; \\ \varepsilon_{a_1} = \varepsilon_{a_2} = 45^0, \ \varepsilon_{a_3} = 90^0; \\ \varepsilon_{c_1} = \varepsilon_{c_2} = 90^0 - \eta, \ \varepsilon_{c_3} = \varepsilon_{c_4} = 90^0; \\ \varepsilon_{b_1} = 0^0, \ \varepsilon_{b_2} = \varepsilon_{b_3} = \varepsilon_{b_4} = \varepsilon_{b_6} = 60^0, \ \varepsilon_{b_5} = 90^0. \end{cases}$$

Netz des $(6+8)$-flächigen 6.4-Ecks X′ (§ 20):

$$19\,\iota)\quad\begin{cases} t, \ s = 1, \ m = \sqrt{(1-t)^2 + t^2}, \ \vartheta_a = 0^0, \ tang\,\varepsilon_{a_1} = \dfrac{1-t}{t}; \\ \varepsilon_{a_1}, \ \varepsilon_{a_2} = 90^0 - \varepsilon_{a_1}, \ \varepsilon_{a_3} = 90^0; \\ \varepsilon_{c_1} = \varepsilon_{c_2}, \ \varepsilon_{c_3} = \varepsilon_{c_4}; \\ \varepsilon_{b_1} = 45^0 - \varepsilon_{a_1}, \ \varepsilon_{b_2} = \varepsilon_{b_4}, \ \varepsilon_{b_3} = \varepsilon_{b_6}, \ \varepsilon_{b_5} = 45^0 + \varepsilon_{a_1}. \end{cases}$$

Netz des $(8+6)$-flächigen 8.3-Ecks XII′ (§ 22):

$$19\,\varkappa)\quad\begin{cases} s = 2t, \ m = \sqrt{(1-2t)^2 + 2t^2} = \sqrt{1 - 2s + \tfrac{3}{2}s^2}, \ tang\,\varepsilon_a \cos\vartheta_a = 1, \\ \varepsilon_{a_1} = \varepsilon_{a_2}, \qquad\qquad tang\,\vartheta_a = \dfrac{1-2t}{t} = \dfrac{2(1-s)}{s}; \\ \varepsilon_{c_1} + \varepsilon_{c_2} = 180^0 - 2\eta, \ \varepsilon_{c_3} + \varepsilon_{c_4} = 180^0; \\ \cos\varepsilon_{b_1} = \sqrt{2}\cos\varepsilon_{a_1}, \ \varepsilon_{b_2} = \varepsilon_{b_3}, \ \varepsilon_{b_4} = \varepsilon_{b_6}, \ \varepsilon_{b_5} = 90^0. \end{cases}$$

Netz des $(6+8+12)$-flächigen 24-Ecks XXI' (§ 35):

$$9\lambda) \quad \begin{cases} t = 2s - 1 \text{ oder } s = \dfrac{t+1}{2}, \quad m = \sqrt{\dfrac{(1-t)^2}{2} + t^2} = \sqrt{2(1-s)^2 + (2s-1)^2}; \\[2ex] \vartheta_a = 45^0, \quad tang\,\varepsilon_{a_1} = \dfrac{1-t}{t\sqrt{2}} = \dfrac{(1-s)\sqrt{2}}{2s-1}; \\[2ex] \varepsilon_{a_2} = \varepsilon_{a_3}, \\[1ex] \varepsilon_{c_2} = \varepsilon_{c_3}, \quad \varepsilon_{c_1} + \varepsilon_{c_4} = 2\eta; \\[1ex] \varepsilon_{b_1} = \varepsilon_{b_2}, \quad \varepsilon_{b_3} = 90^0 - \varepsilon_{c_1}, \quad \varepsilon_{b_4} = \varepsilon_{b_5}, \quad \varepsilon_{b_6} = 90^0. \end{cases}$$

5. Für diejenigen besonderen Varietäten der drei Netze X', XII' und XXI', welche durch besondere Lagen des Punktes P_1 auf den Kanten des Dreieckes $A_1 B_1 C_1$ bedingt werden und welchen spezielle Varietäten der ein- und umgeschriebenen Polyeder entsprechen, ergeben sich die charakteristischen Werte aus den früher (im III. Kap.) aufgestellten Formeln mit Benutzung der Beziehungen 17δ) und 17ε) des § 65.

6. a) Für die konjugierte Varietät des Netzes X' (vergl. § 20 Formeln 21β), bei welcher der Punkt P_1 der Mittelpunkt des dem Dreiecke $A_1 C_1 C_2$ (Fig. 8α) umgeschriebenen Kreises darstellt, tritt zu der Bedingung $a_3 \ldots s = 1$ noch die Bedingung:

$$19\mu) \qquad \varepsilon_{a_1} = \varepsilon_{c_1} \text{ oder } t - \frac{1}{\sqrt{3}} = 0$$

hinzu, d. h. die Gleichung des im Halbierungspunkte. von $A_1 C_1$ errichteten sphärischen Perpendikels.

Man hat also entsprechend den Relationen (Formel 21β) $tang\,\varepsilon_{a_1} = tang\,\varepsilon_{c_1} = \sqrt{3} - 1$ die Beziehungen:

$$19\mu') \qquad t = \frac{1}{\sqrt{3}}; \quad s = 1 \text{ und } \tau = \sqrt{3}, \quad \sigma = 1.$$

6. b) Für die Archimedeische Varietät des Netzes X', bei welcher P_1 der Mittelpunkt E_1 des dem Dreiecke $A_1 C_1 C_2$ eingeschriebenen Kreises ist, kommt zu der Gleichung $s = 1$ noch die Bedingung:

$$19\nu) \qquad \varepsilon_{b_3} = \varepsilon_{b_6} \text{ oder } t - s + \tfrac{1}{3} = 0,$$

d. h. die Gleichung des den Winkel $A_1 \hat{C}_1 B_1$ halbierenden Hauptkreises hinzu. Damit erhält man entsprechend den Beziehungen [vergl. Formeln 21γ) des § 20]:

$$tang\, \varepsilon_a = \tfrac{1}{2}, \quad tang\, \varepsilon_c = \sqrt{\tfrac{2}{3}}, \quad P = 2\varphi - 45^0$$

die Werte:

19ν') $\qquad t = \tfrac{2}{3}, \; s = 1; \; \tau = \tfrac{3}{2}, \; \sigma = 1.$

7. a) Die konjugierte (nicht konvexe) Varietät des Netzes XII$'$ [§ 22, Formel 24β) und 24β')] ist durch die beiden Gleichungen:

19ξ) $\qquad \begin{cases} b_5 \ldots s = 2t, \\ \varepsilon_{a_1} = \varepsilon_{c_1} \; \text{oder} \; t - \dfrac{1}{\sqrt{3}} = 0 \end{cases}$

charakterisiert, aus welchen

19ξ') $\quad t = \dfrac{1}{\sqrt{3}}, \quad s = \dfrac{2}{\sqrt{3}} \; \text{und} \; \tau = \sqrt{3}, \quad \sigma = \dfrac{\sqrt{3}}{2}$

folgt.

7. b) Die Archimedeische Varietät dieses Netzes XII$'$ wird durch die Gleichungen:

19π) $\qquad \begin{cases} b_5 \ldots s = 2t, \\ t(\sqrt{2} - 1) - s\sqrt{2} + 1 = 0 \end{cases}$

dargestellt, von denen die zweite den den Winkel $B_1 \hat{A}_1 C_1$ halbierenden Hauptkreis bedeutet. Damit ergiebt sich entsprechend den Relationen 24γ) in § 22:

19π') $t = \sqrt{2} - 1, \; s = 2(\sqrt{2} - 1) \; \text{und} \; \tau = \sqrt{2} + 1, \; \sigma = \dfrac{\sqrt{2} + 1}{2}.$

8. a) Für die Archimedeische Varietät des Netzes XXI$'$ tritt zu der Bedingung:

$$b_6 \ldots -t + 2s - 1 = 0,$$

die folgende:

19ϱ) $\qquad \varepsilon_{a_3} = \varepsilon_{b_5} \; \text{oder} \; 2t + (\sqrt{2} - 1)s - \sqrt{2} = 0,$

d. h. die Gleichung des den Winkel $A_1 \hat{B}_1 C_1$ halbierenden Hauptkreises hinzu. Man erhält somit [vergl. Formel 51β) in § 35]:

19ϱ') $t = \dfrac{1}{2\sqrt{2} - 1}, \; s = \dfrac{\sqrt{2}}{2\sqrt{2} - 1} \; \text{und} \; \tau = 2\sqrt{2} - 1, \; \sigma = \dfrac{2\sqrt{2} - 1}{\sqrt{2}}.$

8. b) Für diejenige Varietät der Netze XXI′, deren Eckpunkte die Punkte D [vergl. Fig. 17α) und Fig. 28] sind, erhält man, da der Punkt D_1 Schnittpunkt von:

$$19\,\sigma)\qquad \begin{cases} b_6\ldots - t + 2s - 1 = 0, \\ c_4\ldots 2t - 1 = 0 \end{cases}$$

ist [vergl. 51γ) in § 35], die Werte:

$$19\,\sigma')\qquad \begin{cases} t = \tfrac{1}{2}, \\ s = \tfrac{3}{4}. \end{cases}$$

8. c) Die Hauptkreise d, welche die Äquatoren zu den Punkten D sind und je einen Punkt B und C (z. B. B_1 und C_3) verbinden, schneiden jede Hypotenuse AC (z. B. $A_1 C_1$) in je einem Punkte F (z. B. F_1). Der Punkt F_1 und die entsprechende Varietät eines Netzes XXI′ bestimmt sich aus den Gleichungen:

$$19\,\varepsilon)\qquad \begin{cases} b_6\ldots - t + 2s - 1 = 0, \\ d_{10}\ldots 2t + s - 2 = 0 \ \ (\text{oder } \varepsilon_{b_3} = \varepsilon_{b_4}) \end{cases}$$

durch die Werte:

$$19\,\tau')\qquad t = \tfrac{3}{5},\ \ s = \tfrac{4}{5}\ \text{ oder }\ \tau = \tfrac{5}{3},\ \ \sigma = \tfrac{5}{4}.$$

Die Hauptkreise d schneiden die Kanten AB in den Punkten E (6. b), welche der **Archimedeischen** Varietät des Netzes X′ entsprechen. Der Punkt E_1 ist mit dem früher [§ 45, 6., Fig. 26δ)] durch S_0 bezeichneten Punkte identisch.

9. Von dem allgemeinsten gleicheckigen Netze dieser Ordnung, dem Netze XV′, mögen endlich noch einige besondere Varietäten, welche schon bei früheren Betrachtungen hervorgetreten sind, erwähnt und durch die zugehörigen Werte von t und s charakterisiert werden.

9. a) Die Werte für die **konjugierte Varietät** [vergl. § 27 Formel 33ι)] folgen aus:

$$\varepsilon_{a_1} = \varepsilon_{c_1} = \varepsilon_{b_1}$$

oder aus den Gleichungen:

$$20\alpha)\quad \begin{cases} t-\dfrac{1}{\sqrt{3}}=0\ldots \varepsilon_{a_1}=\varepsilon_{c_1}\ [\text{vergl. } 19\,\mu)\ \text{unter } 6\,\text{a}) \\ \qquad\qquad\qquad\qquad\qquad\qquad \text{dieses Paragraphen}). \\ s-\sqrt{\tfrac{2}{3}}=0\ldots \varepsilon_{c_1}=\varepsilon_{b_1}, \\ t-\dfrac{s}{\sqrt{2}}=0\ldots \varepsilon_{a_1}=\varepsilon_{b_1}, \end{cases}$$

d. h.:

$$20\alpha')\quad t=\frac{1}{\sqrt{3}},\quad s=\sqrt{\tfrac{2}{3}}\ \text{und}\ \tau=\sqrt{3},\quad \sigma=\sqrt{\tfrac{3}{2}}.$$

9. b) Die auf den Halbierungskreisen der drei Winkel A_1, C_1, B_1 des Hexakisoktaederdreieckes liegenden Punkte P_1 sind durch die Gleichungen:

$$20\beta)\quad \begin{cases} t(\sqrt{2}-1)-s\sqrt{2}+1=0\ldots \varepsilon_{a_2}=\varepsilon_{b_3}, \\ \qquad\qquad t-s+\tfrac{1}{3}=0\ldots \varepsilon_{b_5}=\varepsilon_{b_6}, \\ 2\,t+s(\sqrt{2}-1)-\sqrt{2}=0\ldots \varepsilon_{a_3}=\varepsilon_{b_5} \end{cases}$$

dargestellt; der Verein dieser Gleichungen liefert den Punkt:

$$20\beta')\ \begin{cases} t=\dfrac{3-\sqrt{2}}{3},\quad s=\dfrac{4-\sqrt{2}}{3}\ \text{oder}\ \tau=\dfrac{3(3+\sqrt{2})}{7},\quad \sigma=\dfrac{3(4+\sqrt{2})}{14}, \end{cases}$$

d. h. den Mittelpunkt des dem Hexakisoktaederdreieckes eingeschriebenen Kreises und damit die **Archimedeische** Varietät der Netze XV' [vergl. Formel 33$\varkappa$) in § 27].

9. c) Die Bedingung:

$$20\gamma)\qquad\qquad c_4\ldots 2\,t-1=0$$

bestimmt alle auf dem sphärischen Perpendikel $B_1 D_1$ des Hauptkreises c_4 liegenden Punkte P_1; die diesen Varietäten umgeschriebenen Hexakisoktaeder sind die sog. **parallelkantigen** Hexakisoktaeder (vergl. § 51, 2.).

9. d) Durch die Bedingung [vergl. 19τ) unter 8c)]:

$$20\delta)\qquad d_{10}\ldots 2\,t+s-2=0\ (\text{oder}\ \varepsilon_{b_3}=\varepsilon_{b_4})$$

werden alle auf dem Hauptkreise $d_{10}=B_1 C_3$, also auf dem Bogen $B_1 F_1$ liegenden Punkte P_1 bestimmt. Wird als zweite Bedingung [vergl. 20β) unter 9b]:

$$20\delta')\qquad t-s+\tfrac{1}{3}=0\ (\text{oder}\ \varepsilon_{b_5}=\varepsilon_{b_6})$$

hinzugefügt, so resultiert der bestimmte Punkt H_1:

$$20\,\delta'')\qquad\qquad t=\tfrac{5}{9},\quad s=\tfrac{8}{9},$$

und damit eine ganz spezielle Varietät der Netze XV′.

Die beiden Hauptkreise $B_1 F_1 C_3$ und $C_1 E_1 B_4$, als deren Schnitt jener Punkt H_1 erscheint, teilen das Dreieck $A_1 B_1 C_1$ in vier Teile. Aus dem Vorhergehenden folgt leicht, dass,

$$\varepsilon)\ \begin{cases}\text{wenn der Punkt } P_1 \text{ innerhalb des Vierecks } A_1 F_1 H_1 E_1 \text{ liegt} & \begin{cases}\varepsilon_{b_3}<\varepsilon_{b_4},\\ \varepsilon_{b_5}>\varepsilon_{b_6},\end{cases}\\[2ex] \text{„\quad„\quad„\quad„\quad„\quad„ Dreiecks } B_1 H_1 E_1 \quad\text{„} & \begin{cases}\varepsilon_{b_3}<\varepsilon_{b_4},\\ \varepsilon_{b_5}<\varepsilon_{b_6},\end{cases}\\[2ex] \text{„\quad„\quad„\quad„\quad„\quad„\quad„ } C_1 H_1 F_1 \quad\text{„} & \begin{cases}\varepsilon_{b_3}>\varepsilon_{b_4},\\ \varepsilon_{b_5}>\varepsilon_{b_6},\end{cases}\\[2ex] \text{„\quad„\quad„\quad„\quad„\quad„\quad„ } B_1 C_1 H_1 \quad\text{„} & \begin{cases}\varepsilon_{b_3}>\varepsilon_{b_4},\\ \varepsilon_{b_5}<\varepsilon_{b_6}\end{cases}\end{cases}$$

sein wird.

10. Wenn man von dem Hexakisoktaedernetze XV ausgeht und von dessen Eckpunkten A, B, C, welche rationalen Werten für t und s entsprechen, zunächst die Punkte B durch die Hauptkreise c, die Punkte B und C durch die Hauptkreise d, die erhaltenen Schnittpunkte $D, E, F, \ldots$ wiederum mit den ursprünglichen Punkten und unter einander verbindet, so bedingen diese konstruierten Schnittpunkte, welche bez. innerhalb oder auf den Kanten des Dreieckes $A_1 B_1 C_1$ liegen, sämtlich solche Varietäten des Netzes XV′ oder der Netze X′, XII′ und XXI′, für welche die charakteristischen Werte t und s rational sind. Es sind daher für die diesen Netzen ein- und umgeschriebenen Polyeder die Ableitungskoeffizienten t und s oder τ und σ rational; die Polyeder entsprechen also solchen Gestalten, welche in der Natur vorkommen.

Die durch die angegebene Konstruktion abgeleiteten Netze sind ein sphärisches Gebilde, welches dem von Möbius[1]) und Hamilton[2]) untersuchten „ebenen geometrischen Netze“ vollkommen entspricht. Denn ein solches Netz

---

1) A. F. Möbius, Der barycentrische Calcul, Leipzig 1827.

2) W. Hamilton, Elemente der Quaternionen, deutsch von P. Glan, Bd. I S. 25—39.

wird erhalten, wenn man von einem Vierecke ausgeht, durch Verbindung der Durchschnitte gegenüberliegender Seiten neue Punkte auf den Seiten bestimmt, diese wieder mit den bereits vorhandenen verbindet u. s. f. Als das entsprechende sphärische Viereck ist hier das durch die Punkte $C_1 C_2 C_3 C_4$ bestimmte anzusehen (vergl. auch Kap. VI).

§ 68. Analytische Darstellung der Hauptkreise der gleicheckigen Netze.

1. Die Gleichungen der Hauptkreise des allgemeinsten Netzes XV′ und der besonderen gleicheckigen Netze dieser Gruppe lassen sich mit Hilfe der gegebenen Formeln leicht in rechtwinkligen Koordinaten oder in den Ableitungskoeffizienten t und s erhalten. Aus diesen Gleichungen ergeben sich auch die bereits im Kap. IV hervorgehobenen Lagebeziehungen.

2. Von den Hauptkreisen eines Netzes XV′ gehen dreimal je vier durch die Punkte A und zweimal je zwei durch die Punkte B hindurch (§ 49, 4.).

a) Die Gleichungen der zwölf durch die Punkte A hindurchgehenden Hauptkreise ergeben sich aus der Gleichung des durch P_1 hindurchgehenden und auf $A_1 B_1$ normalen Hauptkreises [vergl. Formel 33 η) in § 27]:

$$21\,\alpha) \qquad x \cos \varepsilon_{a_1} - z \cos \varepsilon_{a_2} = 0$$

oder

$$21\,\alpha') \qquad x - z\, tang\, \gamma_{(1)} = 0$$

durch Vertauschung der Koordinaten und Hinzufügung der Vorzeichenkombinationen, so dass:

$$21\,\beta) \quad \left\{ \begin{array}{l|l} x \cos \varepsilon_{a_1} \mp z \cos \varepsilon_{a_2} = 0, & y \cos \varepsilon_{a_1} \mp z \cos \varepsilon_{a_2} = 0, \\ \mp x \cos \varepsilon_{a_2} + z \cos \varepsilon_{a_1} = 0, & \mp y \cos \varepsilon_{a_2} + z \cos \varepsilon_{a_1} = 0, \\ \multicolumn{2}{c}{x \cos \varepsilon_{a_1} \mp y \cos \varepsilon_{a_2} = 0,} \\ \multicolumn{2}{c}{\mp x \cos \varepsilon_{a_2} + z \cos \varepsilon_{a_1} = 0} \end{array} \right.$$

bez. die vier auf den Hauptkreisen a_3, a_2, a_1 senkrecht stehenden Hauptkreise darstellen.

Die Gleichung des ersten Hauptkreises 21 α) oder seiner ebenen Abbildung lautet, wenn t_1, s_1 die Koordinaten von P_1; t, s laufende Koordinaten bedeuten:

21 γ) $$s_1\, t - t_1\, s = 0.$$

Die zwölf Ebenen 21 β) sind parallel zu den Ebenen eines $(6+8)$-eckigen 6.4-Flachs [X], welches in den Polen dieser Hauptkreise, den zwölf entsprechenden Eckpunkten des zugeordneten Polarnetzes, der Kugel umgeschrieben ist. Die Varietät des durch diese Pole bestimmten gleicheckigen Netzes X$'$ bestimmt sich einfach aus den Koordinaten des auf $A_1\, B_1$ liegenden Eckpunktes dieses Netzes, d. h. des Poles von

21 δ) $$x \cos \varepsilon_{a_2} + z \cos \varepsilon_{a_1} = 0$$

oder

21 δ') $$(s_1 - t_1)\, (s - t) + t_1\, t = 0.$$

Für die Koordinaten x'_1, y'_1, z'_1 oder t'_1, s'_1 dieses Pols erhält man [vergl. 18 ϑ'') in § 66]:

21 ε)
$$\begin{cases} x'_1 = r \cos \varepsilon_{a_2}, \\ y'_1 = 0, \\ z'_1 = r \cos \varepsilon_{a_1}, \end{cases}$$

21 ε')
$$\begin{cases} \text{also } tang\,\varepsilon'_a = tang\,\gamma_{(1)} = \dfrac{\cos \varepsilon_{a_2}}{\cos \varepsilon_{a_1}} = \dfrac{s_1 - t_1}{t_1}, \\[4mm] \text{woraus zufolge } t'_1 = \dfrac{1}{1 + tang\,\varepsilon'_a} \text{ sich ergiebt:} \end{cases}$$

21 ε'')
$$\begin{cases} t'_1 = \dfrac{t_1}{s_1}, & s'_1 = 1. \end{cases}$$

2. b) Die zwölf auf den Kanten BC senkrecht stehenden Hauptkreise werden durch die Gleichung:

21 ζ) $$x \cos \varepsilon_{a_1} - y\, (\cos \varepsilon_{a_1} + \cos \varepsilon_{a_2}) + z \cos \varepsilon_{a_3} = 0$$

oder

21 ζ') $$s - s_1 = 0$$

und die aus der ersteren durch Permutation der Koeffizienten des x, y, z und Kombination der Vorzeichen hervorgehenden dargestellt. Die Varietät des Netzes XXI$'$, zu dessen Berührungsebenen die Ebenen jener zwölf Hauptkreise parallel sind, ergiebt sich aus den Koordinaten des auf $A_1 C_1$ liegenden Eckpunktes des zugeordneten Polarnetzes, d. h. des Poles von

$$21\,\eta) \qquad x \cos\varepsilon_{a_3} + y \cos\varepsilon_{a_3} + z\,(\cos\varepsilon_{a_1} + \cos\varepsilon_{a_2}) = 0$$

oder von

$$21\,\eta') \qquad (2s_1 - 1)\,t + (1 - s_1) = 0.$$

Die Koordinaten dieses Poles:

$$21\,\vartheta) \qquad
\begin{cases}
x'_1 = r \cos\varepsilon_{a_3}, \\
y'_1 = r \cos\varepsilon_{a_3}, \\
z'_1 = r\,(\cos\varepsilon_{a_1} + \cos\varepsilon_{a_2}),
\end{cases}$$

ergeben:

$$21\,\vartheta') \qquad tang\,\varepsilon'_a = tang\,\alpha_{(1)} = \sqrt{2}\,\frac{\cos\varepsilon_{a_3}}{\cos\varepsilon_{a_1} + \cos\varepsilon_{a_2}} = \frac{\cos\varepsilon_{a_3}}{\cos\varepsilon_{b_1}}$$

[vergl. Formel $33\,\eta)$ in § 27], oder

$$21\,\vartheta'') \qquad
\begin{cases}
t'_1 = \dfrac{1}{1 + \sqrt{2}\,tang\,\varepsilon'_a} = \dfrac{s_1}{2 - s_1} \quad [\text{vergl. } 19\,\lambda)\ \text{in } 67,\ 4.], \\[2ex]
s'_1 = \dfrac{t'_1 + 1}{2} = \dfrac{1}{2 - s_1}.
\end{cases}$$

Da $\tfrac{2}{3} < s_1 < 1$, so ist $\tfrac{1}{2} < t'_1 < 1$ und $\tfrac{3}{4} < s'_1 < 1$, d. h. der Pol liegt auf $A_1 C_1$ zwischen A_1 und D_1 [vergl. Formel $19\,\sigma')$ in § 67, 8b].

2. c) Die zwölf Hauptkreise endlich, welche auf den Kanten AC senkrecht stehen und ebenfalls, wie die eben betrachteten, zu je zweien durch einen Punkt B gehen, sind durch die Gleichung:

$$21\,\iota) \qquad x \cos\varepsilon_{a_1} + y \cos\varepsilon_{a_1} - z\,(\cos\varepsilon_{a_2} + \cos\varepsilon_{a_3}) = 0$$

oder

$$21\,\iota') \qquad t - t_1 = 0$$

und die aus der ersteren durch Permutation der Koeffizienten des x, y, z und Kombination der Vorzeichen resultierenden dargestellt.

Hier sind die beiden Fälle zu unterscheiden [vergl. § 49, 4. und Fig. 28], ob der Punkt P_1 innerhalb des Dreieckes $A_1 B_1 D_1$ oder des Dreieckes $B_1 D_1 C_1$ liegt.

Im ersteren Falle liegen die Pole jener Hauptkreise auf den Kanten BC; ihre Ebenen sind parallel zu den Grenzflächen eines Polyeders [XII], welches in jenen Polen der Kugel umgeschrieben ist. Der auf $B_1 C_1$ liegende Pol hat die Koordinaten:

$$21\varkappa) \qquad \begin{cases} x'_1 = r\,\cos\varepsilon_{a_1}, \\ y'_1 = r\,(\cos\varepsilon_{a_2} + \cos\varepsilon_{a_3}), \\ z'_1 = r\,\cos\varepsilon_{a_1}, \end{cases}$$

aus denen

$$21\varkappa') \qquad tang\,\vartheta'_a = \sqrt{2}\,tang\,\beta_{(2)} = \sqrt{2}\,\frac{\cos\varepsilon_{b_3}}{\cos\varepsilon_{o_1}} = \frac{1-t_1}{t_1}$$

[vergl. $33\eta)$ in § 27] und

$$21\varkappa'') \qquad \begin{cases} t'_1 = \dfrac{1}{2+tang\,\vartheta'_a} = \dfrac{t_1}{1+t_1}, \\[3mm] s'_1 = \dfrac{2}{2+tang\,\vartheta'_a} = \dfrac{2\,t_1}{1+t_1} \end{cases}$$

als die charakteristischen Werte für das durch jene Pole bestimmte Netz XII′ folgen.

Im zweiten Falle, wenn P_1 innerhalb des Dreieckes $B_1 D_1 C_1$ angenommen wird, liegen die Pole der Hauptkreise auf den Kanten AC, aber zwischen D und C; ihre Ebenen sind denen eines Polyeders [XXI] parallel. Die Varietät des durch diese Pole bestimmten Netzes XXI′ ergiebt sich, da der auf $D_1 C_1$ liegende Pol die Koordinaten:

$$21\lambda) \qquad \begin{cases} x'_1 = r\,\cos\varepsilon_{a_1}, \\ y'_1 = r\,\cos\varepsilon_{a_1}, \\ z'_1 = r\,(\cos\varepsilon_{a_2} + \cos\varepsilon_{a_3}) \end{cases}$$

besitzt und

$$21\lambda') \qquad tang\,\varepsilon'_a = cotg\,\beta_{(2)} = \frac{\cos\varepsilon_{a_1}}{\cos\varepsilon_{b_3}}$$

ist [vergl. $33\eta)$ in § 27] durch die charakteristischen Werte bestimmt:

$$21\,\lambda'')\qquad t'_1=\frac{1-t_1}{1+t_1},\quad s'_1=\frac{t'_1+1}{2}=\frac{1}{1+t_1}.$$

Im Übergangsfall, wenn der Punkt P_1 auf dem Hauptkreisbogen $B_1 D_1$ liegt, geben die Formeln $21\varkappa''$) und $21\lambda''$) für $t_1=\tfrac{1}{2}$ übereinstimmend:

$$21\,\mu)\qquad \begin{cases} t'_1=\tfrac{1}{3},\\ s'_1=\tfrac{2}{3}, \end{cases}$$

d. h. die das Hexaedernetz charakterisierenden Werte.

3. Die Hauptkreise der Netze X′, XII′ und XXI′, sowie auch der Netze XIX′, VI und IV, ergeben sich als besondere Fälle der Hauptkreise des Netzes XV′, wie bereits in § 49, 5. bis 9. hervorgehoben wurde. Die Gleichungen dieser Hauptkreise, sowie die Beziehungen zwischen den Werten t'_1, s'_1 und t_1, s_1 folgen unmittelbar aus den unter 2. dieses Paragraphen aufgestellten Formeln, wenn die besonderen Werte für t_1, s_1, welche jene Netze charakterisieren [vergl. 18ι) in § 66], eingeführt werden.

§ 69. Analytische Darstellung der den festen gleichflächigen Netzen der Hexakistetraedergruppe zugeordneten gleicheckigen Netze.

1. Bei den vier festen gleichflächigen Netzen Xα), IX, XIXα) und III (vergl. § 50, 1.) der Hexakistetraedergruppe treten als Hauptkreise die ganz oder teilweise ausgezogenen Hauptkreise $b_1 \ldots b_6$ auf, während die Eckpunkte nur durch die Punkte A und C gebildet werden. Die Punkte C zerfallen in zwei Gruppen von je vier, welche die Eckpunkte zweier konjugierten Tetraeder darstellen und deren rechtwinklige Koordinaten [vergl. Formel 10γ') in § 63] bez. den vier positiven oder den vier negativen Kombinationen der Vorzeichen von $\dfrac{r}{\sqrt{2}}$ entsprechen. In der Abbildung fallen diese beiden Gruppen zusammen [vergl. Formel 18δ) in § 66].

2. Was die **Eckpunkte** der diesen vier Netzen zugeordneten **gleicheckigen Netze** X″, IX′, XIX″ und III (vergl. § 50, 3.) anlangt, so sind die Koordinaten dieser Hemigonieen bereits im § 64, 4b) und im § 65, 3. bis 5. angegeben worden.

Von den **Hauptkreisen** dieser gleicheckigen Netze möge es genügen, diejenigen des allgemeinsten Netzes X″ dieser Gruppe (vergl. § 50, 4.) analytisch darzustellen.

a) Die erste Gruppe von zwölf Hauptkreisen, welche normal zu einer Kante AC zu je zweien durch einen Punkt B hindurchgehen [z. B. $P_1 P_2$, $P_6 P_5$ in Fig. 8β)] ist durch die Gleichungen 21ι) in § 68, 2c) dargestellt, wobei die dort angegebenen beiden Fälle zu unterscheiden sind.

b) Die zweite Gruppe von zwölf auf je einer Kante AC normal stehenden Hauptkreisen [z. B. $P_1 P_6$, $P_2 P_5$ in Fig. 8β)] wird durch die Gleichung:

$$22\,\alpha) \qquad x \cos\varepsilon_{a_1} - y \cos\varepsilon_{a_1} + z\,(\cos\varepsilon_{a_3} - \cos\varepsilon_{a_2}) = 0$$

oder

$$22\,\alpha') \qquad t\,(1 - 2s_1) + 2t_1 s - t_1 = 0$$

und die aus der ersteren durch Permutation der Koeffizienten und Kombination der Vorzeichen entstehenden dargestellt.

Die Ebenen dieser Hauptkreise sind zu den Grenzflächen eines Polyeders [XII] parallel; die Varietät des entsprechenden Netzes XII′ folgt aus den Koordinaten des auf $B_1 C_1$ liegenden Poles:

$$22\,\beta) \qquad \begin{cases} x'_1 = r \cos\varepsilon_{a_1}, \\ y'_1 = r\,(\cos\varepsilon_{a_3} - \cos\varepsilon_{a_2}), \\ z'_1 = r \cos\varepsilon_{a_1}, \end{cases}$$

als durch die Werte:

$$22\,\beta') \qquad t'_1 = \frac{t_1}{3t_1 - 2s_1 + 1}, \quad s'_1 = \frac{2t_1}{3t_1 - 2s_1 + 1}$$

bestimmt.

c) Die dritte Gruppe von je zwölf Hauptkreisen, welche auf den Kanten BC senkrecht stehen, ist durch die Gleichungen $21\,\xi$) bis $21\,\vartheta$) des vorigen Paragraphen unter 2b) dargestellt.

3. Es empfiehlt sich, hier die Lage eines Punktes P (z. B. P_1) durch die Abstände ε_{a_1}, ε_{c_1}, ε_{c_2} von den drei Eckpunkten des Hexakistetraederdreieckes $A_1\,C_1\,C_2$ zu bestimmen [vergl. Formel 22) in § 20]. Entsprechend der Entstehung des dem Netze X'' eingeschriebenen Polyeders [X''] durch gerade und gleichmässige Abstumpfung der Ecken und Kanten eines regulären Tetraeders [III] setze man [vergl. 17γ) in § 66]:

$$22\gamma)\quad\begin{cases}\varrho'_{c_2}=r\,cos\,\varepsilon_{c_2}=\dfrac{2s-1}{\sqrt{3}}\,a_0=\tfrac{1}{3}\,c_t,\\[2mm]\varrho'_{c_1}=r\,cos\,\varepsilon_{c_1}=\dfrac{a_0}{\sqrt{2}}=c_t\cdot s^{[1]},\\[2mm]\varrho'_{a_1}=r\,cos\,\varepsilon_{a_1}=a_0\cdot t=\dfrac{c_t}{\sqrt{3}}\cdot\dfrac{t}{2s-1}=\dfrac{c_t}{\sqrt{3}}\cdot t^{[1]},\end{cases}$$

wobei c_t die Eckenaxe des regulären Tetraeders, $s^{[1]}$ das Maass für die Abstumpfung dieser Eckenaxe, $t^{[1]}$ das Maass für die Abstumpfung der Kantenaxe des Tetraeders angiebt.

Zwischen diesen Ableitungskoeffizienten $t^{[1]}$, $s^{[1]}$ und denjenigen t und s bestehen die Beziehungen:

$$22\delta)\qquad t^{[1]}=\frac{t}{2s-1},\quad s^{[1]}=\frac{1}{3\,(2s-1)}$$

oder umgekehrt:

$$22\delta')\qquad t=\frac{t^{[1]}}{3\,s^{[1]}},\quad s=\frac{3\,s^{[1]}+1}{6\,s^{[1]}}.$$

Mit Hilfe derselben erhält man für die gleicheckigen Netze dieser Gruppe und für die denselben ein- und umgeschriebenen Polyeder die charakteristischen Werte [vergl. 19λ), 19$\varkappa$) und 19η) in § 67]:

$$22\varepsilon)\quad\begin{cases}\text{Netz X'' (als Hemigonie von XV'):}\ t^{[1]},\ s^{[1]},\\[1mm]\text{Netz IX' (als Hemigonie von XXI'):}\ t^{[1]}=1,\ s^{[1]},\\[1mm]\text{Netz XIX'' (als Hemigonie von XII'):}\ t^{[1]}=\dfrac{3\,s^{[1]}+1}{4}\\[2mm]\qquad\text{oder}\ s^{[1]}=\dfrac{4\,t^{[1]}-1}{3},\\[1mm]\text{Netz III (als Hemigonie von VI):}\ t^{[1]}=1,\ s^{[1]}=1.\end{cases}$$

Für die diesen Netzen umgeschriebenen gleichflächigen Polyeder werden die Ableitungskoeffizienten:

$$22\,\zeta)\qquad\qquad \tau^{[1]}=\frac{1}{t^{[1]}},\quad \sigma^{[1]}=\frac{1}{s^{[1]}}.$$

Die Eckpunkte und Hauptkreise der vier gleicheckigen Netze dieser Gruppe können hiernach auch einfach durch diese Grössen $t^{[1]}$, $s^{[1]}$ analytisch dargestellt und die Abbildung in der Ebene der $t^{[1]}$, $s^{[1]}$ erhalten werden.

§ 70. Veränderliches Pentagonikositetraedernetz XXVI und zugeordnetes gleicheckiges Netz XXVI'.

1. Die Eckpunkte eines Netzes XXVI, d. h. eines $(6+8+24)$-eckigen 24-Flachs (vergl. § 42 und § 51) sind eine Kombination der Eckpunkte A, C und der 24 Eckpunkte $P_2 P_4 \ldots$ (Fig. 24β) eines Netzes XV', welche eine gyroidische Hemigonie desselben bilden und bereits in § 63, 10α'), 10γ') und in § 64, 4c) analytisch dargestellt wurden [vergl. auch 18γ), 18δ) in § 66 und 19$\odot$), 19$\leftmoon$) in § 67].

2. a) Von den Kanten eines Netzes XXVI gehen (vergl. § 51, 2.) zweimal zwölf, z. B. $P_2 A_1$, $A_1 P_6$ und $P_4 A_1$, $A_1 P_8$, zu je zweien auf einander senkrecht durch einen der sechs Punkte A und A'. Die Varietät des gleicheckigen Netzes X', dessen Eckpunkte die Pole jener zwölf Hauptkreise sind, ergiebt sich aus

$$23\,\alpha)\qquad\qquad x\,cos\,\varepsilon_{a_3}+z\,cos\,\varepsilon_{a_2}=0$$

oder

$$23\,\alpha')\qquad\quad t\,(2s_1-t_1-1)+s\,(1-s_1)=0$$

durch die Werte:

$$23\,\beta)\qquad\qquad t_1{}^{(1)}=\frac{s_1-t_1}{1-t_1},\quad s_1{}^{(1)}=1$$

bestimmt.

2. b) Ferner gehen 24 Kanten (z. B. $P_2 C_1$) zu dreien durch je einen der acht Punkte C und C' hindurch; die Ebenen derselben sind zu den Grenzflächen der gyroidischen Hemiedrie eines parallelkantigen Hexakisoktaeders parallel.

Für die Varietät des durch die Pole dieser Hauptkreise bestimmten gleicheckigen Netzes XXVI' folgen aus:

$$23\gamma)\quad \begin{cases} x(\cos\varepsilon_{a_1}-\cos\varepsilon_{a_2})+y(\cos\varepsilon_{a_2}-\cos\varepsilon_{a_3})+z(\cos\varepsilon_{a_1}-\cos\varepsilon_{a_3})=0 \\ \quad\text{oder aus} \\ t(2s_1-t_1-1)+s(3t_1-3s_1+1)+(2s_1-t_1-1)=0 \end{cases}$$

die Beziehungen:

$$23\delta)\qquad t_1^{(2)}=\tfrac{1}{2},\quad s_1^{(2)}=\frac{3t_1-1}{2(t_1+s_1-1)}$$

[vergl. 20γ) in § 67].

2. c) Was endlich die zwölf Kanten anlangt, welche (wie $P_2 P_{11}$) durch je einen Punkt B oder B' hindurchgehen, so sind hier wiederum die beiden Fälle zu unterscheiden, ob der Punkt P_1 innerhalb des Dreieckes $A_1 B_1 D_1$ oder des Dreieckes $B_1 C_1 D_1$ liegt.

Im ersteren Falle entsprechen die auf den Kanten $A_1 C_1$ liegenden Pole jener Hauptkreise den Eckpunkten eines Netzes IX', für welches die charakteristischen Werte:

$$23\varepsilon)\quad s_1^{(3)}=\frac{2t_1-2s_1+1}{2t_1-3s_1+2},\quad t_1^{(3)}=2s_1^{(3)}-1=\frac{2t_1-s_1}{2t_1-3s_1+2}$$

aus:

$$23\zeta)\quad \begin{cases} x\cos\varepsilon_{a_3}+y\cos\varepsilon_{a_3}+z(\cos\varepsilon_{a_1}-\cos\varepsilon_{a_2})=0 \\ \quad\text{oder} \\ t(2t_1-1)+(1-s_1)=0 \end{cases}$$

folgen.

Im zweiten Falle entsprechen die Pole jener zwölf Hauptkreise, indem sie auf den Kanten BC liegen, den Eckpunkten eines Netzes XIX'', für welches aus:

$$23\eta)\quad \begin{cases} x\cos\varepsilon_{a_3}+y(\cos\varepsilon_{a_1}-\cos\varepsilon_{a_2})+z\cos\varepsilon_{a_3}=0 \\ \quad\text{oder} \\ s(2t_1-1)+(s_1-2t_1)=0 \end{cases}$$

sich die Werte:

$$23\vartheta)\quad t_1^{(3)}=\frac{1-s_1}{2t_1-3s_1+2},\quad s_1^{(3)}=2t_1^{(3)}=\frac{2(1-s_1)}{2t_1-3s_1+2}$$

ergeben.

Im Übergangsfalle, in welchem der Punkt P_1 auf $B_1 D_1$ liegt, ergeben die Formeln 23ε) und 23ϑ) für $t_1=\tfrac{1}{2}$ übereinstimmend $t_1^{(3)} = \frac{1}{3}$, $s_1^{(3)} = \frac{2}{3}$, d. h. die das reguläre Tetraedernetz charakterisierenden Werte.

3. Die Eckpunkte $\mathfrak{P}_1$, $\mathfrak{P}_3$ ... (Fig. 24 β) des dem Netze XXVI zugeordneten gleicheckigen Netzes XXVI$'$ (§ 42 und § 51) bilden die gyroidische Hemigonie eines Netzes XV$'$. Die Steinersche Verwandtschaft, welche zwischen je einem Punkte P_1 und $\mathfrak{P}_1$ besteht, lässt sich, wenn die Koordinaten des Punktes $\mathfrak{P}_1$ durch die accentuierten Grössen ε'_{a_1}, ε'_{c_1}, ε'_{b_1} oder ϑ'_{a_1}, ϑ'_{c_1}, ϑ'_{b_1} oder ε'_{a_1}, ε'_{a_2}, ε'_{a_3} ausgedrückt und in der Abbildung durch t'_1, s'_1 dargestellt werden, durch folgende Relationen charakterisieren.

Aus den Gleichungen 63 σ) des § 42:

24) $\vartheta_a + \vartheta'_a = 45^0$, $\vartheta_c + \vartheta'_c = 60^0$, $\vartheta_b + \vartheta'_b = 90^0$

erhält man die drei Relationen:

24 α) $\cos \varepsilon_{a_2} (\cos \varepsilon'_{a_3} - \cos \varepsilon'_{a_2}) + \cos \varepsilon_{a_3} (\cos \varepsilon_{a_2} + \cos \varepsilon'_{a_3}) = 0$,

24 β) $\cos \varepsilon_{a_1} (\cos \varepsilon'_{a_1} - \cos \varepsilon'_{a_2}) + \cos \varepsilon_{a_2} (\cos \varepsilon'_{a_3} - \cos \varepsilon'_{a_1})$
$$+ \cos \varepsilon_{a_3} (\cos \varepsilon'_{a_2} - \cos \varepsilon'_{a_3}) = 0,$$

24 γ) $(\cos \varepsilon_{a_1} - \cos \varepsilon_{a_2}) (\cos \varepsilon'_{a_1} - \cos \varepsilon'_{a_2}) - 2 \cos \varepsilon_{a_3} \cos \varepsilon'_{a_3} = 0$

oder:

24 α') $(s_1 - t_1)(1 - 2s'_1 + t'_1) + (1 - s_1)(1 - t'_1) = 0$,

24 β') $t_1 (2t'_1 - s'_1) + (s_1 - t_1)(1 - s'_1 - t'_1)$
$$+ (1 - s_1)(2s'_1 - t'_1 - 1) = 0,$$

24 γ') $(2t_1 - s_1)(2t'_1 - s'_1) - 2(1 - s_1)(1 - s'_1) = 0$.

Je zwei dieser drei Relationen 24 α), 24 β), 24 γ) oder 24 α'), 24 β'), 24 γ'), welche durch Vertauschung der darin auftretenden accentuierten und nicht accentuierten Grössen ungeändert bleiben, charakterisieren die Steinersche Verwandtschaft und gestatten, die Werte t_1, s_1 oder t'_1, s'_1, d. h. die Koordinaten zweier konjugierten Pole vermittelst Auflösung der linearen Gleichungen die einen durch die anderen auszudrücken.

Setzt man in den drei Gleichungen 24 α'), 24 β'), 24 γ')

24 δ) $t_1 = t'_1 = t$, $s_1 = s'_1 = s$,

so stellen die drei Gleichungen bekanntlich die drei Linienpaare dar, welche durch die vier Basispunkte der Verwandt-

schaft (die Grundpunkte des Kegelschnittbüschels) hindurchgehen. Diesen drei Linienpaaren entsprechen auf der Kugel
die drei Paare von Hauptkreisen, welche durch die Mittelpunkte T_1, T_2, T_3, T_4 der vier Kreise gehen, welche bez. dem
Dreiecke $A_1 C_1 B_1$ (dem Diagonaldreiecke) und den drei
Nebendreiecken desselben, nämlich $A'_1 C_1 B_1$, $A_1 C'_1 B_1$ und
$A_1 C_1 B'_1$ eingeschrieben sind. Die drei Paare von Hauptkreisen sind also die Hauptkreise, welche die Winkel des
Dreieckes $A_1 C_1 B_1$ und dessen Nebenwinkel halbieren.

Man erhält als Gleichungen dieser Linienpaare (oder
Hauptkreispaare):

$$24\,\varepsilon) \qquad t^2 - 4ts + 2s^2 + 2t - 1 = 0,$$

$$24\,\zeta) \qquad 3t^2 - 3s^2 - 2t + 4s - 1 = 0,$$

$$24\,\eta) \qquad 4t^2 - 4ts - s^2 + 4s - 2 = 0,$$

d. h.:

$$24\,\varepsilon') \quad \begin{cases} T_1 T_2 \ldots (\sqrt{2} - 1)\,t - s\sqrt{2} + 1 = 0 \ [\text{vergl. } 20\beta) \text{ in § 67}] \\ \qquad \text{oder} \qquad -(\sqrt{2} - 1)\,x + y = 0, \\ T_3 T_4 \ldots (\sqrt{2} + 1)\,t - s\sqrt{2} - 1 = 0 \text{ oder } x + y\sqrt{2} - 1) = 0; \end{cases}$$

$$24\,\zeta') \quad \begin{cases} T_1 T_3 \ldots t - s + \tfrac{1}{3} = 0 \ [\text{vergl. } 20\beta)] \text{ oder } -2x + y + z = 0; \\ T_2 T_4 \ldots t + s - 1 = 0 \text{ oder } -y + z = 0 \ (\text{Hauptkreis } b_4); \end{cases}$$

$$24\,\eta') \quad \begin{cases} T_1 T_4 \ldots 2t + (\sqrt{2} - 1)\,s - \sqrt{2} = 0 \ [\text{vergl. } 20\beta)] \text{ oder} \\ \qquad x + y\sqrt{2} - z = 0, \\ T_2 T_3 \ldots 2t - (\sqrt{2} + 1)\,s + \sqrt{2} = 0 \text{ oder } -x + y\sqrt{2} + z = 0, \end{cases}$$

und als Koordinaten der vier Basispunkte T_1, T_2, T_3, T_4:

$$24\,\vartheta) \quad \begin{cases} T_1 \begin{cases} t = \dfrac{3 - \sqrt{2}}{3}, \\[2mm] s = \dfrac{4 - \sqrt{2}}{3}, \end{cases} & T_2 \begin{cases} t = \dfrac{3 - \sqrt{2}}{7}, \\[2mm] s = \dfrac{4 + \sqrt{2}}{7}, \end{cases} \\[10mm] T_3 \begin{cases} t = \dfrac{3 + \sqrt{2}}{3}, \\[2mm] s = \dfrac{4 + \sqrt{2}}{3}, \end{cases} & T_4 \begin{cases} t = \dfrac{3 + \sqrt{2}}{7}, \\[2mm] s = \dfrac{4 - \sqrt{2}}{7}, \end{cases} \end{cases}$$

aus welchen Ausdrücken sich leicht die Werte für $\cos\varepsilon_{a_1}$, $\cos\varepsilon_{a_2}$, $\cos\varepsilon_{a_3}$ und damit die rechtwinkligen Koordinaten der Basispunkte auf der Kugel ergeben.

4. Was die Kanten des gleicheckigen Netzes XXVI' anlangt (vergl. § 51, 3.), so bilden dieselben zwei Gruppen von je 24 Hauptkreisen, welche bez. die rugulären Vierecke und regulären Dreiecke des Netzes einschliessen und deren Ebenen zu den Grenzflächen zweier Polyeder [XXVI] parallel sind, und ferner eine dritte Gruppe von zwölf Hauptkreisen, welche durch die Punkte B und B' hindurchgehen.

Es möge genügen, die Gleichung eines Hauptkreises aus jeder Gruppe anzugeben; mit Benutzung des mehrfach angewendeten Verfahrens wird man hieraus die charakteristischen Relationen für die durch die Pole jener Hauptkreise bestimmten gleicheckigen Netze herleiten.

Ein Hauptkreis der ersten Gruppe (z. B. $\mathfrak{P}_1\,\mathfrak{P}_8$) hat die Gleichung:

$$24\iota)\quad x\cos\varepsilon'_{a_1}(\cos\varepsilon'_{a_3}-\cos\varepsilon'_{a_2})-y\cos\varepsilon'_{a_1}(\cos\varepsilon'_{a_2}+\cos\varepsilon'_{a_3})$$
$$+z\,(\cos^2\varepsilon'_{a_2}+\cos^2\varepsilon'_{a_3})=0,$$

ein Hauptkreis der zweiten Gruppe (z. B. $\mathfrak{P}_1\,\mathfrak{P}_{10}$):

$$24\varkappa)\quad x\,(\cos\varepsilon'_{a_2}\cos\varepsilon'_{a_3}-\cos^2\varepsilon'_{a_1})+y\,(\cos\varepsilon'_{a_3}\cos\varepsilon'_{a_1}-\cos^2\varepsilon'_{a_2})$$
$$+z\,(\cos\varepsilon'_{a_1}\cos\varepsilon'_{a_2}-\cos^2\varepsilon'_{a_3})=0,$$

und endlich ein Hauptkreis der dritten Gruppe (z. B. $\mathfrak{P}_1\,\mathfrak{P}_{16}$) wird durch die Gleichung:

$$24\lambda)\quad x\cos\varepsilon'_{a_3}-y\,(\cos\varepsilon'_{a_1}-\cos\varepsilon'_{a_2})-z\cos\varepsilon'_{a_3}=0$$

[vergl. 23ζ) dieses Paragraphen] dargestellt.

5. Die Anwendung der im Vorstehenden entwickelten Beziehungen auf die einem Netze XXVI' ein- und umgeschriebenen Polyeder, wobei für die letzteren die reziproken Werte der Ableitungskoeffizienten t und s einzuführen sind, bietet keine Schwierigkeit.

§ 71. Diakisdodekaedernetz XXIII nebst den zugeordneten gleicheckigen Netzen XXIII'.

1. Das Diakisdodekaedernetz XXIII (§ 38 und § 52) ist ein einfach veränderliches Netz, dessen Eckpunkte eine Kombination der Eckpunkte A, C und L [Fig. 21β)] sind. Die zwölf Punkte L entsprechen den Eckpunkten eines Netzes XXIX' und bilden die gegenpunktige Hemigonie eines Netzes XII' (vergl. § 65, 2.), wobei z. B. der Punkt L_2 durch die Gleichungen:

$$25\alpha) \qquad \begin{cases} x = 0, \\ y = r\, sin\, \varepsilon_{a_1} = a_0\,(1 - t_1), \\ z = r\, cos\, \varepsilon_{a_1} = a_0\, t_1 \end{cases}$$

dargestellt ist.

2. Die zwölf beweglichen Hauptkreise (z. B. $C_1\, L_2$), welche ausser den drei festen Hauptkreisen a die Kanten des Netzes XXIII (§ 52, 3.) bilden, haben zu Polen und Gegenpolen die gegenpunktige Hemigonie eines Netzes XV', dessen Eckpunkte auf den Hauptkreisen c liegen. Ein solcher Hauptkreis, z. B. $C_1\, L_2$, hat die Gleichung:

$$25\beta) \qquad x\,(cos\,\varepsilon_{a_1} - sin\,\varepsilon_{a_1}) - y\,cos\,\varepsilon_{a_1} + z\,sin\,\varepsilon_{a_1} = 0,$$

aus welcher, wenn $0 < tang\,\varepsilon_{a_1} < \frac{1}{2}$ (oder $1 > t_1 > \frac{2}{3}$) angenommen wird, die Varietät jenes Netzes XV' als durch die Wert

$$25\gamma) \qquad \begin{cases} t_1^{(1)} = \frac{1}{2}, \\ s_1^{(1)} = \dfrac{3\,t_1 - 1}{2\,t_1} \end{cases}$$

bestimmt sich ergiebt. Für $t_1 = \frac{2}{3}$ (d. h. wenn die Punkte L der Archimedeischen Varietät des Netzes XII' entsprechen) folgt:

$$25\gamma') \qquad\qquad t_1^{(1)} = \tfrac{1}{2}, \quad s_1^{(1)} = \tfrac{3}{4}$$

[vergl. § 67, 8b)].

3. Die Eckpunkte P_1, P_4, P_5, P_8 ... (Fig. 21β) der dem Netze XXIII zugeordneten gleicheckigen Netze XXIII' bilden die bereits früher (§ 52, 2. und § 64, 4a) genauer bestimmte

gegenpunktige Hemigonie eines Netzes XV', deren Eckpunkte auf den Hauptkreisen $C_1 L_5 \ldots$ des Symmetrienetzes XXIII liegen. Wird der Punkt P_1 durch die Grössen ε'_{a_1}, ϑ'_{a_1} oder ε'_{a_1}, ε'_{a_2}, ε'_{a_3} und in der Abbildung durch t'_1, s'_1 bestimmt, so findet [vergl. § 38, Formel 55 ε)] die Beziehung statt:

$$25\,\delta) \quad tang\,\varepsilon_{a_1} = \frac{cos\,\vartheta'_{a_1} - cotg\,\varepsilon'_{a_1}}{sin\,\vartheta'_{a_1} - cotg\,\varepsilon'_{a_1}} = \frac{cos\,\varepsilon'_{a_2} - cos\,\varepsilon'_{a_1}}{cos\,\varepsilon'_{a_2} - cos\,\varepsilon'_{a_1}} = \frac{cos\,\varepsilon'_{b_5}}{cos\,\varepsilon'_{b_4}}$$

[vergl. § 67, 19 γ)], oder:

$$25\,\delta') \quad \frac{1 - t_1}{t_1} = \frac{2\,t'_1 - s'_1}{t'_1 + s'_1 - 1} \quad \text{oder} \quad t_1 = \frac{t'_1 + s'_1 - 1}{3\,t'_1 - 1}\,.$$

Diese Beziehung drückt die Bedingung aus, dass der Punkt t'_1, s'_1 auf der Geraden $L_5 C_1$ (dem Bilde des Hauptkreises $L_5 C_1$) liege, welche durch die Gleichung:

$$25\,\varepsilon) \qquad t\,(3\,t_1 - 1) - s + (1 - t_1) = 0$$

dargestellt wird.

Der Punkt S_1 (Fig. 21 γ) (der Schnittpunkt des Hauptkreises $L_5 C_1$ mit $A_1 A_2$) bildet mit $\mathfrak{L}_2$ (wenn $A_1 \mathfrak{L}_2 = \varepsilon_{a_1}$ ist) zwei konjugierte Punkte eines involutorischen Systems, da für $A_1 S_1 = \varepsilon''_{a_1}$ die Beziehung [55 ζ) in § 38]:

$$25\,\zeta) \qquad tang\,\varepsilon_{a_1} + tang\,\varepsilon''_{a_1} = 1,$$

oder

$$25\,\zeta') \qquad t''_1 = \frac{t_1}{3\,t_1 - 1} \quad \text{für} \quad tang\,\varepsilon''_{a_1} = \frac{1 - t''_1}{t''_1}$$

stattfindet; die Doppelpunkte dieser Involution folgen aus:

$$25\,\eta) \qquad 3\,t^2 - 2\,t = 0,$$

als die Punkte:

$$25\,\vartheta) \qquad A_2 \begin{cases} t = 0 \\ s = 1 \end{cases} \text{und } S_0 \begin{cases} t = \frac{2}{3}, \\ s = 1. \end{cases}$$

4. Von den Hauptkreisen eines gleicheckigen Netzes $XXIII'$ gehen zwei Gruppen von je sechs (z. B. $P_1 P_8$ und $P_1 P_4$) durch die Punkte A hindurch; die Pole dieser Hauptkreise sind die Eckpunkte zweier Netze $XXIX'$. Die erste Gruppe dieser Pole bildet die Hemigonie eines Netzes XII', für welches [vergl. § 68, 2 a), Formel 21 ε)]:

$$25\iota) \qquad t_1^{(1)} = \frac{t_1}{s_1}, \quad s_1^{(1)} = 1$$

ist; die zweite Gruppe der Pole ist die Hemigonie eines Netzes XII', für welches:

$$25\varkappa) \qquad t_1^{(2)} = \frac{t_1}{t_1 - s_1 + 1}, \quad s_1^{(1)} = 1$$

ist.

Die übrigen zwölf Hauptkreise, welche die Kanten der regulären Dreiecke bilden (z. B. $P_1\, P_{10}$ normal zu $C_1\, L_2$) entsprechen den Hauptkreisen $24\varkappa$) des § 70, indem z. B. der Hauptkreis $P_1\, P_{10}$ durch die Gleichung:

$$25\lambda) \quad \begin{cases} x\,(\cos \varepsilon'_{a_2} \cos \varepsilon'_{a_3} - \cos \varepsilon'^2_{a_1}) + y\,(\cos \varepsilon'_{a_3} \cos \varepsilon'_{a_1} - \cos \varepsilon'^2_{a_2}) \\ \qquad + z\,(\cos \varepsilon'_{a_1} \cos \varepsilon'_{a_2} - \cos \varepsilon'^2_{a_3}) = 0 \end{cases}$$

dargestellt ist.

5. Das symmetrische Pentagondodekaedernetz XXIX (§ 45 und § 52, Fig. 27) entsteht einfach aus dem Netze XXIII durch Vereinigung je zweier längs einer Kante $A_1\, L_2 \ldots$ zusammenstossenden Vierecke, so dass diese Kanten und die Eckpunkte A in dem Netze XXIX nicht mehr auftreten.

Die Eckpunkte $\mathfrak{L}_1 \ldots$ des dem Netze XXIX zugeordneten gleicheckigen Netzes XXIX' stimmen mit den Punkten $S_1 \ldots$ (vergl. unter 3. dieses Paragraphen) überein, sodass je zwei Punkte L_1 und $\mathfrak{L}_1$ konjugierte Pole desjenigen involutorischen Systems auf dem Hauptkreise $A_1\, A_2$ bilden, dessen Doppelpunkte die Punkte A_2 und S_0 sind.

Die beiden Gruppen von je sechs Hauptkreisen des Netzes XXIII' (vergl. unter 4. dieses Paragraphen) fallen bei dem Netze XXIX' in die drei Hauptkreise a zusammen, während die zwölf Hauptkreise, welche die Kanten der regulären Dreiecke bilden, in beiden Netzen dieselben sind.

Das Netz XXIX' stellt (vergl. § 45) einen besonderen Fall des Netzes XXVIII' (vergl. den folgenden Paragraphen) dar.

§ 72. Tetraedrisches Pentagondodekaedernetz XXVIII nebst dem zugeordneten gleicheckigen Netze XXVIII'.

1. Das zweifach veränderliche Netz XXVIII (§ 44 und § 53) hat zu Eckpunkten die Punkte C zweier konjugierten regulären Tetraedernetze und die zwölf Eckpunkte P_3, P_7, P_{12}, P_{16} ... (Fig. 26β), welche eine Tetartogonie eines Netzes XV' darstellen [vergl. § 64, 3. unter 10ζ)]

2. a) Die sechs Hauptkreise (z. B. $P_3 P_7$), von denen je einer durch einen Punkt A oder A' hindurchgeht, haben zu Polen die Eckpunkte eines Netzes XXIX', dessen Varietät sich aus:

$$26\,\alpha) \qquad x\,cos\,\varepsilon_{a_3} + z\,cos\,\varepsilon_{a_2} = 0$$

oder:

$$26\,\alpha') \qquad t\,(2s_1 - t_1 - 1) + s\,(1 - s_1) = 0$$

durch die Werte:

$$26\,\beta) \qquad t_1^{(1)} = \frac{s_1 - t_1}{1 - t_1}, \quad s_1^{(2)} = 1$$

bestimmt, d. h. sich als Hemigonie des Netzes X' in § 70 [23 α), 23 β)] ergiebt.

2. b) Die beiden Gruppen von je zwölf Hauptkreisen (vergl. § 53, 2.), die zu je dreien durch die vier Eckpunkte der beiden konjugierten regulären Tetraedernetze hindurchgehen (z. B. $C_1 P_3$ und $C_2 P_7$), haben zu Polen die auf den Hauptkreisen c liegenden Eckpunkte zweier Netze XXVIII', welche Tetartogonieen von zwei Netzen XV' darstellen. Die charakteristischen Relationen für diese letzteren Netze folgen wiederum einfach aus den Gleichungen der Hauptkreise jener beiden Gruppen.

Ein Hauptkreis der ersten Gruppe (z. B. $C_1 P_3$) hat die Gleichung:

$$26\,\gamma) \quad x\,(cos\,\varepsilon_{a_1} - cos\,\varepsilon_{a_2}) - y\,(cos\,\varepsilon_{a_3} + cos\,\varepsilon_{a_1}) + z\,(cos\,\varepsilon_{a_2} + cos\,\varepsilon_{a_3}) = 0;$$

ein Hauptkreis der zweiten Gruppe (z. B. $C_2 P_7$) wird durch die Gleichung:

$26\,\delta)\quad x\,(\cos\varepsilon_{a_2}-\cos\varepsilon_{a_1})-y\,(\cos\varepsilon_{a_1}-\cos\varepsilon_{a_3})+z\,(\cos\varepsilon_{a_3}-\cos\varepsilon_{a_2})=0$

dargestellt.

Damit erhält man für die beiden Varietäten der Netze XV' oder ihrer Tetartogonieen die Beziehungen:

$$26\,\gamma)\qquad t_1^{(2)}=\tfrac{1}{2},\quad s_1^{(2)}=\frac{3\,t_1-2\,s_1+1}{2\,(t_1-s_1+1)},$$

und

$$26\,\delta')\qquad t_1^{(3)}=\tfrac{1}{2},\quad s_1^{(3)}=\frac{3\,t_1-1}{2\,(t_1+s_1+1)}.$$

Die letztere Varietät stimmt mit der in § 70, $23\,\gamma)$, $23\,\delta)$, erhaltenen überein.

3. Die Eckpunkte $\mathfrak{P}_1$, $\mathfrak{P}_5$, $\mathfrak{P}_{10}$, $\mathfrak{P}_{14}\ldots$ (Fig. $26\,\beta$) des dem Netze XXVIII zugeordneten gleicheckigen Netzes XXVIII' bilden die Tetartogonie eines Netzes XV', welches durch die Werte ε'_{a_1}, ϑ'_{a_1}, ε'_{c_1}, ϑ'_{c_1}, ε'_{c_2}, ϑ'_{c_2}, und in der Abbildung durch die Werte t'_1, s'_1 charakterisiert sei.

Die Steinersche Verwandtschaft, welche zwischen je einem Punkte P_1 und $\mathfrak{P}_1$ besteht, wird durch folgende Beziehungen dargestellt, welche sich aus den Formeln $65\,\vartheta)$ des § 44: $\vartheta_a+\vartheta'_a=0$, $\vartheta_{c_1}+\vartheta'_{c_1}=0$, $\vartheta_{c_2}+\vartheta'_{c_2}=0$, ergeben:

$27\,\alpha)\quad \cos\varepsilon_{a_2}\cos\varepsilon'_{a_3}+\cos\varepsilon_{a_3}\cos\varepsilon'_{a_2}=0,$

$27\,\beta)\quad \cos\varepsilon_{a_1}(\cos\varepsilon'_{a_2}-\cos\varepsilon'_{a_1})+\cos\varepsilon_{a_2}(\cos\varepsilon'_{a_1}-\cos\varepsilon'_{a_3})$
$$+\cos\varepsilon_{a_3}(\cos\varepsilon'_{a_3}-\cos\varepsilon'_{a_2})=0,$$

$27\,\gamma)\quad \cos\varepsilon_{a_1}(\cos\varepsilon'_{a_2}-\cos\varepsilon'_{a_1})+\cos\varepsilon_{a_2}(\cos\varepsilon'_{a_1}+\cos\varepsilon'_{a_3})$
$$+\cos\varepsilon_{a_3}(\cos\varepsilon'_{a_3}+\cos\varepsilon'_{a_2})=0,$$

oder:

$27\,\alpha')\quad (s_1-t_1)(1-s'_1)+(1-s_1)(s'_1-t'_1)=0,$

$27\,\beta')\quad (3\,t_1-3\,s_1+1)(t'_1+s'_1-1)+(t_1+s_1-1)(3\,t'_1-3\,s'_1+1)=0,$

$27\,\gamma')\quad (3\,t_1-s_1-1)(t'_1-s'_1+1)+(t_1-s_1+1)(3\,t'_1-s'_1-1)=0.$

Aus je zweien dieser Formeln $27\,\alpha')$ bis $27\,\gamma')$ lassen sich die Koordinaten t_1, s_1 oder t'_1, s'_1 zweier konjugierten Pole durch Auflösung der linearen Gleichungen die einen durch die anderen ausdrücken.

Für

$$27\,\delta)\qquad t_1=t'_1=t,\quad s_1=s'_1=s$$

stellen die drei Gleichungen die drei Linienpaare dar, welche durch die vier Basispunkte S_0, A_2, B_2, B_4 (Fig. 26 δ) der Verwandtschaft hindurchgehen, deren **Hauptpunkte** die Punkte A_1, C_1, C_2 sind. Die Gleichungen dieser drei Linienpaare, welchen auf der Kugel die Hauptkreise entsprechen, welche die Innen- und Aussenwinkel des Diagonaldreieckes $A_1 C_1 C_2$ halbieren, sind:

$$27\,\varepsilon) \qquad s^2 - st + t - s = 0,$$

$$27\,\zeta) \qquad 3t^2 - 3s^2 - 2t + 4s - 1 = 0,$$

$$27\,\eta) \qquad 3t^2 - 4ts + s^2 + 2t - 1 = 0,$$

d. h.:

$$27\,\varepsilon') \quad \begin{cases} S_0 A_2 \ldots a_3 \ldots & t - \;\; s = 0 \text{ oder } y = 0, \\ B_4 B_2 \ldots a_2 \ldots & s - 1 \;\;\; = 0 \quad \text{„} \quad x = 0; \end{cases}$$

$$27\,\zeta') \quad \begin{cases} C_1 B_4 \ldots d_8 \ldots 3t - 3s + 1 = 0 \text{ oder } 2x - y - z = 0, \\ C_1 A_2 \ldots b_4 \ldots \;\; t + \;\; s - 1 = 0 \quad \text{„} \quad -y + z = 0; \end{cases}$$

$$27\,\eta') \quad \begin{cases} C_2 B_2 \ldots d_9 \ldots 3t - \;\; s - 1 = 0 \text{ oder } 2x + y - z = 0, \\ C_2 B_4 \ldots b_2 \ldots \;\; t - \;\; s + 1 = 0 \quad \text{„} \quad y + z = 0. \end{cases}$$

Die Koordinaten der Basispunkte S_0, A_2, B_2, B_4 sind:

$$27\,\vartheta)\;\begin{cases} S_0 \begin{cases} t = \tfrac{2}{3}, \\ s = 1, \text{ oder} \\ \; \end{cases} \begin{array}{l} x = \dfrac{r}{\sqrt 5}, \\ y = 0, \\ z = \dfrac{2r}{\sqrt 5}, \end{array} & \Bigg| & A_2 \begin{cases} t = 0, \\ s = 1, \text{ oder} \\ \; \end{cases} \begin{array}{l} x = r, \\ y = 0, \\ z = 0, \end{array} \\[4ex] \hline B_2 \begin{cases} t = \tfrac{1}{2}, \\ s = \tfrac{1}{2}, \text{ oder} \\ \; \end{cases} \begin{array}{l} x = 0, \\ y = \dfrac{r}{\sqrt 2}, \\ z = \dfrac{r}{\sqrt 2}, \end{array} & \Bigg| & B_4 \begin{cases} t = \infty,\; \dfrac{t}{s} = 1, \\ s = \infty, \\ \text{ oder} \end{cases} \begin{array}{l} x = 0, \\ y = -\dfrac{r}{\sqrt 2}, \\ z = \dfrac{r}{\sqrt 2}. \end{array} \end{cases}$$

4. Von den **Kanten** eines gleicheckigen Netzes XXVIII′ gehen sechs (z. B. $\mathfrak{P}_1\,\mathfrak{P}_5$) durch die Punkte A und A' hindurch; die Pole dieser Hauptkreise entsprechen den Eckpunkten eines Netzes XXIX′, dessen Varietät [vergl. § 70, 23 β) und § 71, 26 β)] sich aus:

$$27\,\iota) \qquad t_2{}^{(1)} = \frac{s'_1 - t'_1}{1 - t'_1}, \quad s_2{}^{(1)} = 1$$

bestimmt.

Die Hauptkreise der beiden Gruppen von je zwölf, welche die Kanten der beiden Gruppen von regulären Dreiecken mit den Mittelpunkten C bilden, haben zu Polen die Eckpunkte zweier Netze XXVIII′, deren Varietäten sich aus den Gleichungen dieser Hauptkreise leicht bestimmen lassen.

Ein Hauptkreis der ersten Gruppe (z. B. $\mathfrak{P}_1\mathfrak{P}_{10}$) hat die Gleichung:

$$27\,\varkappa) \quad x\,(cos\,\varepsilon'_{a_2}\,cos\,\varepsilon'_{a_3} - cos^2\,\varepsilon'_{a_1}) + y\,(cos\,\varepsilon'_{a_3}\,cos\,\varepsilon'_{a_1} - cos^2\,\varepsilon'_{a_2})$$
$$+ z\,(cos\,\varepsilon'_{a_1}\,cos\,\varepsilon'_{a_2} - cos^2\,\varepsilon'_{a_3}) = 0$$

[vergl. Formel $24\,\varkappa)$ in § 70]; ein Hauptkreis der zweiten Gruppe (z. B. $\mathfrak{P}_1\mathfrak{P}_{14}$) wird durch die Gleichung:

$$27\,\lambda) \quad x\,(cos\,\varepsilon'_{a_2}\,cos\,\varepsilon'_{a_3} + cos^2\,\varepsilon'_{a_1}) - y\,(cos\,\varepsilon'_{a_3}\,cos\,\varepsilon'_{a_1} + cos^2\,\varepsilon'_{a_2})$$
$$- z\,(cos\,\varepsilon'_{a_1}\,cos\,\varepsilon'_{a_2} - cos^2\,\varepsilon'_{a_3}) = 0$$

dargestellt.

5. Ein Netz XXVIII′ kann (vergl. § 64, 3. und 4.) sowohl als die Hemigonie eines Netzes XXIII′, als eines Netzes XXVI′, als auch eines Netzes X″ erhalten werden. Bei der analytischen Darstellung dieser letzteren Beziehung wird man sich mit Vorteil auch der in § 69, 3. eingeführten Ableitungskoeffizienten $t^{[1]}$, $s^{[1]}$ bedienen.

§ 73. Die Netze XVII eines rhombischen und die Netze XIV eines tetragonalen Sphenoids.

1. Zum Schlusse dieses Abschnittes mögen auch noch die wichtigsten Relationen für die Netze XVII und XIV, welche (vergl. § 50, 8.) bez. Hemigonieen der Netze IV″ und IV′ darstellen und bereits andererseits als Grenzfälle der hauptaxigen Trapezoid- und Deltoidnetze erwähnt wurden (vergl. § 62), angegeben werden.

2. Die rechtwinkligen Koordinaten der vier Eckpunkte, z. B. P_1, P_5, P'_4, P'_8 eines Netzes XVII entsprechen den vier positiven Vorzeichenkombinationen derselben Permutation

(x_1, y_1, z_1) (vergl. § 64, 3.); die Gleichungen der drei Gruppen von Kanten sind bereits in den vorhergehenden Paragraphen aufgestellt worden, nämlich von [vergl. Fig. 13 α):

$P_1 P_5$ und $P'_4 P'_8$ in § 70 unter 23 α) und § 72 unter 26 α),
$P_1 P'_4$ „ $P_5 P'_8$ „ § 71 „ 25 $\varkappa$),
$P_1 P'_8$ „ $P'_4 P_5$ „ § 68 „ 21 β).

3. Die Eckpunkte $\mathfrak{P}$ des symmetrisch-konjugierten Netzes (§ 29), z. B. $\mathfrak{P}_{23}$, $\mathfrak{P}_{19}$, $\mathfrak{P}'_{18}$, $\mathfrak{P}'_{22}$, sind die Mittelpunkte der den Grenzflächen des ersteren Netzes umgeschriebenen Kreise.

Für die Steinersche Verwandtschaft, welche zwischen je zwei konjugierten Polen P_1 und $\mathfrak{P}_1$ besteht, ergeben sich [vergl. Formel 35 ε) in § 29] aus:

$$\vartheta_{a_i} + \vartheta'_{a_i} = 90^0, \quad i = 1, 2, 3,$$

die Relationen:

28 α) $(s_1 - t_1)(s'_1 - t'_1) - (1 - s_1)(1 - s'_1) = 0,$

28 β) $(1 - s_1)(1 - s'_1) - t_1 t'_1 = 0,$

28 γ) $t_1 t'_1 - (s_1 - t_1)(s'_1 - t'_1) = 0.$

Für $t_1 = t'_1 = t$, $s_1 = s'_1 = s$ erhält man hieraus:

28 α') $b_3 . b_6 \ldots (t-1)(t-2s+1) = 0,$

28 β') $b_2 . b_4 \ldots (t-s+1)(t+s-1) = 0,$

28 γ') $b_1 . b_5 \ldots s(s-2t) = 0,$

d. h. die Gleichungen der drei Linienpaare, welche durch die vier Basispunkte C_1, C_2, C_3, C_4 der Verwandtschaft hindurchgehen, deren Hauptdreieck $A_1 A_2 A_3$ ist (Fig. 15 β).

4. Für $\vartheta_{a_1} = 45^0$ werden die rhombischen Sphenoide zu tetragonalen (§ 24); die beiden (auf dem Hauptkreise b_6 liegenden) Punkte P_1 und $\mathfrak{P}_1$ sind konjugierte Pole der projektivisch-involutorischen Verwandtschaft, deren Doppelpunkte C_1 und C_4 sind. Die Verwandtschaftsgleichung lautet:

28 δ) $$t_1 t'_1 - \frac{(1 - t_1)(1 - t'_1)}{2} = 0,$$

übereinstimmend mit der früher 26 δ) in § 24 aufgestellten Relation:

$$tang\, \varepsilon_a \, tang\, \varepsilon'_a = 2.$$

5. Über die Anzahl der möglichen Gruppierungen der Eckpunkte eines Netzes XV' als Eckpunkte rhombischer oder tetragonaler Sphenoide vergl. das letzte Kapitel.

III. Zweite Ordnung der zweiten Hauptklasse.

Gruppe der Diakishexekontaedernetze.

§ 74. Wahl des Koordinatensystems.   Analytische Relationen.

1. Als rechtwinkliges Koordinatensystem, in Beziehung auf welches die Elemente eines Diakishexekontaedernetzes XVI (§ 48 und § 54) und der in demselben enthaltenen besonderen Netze analytisch darzustellen sind, bietet sich das durch drei auf einander senkrechte zweizählige Axen OB gebildete naturgemäss dar. Wir wollen die von unten nach oben gerichtete Axe OB_1 als positive Z-Axe, die von hinten nach vornen gerichtete Axe OB_{13} als positive X-Axe und die von links nach rechts gerichtete Axe OB_{15} als positive Y-Axe wählen (vergl. für die folgenden Betrachtungen die Fig. 29, welche die stereographische Projektion eines Netzes XVI für den Projektionspunkt B'_1 darstellt).

2. Die 15 Punkte B, die sechs Punkte G und die zehn Punkte C nebst deren Gegenpunkten werden dann durch folgende Koordinaten dargestellt (wobei die Koordinaten der Gegenpunkte die entgegengesetzten Werte erhalten):

$$29\,\alpha)\ \begin{cases} B_1\begin{cases} x=0, \\ y=0, \\ z=r, \end{cases} & B_{13}\begin{cases} x=r, \\ y=0, \\ z=0, \end{cases} & B_{15}\begin{cases} x=0; \\ y=r, \\ z=0; \end{cases} \\[3em] B_2\begin{cases} x=r\cos 60^0=\dfrac{r}{2}, \\[1em] y=r\cos 72^0=\dfrac{r}{2}tang\varphi, \\[1em] z=r\cos 36^0=\dfrac{r}{2}cotg\,\varphi, \end{cases} & B_{11}\begin{cases} x=-\dfrac{r}{2}tang\varphi, \\[1em] y=-\dfrac{r}{2}cotg\,\varphi, \\[1em] z=\ \ \dfrac{r}{2}, \end{cases} & B_{12}\begin{cases} x=-\dfrac{r}{2}cotg\,\varphi, \\[1em] y=\ \ \ \dfrac{r}{2}, \\[1em] z=\ \ \dfrac{r}{2}tang\varphi; \end{cases} \end{cases}$$

$$29\,a) \begin{cases}
B_3 \begin{cases} x = \dfrac{r}{2}, \\[4pt] y = -\dfrac{r}{2}\,tang\,\varphi, \\[4pt] z = \dfrac{r}{2}\,cotg\,\varphi, \end{cases} \quad
B_7 \begin{cases} x = -\dfrac{r}{2}\,tang\,\varphi, \\[4pt] y = \dfrac{r}{2}\,cotg\,\varphi, \\[4pt] z = \dfrac{r}{2}, \end{cases} \quad
B_{14} \begin{cases} x = -\dfrac{r}{2}\,cotg\,\varphi, \\[4pt] y = -\dfrac{r}{2}, \\[4pt] z = \dfrac{r}{2}\,tang\,\varphi; \end{cases} \\[40pt]

B_4 \begin{cases} x = -\dfrac{r}{2}, \\[4pt] y = \dfrac{r}{2}\,tang\,\varphi, \\[4pt] z = \dfrac{r}{2}\,cotg\,\varphi, \end{cases} \quad
B_8 \begin{cases} x = \dfrac{r}{2}\,tang\,\varphi, \\[4pt] y = -\dfrac{r}{2}\,cotg\,\varphi, \\[4pt] z = \dfrac{r}{2}, \end{cases} \quad
B_9 \begin{cases} x = \dfrac{r}{2}\,cotg\,\varphi, \\[4pt] y = \dfrac{r}{2}, \\[4pt] z = \dfrac{r}{2}\,tang\,\varphi; \end{cases} \\[40pt]

B_5 \begin{cases} x = -\dfrac{r}{2}, \\[4pt] y = -\dfrac{r}{2}\,tang\,\varphi, \\[4pt] z = \dfrac{r}{2}\,cotg\,\varphi, \end{cases} \quad
B_6 \begin{cases} x = \dfrac{r}{2}\,tang\,\varphi, \\[4pt] y = \dfrac{r}{2}\,cotg\,\varphi, \\[4pt] z = \dfrac{r}{2}, \end{cases} \quad
B_{10} \begin{cases} x = \dfrac{r}{2}\,cotg\,\varphi, \\[4pt] y = -\dfrac{r}{2}, \\[4pt] z = \dfrac{r}{2}\,tang\,\varphi. \end{cases}
\end{cases}$$

Je drei nebeneinanderstehende Punkte B entsprechen den Eckpunkten eines Oktantendreieckes, die 30 Eckpunkte B gruppieren sich also als die Eckpunkte von fünf konzentrischen regulären Oktaedern. Je vier von der zweiten Reihe an untereinanderstehende Punkte und deren Gegenpunkte (z. B. B_2, B_3, B_4, B_5 und deren Gegenpunkte) haben zu Koordinaten dieselbe Permutation $\dfrac{r}{2}$, $\dfrac{r}{2}\,tang\,\varphi$, $\dfrac{r}{2}\,cotg\,\varphi$, welcher die acht Vorzeichenkombinationen zugesetzt sind, die beiden anderen Gruppen von je acht (B_{11}, B_7, B_8, B_6 nebst Gegenpunkten und B_{12}, B_{14}, B_9, B_{10} nebst Gegenpunkten) entsprechen den beiden anderen positiven Permutationen jener Elemente. Es folgt hieraus, dass je 24 der 30 Punkte B und B', d. h. der Eckpunkte eines Netzes XX', fünfmal den Eckpunkten eines Netzes $XXIII'$ (§ 71) entsprechen und zwar eines Netzes $XXIII'$, für welches:

29 a) $\qquad \varepsilon_{a_2} = 60^0, \quad \varepsilon_{a_3} = 72^0, \quad \varepsilon_{a_1} = 36^0,$

also [vergl. 17 δ), ε) in § 66]:

$$29\,\text{b)}\quad \begin{cases} t = \dfrac{\cos 36^0}{\cos 36^0 + \cos 60^0 + \cos 72^0} = \tfrac{1}{2}, \\[2ex] s = \dfrac{\cos 36^0 + \cos 60^0}{\cos 36^0 + \cos 60^0 + \cos 72^0} = \dfrac{\sqrt{5}+1}{4} = \tfrac{1}{2}\,cotg\,\varphi = \cos 36^0 \end{cases}$$

ist [vergl. 20 γ) in § 67], welchem also die parallelflächige Hemiedrie eines **parallelkantigen** Hexakisoktaeders umgeschrieben werden kann.

Als Koordinaten der sechs Punkte G erhält man:

$$29\,\beta)\quad \begin{cases} G_1 \begin{cases} x = 0, \\ y = r\,sin\,\varphi, \\ z = r\,cos\,\varphi, \end{cases} & G_2 \begin{cases} x = 0, \\ y = -\,r\,sin\,\varphi, \\ z = r\,cos\,\varphi, \end{cases} \\[4ex] G_3 \begin{cases} x = r\,cos\,\varphi, \\ y = 0, \\ z = r\,sin\,\varphi, \end{cases} & G_4 \begin{cases} x = -\,r\,cos\,\varphi, \\ y = 0, \\ z = r\,sin\,\varphi, \end{cases} \\[4ex] G_5 \begin{cases} x = r\,sin\,\varphi, \\ y = r\,cos\,\varphi, \\ z = 0, \end{cases} & G_6 \begin{cases} x = -\,r\,sin\,\varphi, \\ y = r\,cos\,\varphi, \\ z = 0, \end{cases} \end{cases}$$

woraus erhellt, dass die zwölf Punkte G und G' die Eckpunkte eines besonderen Netzes XXIX$'$ (vergl. §§ 45, 52 und 71, 3. bis 5.), nämlich des regulären Ikosaedernetzes V darstellen (vergl. 66 μ), ν), in § 45]. Die Werte für ε_{a_1}, ε''_{a_1} oder für t_1 und t''_1 [Formeln 25 ζ), ζ') in § 71] werden hier:

29 c) $\quad \varepsilon_{a_1} = \psi, \quad \varepsilon''_{a_1} = \varphi, \quad t_1 = cos^2\,\varphi, \quad t''_1 = tang\,\varphi.$

Die zwölf auf den Hauptkreisen b_1, b_{13}, b_{15} liegenden Punkte C nebst Gegenpunkten entsprechen also den früher mit S (Fig. 21 γ) bezeichneten Punkten; diese zwölf Punkte bilden mit den übrigen acht Punkten (C_3, C_4, C_5, C_6 und deren Gegenpunkten), welche den Eckpunkten eines Hexaeders entsprechen, ein spezielles symmetrisches Pentagondodekaedernetz XXIX, nämlich das reguläre Netz VII.

Die Koordinaten der zehn Punkte C sind folgende:

$$
29\gamma_1)
\begin{cases}
C_1 \begin{cases} x = \dfrac{r}{\sqrt{3}}\, tang\ \varphi = r\, sin\ \psi, \\[2mm] y = 0, \\[2mm] z = \dfrac{r\, cotg\ \varphi}{\sqrt{3}} = r\, cos\ \psi, \end{cases}
\qquad
C_2 \begin{cases} x = -\, r\, sin\ \psi, \\ y = 0, \\ z = r\, cos\ \psi; \end{cases} \\[10mm]
C_7 \begin{cases} x = 0, \\ y = r\, cos\ \psi, \\ z = r\, sin\ \psi, \end{cases}
\qquad
C_8 \begin{cases} x = 0, \\ y = -\, r\, cos\ \psi, \\ z = r\, sin\ \psi; \end{cases} \\[10mm]
C_9 \begin{cases} x = r\, cos\ \psi, \\ y = r\, sin\ \psi, \\ z = 0, \end{cases}
\qquad
C_{10} \begin{cases} x = r\, cos\ \psi, \\ y = -\, r\, sin\ \psi, \\ z = 0; \end{cases}
\end{cases}
$$

$$
29\gamma_2)
\begin{cases}
C_3 \begin{cases} x = + \\ y = + \\ z = + \end{cases} \dfrac{r}{\sqrt{3}},
\qquad
C_4 \begin{cases} x = + \\ y = - \\ z = + \end{cases} \dfrac{r}{\sqrt{3}}; \\[10mm]
C_5 \begin{cases} x = - \\ y = + \\ z = + \end{cases} \dfrac{r}{\sqrt{3}},
\qquad
C_6 \begin{cases} x = - \\ y = - \\ z = + \end{cases} \dfrac{r}{\sqrt{3}}.
\end{cases}
$$

Hieraus folgt auch leicht mit Berücksichtigung des oben über die Lage der Punkte B gesagten, dass sich die 20 Punkte C (nebst Gegenpunkten) fünfmal (so, wie in $29\gamma_2$) den acht Eckpunkten eines regulären Hexaeders entsprechend anordnen lassen, wobei also im ganzen jeder Punkt C oder C' zweimal auftreten wird (vergl. auch das letzte Kapitel).

3. Die Ebenen der 15 Hauptkreise b, der sechs Hauptkreise g und der zehn Hauptkreise c, welche bez. die Polaren zu den Punkten B, G und C sind, werden durch die folgenden Gleichungen dargestellt:

$$29\,\alpha')\quad\begin{cases}
b_1 \ldots z = 0,\\
b_{13} \ldots x = 0,\\
b_{15} \ldots y = 0;\\[4pt]
b_2 \ldots\quad x + y\,tang\,\varphi + z\,cotg\,\varphi = 0,\\
b_{11} \ldots -x\,tang\,\varphi - y\,cotg\,\varphi + z = 0,\\
b_{12} \ldots -x\,cotg\,\varphi + y + z\,tang\,\varphi = 0;\\[4pt]
b_3 \ldots\quad x - y\,tang\,\varphi + z\,cotg\,\varphi = 0,\\
b_7 \ldots -x\,tang\,\varphi + y\,cotg\,\varphi + z = 0,\\
b_{14} \ldots -x\,cotg\,\varphi - y + z\,tang\,\varphi = 0;\\[4pt]
b_4 \ldots -x + y\,tang\,\varphi + z\,cotg\,\varphi = 0,\\
b_8 \ldots\quad x\,tang\,\varphi - y\,cotg\,\varphi + z = 0,\\
b_9 \ldots\quad x\,cotg\,\varphi + y + z\,tang\,\varphi = 0;\\[4pt]
b_5 \ldots -x - y\,tang\,\varphi + z\,cotg\,\varphi = 0,\\
b_6 \ldots\quad x\,tang\,\varphi + y\,cotg\,\varphi + z = 0,\\
b_{10} \ldots\quad x\,cotg\,\varphi - y + z\,tang\,\varphi = 0;
\end{cases}$$

$$29\,\beta')\quad\begin{cases}
\begin{cases}
g_1 \ldots\quad y\,sin\,\varphi + z\,cos\,\varphi = 0,\\
g_2 \ldots -y\,sin\,\varphi + z\,cos\,\varphi = 0;
\end{cases}\\[8pt]
\begin{cases}
g_3 \ldots\quad x\,cos\,\varphi + z\,sin\,\varphi = 0,\\
g_4 \ldots -x\,cos\,\varphi + z\,sin\,\varphi = 0;
\end{cases}\\[8pt]
\begin{cases}
g_5 \ldots\quad x\,sin\,\varphi + y\,cos\,\varphi = 0,\\
g_6 \ldots -x\,sin\,\varphi + y\,cos\,\varphi = 0;
\end{cases}
\end{cases}$$

$$29\,\gamma')\quad\begin{cases}
\begin{cases}
c_1 \ldots\quad x\,tang\,\varphi + z\,cotg\,\varphi = 0 \ \text{ oder } \ x\,sin\,\psi + z\,cos\,\psi = 0,\\
c_2 \ldots -x\,sin\,\psi + z\,cos\,\psi = 0;
\end{cases}\\[8pt]
\begin{cases}
c_7 \ldots\quad y\,cos\,\psi + z\,sin\,\psi = 0,\\
c_8 \ldots -y\,cos\,\psi + z\,sin\,\psi = 0;
\end{cases}\\[8pt]
\begin{cases}
c_9 \ldots x\,cos\,\psi + y\,sin\,\psi = 0,\\
c_{10} \ldots x\,cos\,\psi - y\,sin\,\psi = 0;
\end{cases}\\[8pt]
\begin{cases}
c_3 \ldots\quad x + y + z = 0,\\
c_4 \ldots\quad x - y + z = 0,\\
c_5 \ldots -x + y + z = 0,\\
c_6 \ldots -x - y + z = 0.
\end{cases}
\end{cases}$$

Zu den Ebenen der 15 Hauptkreise b, welche ganz
oder teilweise ausgezogen die sämtlichen festen gleich-

flächigen Netze dieser Gruppe bilden, sind die Ebenen eines Triakontaeders [XX] parallel, welches in den Punkten B der Kugel umgeschrieben ist; zu den Ebenen der sechs Hauptkreise g, welche das feste gleicheckige Netz XX' bilden, sind die Grenzflächen eines regulären, der Kugel in den Punkten G umgeschriebenen Pentagondodekaeders parallel; und zu den Ebenen der zehn Hauptkreise c, welche ein anderes festes gleicheckiges Netz höherer Art XX'$_3$ bilden (vergl. das letzte Kapitel), sind die Grenzflächen eines regulären, der Kugel in den Punkten C umgeschriebenen Ikosaeders parallel (vergl. Fig. 29).

4. Die Gleichungen für die Grenzflächen und die Koordinaten der Eckpunkte dieser umgeschriebenen Polyeder, wie andererseits diejenigen der den Netzen XX', V und VII eingeschriebenen gleicheckigen, bez. regulären Polyeder ergeben sich mit Leichtigkeit aus den obigen Relationen; auch folgen aus den angegebenen Gruppierungen der Punkte B, G und C entsprechende Gruppierungen der Eckpunkte und Grenzflächen der ein- und umgeschriebenen Polyeder.

§ 75. Koordinaten der Eckpunkte eines Netzes XVI' und seiner Hemigonie.

1. Die Eckpunkte des gleicheckigen, dem Diakishexekontaedernetze XVI zugeordneten Netzes XVI' sind je 2.60 homologe Punkte der 2.60 durch die vollständig ausgezogenen Hauptkreise b gebildeten rechtwinkligen Dreiecke (§ 28 und § 54), [vergl. Fig. 14 und Fig. 29, in welcher die in die Dreiecke $G\,C\,B$ gesetzten Zahlen den Indices der Eckpunkte P entsprechen].

Wenn die sphärischen Abstände des in dem Dreiecke $G_1\,C_1\,B_1$ liegenden Punktes P_1 von den drei Eckpunkten B_1, B_{13}, B_{15} des Oktantendreieckes, wie früher, durch ε_b, ε''_b, ε'''_b bezeichnet werden, so sind bei dem festgesetzten Koordinatensystem die Koordinaten x_1, y_1, z_1 dieses Punktes P_1 durch [vergl. 34β) in § 28]:

$$30\,\alpha)\quad \begin{cases} x_1 = r\cos\varepsilon''_b = r\sin\varepsilon_b\cos\vartheta_b = r\cos\varepsilon_{b_{13}}, \\ y_1 = r\cos\varepsilon'''_b = r\sin\varepsilon_b\sin\vartheta_b = r\cos\varepsilon_{b_{15}}, \\ z_1 = r\cos\varepsilon_b \qquad\qquad\quad\; = r\cos\varepsilon_{b_1} \end{cases}$$

dargestellt.

Versehen wir die drei Werte x_1, y_1, z_1 in derselben Anordnung mit den acht Vorzeichenkombinationen, so erhalten wir (vergl. § 64, 1.) acht den Eckpunkten eines Netzes IV″ entsprechende, in den acht Oktanten liegende Punkte, nämlich bei den angewendeten Bezeichnungen die Punkte:

$30\,\beta)\quad P_1,\ P_{10},\ P_{20},\ P_{11}$ und deren Gegenpunkte.

Bilden wir ferner die beiden anderen positiven Permutationen von (x_1, y_1, z_1), nämlich (z_1, x_1, y_1) und (y_1, z_1, x_1), so erhalten wir, wenn diesen beiden Permutationen die acht Vorzeichenkombinationen zugesetzt werden, die Punkte:

$30\,\gamma)\quad P_{48},\ P_{58},\ P'_{48},\ P'_{58}$ und deren Gegenpunkte,

$30\,\delta)\quad P_{25},\ P_{35},\ P_{36},\ P_{26}$ ″   ″   ″   ,

wobei den Punkten P_{43} und P_{25} die Koordinaten:

$$30\,\varepsilon)\quad \begin{cases} x_{43} = z_1 = r\cos\varepsilon_{b_1}, \\ y_{43} = x_1 = r\cos\varepsilon_{b_{13}}, \\ z_{43} = y_1 = r\cos\varepsilon_{b_{15}}, \end{cases} \qquad \begin{array}{l} x_{25} = y_1 = r\cos\varepsilon_{b_{15}}, \\ y_{25} = z_1 = r\cos\varepsilon_{b_1}, \\ z_{25} = x_1 = r\cos\varepsilon_{b_{13}} \end{array}$$

zukommen.

Diese 24 Punkte entsprechen also (vergl. § 64, 3. u. 4a) den Eckpunkten eines Netzes XXIII′, da ihre Koordinaten die beiden Gruppen Π_1 und Π_2 [Formel $10\,\zeta)$ in § 64] darstellen.

2. Vier weitere Gruppen von je 24 in ähnlicher Weise angeordneten Punkten P ergeben sich aus den vier Punkten P_2, P_{12}, P_3, P_{13} und zwar bestimmen sich die Werte für die Koordinaten derselben in einfacher Weise aus den sphärischen Abständen des Punktes P_1 von den Eckpunkten der vier anderen Oktantendreiecke [vergl. $29\,\alpha)$ des vorigen Paragraphen], nämlich von den Punkten:

$$30\,\zeta)\quad \begin{cases} B_2\,B_{11}\,B_{12}\ \text{für den Punkt } P_2, \\ B_3\,B_7\,B_{14}\ \text{″}\quad\text{″}\quad\text{″}\quad P_{12}, \\ B_4\,B_8\,B_9\ \text{″}\quad\text{″}\quad\text{″}\quad P_3; \\ B_5\,B_6\,B_{10}\ \text{″}\quad\text{″}\quad,\quad P_{13}. \end{cases}$$

Werden diese Abstände durch die mit dem entsprechenden Index versehenen Grössen ε bezeichnet, so ergeben sich als Werte dieser Koordinaten:

$$30\,\eta)\quad \begin{cases} P_2 \begin{cases} x_2 = r\cos\varepsilon_{b_{11}}, \\ y_2 = r\cos\varepsilon_{b_{12}}, \\ z_2 = r\cos\varepsilon_{b_2}; \end{cases} \qquad P_{12} \begin{cases} x_{12} = r\cos\varepsilon_{b_7}, \\ y_{12} = r\cos\varepsilon_{b_{14}}, \\ z_{12} = r\cos\varepsilon_{b_3}; \end{cases} \\[2em] P_3 \begin{cases} x_3 = r\cos\varepsilon_{b_8}, \\ y_3 = r\cos\varepsilon_{b_9}, \\ z_3 = r\cos\varepsilon_{b_4}; \end{cases} \qquad P_{13} \begin{cases} x_{13} = r\cos\varepsilon_{b_6}, \\ y_{13} = r\cos\varepsilon_{b_{10}}, \\ z_{13} = r\cos\varepsilon_{b_5}. \end{cases} \end{cases}$$

Aus der nachfolgenden Zusammenstellung kann man die zu je einer Gruppe von 24 Punkten gehörigen Punkte erkennen, wobei den in einer Horizontalreihe stehenden dieselbe Permutation der Koordinatenwerte zukommt.

$$30\,\vartheta)\quad \begin{cases} \text{Zweite Gruppe:} \quad P_2\ P_9\ P_{30}\ P_{21} \text{ und Gegenpunkte,} \\ \qquad\qquad\qquad P_{33}\ P_{52}\ P'_{38}\ P'_{59}\ \text{''} \qquad\qquad \text{''} \\ \qquad\qquad\qquad P_{15}\ P_{45}\ P_{46}\ P_{16}\ \text{''} \qquad\qquad \text{''} \\ \text{Dritte Gruppe:} \quad P_{12}\ P_{19}\ P_{29}\ P_{22}\ \text{''} \qquad\qquad \text{''} \\ \qquad\qquad\qquad P_{34}\ P'_{47}\ P'_{37}\ P_{44}\ \text{''} \qquad\qquad \text{''} \\ \qquad\qquad\qquad P_5\ P'_{60}\ P'_{51}\ P_6\ \text{''} \qquad\qquad \text{''} \\ \text{Vierte Gruppe:} \quad P_3\ P_8\ P_{40}\ P_{31}\ \text{''} \qquad\qquad \text{''} \\ \qquad\qquad\qquad P_{23}\ P_{42}\ P'_{28}\ P'_{49}\ \text{''} \qquad\qquad \text{''} \\ \qquad\qquad\qquad P_{14}\ P_{55}\ P_{56}\ P_{17}\ \text{''} \qquad\qquad \text{''} \\ \text{Fünfte Gruppe:} \quad P_{13}\ P_{18}\ P_{39}\ P_{32}\ \text{''} \qquad\qquad \text{''} \\ \qquad\qquad\qquad P_{24}\ P'_{57}\ P'_{27}\ P_{54}\ \text{''} \qquad\qquad \text{''} \\ \qquad\qquad\qquad P_4\ P'_{50}\ P'_{41}\ P_7\ \text{''} \qquad\qquad \text{''} \end{cases}$$

3. Was die Werte für die Cosinus der zwölf sphärischen Abstände [in den Formeln $30\,\eta)$] anlangt, so lassen sich dieselben in einfacher Weise durch die Cosinus der drei Abstände ε_b, ε''_b, ε'''_b oder ε_{b_1}, $\varepsilon_{b_{13}}$, $\varepsilon_{b_{15}}$ ausdrücken und zwar erhält man leicht [vergl. die Formeln $29\,\alpha)$ in § 74]:

$$30\,\iota)\quad \begin{cases} \cos\varepsilon_{b_2} = \tfrac{1}{2}\left[\cos\varepsilon_{b_1}\cot\varphi + \cos\varepsilon_{b_{13}} + \cos\varepsilon_{b_{15}}\tan\varphi\right], \\ \cos\varepsilon_{b_{11}} = \tfrac{1}{2}\left[\cos\varepsilon_{b_1} - \cos\varepsilon_{b_{13}}\tan\varphi - \cos\varepsilon_{b_{15}}\cot\varphi\right], \\ \cos\varepsilon_{b_{12}} = \tfrac{1}{2}\left[\cos\varepsilon_{b_1}\tan\varphi - \cos\varepsilon_{b_{13}}\cot\varphi + \cos\varepsilon_{b_{15}}\right]; \end{cases}$$

$$30\varkappa)\quad\begin{cases} \cos\varepsilon_{b_3} = \tfrac{1}{2}\left[\cos\varepsilon_{b_1}\,cotg\,\varphi + \cos\varepsilon_{b_{13}} - \cos\varepsilon_{b_{15}}\,tang\,\varphi\right], \\[4pt] \cos\varepsilon_{b_7} = \tfrac{1}{2}\left[\cos\varepsilon_{b_1} - \cos\varepsilon_{b_{13}}\,tang\,\varphi + \cos\varepsilon_{b_{15}}\,cotg\,\varphi\right], \\[4pt] \cos\varepsilon_{b_{14}} = \tfrac{1}{2}\left[\cos\varepsilon_{b_1}\,tang\,\varphi - \cos\varepsilon_{b_{13}}\,cotg\,\varphi - \cos\varepsilon_{b_{15}}\right]; \end{cases}$$

$$30\lambda)\quad\begin{cases} \cos\varepsilon_{b_4} = \tfrac{1}{2}\left[\cos\varepsilon_{b_1}\,cotg\,\varphi - \cos\varepsilon_{b_{13}} + \cos\varepsilon_{b_{15}}\,tang\,\varphi\right], \\[4pt] \cos\varepsilon_{b_8} = \tfrac{1}{2}\left[\cos\varepsilon_{b_1} + \cos\varepsilon_{b_{13}}\,tang\,\varphi - \cos\varepsilon_{b_{15}}\,cotg\,\varphi\right], \\[4pt] \cos\varepsilon_{b_9} = \tfrac{1}{2}\left[\cos\varepsilon_{b_1}\,tang\,\varphi + \cos\varepsilon_{b_{13}}\,cotg\,\varphi + \cos\varepsilon_{b_{15}}\right]; \end{cases}$$

$$30\mu)\quad\begin{cases} \cos\varepsilon_{b_5} = \tfrac{1}{2}\left[\cos\varepsilon_{b_1}\,cotg\,\varphi - \cos\varepsilon_{b_{13}} - \cos\varepsilon_{b_{15}}\,tang\,\varphi\right], \\[4pt] \cos\varepsilon_{b_6} = \tfrac{1}{2}\left[\cos\varepsilon_{b_1} + \cos\varepsilon_{b_{13}}\,tang\,\varphi + \cos\varepsilon_{b_{15}}\,cotg\,\varphi\right], \\[4pt] \cos\varepsilon_{b_{10}} = \tfrac{1}{2}\left[\cos\varepsilon_{b_1}\,tang\,\varphi + \cos\varepsilon_{b_{13}}\,cotg\,\varphi - \cos\varepsilon_{b_{15}}\right]. \end{cases}$$

Setzt man diese Werte in die Formeln $30\eta)$ ein und berücksichtigt, dass

$$\cos 60^0 = \tfrac{1}{2},\quad \cos 36^0 = \tfrac{1}{2}\,cotg\,\varphi,\quad \cos 72^0 = \tfrac{1}{2}\,tang\,\varphi$$

ist, so erkennt man durch Vergleichung mit $30\alpha)$, dass die so umgestalteten Formeln $30\eta)$ die Koordinaten des Punktes P_1 bez. für die vier rechtwinkligen Systeme darstellen, deren Koordinatenaxen nach den Eckpunkten der vier in $30\zeta)$ angegebenen Oktantendreiecke gerichtet sind. Denn die Formeln stimmen genau mit den Transformationsformeln für je zwei konzentrische rechtwinklige Systeme überein; die Substitutionsdeterminante wird gleich ± 1.

Mit Hilfe der vorstehenden Formeln kann man daher sofort die Koordinaten aller Eckpunkte eines Netzes XVI′ erhalten, wenn man diejenigen eines Eckpunktes in Beziehung auf irgend eines der fünf bezeichneten Koordinatensysteme als bekannt annimmt.

Die nachfolgende Zusammenstellung giebt fünf Gruppen von je zwölf Punkten (und deren Gegenpunkten), welche in Beziehung auf das erste, zweite, ... fünfte Oktantendreieck in gleicher Weise angeordnet sind [vergl. $30\beta)$ bis $\delta)$ und $\eta)$].

$$30\,\nu)\quad
\begin{cases}
\text{Erste Gruppe:} &
\left.\begin{array}{cccc}
P_1 & P_{10} & P_{20} & P_{11}\\
P_{43} & P_{53} & P'_{48} & P'_{58}\\
P_{25} & P_{35} & P_{36} & P_{26}
\end{array}\right\} & B_1\,B_{13}\,B_{15},\\[1em]
\text{Zweite Gruppe:} &
\left.\begin{array}{cccc}
P_{13} & P_3 & P_2 & P_{12}\\
P_{60} & P_{50} & P'_{55} & P'_{45}\\
P'_{37} & P'_{27} & P'_{28} & P'_{38}
\end{array}\right\} & B_2\,B_{11}\,B'_{12},\\[1em]
\text{Dritte Gruppe:} &
\left.\begin{array}{cccc}
P_{21} & P_{31} & P_{32} & P_{22}\\
P_7 & P_6 & P_{16} & P_{17}\\
P_{49} & P_{59} & P'_{44} & P'_{54}
\end{array}\right\} & B_3\,B_7\,B_{14},\\[1em]
\text{Vierte Gruppe:} &
\left.\begin{array}{cccc}
P_9 & P_8 & P_{18} & P_{19}\\
P_{41} & P_{51} & P'_{46} & P'_{56}\\
P_{23} & P_{33} & P_{34} & P_{24}
\end{array}\right\} & B_4\,B_8\,B_9,\\[1em]
\text{Fünfte Gruppe:} &
\left.\begin{array}{cccc}
P_{29} & P_{39} & P_{40} & P_{30}\\
P_5 & P_4 & P_{14} & P_{15}\\
P_{47} & P_{57} & P'_{42} & P'_{52}
\end{array}\right\} & B_5\,B_6\,B'_{10}.
\end{cases}$$

Die 120 Eckpunkte eines Netzes XVI' lassen sich daher fünfmal zu Gruppen von je fünf Netzen XXIII' zusammenfassen.

4. Die Koordinaten für die Eckpunkte der beiden Netze XXVII' (§ 43 und § 55), welche die gyroidische Hemigonie eines Netzes XVI' bilden, ergeben sich einfach aus den rechtwinkligen Koordinaten für die Eckpunkte eines Netzes XVI', wenn jeder Permutation der Koordinatenwerte entweder nur die vier positiven, oder nur die vier negativen Vorzeichenkombinationen zugesetzt werden [vergl. Fig. 25 β)]. Damit ergiebt sich sofort, dass die 60 Eckpunkte eines Netzes XXVII' sich fünfmal zu Gruppen von je fünf Netzen XXVIII' (§ 44, § 53) zusammenfassen lassen [s. 30 ϑ) und 30 ν)].

5. Die sphärischen Abstände eines Punktes P, z. B. P_1 von den Endpunkten $G_1 \ldots G_6$ und $C_1 \ldots C_{10}$ der fünfzähligen und der dreizähligen Axen lassen sich ebenfalls in einfacher Weise durch die Grössen ε_b, ε''_b, ε'''_b oder ε_{b_1}, $\varepsilon_{b_{13}}$, $\varepsilon_{b_{15}}$ ausdrücken. Man erhält für $\varepsilon_{g_1}, \ldots \varepsilon_{g_6}$ [vergl. 29 β) in § 74]:

$$30\,\xi)\quad
\begin{cases}
\cos\varepsilon_{g_1} = \quad\cos\varepsilon_{b_1}\,\cos\varphi + \cos\varepsilon_{b_{15}}\,\sin\varphi,\\[4pt]
\cos\varepsilon_{g_2} = \quad\cos\varepsilon_{b_1}\,\cos\varphi - \cos\varepsilon_{b_{15}}\,\sin\varphi,\\[4pt]
\cos\varepsilon_{g_3} = \quad\cos\varepsilon_{b_1}\,\sin\varphi + \cos\varepsilon_{b_{13}}\,\cos\varphi,\\[4pt]
\cos\varepsilon_{g_4} = \quad\cos\varepsilon_{b_1}\,\sin\varphi - \cos\varepsilon_{b_{13}}\,\cos\varphi,\\[4pt]
\cos\varepsilon_{g_5} = \quad\cos\varepsilon_{b_{13}}\,\sin\varphi + \cos\varepsilon_{b_{15}}\,\cos\varphi,\\[4pt]
\cos\varepsilon_{g_6} = -\cos\varepsilon_{b_{13}}\,\sin\varphi + \cos\varepsilon_{b_{15}}\,\cos\varphi;
\end{cases}$$

und für $\varepsilon_{c_1}\ldots\varepsilon_{c_{10}}$ [vergl. 29 γ) in § 74]:

$$30\,\pi)\quad
\begin{cases}
\cos\varepsilon_{c_1} = \dfrac{1}{\sqrt{3}}\left[\cos\varepsilon_{b_1}\,cotg\,\varphi + \cos\varepsilon_{b_{13}}\,tang\,\varphi\right]\\[10pt]
\qquad\; = \cos\varepsilon_{b_1}\,\cos\psi + \cos\varepsilon_{b_{13}}\,\sin\psi,\\[6pt]
\cos\varepsilon_{c_2} = \cos\varepsilon_{b_1}\,\cos\psi - \cos\varepsilon_{b_{13}}\,\sin\psi,\\[6pt]
\cos\varepsilon_{c_7} = \cos\varepsilon_{b_1}\,\sin\psi + \cos\varepsilon_{b_{15}}\,\cos\psi,\\[6pt]
\cos\varepsilon_{c_8} = \cos\varepsilon_{b_1}\,\sin\psi - \cos\varepsilon_{b_{15}}\,\cos\psi,\\[6pt]
\cos\varepsilon_{c_9} = \cos\varepsilon_{b_{13}}\,\cos\psi + \cos\varepsilon_{b_{15}}\,\sin\psi,\\[6pt]
\cos\varepsilon_{c_{10}} = \cos\varepsilon_{b_{13}}\,\cos\psi - \cos\varepsilon_{b_{15}}\,\sin\psi,\\[10pt]
\cos\varepsilon_{c_3} = \dfrac{1}{\sqrt{3}}\left[\cos\varepsilon_{b_1} + \cos\varepsilon_{b_{13}} + \cos\varepsilon_{b_{15}}\right],\\[12pt]
\cos\varepsilon_{c_4} = \dfrac{1}{\sqrt{3}}\left[\cos\varepsilon_{b_1} + \cos\varepsilon_{b_{13}} - \cos\varepsilon_{b_{15}}\right],\\[12pt]
\cos\varepsilon_{c_5} = \dfrac{1}{\sqrt{3}}\left[\cos\varepsilon_{b_1} - \cos\varepsilon_{b_{13}} + \cos\varepsilon_{b_{15}}\right],\\[12pt]
\cos\varepsilon_{c_6} = \dfrac{1}{\sqrt{3}}\left[\cos\varepsilon_{b_1} - \cos\varepsilon_{b_{13}} - \cos\varepsilon_{b_{15}}\right].
\end{cases}$$

Aus diesen Relationen lassen sich die — zum Teil schon früher (§ 54 u. § 55) hervorgehobenen — verschiedenen Arten der Gruppierung der Punkte P um die Axen OG und OC mit Leichtigkeit erkennen.

§ 76. Koordinaten der Eckpunkte der besonderen gleicheckigen Netze.

1. Die Eckpunkte der besonderen gleicheckigen Netze XI' (§ 21), XIII' (§ 23) und XXII' (§ 36) werden erhalten, wenn der Punkt P_1 auf einer der drei Kanten des Dreieckes

$G_1\, C_1\, B_1$, nämlich bez. auf $B_1\, G_1$, $B_1\, C_1$ und $C_1\, G_1$ liegt (vergl. auch § 54 und die Tabelle der zugehörigen Polyeder § 56, 3.).

2. Die Koordinaten eines auf $B_1\, G_1$ (dem Hauptkreise b_{13}) liegenden Punktes P_1 folgen aus:

$$31\,\alpha)\quad \begin{cases} \varepsilon_{b_{13}} = 90^0, \quad \varepsilon_{b_1} + \varepsilon_{b_{13}} = 90^0 \ \text{oder} \ \ \vartheta_{b_1} = 90^0, \quad \vartheta_{g_1} = 0^0 \\ \qquad \text{oder} \\ \qquad\qquad\qquad \varepsilon_{b_1} + \varepsilon_{g_1} = \varphi \end{cases}$$

[vergl. $34\,\mu$) in § 28]:

$$31\,\beta)\qquad\qquad P_1 \begin{cases} x_1 = 0, \\ y_1 = r\, \sin \varepsilon_{b_1}, \\ z_1 = r\, \cos \varepsilon_{b_1}. \end{cases}$$

Den vier Vorzeichenkombinationen für die drei (negativen) Permutationen dieser Koordinatenwerte entsprechen zwölf Punkte [vergl. die Anordnung Π_3 in § 65, $11\,\beta)$], welche die Eckpunkte eines Netzes $XXIX'$ (§ 45 und § 52) sind. Die Varietät dieses Netzes bestimmt sich aus dem Werte für ε_{b_1}. Je zwei benachbarte in Beziehung auf eine Kante $B\,G$ symmetrische Punkte [z. B. P_1 und P_{10}, P_{20} und P_{11}, vergl. $30\,\beta)$ in § 75] des Netzes XVI' fallen hier in einen Punkt zusammen.

Die vier anderen Gruppen von je zwölf in gleicher Weise angeordneten Gruppen P ergeben sich aus den Formeln $30\,\eta)$ und der Zusammenstellung $30\,\nu)$ in § 75, wobei die Werte für die Cosinus der Winkel ε_{b_i} nach den Formeln $30\,\iota)$ bis $30\,\mu)$ mit Berücksichtigung von $31\,\alpha)$ zu bestimmen sind.

Die 60 Eckpunkte eines Netzes XI' gruppieren sich also als diejenigen von fünf kongruenten konzentrischen Netzen $XXIX'$.

Die besonderen Werte für die sphärischen Abstände ε_b, ε_g, ε_c sind in den nachfolgenden Relationen übersichtlich zusammengestellt [vergl. $30\,\iota)$ bis $30\,\mu)$, $30\,\xi)$, $30\,\lambda)$ des § 75]:

$$31\gamma) \begin{cases} 0 < \varepsilon_{b_1} < \varphi, \quad \varepsilon_{b_{13}} = 90^0, \quad \varepsilon_{b_{15}} = 90^0 - \varepsilon_{b_1}, \\[4pt] \cos\varepsilon_{b_2} = \cos\varepsilon_{b_4} = \tfrac{1}{2}\left(\cos\varepsilon_{b_1}\, cotg\,\varphi + \sin\varepsilon_{b_1}\, tang\,\varphi\right) \\ \qquad\qquad\quad = \cos\varepsilon_{b_1}\cos 36^0 + \sin\varepsilon_{b_1}\cos 72^0, \\[4pt] \cos\varepsilon_{b_3} = \cos\varepsilon_{b_5} = \tfrac{1}{2}\left(\cos\varepsilon_{b_1}\, cotg\,\varphi - \sin\varepsilon_{b_1}\, tang\,\varphi\right) \\ \qquad\qquad\quad = \cos\varepsilon_{b_1}\cos 36^0 - \sin\varepsilon_{b_1}\cos 72^0, \\[4pt] \cos\varepsilon_{b_6} = \cos\varepsilon_{b_7} = \tfrac{1}{2}\left(\cos\varepsilon_{b_1} + \sin\varepsilon_{b_1}\, cotg\,\varphi\right) \\ \qquad\qquad\quad = \cos\varepsilon_{b_1}\cos 60^0 + \sin\varepsilon_{b_1}\cos 36^0, \\[4pt] \cos\varepsilon_{b_8} = \cos\varepsilon_{b_{11}} = \tfrac{1}{2}\left(\cos\varepsilon_{b_1} - \sin\varepsilon_{b_1}\, cotg\,\varphi\right) \\ \qquad\qquad\quad = \cos\varepsilon_{b_1}\cos 60^0 - \sin\varepsilon_{b_1}\cos 36^0, \\[4pt] \cos\varepsilon_{b_9} = \cos\varepsilon_{b_{12}} = \tfrac{1}{2}\left(\cos\varepsilon_{b_1}\, tang\,\varphi + \sin\varepsilon_{b_1}\right) \\ \qquad\qquad\quad = \cos\varepsilon_{b_1}\cos 72^0 + \sin\varepsilon_{b_1}\cos 60^0, \\[4pt] \cos\varepsilon_{b_{10}} = \cos\varepsilon_{b_{14}} = \tfrac{1}{2}\left(\cos\varepsilon_{b_1}\, tang\,\varphi - \sin\varepsilon_{b_1}\right) \\ \qquad\qquad\quad = \cos\varepsilon_{b_1}\cos 72^0 - \sin\varepsilon_{b_1}\cos 60^0; \end{cases}$$

$$31\delta) \begin{cases} \cos\varepsilon_{g_1} = \cos\left(\varphi - \varepsilon_{b_1}\right), \quad \varepsilon_{b_1} + \varepsilon_{g_1} = \varphi, \\[4pt] \cos\varepsilon_{g_2} = \cos\left(\varphi + \varepsilon_{b_1}\right), \quad \varepsilon_{g_2} = \varphi + \varepsilon_{b_1} = 2\,\varphi - \varepsilon_{g_1}, \\[4pt] \cos\varepsilon_{g_3} = \cos\varepsilon_{g_4} = \cos\varepsilon_{b_1}\sin\varphi, \\[4pt] \cos\varepsilon_{g_5} = \cos\varepsilon_{g_6} = \sin\varepsilon_{b_1}\cos\varphi; \end{cases}$$

$$31\varepsilon) \begin{cases} \cos\varepsilon_{c_1} = \cos\varepsilon_{c_2} = \cos\varepsilon_{b_1}\cos\psi = \dfrac{\cos\varepsilon_{b_1}\, cotg\,\varphi}{\sqrt{3}}, \\[10pt] \cos\varepsilon_{c_3} = \cos\varepsilon_{c_5} = \dfrac{1}{\sqrt{3}}\left(\cos\varepsilon_{b_1} + \sin\varepsilon_{b_1}\right), \\[10pt] \cos\varepsilon_{c_4} = \cos\varepsilon_{c_6} = \dfrac{1}{\sqrt{3}}\left(\cos\varepsilon_{b_1} - \sin\varepsilon_{b_1}\right), \\[10pt] \cos\varepsilon_{c_7} = \sin\left(\psi + \varepsilon_{b_1}\right), \quad \varepsilon_{c_7} = 90^0 - (\psi + \varepsilon_{b_1}) \\ \cos\varepsilon_{c_8} = \sin\left(\psi - \varepsilon_{b_1}\right), \quad \varepsilon_{c_8} = 90^0 - (\psi - \varepsilon_{b_1}) \end{cases} \Biggr\}\; \varepsilon_{c_7} + \varepsilon_{c_8} = 180^0 - 2\,\psi, \\[6pt] \cos\varepsilon_{c_9} = -\cos\varepsilon_{c_{10}} = \sin\varepsilon_{b_1}\sin\psi, \quad \varepsilon_{c_9} + \varepsilon_{c_{10}} = 180^0.$$

Von besonderen Varietäten der Netze XI′ ist ausser den früher erwähnten, nämlich der konjugierten [$\varepsilon_{g_1} = \varepsilon_{c_1}$ Formel 23β) in § 21] und der Archimedeischen [Formel 23γ) in § 21] noch diejenige hervorzuheben, deren Eckpunkte die durch E bezeichneten Punkte (Fig. 29 und 30) sind und für welche die einfache Beziehung:

$$31\,\zeta) \qquad\qquad \varepsilon_{b_1} = \psi$$

gilt (vergl. § 54, 4.).

3. Für die Koordinaten eines auf $B_1 C_1$ (dem Hauptkreise b_{15}) liegenden Punktes erhält man wegen [vergl. 34ν) in § 28]:

$$32\,\alpha) \quad \varepsilon_{b_{15}} = 90^0,\ \varepsilon_{b_1} + \varepsilon_{b_{13}} = 90^0,\ \vartheta_{b_1} = 0,\ \vartheta_{c_1} = 60^0,\ \varepsilon_{b_1} + \varepsilon_{c_1} = \psi;$$

$$32\,\beta) \qquad\qquad P_1 \begin{cases} x_1 = r\, sin\, \varepsilon_{b_1}, \\ y_1 = 0, \\ z_1 = r\, cos\, \varepsilon_{b_1}. \end{cases}$$

Werden den drei positiven Permutationen dieser Koordinatenwerte die vier Vorzeichenkombinationen zugesetzt, so erhält man die Koordinaten von zwölf Punkten [vergl. die Anordnung Π_1 in § 65, $11\,\beta)$], welche ebenfalls die Eckpunkte eines Netzes XXIX′ (§ 45 und § 52) sind, dessen Varietät sich aus dem Werte für ε_{b_1} bestimmt. Je zwei benachbarte, in Beziehung auf eine Kante BC symmetrische Punkte [z. B. P_1 und P_{11}, P_{10} und P_{20}, vergl. $30\,\beta)$ in § 75] des Netzes XVI′ fallen hier in einen Punkt zusammen.

Ebenso giebt es vier andere Gruppen von je zwölf analog angeordneten Punkten, für welche sich die Koordinatenwerte aus der Zusammenstellung $30\nu)$ und den Formeln $30\,\eta)$ in § 75 mit Berücksichtigung der Werte $32\,\alpha)$ ergeben.

Es gruppieren sich also auch die Eckpunkte eines Netzes XIII′ als diejenigen von fünf kongruenten konzentrischen Netzen XXIX′.

In den nachfolgenden Formeln sind die besonderen Werte für die sphärischen Abstände ε_b, ε_g, ε_c [vergl. $30\iota)$ bis $30\pi)$ des § 75] zusammengestellt:

$$32\gamma)\ \begin{cases} 0 < \varepsilon_{b_1} < \psi, \quad \varepsilon_{b_1} + \varepsilon_{b_{13}} = 90^\circ, \quad \varepsilon_{b_{15}} = 90^\circ, \\[4pt] \cos\varepsilon_{b_2} = \cos\varepsilon_{b_3} = \tfrac{1}{2}\left(\cos\varepsilon_{b_1}\,cotg\,\varphi + \sin\varepsilon_{b_1}\right) \\ \qquad = \cos\varepsilon_{b_1}\cos 36^\circ + \sin\varepsilon_{b_1}\cos 60^\circ, \\[4pt] \cos\varepsilon_{b_4} = \cos\varepsilon_{b_5} = \tfrac{1}{2}\left(\cos\varepsilon_{b_1}\,cotg\,\varphi - \sin\varepsilon_{b_1}\right) \\ \qquad = \cos\varepsilon_{b_1}\cos 36^\circ - \sin\varepsilon_{b_1}\cos 60^\circ, \\[4pt] \cos\varepsilon_{b_6} = \cos\varepsilon_{b_8} = \tfrac{1}{2}\left(\cos\varepsilon_{b_1} + \sin\varepsilon_{b_1}\,tang\,\varphi\right) \\ \qquad = \cos\varepsilon_{b_1}\cos 60^\circ + \sin\varepsilon_{b_1}\cos 72^\circ, \\[4pt] \cos\varepsilon_{b_7} = \cos\varepsilon_{b_{11}} = \tfrac{1}{2}\left(\cos\varepsilon_{b_1} - \sin\varepsilon_{b_1}\,tang\,\varphi\right) \\ \qquad = \cos\varepsilon_{b_1}\cos 60^\circ - \sin\varepsilon_{b_1}\cos 72^\circ, \\[4pt] \cos\varepsilon_{b_9} = \cos\varepsilon_{b_{10}} = \tfrac{1}{2}\left(\cos\varepsilon_{b_1}\,tang\,\varphi + \sin\varepsilon_{b_1}\,cotg\,\varphi\right) \\ \qquad = \cos\varepsilon_{b_1}\cos 60^\circ + \sin\varepsilon_{b_1}\cos 36^\circ, \\[4pt] \cos\varepsilon_{b_{12}} = \cos\varepsilon_{b_{14}} = \tfrac{1}{2}\left(\cos\varepsilon_{b_1}\,tang\,\varphi - \sin\varepsilon_{b_1}\,cotg\,\varphi\right) \\ \qquad = \cos\varepsilon_{b_1}\cos 60^\circ - \sin\varepsilon_{b_1}\cos 36^\circ; \end{cases}$$

$$32\delta)\ \begin{cases} \cos\varepsilon_{g_1} = \cos\varepsilon_{g_2} = \cos\varepsilon_{b_1}\cos\varphi, \\[4pt] \cos\varepsilon_{g_3} = \sin(\varphi + \varepsilon_{b_1}), \quad \varepsilon_{g_3} = 90^\circ - (\varphi + \varepsilon_{b_1}) \\ \cos\varepsilon_{g_4} = \sin(\varphi - \varepsilon_{b_1}), \quad \varepsilon_{g_4} = 90^\circ - (\varphi - \varepsilon_{b_1}) \\ \cos\varepsilon_{g_5} = -\cos\varepsilon_{g_6} = \sin\varepsilon_{b_1}\sin\varphi, \quad \varepsilon_{g_5} + \varepsilon_{g_6} = 180^\circ; \end{cases} \left.\begin{array}{}\ \\ \ \end{array}\right\} \varepsilon_{g_3} + \varepsilon_{g_4} = 180^\circ - 2\varphi,$$

$$32\varepsilon)\ \begin{cases} \cos\varepsilon_{c_1} = \cos(\psi - \varepsilon_{b_1}), \quad \varepsilon_{b_1} + \varepsilon_{c_1} = \psi, \\[4pt] \cos\varepsilon_{c_2} = \cos(\psi + \varepsilon_{b_1}), \quad \varepsilon_{c_2} = \psi + \varepsilon_{b_1} = 2\psi - \varepsilon_{c_1}, \\[4pt] \cos\varepsilon_{c_3} = \cos\varepsilon_{c_4} = \dfrac{1}{\sqrt{3}}\left(\cos\varepsilon_{b_1} + \sin\varepsilon_{b_1}\right), \\[8pt] \cos\varepsilon_{c_5} = \cos\varepsilon_{c_6} = \dfrac{1}{\sqrt{3}}\left(\cos\varepsilon_{b_1} - \sin\varepsilon_{b_1}\right), \\[8pt] \cos\varepsilon_{c_7} = \cos\varepsilon_{c_8} = \cos\varepsilon_{b_1}\sin\psi = \dfrac{\cos\varepsilon_{b_1}\,tang\,\varphi}{\sqrt{3}}, \\[8pt] \cos\varepsilon_{c_9} = \cos\varepsilon_{c_{10}} = \sin\varepsilon_{b_1}\cos\psi = \dfrac{\sin\varepsilon_{b_1}\,cotg\,\varphi}{\sqrt{3}}. \end{cases}$$

Von besonderen (konvexen) Varietäten der Netze XIII′ ist bereits früher die Archimedeische [Formel 25γ) in § 23] erwähnt und charakterisiert worden.

4. Wenn der Punkt P_1 endlich auf der Hypotenuse $C_1 G_1$ (dem Hauptkreise b_{14}) liegt, so besteht die Beziehung:

33 α) $\qquad\qquad\varepsilon_{b_{14}} = 90^0$

oder zufolge 30$\varkappa$) in § 75:

33 α') $\qquad \cos\varepsilon_{b_{15}} = \cos\varepsilon_{b_1}\,tang\,\varphi - \cos\varepsilon_{b_{13}}\,cotg\,\varphi,$

welche Beziehung, wie leicht nachzuweisen ist, mit den folgenden:

33 α'') $\qquad \vartheta_{g_1} = 36^0,\ \ \vartheta_{c_1} = 0^0\ \text{oder}\ \varepsilon_{g_1} + \varepsilon_{c_1} = \chi$

identisch ist.

Die Koordinaten des Punktes P_{12} [des ersten Punktes der dritten Gruppe in 30ϑ) § 75] sind alsdann, da

33 α''') $\qquad \varepsilon_{b_{14}} = 90^0,\ \ \varepsilon_{b_3} + \varepsilon_{b_7} = 90^0$

ist,

33 β) $\qquad\left\{\begin{array}{l} x_{12} = r\,sin\,\varepsilon_{b_3}, \\[4pt] y_{12} = 0, \\[4pt] z_{12} = r\,cos\,\varepsilon_{b_3}. \end{array}\right.$

Die vier Vorzeichenkombinationen der drei positiven Permutationen dieser Koordinatenwerte liefern, wie unter 3. zwölf der bezeichneten Gruppe angehörige Punkte, welche die Eckpunkte eines Netzes XXIX$'$ sind, indem je zwei in Beziehung auf eine Kante CG symmetrische Punkte (z. B. P_{12} und P_{22}, P_{19} und P_{29} u. s. w.) in einen Punkt zusammenfallen.

Die vier anderen Gruppen von je zwölf in gleicher Weise angeordneten Punkten erhält man, wenn man die analog dieser dritten Gruppe 30ϑ) in den übrigen vier Oktantendreiecken (und ihren Neben- und Gegendreiecken) gruppierten Punkte betrachtet und je zwei symmetrisch zu einer Kante CG liegende Punkte zusammenfallen lässt. Die Koordinaten ergeben sich dann aus den besonderen Werten für die sphärischen Abstände des Punktes P_1 von den Punkten B.

Die folgenden Formeln enthalten die besonderen Werte für ε_b, sowie für ε_g und ε_c; sie resultieren aus den Formeln 30ι) bis 30μ), 30ξ) und 30π), wenn zufolge 33α):

$$\cos\varepsilon_{b_1} = \tfrac{1}{2}\left(\cos\varepsilon_{b_3}\,cotg\,\varphi + sin\,\varepsilon_{b_3}\right),$$

33 β') $\qquad\cos\varepsilon_{b_{13}} = \tfrac{1}{2}\left(\cos\varepsilon_{b_3} - sin\,\varepsilon_{b_3}\,tang\,\varphi\right),$

$$\cos\varepsilon_{b_{15}} = \tfrac{1}{2}\left(-\cos\varepsilon_{b_3}\,tang\,\varphi + sin\,\varepsilon_{b_3}\,cotg\,\varphi\right)$$

gesetzt wird.

$$33\,\gamma)\quad \begin{cases} \psi < \varepsilon_{b_3} < \psi + \chi, \quad \varepsilon_{b_3} + \varepsilon_{b_7} = 90^0, \quad \varepsilon_{b_{14}} = 90^0, \\ \cos \varepsilon_{b_1} = \cos \varepsilon_{b_2} = \tfrac{1}{2} (\cos \varepsilon_{b_3}\, cotg\, \varphi + \sin \varepsilon_{b_3}), \\ \cos \varepsilon_{b_4} = \cos \varepsilon_{b_8} = \tfrac{1}{2} (\cos \varepsilon_{b_3}\, tang\, \varphi + \sin \varepsilon_{b_3}\, cotg\, \varphi), \\ \cos \varepsilon_{b_5} = \cos \varepsilon_{b_9} = \tfrac{1}{2} (\cos \varepsilon_{b_3} + \sin \varepsilon_{b_3}\, tang\, \varphi), \\ \cos \varepsilon_{b_6} = \cos \varepsilon_{b_{10}} = \tfrac{1}{2} (\cos \varepsilon_{b_3}\, cotg\, \varphi - \sin \varepsilon_{b_3}), \\ \cos \varepsilon_{b_{11}} = \cos \varepsilon_{b_{13}} = \tfrac{1}{2} (\cos \varepsilon_{b_3} - \sin \varepsilon_{b_3}\, tang\, \varphi), \\ \cos \varepsilon_{b_{12}} = \cos \varepsilon_{b_{15}} = \tfrac{1}{2} (- \cos \varepsilon_{b_3}\, tang\, \varphi + \sin \varepsilon_{b_3}\, cotg\, \varphi); \end{cases}$$

$$33\,\delta)\quad \begin{cases} \cos \varepsilon_{g_1} = \cos \varepsilon_{b_3} \sin \varphi + \sin \varepsilon_{b_3} \cos \varphi = \sin (\varepsilon_{b_3} + \varphi), \\ \qquad\qquad\qquad \varepsilon_{g_1} + \varepsilon_{b_3} = 90^0 - \varphi, \\ \cos \varepsilon_{g_2} = \cos \varepsilon_{g_3} = \cos \varepsilon_{b_3} \cos \varphi, \\ \cos \varepsilon_{g_4} = \cos \varepsilon_{g_5} = \sin \varepsilon_{b_3} \sin \varphi, \\ \cos \varepsilon_{g_6} = \sin (\varepsilon_{b_3} - \varphi), \quad \varepsilon_{g_6} = \varepsilon_{g_1} + 2\varphi; \end{cases}$$

$$33\,\varepsilon)\quad \begin{cases} \cos \varepsilon_{c_1} = \cos (\varepsilon_{b_3} - \psi), \quad \varepsilon_{c_1} = \varepsilon_{b_3} - \psi = \chi - \varepsilon_{g_1}, \\ \cos \varepsilon_{c_2} = \cos \varepsilon_{c_3} = \sqrt{\tfrac{2}{3}}\, \cos (45^0 - \varepsilon_{b_3}) = \sin \eta \cos (45^0 - \varepsilon_{b_3})\ ^{1)} \\ \cos \varepsilon_{c_4} = \cos (\varepsilon_{b_3} + \psi), \quad \varepsilon_{c_4} = \varepsilon_{c_1} + 2\psi, \\ \cos \varepsilon_{c_5} = \cos \varepsilon_{c_7} = \sin \varepsilon_{b_3} \cos \psi, \\ \cos \varepsilon_{c_6} = \cos \varepsilon_{c_9} = \cos \varepsilon_{b_3} \sin \psi, \\ \cos \varepsilon_{c_8} = \cos \varepsilon_{c_{10}} = \sqrt{\tfrac{2}{3}}\, \cos (45^0 + \varepsilon_{b_3}) = \sin \eta \cos (45^0 + \varepsilon_{b_3}). \end{cases}$$

Von besonderen Varietäten dieser Netze XXII' sind einmal die sog. Archimedeische, für welche [vergl. 52 β) in § 36]:

$$33\,\zeta)\qquad tang\, \varepsilon_{g_1} = \tfrac{2}{3}\, tang\, \varphi \quad \text{oder} \quad tang\, \varepsilon_{b_3} = \cos^2 \varphi$$

ist, ferner diejenige, deren Eckpunkte die Schnittpunkte F der Diagonalen des Vierecks $G_1 B_1 C_1 C_2$ [§ 36, Formel 52 γ), § 54, 4. und § 55, 4.] sind und für welche:

$$33\,\eta)\qquad \varepsilon_{g_1} = 90^0 - 2\varphi, \quad \varepsilon_{c_1} = \varphi - \psi, \quad \varepsilon_{b_3} = \varphi$$

ist, endlich diejenige, deren Eckpunkte die Punkte D (§ 54, 4. und § 55, 4.) sind und für welche:

---

1) Siehe Fig. 29 und 30: $C_2 D_1 = D_1 C_3 = 90^0 - \eta$.

$$33\,\vartheta)\qquad \varepsilon_{b_3}=45^0,\quad \varepsilon_{g_1}=45^0-\varphi,\quad \varepsilon_{c_1}=45^0-\psi$$

ist, bemerkenswert (s. die Fig. 29 und 30) [1]).

Bei der Varietät $33\,\eta)$ gehen die fünf konzentrischen Netze XXIX', deren Eckpunkten diejenigen eines Netzes XXII' entsprechen, in reguläre Ikosaedernetze V, bei den Netzen $33\,\vartheta)$ in Kubooktaedernetze XIX' über (vergl. das letzte Kapitel).

5. Wenn endlich der Punkt P_1 mit einem der Eckpunkte G_1, C_1, B_1 zusammenfällt, so resultieren die bereits im § 74, Formeln 29) angegebenen Koordinaten der Eckpunkte der Netze V, VII und XX'.

§ 77. Die den gleicheckigen Netzen mit festen Symmetrienetzen ein- und umgeschriebenen Polyeder. Ableitungskoeffizienten.

1. Setzt man in der Gleichung:

$$34)\qquad x_1\,x + y_1\,y + z_1\,z - r^2 = 0$$

für x_1, y_1, z_1 die Koordinaten der Eckpunkte der gleicheckigen Netze ein, so erhält man die Gleichungen der Grenzflächen der jenen Netzen umgeschriebenen gleichflächigen Polyeder. Diese sämtlichen Polyeder sind als besondere Fälle in dem allgemeinsten Polyeder [XVI] dieser Gruppe enthalten.

Die 120 Grenzflächen gruppieren sich also (§ 75, 3.) fünfmal zu Gruppen von je fünf Diakisdodekaederflächen, wobei in den 24 Gleichungen einer Gruppe die Koeffizienten x_1, y_1, z_1 in der angegebenen Weise zu permutieren und mit den Vorzeichenkombinationen zu versehen sind.

Die Eckenaxen ϱ_g, ϱ_c, ϱ_b dieses Polyeders [XVI], sowie die senkrechten Abstände ϱ'_g, ϱ'_c, ϱ'_b des polaren, dem Netze

---

1) Die 60 Punkte D sind identisch mit den von Cayley: On the regular solids (Quarterly journ. Vol. XV, 1878, pag. 127—131) durch Φ bezeichneten Punkten. Die von uns durch G, C, B bezeichneten Punkte stimmen bez. mit den von Cayley durch A, B, Θ bezeichneten Punkten überein.

XVI$'$ eingeschriebenen gleicheckigen Polyeders [XVI$'$] [vergl. § 28, Formeln 34)] bestimmen sich aus:

$$34\beta) \qquad \varrho_{g_1} = \frac{r}{\cos \varepsilon_{g_1}}, \quad \varrho_{c_1} = \frac{r}{\cos \varepsilon_{c_1}}, \quad \varrho_{b_1} = \frac{r}{\cos \varepsilon_{b_1}},$$

$$34\beta') \qquad \varrho'_{g_1} = r \cos \varepsilon_{g_1}, \quad \varrho'_{c_1} = r \cos \varepsilon_{c_1}, \quad \varrho'_{b_1} = r \cos \varepsilon_{b_1},$$

in welchen Formeln ε_{g_1} und ε_c auch durch ε_{b_1}, $\varepsilon_{b_{13}}$, $\varepsilon_{b_{15}}$ oder drei andere zusammengehörige Werte für ε_b ausgedrückt werden können.

Mit Hilfe der in § 17a), b), d) aufgestellten Beziehungen und durch Einführung der sphärischen Abstände $\frac{\alpha'}{2}$, $\frac{\gamma'}{2}$, $\frac{\beta'}{2}$ [34δ) in § 28] des Punktes P_1 von den Kanten des sphärischen Dreieckes $G_1 C_1 B_1$ können die Innenflächenwinkel, die ebenen Winkel, die Länge der Kanten der beiden Polyeder [XVI] und [XVI$'$] leicht bestimmt werden. Ebenso einfach gestaltet sich die Bestimmung der analogen Grössen für die den besonderen gleicheckigen Netzen dieser Gruppe um- und eingeschriebenen Polyeder durch Einführung der in dem vorhergehenden Paragraphen gegebenen Werte für ε_b, ε_g und ε_c.

2. Man kann (vergl. § 28, 4.) das gleicheckige Polyeder [XVI$'$] aus einem regulären Ikosaeder durch gleichmässige und gerade Abstumpfung der Ecken- und Kantenaxen und entsprechend das gleichflächige Polyeder [XVI] aus dem regulären Pentagondodekaeder dadurch erhalten, dass man die Flächen- und die Kantenaxen desselben in einem bestimmten Verhältnisse verlängert und durch je drei benachbarte Eckpunkte der beiden verlängerten Axen und der unveränderten Eckenaxe eine Ebene legt.

Bezeichnen wir die Ableitungskoeffizienten, d. h. das Mass der Abstumpfung für die Ecken- und die Kantenaxe eines regulären Ikosaeders bez. mit t und s und entsprechend die Ableitungskoeffizienten für die Flächen- und die Kantenaxe eines regulären Pentagondodekaeders bez. mit τ und σ, so ergeben sich, wenn die Ecken-, die Flächen-, die Kantenaxe des Ikosaeders bez. durch g_i, c_i, b_i, die Flächen-, die Ecken-, die Kantenaxe des Dodekaeders durch g_p, c_p, b_p bezeichnet wird, für die sich polar entsprechenden Polyeder [XVI'] und [XVI] die Relationen:

$$34\,\gamma')\quad\begin{cases} \varrho'_{g_1} = r\,cos\,\varepsilon_{g_1} = g_i\,.\,t = c_i\,\sqrt{3}\,\dfrac{tang\,\varphi}{cos\,\varphi}\,.\,t = \dfrac{b_i}{cos\,\varphi}\,.\,t, \\[2ex] \varrho'_{c_1} = r\,cos\,\varepsilon_{c_1} = g_i\,.\,\dfrac{cos\,\varphi\,cotg\,\varphi}{\sqrt{3}} = c_i = b_i\,.\,\dfrac{cotg\,\varphi}{\sqrt{3}}, \\[2ex] \varrho'_{b_1} = r\,cos\,\varepsilon_{b_1} = g_i\,.\,cos\,\varphi\,.\,s = c_i\,\sqrt{3}\,tang\,\varphi\,.\,s = b_i\,.\,s; \end{cases}$$

$$34\,\gamma)\quad\begin{cases} \varrho_{g_1} = \dfrac{r}{cos\,\varepsilon_{g_1}} = g_p\,.\,\tau = \dfrac{c_p}{\sqrt{3}}\,cotg\,\varphi\,cos\,\varphi\,.\,\tau = b_p\,cos\,\varphi\,.\,\tau, \\[2ex] \varrho_{c_1} = \dfrac{r}{cos\,\varepsilon_{c_1}} = g_p\,\sqrt{3}\,.\,\dfrac{tang\,\varphi}{cos\,\varphi} = c_p = b_p\,\sqrt{3}\,tang\,\varphi, \\[2ex] \varrho_{b_1} = \dfrac{r}{cos\,\varepsilon_{b_1}} = \dfrac{g_p}{cos\,\varphi}\,.\,\sigma = \dfrac{c_p}{\sqrt{3}}\,cotg\,\varphi\,.\,\sigma = b_p\,.\,\sigma. \end{cases}$$

Wir nehmen hierbei also die Flächenaxe c_i des Ikosaeders oder die Eckenaxe c_p des Dodekaeders als unverändert an, während die Abstände ϱ'_{g_1}, ϱ'_{b_1} oder ϱ_{g_1}, ϱ_{b_1} und damit auch r veränderlich sind.

Aus diesen Formeln folgen nun die Relationen [vergl. § 28, Formel 34 α) und § 75, Formeln 30]:

$$34\,\delta)\quad t = \frac{1}{\tau} = \frac{cos\,\varphi\,cotg\,\varphi}{\sqrt{3}}\,\frac{cos\,\varepsilon_{g_1}}{cos\,\varepsilon_{c_1}} = m\,.\,cos\,\varepsilon_{g_1}\,cos\,\varphi,$$

$$34\,\varepsilon)\quad s = \frac{1}{\sigma} = \frac{cotg\,\varphi}{\sqrt{3}}\,.\,\frac{cos\,\varepsilon_{b_1}}{cos\,\varepsilon_{c_1}} = m\,.\,cos\,\varepsilon_{b_1},$$

wobei

$$34\,\zeta)\quad m = \frac{r}{b_i} = \frac{b_p}{r} = \frac{cotg\,\varphi}{\sqrt{3}\,cos\,\varepsilon_{c_1}} = \frac{cos\,\psi}{cos\,\varepsilon_{c_1}} = \frac{1}{cos\,\varepsilon_{b_1} + cos\,\varepsilon_{b_{13}}\,tang^2\,\varphi}$$

ist, und ferner:

$$34\,\eta)\quad\begin{cases} cos\,\varepsilon_{b_1} = \dfrac{s}{m} = \dfrac{1}{m\,\sigma}; \quad cos\,\varepsilon_{b_{13}} = \dfrac{1-s}{m}\,cotg^2\,\varphi = \dfrac{\sigma-1}{m\,\sigma}\,cotg^2\,\varphi; \\[2ex] cos\,\varepsilon_{b_5} = \dfrac{t - s\,cos^2\,\varphi}{m\,sin\,\varphi\,cos\,\varphi} = \dfrac{\sigma - \tau\,cos^2\,\varphi}{m\,\sigma\,\tau\,sin\,\varphi\,cos\,\varphi}; \end{cases}$$

woraus auch

$$34\,\vartheta) \quad m = \sqrt{s^2 + (1-s)^2 \, cotg^4 \varphi + \frac{(t - s \, cos^2 \varphi)^2}{sin^2 \varphi \, cos^2 \varphi}}$$

resultiert.

3. Mit Benutzung dieser Relationen erhält man für die Koordinaten des Punktes P_1 [vergl. 30 α) in § 75]:

$$34\,\iota) \quad \begin{cases} x_1 = b_i \, (1 - s_1) \, cotg^2 \varphi, \\[2mm] y_1 = b_i \, \dfrac{t_1 - s_1 \, cos^2 \varphi}{sin \varphi \, cos \varphi}, \\[2mm] z_1 = b_i \cdot s_1; \end{cases}$$

die Winkel $\frac{1}{2}\alpha'$, $\frac{1}{2}\beta'$, $\frac{1}{2}\gamma'$ [Formeln 34 δ) in § 28], sowie die Winkel ϑ_{b_1}, ϑ_{c_1}, ϑ_{g_1} [ebenda Formeln 34 ζ)] lassen sich in einfacher Weise durch die Ableitungskoeffizienten t_1 und s_1 ausdrücken. Die Ausdrücke für die Cosinus sämtlicher Abstände ε_b, ε_g und ε_c siehe im folgenden Paragraphen unter 36 α) bis γ).

Entsprechend ergiebt sich als Gleichung der Grenzfläche des Diakishexekontaeders:

$$34\,\varkappa) \quad x \cdot (\sigma_1 - 1) \, \tau_1 \, cotg^2 \varphi + y \cdot \frac{\sigma_1 - \tau_1 \, cos^2 \varphi}{sin \varphi \, cos \varphi} + z \cdot \tau_1 - b_p \cdot \sigma_1 \, \tau_1 = 0.$$

4. Aus den Gleichungen 34 ι) folgt:

$$35\,\alpha) \quad x : y : z = (1 - s) \, cotg^2 \varphi : \frac{t - s \, cos^2 \varphi}{sin \varphi \, cos \varphi} : s$$

und damit:

$$35\,\beta) \quad \begin{cases} s = \dfrac{z}{x \, tang^2 \varphi + z}, \quad t = \dfrac{y + z \, cotg \varphi}{x \, tang^2 \varphi + z} \, sin \varphi \, cos \varphi, \\[3mm] (1 - s) \, cotg^2 \varphi = \dfrac{x}{x \, tang^2 \varphi + z}, \quad \dfrac{t - s \, cos^2 \varphi}{sin \varphi \, cos \varphi} = \dfrac{y}{x \, tang^2 \varphi + z}. \end{cases}$$

Werden t und s wiederum als die rechtwinkligen Koordinaten eines Punktes einer Ebene angesehen, so vermitteln diese Formeln die Abbildung des gleicheckigen Netzes auf die Ebene der t, s.

Die Koordinaten der Eckpunkte B, G und C des Symmetrienetzes XVI erhalten dann folgende Werte [vergl. 29 α) bis γ) in § 74]:

$$5\gamma)\;\begin{cases}
B_1\begin{cases} t=\cos^2\varphi, \\ s=1; \end{cases} &
B_{13}\begin{cases} t=0, \\ s=0; \end{cases} &
B_{15}\begin{cases} t=\infty, \\ s; \end{cases} \\[2.5ex]
B_2\begin{cases} t=\cos^2\varphi, \\ s=\tfrac{1}{2}\,cotg\,\varphi; \end{cases} &
B_{11}\begin{cases} t=0, \\ s=\tfrac{1}{2}\,cotg^2\varphi; \end{cases} &
B_{12}\begin{cases} t=\dfrac{\sin 2\varphi}{0} \\ s=\dfrac{tang\,\varphi}{0} \end{cases}\!\Big\}\;\dfrac{t}{s}=2\cos^2\varphi; \\[3ex]
B_3\begin{cases} t=\sin\varphi\,\cos\varphi, \\ s=\tfrac{1}{2}\,cotg\,\varphi; \end{cases} &
B_7\begin{cases} t=cotg^2\varphi\,\cos^2\varphi, \\ s=\tfrac{1}{2}\,cotg^2\varphi; \end{cases} &
B_{14}\begin{cases} t, \\ s=\infty; \end{cases} \\[2.5ex]
B_4\begin{cases} t=cotg\,\varphi\,\cos^2\varphi, \\ s=\tfrac{1}{2}\,cotg^2\varphi; \end{cases} &
B_8\begin{cases} t=0, \\ s=\tfrac{1}{2}\,cotg\,\varphi; \end{cases} &
B_9\begin{cases} t=\cos^2\varphi, \\ s=\tfrac{1}{2}; \end{cases} \\[2.5ex]
B_5\begin{cases} t=\cos^2\varphi, \\ s=\tfrac{1}{2}\,cotg^2\varphi; \end{cases} &
B_6\begin{cases} t=cotg\,\varphi\,\cos^2\varphi, \\ s=\tfrac{1}{2}\,cotg\,\varphi; \end{cases} &
B_{10}\begin{cases} t=0, \\ s=\tfrac{1}{2}; \end{cases}
\end{cases}$$

$$35\,\delta)\;\begin{cases}
G_1\begin{cases} t=1, \\ s=1; \end{cases} &
G_2\begin{cases} t=\sin\varphi\,\cos\varphi, \\ s=1; \end{cases} \\[2.5ex]
G_3\begin{cases} t=\sin\varphi\,\cos\varphi, \\ s=tang\,\varphi; \end{cases} &
G_4\begin{cases} t=cotg^2\varphi\,\cos^2\varphi, \\ s=cotg^2\varphi; \end{cases} \\[2.5ex]
G_5\begin{cases} t=cotg^2\varphi\,\cos^2\varphi, \\ s=0; \end{cases} &
G_6\begin{cases} t=-\,cotg^2\varphi\,\cos^2\varphi, \\ s=0; \end{cases}
\end{cases}$$

$$35\,\varepsilon)\;\begin{cases}
C_1\begin{cases} t=\tfrac{1}{3}\,cotg^2\varphi\,\cos^2\varphi, \\ s=\tfrac{1}{3}\,cotg^2\varphi; \end{cases} &
C_2\begin{cases} t=cotg\,\varphi\,\cos^4\varphi, \\ s=cotg\,\varphi\,\cos^2\varphi; \end{cases} \\[2.5ex]
C_3\begin{cases} t=cotg\,\varphi\,\cos^4\varphi, \\ s=\cos^2\varphi; \end{cases} &
C_4\begin{cases} t=\sin^2\varphi\,\cos^2\varphi=\tfrac{1}{5}, \\ s=\cos^2\varphi; \end{cases} \\[2.5ex]
C_5\begin{cases} t=cotg^2\varphi\,\cos^2\varphi, \\ s=cotg\,\varphi; \end{cases} &
C_6\begin{cases} t=\sin\varphi\,\cos\varphi, \\ s=cotg\,\varphi; \end{cases} \\[2.5ex]
C_7\begin{cases} t=cotg^2\varphi\,\cos^2\varphi, \\ s=1; \end{cases} &
C_8\begin{cases} t=-\,\sin\varphi\,\cos\varphi, \\ s=1; \end{cases} \\[2.5ex]
C_9\begin{cases} t=\sin\varphi\,\cos\varphi, \\ s=0; \end{cases} &
C_{10}\begin{cases} t=-\,\sin\varphi\,\cos\varphi, \\ s=0. \end{cases}
\end{cases}$$

Einem Hauptkreise, dessen Ebene in Beziehung auf das früher gewählte rechtwinklige System die Gleichung:

$$35\,\zeta) \qquad u'\,x + v'\,y + w'\,z = 0,$$

hat, entspricht in der Abbildung die Gerade:

$$35\,\zeta') \quad \frac{v'\,tang\,\varphi}{u'\,cos^2\varphi}\cdot t + \frac{1}{u'}\left(-\,u' - v'\,tang\,\varphi + w'\,tang^2\varphi\right).s + 1 = 0.$$

Für die geraden Linien, welche die Bilder der Hauptkreise b, g, c [vergl. $29\,\alpha')$, $29\,\beta')$, $29\,\gamma')$ in § 74] sind, ergeben sich die Gleichungen:

$$35\,\gamma') \begin{cases} b_1 \ldots s = 0, \quad b_{13} \ldots -s+1 = 0, \quad b_{15} \ldots t - s\,cos^2\varphi = 0; \\[1ex] \begin{cases} b_2 \ldots \dfrac{t}{cos^2\varphi} - 2s + cotg^2\varphi = 0, \\[1.5ex] b_{11} \ldots -\dfrac{t}{cos^2\varphi} + 2s - tang\,\varphi = 0, \\[1.5ex] b_{12} \ldots t + 2s\,cos^2\varphi - cotg^2\varphi\,cos^2\varphi = 0; \end{cases} \\[6ex] \begin{cases} b_3 \ldots -\dfrac{t}{cos^2\varphi} + cotg^2\varphi = 0, \\[1.5ex] b_7 \ldots \dfrac{t}{cos^2\varphi} - tang\,\varphi = 0, \\[1.5ex] b_{14} \ldots -t + 4s\,cos^2\varphi - cotg^2\varphi\,cos^2\varphi = 0; \end{cases} \\[6ex] \begin{cases} b_4 \ldots \dfrac{t}{cos^2\varphi} + 2s\,cotg\,\varphi - cotg^2\varphi = 0, \\[1.5ex] b_8 \ldots -\dfrac{t}{cos^2\varphi} + 2s\,tang^2\varphi + tang\,\varphi = 0, \\[1.5ex] b_9 \ldots t - 2s\,cotg\,\varphi\,cos^2\varphi + cotg^2\varphi\,cos^2\varphi = 0; \end{cases} \\[6ex] \begin{cases} b_5 \ldots -\dfrac{t}{cos^2\varphi} + 2s\,cotg^2\varphi - cotg^2\varphi = 0, \\[1.5ex] b_6 \ldots \dfrac{t}{cos^2\varphi} - 2s\,tang\,\varphi + tang\,\varphi = 0, \\[1.5ex] b_{10} \ldots -t - 2s\,sin\,\varphi\,cos\,\varphi + cotg^2\varphi\,cos^2\varphi = 0; \end{cases} \end{cases}$$

$$35\,\delta') \begin{cases} g_1 \ldots t = 0, \quad g_2 \ldots -t + 2s\,cos^2\varphi = 0, \\[1ex] g_3 \ldots -2s + cotg^2\varphi = 0, \quad g_4 \ldots 2s - cotg\,\varphi = 0, \\[1ex] g_5 \ldots t - 2s\,cos^2\varphi + cos^2\varphi = 0, \quad g_6 \ldots t - cos^2\varphi = 0; \end{cases}$$

$$35\,\varepsilon')\quad\begin{cases} c_1 \ldots 0\,.\,t + 0\,.\,s + 1 = 0, \quad c_2 \ldots 2s - 1 = 0; \\[2mm] c_3 \ldots \dfrac{t}{\cos^2\varphi} - 2s + \operatorname{cotg}\varphi = 0, \\[2mm] c_4 \ldots -\dfrac{t}{\cos^2\varphi} + \operatorname{cotg}\varphi = 0; \\[2mm] c_5 \ldots \dfrac{t}{\cos^2\varphi} + 2s\,\operatorname{tang}\varphi - \operatorname{cotg}\varphi = 0, \\[2mm] c_6 \ldots -\dfrac{t}{\cos^2\varphi} + 2s\,\operatorname{cotg}\varphi - \operatorname{cotg}\varphi = 0; \\[2mm] c_7 \ldots \dfrac{t}{\sin\varphi\,\cos\varphi} - 2s\,\operatorname{tang}\varphi = 0, \\[2mm] c_8 \ldots -\dfrac{t}{\sin\varphi\,\cos\varphi} + 2s = 0; \\[2mm] c_9 \ldots t\,\dfrac{\operatorname{tang}\varphi}{\cos^2\varphi} - 2s\,\operatorname{cotg}\varphi + \operatorname{cotg}^2\varphi = 0, \\[2mm] c_{10} \ldots -t\,\dfrac{\operatorname{tang}\varphi}{\cos^2\varphi} - 2s + \operatorname{cotg}^2\varphi = 0. \end{cases}$$

Die Gerade b_1 stellt also die T-Axe, die Gerade g_1 die S-Axe des ebenen Systems dar, der Punkt B_{13} ist der Koordinatenanfangspunkt, C_1 der Schwerpunkt des Dreieckes $G_4 G_5 G_6$, c_1 die unendlich ferne Gerade der Ebene u. s. f.

Jedem Punkte t_1, s_1 entspricht als Polare die Gerade [vergl. $35\,\alpha)$]:

$$35\,\eta)\quad (1-s)(1-s_1)\operatorname{cotg}^4\varphi + \frac{(t - s\cos^2\varphi)(t_1 - s_1\cos^2\varphi)}{\sin^2\varphi\,\cos^2\varphi} + s\,s_1 = 0,$$

d. h. die Polare in Beziehung auf die den Kernkegelschnitt des Polarsystems bildende imaginäre Ellipse mit dem Mittelpunkte C_1:

$$35\,\vartheta)\quad t^2\,\frac{\operatorname{tang}^2\varphi}{\cos^4\varphi} - 2t, \; s\,\frac{\operatorname{tang}^2\varphi}{\cos^2\varphi} + 4s^2\,\operatorname{tang}^2\varphi - 2s + 1 = 0.$$

Zwischen den Koordinaten t_1, s_1 des Poles und denjenigen u_1, v_1 der Polare bestehen daher die Relationen:

$$35\,\vartheta')\quad\begin{cases} u_1 = \dfrac{t_1 - s_1\,cos^2\,\varphi}{(1 - s_1)\,cotg^2\,\varphi\,cos^4\,\varphi}, \\[3mm] v_1 = \dfrac{-\,t_1 + 4s_1\,cos^2\,\varphi - cotg^2\,\varphi\,cos^2\,\varphi}{(1 - s_1)\,cotg^2\,\varphi\,cos^2\,\varphi}, \end{cases}$$

und umgekehrt:

$$35\,\vartheta'')\quad\begin{cases} t_1 = \dfrac{(u_1 + v_1 + 1)\,cos^2\,\varphi}{u_1\,cos^2\,\varphi + v_1 + 3\,tang^2\,\varphi}, \\[3mm] s_1 = \dfrac{u_1\,cos^2\,\varphi + v_1 + 1}{u_1\,cos^2\,\varphi + v_1 + 3\,tang^2\,\varphi}. \end{cases}$$

4. Mit Hilfe der angegebenen Relationen lassen sich die verschiedenen Lagen des Punktes P_1 innerhalb des Dreieckes $G_1\,C_1\,B_1$ oder auf den Kanten desselben durch einfache von den Grössen t und s (oder τ und σ) abhängige Ausdrücke charakterisieren und so die sämtlichen besonderen Fälle der gleicheckigen Netze, die diesen ein- und umgeschriebenen Polyeder u. s. f. in einfacher Weise darstellen und unterscheiden. Die folgende Zusammenstellung enthält die charakteristischen Werte für die einfachen vollzähligen Gestalten dieser Gruppe (vergl. § 56, 3.).

Gleicheckige Polyeder.

$$35\,\iota)\quad\begin{cases} \text{23'. Ikosaeder: } t = 1,\ s = 1; \\[2mm] \text{24'. Pentagondodekaeder: } t = \tfrac{1}{3}\,cotg^2\,\varphi\,cos^2\,\varphi, \\[1mm] \qquad\qquad s = \tfrac{1}{3}\,cotg^2\,\varphi; \\[2mm] \text{25'. } (12+20)\text{-flächiges } 30\text{-Eck: } t = cos^2\,\varphi,\ s = 1; \\[2mm] \text{26'. } (12+20)\text{-flächiges } 12.5\text{-Eck: } t,\ s = 1; \\[2mm] \text{27'. } (20+12)\text{-flächiges } 20.3\text{-Eck: } t = s\,cos^2\,\varphi; \\[2mm] \text{28'. } (12+20+30)\text{-flächiges } 60\text{-Eck:} \\[1mm] \qquad t = (4s - cotg^2\,\varphi)\,cos^2\,\varphi \text{ oder } s = \tfrac{1}{4}\!\left(\dfrac{t}{cos^2\,\varphi} + cotg^2\,\varphi\right); \\[2mm] \text{29'. } (12+20+30)\text{-flächiges } 2.60\text{-Eck: } t,\ s. \end{cases}$$

Gleichflächige Polyeder.

$35\iota'$)

23. Pentagondodekaeder: $\tau = 1$, $\sigma = 1$;

24. Ikosaeder: $\tau = 3\,\dfrac{tang^2\,\varphi}{cos^2\,\varphi}$, $\sigma = 3\,tang^2\,\varphi$;

25. Triakontaeder: $\tau = \dfrac{1}{cos^2\,\varphi}$, $\sigma = 1$;

26. $(12+20)$-eckiges 12.5-Flach: τ, $\sigma = 1$;

27. $(20+12)$-eckiges 20.3-Flach: $\sigma = \tau\,cos^2\,\varphi$;

28. $(12+20+30)$-eckiges 60-Flach:
$$\tau = \frac{\sigma}{(4-\sigma\,cotg^2\,\varphi)\,cos^2\,\varphi} \quad \text{oder} \quad \sigma = \frac{4\,\tau\,cos^2\,\varphi}{1+\tau\,cotg^2\,\varphi\,cos^2\,\varphi};$$

29. $(12+20+30)$-eckiges 2.60-Flach: τ, σ.

§ 78. Anordnung der Eckpunkte der gleicheckigen Netze. Anwendung auf die Polyeder.

1. Im folgenden sollen die wichtigsten auf die Anordnung der Eckpunkte der gleicheckigen Netze bezüglichen Relationen aufgeführt werden, welche bei der Untersuchung der vollständigen Figuren dieser Netze, sowie der zugehörigen Polyeder Anwendung finden.

2. Die Eckpunkte des allgemeinsten gleicheckigen Netzes XVI' dieser Gruppe lassen sich, wie bereits im § 75, 3. hervorgehoben wurde, fünfmal zu Gruppen von je fünf Netzen XXIII' zusammenfassen. Daraus ergeben sich mit Benutzung der früher (§ 67, 2.) für die Gruppierung der Eckpunkte eines Netzes XV', dessen gegenpunktige Hemigonie ein Netz XXIII' bildet, aufgestellten Beziehungen entsprechende Gruppierungen der Eckpunkte eines Netzes XVI'. Dabei entsprechen bei jeder der fünf Gruppen drei Punkte B, welche ein Oktantendreieck bilden, und deren Gegenpunkte, vier Punkte C und deren Gegenpunkte (die Mittelpunkte der Oktantendreiecke), und sechs Punkte D [die Mittelpunkte der Kanten jener Dreiecke, vergl. § 76 Formel 33ϑ)] und deren Gegenpunkte bez. den bei dem Netze XV mit A, C und B bezeichneten Punkten.

3. Was die Gruppierung der Eckpunkte eines Netzes XVI′ um die Punkte B, G und C anlangt (vergl. § 54, κ.), so sind die Ausdrücke für die Cosinus der sphärischen Abstände ε_b, ε_g, ε_c in den Formeln 30) des § 75 aufgestellt worden. Durch Einführung der Ableitungskoeffizienten t und s (§ 77) erhält man mit Benutzung der Formeln $34\,\delta$) bis $34\,\vartheta$) folgende Beziehungen, wenn die linken Teile der Gleichungen $35\,\gamma'$), $35\,\delta'$), $35\,\varepsilon'$) des vorigen Paragraphen nach Substitution der Koordinaten t_1, s_1 des Punktes P_1 mit (b_i), (g_k), (c_l) bezeichnet werden:

$$36\,\alpha)\quad
\begin{cases}
\cos\varepsilon_{b_1}=\dfrac{(b_1)}{m}, & \cos\varepsilon_{b_{13}}=\dfrac{(b_{13})\,cotg^2\varphi}{m}, & \cos\varepsilon_{b_{15}}=-\dfrac{(b_{15})}{m\,\sin\varphi\,\cos\varphi}, \\[3mm]
\cos\varepsilon_{b_2}=\dfrac{(b_2)}{2m}, & \cos\varepsilon_{b_{11}}=\dfrac{(b_{11})\,cotg^2\varphi}{2m}, & \cos\varepsilon_{b_{12}}=\dfrac{(b_{12})}{2m\,\sin\varphi\,\cos\varphi}, \\[3mm]
\cos\varepsilon_{b_3}=\dfrac{(b_3)}{2m}, & \cos\varepsilon_{b_7}=\dfrac{(b_7)\,cotg^2\varphi}{2m}, & \cos\varepsilon_{b_{14}}=\dfrac{(b_{14})}{2m\,\sin\varphi\,\cos\varphi}, \\[3mm]
\cos\varepsilon_{b_4}=\dfrac{(b_4)}{2m}, & \cos\varepsilon_{b_8}=\dfrac{(b_8)\,cotg^2\varphi}{2m}, & \cos\varepsilon_{b_9}=\dfrac{(b_9)}{2m\,\sin\varphi\,\cos\varphi}, \\[3mm]
\cos\varepsilon_{b_5}=\dfrac{(b_5)}{2m}, & \cos\varepsilon_{b_6}=\dfrac{(b_6)\,cotg^2\varphi}{2m}, & \cos\varepsilon_{b_{10}}=\dfrac{(b_{10})}{2m\,\sin\varphi\,\cos\varphi};
\end{cases}$$

$$36\,\beta)\quad
\begin{cases}
\cos\varepsilon_{g_1}=\dfrac{(g_1)}{m\,\cos\varphi}, & \cos\varepsilon_{g_2}=\dfrac{(g_2)}{m\,\cos\varphi}, \\[3mm]
\cos\varepsilon_{g_3}=\dfrac{(g_3)\,\cos\varphi}{m}, & \cos\varepsilon_{g_4}=\dfrac{(g_4)\,cotg\,\varphi\,\cos\varphi}{m}, \\[3mm]
\cos\varepsilon_{g_5}=\dfrac{(g_5)}{m\,\sin\varphi}, & \cos\varepsilon_{g_6}=\dfrac{(g_6)}{m\,\sin\varphi};
\end{cases}$$

$$36\,\gamma)\quad
\begin{cases}
\cos\varepsilon_{c_1}=\dfrac{(c_1)\,cotg\,\varphi}{m\sqrt{3}}=\dfrac{cotg\,\varphi}{m\sqrt{3}}, & \cos\varepsilon_{c_l}=\dfrac{(c_l)\,cotg\,\varphi}{m\sqrt{3}}, \\[3mm]
l=1,2,\ldots 10.
\end{cases}$$

4. Wenn man einen Punkt der Kugel durch seine Abstände ε_g, ε_c, ε_b von den Eckpunkten des Dreieckes $G_1\,C_1\,B_1$ bestimmt, wobei [vergl. $34\,\delta$) bis ϑ) in § 77]:

$$36\,\delta)\quad \cos^2\varepsilon_b+(\cos\varepsilon_c\,tang\,\varphi\,\sqrt{3}-\cos\varepsilon_b)^2\,cotg^4\varphi+\frac{(\cos\varepsilon_g-\cos\varepsilon_b\,\cos\varphi)^2}{\sin^2\varphi}=1$$

ist, so werden die 60 Punkte P (bez. deren Gegenpunkte) durch folgende Kombinationen der Werte ε_g, ε_c, ε_b (bez. der diese zu 180^0 ergänzenden) dargestellt [s. Fig. $14\,\alpha$), 29) und 30)]:

$P_1 \ldots \varepsilon_{g_1},\ \varepsilon_{c_1},\ \varepsilon_{b_1},$	$P_{11} \ldots \varepsilon_{g_2},\ \varepsilon_{c_1},\ \varepsilon_{b_1},$
$P_2 \ldots \varepsilon_{g_1},\ \varepsilon_{c_1},\ \varepsilon_{b_2},$	$P_{12} \ldots \varepsilon_{g_2},\ \varepsilon_{c_1},\ \varepsilon_{b_3},$
$P_3 \ldots \varepsilon_{g_1},\ \varepsilon_{c_2},\ \varepsilon_{b_4},$	$P_{13} \ldots \varepsilon_{g_2},\ \varepsilon_{c_2},\ \varepsilon_{b_5},$
$P_4 \ldots \varepsilon_{g_1},\ \varepsilon_{c_3},\ \varepsilon_{b_6},$	$P_{14} \ldots \varepsilon_{g_2},\ \varepsilon_{c_4},\ \varepsilon_{b_8},$
$P_5 \ldots \varepsilon_{g_1},\ \varepsilon_{c_5},\ \varepsilon_{b_7},$	$P_{15} \ldots \varepsilon_{g_2},\ \varepsilon_{c_7},\ \varepsilon_{b_{11}},$
$P_6 \ldots \varepsilon_{g_1},\ \varepsilon_{c_6},\ \varepsilon_{b_7},$	$P_{16} \ldots \varepsilon_{g_2},\ \varepsilon_{c_8},\ \varepsilon_{b_{11}},$
$P_7 \ldots \varepsilon_{g_1},\ \varepsilon_{c_6},\ \varepsilon_{b_6},$	$P_{17} \ldots \varepsilon_{g_2},\ \varepsilon_{c_8},\ \varepsilon_{b_8},$
$P_8 \ldots \varepsilon_{g_1},\ \varepsilon_{c_5},\ \varepsilon_{b_4},$	$P_{18} \ldots \varepsilon_{g_2},\ \varepsilon_{c_7},\ \varepsilon_{b_5},$
$P_9 \ldots \varepsilon_{g_1},\ \varepsilon_{c_3},\ \varepsilon_{b_2},$	$P_{19} \ldots \varepsilon_{g_2},\ \varepsilon_{c_4},\ \varepsilon_{b_3},$
$P_{10} \ldots \varepsilon_{g_1},\ \varepsilon_{c_2},\ \varepsilon_{b_1},$	$P_{20} \ldots \varepsilon_{g_2},\ \varepsilon_{c_2},\ \varepsilon_{b_1},$
$P_{21} \ldots \varepsilon_{g_3},\ \varepsilon_{c_1},\ \varepsilon_{b_2},$	$P_{31} \ldots \varepsilon_{g_4},\ \varepsilon_{c_2},\ \varepsilon_{b_4},$
$P_{22} \ldots \varepsilon_{g_3},\ \varepsilon_{c_1},\ \varepsilon_{b_3},$	$P_{32} \ldots \varepsilon_{g_4},\ \varepsilon_{c_2},\ \varepsilon_{b_5},$
$P_{23} \ldots \varepsilon_{g_3},\ \varepsilon_{c_3},\ \varepsilon_{b_9},$	$P_{33} \ldots \varepsilon_{g_4},\ \varepsilon_{c_5},\ \varepsilon_{b_{12}},$
$P_{24} \ldots \varepsilon_{g_3},\ \varepsilon_{c_4},\ \varepsilon_{b_{10}},$	$P_{34} \ldots \varepsilon_{g_4},\ \varepsilon_{c_7},\ \varepsilon_{b_{14}},$
$P_{25} \ldots \varepsilon_{g_3},\ \varepsilon_{c_9},\ \varepsilon_{b_{13}},$	$P_{35} \ldots \varepsilon_{g_4},\ 180^0 - \varepsilon_{c_{10}},\ 180^0 - \varepsilon_{b_{13}},$
$P_{26} \ldots \varepsilon_{g_3},\ \varepsilon_{c_{10}},\ \varepsilon_{b_{13}},$	$P_{36} \ldots \varepsilon_{g_4},\ 180^0 - \varepsilon_{c_9},\ 180^0 - \varepsilon_{b_{13}},$
$P_{27} \ldots \varepsilon_{g_3},\ \varepsilon_{c_{10}},\ \varepsilon_{b_{10}},$	$P_{37} \ldots \varepsilon_{g_4},\ 180^0 - \varepsilon_{c_9},\ \varepsilon_{b_{14}},$
$P_{28} \ldots \varepsilon_{g_3},\ \varepsilon_{c_9},\ \varepsilon_{b_9},$	$P_{38} \ldots \varepsilon_{g_4},\ 180^0 - \varepsilon_{c_{10}},\ \varepsilon_{b_{12}},$
$P_{29} \ldots \varepsilon_{g_3},\ \varepsilon_{c_4},\ \varepsilon_{b_3},$	$P_{39} \ldots \varepsilon_{g_4},\ \varepsilon_{c_7},\ \varepsilon_{b_5},$
$P_{30} \ldots \varepsilon_{g_3},\ \varepsilon_{c_3},\ \varepsilon_{b_2},$	$P_{40} \ldots \varepsilon_{g_4},\ \varepsilon_{c_5},\ \varepsilon_{b_4},$
$P_{41} \ldots \varepsilon_{g_5},\ \varepsilon_{c_3},\ \varepsilon_{b_6},$	$P_{51} \ldots \varepsilon_{g_6},\ \varepsilon_{c_5},\ \varepsilon_{b_7},$
$P_{42} \ldots \varepsilon_{g_5},\ \varepsilon_{c_3},\ \varepsilon_{b_9},$	$P_{52} \ldots \varepsilon_{g_6},\ \varepsilon_{c_5},\ \varepsilon_{b_{12}},$
$P_{43} \ldots \varepsilon_{g_5},\ \varepsilon_{c_6},\ \varepsilon_{b_{15}},$	$P_{53} \ldots \varepsilon_{g_6},\ \varepsilon_{c_6},\ \varepsilon_{b_{15}},$
$P_{44} \ldots \varepsilon_{g_5},\ \varepsilon_{c_9},\ 180^0 - \varepsilon_{b_{14}},$	$P_{54} \ldots \varepsilon_{g_6},\ 180^0 - \varepsilon_{c_{10}},\ 180^0 - \varepsilon_{b_{10}},$
$P_{45} \ldots \varepsilon_{g_5},\ 180^0 - \varepsilon_{c_8},\ 180^0 - \varepsilon_{b_{11}},$	$P_{55} \ldots \varepsilon_{g_6},\ 180^0 - \varepsilon_{c_8},\ 180^0 - \varepsilon_{b_8},$
$P_{46} \ldots \varepsilon_{g_5},\ 180^0 - \varepsilon_{c_7},\ 180^0 - \varepsilon_{b_{11}},$	$P_{56} \ldots \varepsilon_{g_6},\ 180^0 - \varepsilon_{c_4},\ 180^0 - \varepsilon_{b_8},$
$P_{47} \ldots \varepsilon_{g_5},\ 180^0 - \varepsilon_{c_7},\ 180^0 - \varepsilon_{b_{14}},$	$P_{57} \ldots \varepsilon_{g_6},\ 180^0 - \varepsilon_{c_4},\ 180^0 - \varepsilon_{b_{10}},$
$P_{48} \ldots \varepsilon_{g_5},\ 180^0 - \varepsilon_{c_8},\ \varepsilon_{b_{15}},$	$P_{58} \ldots \varepsilon_{g_6},\ 180^0 - \varepsilon_{c_8},\ \varepsilon_{b_{15}},$
$P_{49} \ldots \varepsilon_{g_5},\ \varepsilon_{c_9},\ \varepsilon_{b_9},$	$P_{59} \ldots \varepsilon_{g_6},\ 180^0 - \varepsilon_{c_{10}},\ \varepsilon_{b_{12}}.$
$P_{50} \ldots \varepsilon_{g_5},\ \varepsilon_{c_6},\ \varepsilon_{b_6},$	$P_{60} \ldots \varepsilon_{g_6},\ \varepsilon_{c_6},\ \varepsilon_{b_7}.$

Dabei ist $\varepsilon_{g_6} <$ oder $> 90^0$, je nachdem der Punkt P_1 in dem Dreiecke $B_1 G_1 F_1$ oder in dem Dreiecke $B_1 C_1 F_1$

liegt; ε_{c_8} ist $<$ oder $>90^0$, je nachdem P_1 in dem Vierecke $C_1 B_1 D_1 E_1$ oder in dem Dreiecke $D_1 E_1 G_1$ liegt und $\varepsilon_{c_{10}}$ ist $<$ oder $>90^0$, je nachdem P_1 in dem Dreiecke $B_1 D_1 G_1$ oder in dem Dreiecke $B_1 D_1 C_1$ liegt (Fig. 29 und 30).

Für die Koordinaten t, s eines Punktes, dessen Abstände ε_{g_k}, ε_{c_l}, ε_{b_i} sind, erhält man daher:

$$36\,(\!C\!) \quad \begin{cases} t = \dfrac{\cos\varphi\,\cotg\varphi}{\sqrt{3}}\,\dfrac{\cos\varepsilon_{g_k}}{\cos\varepsilon_{c_l}} = \lambda_1\,\dfrac{(g_k)}{(c_l)}, \\[2ex] s = \dfrac{\cotg\varphi}{\sqrt{3}}\,\dfrac{\cos\varepsilon_{b_i}}{\cos\varepsilon_{c_l}} = \lambda_2\,\dfrac{(b_i)}{(c_l)}, \end{cases}$$

wobei die konstanten Faktoren λ_1, λ_2 mit Hilfe der Formeln $35\gamma'$) bis ε') und 36α) bis γ) leicht zu bestimmen sind.

5. Aus den Formeln 36α) bis γ) ergeben sich auch sofort die senkrechten Abstände $\varrho'_{b_1}\ldots\varrho'_{b_{15}}$; $\varrho'_{g_1}\ldots\varrho'_{g_6}$; $\varrho'_{c_1}\ldots\varrho'_{c_{10}}$ derjenigen Grenzflächen des eingeschriebenen gleicheckigen Polyeders [XVI'] vom Mittelpunkte, welche bez. auf den zweizähligen Axen OB, den fünfzähligen Axen OG und den dreizähligen Axen OC senkrecht stehen.

So ist z. B. [vergl. $34\gamma'$) und 34ζ) in § 77]:

$$36\,\varepsilon') \quad \begin{cases} \varrho'_{b_7} = r\cos\varepsilon_{b_7} = \dfrac{r\,(b_7)\,\cotg^2\varphi}{2\,m} = b_i\cdot\dfrac{(b_7)\,\cotg^2\varphi}{2}, \\[2ex] \varrho'_{g_3} = r\cos\varepsilon_{g_3} = \dfrac{r\,(g_3)\,\cos\varphi}{m} = b_i\,(g_3)\,\cos\varphi, \\[2ex] \varrho'_{c_l} = r\cos\varepsilon_{c_l} = \dfrac{r\,(c_l)\,\cotg\varphi}{m\,\sqrt{3}} = \dfrac{b_i}{\sqrt{3}}\,(c_l)\,\cotg\varphi. \end{cases}$$

Für das umgeschriebene Diakishexekontaeder [XVI] erhält man entsprechend die Abstände $\varrho_{b_1}\ldots\varrho_{b_{15}}$; $\varrho_{g_1}\ldots\varrho_{g_6}$; $\varrho_{c_1}\ldots\varrho_{c_{10}}$ derjenigen Schnittpunkte vom Centrum, in welchen sich 15 mal je vier Ebenen auf einer zweizähligen, 6 mal je zehn Ebenen auf einer fünfzähligen und 10 mal je sechs Ebenen auf einer dreizähligen Axe vereinigen. In den Formeln:

$$\varrho_{b_i} = \dfrac{r}{\cos\varepsilon_{b_i}}, \quad \varrho_{g_k} = \dfrac{r}{\cos\varepsilon_{g_k}}, \quad \varrho_{c_l} = \dfrac{r}{\cos\varepsilon_{c_l}}$$

sind in die Ausdrücke für $\cos \varepsilon_{b_i}$, $\cos \varepsilon_{g_k}$, $\cos \varepsilon_{c_l}$ oder (b_i), (g_k), (c_l) die Werte $\tau = \dfrac{1}{t}$ und $\sigma = \dfrac{1}{s}$ einzuführen. So ist z. B.:

$$36\,\varepsilon)\quad \begin{cases} \varrho_{b_7} = \dfrac{r}{\cos \varepsilon_{b_7}} = \dfrac{2\,r\,m}{(b_7)\,cotg^2\varphi} = b_p\,\dfrac{2\,tang^2\varphi}{\dfrac{1}{\tau\,cos^2\varphi} - tang\,\varphi} = \dfrac{2\,b_p\,\tau}{\dfrac{1}{sin^2\varphi} - \tau\,cotg\,\varphi}\,, \\[3em] \varrho_{g_3} = \dfrac{r}{\cos \varepsilon_{g_3}} = \dfrac{r\,m}{(g_8)\,cos\varphi} = b_p\,\dfrac{1}{\left(-\dfrac{2}{\sigma} + cotg^2\varphi\right) cos\varphi}\,, \\[3em] \varrho_{c_8} = \dfrac{r}{\cos \varepsilon_{c_8}} = \dfrac{r\,m\,\sqrt{3}}{(c_8)\,cotg\,\varphi} = b_p\,\dfrac{\sqrt{3}\,tang\,\varphi}{-\dfrac{1}{\tau\,sin\,\varphi\,cos\,\varphi} + \dfrac{2}{\sigma}} = b_p\,\dfrac{\sigma\,\tau\,\sqrt{3}}{2\,\tau\,cotg\,\varphi - \dfrac{\sigma}{sin^2\varphi}}\,. \end{cases}$$

6. Die im vorstehenden gefundenen Relationen vereinfachen sich für die besonderen gleicheckigen Netze und die ihnen ein- und umgeschriebenen Polyeder; die Abstände ϱ erhalten besondere Werte (auch 0 und ∞) und werden zum Teil einander gleich. Mit Hilfe der in § 76 gegebenen Werte und unter Benutzung der Tabelle 35ι), ι') in § 77 wird man die sämtlichen Beziehungen ohne Mühe erhalten. Es sollen daher im folgenden nur die charakteristischen Werte für einige besondere Varietäten der gleicheckigen Netze dieser Gruppe aufgeführt werden.

7. a) Für die konjugierte Varietät der Netze XI' [vergl. 23β) in § 21] tritt zu der Bedingung $b_{13} \ldots - s + 1 = 0$ noch diejenige:

$$36\,\zeta)\qquad \varepsilon_{g_1} = \varepsilon_{c_1}\ \text{ oder }\ t - \frac{cotg\,\varphi\,cos\,\varphi}{\sqrt{3}} = 0$$

hinzu, d. h. die Gleichung des im Halbierungspunkte von $G_1\,C_1$ errichteten sphärischen Perpendikels.

Die charakteristischen Relationen für t und s (oder für τ und σ) sind also:

$$36\,\zeta')\quad t = \frac{cotg\,\varphi\,cos\,\varphi}{\sqrt{3}}\,,\ \ s = 1\ \text{ und }\ \tau = \frac{\sqrt{3}\,tang\,\varphi}{cos\,\varphi}\,,\ \ \sigma = 1.$$

7. b) Ist P_1 der Mittelpunkt des dem Dreiecke $C_1\,G_1\,C_2$ eingeschriebenen Kreises, so tritt zu der Bedingung $-s+1=0$ noch diejenige:

$$36\,\eta)\quad \begin{cases} \varepsilon_{b_{14}} = \varepsilon_{b_{15}} \text{ oder } \dfrac{(b_{14})}{2} - (b_{15}) = 0 \text{ oder} \\[2mm] -\tfrac{3}{2}\,t + 3\,s\,cos^2\,\varphi - \dfrac{cotg^2\,\varphi\,cos^2\,\varphi}{2} = 0 \end{cases}$$

hinzu, d. h. die Gleichung des den Winkel $G_1\,\hat{C}_1\,B_1$ halbierenden Hauptkreises. Damit ergiebt sich entsprechend den Beziehungen $23\,\gamma)$ in § 21 für die **Archimedeische Varietät**:

$$36\,\eta')\quad t = \frac{2\sqrt{5}+1}{3\sqrt{5}}, \quad s = 1 \text{ und } \tau = \frac{3\sqrt{5}}{2\sqrt{5}+1}, \quad \sigma = 1.$$

7. c) Wenn der Punkt P_1 mit dem Punkte E_1 (§ 54, 4. und § 76, 2.), d. h. mit dem Schnittpunkte von b_{13} und c_8 zusammenfällt, so folgen für die Varietät der Netze XI', deren Eckpunkte die Punkte E sind, die Beziehungen:

$$36\,\vartheta)\quad \begin{cases} \varepsilon_{b_1} = \psi, \text{ d. h. } \begin{cases} t = sin\,2\,\varphi \\ s = 1 \end{cases} \text{ und } \begin{array}{l} \tau = \dfrac{\sqrt{5}}{2}, \\[2mm] \sigma = 1. \end{array} \end{cases}$$

8. a) Die **konjugierte** (nicht konvexe) Varietät der Netze $XIII'$ [§ 23, Formeln $25\,\beta)$ und $\beta')$] ist durch die beiden Gleichungen:

$$36\,\iota)\quad \begin{cases} b_{15} \ldots t - s\,cos^2\,\varphi = 0, \\[2mm] \varepsilon_{g_1} = \varepsilon_{c_1} \text{ oder } t - \dfrac{cotg\,\varphi\,cos\,\varphi}{\sqrt{3}} = 0 \end{cases}$$

charakterisiert, aus welchen:

$$36\,\iota')\quad t = \frac{cotg\,\varphi\,cos\,\varphi}{\sqrt{3}}, \quad s = \frac{1}{\sqrt{3}\,sin\,\varphi}$$

folgt.

8. b) Für die **Archimedeische** Varietät der Netze $XIII'$ erhält man die Gleichungen:

$$36\,\varkappa)\quad \begin{cases} b_{15} \ldots t - s\,cos^2\,\varphi = 0, \\[2mm] \varepsilon_{b_{10}} = \varepsilon_{b_{11}} \text{ oder } \varepsilon_{b_{13}} = \varepsilon_{b_{14}} \text{ oder } t - 2\,s\,cotg^2\,\varphi + cotg^3\,\varphi = 0, \end{cases}$$

von welchen die zweite den den Winkel $B_1\,\hat{G}_1\,C_1$ halbierenden Hauptkreis darstellt. Damit ergiebt sich [vergl. die Relationen 25γ) in § 23]:

$$36\varkappa') \qquad t = \frac{1}{2\sqrt{5}-3}, \quad s = \frac{2\sqrt{5}}{7-\sqrt{5}}.$$

9. a) Die **Archimedeische** Varietät der Netze XXII′ wird durch die beiden Gleichungen:

$$36\lambda) \quad \begin{cases} b_{14}\ldots - t + 4\,s\,cos^2\varphi - cotg^2\varphi\,cos^2\varphi = 0, \\ \varepsilon_{b_{13}} = \varepsilon_{b_{15}} \text{ oder } t + s\,sin\,\varphi\,cos\,\varphi - cotg\,\varphi\,cos^2\varphi = 0 \end{cases}$$

bestimmt, von welchen die zweite den Halbierungshauptkreis des Winkels $G_1\,\hat{B}_1\,C_1$ darstellt. Damit folgt [vergl. $52\beta)$ in § 36 und $33\zeta)$ in § 76]:

$$36\lambda') \qquad t = \frac{3}{\sqrt{5}\,(4-\sqrt{5})}, \quad s = \frac{2}{5\sqrt{5}-9}.$$

9. b) Für diejenige Varietät der Netze XXII′, bei welcher die Schnittpunkte F der Diagonalen des Vierecks die Eckpunkte darstellen, erhält man [vergl. $52\gamma)$ in § 36, § 54 und § 55, 4., $33\eta)$ in § 76]:

$$36\mu) \quad \begin{cases} b_{14}\ldots - t + 4\,s\,cos^2\varphi - cotg^2\varphi\,cos^2\varphi = 0, \\ g_6\ldots t - cos^2\varphi = 0; \end{cases}$$

woraus:

$$36\mu') \qquad t = cos^2\varphi, \quad s = \frac{1}{4\,sin^2\varphi}$$

resultiert.

9. c) Die Varietät endlich, deren Eckpunkte die Punkte D [§ 54, 4. und $33\vartheta)$ in § 76] sind, wird durch die beiden Gleichungen:

$$36\nu) \quad \begin{cases} b_{14}\ldots - t + 4\,s\,cos^2\varphi - cotg^2\varphi\,cos^2\varphi = 0, \\ c_{10}\ldots - t\,\dfrac{tang\,\varphi}{cos^2\varphi} - 2\,s + cotg^2\varphi = 0 \end{cases}$$

bestimmt, aus welchen

$$36\nu') \quad t = cotg\,\varphi\,cos^4\varphi = \frac{\sqrt{5}+2}{5}, \quad s = \frac{cotg^2\varphi\,cos^2\varphi}{2} = \frac{\sqrt{5}+2}{2\sqrt{5}}$$

folgt.

24*

10. Von dem allgemeinsten gleicheckigen Netze XVI′ mögen noch einige bereits früher erwähnte besondere Varietäten durch die zugehörigen Werte für t und s charakterisiert werden.

10. a) Für die konjugierte Varietät [vergl. 34 ι) in § 28] ergeben sich aus:

$$36\,\xi)\quad\left\{\begin{array}{l}\varepsilon_{b_1}=\varepsilon_{g_1}=\varepsilon_{c_1},\\[2pt]\qquad\text{oder aus den Gleichungen:}\\[4pt]\varepsilon_{b_1}=\varepsilon_{g_1}\ldots t-s\cos\varphi=0,\\[6pt]\varepsilon_{g_1}=\varepsilon_{c_1}\ldots t-\dfrac{cotg\,\varphi\,\cos\varphi}{\sqrt{3}}=0,\\[10pt]\varepsilon_{c_1}=\varepsilon_{b_1}\ldots s-\dfrac{cotg\,\varphi}{\sqrt{3}}=0,\end{array}\right.$$

d. h. den Gleichungen der in den Mittelpunkten der Kanten des Dreieckes $C_1 B_1 G_1$ normal errichteten Hauptkreise, die Werte:

$$36\,\xi')\qquad t=\frac{cotg\,\varphi\,\cos\varphi}{\sqrt{3}},\quad s=\frac{cotg\,\varphi}{\sqrt{3}}.$$

10. b) Die Archimedeische Varietät der Netze XVI′ bestimmt sich durch diejenigen Werte für t und s, welche den drei Gleichungen der Halbierungshauptkreise der Innenwinkel des Dreieckes $C_1 G_1 B_1$ [vergl. 7 b), 8 b), 9 a)] Genüge leisten, nämlich durch

$$36\,\pi)\qquad t=\frac{\sqrt{5}}{3},\quad s=\frac{3\sqrt{5}-1}{6}.$$

10. c) Die Bedingung

$$36\,\varrho)\qquad\qquad g_6\ldots t=\cos^2\varphi$$

bestimmt alle auf dem sphärischen Perpendikel $B_1 F_1$ liegenden Punkte P_1 (Fig. 29 und 30); für die entsprechenden Varietäten der Netze XVI′ liegt der Wert für s zwischen 1 und $\dfrac{1}{4\sin^2\varphi}$ [Formel 36 μ')]; die Bedingung

$$36\,\sigma)\qquad c_{10}\ldots-t\frac{tang\,\varphi}{\cos^2\varphi}-2s+cotg^2\varphi=0$$

charakterisiert diejenigen Varietäten, für welche der Eckpunkt P_1 auf dem Bogen $B_1 D_1$ des Hauptkreises c_{10} liegt, und endlich werden durch die Bedingung

$$36\,\tau) \qquad\qquad c_8 \ldots t = s\, sin\, 2\,\varphi$$

alle diejenigen Varietäten bestimmt, für welche der Eckpunkt P_1 auf dem Bogen $D_1 E_1$ des Hauptkreises c_8 liegt [vergl. die Bemerkung nach $36 \odot)$].

11. In dem durch die Hauptkreise b, g und c bestimmten sphärischen Gebilde (Fig. 29 und 30) lassen sich fernerhin die Hauptkreise d, e, f, welche bez. die Polaren zu den Punkten D, E, F sind, konstruieren und so weitere Schnittpunkte erhalten, welche besondere Varietäten der gleicheckigen Netze dieser Gruppe bestimmen und für welche die charakteristischen Werte von t und s oder τ und σ nach dem Vorstehenden leicht bestimmt werden können. Bemerkenswert ist, dass diese Werte, wie auch die im vorhergehenden aufgeführten, meistens irrational sind. Auch lassen sich die rechtwinkligen Koordinaten jener Punkte mit Anwendung der Formel $35\alpha)$ in § 77 leicht erhalten.

§ 79. Analytische Darstellung der Hauptkreise der gleicheckigen Netze.

1. Die Gleichungen der Hauptkreise eines Netzes XVI′, sowie der besonderen gleicheckigen Netze dieser Gruppe lassen sich mit Hilfe der in den beiden vorhergehenden Paragraphen entwickelten Formeln in rechtwinkligen Koordinaten oder in den Ableitungskoeffizienten t und s (als Gleichungen der entsprechenden Geraden der Abbildung) ohne Schwierigkeit aufstellen und so auch die bereits im § 54, 3. hervorgehobenen Lagebeziehungen und Gruppierungen analytisch verfolgen.

2. Die 90 Hauptkreise des Netzes XVI′ zerfallen in drei Gruppen von je 30 (vergl. § 54, 4.); von den Hauptkreisen jeder Gruppe gehen je zwei durch einen Punkt B hindurch [s. Fig. $14\alpha)$].

2. a) Die 30 Hauptkreise der ersten Gruppe (z. B. $P_1 P_{11}$) stehen auf den Kanten $B_1 C_1$ des Symmetrienetzes in den Punkten J_g [Fig. 14β)] senkrecht. Die Gleichung des Hauptkreises $P_1 P_{11}$ ist:

$$37\,\alpha) \qquad x \cos \varepsilon_{b_1} - z \cos \varepsilon_{b_{13}} = 0 \quad \text{oder} \quad x - z \, tang \, \alpha_{(1)} = 0$$

[vergl. Formel 34η) in § 28] oder in den Ableitungskoeffizienten, wenn t_1, s_1 die Koordinaten des Punktes P_1 und t, s laufende Koordinaten bedeuten:

$$37\,\beta) \qquad\qquad\qquad s - s_1 = 0.$$

Die Gleichungen sämtlicher Hauptkreise dieser Gruppe lassen sich leicht unter Anwendung der in den vorhergehenden Paragraphen gegebenen Regeln erhalten. Die Pole dieser Hauptkreise liegen auf den Kanten $B_1 G_1$ und zwar zwischen B_1 und E_1, bestimmen also je eine Varietät der gleicheckigen Netze XI'. Zu den in diesen Polen an die Kugel gelegten Berührungsebenen, also zu den Grenzflächen je einer Varietät der gleichflächigen Polyeder [XI] sind die Ebenen jener Hauptkreise parallel.

Man erhält die charakteristischen Werte t'_1, s'_1 für diejenige Varietät eines solchen Netzes XI', welche einem durch die Werte t_1, s_1 bestimmten Netze XVI' entspricht, einfach dadurch, dass man die Gleichung desjenigen Hauptkreises dieser Gruppe aufstellt, dessen Pol auf $B_1 G_1$ liegt. Als die Gleichung dieses Hauptkreises $P_{35} P_{36}$ ergiebt sich:

$$37\,\gamma) \qquad\qquad y \cos \varepsilon_{b_{13}} + z \cos \varepsilon_{b_1} = 0$$

oder:

$$37\,\gamma') \qquad t \frac{1 - s_1}{sin\,\varphi \, cos\,\varphi} + s\,(2 s_1 - cotg\,\varphi) = 0.$$

Hieraus folgen [vergl. die Formeln 35β) und 35ϑ'') des § 77] die Koordinaten des Pols:

$$37\,\delta) \qquad \begin{cases} t'_1 = \dfrac{1 - s_1 \, tang^2\,\varphi}{s_1} \, cotg\,\varphi \, cos^2\,\varphi, \\[2mm] s'_1 = 1. \end{cases}$$

Man bestätigt leicht, dass, wenn für s_1 die den Punkten B_1 und C_1 entsprechenden Werte in diese Formel eingesetzt werden, die Koordinaten der Punkte B_1 bez. E_1 [§ 78, 7 c) unter 36 ϑ)] resultieren.

2. b) Die 30 Hauptkreise der zweiten Gruppe (z. B. $P_1 P_{10}$) stehen auf den Kanten $B_1 G_1$ in den Punkten J_c [Fig. 14 β)] senkrecht. Hier sind die beiden Fälle zu unterscheiden (vergl. § 54, 4.), ob der Punkt J_c zwischen $B_1 E_1$ oder zwischen $E_1 G_1$ liegt.

In dem ersteren Falle sind die Ebenen der 30 Hauptkreise parallel zu den Grenzflächen eines Polyeders [XIII], welches in den Polen dieser Hauptkreise, den Eckpunkten des zugeordneten Polarnetzes, der Kugel umgeschrieben ist. Die Varietät des durch diese Pole bestimmten gleicheckigen Netzes XIII′ ergiebt sich aus den Koordinaten für den auf $B_1 C_1$ liegenden Pol des Hauptkreises $P_{48} P_{58}$, nämlich aus:

$$37\,\varepsilon) \qquad \begin{cases} x'_1 = r \cos \varepsilon_{b_{15}} = \dfrac{t_1 - s_1 \cos^2 \varphi}{m \sin \varphi \cos \varphi}, \\[2mm] y'_1 = 0, \\[2mm] z'_1 = r \cos \varepsilon_{b_1} = \dfrac{s_1}{m}, \end{cases}$$

durch die Werte:

$$37\,\zeta) \quad t'_1 = \frac{s_1 \cot g\,\varphi}{\dfrac{t_1}{\cos^2 \varphi} + s_1 \tan g\,\varphi}\, \cos^2 \varphi, \qquad s'_1 = \frac{s_1 \cot g\,\varphi}{\dfrac{t_1}{\cos^2 \varphi} + s_1 \tan g\,\varphi}$$

bestimmt.

Werden in diese Formeln für t_1, s_1 bez. die Koordinaten der Punkte B_1, E_1 eingesetzt, so resultieren diejenigen der Punkte B_1, C_1.

Liegt im zweiten Falle der Punkt J_c zwischen E_1 und G_1, so liegen die Pole der Hauptkreise auf den Kanten CG und zwar zwischen C_1 und F_1. Die Ebenen der Hauptkreise sind alsdann zu den Grenzflächen bestimmter Varietäten der Polyeder [XXII] parallel; die Varietät der gleicheckigen Netze XXII′, deren Eckpunkte jene Pole sind, ergiebt sich aus den Koordinaten des zwischen C_1 und F_1 liegenden Poles (vergl. Fig. 29) des Hauptkreises $P_{16} P_{17}$:

$$37\,\eta)\quad \begin{cases} x'_1 = r\,(\cos\varepsilon_{b_2}\cos\varepsilon_{b_8} - \cos\varepsilon_{b_4}\cos\varepsilon_{b_{11}}) = \dfrac{cotg^2\varphi}{m^2}\,(1-s_1)\left(-\dfrac{t_1}{\cos^2\varphi}+2\,s_1\right), \\[2ex] y'_1 = r\,(\cos\varepsilon_{b_8}\cos\varepsilon_{b_{12}} - \cos\varepsilon_{b_{11}}\cos\varepsilon_{b_9}) = \dfrac{cotg^2\varphi}{m^2}\,(1-s_1)\left(\dfrac{t_1}{\sin^2\varphi}-2\,s_1\,cotg\,\varphi\right) \\[2ex] z'_1 = r\,(\cos\varepsilon_{b_9}\cos\varepsilon_{b_2} - \cos\varepsilon_{b_{12}}\cos\varepsilon_{b_4}) = \dfrac{cotg^2\varphi}{m^2}\,(1-s_1)\,\dfrac{t_1}{\sin\varphi\,\cos\varphi} \end{cases}$$

durch die Werte:

$$37\,\vartheta)\quad \begin{cases} t'_1 = \dfrac{\dfrac{t_1}{\sin^2\varphi}-s_1\,cotg\,\varphi}{\dfrac{t_1}{\cos^2\varphi}+s_1\,tang\,\varphi}\,\cos^2\varphi, \quad s'_1 = \dfrac{t_1}{2\,\sin^2\varphi\left(\dfrac{t_1}{\cos^2\varphi}+s_1\,tang\,\varphi\right)} \end{cases}$$

bestimmt. Setzt man in diese Formel für t_1, s_1 bez. die Koordinaten der Punkte E_1, G_1 ein, so ergeben sich diejenigen der Punkte C_1, F_1.

2. c) Die 30 Hauptkreise der dritten Gruppe endlich (z. B. $P_1 P_2$) stehen auf den Kanten $C_1 G_1$ in den Punkten J_b [Fig. 14 β)] senkrecht. Auch hier sind wesentlich zwei Hauptfälle zu unterscheiden (vergl. § 54, 4.), je nachdem der Punkt J_b zwischen $C_1 F_1$ oder zwischen $F_1 G_1$ liegt, wobei im zweiten Hauptfalle sich die beiden Unterfälle ergeben, je nachdem der Punkt J_b zwischen $F_1 D_1$ oder zwischen $D_1 G_1$ liegt (s. Fig. 29).

Wenn der Punkt J_b im ersten Hauptfalle zwischen $C_1 F_1$ liegt, so sind die Ebenen der 30 Hauptkreise parallel zu den Grenzflächen eines Polyeders [XI], welche in den Polen dieser Hauptkreise die Kugel berühren. Diese Pole bestimmen eine solche Varietät eines Netzes XI', für welche die Eckpunkte zwischen $E_1 G_1$ liegen, also auf demjenigen Bogen, welchen die Eckpunkte der Varietäten $37\,\delta)$ [unter a)] nicht einnehmen. Die charakteristischen Werte für jene Varietät folgen aus den Koordinaten für den Pol des Hauptkreises $P_{51} P_{60}$. Aus

$$37\iota)\quad \begin{cases} x'_1 = 0, \\[2mm] y'_1 = r\cos\varepsilon_{b_2} = \dfrac{cotg^2\varphi}{2\,m}\left(\dfrac{t_1}{cos^2\varphi} - tang\,\varphi\right), \\[4mm] z'_1 = r\cos\varepsilon_{b_3} = \dfrac{cotg^2\varphi}{2\,m}\left(-t_1\dfrac{tang^2\varphi}{cos^2\varphi} + 1\right) \end{cases}$$

folgen die Werte:

$$37\varkappa)\qquad t'_1 = \frac{t_1\dfrac{tang^2\varphi}{cos^2\varphi} + 1}{-t_1\dfrac{tang^2\varphi}{cos^2\varphi} + 1}\, sin\,\varphi\,cos\,\varphi, \quad s'_1 = 1.$$

Werden in diese Formel für t_1, s_1 bez. die Koordinaten der Punkte C_1, F_1 eingesetzt, so resultieren diejenigen der Punkte E_1, G_1.

Im zweiten Hauptfalle, in welchem J_b zwischen F_1 und G_1 liegt, nehmen die Pole der Hauptkreise auf den Kanten $C_1 G_1$ ihre Lage zwischen G_1 und F_1 ein und zwar entspricht einem zwischen $F_1 D_1$ und $D_1 G_1$ liegenden Punkte J_b bez. ein zwischen $G_1 D_1$ und $D_1 F_1$ in Beziehung auf den gemeinsamen Punkt D_1 symmetrisch liegender Pol. Die Ebenen der Hauptkreise sind also zu den Grenzflächen bestimmter Varietäten der Polyeder [XXII] parallel und zwar solcher, welche unter b) [Formel 37 ϑ)] ausgeschlossen waren. Man erhält die für die Varietät des entsprechenden gleicheckigen Netzes XXII' charakteristischen Werte t'_1, s'_1 aus den Koordinaten für den Pol des Hauptkreises $P_{56} P_{57}$:

$$37\lambda)\quad \begin{cases} x'_1 = r\left(\cos\varepsilon_{b_6}\cos\varepsilon_{b_8} - \cos\varepsilon_{b_4}\cos\varepsilon_{b_{10}}\right) \\[2mm] \qquad = -\dfrac{r}{2\,m^2\,sin^2\varphi}\left(\dfrac{t_1}{cos^2\varphi} - 4\,s_1 + cotg^2\varphi\right)(t_1 - cos^2\varphi), \\[4mm] y'_1 = r\left(\cos\varepsilon_{b_5}\cos\varepsilon_{b_8} - \cos\varepsilon_{b_9}\cos\varepsilon_{b_{10}}\right) \\[2mm] \qquad = \dfrac{r}{2\,m^2\,sin^2\varphi}\left(\dfrac{t_1}{cos^2\varphi} - 4\,s_1 + cotg^2\varphi\right)(t_1 - cotg\,\varphi\,cos^2\varphi), \\[4mm] z'_1 = r\left(\cos\varepsilon_{b_4}\cos\varepsilon_{b_5} - \cos\varepsilon_{b_6}\cos\varepsilon_{b_9}\right) \\[2mm] \qquad = -\dfrac{r}{2\,m^2\,sin^2\varphi}\left(\dfrac{t_1}{cos^2\varphi} - 4\,s_1 + cotg^2\varphi\right).t_1, \end{cases}$$

aus welchen:

$$37\,\mu)\quad\begin{cases} t'_1 = \dfrac{t_1\,tang\,\varphi + cotg\,\varphi\,cos^2\varphi}{\dfrac{t_1}{cos^2\varphi} - sin^2\varphi}\,sin\,\varphi\,cos\,\varphi, \\[2em] s'_1 = \dfrac{t_1}{\dfrac{t_1}{cos^2\varphi} - sin^2\varphi} \end{cases}$$

folgt. Man bestätigt leicht, dass, wenn für t_1, s_1 bez. die Koordinaten der Punkte F_1, D_1, G_1 in diese Formeln substituiert werden, diejenigen für die Punkte G_1, D_1, F_1 sich ergeben. Die erste Formel ändert sich nicht durch die Vertauschung von t_1 und t'_1.

2. d) Die unter a) bis c) hervorgehobenen Beziehungen für die Lage der Punkte J und der Pole der Hauptkreise, welche die Kanten des Netzes XVI$'$ bilden, stellen sich sehr anschaulich dar, wenn man den Punkt J_c successive den Umfang des Dreieckes $B_1\,C_1\,G_1$ durchlaufen lässt. Der entsprechende Pol durchläuft dann in entgegengesetztem Sinne den Umfang, wobei die folgenden untereinanderstehenden Punkte sich entsprechen und im Punkte D_1 wiederum das Zusammenfallen stattfindet:

$$37\,\nu)\quad\begin{cases} B_1\,C_1\,F_1\,D_1\,G_1\,E_1\,B_1, \\ B_1\,E_1\,G_1\,D_1\,F_1\,C_1\,B_1. \end{cases}$$

Diejenigen Beziehungen zwischen den Formeln $37\,\delta)$ und $37\,\zeta)$; $37\,\vartheta)$ und $37\,\varkappa)$; $37\,\mu)$, welche sich dementsprechend durch bezügliche Vertauschung der Grössen t_1, s_1 und t'_1, s'_1 ergeben, wird man leicht erkennen.

3. Die Hauptkreise der Netze XI$'$, XIII$'$ und XXII$'$ lassen sich als besondere Fälle der Hauptkreise des Netzes XVI$'$ (vergl. § 54, 5.) erhalten und durch die zugehörigen charakteristischen Werte für t'_1, s'_1 kennzeichnen, indem man in die unter 2. hergeleiteten Formeln die besonderen Werte für t_1, s_1 [aus $35\,\iota)$, $\iota')$ des § 77] einführt.

§ 80. Veränderliches Pentagonhexekontaeder-netz XXVII und zugeordnetes gleicheckiges Netz XXVII′.

1. Die Koordinaten der Eckpunkte eines Netzes XXVII (vergl. § 43 und § 55), welche eine Kombination der Eckpunkte G, C und der 60 Eckpunkte P_2, P_4 ... (Fig. 25 β) eines Netzes XXVII′ bilden, sind bereits in § 64, 29 β), γ) und in § 75, 4. dargestellt worden [vergl. auch 35 δ), ε) in § 77 und 36 $\odot$), $\mathbb{C}$) in § 78].

2. a) Von den Kanten eines Netzes XXVII gehen (vergl. § 55, 3.) 60 zu je fünf unter gleichen Winkeln von 72^0 gegeneinander geneigt durch die Punkte G und G'. Die Pole dieser Hauptkreise liegen zu je zehn auf einem Hauptkreise g und bestimmen ein Netz XXVII′, dessen Varietät sich aus den Koordinaten des Punktes ergiebt, welcher der auf $B_1 F_1$ liegende Pol des Hauptkreises $G_6 P_{36}$ ist. Für diese Koordinaten erhält man:

$$38\,\alpha)\;\begin{cases} x = r\,cos\varphi\,cos\,\varepsilon_{b_{13}} = \dfrac{cotg^2\varphi}{m}\,(1 - s_1)\,cos\varphi, \\[2em] y = r\,sin\varphi\,cos\,\varepsilon_{b_{13}} = \dfrac{cotg^2\varphi}{m}\,(1 - s_1)\,sin\varphi, \\[2em] z = r\,(sin\varphi\,cos\,\varepsilon_{b_1} - cos\varphi\,cos\,\varepsilon_{b_{15}}) = \dfrac{1}{m\,sin\varphi}\,(s_1 - t_1); \end{cases}$$

damit ergiebt sich die Varietät des Netzes XXVII′, als gyroidische Hemigonie eines Netzes XVI′, durch die Werte:

$$38\,\beta)\;\begin{cases} t_1{}^{(1)} = cos^2\varphi, \\[1.5em] s_1{}^{(1)} = \dfrac{s_1 - t_1}{- t_1 + 2\,s_1\,sin^2\varphi + sin\varphi\,cos\varphi} \end{cases}$$

bestimmt [vergl. 36 ϱ) unter 10 c) in § 78].

2. b) Weitere 60 Kanten gehen zu je dreien unter gleichen Winkeln von 120^0 gegen einander geneigt durch die Punkte C und C'; die Ebenen dieser Hauptkreise sind zu den

Grenzflächen der gyroidischen Hemiedrie eines solchen Diakishexekontaeders parallel, bei welchem die Berührungspunkte der Grenzflächen zu je sechs auf einem Hauptkreise c liegen. Die Varietät des durch diese Berührungspunkte bestimmten Netzes XXVII′ ergiebt sich aus den Koordinaten des auf $B_1 D_1$ liegenden Poles des Hauptkreises $C_{10} P_{48}$ oder des auf $D_1 E_1$ liegenden Poles des Hauptkreises $C_8 P_{46}$ [s. Fig. 25β) und 29].

2. c) Endlich gehen 30 Kanten durch je einen der Punkte B und B'; die Ebenen dieser Hauptkreise sind parallel zu den Grenzflächen eines der Polyeder [XI], [XXII] oder [XIII]. Man erhält die Varietät der durch die Pole jener Hauptkreise bestimmten gleicheckigen Netze XI′, XXII′, XIII′ aus den Koordinaten des auf $B_1 E_1 G_1$ liegenden Poles des Hauptkreises $B_{13} P_{53}$, oder des auf $G_1 D_1 F_1 C_1$ liegenden Poles des Hauptkreises $B_{14} P_{54}$ oder endlich des auf $C_1 B_1$ liegenden Poles des Hauptkreises $B_{15} P_{35}$.

3. Die Eckpunkte $\mathfrak{P}_1$, $\mathfrak{P}_3$ ... [Fig. 25β)] des dem Netze XXVII zugeordneten gleicheckigen Netzes (§ 55) sind die gyroidische Hemigonie eines Netzes XVI′. Die zwischen den Punktsystemen P und $\mathfrak{P}$ bestehende Steinersche Verwandtschaft lässt sich wiederum durch folgende Relationen charakterisieren, in welchen die accentuierten Grössen ϑ'_{g_1}, ϑ'_{c_1}, ϑ'_{b_1}; t'_1, s'_1 den Punkten $\mathfrak{P}$ entsprechen.

Aus den Gleichungen 64σ) des § 43:

$$39) \quad \vartheta_{g_1} + \vartheta'_{g_1} = 36^0, \quad \vartheta_{c_1} + \vartheta'_{c_1} = 60^0, \quad \vartheta_{b_1} + \vartheta'_{b_1} = 90^0,$$

folgen mit Benutzung der Formeln 34ζ) in § 28, sowie derjenigen 36α), 35γ') und 35β) des § 77 leicht die drei Beziehungen zwischen den Koordinaten t, s des Punktes P_1 und denjenigen t_1, s_1 des Punktes $\mathfrak{P}_1$:

$$39\alpha) \left\{ \begin{array}{l} (1-s_1)(s'_1 - t'_1)\, cotg^2\,\varphi + (1-s'_1)(s_1 - t_1)\, cotg^2\,\varphi \\ -\dfrac{1}{cos^2\,\varphi}(s_1 - t_1)(s'_1 - t'_1) + (1-s_1)(1-s'_1)\, cotg^2\,\varphi \end{array} \right\} = 0,$$

$$39\,\beta)\quad\left\{\begin{aligned}
&\left[-\frac{t_1}{\cos^2\varphi}+4s_1-\cot g^2\varphi\right]\left[\frac{3t'_1}{\cos^2\varphi}-\cos^2\varphi\right]\\[4pt]
+\;&\left[-\frac{t'_1}{\cos^2\varphi}+4s'_1-\cot^2\varphi\right]\left[\frac{3t_1}{\cos^2\varphi}-\cot g^2\varphi\right]\\[4pt]
-\;&\left[\frac{3t_1}{\cos^2\varphi}-\cot g^2\varphi\right]\left[\frac{3t'_1}{\cos^2\varphi}-\cot g^2\varphi\right]\\[4pt]
+\,3&\left[-\frac{t_1}{\cos^2\varphi}+4s_1-\cot g^2\varphi\right]\left[-\frac{t'_1}{\cos^2\varphi}+4s'_1-\cot g^2\varphi\right]
\end{aligned}\right\}=0,$$

$$39\,\gamma)\quad\left\{\begin{aligned}
&(1-s_1)(1-s'_1)\cot g^2\varphi\,\cos^2\varphi\\[4pt]
-\;&(t_1-s_1\cos^2\varphi)(t'_1-s'_1\cos^2\varphi)\,\frac{1}{\cos^2\varphi}
\end{aligned}\right\}=0.$$

Je zwei dieser Gleichungen, welche durch Vertauschung
der accentuierten und der nicht accentuierten Grössen ungeändert bleiben, gestatten, die Werte t_1, s_1 oder t'_1, s'_1,
d. h. die Koordinaten zweier konjugierten Pole, in einfacher
Weise, die einen durch die anderen auszudrücken.

Für $t_1 = t'_1 = t$, $s_1 = s'_1 = s$ erhält man aus $39\,\alpha)$, $39\,\beta)$,
$39\,\gamma)$ die Gleichungen der drei Linienpaare (oder der Hauptkreispaare auf der Kugel), welche durch die vier Basispunkte der Verwandtschaft hindurchgehen; diese drei Paare
von Hauptkreisen gehen durch die Mittelpunkte T_1, T_2, T_3,
T_4 der vier Kreise, welche bez. dem Dreiecke $G_1 C_1 B_1$ (dem
Diagonaldreieck des Kegelschnittbüschels) und den Nebendreiecken $C_1 B_1 G'_1$, $B_1 G_1 C'_1$ und $G_1 C_1 B'_1$ eingeschrieben sind.

Als Gleichungen dieser Linien- (oder Hauptkreis-) paare
erhält man:

$$39\,\delta)\quad 2(1-s)(s-t)\cot g^2\varphi-\frac{1}{\cos^2\varphi}(s-t)^2+(1-s)^2\cot g^2\varphi=0;$$

$$39\,\varepsilon)\quad\left\{\begin{aligned}
&2\left[-\frac{t}{\cos^2\varphi}+4s-\cot g^2\varphi\right]\left[\frac{3t}{\cos^2\varphi}-\cot g^2\varphi\right]\\[4pt]
-\;&\left[\frac{3t}{\cos^2\varphi}-\cot g^2\varphi\right]^2+3\left[-\frac{t}{\cos^2\varphi}+4s-\cot g^2\varphi\right]^2
\end{aligned}\right\}=0;$$

$$39\,\zeta)\quad (1-s)^2\cot g^2\varphi\,\cos^2\varphi-\frac{1}{\cos^2\varphi}(t-s\cos^2\varphi)^2=0;$$

d. h.:

$$39\,\delta')\quad \begin{cases} T_1\,T_2\ldots t-2s\cos^2\varphi+cotg^3\varphi=0 \\ \qquad[\text{vergl. } 36\varkappa) \text{ in § 78}], \\ T_3\,T_4\ldots -t+2s\sin^2\varphi+\sin\varphi\cos\varphi=0; \end{cases}$$

$$39\,\varepsilon')\quad \begin{cases} T_1\,T_3\ldots 3t-6s\cos^2\varphi+cotg^2\varphi\cos^2\varphi=0 \\ \qquad[\text{vergl. } 36\eta) \text{ in § 78}], \\ T_2\,T_4\ldots t+2s\cos^2\varphi-cotg^2\varphi\cos^2\varphi=0; \end{cases}$$

$$39\,\zeta')\quad \begin{cases} T_1\,T_4\ldots t+s\sin\varphi\cos\varphi-cotg\varphi\cos^2\varphi=0 \\ \qquad[\text{vergl. } 36\lambda) \text{ in § 78}], \\ T_2\,T_3\ldots t-s\,cotg^2\varphi\cos^2\varphi+cotg\varphi\cos^2\varphi=0; \end{cases}$$

und als Koordinaten der vier Basispunkte T_1, T_2, T_3, T_4 resultieren:

$$39\,\eta)\quad \begin{cases} T_1\begin{cases} t=\dfrac{\sqrt{5}}{3}, \\[2mm] s=\dfrac{3\sqrt{5}-1}{6} \end{cases}\ [\text{vergl. } 36\pi) \text{ in § 78}]; \\[10mm] T_2\begin{cases} t=\dfrac{1}{4-\sqrt{5}}, \\[2mm] s=\dfrac{2}{5\sqrt{5}-9}; \end{cases}\ T_3\begin{cases} t=\dfrac{2\sqrt{5}+3}{3\sqrt{5}}, \\[2mm] s=\dfrac{1}{3\sin^2\varphi}; \end{cases}\ T_4\begin{cases} t=cotg\,\varphi\cos^4\varphi, \\ s=\cos^2\varphi. \end{cases} \end{cases}$$

In die Formeln $39\,\alpha)$ bis $39\,\eta)$ lassen sich leicht die $\cos\varepsilon_{b_i}$ einführen und damit die entsprechenden analytischen Ausdrücke in rechtwinkligen Raumkoordinaten herleiten.

4. Die Kanten der gleicheckigen Netze XXVII' (vergl. § 55, 4.) gehen durch die auf den Hauptkreisen g_r c, b liegenden Eckpunkte des Polarnetzes hindurch. Die Gleichungen dieser Hauptkreise, welche zwei Gruppen von je 60 und eine Gruppe von 30 Hauptkreisen darstellen, sowie die Varietäten der durch die Pole dieser Hauptkreise (die Eckpunkte des zugeordneten Polarnetzes) bestimmten gleicheckigen Netze lassen sich ohne Schwierigkeit unter Benutzung der gegebenen Formeln erhalten. Ebenso einfach gestaltet sich die Anwendung der im vorstehenden entwickelten Beziehungen auf die den Netzen XXVII' ein- und umgeschriebenen Polyeder.

Sechstes Kapitel.

Anwendungen und Erweiterungen der bisherigen Betrachtungen.

Erste Abteilung: Beziehungen zu gewissen Problemen der Algebra und der Funktionentheorie.

---

§ 81. Die Kugel oder die Projektionsebene als Trägerin des Wertgebietes einer komplexen Variabeln.

1. Wir wollen zunächst die Beziehungen kurz hervorheben, welche die in den vorhergehenden Kapiteln gewonnenen Resultate zu gewissen Problemen der Funktionentheorie und der Algebra darbieten. Durch die (in § 2, S. 2 u. 3 zitierten) Arbeiten von Riemann, Schwarz u. a. einerseits und diejenigen von F. Klein, Wedekind, Gordan, Brioschi, Puchta u. a. andererseits ist die Bedeutung der von uns in massgeometrischer Hinsicht behandelten Probleme der Kugelteilung für die angegebenen Disziplinen der Mathematik aufgedeckt und genauer untersucht worden.

Was insbesondere die Beziehungen zur Algebra und der Theorie gewisser binärer Formen anlangt, so sind diese zuerst von F. Klein erkannt worden, welcher auch den Zusammenhang dieser Probleme mit den von Riemann und eingehender von Schwarz behandelten dargelegt hat.

2. Wir beschränken uns darauf, die wesentlichsten dieser Beziehungen, unter welchen sich auch einige — bisher nicht bemerkte — finden dürften, in diesem Abschnitte hervorzuheben und schlagen hierbei den umgekehrten Weg ein, als welcher in den aufgeführten Arbeiten befolgt wurde.

3. Indem wir zunächst von den im Kap. II hergeleiteten regulären Netzen I bis VII ausgehen, projizieren wir die-

selben stereographisch auf die Ebene eines der Symmetriehauptkreise dieser Netze. (Die beigefügten Figuren stellen
sämtlich derartige stereographische Projektionen dar.) Eine
solche Abbildung ist bekanntlich eine konforme, d. h. die
sphärische Figur und ihr ebenes Abbild sind in den kleinsten
Teilen ähnlich (isogonal).

Als Ebene der Abbildung wählen wir in der Regel die
bei den Entwicklungen des vorigen Kapitels benutzte XY-
Ebene, als Projektionspunkt den Endpunkt der abwärts gerichteten (negativen) Z-Axe. Alsdann werden, wenn die
rechtwinkligen Koordinaten eines projizierten Punktes (x,
y, z) der Kugelfläche, dessen polare Koordinaten ε_a, ϑ_a sind,
durch ξ, η bezeichnet werden, die Beziehungen zwischen
den Elementen des sphärischen Netzes und der ebenen Abbildung desselben durch die Formeln dargestellt:

$$40\,\alpha) \quad \begin{cases} x = \dfrac{2\,r^2\,\xi}{\xi^2 + \eta^2 + r^2}, \quad y = \dfrac{2\,r^2\,\eta}{\xi^2 + \eta^2 + r^2}, \quad z = -\,r\,\dfrac{\xi^2 + \eta^2 - r^2}{\xi^2 + \eta^2 + r^2}, \\[2mm] \qquad\qquad x^2 + y^2 + z^2 = r^2; \end{cases}$$

$$40\,\beta) \quad \begin{cases} \xi = r \cdot \dfrac{x}{x^2 + y^2}\,(r - z) = r\,tang\,\tfrac{1}{2}\,\varepsilon_a\,cos\,\vartheta_a, \\[3mm] \eta = r \cdot \dfrac{y}{x^2 + y^2}\,(r - z) = r\,tang\,\tfrac{1}{2}\,\varepsilon_a\,sin\,\vartheta_a, \end{cases}$$

wobei ε_a den sphärischen Abstand eines Punktes der Kugel
vom Gegenpunkte des Projektionspunktes bedeutet.

Die komplexe Variable:

$$41\,\alpha) \qquad \zeta = r\,(\xi + \eta i) = r\,tang\tfrac{1}{2}\,\varepsilon_a\,e^{i\,\vartheta_a},$$

oder in homogener Form, wobei $\zeta_2 = r$ der Längeneinheit
entspreche:

$$41\,\beta) \qquad \frac{\zeta_1}{\zeta_2} = \xi + \eta i = tang\,\tfrac{1}{2}\,\varepsilon_a\,(cos\,\vartheta_a + i\,sin\,\vartheta_a),$$

stellt alsdann die Gesamtheit der Punkte der Kugelfläche
oder der Projektionen derselben auf die $\xi\eta$-Ebene dar, je
nachdem die Kugelfläche oder die Projektionsebene als Trä-
gerin des Wertgebietes der Variabeln $\xi + \eta i$ aufgefasst wird.

Die Endpunkte der positiven und der negativen Z-, X- und Y-Axe entsprechen beziehungsweise den Werten $\zeta = 0, \infty; 1, -1; i, -i$, wobei r gleich der Längeneinheit angenommen ist.

§ 82. Darstellung der regulären und der gleicheckigen Netze der ersten Hauptklasse.

1. Die Eckpunkte der beiden regulären Netze I und II (§ 8 und § 59) der ersten Hauptklasse werden, wenn die Ebene des Hauptäquators a als $\xi\eta$-Ebene gewählt wird, durch die komplexen Werte:

$$\mathrm{I}\alpha) \quad \zeta = \cos l\,\frac{360^0}{n} + i\,\sin l\,\frac{360^0}{n} = e^{\frac{2l\pi i}{n}}, \quad l = 0, 1, 2, \ldots n-1,$$

$$\mathrm{II}\alpha) \quad \zeta = 0, \infty,$$

d. h. durch die Wurzeln der Gleichungen:

$$\mathrm{I}\beta) \qquad \zeta^n - 1 = 0 \ \text{ oder } \ F_1 \equiv \zeta_1{}^n - \zeta_2{}^n = 0,$$

$$\mathrm{II}\beta) \qquad H \equiv \zeta_1\,\zeta_2 = 0$$

dargestellt.

Die Hessesche Determinante der binären Form F_1 ist, abgesehen von dem konstanten Faktor $-n^2(n-1)^2$:

$$42\,\alpha) \qquad H_1 = (\zeta_1\,\zeta_2)^{n-2} = H^{n-2};$$

die Gleichung:

$$42\,\beta) \qquad H_1 \equiv (\zeta_1\,\zeta_2)^{n-2} = 0$$

stellt also die beiden $n-2$-fach zählenden Eckpunkte des Netzes II dar.

Als Jacobische Determinante von F_1 und H erhält man, abgesehen von dem konstanten Faktor $2n$:

$$42\,\gamma) \qquad F_2 = \zeta_1{}^n + \zeta_2{}^n;$$

die Gleichung:

$$42\,\delta) \qquad F_2 \equiv \zeta_1{}^n + \zeta_2{}^n = 0$$

stellt also die Eckpunkte eines Kreisteilungsnetzes I dar, welches aus dem obigen ($\mathrm{I}\beta$) durch eine Drehung von der

Amplitude $\dfrac{180^0}{n}$ um eine der beiden n-zähligen Hauptaxen resultiert. Dieser Drehung entspricht analytisch die lineare Substitution:

$$42\,\varepsilon) \qquad \zeta' = \zeta\left(cos\,\frac{180^0}{n} + i\,sin\,\frac{180^0}{n}\right) = \zeta\,e^{\frac{\pi i}{n}}.$$

2. Die Gleichung (Kreisteilungsgleichung):

$$\mathrm{I}\beta) \qquad\qquad F_1 = 0 \ \text{oder} \ \zeta^n - 1 = 0$$

hat die Eigenschaft, durch die linearen Substitutionen:

$$42\,\zeta) \qquad\qquad \zeta,\ \varepsilon\zeta,\ \varepsilon^2\zeta,\ \ldots\varepsilon^{n-1}\zeta,\ \left(\varepsilon = e^{\frac{2\pi i}{n}}\right)$$

ungeändert zu bleiben, wobei durch diese Transformationen jede Wurzel ζ_k in jede andere ζ_m verwandelt werden kann. Diesen linearen Transformationen entsprechen geometrisch Rotationen von der Amplitude $l\dfrac{360^0}{n}$ um eine der beiden n-zähligen Hauptaxen.

Ebenso bleibt die Gleichung $(\mathrm{I}\beta)$ durch die Substitutionen:

$$42\,\eta) \qquad\qquad \frac{1}{\zeta},\ \frac{\varepsilon}{\zeta},\ \frac{\varepsilon^2}{\zeta},\ \ldots\frac{\varepsilon^{n-1}}{\zeta}$$

ungeändert; denselben entsprechen Rotationen von der Amplitude 180^0 um je eine (oder die entgegengesetzt gerichtete) der $2n$ zweizähligen Queraxen (§ 10, 3.)

Dieselbe Eigenschaft, durch die linearen Substitutionen [$42\,\zeta)$ und $42\,\eta)$] ungeändert zu bleiben, kommt den beiden Gleichungen:

$$42\,\vartheta) \qquad\qquad H^n \equiv \zeta^n = 0$$

und

$$42\,\iota) \qquad\qquad F_2 \equiv \zeta^n + 1 = 0$$

zu; zwischen den linken Teilen der Gleichungen besteht die einfache Relation:

$$42\,\varkappa) \qquad\qquad F_1^2 - F_2^2 + 4\,H^n = 0.$$

Ist $n = 2p$ eine gerade Zahl, so bleiben diese drei Gleichungen auch durch die linearen Substitutionen:

$$42\,\lambda)\qquad -\frac{1}{\zeta},\ -\frac{\varepsilon}{\zeta},\ -\frac{\varepsilon^2}{\zeta},\cdots-\frac{\varepsilon^{2p-1}}{\zeta}$$

ungeändert. Diese Substitutionen unterscheiden sich wegen $\varepsilon^p = -1$ nur durch die Anordnung von denjenigen $42\,\eta)$, da durch die Drehung von 180^0 um eine der zweizähligen Axen je ein Wurzelpunkt mit seinem Gegenpunkte zur Deckung gebracht wird.

3. Bilden wir nun aus je zweien der Gleichungen:

$$43\,\alpha)\qquad \mathfrak{f}_1 \equiv \zeta^p - 1 = 0 \ \text{ oder }\ \zeta_1^{\,p} - \zeta_2^{\,p} = 0$$

$$43\,\beta)\qquad \mathfrak{f}_2 \equiv \zeta^p + 1 = 0 \quad\text{,,}\quad \zeta_1^{\,p} + \zeta_2^{\,p} = 0$$

$$43\,\gamma)\qquad H^p \equiv \zeta^p \ \ = 0 \quad\text{,,}\quad \zeta_1^{\,p}\,\zeta_2^{\,p} \ = 0$$

die Gleichungen:

$$44\,\alpha)\quad \mathfrak{f}_1^{\,2} - X_1 H^p = 0,\ \text{d. h.}\ \zeta^{2p} + 1 - (2 + X_1)\,\zeta^p = 0$$
$$\text{oder } \zeta_1^{\,2p} + \zeta_2^{\,2p} - (2 + X_1)\,\zeta_1^{\,p}\,\zeta_2^{\,p} = 0,$$

$$44\,\beta)\quad \mathfrak{f}_2^{\,2} - X_2 H^p = 0,\ \text{d. h.}\ \zeta^{2p} + 1 - (X_2 - 2)\,\zeta^p = 0$$
$$\text{oder } \zeta_1^{\,2p} + \zeta_2^{\,2p} - (X_2 - 2)\,\zeta_1^{\,p}\,\zeta_2^{\,p} = 0,$$

$$44\,\gamma)\quad \mathfrak{f}_1^{\,2} - X_3 \mathfrak{f}_2^{\,2} = 0,\ \text{d. h.}\ \zeta^{2p} + 1 - 2\,\frac{1 + X_3}{1 - X_3}\,\zeta^p = 0$$

$$\text{oder } \zeta_1^{\,2p} + \zeta_2^{\,2p} - 2\,\frac{1 + X_3}{1 - X_3}\,\zeta_1^{\,p}\,\zeta_2^{\,p} = 0,$$

so sind dieselben sämtlich in der Gleichung:

$$44)\quad \zeta_1^{\,2p} + 1 - X\zeta^p = 0 \ \text{ oder }\ \zeta_1^{\,2p} + \zeta_2^{\,2p} - X\,\zeta_1^{\,p}\,\zeta_2^{\,p} = 0$$

enthalten, wobei:

$$45\,\alpha)\qquad X = 2 + X_1 = X_2 - 2 = 2\,\frac{1 + X_3}{1 - X_3}$$

einen komplexen Parameter bedeutet.

Die Gleichung (44) hat ebenfalls die Eigenschaft, durch die Substitutionen $[42\,\zeta)$ und $42\,\eta)]$ ungeändert zu bleiben $\left(\text{wenn } p \text{ statt } n \text{ gesetzt wird, also } \varepsilon = e^{\frac{2\pi i}{p}} \text{ ist}\right)$; dieselbe stellt für jeden Wert des Parameters:

$$45\,\beta)\qquad\qquad X = \lambda + \mu i$$

$2p$ Punkte der Kugel (bez. der $\xi\eta$-Ebene) dar, welche sich als die Eckpunkte eines gleicheckigen Netzes XXV′ (§ 40), d. h. eines sägerandigen $(2 + 2p)$-flächigen $2p$-Ecks ergeben. Denn bilden wir umgekehrt die Gleichung, deren Wurzeln die $2p$ Werte für ζ sind, welche den Eckpunkten eines Netzes XXV′ entsprechen, so resultiert, da die p oberen Punkte [vergl. 3α) in § 58] durch:

$$44\,\delta) \qquad \zeta^p - tang^p\,\tfrac{1}{2}\,\varepsilon_a \cdot e^{\varkappa\pi i} = 0,$$

die p unteren Punkte [vergl. $3\alpha'$) in § 58] durch:

$$44\,\varepsilon) \qquad \zeta^p - cotg^p\,\tfrac{1}{2}\,\varepsilon_a \cdot e^{-\varkappa\pi i} = 0$$

dargestellt werden, für den Verein dieser Punkte die Gleichung:

$$44\,\zeta) \quad (\zeta^p - tang^p\,\tfrac{1}{2}\,\varepsilon_a \cdot e^{\varkappa\pi i})\,(\zeta^p - cotg^p\,\tfrac{1}{2}\,\varepsilon_a \cdot e^{-\varkappa\pi i}) = 0$$

oder:

$$44) \qquad \zeta^{2p} + 1 - X\zeta^p = 0,$$

wobei:

$$45\,\gamma) \quad X = (tang^p\,\tfrac{1}{2}\,\varepsilon_a + cotg^p\,\tfrac{1}{2}\,\varepsilon_a)\,cos\,\varkappa\pi + i\,(tang^p\,\tfrac{1}{2}\,\varepsilon_a - cotg^p\,\tfrac{1}{2}\,\varepsilon_a)\,sin\,\varkappa\pi$$

ist. Dem konjugierten Werte $\lambda - \mu i$ für X entspricht die Gruppe der $2p$ Eckpunkte des vollzähligen Netzes VIII″, welche die andere (gyroidische) Hemigonie desselben:

$$44\,\zeta') \quad (\zeta^p - tang^p\,\tfrac{1}{2}\,\varepsilon_a \cdot e^{-\varkappa\pi i})\,(\zeta^p - cotg^p\,\tfrac{1}{2}\,\varepsilon_a \cdot e^{\varkappa\pi i}) = 0$$

darstellen.

Alle $2p$ Wurzeln $\zeta = \dfrac{\zeta_1}{\zeta_2}$ der Gleichung 44) lassen sich aus einer beliebigen durch die — von X unabhängigen — linearen Substitutionen 42ζ) und 42η) (für $n = p$) ableiten. Der Wert von X 45γ) ergiebt sich daher auch einfach, wenn in die Gleichung 44) für ζ eine der $2p$ Wurzeln, z. B.

$$\zeta = tang\,\tfrac{1}{2}\varepsilon_a \cdot e^{\frac{\varkappa\pi i}{p}}$$ substituiert wird.

4. Durch die Gleichung 44) [bez. 44α) bis γ)] wird also das allgemeinste hemigonische Netz der ersten Hauptklasse dargestellt, wobei jedem Werte für $X = \lambda + \mu i$ oder jedem Wertsystem für ε_a und $\varkappa$ [Formel 45γ)] $2p$ Punkte

der Kugel, d. h. eine bestimmte Varietät eines Netzes XXV'
entsprechen. Durch die Substitution:

$$46) \qquad X = \frac{\zeta^{2p} + 1}{\zeta^p}$$

wird daher die konforme Abbildung des Gebiets der komplexen Variabeln X auf die Kugelfläche (oder die Ebene der
$\xi\eta$) vermittelt. Und zwar sind die $2p$ Dreiecke des (vollzähligen) Symmetrienetzes VIII α), für welche jene $2p$
Punkte homologe Punkte sind, das Bild der positiven,
die $2p$ (symmetrisch zu den ersteren liegenden) Dreiecke,
deren homologe Punkte das andere hemigonische Netz
bestimmen, das Bild der negativen Halbebene X.

Da die Gleichung 44) sich

$$46\,\alpha) \qquad \begin{cases} \text{für} \quad X = 2 \quad \text{auf} \ \mathfrak{f}_1{}^2 = 0, \\ \ \text{,,} \quad X = -2 \ \text{,,} \ \ \mathfrak{f}_2{}^2 = 0, \\ \ \text{,,} \quad X = \infty \ \ \text{,,} \ \ H^p = 0 \end{cases}$$

reduziert, so sind die drei Punkte $X = 2, -2, \infty$ der reellen
Axe singuläre Punkte, welchen die Eckpunkte $B_1, B_3 \ldots,$
$B_2, B_4 \ldots, A, A'$ [vergl. z. B. Fig. 6 δ)] der Grenzflächen
des Symmetrienetzes VIII α) entsprechen.

5. Durchläuft X das Intervall von 2 bis ∞ ($\varkappa = 0$,
$0^0 < \varepsilon_a < 90^0$), so nehmen die Punkte P alle Lagen auf den
Quadranten $B_1 A, B_3 A \ldots$ und $B_1 A', B_3 A' \ldots$ [vergl. z. B.
Fig. 6 δ)] ein, so dass je $2p$ zusammengehörige den Eckpunkten eines prismatischen $(2 + p)$-flächigen $2p$-Ecks VIII'
entsprechen, welche durch die Gleichung:

$$46\,\beta) \qquad \zeta^{2p} - (tang^p \tfrac{1}{2}\,\varepsilon_a + cotg^p \tfrac{1}{2}\,\varepsilon_a)\,\zeta^p + 1 = 0$$

dargestellt sind.

Durchläuft X das Intervall von $-\infty$ bis -2 ($\varkappa = 1$,
$90^0 > \varepsilon_a > 0^0$), so beschreiben die Punkte P die Quadranten
$A B_2, A B_4 \ldots$ und $A' B_2, A' B_4 \ldots$, wobei je $2p$ zusammengehörige den Eckpunkten eines Netzes VIII' entsprechen,

welches durch eine Drehung von $\dfrac{180^0}{p}$ um eine der Haupt-axen aus dem ersteren 46β) resultiert und durch die Gleichung:

$$46\gamma) \qquad \zeta^{2p} + (tang^p \tfrac{1}{2}\,\varepsilon_a + cotg^p \tfrac{1}{2}\,\varepsilon_a)\,\zeta^p + 1 = 0$$

dargestellt wird.

Wenn endlich X das Intervall von -2 durch 0 bis 2 ($0 < \varkappa < 1$, $\varepsilon_a = 90^0$) durchläuft, so beschreiben die Punkte P die Bogen $B_2 B_1$, $B_4 B_3 \ldots$ und $B_2 B_3$, $B_4 B_5 \ldots$, so dass je $2p$ zusammengehörige die Eckpunkte eines halbregulären Kreisteilungsnetzes II$'$ [19β) in § 18]:

$$46\delta) \qquad \zeta^{2p} - 2\,\zeta^p \cos \varkappa\,\pi + 1 = 0$$

bilden. Die trinomische Gleichung 46δ) stellt daher auch in der $\xi\eta$-Ebene die $2p$ Eckpunkte eines ebenen gleicheckigen $(p+p)$-kantigen $2p$-Ecks dar.

Für $X = 0$ ($\varkappa = \tfrac{1}{2}$, $\varepsilon_a = 90^0$) resultieren die zweifach zählenden Eckpunkte des regulären Kreisteilungsnetzes:

$$46\delta') \qquad\qquad \zeta^p - 1 = 0.$$

6. Wenn X die positive imaginäre Axe beschreibt ($\varkappa = \tfrac{1}{2}$, $0 < \varepsilon_a < 90^0$), so nehmen die Punkte P alle Lagen auf den Quadranten $C_1 A$, $C_3 A, \ldots$ und $C_2 A'$, $C_4 A', \ldots$ (vergl. z. B. Fig. 5δ) ein, so dass je $2p$ zusammengehörige den Eckpunkten eines kronrandigen $(2+2p)$-flächigen $2p$-Ecks XXIV$'$ entsprechen, welche durch die Gleichung:

$$46\varepsilon) \qquad \zeta^{2p} + 1 + i\,(cotg^p \tfrac{1}{2}\,\varepsilon_a - tang^p \tfrac{1}{2}\,\varepsilon_a)\,\zeta^p = 0$$

dargestellt sind.

Den Punkten der negativen imaginären Axe der X-Ebene entsprechen die Gruppen von je $2p$ Eckpunkten:

$$46\varepsilon') \qquad \zeta^{2p} + 1 - i\,(cotg^p \tfrac{1}{2}\,\varepsilon_a - tang^p \tfrac{1}{2}\,\varepsilon_a)\,\zeta^p = 0,$$

so dass der Verein von je zwei Gruppen 46ε) und 46ε') für denselben Wert von ε_a das vollzählige Netz VIII$'$:

$$46\zeta) \qquad \zeta^{4p} + (cotg^{2p} \tfrac{1}{2}\,\varepsilon_a + tang^{2p} \tfrac{1}{2}\,\varepsilon_a)\,\zeta^{2p} + 1 = 0$$

darstellt.

Die Gleichung eines vollzähligen Netzes VIII″ erhält man durch Vereinigung der beiden, den konjugierten Werten $\lambda + \mu i$ und $\lambda - \mu i$ entsprechenden Gleichungen 44ζ) und 44ζ') in der Form:

$$46\eta)\quad \zeta^{4p} - 2\lambda\,\zeta^{3p} + (\lambda^2 + \mu^2 + 2)\,\zeta^{2p} - 2\lambda\,\zeta^p + 1 = 0$$

[vergl. 45γ)].

7. Die Eckpunkte eines Netzes XVIII′, d. h. eines unterbrochen-kronrandigen $(2 + 2p_1)$-flächigen $2.2p_1$-Ecks (§ 30, 4.) werden als eine bestimmte Hemigonie eines Netzes VIII″ für $p = 2p_1$ [vergl. das Schema 16δ) auf S. 111] durch eine der beiden Gleichungen:

$$47\,\alpha)\quad \left\{ \begin{aligned} &\left(\zeta^{p_1} - tang^{p_1}\tfrac{1}{2}\,\varepsilon_a.e^{\frac{\varkappa\pi i}{2}}\right)\left(\zeta^{p_1} + tang^{p_1}\tfrac{1}{2}\,\varepsilon_a.e^{-\frac{\varkappa\pi i}{2}}\right)\\ &\times\left(\zeta^{p_1} + cotg^{p_1}\tfrac{1}{2}\,\varepsilon_a.e^{\frac{\varkappa\pi i}{2}}\right)\left(\zeta^{p_1} - cotg^{p_1}\tfrac{1}{2}\,\varepsilon_a.e^{-\frac{\varkappa\pi i}{2}}\right) = 0, \end{aligned} \right.$$

$$47\,\beta)\quad \left\{ \begin{aligned} &\left(\zeta^{p_1} + tang^{p_1}\tfrac{1}{2}\,\varepsilon_a.e^{\frac{\varkappa\pi i}{2}}\right)\left(\zeta^{p_1} - tang^{p_1}\tfrac{1}{2}\,\varepsilon_a.e^{-\frac{\varkappa\pi i}{2}}\right)\\ &\times\left(\zeta^{p_1} - cotg^{p_1}\tfrac{1}{2}\,\varepsilon_a.e^{\frac{\varkappa\pi i}{2}}\right)\left(\zeta^{p_1} + cotg^{p_1}\tfrac{1}{2}\,\varepsilon_a.e^{-\frac{\varkappa\pi i}{2}}\right) = 0 \end{aligned} \right.$$

dargestellt, welche ausgeführt die Form erhalten:

$$47\,\gamma)\quad \left\{ \begin{aligned} &\zeta^{4p_1} \pm 2i\left(cotg^{p_1}\tfrac{1}{2}\,\varepsilon_a - tang^{p_1}\tfrac{1}{2}\,\varepsilon_a\right)sin\frac{\varkappa\pi}{2}.\zeta^{3p_1}\\ &\quad + 1 \pm 2i\left(cotg^{p_1}\tfrac{1}{2}\,\varepsilon_a - tang^{p_1}\tfrac{1}{2}\,\varepsilon_{a_1}\right)sin\frac{\varkappa\pi}{2}.\zeta^{p_1}\\ &\quad - \left(cotg^{2p_1}\tfrac{1}{2}\,\varepsilon_a + tang^{2p_1}\tfrac{1}{2}\,\varepsilon_a - 4sin^2\frac{\varkappa\pi}{2}\right).\zeta^{2p_1} = 0, \end{aligned} \right.$$

wobei das obere Vorzeichen der ersten, das untere der zweiten Gleichung entspricht.

Diese Gleichungen lassen sich auch leicht auf folgende Form bringen:

$$47\,\delta)\qquad [(\zeta^{2p_1} + 1) \pm i\,\mu'\,\zeta^{p_1}]^2 - \lambda'^2\,\zeta^{2p_1} = 0,$$

wobei:

$$47\,\varepsilon)\quad\begin{cases}\lambda' = \left(cotg^{p_1}\tfrac{1}{2}\,\varepsilon_a + tang^{p_1}\tfrac{1}{2}\,\varepsilon_a\right)\cos\dfrac{\varkappa\pi}{2}\\[2ex]-\,\mu' = \left(cotg^{p_1}\tfrac{1}{2}\,\varepsilon_a - tang^{p_1}\tfrac{1}{2}\,\varepsilon_a\right)\sin\dfrac{\varkappa\pi}{2}\end{cases}$$

gesetzt ist.

Entsprechend erhält man für die beiden nach dem Schema:

$$47\,\zeta)\quad\begin{cases}1\ .\ \ .\ 4\ 5\ .\ \ .\ 8\ 9\ .\ \ \ .\\ .\ (2)\,(3)\ .\ \ .\ (6)\,(7)\ .\ \ .\ (10)\,(11)\end{cases}$$

gebildeten Hemigonieen des vollzähligen Netzes VIII″ die beiden Gleichungen:

$$47\,\eta)\quad\begin{cases}\left(\zeta^{p_1}\mp tang^{p_1}\tfrac{1}{2}\,\varepsilon_a.e^{\frac{\varkappa\pi i}{2}}\right)\left(\zeta^{p_1}\mp tang^{p_1}\tfrac{1}{2}\,\varepsilon_a.e^{-\frac{\varkappa\pi i}{2}}\right)\\[2ex]\times\left(\zeta^{p_1}\pm cotg^{p_1}\tfrac{1}{2}\,\varepsilon_a.e^{-\frac{\varkappa\pi i}{2}}\right)\left(\zeta^{p_1}\pm cotg^{p_1}\tfrac{1}{2}\,\varepsilon_a.e^{\frac{\varkappa\pi i}{2}}\right)=0\end{cases}$$

oder:

$$47\,\vartheta)\quad\begin{cases}\zeta^{4p_1}\pm 2\left(cotg^{p_1}\tfrac{1}{2}\,\varepsilon_a - tang^{p_1}\tfrac{1}{2}\,\varepsilon_a\right)\cos\dfrac{\varkappa\pi}{2}\cdot\zeta^{3p_1}\\[2ex]+\,1\mp 2\left(cotg^{p_1}\tfrac{1}{2}\,\varepsilon_a - tang^{p_1}\tfrac{1}{2}\,\varepsilon_a\right)\cos\dfrac{\varkappa\pi}{2}\cdot\zeta^{p_1}\\[2ex]+\left(cotg^{2p_1}\tfrac{1}{2}\,\varepsilon_a + tang^{2p_1}\tfrac{1}{2}\,\varepsilon_a - 4\cos^2\dfrac{\varkappa\pi}{2}\right)\zeta^{2p_1}=0,\end{cases}$$

welche sich auch auf die Form bringen lassen:

$$47\,\iota)\qquad\left[(\zeta^{2p_1}-1)\pm\lambda''\,\zeta^{p_1}\right]^2 + \mu''^2\,\zeta^{2p_1}=0,$$

wenn:

$$47\,\varkappa)\quad\begin{cases}\lambda'' = \left(cotg^{p_1}\tfrac{1}{2}\,\varepsilon_a - tang^{p_1}\tfrac{1}{2}\,\varepsilon_a\right)\cos\dfrac{\varkappa\pi}{2}\,,\\[2ex]\mu'' = \left(cotg^{p_1}\tfrac{1}{2}\,\varepsilon_a + tang^{p_1}\tfrac{1}{2}\,\varepsilon_a\right)\sin\dfrac{\varkappa\pi}{2}\end{cases}$$

gesetzt wird.

8. Endlich seien mit Rücksicht auf die häufige Anwendung auch noch die Gleichungen für die Eckpunkte eines rhombischen Sphenoidnetzes XVII und eines tetragonalen Sphenoidnetzes XIV aufgeführt, welche sich einfach bez. aus 44) und 46 ε) für $p=2$ in der Form ergeben:

$$48\,\alpha)\quad \zeta^4 + 1 - \frac{2}{\sin^2 \varepsilon_a}\left[(1 + \cos^2 \varepsilon_a)\cos \varkappa \pi \mp 2\,i\cos \varepsilon_a \sin \varkappa \pi\right]\zeta^2 = 0,$$

$$48\,\beta)\qquad \zeta^4 + 1 \pm 4\,i\,\frac{\cos \varepsilon_a}{\sin^2 \varepsilon_a}\,\zeta^2 = 0 \quad \left(\text{für } \varkappa = \tfrac{1}{2}\right);$$

für $\varepsilon_a = \eta$ resultieren die Gleichungen für die Eckpunkte der beiden konjugierten regulären Tetraeder (vergl. 7. in § 9):

$$48\,\gamma)\qquad\qquad \zeta^4 + 1 \pm 2\,i\,\sqrt{3}\,\zeta^2 = 0.$$

§ 83. Darstellung der regulären und der gleich-eckigen Netze der Hexakisoktaedergruppe.

1. Die Eckpunkte A eines regulären Oktaeder-netzes IV werden, wenn die XY-Ebene des früher (§ 63, 1.) benutzten Koordinatensystems, nämlich die Ebene des Haupt-kreises a_3 als $\xi\eta$-Ebene der Abbildung, der Punkt A'_1 als Projektionspunkt gewählt wird, durch die Wurzeln der Gleichung:

$$49\,\alpha)\quad f_0 \equiv \zeta(\zeta^4 - 1) = 0 \quad \text{oder} \quad \zeta_1\,\zeta_2\,(\zeta_1^4 - \zeta_2^4) = 0$$

dargestellt.

Als Hessesche Determinante der binären Form f_0 er-giebt sich, abgesehen von dem konstanten Faktor -25:

$$49\,\beta)\qquad\qquad H_0 = \zeta_1^8 + 14\,\zeta_1^4\,\zeta_2^4 + \zeta_2^8;$$

die Gleichung:

$$49\,\gamma)\qquad\qquad\qquad H_0 = 0$$

oder in nicht homogener Form:

$$49\,\gamma')\qquad\qquad \zeta^8 - 14\,\zeta^4 + 1 = 0$$

stellt die Eckpunkte C des regulären (dem Netze IV kon-jugierten) Hexaedernetzes VI dar. Denn die vier oberen und die vier unteren Punkte (oder deren Projektionen auf die $\xi\eta$-Ebene) des Netzes VI werden bez. durch die Glei-chungen:

$$\zeta^4 + \mathit{tang}^4 \tfrac{1}{2}\,\eta = 0 \quad \text{und} \quad \zeta^4 + \mathit{cotg}^4 \tfrac{1}{2}\,\eta = 0$$

repräsentiert, deren Verein die Gleichung $49\,\gamma')$ ergiebt.

Als Jacobische Determinante der beiden Formen f_0 und H_0 ergiebt sich, abgesehen von dem konstanten Faktor -8:

$$49\,\delta)\qquad J_0 = \zeta_1{}^{12} - 33\,\zeta_1{}^8\,\zeta_2{}^4 - 33\,\zeta_1{}^4\,\zeta_2{}^8 + \zeta_2{}^{12};$$

die Gleichung:

$$49\,\varepsilon)\qquad\qquad J_0 = 0$$

oder in nicht homogener Form:

$$49\,\varepsilon')\qquad\qquad \zeta^{12} - 33\,\zeta^8 - 33\,\zeta^4 + 1 = 0$$

stellt die Eckpunkte B des festen gleicheckigen Netzes dieser Gruppe, nämlich des Kubooktaedernetzes XIX$'$ dar. Denn die drei Gruppen von je vier Punkten B (oder deren Projektionen auf die $\xi\eta$-Ebene) sind durch die Gleichungen:

$$\zeta^4 - tang^4\, 22\tfrac{1}{2}{}^0 = 0,\quad \zeta^4 + 1 = 0,\quad \zeta^4 - cotg^4\, 22\tfrac{1}{2}{}^0 = 0$$

repräsentiert, deren Verein die Gleichung $49\,\varepsilon')$ liefert.[1]

2. Die drei Gleichungen:

$$f_0 = 0,\quad H_0 = 0,\quad J_0 = 0$$

haben nun die Eigenschaft, durch die 24 Substitutionen ungeändert zu bleiben, welche den 24 Drehungen (§ 11, 4.) entsprechen, durch die ein reguläres Oktaeder- oder Hexaedernetz mit sich selbst zur Deckung gebracht wird. Diese 24 Substitutionen lassen sich in folgender Weise darstellen[2]:

$$50\,\alpha)\quad \left\{ \begin{array}{c} i^\varrho\,\zeta,\ \dfrac{i^\varrho}{\zeta},\ i^\varrho\dfrac{1+\zeta}{1-\zeta},\ i^\varrho\dfrac{1-\zeta}{1+\zeta},\ i^\varrho\dfrac{i+\zeta}{i-\zeta},\ i^\varrho\dfrac{i-\zeta}{i+\zeta}, \\[2mm] \varrho = 0,1,2,3; \end{array} \right.$$

dieselben zerfallen, abgesehen von der Identität $\xi = \zeta$, in neun Substitutionen von der Periode vier (der Drehung um die vierzähligen Axen entsprechend), in acht Substitutionen von der Periode drei (der Drehung um die dreizähligen) und in sechs Substitutionen von der Periode zwei (der Drehung um die zweizähligen Axen entsprechend).

---

1) Vergl. z. B. Puchta, Das Oktaeder etc. Denkschriften der Wiener Akademie 1879 S. 58 flg.

2) Vergl. Gordan, Mathem. Ann. XII, S. 41, 42 und Puchta l. c.

Die Substitutionen $50\alpha)$ ordnen sich hiernach in folgender Weise an:

1. Identität:

$$50\beta) \qquad \xi = \xi;$$

2. Substitutionen von der Periode 4:

$$50\gamma) \quad \begin{cases} S_{(A_1)} \ldots & i\xi, & -\xi, & -i\xi, \\[2mm] S_{(A_2)} \ldots & i\dfrac{i+\xi}{i-\xi}, & \dfrac{1}{\xi}, & -i\dfrac{i-\xi}{i+\xi}, \\[2mm] S_{(A_3)} \ldots & -\dfrac{1-\xi}{1+\xi}, & -\dfrac{1}{\xi}, & \dfrac{1+\xi}{1-\xi}; \end{cases}$$

3. Substitutionen von der Periode 3:

$$50\delta) \quad \begin{cases} S_{(C_1)} \ldots & i\dfrac{1-\xi}{1+\xi}, & \dfrac{i-\xi}{i+\xi}, \\[2mm] S_{(C_2)} \ldots & -i\dfrac{1-\xi}{1+\xi}, & \dfrac{i+\xi}{i-\xi}, \\[2mm] S_{(C_3)} \ldots & i\dfrac{1+\xi}{1-\xi}, & -\dfrac{i-\xi}{i+\xi}, \\[2mm] S_{(C_4)} \ldots & -i\dfrac{1+\xi}{1-\xi}, & -\dfrac{i+\xi}{i-\xi}; \end{cases}$$

4. Substitutionen von der Periode 2:

$$50\varepsilon) \quad \begin{cases} S_{(B_1)} \ldots \dfrac{1-\xi}{1+\xi}, & S_{(B_5)} \ldots -\dfrac{1+\xi}{1-\xi}, \\[2mm] S_{(B_2)} \ldots i\dfrac{i-\xi}{i+\xi}, & S_{(B_4)} \ldots -i\dfrac{i+\xi}{i-\xi}, \\[2mm] S_{(B_3)} \ldots \dfrac{i}{\xi}, & S_{(B_6)} \ldots -\dfrac{i}{\xi}. \end{cases}$$

Dabei bedeutet $S_{(A_1)}$ die Substitution, welche einer Drehung von 90^0, $2 \cdot 90^0$ u. s. f. um die vierzählige Axe OA_1 entspricht u. s. w. (vergl. Fig. 3).

Durch die 24 Substitutionen $50\alpha)$ wird also f_0 (Oktaeder), H_0 (Hexaeder), J_0 (Kubooktaeder) bez. vierfach, dreifach, zweifach aus einer der Wurzeln der Gleichungen $f_0 = 0$, $H_0 = 0$, $J_0 = 0$ (aus einem seiner Eckpunkte) erzeugt.

3. Bilden wir nun aus je zweien der drei Gleichungen:

$$f_0 = 0, \quad H_0 = 0, \quad J_0 = 0$$

die Gleichungen:

$$51\,\alpha) \qquad H_0{}^3 - X_1\, f_0{}^4 = 0,$$

$$51\,\beta) \qquad f_0'{}^4 - X_2\, J_0{}^2 = 0,$$

$$51\,\gamma) \qquad H_0{}^3 - X_3\, J_0{}^2 = 0,$$

wo X_1, X_2, X_3 je einen komplexen Parameter bedeutet, so hat jede dieser Gleichungen ebenfalls die Eigenschaft, durch die 24 Substitutionen $50\,\alpha)$ ungeändert zu bleiben und einen Komplex von solchen 24 Punkten der Kugel (oder der $\xi\eta$-Ebene) darzustellen, der die Eigenschaft hat, dass sich aus einer der Wurzeln (einem der Punkte) alle übrigen durch Anwendung jener Substitutionen ergeben.

Es genügt daher, eine dieser drei Gleichungen 51), z. B. die erste:

$$51\,\alpha) \qquad H_0{}^3 - X_1 f_0{}^4 = 0$$

zu betrachten, welche ebenso, wie die beiden anderen, für jeden Wert des Parameters, die 24 Eckpunkte des allgemeinsten gleicheckigen hemigonischen Netzes dieser Gruppe, nämlich eines $(6 + 8 + 24)$-flächigen 24-Ecks XXVI' (§ 42) darstellt. Der Nachweis hierfür ergiebt sich einfach durch direkte Bildung der Gleichung, deren Wurzeln die Eckpunkte eines Netzes XXVI' darstellen, und Vergleichung derselben mit der Gleichung $51\,\alpha)$.

Dem Werte $X_1 = 0$ entsprechen die (dreifach zählenden) Eckpunkte C des Hexaeders, dem Werte $X_1 = \infty$ die (vierfach zählenden) Eckpunkte A des Oktaeders, während, wie sich leicht durch direkte Vergleichung mit $49\,\varepsilon')$ ergiebt, für $X_1 = 108$ der linke Teil der Gleichung $51\,\alpha)$ in $J_0{}^2$ übergeht. Wir wollen daher zur Vereinfachung:

$$51\,\delta) \qquad X_1 = 108\,X$$

setzen, so dass die zu betrachtende Gleichung die Form:

$$51\,\alpha') \qquad H_0{}^3 - 108\,X \cdot f_0{}^4 = 0$$

erhält und somit die einfache Relation stattfindet[1]):

---

1) Vergl. Puchta l. c. S. 61; F. Klein, Mathem. Ann. IX S. 197; Clebsch, Theorie d. binären Formen S. 450; Schwarz, Borch. Journ. Bd. 75 S. 292 flg. Art. VI.

$$51\,\varepsilon) \qquad\qquad H_0^{\,3} - 108 f_0^{\,4} = J_0^{\,2};$$

mit Hilfe dieser Relation lassen sich auch leicht die Parameter X_2 und X_3 in $51\,\beta)$ und $51\,\gamma)$ durch X ausdrücken. Dem Werte $X = 1$ in $51\,\alpha')$ entsprechen also die (zweifach zählenden) Eckpunkte B des Kubooktaedernetzes XIX'.

4. Die Substitution

$$51\,\zeta) \qquad\qquad X = \frac{H_0^{\,3}}{108\,f_0^{\,4}}$$

vermittelt die konforme Abbildung des Gebiets der komplexen Variabeln $X = \lambda + \mu i$ auf die Kugelfläche (oder die $\xi\eta$-Ebene), und zwar sind die 24 Dreiecke des vollzähligen Symmetrienetzes, nämlich des Hexakisoktaedernetzes XV, für welche die 24 einem Wert des $X = \lambda + \mu i$ bei positivem μ entsprechenden Punkte homologe Punkte sind, das Bild der positiven Halbebene, die 24 symmetrisch zu den ersteren liegenden Dreiecke, für welche die dem konjugierten Werte $X = \lambda - \mu i$ entsprechenden 24 Punkte homologe Punkte sind, das Bild der negativen Halbebene X.

Die drei Punkte $X = \infty$, 0, 1, welchen bez. die Eckpunkte $A,\,C,\,B$ des Hexakisoktaedernetzes entsprechen, sind singuläre Punkte, da die Winkel des Dreiecks in der X-Ebene sämtlich 180^0, auf der Kugel dagegen 45^0, 60^0 und 90^0 betragen.

Wenn X das Intervall von 1 bis ∞ durchläuft, so nehmen die Punkte P alle Lagen auf den Hauptkreisbogen $B_1 A_1 \ldots$ ein, so dass je 24 zusammengehörige den Eckpunkten eines Netzes X', eines $(6+8)$-flächigen 6.4-Ecks entsprechen. Der Zusammenhang des Parameters λ mit der Variabeln ε_a, welche die Varietät eines solchen Netzes bedingt, ergiebt sich entweder aus:

$$51\,\alpha'') \qquad\qquad 108\,\lambda = \frac{H_0^{\,3}}{f_0^{\,4}},$$

wenn rechts für ζ einer der 24 Werte, also z. B. $\zeta = tang\,\tfrac{1}{2}\,\varepsilon_a$ gesetzt wird, d. h. aus:

$$51\,\eta) \qquad 108\,\lambda = \frac{(tang^8\,\tfrac{1}{2}\,\varepsilon_a + 14\,tang^4\,\tfrac{1}{2}\,\varepsilon_a + 1)^3}{tang^4\,\tfrac{1}{2}\,\varepsilon_a\,(tang^4\,\tfrac{1}{2}\,\varepsilon_a - 1)^4};$$

oder dadurch, dass man aus den 24 Werten für ζ die Gleichung bildet, deren Wurzeln diese sind, nämlich die Gleichung:

$$51\,\vartheta) \quad \begin{cases} [\zeta^8 - (tang^4\,\tfrac{1}{2}\,\varepsilon_a + cotg^4\,\tfrac{1}{2}\,\varepsilon_a)\,\zeta^4 + 1] \\ \times\, [\zeta^8 - [tang^4(45^0 - \tfrac{1}{2}\,\varepsilon_a) + cotg^4(45^0 - \tfrac{11}{2}\,\varepsilon_a)]\,\zeta^4 + 1] \\ \times\, [\zeta^8 - 2\,\zeta^4\,cos\,4\,\varepsilon_a + 1] = 0 \end{cases}$$

und deren Koeffizienten mit den entsprechenden der Gleichung $H_0{}^3 - 108\,\lambda\,f_0{}^4 = 0$ vergleicht.

Auf beide Arten erhält man leicht die Beziehung:

$$51\,\iota) \quad 108\,\lambda = \frac{16\,(1 - cos^2\,\varepsilon_a + cos^4\,\varepsilon_a)^3}{sin^4\,\varepsilon_a\,cos^4\,\varepsilon_a} = \frac{(7 + cos\,4\,\varepsilon_a)^3}{2\,sin^4\,2\,\varepsilon_a}.$$

Durchläuft X das Intervall von $-\infty$ bis 0 oder von 0 bis 1, so beschreiben die Punkte P bez. die Kanten $A_1\,C_1,\ldots$ oder $C_1\,B_1,\ldots$ der Dreiecke des Hexakisoktaedernetzes. Je 24 zusammengehörige Punkte entsprechen also den Eckpunkten eines Netzes XXI′ eines $(6 + 8 + 12)$-flächigen 24-Ecks oder eines Netzes XII′ eines $(8 + 6)$-flächigen 8.3-Ecks. Für beide Netze erhält man mit Benutzung der oben angegebenen Methoden die Werte:

für das Netz XXI′ (vergl. § 65, 4.) $[\vartheta_a = 45^0]$:

$$51\,\varkappa) \quad \begin{cases} 108\,\lambda = \dfrac{4\,(3 - cos^2\,\varepsilon_a)^3\,(1 - 3\,cos^2\,\varepsilon_a)^3}{sin^4\,\varepsilon_a\,(1 + cos^2\,\varepsilon_a)^4} \\[2ex] = \dfrac{4^3\,(1 + cos^2\,\varepsilon_{a_2})^3\,(3\,cos^2\,\varepsilon_{a_2} - 1)^3}{sin^4\,2\,\varepsilon_{a_2}\,sin^4\,\varepsilon_{a_2}}, \end{cases}$$

für das Netz XII′ (vergl. § 65, 3.) $[cotg\,\varepsilon_a = cos\,\vartheta_a]$:

$$51\,\lambda) \quad 108\,\lambda = -\,\frac{4^3\,(1 + cos^2\,\varepsilon_a)^3\,(1 - 3\,cos^2\,\varepsilon_a)^3}{sin^4\,2\,\varepsilon_a\,sin^4\,\varepsilon_a} = -\,\frac{4\,(1 - 4\,cos^4\,\vartheta_a)^3}{cos^4\,\vartheta_a}.$$

In die Formeln $51\,\iota)$, $51\,\varkappa)$, $51\,\lambda)$ lassen sich auch leicht [vergl. § 66, Formeln 17)] die Ableitungskoeffizienten t, s einführen.

5. Im allgemeinen Falle, in welchem X irgend einen komplexen Wert $\lambda + \mu i$ hat, erhält man die Abhängigkeit des λ und μ von den beiden Variabeln (z. B. ε_a und ϑ_a), welche die Lage des Punktes P_1 und damit die Varietät des

entsprechenden Netzes XXVI′ bedingen, entweder indem man in 51α′) für ζ einen der 24 Werte, z. B. den Wert $\zeta = tang\,\tfrac{1}{2}\,\varepsilon_a \cdot e^{i\,\vartheta_a}$ einsetzt und somit λ und μ aus der Gleichung:

$$52)\quad \left\{\ \begin{aligned} &X\\ &=\lambda+\mu\,i \end{aligned}\ =\ \frac{\left(tang^8\,\tfrac{1}{2}\,\varepsilon_a \cdot e^{8\,i\,\vartheta_a} + 14\,tang^4\,\tfrac{1}{2}\,\varepsilon_a \cdot e^{4\,i\,\vartheta_a} + 1\right)^3}{108 \cdot tang^4\,\tfrac{1}{2}\,\varepsilon_a \cdot e^{4\,i\,\vartheta_a}\left(tang^4\,\tfrac{1}{2}\,\varepsilon_a \cdot e^{4\,i\,\vartheta_a} - 1\right)^4}\right.$$

durch Sonderung des reellen und imaginären Bestandteils bestimmt.

Oder man kann aus den 24 Werten für ζ die Gleichung bilden, welche dieselben zu Wurzeln hat und deren Koeffizienten mit den entsprechenden der Gleichung 51α′) vergleichen. Jene Gleichung lässt sich entsprechend der Gruppierung der 24 Eckpunkte (vergl. § 51, 1.) als Eckpunkte von drei kongruenten Netzen XXV′ ($p=4$) mit den Hauptaxen OA in folgender Form schreiben:

$$52\,\alpha)\quad \left\{\ \begin{aligned} &\left(\zeta^4 - tang^4\,\tfrac{1}{2}\,\varepsilon_{a_1} \cdot e^{\pm\,4\,i\,\vartheta_{a_1}}\right)\left(\zeta^4 - cotg^4\,\tfrac{1}{2}\,\varepsilon_{a_1} \cdot e^{\mp\,4\,i\,\vartheta_{a_1}}\right)\\ &\times\left(\zeta^4 - tang^4\,\tfrac{1}{2}\,\varepsilon_{a_2} \cdot e^{\pm\,4\,i\,\vartheta_{a_2}}\right)\left(\zeta^4 - cotg^4\,\tfrac{1}{2}\,\varepsilon_{a_2} \cdot e^{\mp\,4\,i\,\vartheta_{a_2}}\right)\\ &\times\left(\zeta^4 - tang^4\,\tfrac{1}{2}\,\varepsilon_{a_3} \cdot e^{\pm\,4\,i\,\vartheta_{a_3}}\right)\left(\zeta^4 - cotg^4\,\tfrac{1}{2}\,\varepsilon_{a_3} \cdot e^{\mp\,4\,i\,\vartheta_{a_3}}\right) = 0. \end{aligned}\right.$$

Hierbei entspricht dem oberen Vorzeichen die eine Gruppe, dem unteren die andere Gruppe von je 24 Eckpunkten, deren Verein das vollzählige Netz XV′ bildet. Die Winkel $\varepsilon_{a_2},\ \varepsilon_{a_3};\ \vartheta_{a_2},\ \vartheta_{a_3}$ haben die früher (vergl. § 29, 5.) festgesetzte Bedeutung, wobei:

$$52\,\beta)\quad \left\{\ \begin{aligned} &tang\,\vartheta_{a_1} \cdot tang\,\vartheta_{a_2} \cdot tang\,\vartheta_{a_3} = \frac{cos\,\varepsilon_{a_3}}{cos\,\varepsilon_{a_2}} \cdot \frac{cos\,\varepsilon_{a_1}}{cos\,\varepsilon_{a_3}} \cdot \frac{cos\,\varepsilon_{a_2}}{cos\,\varepsilon_{a_1}} = 1,\\[4pt] &cos^2\,\varepsilon_{a_1} + cos^2\,\varepsilon_{a_2} + cos^2\,\varepsilon_{a_3} = 1 \end{aligned}\right.$$

ist.

Durch Vergleichung der entwickelten linken Teile der Gleichungen 51α′) und 52α) erhält man wesentlich drei Relationen zwischen λ und μ einerseits und ε_{a_k} und ϑ_{a_k} ($k=1,2,3$) andererseits. Die erste dieser Relationen, welche mit den beiden anderen zufolge der Beziehungen 52β) identisch ist, lautet:

$$52\,\gamma)\quad \left\{\ \begin{aligned} &108\,\lambda = 42 + \sum_{1}^{3}\left(cotg^4\,\tfrac{1}{2}\,\varepsilon_{a_k} + tang^4\,\tfrac{1}{2}\,\varepsilon_{a_k}\right) cos\,4\,\vartheta_{a_k};\\[6pt] &108\,\mu = \sum_{1}^{3}\left(cotg^4\,\tfrac{1}{2}\,\varepsilon_{a_k} - tang^4\,\tfrac{1}{2}\,\varepsilon_{a_k}\right) sin\,4\,\vartheta_{a_k}; \end{aligned}\right.$$

die rechten Teile lassen sich z. B. durch ε_a und ϑ_a ausdrücken und so die Übereinstimmung mit 52) nachweisen. Die vollständig entwickelten Ausdrücke sind zwar etwas kompliziert, zeigen aber doch ein sehr einfaches Bildungsgesetz, auf welches hier nicht eingegangen werden soll.

Durch Substitution spezieller Werte für ε_a, ϑ_a, welchen besondere gleicheckige Netze dieser Gruppe entsprechen, lässt sich die Richtigkeit der allgemeinen Formeln leicht kontrollieren. Für das vollzählige Netz XV$'$ erhält man durch Multiplikation der beiden Gleichungen:

$$H_0{}^3 - 108\,(\lambda + \mu i)\,f_0{}^4 = 0 \quad \text{und} \quad H_0{}^3 - 108\,(\lambda - \mu i)\,f_0{}^4 = 0$$

die Gleichung:

$$52\,\delta) \qquad H_0{}^6 - 216\,\lambda\,H_0{}^3\,f_0{}^4 + 108^2\,(\lambda^2 + \mu^2)\,f_0{}^8 = 0,$$

welche mit der durch Multiplikation der beiden Gleichungen $52\,\alpha)$ entstehenden identisch sein muss.

6. Was die beiden gegenpunktig-hemigonischen Netze der zweiten Gruppe dieser ersten Ordnung, nämlich die Netze XXIII$'$ (§ 38) und XXIX$'$ (§ 45) anlangt, so ergeben sich für deren Eckpunkte analytische Ausdrücke aus den Gleichungen der entsprechenden vollzähligen Netze XV$'$ und X$'$. Da aber (vergl. § 52, 1.) die Axen dieser Netze mit denjenigen eines Hexakistetraedernetzes $X\,\alpha)$ übereinstimmen, die linken Teile der Gleichungen dieser Netze sich also nicht linear aus den bestimmten Potenzen von f_0, H_0 und J_0 zusammensetzen lassen, so soll die Darstellung dieser Eckpunkte im nächsten Paragraphen mit derjenigen der Netze der Hexakistetraedergruppe, welche selbst in einfachen Beziehungen zu der Hexakisoktaedergruppe steht, behandelt werden.

§ 84. Darstellung der regulären und der gleicheckigen Netze der Hexakistetraeder - und der Diakisdodekaedergruppe.

1. Die Eckpunkte der beiden konjugierten regulären Tetraeder $C_1\,C_4\,C'_2\,C'_3$ und $C_2\,C_3\,C'_1\,C'_4$ [Fig. $2\alpha)$, $2\beta)$]

werden [vergl. auch 48γ) in § 82] durch die beiden Gleichungen:

53α) $T_1 \equiv \zeta^4 + 2i\sqrt{3}\,\zeta^2 + 1 = 0$ oder $\zeta_1^4 + 2i\sqrt{3}\,\zeta_1^2\zeta_2^2 + \zeta_2^4 = 0,$

53β) $T_2 \equiv \zeta^4 - 2i\sqrt{3}\,\zeta^2 + 1 = 0$ oder $\zeta_1^4 - 2i\sqrt{3}\,\zeta_1^2\zeta_2^2 + \zeta_2^4 = 0$

dargestellt, wobei:

53γ) $$T_1 . T_2 = H_0$$
ist.

Von den beiden binären Formen T_1, T_2 stellt die eine die Hessesche Determinante der anderen dar; als Jacobische Determinante beider erhält man (abgesehen von dem konstanten Faktor $-32i\sqrt{3}$):
$$f_0 = \zeta_1\zeta_2(\zeta_1^4 - \zeta_2^4),$$
also den linken Teil der Oktaedergleichung.

Ausserdem mögen noch folgende, leicht abzuleitende Relationen erwähnt werden:

53δ) $T_1^3 + T_2^3 = 2J_0,$

53ε) $T_1^3 - T_2^3 = -12i\sqrt{3}\,f_0^2,$

53ζ) $T_1^6 + T_2^6 = 4J_0^2 - 2H_0^3 = -432f_0^4 + 2H_0^3,$

53η) $T_1^6 - T_2^6 = -24i\sqrt{3}\,f_0^2 . J_0.$

2. Die zwölf Substitutionen, durch welche die beiden Gleichungen $T_1 = 0$ und $T_2 = 0$ ungeändert bleiben und denen die zwölf Drehungen entsprechen, welche ein Tetraedernetz mit sich selbst zur Deckung bringen, sind ausser der Identität:
$$\zeta = \zeta$$
die acht Substitutionen [50δ) § 83] der Oktaedergruppe von der Periode 3, welchen Drehungen um die dreizähligen Axen OC entsprechen, und die drei Substitutionen:

53ϑ) $$\zeta = -\zeta, \quad \frac{1}{\zeta}, \quad -\frac{1}{\zeta}$$

von der Periode 2 [vergl. 50γ)], welchen Drehungen von 180^0 um die zweizähligen Axen OA entsprechen. Die gesamten Substitutionen der Tetraedergruppe sind also in den folgenden[1]):

---

1) Vergl. Gordan, Math. Ann. XII, S. 41.

$$53\iota)\quad \pm\xi,\ \pm\frac{1}{\xi},\ \pm i\frac{1+\xi}{1-\xi},\ \pm i\frac{1-\xi}{1+\xi},\ \pm\frac{i+\xi}{i-\xi},\ \pm\frac{i-\xi}{i+\xi}$$

enthalten; dieselben erzeugen ein reguläres Tetraeder dreifach aus einem seiner Eckpunkte.

3. Nach Analogie der in den beiden vorhergehenden Paragraphen angestellten Betrachtungen ergiebt sich nun, dass eine Gleichung von der Form:

$$54\alpha)\qquad X_1 . T_1{}^3 + X_2 . T_2{}^3 = 0,$$

wo:

$$54\beta)'\qquad X_1 = \varrho_1 + \sigma_1 i,\ \ X_2 = \varrho_2 + \sigma_2 i$$

ist, ebenfalls durch die zwölf Substitutionen $53\iota)$ ungeändert bleibt und einen solchen Komplex von zwölf Punkten der Kugelfläche (oder der $\xi\eta$-Ebene) darstellt, welcher die Eigenschaft hat, dass aus einer der zwölf Wurzeln der Gleichung (aus einem Punkte) die übrigen sich durch Anwendung jener Substitution ergeben.

Die Gleichung $54\alpha)$ repräsentiert, wenn die Werte für ϱ_1, σ_1, ϱ_2, σ_2 geeignet bestimmt werden, das **allgemeinste hemigonische Netz** der Tetraedergruppe, nämlich das gleicheckige $(\overline{4+4}+6)$-flächige Zwölfeck XXVIII$'$ (§ 44). Bilden wir direkt die Gleichung, deren Wurzeln die zwölf Eckpunkte eines solchen Netzes, nämlich die Punkte:

$$54\gamma)\quad P_1, P_5, P'_4, P'_8;\ P_{10}, P_{14}, P'_{11}, P'_{15};\ P_{17}, P_{21}, P'_{20}, P'_{24}$$

[Fig. 13$\alpha)$ und 26$\beta)$] sind, so erhält dieselbe, bei Anwendung der Winkel ε_{a_k}, ϑ_{a_k} $(k = 1, 2, 3)$ (vergl. § 83, 5.) die Form:

$$54\delta)\quad \prod_1^3 (\xi^2 - tang^2\tfrac{1}{2}\,\varepsilon_{a_k} . e^{2i\vartheta_{a_k}})(\xi^2 - cotg^2\tfrac{1}{2}\,\varepsilon_{a_k} . e^{-2i\vartheta_{a_k}}) = 0$$

oder:

$$54\delta')\quad \prod_1^3 \left\{ \begin{array}{l} \xi^4 - \xi^2\,[(tang^2\tfrac{1}{2}\,\varepsilon_{a_k} + cotg^2\tfrac{1}{2}\,\varepsilon_{a_k})\cos 2\vartheta_{a_k} \\ \qquad + i\,(tang^2\tfrac{1}{2}\,\varepsilon_{a_k} - cotg^2\tfrac{1}{2}\,\varepsilon_{a_k})\sin 2\vartheta_{a_k}] + 1 \end{array} \right\} = 0.$$

Die Vergleichung des linken Teils dieser Gleichung mit demjenigen von $54\alpha)$ ergiebt zunächst:

$$54\varepsilon)\qquad \begin{cases} \varrho_2 = 1 - \varrho_1 \\ \sigma_2 = -\,\sigma_1, \end{cases}$$

so dass die Gleichung $54\alpha)$ in der einfachen Form:

$54\zeta)$ $\qquad (\varrho_1 + \sigma_1 i)\, T_1{}^3 + (1 - \varrho_1 - \sigma_1 i)\, T_2{}^3 = 0$

angenommen werden kann, für welche auch zufolge $53\varepsilon)$ sich schreiben lässt:

$54\zeta')$ $\qquad T_2{}^3 - (\varrho_1 + \sigma_1 i)\, 12\, i\, \sqrt{3}\, f_0{}^2 = 0.$

Man erhält weiterhin durch Vergleichung der entsprechenden Koeffizienten in den linken Teilen der Gleichungen $54\delta)$ und $54\zeta)$ drei Relationen, von welchen die erste ergiebt:

$54\eta)$
$$\begin{cases} 12\,\sigma_1\,\sqrt{3} = \sum_1^3 {}' \left(cotg^2\tfrac{1}{2}\,\varepsilon_{a_k} + tang^2\tfrac{1}{2}\,\varepsilon_{a_k} \right) cos\, 2\,\vartheta_{a_k}, \\[2em] 6\,(2\,\varrho_1 - 1)\,\sqrt{3} = \sum_1^3 {}' \left(cotg^2\tfrac{1}{2}\,\varepsilon_{a_k} - tang^2\tfrac{1}{2}\,\varepsilon_{a_k} \right) sin\, 2\,\vartheta_{a_k}. \end{cases}$$

Dass durch diese Werte auch die beiden anderen Relationen befriedigt werden, wird man leicht mit Benutzung von $52\beta)$ in § 83 bestätigen.

Andererseits lassen sich ϱ_1 und σ_1 dadurch als Funktionen von ε_a und ϑ_a bestimmen, dass man in $54\zeta)$ oder $54\zeta')$ einen der zwölf Werte für ζ, z. B. $\zeta = tang\tfrac{1}{2}\,\varepsilon_a \cdot e^{i\,\vartheta_a}$ einsetzt, wodurch man die Beziehung:

$54\vartheta)$
$$\begin{cases} \varrho_1 + \sigma_1\, i = -\dfrac{T_2{}^3}{T_1{}^3 - T_2{}^3} = \dfrac{T_2{}^3}{12\,i\,\sqrt{3}\,f_0{}^2} \\[1.5em] \qquad = \dfrac{\left(tang^4\tfrac{1}{2}\,\varepsilon_a \cdot e^{4\,i\,\vartheta_a} - 2\,i\,\sqrt{3}\,tang^2\tfrac{1}{2}\,\varepsilon_a \cdot e^{2\,i\,\vartheta_a} + 1\right)^3}{12\,i\,\sqrt{3}\,tang^2\tfrac{1}{2}\,\varepsilon_a \cdot e^{2\,i\,\vartheta_a}\left(tang^4\tfrac{1}{2}\,\varepsilon_a \cdot e^{4\,i\,\vartheta_a} - 1\right)^2} \end{cases}$$

erhält.

4. Durch die Substitution:

$54\iota)$
$$\begin{cases} \dfrac{Y}{= \varrho_1 + \sigma_1 i} = \dfrac{T_2{}^3}{T_2{}^3 - T_1{}^3} = \dfrac{T_2{}^3}{12\,i\,\sqrt{3}\,f_0{}^2} \end{cases}$$

wird die konforme Abbildung des Gebietes der komplexen Variabeln $Y = \varrho_1 + \sigma_1 i$ auf die Kugelfläche (oder die $\xi\eta$-Ebene) vermittelt. Da dem Werte $Y = 0$, $(\sigma_1 = \varrho_1 = 0)$, die (dreifach zählenden) Eckpunkte C_2, C_3, C'_1, C'_4 des Tetraeders T_2, dem Werte $Y = 1$, $(\sigma_1 = 0, \varrho_1 = 1)$, die (dreifach zählenden)

Eckpunkte C_1, C_4, C'_2, C'_3 des Tetraeders T'_1 und dem Werte $Y = \infty$ die (zweifach zählenden) Eckpunkte A des Oktaeders f_0 entsprechen, so folgt, dass die zwölf Dreiecke $A_1 C_1 C_2$, $A_1 C_3 C_4$, $A_3 C_1 C_3$ u. s. w. [s. Fig. 8β) und 26β)] des Hexakistetraedernetzes $X\alpha$, für welche die zwölf einem Werte des $Y = \varrho_1 + \sigma_1 i$ bei positivem σ_1 entsprechenden Punkte homologe Punkte sind, das Bild der positiven Halbebene, die zwölf symmetrisch zu den ersteren liegenden Dreiecke ($A_1 C_1 C_3$, $A_1 C_2 C_4$, $A_2 C_1 C_2$ u. s. f.), für welche die dem Werte $Y = \varrho_1 - \sigma_1 i$ entsprechenden zwölf Punkte homologe Punkte sind, das Bild der negativen Halbebene Y sind.

Die drei Punkte $Y = 0$, 1, ∞, welchen bez. die Eckpunkte $C_2 \ldots$, $C_1 \ldots$, $A_1 \ldots$ des Hexakistetraedernetzes entsprechen, sind singuläre Punkte; denn die Winkel des Dreiecks in der Y-Ebene betragen sämtlich 180^0, auf der Kugel dagegen 60^0, 60^0, 90^0.

5. Durchläuft Y das Intervall von 0 bis 1, so nehmen die Punkte P alle Lagen auf den Hauptkreisbogen $C_2 C_1 \ldots$ ein, wobei je zwölf zusammengehörige den Eckpunkten eines Netzes XIX'' eines $(\overline{4+4}+6)$-flächigen 12-Ecks (§ 32), der tetragonischen Hemigonie eines Netzes XII', entsprechen.

Die Abhängigkeit des Parameters ϱ_1 von ϑ_a oder von ε_a, zwischen welchen die Beziehung:

$$\cos \vartheta_a = \cotg \varepsilon_a$$

[Formel 33ν) in § 27)] besteht, erhält man einmal durch Bildung der Gleichung, deren Wurzeln die zwölf Eckpunkte des Netzes XIX'' darstellen, nämlich der Gleichung:

$$54\varkappa) \quad \begin{cases} (\zeta^4 - 2i\,\zeta^2\,tang^2\tfrac{1}{2}\,\varepsilon_a\,sin\,2\,\vartheta_a - tang^4\tfrac{1}{2}\,\varepsilon_a) \\ \times(\zeta^4 + 2i\,\zeta^2\,cotg^2\tfrac{1}{2}\,\varepsilon_a\,sin\,2\,\vartheta_a - cotg^4\tfrac{1}{2}\,\varepsilon_a) \\ \times(\zeta^4 + i[cotg^2(45^0 - \tfrac{1}{2}\omega) - tang^2(45^0 - \tfrac{1}{2}\omega)]\zeta^2 + 1) = 0, \end{cases}$$

wo $tang\,\omega = \dfrac{tang\,\vartheta_a}{\sqrt{2}}$ ist, und durch Vergleichung der entsprechenden Koeffizienten dieser Gleichung und derjenigen 54ζ) oder $54\zeta'$). Man erhält auf diese Art die Beziehung:

$$54\lambda) \quad \sigma_1 = 0, \quad \varrho_1 = \tfrac{1}{2}\left(1 + \frac{sin\,\vartheta_a(1 + 8\,cos^4\vartheta_a)\sqrt{1 + cos^2\vartheta_a}}{3\sqrt{3}\,cos^2\vartheta_a}\right),$$

welche sich andererseits auch aus der Formel 54ϑ) nach Einführung von $cotg\,\varepsilon_a = cos\,\vartheta_a$ ergiebt.

Dem entgegengesetzten Vorzeichen für i in Formel 54$\varkappa$) entspricht die andere Hemigonie XIX'', welche mit der ersteren zusammen das vollzählige Netz XII' darstellt.

Wenn Y das Intervall von 1 bis ∞ oder von ∞ bis 0 durchläuft, so erhalten die Punkte P alle Lagen auf den Hauptkreisbogen $C_1 A_1 \ldots$ oder $A_1 C_2 \ldots$, so dass je zwölf zusammengehörige den Eckpunkten eines Netzes IX' (§ 19), der Hemigonie erster oder zweiter Stellung eines Netzes XXI' entsprechen. Bildet man die Gleichung, deren Wurzeln die Eckpunkte eines solchen Netzes IX' darstellen, so erhält man ($\vartheta_a = 45^0$) z. B. für den Koeffizienten des ζ^{10} den Wert:

$$4\,i . cos\,\varepsilon_a \left(\frac{1}{sin^2\,\varepsilon_a} + \frac{8\,sin^2\,\varepsilon_a}{(1 + cos^2\,\varepsilon_a)^2} \right) = 4\,i\,\frac{cos\,\varepsilon_a(9 - 14\,cos^2\,\varepsilon_a + 9\,cos^4\,\varepsilon_a)}{sin^2\,\varepsilon_a\,(1 + cos^2\,\varepsilon_a)^2}$$

und durch Vergleichung desselben mit dem Koeffizienten des ζ^{10} in 54ζ) oder 54ζ'):

$$-6\,\sigma_1{}^2\,\sqrt{3} + 6\,i\,(2\,\varrho_1 - 1)\,\sqrt{3} = 4\,i\,\frac{cos\,\varepsilon_a\,(9 - 14\,cos^2\,\varepsilon_a + 9\,cos^4\,\varepsilon_a)}{sin^2\,\varepsilon_a\,(1 + cos^2\,\varepsilon_a)^2},$$

d. h.:

$$54\,\mu)\quad \sigma_1 = 0, \quad \varrho_1 = \frac{1}{2} + \frac{cos\,\varepsilon_a\,(9 - 14\,cos^2\,\varepsilon_a + 9\,cos^4\,\varepsilon_a)}{3\,\sqrt{3}\,sin^2\,\varepsilon_a\,(1 + cos^2\,\varepsilon_a)^2}.$$

Andererseits lässt sich dieser Wert auch aus Formel 54ϑ) für $\vartheta_a = 45^0$ erhalten.

6. Das allgemeine hemigonische Netz XXVIII' der Tetraedergruppe kann (vergl. § 53, 1. und § 64, 3. bis 4.) auch als Tetartogonie des $(6 + 8 + 12)$-flächigen 2.24-Ecks XV' erhalten werden; durch Zusammenfassen von je zweien der vier Gruppen resultiert sowohl das Netz XXIII', als auch das Netz X'', als auch das Netz XXVI' [vergl. a), b), c) in § 64, 4.]. Es ergeben sich so auch einfach analytische Ausdrücke für die gleicheckigen Netze der Diakisdodekaedergruppe, sowie auch für die Beziehungen zwischen den Netzen der Tetraeder- und der Oktaedergruppe.

Wir wollen daher die Gleichungen für die Eckpunkte der vier Netze XXVIII' aufstellen, deren Verein ein vollständiges Netz XV' darstellt und wobei die Anordnung genau den vier Gruppen Π_1, Π_2, Π_3, Π_4 entspricht, welche in § 64, 3. unter 10ζ) unterschieden wurden.

Setzen wir [vergl. 54δ') unter 3. dieses Paragraphen] zur Abkürzung:

$$55\,\alpha)\quad \begin{cases} (cotg^2\tfrac{1}{2}\varepsilon_{a_k} + tang^2\tfrac{1}{2}\varepsilon_{a_k})\,cos\,2\vartheta_{a_k} = a_k, \\ (cotg^2\tfrac{1}{2}\varepsilon_{a_k} - tang^2\tfrac{1}{2}\varepsilon_{a_k})\,sin\,2\vartheta_{a_k} = b_k, \end{cases}$$

so erhalten wir für jene vier Gruppen folgende Darstellungen:

$$55\,\beta)\quad \begin{cases} \Pi_1 \equiv \prod_1^3 [\xi^4 - (a_k - ib_k)\,\xi^2 + 1] \\[4pt] \qquad \equiv (\varrho_1 + \sigma_1 i)\,T_1^3 + (1 - \varrho_1 - \sigma_1 i)\,T_2^3 = 0, \\[8pt] \Pi_2 \equiv \prod_1^3 [\xi^4 - (a_k + ib_k)\,\xi^2 + 1] \\[4pt] \qquad \equiv (1 - \varrho_1 + \sigma_1 i)\,T_1^3 + (\varrho_1 - \sigma_1 i)\,T_2^3 = 0, \\[8pt] \Pi_3 \equiv \prod_1^3 [\xi^4 + (a_k + ib_k)\,\xi^2 + 1] \\[4pt] \qquad \equiv (\varrho_1 - \sigma_1 i)\,T_1^3 + (1 - \varrho_1 + \sigma_1 i)\,T_2^3 = 0, \\[8pt] \Pi_4 \equiv \prod_1^3 [\xi^4 + (a_k - ib_k)\,\xi^2 + 1] \\[4pt] \qquad \equiv (1 - \varrho_1 - \sigma_1 i)\,T_1^3 + (\varrho_1 + \sigma_1 i)\,T_2^3 = 0. \end{cases}$$

a) Durch Zusammenfassen der beiden Gruppen Π_1 und Π_3, oder Π_2 und Π_4 [vergl. § 62, 4. b)] erhält man das gleicheckige

Netz X'' eines $(\overline{4+4}+6)$-flächigen 2.12-Ecks
(§ 20 und § 50)

durch die Gleichung:

$$55\,\gamma)\quad \begin{cases} \Pi_1\,\Pi_3 \equiv (\varrho_1^2 + \sigma_1^2)\,T_1^6 + [(1-\varrho_1)^2 + \sigma_1^2]\,T_2^6 + 2\,[(1-\varrho_1)\varrho_1 - \sigma_1^2]\,H_0^3 \\[4pt] \qquad \equiv (1 - 2\varrho_1)\,T_2^6 + 2\varrho_1 H_0^3 - 432\,(\varrho_1^2 + \sigma_1^2)\,f_0^4 = 0 \end{cases}$$

dargestellt [vergl. 53γ) und 53ε) dieses Paragraphen]; die Gleichung $\Pi_2\,\Pi_4 = 0$ ergiebt sich aus jener durch Vertauschung von T_1 mit T_2.

b) Die Zusammenfassung der beiden Gruppen Π_1 und Π_4, oder Π_2 und Π_3 [vergl. § 64, 4. c)] liefert das gleicheckige Netz XXVI$'$ eines $(6+8+24)$-flächigen 24-Ecks durch die Gleichung [vergl. 54ζ') und 53ζ)]:

55δ) $\Pi_1 \Pi_4 \equiv H_0^3 - 432\left[\varrho_1(1-\varrho_1)+\sigma_1^2+i\sigma_1(1-2\varrho_1)\right]f_0^4 = 0.$

Durch Vergleichung dieser Gleichung mit derjenigen 51α') in § 83 erhält man die Beziehungen:

$$55\varepsilon) \qquad \begin{cases} \lambda = 4\left[\varrho_1(1-\varrho_1)+\sigma_1^2\right], \\ \mu = 4\sigma_1(1-2\varrho_1), \end{cases}$$

mit Hilfe deren man auch die Relationen 51λ) und 51$\varkappa$) bez. aus denjenigen 54λ) und 54μ), der Entstehung der Netze XIX$''$ und IX$'$ als Hemigonieen der Netze XII$'$ und XXI$'$ entsprechend, herleiten kann. Man erhält hier einfach:

$$55\zeta) \qquad \begin{cases} \sigma_1 = 0, \quad \mu = 0, \\ \lambda = 4\varrho_1(1-\varrho_1); \end{cases}$$

für $\sigma_1 = 0$, $\varrho_1 = \frac{1}{2}$ resultiert die Relation 53δ).

Das Netz $\Pi_2 \Pi_3 = 0$ entspricht, wie schon oben bemerkt wurde, dem konjugierten Werte $\lambda - \mu i$.

c) Endlich erhält man durch Zusammenfassen der beiden Gruppen Π_1 und Π_2, oder Π_3 und Π_4 [vergl. § 64, 4a)] für das gleicheckige Netz des $(6+8+12)$-flächigen 2.12-Ecks XXIII$'$ (§ 38 und § 52) die Gleichung [vergl. 53δ) bis 53η) dieses Paragraphen]:

$$55\eta) \quad \begin{cases} \Pi_1 \Pi_2 \equiv H_0^3 - 432\left[\varrho_1(1-\varrho_1)-\sigma_1^2\right]f_0^4 + i\sigma_1(T_1^6 - T_2^6) \\ \qquad \equiv H_0^3 - 432\left[\varrho_1(1-\varrho_1)-\sigma_1^2\right]f_0^4 + 24\sigma_1\sqrt{3}f_0^2 \cdot J_0 = 0; \end{cases}$$

die Gleichung für $\Pi_3 \Pi_4 = 0$ unterscheidet sich von dieser nur durch das Vorzeichen des letzten Terms.

Für $\sigma_1 = 0$ reduziert sich dies Netz [vergl. 55ζ)] auf das Netz X$'$ der Oktaedergruppe.

7. Das zweite gleicheckige Netz der Diakisdodekaedergruppe, nämlich das Netz XXIX$'$ lässt sich entweder als spezieller Fall des Netzes XXVIII$'$ (für $\vartheta_a = 0$) oder auch als gegenpunktige Hemigonie des Netzes X$'$ erhalten. Auf beide Arten ergeben sich leicht für dies Netz des $(8+12)$-flächigen 12-Ecks die Beziehungen:

$$55\,\vartheta) \quad \left\{ \begin{array}{l} \varrho_1 = \tfrac{1}{2}, \quad \lambda = 4\sigma_1{}^2 + 1, \quad \mu = 0, \\[2mm] \sigma_1 = \dfrac{(2 - \cos^2 \varepsilon_a)(2\cos^2 \varepsilon_a - 1)(1 + \cos^2 \varepsilon_a)}{3\sqrt{3}\,\sin^2 \varepsilon_a \cos^2 \varepsilon_a}\,; \end{array} \right.$$

der sich hiernach ergebende Wert für λ stimmt mit dem in Formel 51ι) des § 83 erhaltenen überein. Für $\varepsilon_a = \varphi$ geht das Netz in das des regulären Ikosaeders V über, dessen Gleichung:

$$55\,\iota) \quad \zeta^{12} - \frac{22}{\sqrt{5}}\,\zeta^{10} - 33\,\zeta^8 + \frac{44}{\sqrt{5}}\,\zeta^6 - 33\,\zeta^4 - \frac{22}{\sqrt{5}}\,\zeta^2 + 1 = 0$$

ist.

§ 85. Darstellung der regulären und der gleicheckigen Netze der Ikosaedergruppe.

1. Um die Eckpunkte der regulären und der gleicheckigen Netze der Ikosaedergruppe durch möglichst einfache Gleichungen darzustellen, wählen wir als Projektionsebene nicht die bei den Entwicklungen des fünften Kapitels benutzte XY-Ebene des Hauptkreises b_1 [in Beziehung auf welche die Gleichung 55ι) der Ikosaedereckpunkte aufgestellt wurde], sondern diejenige des Hauptkreises g_1, so dass der Punkt G'_1 den Projektionspunkt bildet [s. die Fig. 4, 9, 11, 14α), 18, 20, 25β) und 30]. Als X- oder ξ-Axe sei die Schnittlinie $G_1 B_1 G_2$ der Ebene b_{13} mit g_1, als Y- oder η-Axe die Schnittlinie $G_1 B_{13}$ der Ebene f_{16} (des Äquators zum Punkte F_{16}) mit der Ebene g_1 gewählt (s. Fig. 29 und 30).

Die Eckpunkte G des regulären Ikosaedernetzes sind alsdann durch die Wurzeln der Gleichung:

$$56\,\alpha) \qquad \zeta\,(\zeta^5 - tang^5\varphi)\,(\zeta^5 + cotg^5\varphi) = 0$$

oder durch:

$$56\,\beta) \qquad f_i \equiv \zeta\,(\zeta^{10} + 11\,\zeta^5 - 1) = 0$$

oder in homogener Form durch:

$$56\,\beta') \qquad f_i \equiv \zeta_1\,\zeta_2\,(\zeta_1{}^{10} + 11\,\zeta_1{}^5\,\zeta_2{}^5 - \zeta_2{}^{10}) = 0$$

dargestellt[1]).

---

1) Vergl. F. Klein, Mathem. Ann. IX, S. 196 u. 203; XII, S. 505; und Schwarz, Borch. Journ., Bd. 75 Art. VI.

Bilden wir die Hessesche Determinante der binären Form f_i, so ergiebt sich dieselbe, abgesehen von dem konstanten Faktor -121:

$56\gamma)\quad H_i = \zeta_1^{20} - 228\,\zeta_1^{15}\,\zeta_2^{5} + 494\,\zeta_1^{10}\,\zeta_2^{10} + 228\,\zeta_1^{5}\,\zeta_2^{15} + \zeta_2^{20};$

die Gleichung:

$56\delta)\qquad\qquad\qquad H_i = 0$

oder in nicht homogener Form:

$56\delta')\quad \zeta^{20} - 228\,\zeta^{15} + 494\,\zeta^{10} + 228\,\zeta^{5} + 1 = 0^{1})$

repräsentiert alsdann die Eckpunkte C des regulären (dem Netze V konjugierten) **Pentagondodekaedernetzes** VII. Der Nachweis, dass in der That durch die Gleichung $56\delta')$ die 20 Eckpunkte C des Netzes VII dargestellt werden, ergiebt sich einfach durch direkte Bildung der Gleichung für diese Punkte C, welche man in der Form erhält (vergl. 8) in § 9):

$$56\varepsilon)\quad \left.\begin{array}{l} (\zeta^{5} + tang^{5}\tfrac{1}{2}\chi)\,(\zeta^{5} + tang^{5}[\psi + \tfrac{1}{2}\chi]) \\ \times\,(\zeta^{5} - cotg^{5}\tfrac{1}{2}\chi)\,(\zeta^{5} - cotg^{5}[\psi + \tfrac{1}{2}\chi]) \end{array}\right\} = 0,$$

oder:

$$56\varepsilon')\quad \left.\begin{array}{l} (\zeta^{10} - 2\,\zeta^{5}\,[13 - 3\sqrt{5}]\,cotg^{6}\,\varphi - 1) \\ \times\,(\zeta^{10} - 2\,\zeta^{5}\,[13 + 3\sqrt{5}]\,tang^{6}\,\varphi - 1) \end{array}\right\} = 0.$$

Als Jacobische Determinante der beiden Formen f_i und H_i erhält man$^{2})$, abgesehen von dem konstanten Faktor -20:

$56\zeta)\quad J_i \equiv (\zeta_1^{30} + \zeta_2^{30}) + 522\,(\zeta_1^{25}\,\zeta_2^{5} - \zeta_1^{5}\,\zeta_2^{25}) - 10005\,(\zeta_1^{20} + \zeta_2^{20});$

die Gleichung:

$56\eta)\qquad\qquad\qquad J_i = 0$

oder in nicht homogener Form:

$56\eta')\quad \zeta^{30} + 522\,\zeta^{25} - 10005\,\zeta^{20} - 10005\,\zeta^{10} - 522\,\zeta^{5} + 1 = 0$

repräsentiert die Eckpunkte B des festen gleicheckigen Netzes dieser Gruppe, nämlich des $(12 + 20)$-flächigen 30-Ecks XX'. Denn durch direkte Bildung der Gleichung für diese Eckpunkte erhält man leicht:

---

1) Vergl. F. Klein, Mathem. Ann. IX, S. 196 u. 203; XII, S. 505; und Schwarz, Borch. Journ., Bd. 75 Art. VI.

2) Vergl. F. Klein und Schwarz l. c.

$$56\,\vartheta)\;\left\{\begin{array}{l}(\zeta^5 - tang^5\,\tfrac{1}{2}\,\varphi)\,(\zeta^5 + tang^5\,[45^0 - \tfrac{1}{2}\,\varphi])\,(\zeta^{10}+1)\\ \times(\zeta^5 + cotg^5\,\tfrac{1}{2}\,\varphi).(\zeta^5 - cotg^5\,[45^0\,\tfrac{1}{2}\,\varphi])\end{array}\right\} = 0,$$

deren linker Teil mit demjenigen von $56\,\eta'$) übereinstimmt.

2. Die drei Gleichungen:

$$f_i = 0,\quad H_i = 0,\quad J_i = 0$$

haben die Eigenschaft, durch die 60 Substitutionen ungeändert zu bleiben, welchen die 60 Drehungen (§ 12, 2.) entsprechen, durch die ein reguläres Ikosaeder- oder Pentagondodekaedernetz mit sich selbst zur Deckung gebracht wird.

Diese 60 Substitutionen können in folgender Form dargestellt werden:

Ist

$$57\,\alpha)\qquad \varepsilon = cos\,72^0 + i\,sin\,72^0 = \tfrac{1}{2}\left(tang\,\varphi + \frac{i}{sin\,\varphi}\right),$$

wobei:

$$57\,\beta)\qquad \left\{\begin{array}{l}\varepsilon + \varepsilon^4 = 2\,sin\,18^0 = tang\,\varphi,\\ \varepsilon^2 + \varepsilon^3 = -\,2\,cos\,36^0 = -\,cotg\,\varphi\end{array}\right.$$

ist, so sind die 60 Substitutionen[1]):

$$57\,\gamma)\;\left\{\begin{array}{c}\varepsilon^\mu\,\zeta,\quad -\,\dfrac{\varepsilon^\mu}{\zeta},\quad \varepsilon^\mu\,\dfrac{(\varepsilon^2 + \varepsilon^4)\,\zeta + \varepsilon^\varrho}{\varepsilon^{-\varrho}\,\zeta - (\varepsilon + \varepsilon^3)},\quad \varepsilon^\mu\,\dfrac{-\,\varepsilon^{-\varrho}\,\zeta + (\varepsilon + \varepsilon^3)}{(\varepsilon^2 + \varepsilon^4)\,\zeta + \varepsilon^\varrho},\\[2mm] \mu,\;\varrho = 0,1,2,3,4.\end{array}\right.$$

Diese Substitutionen zerfallen[2]), abgesehen von der Identität $\zeta = \zeta$, in 24 Substitutionen von der Periode 5 (der Drehung um die fünfzähligen Axen OG entsprechend), nämlich:

$$57\,\delta)\;\left\{\begin{array}{c}\varepsilon^\nu\,\zeta,\quad \dfrac{(\varepsilon^2 + \varepsilon^4)\,\zeta + \varepsilon^\varrho}{\varepsilon^{-\varrho}\,\zeta - (\varepsilon + \varepsilon^3)},\quad \varepsilon^3\,\dfrac{(\varepsilon^2 + \varepsilon^4)\,\zeta + \varepsilon^\varrho}{\varepsilon^{-\varrho}\,\zeta - (\varepsilon + \varepsilon^3)},\\[2mm] \varepsilon^{2\varrho+2}.\dfrac{-\,\varepsilon^{-\varrho}\,\zeta + (\varepsilon + \varepsilon^3)}{(\varepsilon^2 + \varepsilon^4)\,\zeta + \varepsilon^\varrho},\quad \varepsilon^{2\varrho+3}.\dfrac{-\,\varepsilon^{-\varrho}\,\zeta + (\varepsilon + \varepsilon^3)}{(\varepsilon^2 + \varepsilon^4)\,\zeta + \varepsilon^\varrho},\\[2mm] \nu = 1,2,3,4;\end{array}\right.$$

ferner in 20 Substitutionen von der Periode 3 (der Drehung um die dreizähligen Axen OC entsprechend), nämlich:

---

1) Vergl. Gordan, Math. Ann. XII, S. 45—46; F. Klein, ibid. S. 507.

2) Ibidem.

$$57\,\varepsilon) \quad \begin{cases} \varepsilon\,\dfrac{(\varepsilon^2+\varepsilon^4)\,\zeta+\varepsilon^\varrho}{\varepsilon^{-\varrho}\,\zeta-(\varepsilon+\varepsilon^3)}, \quad & \varepsilon^2\,\dfrac{(\varepsilon^2+\varepsilon^4)\,\zeta+\varepsilon^\varrho}{\varepsilon^{-\varrho}\,\zeta-(\varepsilon+\varepsilon^3)}, \\[2ex] \varepsilon^{2\varrho+1}\,\dfrac{-\varepsilon^{-\varrho}\,\zeta+(\varepsilon+\varepsilon^3)}{(\varepsilon^2+\varepsilon^4)\,\zeta+\varepsilon^\varrho}, \quad & \varepsilon^{2\varrho+4}\,\dfrac{-\varepsilon^{-\varrho}\,\zeta+(\varepsilon+\varepsilon^3)}{(\varepsilon^2+\varepsilon^4)\,\zeta+\varepsilon^\varrho}; \end{cases}$$

und in 15 Substitutionen von der Periode 2 (der Drehung um die zweizähligen Axen OB entsprechend), nämlich:

$$57\,\zeta) \quad -\frac{\varepsilon^\mu}{\zeta}, \quad \varepsilon^4\,\frac{(\varepsilon^2+\varepsilon^4)\,\zeta+\varepsilon^\varrho}{\varepsilon^{-\varrho}\,\zeta-(\varepsilon+\varepsilon^3)}, \quad \varepsilon^{2\varrho}\,\frac{-\varepsilon^{-\varrho}\,\zeta+(\varepsilon+\varepsilon^3)}{(\varepsilon^2+\varepsilon^4)\,\zeta+\varepsilon^\varrho}.$$

Durch diese 60 Substitutionen wird also f_i (Ikosaeder), H_i (Pentagondodekaeder), J_i [(12 + 20)-flächiges 30-Eck] bez. fünffach, dreifach, zweifach aus einer der Wurzeln der Gleichung $f_i = 0$, $H_i = 0$, $J_i = 0$ (aus einem seiner Eckpunkte) erzeugt.

3. Jede der drei Gleichungen:

$$58\,\alpha) \qquad\qquad H_i^3 - X_1 \cdot f_i^5 = 0,$$

$$58\,\beta) \qquad\qquad f_i^5 - X_2 \cdot J_i^2 = 0,$$

$$58\,\gamma) \qquad\qquad H_i^3 - X_3 \cdot J_i^2 = 0$$

hat nun, wenn X_1, X_2, X_3 je einen komplexen Parameter bedeutet, ebenfalls die Eigenschaft, durch die 60 Substitutionen 57 γ) ungeändert zu bleiben, und stellt einen solchen Komplex von 60 Punkten der Kugelfläche (oder der $\xi\eta$-Ebene) dar, für welchen aus einer der 60 Wurzeln der Gleichung (aus einem der 60 Punkte) die übrigen sich durch Anwendung jener Substitution ergeben[1]).

Jede der drei Gleichungen 58 α), 58 β), 58 γ) stellt für jeden Wert des Parameters die 60 Eckpunkte des allgemeinsten gleicheckigen Netzes dieser Gruppe, nämlich eines

(12 + 20 + 60)-flächigen 60-Ecks XXVII′

(§ 43) dar; was sich wiederum durch direkte Bildung der Gleichung, deren Wurzeln die Eckpunkte eines solchen Netzes darstellen, und Vergleichung derselben mit einer der drei Gleichungen 58 α), 58 β), 58 γ) nachweisen lässt.

---

1) Vergl. Gordan und F. Klein l. c.

Beschränken wir uns auf die erste Gleichung 58α), so entsprechen dem Werte $X_1 = 0$ die (dreifach zählenden) Eckpunkte des Pentagondodekaeders, dem Werte $X_1 = \infty$ die (fünffach zählenden) Eckpunkte des Ikosaeders, während für $X_1 = -12^3$, wie sich leicht durch direkte Vergleichung mit 56η') ergiebt, der linke Teil der Gleichung 58α) in J_i^2 übergeht, die Gleichung also für diesen Wert die (zweifach zählenden) Eckpunkte eines $(12 + 20)$-flächigen 30-Ecks darstellt. Setzen wir zur Vereinfachung:

$$58\,\delta) \qquad X_1 = -1728\,X,$$

so erhält die Gleichung 58α) die Form:

$$58\,\alpha') \qquad H_i^3 + 1728\,X . f_i^5 = 0\,[1])$$

und es findet die einfache Relation statt:

$$58\,\varepsilon) \qquad H_i^3 + 1728 f_i^5 = J_i^2.$$

Dem Werte $X = 1$ in 58α') entsprechen also dann die (zweifach zählenden) Eckpunkte eines Netzes XX'; und die Beziehung 58ε) gestattet in einfacher Weise, die Parameter X_2 und X_3 in 58β) und 58γ) durch X auszudrücken.

4. Durch die Substitution:

$$58\,\zeta) \qquad X = -\frac{H_i^3}{1728 f_i^5}$$

wird die konforme Abbildung des Gebietes der komplexen Variabeln $X = \lambda + \mu i$ auf die Kugelfläche (oder die $\xi\eta$-Ebene) vermittelt. Diejenigen 60 Dreiecke des vollzähligen Symmetrienetzes, nämlich des Diakishexekontaedernetzes XVI, für welche die 60 einem Werte $X = \lambda + \mu i$ bei positivem μ entsprechenden Punkte homologe Punkte darstellen, sind das Bild der positiven Halbebene, die 60 (symmetrisch zu den ersteren liegenden) Dreiecke, für welche die dem konjugierten Werte $X = \lambda - \mu i$ entsprechenden 60 Punkte homologe Punkte sind, das Bild der negativen Halbebene X.

Die drei Punkte $X = \infty$, 0, 1, welchen bez. die Eckpunkte G, C, B des Diakishexekontaedernetzes entsprechen,

---

1) Vergl. F. Klein l. c.

sind singuläre Punkte, da die Winkel des Dreiecks in der X-Ebene $180°$, auf der Kugel dagegen $36°$, $60°$, $90°$ betragen.

Durchläuft X das Intervall von 1 bis ∞, so nehmen die Punkte P alle Lagen auf den Hauptkreisbogen $B_1 G_1, \ldots$ ein, wobei je 60 zusammengehörige den Eckpunkten eines Netzes XI' eines $(12+20)$-flächigen 12.5-Ecks entsprechen. Man erhält den Parameter λ als Funktion der Variabeln ε_g, welche die Varietät eines solchen Netzes bedingt, entweder dadurch, dass man in:

$$58\,\alpha'') \qquad 1728\,\lambda = -\frac{H_i^3}{f_i^5}$$

rechts für ζ einen der 60 Werte, also z. B. $\zeta = tang\,\tfrac{1}{2}\,\varepsilon_g$ substituiert, wodurch sich die Beziehung:

$$58\,\eta) \quad 1728\,\lambda = -\frac{(tang^{20}\tfrac{1}{2}\,\varepsilon_g + 1 - 228\,tang^5\tfrac{1}{2}\,\varepsilon_g\,[tang^{10}\tfrac{1}{2}\,\varepsilon_g - 1] + 494\,tang^{10}\tfrac{1}{2}\,\varepsilon_g)^3}{tang^5\tfrac{1}{2}\,\varepsilon_g\,(tang^{10}\tfrac{1}{2}\,\varepsilon_g + 11\,tang^5\tfrac{1}{2}\,\varepsilon_g - 1)^5}$$

ergiebt, oder indem man aus den sechzig Werten für ζ die Gleichung bildet, deren Wurzeln jene sind und deren Koeffizienten mit den entsprechenden der Gleichung $H_i^3 + 1728\,\lambda\,f_i^5 = 0$ vergleicht.

Für jene Gleichung erhält man durch Zusammenfassen von je fünf oder je zehn in Beziehung auf die fünfzählige Axe OG_1 gleichmässig gruppierten Punkten:

$$58\,\vartheta) \quad 0 = \begin{cases} [\zeta^5 - tang^5\tfrac{1}{2}\,\varepsilon_g]\,[\zeta^5 - tang^5(\varphi - \tfrac{1}{2}\,\varepsilon_g)] \\ \times\,[\zeta^{10} - 2\,\zeta^5\,tang^5\tfrac{1}{2}\,\varepsilon_{g_3}\,cos\,5\,\vartheta_{g_3} + tang^{10}\tfrac{1}{2}\,\varepsilon_{g_3}] \\ \times\,[\zeta^{10} - 2\,\zeta^5\,tang^5\tfrac{1}{2}\,\varepsilon_{g_5}\,cos\,5\,\vartheta_{g_5} + tang^{10}\tfrac{1}{2}\,\varepsilon_{g_5}] \\ \times\,[\zeta^5 + cotg^5\tfrac{1}{2}\,\varepsilon_g]\,[\zeta^5 + cotg^5(\varphi - \tfrac{1}{2}\,\varepsilon_g)] \\ \times\,[\zeta^{10} + 2\,\zeta^5\,cotg^5\tfrac{1}{2}\,\varepsilon_{g_3}\,cos\,5\,\vartheta_{g_3} + cotg^{10}\tfrac{1}{2}\,\varepsilon_{g_3}] \\ \times\,[\zeta^{10} + 2\,\zeta^5\,cotg^5\tfrac{1}{2}\,\varepsilon_{g_5}\,cos\,5\,\vartheta_{g_5} + cotg^{10}\tfrac{1}{2}\,\varepsilon_{g_5}], \end{cases}$$

wobei [vergl. § 76 Formeln $31\,\delta)$] die Beziehungen:

$$58\,\vartheta') \quad \begin{cases} cos\,\varepsilon_{g_3} = cos\,\varepsilon_{g_4} = cos\,(\varphi - \varepsilon_g)\,sin\,\varphi, \\[4pt] cos\,\varepsilon_{g_5} = cos\,\varepsilon_{g_6} = sin\,(\varphi - \varepsilon_g)\,cos\,\varphi, \\[4pt] cotg\,\vartheta_{g_3} = cotg\,\vartheta_{g_4} = \dfrac{2\,sin\,\varphi}{\sqrt{5}}\,(2\,cotg\,\varepsilon_g - \tfrac{1}{2}\,tang\,\varphi), \\[8pt] cotg\,\vartheta_{g_5} = cotg\,\vartheta_{g_6} = \dfrac{2\,cos\,\varphi}{\sqrt{5}}\,(2\,cotg\,\varepsilon_g + \tfrac{1}{2}\,cotg\,\varphi) \end{cases}$$

zu berücksichtigen sind.

Der auf beide Arten erhaltene Ausdruck für λ gestattet noch manche Umformungen, auf welche aber hier nicht eingegangen werden soll.

Wenn X das Intervall von $-\infty$ bis 0 oder von 0 bis 1 durchläuft, so beschreiben die Punkte P bez. die Kanten $G_1 C_1 \dots$ oder $C_1 B_1 \dots$ des Diakishexekontaedernetzes, so dass je 60 zusammengehörige Punkte bez. den Eckpunkten eines Netzes XXII′ eines $(12+20+30)$-flächigen 60-Ecks (§ 36) oder eines Netzes XIII′ eines $(20+12)$-flächigen 20.3-Ecks (§ 23) entsprechen. Durch Anwendung der beiden oben angegebenen Methoden erhält man den Parameter λ als Funktion von ε_g oder von ϑ_g, wenn man für das Netz XXII′ die Beziehung:

$$\vartheta_g = 36^0$$

und die Formeln 33δ) in § 76, für das Netz XIII′ die Beziehung:

$$cos\,\vartheta_g = cotg\,\varepsilon_g . tang\,\varphi$$

und die Formeln 32δ) in § 76 benutzt.

5. Wenn der Parameter X irgend einen komplexen Wert $\lambda + \mu i$ hat, so ergiebt sich die Abhängigkeit des λ und μ von den beiden Variabeln (z. B. ε_{b_1} und ϑ_{g_1}), welche die Lage des Punktes P und damit die Varietät des entsprechenden Netzes XXVII′ bedingen, ebenfalls auf zwei Arten. Entweder kann man in 58α') für ζ einen der 60 Werte, z. B. $\zeta = tang\frac{1}{2}\varepsilon_g . e^{i\vartheta_g}$ einsetzen und λ und μ aus der Relation:

59α) $$1728\,(\lambda + \mu i) =$$

$$\frac{[tang^{20}\tfrac{1}{2}\varepsilon_g . e^{20i\vartheta_g} + 1 - 228\,tang^5\tfrac{1}{2}\varepsilon_g . e^{5i\vartheta_g}(tang^{10}\tfrac{1}{2}\varepsilon_g . e^{10i\vartheta_g} - 1) + 494\,tang^{10}\tfrac{1}{2}\varepsilon_g . e^{10i\vartheta_g}]^3}{tang^5\tfrac{1}{2}\varepsilon_g . e^{5i\vartheta_g}[tang^{10}\tfrac{1}{2}\varepsilon_g . e^{10i\vartheta_g} + 11\,tang^5\tfrac{1}{2}\varepsilon_g . e^{5i\vartheta_g} - 1]^5}$$

durch Sonderung des reellen und imaginären Bestandteils bestimmen. Oder man kann aus den 60 Werten für ζ die Gleichung bilden, deren Wurzeln jene sind und die entsprechenden Koeffizienten dieser und der Gleichung 58α') vergleichen. Man kann diese Gleichung entsprechend der Gruppierung der 60 Eckpunkte (vergl. § 55, 2.) als Eckpunkte von sechs kongruenten Netzen XXV′ ($p = 5$) mit den Haupt-axen OG in folgender Form schreiben:

$$59\,\beta)\quad \prod_{k=1}^{k=6}\left(\zeta^5 - tang^5\,\tfrac{1}{2}\,\varepsilon_{g_k}\cdot e^{\pm\,5\,i\,\vartheta_{g_k}}\right)\left(\zeta^5 - cotg^5\,\tfrac{1}{2}\,\varepsilon_{g_k}\cdot e^{\mp\,5\,i\,\vartheta_{g_k}}\right) = 0,$$

wobei dem oberen Vorzeichen die eine, dem unteren die andere Gruppe von je 60 Eckpunkten entspricht, deren Verein das vollständige Netz XVI′ bildet.

Hierin lassen sich sämtliche Winkel ε_{g_k} und ϑ_{g_k} durch ε_{g_1} und ϑ_{g_1} oder auch [vergl. 30 ξ) in § 75] durch ε_{b_1}, $\varepsilon_{b_{13}}$, $\varepsilon_{b_{15}}$ ausdrücken wobei:

$$cos^2\varepsilon_{b_1} + cos^2\varepsilon_{b_{13}} + cos^2\varepsilon_{b_{15}} = 1$$

ist.

Die Vergleichung des linken Teils der Gleichungen 59 β) und 58 α′) ergiebt eine Anzahl von Relationen zwischen λ und μ einerseits und ε_{g_k} und ϑ_{g_k} andererseits, welche bezüglich unter einander und mit den aus 59 α) resultierenden übereinstimmen müssen. So lautet z. B. die erste jener Relationen, welche sich durch Vergleichung der Koeffizienten von ζ^{55} ergiebt:

$$59\,\gamma)\quad\begin{cases} -1728\,\lambda = -684 + \displaystyle\sum_{1}^{6}\left(cotg^5\,\tfrac{1}{2}\,\varepsilon_{g_k} + tang^5\,\tfrac{1}{2}\,\varepsilon_{g_k}\right)\cos 5\,\vartheta_{g_k}, \\[2.5ex] -1728\,\mu = \displaystyle\sum_{1}^{6}\left(cotg^5\,\tfrac{1}{2}\,\varepsilon_{g_k} - tang^5\,\tfrac{1}{2}\,\varepsilon_{g_k}\right)\sin 5\,\vartheta_{g_k}. \end{cases}$$

Die vollständige Entwickelung dieser Ausdrücke, welche sich durch Substitution spezieller Werte für ε_g, ϑ_g, denen besondere Netze dieser Gruppe entsprechen, auf ihre Richtig-keit kontrollieren lassen, soll hier nicht ausgeführt werden.

Die Gleichung für das vollzählige Netz XVI′ wird durch Multiplikation der beiden Gleichungen:

$$H_i^3 + 1728\,(\lambda + \mu i)\,f_i^5 = 0 \quad\text{und}\quad H_i^3 + 1728\,(\lambda - \mu i)\,f_i^5 = 0$$

in der Form erhalten:

$$59\,\delta)\quad H_i^6 + 2\cdot 12^3\lambda\cdot H_i^3\cdot f_i^5 + 12^6\,(\lambda^2 + \mu^2)\,f_i^{10} = 0;$$

dieselbe muss mit der durch Multiplikation der beiden Glei-chungen 59 β) entstehenden identisch sein.

§ 86. Einige allgemeine Bemerkungen.

1. Die Beziehungen der gleicheckigen Netze der Ikosaedergruppe zu denjenigen der ersten Hauptklasse, der Tetraeder- und der Oktaedergruppe, insbesondere die in den §§ 75 und 76 hervorgehobenen Anordnungen der Eckpunkte zu je fünf von solchen der Oktaedergruppe lassen sich ebenfalls mit Leichtigkeit durch passende Zerlegung der im vorigen aufgestellten Gleichungen herleiten. Hierbei wird es mehrfach von Vorteil sein, die Ebene c_1 oder b_1 als Projektionsebene zu wählen und von den nach Analogie der obigen Entwickelungen zu erhaltenden Gleichungen auszugehen.

Auf die verschiedenen aus jenen Gleichungen sich ergebenden Gruppierungen der Eckpunkte der gleicheckigen Netze, sowie auf die Darstellung der die Kugelfläche mehrfach bedeckenden Netze durch binäre Formen, bez. Gleichungen wird im siebenten Kapitel noch hingewiesen werden.

2. Bei der in den vorhergehenden Paragraphen durchgeführten Herleitung der Gleichungen für die Eckpunkte sämtlicher gleicheckigen Netze haben wir wiederholt ein allgemeines Prinzip angewendet, welches zuerst von F. Klein[1]) aufgestellt wurde und welches folgendermassen lautet:

„Wenn Π und Π' zwei binäre Formen mit Transformationen in sich selbst, $\Pi = 0$, $\Pi' = 0$ also zwei Punktaggregate darstellen, welche aus zwei irgendwie angenommenen Punkten durch Anwendung der linearen Transformationen der betreffenden Gruppen hervorgehen (wobei Π bez. Π' die geeignete Potenz der betreffenden Gleichung darstellt, wenn der anfänglich gewählte Punkt eine mehrfach zählende Gruppe erzeugt), so repräsentiert die Gleichung:

$$\Pi - X \cdot \Pi' = 0,$$

wenn X einen Parameter bedeutet, überhaupt alle' Punktsysteme, welche durch die betreffenden linearen Transformationen aus einem einzelnen Punkte hervorgehen."

---

1) Math. Ann. IX S. 194.

Die Substitution:

$$X = \frac{\Pi}{\Pi'}$$

bildet dann das Gebiet der Kugel auf das Gebiet der komplexen Variabeln X ab[1]).

Auf die mannigfachen hieraus folgenden Beziehungen, welche die aufgeführten Formen und Gleichungen für gewisse Probleme der Formentheorie, für die Auflösung der Gleichungen des vierten und fünften Grades, für die Auflösung der sog. Oktaedergleichung $51\,\alpha'$) (§ 83), der Ikosaedergleichung $58\,\alpha'$) (§ 85) bei einem gegebenen Werte des Parameters X durch hypergeometrische Reihen, für die linearen Differentialgleichungen zweiter Ordnung mit algebraischen Integralen etc. darbieten, gestattet der Zweck dieses Buches nicht näher einzugehen. Wir begnügen uns damit, auf die bezüglichen (auf S. 2 und 3 genauer citierten) Originalarbeiten hinzuweisen.

———

Zweite Abteilung: Erweiterungen und
Verallgemeinerungen.

———

§ 87. Kollineare und reziproke Transformation der gleichflächigen und der gleicheckigen Netze.

1. In diesem Abschnitte sollen nur kurz und andeutungsweise einige Erweiterungen und Verallgemeinerungen der in den früheren Kapiteln hergeleiteten Beziehungen behandelt werden. Eine solche Verallgemeinerung wird durch die kollineare oder durch die reziproke Transformation der sphärischen, durch die Eckpunkte und Hauptkreise der gleichflächigen, sowie der diesen zugeordneten gleicheckigen Systeme entstehenden Gebilde bewirkt. Hierbei kommen die bekannten Beziehungen zwischen zwei kollinearen Grundgebilden

———

1) Schwarz, Borch. Journ. 75.

zweiter Stufe zur Anwendung[1]) und zwar diejenigen zwischen konzentrischen Strahlenbündeln, deren Mittelpunkt der Kugelmittelpunkt ist und deren Strahlen den Punkten der Kugel (des sphärischen Punktfeldes) und deren Ebenen den Hauptkreisen der Kugel entsprechen.

Wir beschränken uns darauf, die durch kollineare Transformation aus den allgemeinsten Netzen der von uns unterschiedenen Hauptklassen und Ordnungen entstehenden Gebilde zu erwähnen und auf einige ihrer Eigenschaften hinzuweisen.

2. Ein dem allgemeinsten gleichflächigen Netze VIII oder VIIIα (§ 16) (dem Doppelpyramidennetze) kollinear verwandtes Netz lässt sich zunächst einfach dadurch erhalten, dass man entweder einen beliebigen (nicht auf dem Hauptäquator a liegenden) Punkt der Kugel (und seinen Gegenpunkt) mit den Teilpunkten B oder B und C (vergl. Fig. 1, 5, 6) des Hauptäquators a durch Hauptkreisbogen verbindet oder dadurch, dass man einen beliebigen (nicht durch die Endpunkte A und A' der Hauptaxen hindurchgehenden) Hauptkreis mit den Seitenkanten des Netzes VIII zum Schnitte bringt.

Auf beide Arten erhält man ein dem Netze VIII kollinear verwandtes Netz und zwar in involutorischer Lage, wobei im ersten Falle die Involutionsaxe, im zweiten Falle das Involutionszentrum mit Benutzung bekannter Eigenschaften des vollständigen Vierecks und Vierseits leicht zu konstruieren ist.

Wenn man auf einem beliebigen Hauptkreise $\mathfrak{a}$ drei Punkte $\mathfrak{B}_1$, $\mathfrak{B}_2$, $\mathfrak{B}_3$ beliebig annimmt und diese den Punkten B_1, B_2, B_3 auf dem Äquator a entsprechen lässt, so erhält man die übrigen den Punkten $B_4 \ldots B_n$ zugeordneten Punkte $\mathfrak{B}_4 \ldots \mathfrak{B}_n$ als entsprechende Punkte der beiden projektivischen Punktreihen auf den Trägern a und $\mathfrak{a}$; nimmt

---

1) Vergl. hierüber: Reye, Geometrie der Lage II, erster, dritter, vierter und vierzehnter Vortrag; Schröter, Theorie der Oberflächen zweiter Ordnung, S. 341 flg.

man dann einen beliebigen (nicht auf $\mathfrak{a}$ liegenden) Punkt $\mathfrak{A}$ an und verbindet diesen (wie dessen Gegenpunkt $\mathfrak{A}'$) durch Hauptkreisbogen mit den Punkten $\mathfrak{B}_1$, $\mathfrak{B}_2 \ldots \mathfrak{B}_n$, so erhält man das allgemeinste derartige Doppelpyramidennetz. Ebenso hätte man ein dem sphärischen Strahlbüschel $A \,|\, B_1 B_2 \ldots B_n$ projektivisches mit dem beliebig angenommenen Punkte $\mathfrak{A}$ als Mittelpunkt konstruieren und dieses durch den beliebigen Hauptkreis $\mathfrak{a}$ schneiden können. Die n Punkte auf $\mathfrak{a}$ oder die n Strahlen durch $\mathfrak{A}$ stellen dann ein cyklisch-projektivisches Punkt-(Strahlen-)system dar.

Jedem Punkte P und jedem Hauptkreise p des ursprünglichen Netzes entspricht alsdann bez. ein bestimmter Punkt $\mathfrak{P}$ und ein bestimmter Hauptkreis $\mathfrak{p}$ des kollinear-verwandten Netzes; der Gesamtheit der homologen Punkte P der Dreiecke $A_1 B_1 B_2 \ldots$ des ursprünglichen Netzes, d. h. den Eckpunkten des gleicheckigen Netzes VIII′ oder VIII″ (für $n = 2p$) entspricht die Gesamtheit der zugeordneten Punkte $\mathfrak{P}$ des kollinear-verwandten Netzes.

Die Hemigonieen und die besonderen Fälle der Netze VIII′ und VIII″ ergeben sich analog; die Beziehungen zwischen gleichflächigen und zugeordneten gleicheckigen Netzen, insoweit sie Lagebeziehungen sind, also auch die Steinersche Verwandtschaft bei den Netzen XXV und XXV′, gelten auch für die allgemeineren Netze. Bei der Konstruktion der allgemeinen gleicheckigen Netze wird man von der Beziehung, dass jedem harmonischen Gebilde des einen Systems ein harmonisches Gebilde des anderen entspricht, sowie von dem Satze Anwendung zu machen haben:

Das Sinusverhältnis, nach welchem ein fester Winkel des einen Systems von einem durch seinen Scheitel gehenden Hauptkreise geteilt wird, steht zu dem entsprechenden Sinusverhältnisse im anderen Systeme in einem konstanten Verhältnisse[1]).

3. Von den in analoger Weise aus den Netzen der zweiten Hauptklasse entstehenden mögen hier nur die-

---

1) Vergl. z. B. Gretschel, Organische Geometrie, S. 183.

jenigen der Hexakisoktaeder- und der Ikosaedergruppe
erwähnt werden.

Wenn wir drei beliebige (nicht auf einem Hauptkreise
liegende) Punkte $\mathfrak{A}_1$, $\mathfrak{A}_2$, $\mathfrak{A}_3$ der Kugelfläche durch Hauptkreise $\mathfrak{a}_1$, $\mathfrak{a}_2$, $\mathfrak{a}_3$ verbinden oder drei beliebige (nicht durch
einen Punkt gehende) Hauptkreise $\mathfrak{a}_1$, $\mathfrak{a}_2$, $\mathfrak{a}_3$ zum Schnitte
bringen, so erhalten wir ein die Kugelfläche bedeckendes
Netz von acht sphärischen Dreiecken (welche sich in bekannter Weise als Neben-, Scheitel- und Gegendreiecke entsprechen). Nehmen wir im Innern eines dieser acht Drei-
ecke (z. B. $\mathfrak{A}_1$ $\mathfrak{A}_2$ $\mathfrak{A}_3$) einen beliebigen Punkt $\mathfrak{C}_1$ an und
lassen diesen dem Eckpunkte C_1 des regulären Hexaeder-
netzes VI entsprechen, während die Punkte $\mathfrak{A}_1$, $\mathfrak{A}_2$, $\mathfrak{A}_3$ den
Eckpunkten A_1, A_2, A_3 des regulären Oktaederdreieckes
entsprechen sollen, so ist die kollineare Verwandtschaft der
beiden Systeme bestimmt.

Verbinden wir den Punkt $\mathfrak{C}_1$ mit den Eckpunkten $\mathfrak{A}_1$,
$\mathfrak{A}_2$, $\mathfrak{A}_3$ und konstruieren in jeder Ecke zu dem Verbindungshauptkreise den vierten harmonischen Hauptkreis, so dass diese
beiden durch die beiden Dreieckskanten harmonisch getrennt
werden, so schneiden sich bekanntlich diese sechs konstruierten
Hauptkreise viermal zu dreien in je einem Punkte[1]) und
zwar in den Eckpunkten $\mathfrak{C}_1$, $\mathfrak{C}_2$, $\mathfrak{C}_3$, $\mathfrak{C}_4$ (und deren Gegenpunkten), welche den Eckpunkten C_1, C_2, C_3, C_4 entsprechen.

Die sechs konstruierten Hauptkreise $\mathfrak{b}_1 \ldots \mathfrak{b}_6$ entsprechen
den Hauptkreisen $b_1 \ldots b_6$ des regulären Hexaedernetzes und
bilden mit den drei Hauptkreisen $\mathfrak{a}_1$, $\mathfrak{a}_2$, $\mathfrak{a}_3$, ein die Kugelfläche
bedeckendes Netz von 48 sphärischen Dreiecken $\mathfrak{A}\,\mathfrak{C}\,\mathfrak{B}$, deren
Eckpunkte $\mathfrak{B}$, welche zu je zweien auf einem Hauptkreise $\mathfrak{a}$
durch zwei Punkte $\mathfrak{A}$ harmonisch getrennt liegen, den zwölf
Eckpunkten des Kubooktaedernetzes XIX' entsprechen. Man
kann dies allgemeinere Netz wohl auch als harmonisches
Hexakisoktaedernetz bezeichnen.

Jedem beliebig in einem der 48 Dreiecke angenommenen
Punkte $\mathfrak{P}$ entsprechen 47 in den übrigen Dreiecken liegende

---

1) Vergl. Hesse, Analyt. Geom. des Raumes, dritte Vorlesung.

Punkte $\mathfrak{P}$; diese 48 Punkte $\mathfrak{P}$ sind den 48 Eckpunkten P eines Netzes XV' zugeordnet und leicht mit Benutzung der zwischen beiden Netzen bestehenden Beziehungen ihrer Lage nach zu bestimmen. Diese Beziehungen sollen hier im einzelnen nicht verfolgt werden; alle besonderen Netze, die hemigonischen Netze, für welche die Gruppierungen der Eckpunkte und Kanten denen der früher abgeleiteten Netze analog sind, die zwischen den Eckpunkten entsprechender hemigonischer Netze bestehende Steinersche Verwandtschaft etc. ergeben sich nach dem Bisherigen mit Leichtigkeit.

Besonders übersichtlich und einfach gestaltet sich die Darstellung und Ableitung dieser Beziehungen durch Einführung trimetrischer sphärischer Koordinaten. Wenn wir die trimetrischen Koordinaten eines Punktes proportional zu Vielfachen der Sinus der sphärischen Abstände des Punktes von den Seiten des Koordinatendreieckes $\mathfrak{A}_1\,\mathfrak{A}_2\,\mathfrak{A}_3$ nehmen, so können jene Vielfache so bestimmt werden, dass der Punkt $\mathfrak{C}_1$ die Koordinaten 1, 1, 1 hat (der Einheitspunkt ist), welchem als Polare in Beziehung auf das Fundamentaldreieck (als Harmonikale) der Hauptkreis $c_1\ldots$ $x_1 + x_2 + x_3 = 0$ entspricht. Es brauchen alsdann die früher im fünften Kapitel § 63 bis § 73 unter Anwendung rechtwinkliger Raumkoordinaten z, x, y aufgestellten analytischen Ausdrücke für Eckpunkte, Hauptkreise etc. nur nach den trimetrischen Koordinaten x_1, x_2, x_3 interpretiert zu werden, um die entsprechenden Gebilde des kollinear verwandten Netzes zu erhalten. Die Eckpunkte $\mathfrak{A}$, $\mathfrak{C}$, $\mathfrak{B}$ haben z. B. die trimetrischen Koordinaten [vergl. $10\alpha'$) bis $10\gamma'$) in § 63]:

$$60\alpha)\quad\left\{\begin{array}{l|l|ll}
\mathfrak{A}_1 \ldots 1\,0\,0, & \mathfrak{C}_1 \ldots 1\,1\,1, & & \\
\mathfrak{A}_2 \ldots 0\,1\,0, & \mathfrak{C}_2 \ldots 1\,1-1, & \mathfrak{B}_1 \ldots 1\,1\,0, & \mathfrak{B}_4 \ldots 1\,0-1, \\
\mathfrak{A}_3 \ldots 0\,0\,1; & \mathfrak{C}_3 \ldots 1-1\,1, & \mathfrak{B}_2 \ldots 1\,0\,1, & \mathfrak{B}_5 \ldots 1-1\,0, \\
& \mathfrak{C}_4 \ldots 1-1-1; & \mathfrak{B}_3 \ldots 0\,1\,1, & \mathfrak{B}_6 \ldots 0\,1-1;
\end{array}\right.$$

die Hauptkreise $\mathfrak{a}$, $\mathfrak{c}$, $\mathfrak{b}$ haben die Gleichungen [vergl. $10\alpha)$, $\beta)$, $\gamma)$ in § 63]:

$$60\,\beta)\quad\begin{cases}\mathfrak{a}_1\ldots x_1=0, & \mathfrak{c}_1\ldots x_1+x_2+x_3=0,\\[2pt]\mathfrak{a}_2\ldots x_2=0, & \mathfrak{c}_2\ldots x_1+x_2-x_3=0,\\[2pt]\mathfrak{a}_3\ldots x_3=0; & \mathfrak{c}_3\ldots x_1-x_2+x_3=0,\\[2pt] & \mathfrak{c}_4\ldots x_1-x_2-x_3=0;\\[6pt]\mathfrak{b}_1\ldots x_1+x_2=0, & \mathfrak{b}_4\ldots x_1-x_3=0,\\[2pt]\mathfrak{b}_2\ldots x_1+x_3=0, & \mathfrak{b}_5\ldots x_1-x_2=0,\\[2pt]\mathfrak{b}_3\ldots x_2+x_3=0, & \mathfrak{b}_6\ldots x_2-x_3=0.\end{cases}$$

Die 48 zusammengehörigen Eckpunkte $\mathfrak{P}$, welche ein (harmonisches) $(6+8+24)$-flächiges 2.24-Eck bilden, haben zu Koordinaten die mit den acht Vorzeichenkombinationen zu versehenden sechs Permutationen der Koordinatenwerte x'_1, x'_2, x'_3 des Punktes $\mathfrak{P}_1$ u. s. f.

4. Ein dem regulären Ikosaedernetz V kollinear entsprechendes Netz hat zu Eckpunkten $\mathfrak{G}_1\ldots\mathfrak{G}_6$ diejenigen eines sog. zehnfach Brianchonschen Sechsecks, dessen ebene Projektion gelegentlich anderer Untersuchungen von Clebsch[1]) und F. Klein[2]) genauer betrachtet worden ist.

Vier Eckpunkte, z. B. $\mathfrak{G}_1$, $\mathfrak{G}_2$, $\mathfrak{G}_3$ und $\mathfrak{G}_6$ lassen sich beliebig (nur so, dass nicht drei derselben auf einem Hauptkreise liegen) wählen und den Eckpunkten G_1, G_2, G_3 und G_6 des Netzes V entsprechend annehmen. Die beiden anderen Punkte $\mathfrak{G}_4$ und $\mathfrak{G}_5$, welche G_4 und G_5 (Fig. 4, 29, 30) entsprechen, lassen sich dann durch eine einfache Konstruktion finden, welche sich leicht aus den von Clebsch[3]) hergeleiteten Eigenschaften der ebenen Figur eines solchen Sechsecks ergiebt.

Es mögen hier nur die folgenden Bemerkungen Platz finden, welche auch zu der Konstruktion der beiden Punkte $\mathfrak{G}_4$ und $\mathfrak{G}_5$ und der Herleitung der wichtigsten Eigenschaften dieser interessanten Figur dienlich sein können. Man kann die Gruppierung der sechs Punkte $\mathfrak{G}_1\ldots\mathfrak{G}_6$ auch so charakterisieren, dass dieselben zehnmal je zwei Dreiecke bilden, welche auf vier Arten perspektivisch liegen.

---

1) Math. Ann. Bd. IV, S. 284 und 345.
2) Math. Ann. Bd. XII, S. 531 flg.
3) A. a. O. S. 337 und 338.

Bei dieser Auffassung erhält man eine Anwendung der von
Rosanes und H. Schröter[1]), von dem ersteren durch analytische, von dem zweiten durch einfache synthetische Betrachtungen hergeleiteten Eigenschaften solcher Dreiecke.

Sollen nämlich zwei Dreiecke $\mathfrak{G}_1 \mathfrak{G}_2 \mathfrak{G}_3$ und $\mathfrak{G}_4 \mathfrak{G}_5 \mathfrak{G}_6$
auf vier Arten perspektivisch liegen und zwar (vergl. Schröter
a. a. O.) nach folgender Gruppierung:

$$61\,\alpha)\quad\left\{\begin{array}{c|c|c|c}
\mathfrak{G}_1\,\mathfrak{G}_2\,\mathfrak{G}_3 & \mathfrak{G}_1\,\mathfrak{G}_2\,\mathfrak{G}_3 & \mathfrak{G}_1\,\mathfrak{G}_2\,\mathfrak{G}_3 & \mathfrak{G}_1\,\mathfrak{G}_2\,\mathfrak{G}_3 \\
\mathfrak{G}_4\,\mathfrak{G}_5\,\mathfrak{G}_6 & \mathfrak{G}_5\,\mathfrak{G}_6\,\mathfrak{G}_4 & \mathfrak{G}_6\,\mathfrak{G}_4\,\mathfrak{G}_5 & \mathfrak{G}_6\,\mathfrak{G}_5\,\mathfrak{G}_4 \\ \hline
\mathfrak{C}_3 & \mathfrak{C}_2 & \mathfrak{C}_4 & \mathfrak{C}_1
\end{array}\right.$$

(vergl. die entsprechenden durch lateinische Buchstaben bezeichneten Punkte der Fig. 29), wobei der darunter gesetzte
Buchstabe das Projektionszentrum bezeichnet, so lassen sich,
wie Schröter[2]) gezeigt hat, falls die vier Punkte $\mathfrak{G}_1$, $\mathfrak{G}_2$,
$\mathfrak{G}_3$, $\mathfrak{G}_6$ gegeben sind, die beiden anderen Punkte $\mathfrak{G}_4$ und $\mathfrak{G}_5$
noch auf unendlich viele Arten bestimmen. Denn die beiden
Punkte $\mathfrak{G}_4$ und $\mathfrak{G}_5$ beschreiben bestimmte Ortskegelschnitte,
wenn das Kollineationszentrum $\mathfrak{C}_1$ sich auf $\mathfrak{G}_1 \mathfrak{G}_6$ bewegt.
Erhält der Punkt $\mathfrak{C}_1$ eine bestimmte Lage auf $\mathfrak{G}_1 \mathfrak{G}_6$, so
sind nach der von H. Schröter angegebenen Konstruktion
die beiden Punkte $\mathfrak{G}_4$ und $\mathfrak{G}_5$ bestimmt.

Diese bestimmte Lage des Punktes $\mathfrak{C}_1$ ergiebt sich nun
in dem vorliegenden Falle dadurch, dass zu den vier in $61\,\alpha)$
geforderten Bedingungen für die Lage der Dreiecke z. B.
noch die folgende:

$$61\,\beta)\quad\left\{\begin{array}{c}
\mathfrak{G}_1\,\mathfrak{G}_2\,\mathfrak{G}_4 \\
\mathfrak{G}_3\,\mathfrak{G}_6\,\mathfrak{G}_5 \\ \hline
\mathfrak{C}_5
\end{array}\right.$$

hinzugefügt wird, welche Bedingung auch mit derjenigen,
dass der Verbindungshauptkreis $\mathfrak{G}_4 \mathfrak{G}_5$ mit der Diagonale
$\mathfrak{C}_5 \mathfrak{C}_7$ (vergl. Fig. 29) zusammenfalle, identisch ist. Denn
alsdann folgt einfach, dass die sämtlichen 15 Verbindungs-
hauptkreise ($\mathfrak{b}_1 \ldots \mathfrak{b}_{15}$) der sechs Punkte $\mathfrak{G}_1 \ldots \mathfrak{G}_6$ sich zehn-

---

1) Math. Ann. Bd. II S. 549 flg. und S. 553 flg.
2) A. a. O.

mal zu je dreien in einem Punkte $\mathfrak{C}$ schneiden, d. h. dass die sechs Punkte $\mathfrak{G}$ zehnmal (wie bei dem Netze V) die Eckpunkte eines Brianchonschen Sechsecks bilden oder dass zehn Gruppen von je zwei vierfach-perspektivischen Dreiecken entstehen. Man kann auch sagen, dass von den 60 Sechsecken, welche in bekannter Weise aus den sechs Fundamentalpunkten $\mathfrak{G}$ sich bilden lassen, 40 Brianchonsche sind.

Die aus den vorstehenden Betrachtungen sich ergebende Konstruktion der Punkte $\mathfrak{G}_4$ und $\mathfrak{G}_5$ ist folgende:

(Vergl. Fig. 29.) Ziehe $\mathfrak{G}_1 \mathfrak{G}_6$ $(\mathfrak{b}_{14})$, welches $\mathfrak{G}_2 \mathfrak{G}_3$ $(\mathfrak{b}_7)$ in $\mathfrak{B}_3$ trifft; bestimme $\mathfrak{C}_1$ auf $\mathfrak{G}_1 \mathfrak{G}_6 \mathfrak{B}_3$ so, dass:

$$61\gamma) \qquad \frac{\sin \mathfrak{G}_1 \mathfrak{B}_3}{\sin \mathfrak{G}_6 \mathfrak{B}_3} : \frac{\sin \mathfrak{G}_1 \mathfrak{C}_1}{\sin \mathfrak{G}_6 \mathfrak{C}_1} = \frac{\sqrt{5}+1}{2} = cotg\,\varphi$$

ist, wobei die Teilung nach dem goldenen Schnitt zu benutzen ist; sodann bestimme:

$$(\mathfrak{G}_2 \mathfrak{C}_1, \ \mathfrak{G}_3 \mathfrak{G}_6) = \mathfrak{C}_3,$$
$$(\mathfrak{G}_1 \mathfrak{C}_3, \ \mathfrak{G}_3 \mathfrak{C}_1) = \mathfrak{G}_4,$$
$$(\mathfrak{G}_1 \mathfrak{G}_6, \ \mathfrak{G}_2 \mathfrak{G}_4) = \mathfrak{C}_4,$$
$$(\mathfrak{G}_3 \mathfrak{C}_4, \ \mathfrak{G}_2 \mathfrak{C}_1) = \mathfrak{G}_5.$$

Die zehn Perspektivitätszentra $\mathfrak{C}$ entsprechen den Eckpunkten C des regulären Pentagondodekaedernetzes, die 15 Schnittpunkte $\mathfrak{B}$ je zweier Hauptkreise $\mathfrak{b}$ sind die den Punkten B eines Netzes XX' entsprechenden Punkte; diese Punkte $\mathfrak{B}$ lassen sich in fünf Polardreiecke anordnen bezüglich eines Kegelschnitts, welcher für die regulären Netze durch den unendlich entfernten imaginären Kugelkreis repräsentiert wird. Die 15 Hauptkreise $\mathfrak{b}$ teilen die Kugelfläche in 120 Dreiecke, so dass jedem Punkte $\mathfrak{P}$ 119 Punkte der Kugel zugeordnet sind u. s. f.

Für die analytische Darstellung dieser Beziehungen ist ebenfalls die Einführung eines trimetrischen sphärischen Koordinatensystems von grossem Vorteil.

5. Endlich sei auch noch kurz auf die durch Zentralprojektion (vom Kugelmittelpunkte aus) auf eine beliebige

Ebene aus den gleichflächigen und gleicheckigen, sowie aus den jenen kollinear verwandten Netzen entstehenden ebenen Netze hingewiesen. Diese Beziehungen hat bereits Steiner[1]) erwähnt und insbesondere auf diejenigen Eigenschaften eines elliptischen Involutionsnetzes aufmerksam gemacht, welche auf die angegebene Weise aus diesen sphärischen Gebilden oder den entsprechenden Strahlenbündeln resultieren.

Den von uns früher betrachteten Polarnetzen (s. Kap. IV) der metrisch-gleicheckigen und -gleichflächigen sphärischen Netze entsprechen in der zentralen Projektion die polaren Gebilde der ebenen Netze in Beziehung auf einen imaginären Kreis als Kernkegelschnitt, dessen Mittelpunkt die senkrechte Projektion des Kugelmittelpunktes auf die Ebene, dessen Radius gleich der Länge dieser projizierenden Normalen ist. Diejenigen ebenen Netze, welche diesen durch zentrale Projektion der metrisch-gleicheckigen und -gleichflächigen Netze entstehenden kollinear oder reziprok verwandt sind, kann man auch durch kollineare oder reziproke Transformation in der Ebene herleiten, wobei für die analytische Darstellung die Benutzung trimetrischer Koordinaten von Vorteil ist. Die früher (im fünften Kap.) behandelte Abbildung auf die Ebene der t, s gehört zu diesen kollinear verwandten Netzen.

§ 88. Kollineare und reziproke Transformation der räumlichen Systeme.

1. Den im vorigen Paragraphen betrachteten, durch kollineare (oder reziproke) Transformation entstehenden sphärischen Netzen lassen sich entsprechende Polyeder ein- oder umschreiben, wenn die Grenzflächen dieser Netze sämtlich kleinen Kugelkreisen einbeschreibbar sind. Dies ist zwar für sämtliche im weiteren Sinne gleichflächige Dreiecksnetze, dagegen für alle übrigen, zumal für die im weiteren Sinne gleicheckigen Netze im allgemeinen nicht der Fall.

---

1) Vergl. die Bemerkungen aus dem Nachlasse Steiners in dessen ges. Werken Bd. II S. 735—738.

Dagegen wird man im weiteren Sinne gleicheckige und gleichflächige Polyeder, welche die früher abgeleiteten metrisch - gleicheckigen und -gleichflächigen Polyeder als besondere Fälle enthalten, durch kollineare oder reziproke Transformation der durch die Ebenen, Eckpunkte, Kanten dieser letzteren Polyeder bestimmten räumlichen Systeme ableiten können. Unter gleicheckigen Polyedern im weiteren Sinne[1]) sind hierbei solche mit gleichvielseitigen Ecken, welche auf gleiche Art von Polygonen verschiedener oder gleicher Beschaffenheit gebildet werden, zu verstehen, unter gleichflächigen Polyedern im weiteren Sinne solche mit gleichvielkantigen Flächen, welche auf gleiche Art von Ecken verschiedener oder gleicher Beschaffenheit umgeben sind.

2. Wir wollen diese Art der Betrachtung, aus einem metrisch ▪ gleicheckigen oder -gleichflächigen Polyeder ein diesem kollinear (oder reziprok) verwandtes herzuleiten nur an einem Beispiele erläutern, indem wir uns vorbehalten, bei einer anderen Gelegenheit auf diese Beziehungen, welche sowohl für die allgemeine Theorie der Konfiguration räumlicher Gebilde, als auch für diejenige der Polyeder von grosser Bedeutung sind, ausführlich einzugehen.

Die beiden Gebilde, welche dem regulären Hexaeder und dem regulären Oktaeder kollinear verwandt sind, sind bereits nach einigen ihrer hauptsächlichsten Eigenschaften von R. Heger[2]) und neuerdings mit besonderer Berücksichtigung der durch diese räumlichen Gebilde bestimmten sog. Konfigurationen von Th. Reye[3]) betrachtet worden.

Für die analytische Behandlung ist hier, so wie bei dem analogen Problem auf der Kugel oder in der Ebene die trimetrischen Koordinaten sich vorteilhaft darboten, die Be-

---

1) Vergl. J. C. Becker, Elemente der Geometrie I, S. 279 flg.

2) Das harmonische Hexaeder und Oktaeder, Schlömilchs Zeitschr. XVIII, S. 307 — 312.

3) Acta mathem., herausgeg. v. Mittag-Leffler. 1.1. S. 93 und 1.2. S. 97 flg.

nutzung tetraedrischer Punkt- (oder Ebenen-) Koordinaten zu wählen.

3. Die acht Eckpunkte eines harmonischen Oktagons (harmonischen Hexaeders nach Heger) lassen sich als acht Punkte des Raumes definieren, deren tetraedrische Koordinaten in Beziehung auf ein Tetraeder bei demselben absoluten Werte sich nur durch die Vorzeichenkombinationen unterscheiden. Hierbei kann, da nur die Verhältnisse der vier Koordinaten in Betracht kommen, eine der vier Koordinaten immer als positiv genommen werden. Nimmt man nun einen beliebigen Punkt C_1 (z. B. im Innern des Koordinatentetraeders) an und wählt diesen als Einheitspunkt, welchem als Polarebene in Beziehung auf das Tetraeder die Ebene:

$$62\,\alpha) \qquad x_1 + x_2 + x_3 + x_4 = 0$$

entspricht, legt durch die sechs Kanten des Tetraeders und diesen Punkt sechs Ebenen und konstruiert an jeder Kante zu der Verbindungsebene die vierte harmonische Ebene, so dass diese beiden durch die beiden Tetraederflächen harmonisch getrennt sind, so schneiden sich diese zwölf konstruierten Ebenen zu sechsen achtmal[1]). Diese acht sechsflächigen Schnittpunkte C sind die Eckpunkte eines harmonischen Oktagons, welche die Koordinaten:

$$62\,\beta) \qquad \pm 1,\ \pm 1,\ \pm 1,\ 1$$

haben.

Die zwölf konstruierten Ebenen $b_1 \ldots b_{12}$ schneiden sich zu dreien in zwölf Punkten B, welche zu je zweien auf einer Tetraederkante liegen und durch deren Eckpunkte harmonisch getrennt werden; diese Punkte sind die Pole zu den Ebenen b in Beziehung auf das Tetraeder; ihre Koordinaten werden durch die Permutationen nebst Vorzeichenkombinationen von:

$$62\,\gamma) \qquad 1,\ 1,\ 0,\ 0$$

dargestellt. Die acht Polarebenen c der Punkte C bilden das harmonische Oktaeder.

---

1) Reye a. a. O.

Reye betrachtet[1]) die durch die acht Punkte C und die vier Tetraedereckpunkte A und durch die zwölf Ebenen b gebildete Konfiguration, oder nach der von ihm eingeführten Bezeichnung: die $Cfg.\,(12_6,\ 16_3)$, bei welcher auf jeder der zwölf Ebenen b sechs der angegebenen zwölf Punkte liegen und durch jeden der zwölf Punkte sechs von den zwölf Ebenen gehen, und zu welcher 16 Gerade gehören, welche mit je dreien der zwölf Punkte und je dreien der zwölf Ebenen inzident sind. Das polare Gebilde, das aus den zwölf Punkten B und den acht Ebenen c nebst den vier Tetraederflächen a besteht, hat dieselbe Eigenschaft.

4. Wir wollen zum Schluss noch eine sich mit Leichtigkeit aus der beschriebenen Raumfigur ergebende Beziehung hervorheben, welche sich durch kollineare Transformation leicht auf die reguläre Hexaeder - Oktaeder - Konfiguration übertragen lässt.

Die zwölf Ebenen b schneiden sich 16 mal zu dreien und zwar so, dass je vier dieser 16 Punkte D auf einer Tetraederfläche liegen; entsprechend gehen von den 16 Ebenen d, welche je drei Punkte B verbinden, je vier durch einen Tetraedereckpunkt.

Die 16 Punkte D (deren Koordinaten durch die Permutationen nebst Vorzeichenkombinationen von 0, 1, 1, 1 dargestellt werden) und die 16 Ebenen d bilden nun nach Reyes Bezeichnung, wenn wir von den zugehörigen Geraden absehen, eine

$$Cfg.\,(16_6),$$

d. h. es liegen je sechs der 16 Punkte D auf einer Ebene d (und zwar auf einem Kegelschnitt) und durch jeden Punkt D gehen je sechs Ebenen d hindurch. Diese $Cfg.$ entspricht also genau derjenigen der 16 Knotenpunkte und der 16 singulären Ebenen einer Kummerschen Fläche[2]).

---

1) A. a. O.

2) Vergl. Reye a. a. O. S. 93 und F. Klein, Math. Ann. Il. S. 199—226.

Als Repräsentant dieser Konfiguration bei der regulären Gruppe erhalten wir für die 16 Punkte D die zwölf Kubooktaedereckpunkte und die vier unendlich fernen Punkte der dreizähligen Axen (der Würfeldiagonalen), für die 16 Ebenen d die zwölf Flächen eines Rhombendodekaeders und die vier durch den Mittelpunkt senkrecht zu den dreizähligen Axen gelegten Ebenen.

Siebentes Kapitel.

Die die Kugelfläche mehrfach bedeckenden gleichflächigen und gleicheckigen Netze nebst den zugehörigen Polyedern.

---

§ 89. Einleitende Betrachtungen. Erweiterte Eulersche Formel.

1. In diesem letzten Kapitel soll die Herleitung derjenigen gleichflächigen und gleicheckigen Netze, welche mehrfach die Kugelfläche bedecken, sowie der zugehörigen Polyeder behandelt werden. Die Definition derartiger Netze und Polyeder, auf welche hinzuweisen sich bereits bei den vorhergehenden Betrachtungen mehrfach Gelegenheit darbot (vergl. z. B. Kap. II. § 12, 3.; Kap. IV. § 47, 3., § 48, 1., § 49, 2., § 54, 2.; Kap. V. § 73, 5., § 76, 4.), ergiebt sich ohne weiteres aus den im ersten Kapitel aufgestellten Definitionen, sobald wir die Begriffe der Art eines ebenen und eines sphärischen Polygons, einer sphärischen Ecke, eines Netzes und eines Polyeders festgestellt haben.

2. Die Art eines ebenen Vielecks ist durch die Zahl b bestimmt, wenn die Summe der Umfangswinkel desselben $b \cdot 360^{\circ}$ beträgt[1]). Unter einem Umfangswinkel eines Polygons ist derjenige Winkel zu verstehen, um welchen an jedem Eckpunkte eine Kante in dem positiven Drehungssinne gedreht werden muss, bis ihre positive Richtung mit derjenigen der darauf folgenden Kante zusammenfällt, wobei

---

1) Vergl. des Verf. Schriften: Über gleicheckige und gleichkantige Polygone. Kassel 1874. Th. Kay. § 1 bis § 5, und: Über die zugleich gleicheckigen und gleichflächigen Polyeder. Kassel 1876. § 3.

die positive Richtung jeder Kante durch die Wahl des Sinnes, in welchem der Umfang durchlaufen wird, gegeben ist. Die Summe jener Umfangswinkel lässt sich sehr leicht aus der von Wiener[1]) sogenannten zweiten Figur erhalten, die man u. a. dadurch konstruieren kann, dass man von einem beliebigen Punkte der Ebene auf die Innenseiten der aufeinander folgenden Kanten Perpendikel fällt.

Die Art eines sphärischen Polygons wird als die b^{te} bezeichnet, wenn die Summe der Winkel, welche ein um einen beliebigen Punkt der Kugel sich drehender sphärischer Radiusvektor beschreibt, dessen anderer Eckpunkt den Perimeter des Polygons in der durch den Sinn dieses Perimeters gegebenen Richtung durchläuft, $b \cdot 360^0$ beträgt. Führen wir, analog wie bei einem ebenen Vieleck, die Summe ΣU der Umfangswinkel des sphärischen Vielecks, sowie den Exzess E ein, welcher mit $\dfrac{r^2 \pi}{180^0}$ multipliziert den Flächeninhalt des n-Ecks ergiebt, so besteht folgende einfache Relation:

$$63\,\alpha) \qquad E + \Sigma U = b \cdot 360^0,$$

deren Richtigkeit sich auch direkt aus der vollständigen durch die Hauptkreise des sphärischen n-Ecks gebildeten Figur leicht nachweisen lässt. Für die Polarfigur eines sphärischen n-Ecks erhält man:

$$63\,\beta) \qquad E' + \Sigma U' = b' \cdot 360^0,$$

wobei $\Sigma U'$ oder die Summe der Umfangswinkel der Polarfigur gleich dem Umfang (der Summe der Kanten) der ursprünglichen Figur ist.

Für alle diejenigen sphärischen Polygone, deren Kanten und Winkel sämtlich kleiner als 180^0 sind, werden die beiden die Art der Figur und der Polarfigur bestimmenden Zahlen b und b' einander gleich. Dagegen können bei denjenigen sphärischen Vielecken, deren Kanten und Winkel zum Teil oder sämtlich überstumpf sind, jene beiden Zahlen von ein-

---

1) Chr. Wiener, Über Vielecke und Vielflache. Leipzig, B. G. Teubner. 1864.

ander verschieden sein. Bei den nachfolgenden Betrachtungen werden wir fast ausschliesslich Polygone höherer Art von der ersteren Beschaffenheit berücksichtigen.

Aus den angegebenen Regeln für die Bestimmung der Art eines sphärischen Polygons folgen auch leicht die entsprechenden Regeln für die Bestimmung der Art einer körperlichen Ecke.

Die Art einer sphärischen Ecke (§ 7, 2.) wird durch die Zahl β bestimmt, wenn die Summe ihrer (sphärischen) Winkel $\beta \cdot 360^0$ beträgt.

3. Mit Benutzung der im vorstehenden aufgestellten Regeln können wir nun sofort die sogenannte erweiterte Eulersche Formel für solche sphärische Netze, welche mehrfach die Kugelfläche bedecken, herleiten. (Vergl. § 7, 6.)

Liegt ein sphärisches Netz vor, welches B-mal die Kugelfläche bedeckt, so dass B die die Art des Netzes bestimmende Zahl ist, und bezeichnet s_i die Summe der Innenwinkel einer n_i-eckigen Grenzfläche von der b_i^{ten} Art, m die Anzahl aller Flächen, ferner β_i die Art einer sphärischen Ecke, μ die Anzahl der Ecken und K die Anzahl der Kanten des Netzes, so ergiebt sich, wenn die Summe aller Flächen des Netzes gleich dem B-fachen der Kugelfläche gesetzt wird, die Beziehung:

$$\sum_1^m s_i - \sum_1^m (n_i - 2 b_i) \, 180^0 = B \cdot 720^0.$$

Da aber:

$$\sum_1^m s_i = \sum_1^\mu \beta_i \cdot 360^0 \quad \text{und} \quad \sum_1^m n_i = 2 K$$

ist, so resultiert die erweiterte Eulersche Formel:

$$64) \qquad \sum_1^m b_i + \sum_1^\mu \beta_i = K + 2 B.$$

Ist das sphärische Netz gleichflächig oder gleicheckig, so wird bez.:

$$64\,\alpha) \qquad \sum_1^m b_i = m \cdot b, \quad \sum_1^\mu \beta_i = \mu \cdot \beta,$$

wenn b (β) die Art aller Flächen (Ecken) des Netzes bezeichnet.

4. Die in § 7 für solche sphärische Netze, deren sämtliche Grenzflächen kleinen Kugelkreisen einbeschreibbar sind, für deren Symmetrienetze, ferner für die den ersteren Netzen ein- und umgeschriebenen Polyeder angegebenen Eigenschaften übertragen sich ohne weiteres auch auf solche Netze, welche mehrfach die Kugel bedecken. Insbesondere haben also die in § 7, 8. aufgestellten Beziehungen zwischen den Flächenwinkeln und den ebenen Winkeln der jenen Netzen ein- und umgeschriebenen Polyeder einerseits und den sphärischen Winkeln und Kanten der Symmetrienetze und der zugeordneten Netze andererseits auch für die hier in Betracht kommenden Netze und Polyeder ihre Geltung.

5. Für irgend ein Polyeder höherer Art kann man, wie beiläufig bemerkt werden möge, die die Art bestimmende Zahl in folgender Weise erhalten: Wenn man von einem beliebigen Punkte des Raumes Perpendikel auf die Innenseiten sämtlicher Grenzflächen fällt und durch je zwei solcher Perpendikel, welche zweien sich in einer Kante des Polyeders schneidenden Grenzflächen entsprechen, Ebenen legt, sodann um das gemeinschaftliche Centrum der sämtlichen auf diese Weise konstruierten Polarecken zu den Ecken des Polyeders eine Kugel beschreibt, so wird das durch die Ebenen dieser Polarecken auf der Kugel erzeugte Netz notwendig die Kugelfläche ein oder mehrere Mal bedecken. Die Anzahl B dieser Kugelbedeckungen bestimmt die Art des Polyeders.

Wenn das betrachtete Polyeder gleicheckig ist, so wird das konstruierte Symmetrienetz gleichflächig sein.

Das angegebene Verfahren führt auch leicht dazu, eine Formel (die sogenannte erweiterte Eulersche Formel für Polyeder) aufzustellen, welche direkt die Art eines Polyeders aus den die Arten der Grenzflächen und Ecken bestimmenden Zahlen und der Anzahl der Kanten zu erhalten gestattet[1]).

Inwieweit diese Betrachtungen auch für Polyeder und Netze mit nicht konvexen Grenzflächen und Ecken ihre Giltigkeit behalten, soll hier nicht allgemein untersucht werden; doch wird sich im folgenden an einigen Stellen Gelegenheit darbieten, auch derartige Netze und Polyeder zu berücksichtigen.

§ 90. Herleitung der regulären Netze und Polyeder höherer Art.

1. Um die regulären Netze höherer Art herzuleiten, bietet sich zunächst das analoge Verfahren zu demjenigen dar, welches im zweiten Kapitel zur Herleitung der einfachen regulären Netze gewählt wurde. Wenden wir dieselben Bezeichnungen, wie in § 8 an, so erhalten wir als Bedingungen dafür, dass ein reguläres n-Eck der b^{ten} Art so beschaffen sei, dass es mit seinen Wiederholungen ein die Kugelfläche B-mal bedeckendes Netz mit kongruenten regulären sphärischen Ecken der β^{ten} Art bilde, die beiden folgenden Relationen:

$$65\,\alpha) \qquad nA - (n - 2b)\,180^0 = \frac{B \cdot 720^0}{m},$$

$$65\,\beta) \qquad vA = \beta \cdot 360^0,$$

aus welchen folgt:

$$66) \qquad m = \frac{4\,Bv}{2\,\beta n - (n - 2b)\,v},$$

---

1) Vergl. des Verf. Schrift: Über die zugleich gleicheckigen und gleichflächigen Polyeder, S. 13—16; sowie für die besonderen Fälle der regulären Polyeder höherer Art: Poinsot, Mémoire sur les polygones et les polyèdres. Journ. de l'école polyt. X cah. Cayley, On Poinsot's four new Regular Solids. The London, Edinburgh and Dublin Philosoph. Magaz. Vol. XVII. p. 123 flg. Wiener, Über Vielecke und Vielflache. Günther, S., Vermischte Untersuchungen u. s. w. Leipzig, B. G. Teubner. 1876. Kap. I.

während [vergl. 6β) und 6α) in § 8] ausserdem die Beziehungen bestehen:

$$65\gamma) \qquad \cos\tfrac{1}{2}\alpha \, \sin\tfrac{1}{2}A = \cos b : \frac{180^0}{n},$$

$$65\delta) \qquad m \cdot n = \mu \cdot \nu = 2K.$$

Es handelt sich darum, diejenigen positiven und ganzzahligen Werte der Zahlen m, n, b, ν, β und B zu finden, welche der Gleichung 66) genügen, und dann festzustellen, ob diesen zusammengehörigen Werten in der That ein konstruierbares reguläres Netz höherer Art entspricht[1]).

Die Zahl derjenigen Lösungen dieser Gleichung 66), welchen in der That konstruierbare sphärische Netze höherer Art entsprechen, reduziert sich nun wesentlich, wenn wir von vornherein eine wichtige Eigenschaft solcher Netze berücksichtigen, welche in dem nachfolgenden Satze ausgesprochen ist, der auch entsprechend für die gleicheckigen Netze höherer Art gilt und für die weiter folgenden Betrachtungen von grosser Wichtigkeit ist.

2. Dieser Satz lautet:

Jedes gleicheckige (speziell reguläre) Netz höherer Art hat seine Eckpunkte mit einem gleicheckigen (speziell regulären) Netze erster Art gemein.

Der Beweis dieses Satzes lässt sich am einfachsten durch Benutzung eines von Wiener[2]) aufgestellten und bewiesenen Satzes führen, nach welchem irgendwelche auf einer Kugelfläche liegende Punkte nur auf eine Art zu einem konvexen Vielflache der ersten Art zusammengefasst werden können oder — anders ausgedrückt — nur ein einfaches sphärisches Netz bestimmen, dessen sämtliche Grenzflächen

---

1) Poinsot hat l. c. S. 87 eine ähnliche Gleichung aufgestellt, in welcher aber nur fünf Unbestimmte vorkommen, da Poinsot $b = 1$ annimmt. Poinsot verzweifelt aber auch an einer vollständigen Lösung (im Sinne der gestellten Aufgabe) dieser einfacheren Gleichung. Vergl. Günther, l. c. S. 61.

2) Wiener, l. c. S. 20 und 21 flg. Vergl. auch Badoureau, Comptes rend. 1878 p. 823.

kleinen Kugelkreisen einbeschreibbar sind. Diese Kugelkreise sind diejenigen durch je drei oder mehr der gegebenen Punkte der Kugelfläche hindurchgehenden Kreise, welche in ihrem Inneren (d. h. dem durch die Gesamtheit der sphärischen Radien, welche kleiner als ein Halbkreis sind, bestimmten Teile der Kugelfläche) keine der übrigen Punkte einschliessen. Die den so bestimmten Kugelkreisen eingeschriebenen sphärischen Polygone sind die Grenzflächen des einfachen sphärischen Netzes, die entsprechenden Sehnenpolygone bilden die Seitenflächen des konvexen Vielflachs der ersten Art.

3. Mit Hilfe dieses Satzes lässt sich nun der Beweis des obigen Satzes in folgender Art führen[1]):

Die Eckpunkte eines gleicheckigen (speziell regulären) sphärischen Netzes höherer Art bestimmen ein und nur ein solches Netz erster Art, dessen sämtliche Grenzflächen kleinen Kugelkreisen einbeschreibbar sind. Dieses Netz der ersten Art muss aber selbst gleicheckig sein.

Nehmen wir zunächst an, die sämtlichen Ecken des gleicheckigen Netzes höherer Art seien kongruent, wie es für eine grosse Zahl dieser Netze, insbesondere für alle Archimedeischen und die regulären Netze höherer Art der Fall ist. Es sei Q ein solches gleicheckiges Netz höherer Art, q das entsprechende Netz erster Art. Denkt man sich nun ein zweites dem Netze Q kongruentes Netz Q' nebst dem zugehörigen Netze erster Art q' starr gemacht und Q' mit Q zur Deckung gebracht, so muss auch q' mit q sich decken, da alle Eckpunkte von Q' und Q bei der Deckung zusammenfallen. Diese Deckung von Q' mit Q findet nun jedesmal statt, so oft man irgend eine Ecke von Q' mit einer bestimmten Ecke von Q zur Deckung bringt. Damit kommt also auch jede Ecke von q' mit jeder Ecke von q

---

1) In analoger Weise hat Wiener l. c. S. 21 den Beweis des entsprechenden Satzes für die regulären Polyeder höherer Art und J. Pitsch (Zeitschr. f. das Realschulwesen, herausgegeben von Kolbe, Bechtel u. Kuhn. Wien, A. Hölder, VII. Jahrg. 1881, S. 9 flgg.) für die gleicheckigen Archimedeischen Polyeder höherer Art geführt.

zur Deckung, d. h. alle Ecken des q' sind mit einer des q, also auch untereinander gleich. Das durch die Eckpunkte des gleicheckigen Netzes höherer Art bestimmte einfache Netz q ist daher ein gleicheckiges.

Wenn die Ecken des gleicheckigen Netzes höherer Art in zwei Gruppen von gleicher Zahl zerfallen und die Ecken jeder Gruppe einander kongruent, denen der anderen Gruppe aber symmetrisch gleich sind, so ergiebt sich durch eine ganz analoge Betrachtung, indem man diejenigen Ecken des kongruenten Netzes Q', welche der ersten Gruppe angehören, mit einer bestimmten Ecke der ersten Gruppe des Netzes Q und ebenso die der zweiten Gruppe angehörigen Ecken des Netzes Q' mit einer bestimmten Ecke des Netzes Q successive zur Deckung bringt, dass das einfache Netz q ein gleicheckiges sein muss, dessen Ecken ebenfalls in zwei Gruppen der angegebenen Beschaffenheit zerfallen.

4. In beiden Fällen sind die Drehungen, welche das Netz Q' mit dem Netze Q oder das Netz Q mit sich selbst zur Deckung bringen, da durch diese Drehungen zugleich das gleicheckige Netz q der ersten Art mit sich zur Deckung gebracht wird, mit denjenigen im zweiten und dritten Kapitel betrachteten Drehungen identisch, welche entweder für die Netze I und II, oder für das Netz III, oder für die Netze IV und VI oder endlich für die Netze V und VII charakteristisch sind. Daraus folgt, dass auch jedes gleicheckige Netz höherer Art dieselben Axen und von derselben Zähligkeit besitzen muss, wie ein gleicheckiges Netz der ersten Art, mit welchem es seine Eckpunkte gemein hat.

Auf die sich hieraus ergebende Beschaffenheit der Symmetrienetze der gleicheckigen Netze höherer Art, d. h. der gleichflächigen Netze höherer Art wird in den nachfolgenden Paragraphen bei der Herleitung der gleicheckigen Netze genauer eingegangen werden. Zuvor soll noch die in diesem Paragraphen begonnene Herleitung der regulären Netze höherer Art erledigt werden.

5. Zufolge des unter 2. und 3. dieses Paragraphen aufgestellten und bewiesenen Satzes können nur solche der

Gleichung 66) genügende Werte der Zahlen m, n, b, v, β und B ein reguläres Netz höherer Art ergeben, für welche der zugehörige Wert $\mu = \dfrac{m \cdot n}{v}$ [Formel 65δ)] gleich der Zahl der Ecken eines regulären Netzes erster Art ist. So können z. B. die beiden der Gleichung 66) genügenden Wertsysteme:

$$n = 5, \quad b = 2, \quad v = 4, \quad \beta = 1, \quad m = 8, \quad B = 3;$$
$$n = 7, \quad b = 3, \quad v = 3, \quad \beta = 1, \quad m = 12, \quad B = 11;$$

keine entsprechenden regulären Netze höherer Art liefern, d. h. es kann weder ein reguläres sphärisches Netz der dritten Art mit acht regulär-fünfeckigen Grenzflächen der zweiten Art, noch ein solches der elften Art mit zwölf regulär-siebeneckigen Grenzflächen der dritten Art existieren, weil im ersten Falle die Zahl der regulär-vierflächigen Ecken $\mu = \dfrac{8.5}{4} = 10$, im zweiten Falle $\mu = \dfrac{12.7}{3} = 28$ betragen würde.

Eine einfache, mit Beachtung der obigen Regeln ausgeführte Diskussion ergiebt als allein mögliche reguläre Netze höherer Art die sechs in nachfolgender Tabelle aufgeführten (vergl. Tabelle 9 auf S. 25):

67)

Reguläres Netz.	n	b	v	β	m	μ	B	A	α	R	P
I_b	n	b	2	1	2	n	b	180°	$b \cdot \dfrac{360^\circ}{n}$	90°	90°
II_β	2	1	v	β	v	2	β	$\beta \cdot \dfrac{360^\circ}{v}$	180°	90°	$\beta \cdot \dfrac{180^\circ}{v}$
V_7	3	1	5	2	20	12	7	144°	$180^\circ - 2\varphi$	$\chi + 2\psi$	$90^\circ - \psi$
VII_7	5	2	3	1	12	20	7	120°	$180^\circ - 2\psi$	$\chi + 2\psi$	$90^\circ - \varphi$
V'_3 oder VII_3	5	2	5	1	12	12	3	72°	$180^\circ - 2\varphi$	2φ	φ
V_3 oder VII'_3	5	1	5	2	12	12	3	144°	2φ	2φ	$90^\circ - \varphi$

6. Die Netze I_b, für welche $n \gtreqqless 5$ und b prim zu n und zwar $b \lesseqgtr \dfrac{n-2}{n}$ für gerade n, $b \lesseqgtr \dfrac{n-1}{n}$ für ungerade n sein muss, sind die regulären Kreisteilungsnetze der b^{ten} Art; die Netze II_β, für welche $v \gtreqqless 5$ und β prim zu v und zwar $\beta \lesseqgtr \dfrac{v-2}{v}$ für gerade v, $\beta \lesseqgtr \dfrac{v-1}{v}$ für unge-

rade ν sein muss, sind die regulären Zweiecksnetze der β^{ten} Art. (Vergl. § 10 und § 5, 6.) Ist die Zahl b (bez. β) in dem angegebenen Intervall nicht prim zu n (bez. ν), so resultieren diskontinuierliche Netze, d. h. Systeme von p sich regelmässig kreuzenden Kreisteilungs- (bez. Zweiecks-) netzen der b'^{ten} (bez. β'^{ten} Art) mit n' Ecken (bez. ν' Flächen), wenn $b = p \cdot b'$ und $n = p \cdot n'$ (bez. $\beta = p \cdot \beta'$ und $\nu = p \cdot \nu'$) ist.

Die Netze I_b und II_β sind für $n = \nu$ und $b = \beta$ einander sowohl polar entsprechend als auch konjugiert, sie haben dieselben Axen und Symmetrieebenen, wie die entsprechenden Netze erster Art, aus welchen sie sich in einfacher Weise ergeben; auch können denselben keine eigentlichen Polyeder, sondern nur Grenzfälle von solchen ein- oder umgeschrieben werden. [Vergl. § 10 und die Fig. 1α) und 1β).]

7. Die vier anderen in der Tabelle 67) aufgeführten Netze sind solche reguläre Netze höherer Art, welche der Ikosaeder-Pentagondodekaedergruppe angehören. Die beiden mit V_7 und VII_7 und ebenso die beiden mit V'_3 und V_3 bezeichneten Netze sind bez. einander konjugiert; die Netze V_7, V'_3 und V_3 haben die zwölf Eckpunkte eines Ikosaedernetzes V, das Netz VII_7 die 20 Eckpunkte C eines Pentagondodekaedernetzes VII zu Eckpunkten; die Kanten sämtlicher Netze werden durch Bogen der 15 Hauptkreise b gebildet. [Vergl. § 12 und die Figuren 14α), 29) und 30), in welchen

die Grenzfläche eines Netzes V_7 z. B. durch $G_1\, G'_5\, G'_4$,

„	„	„	„ VII_7 „ „	„	$C_4\, C'_8\, C_6\, C_9\, C''_{10}$,
„	„	„	„ V'_3 „ „	„	$G_2\, G_5\, G_4\, G_3\, G_6$,
„	„	„	„ V_3 „ „	„	$G_2\, G_3\, G_5\, G_6\, G_4$

dargestellt ist.] Den sämtlichen vier Netzen kommen dieselben Axen und Symmetrieebenen zu, wie den einfachen Netzen V und VII; während aber bei den Netzen V_7 und VII_7 die Ecken-, Flächen- und Kantenaxen mit den entsprechenden Axen der einfachen Netze V und VII bez. übereinstimmen, sind bei den beiden Netzen V'_3 und V_3 die fünfzähligen Axen OG sowohl Ecken- als Flächenaxen, dagegen die dreizähligen Axen OC nach den Doppelpunkten dieser Netze gerichtet.

Diesen vier regulären Netzen höherer Art sind die vier regulären Polyeder höherer Art, die sogenannten Kepler-Poinsotschen Polyeder ein- und umgeschrieben, deren Herleitung, Art und sonstige Eigenschaften sich in einfacher Weise aus diesen Netzen ergeben. Und zwar ist[1]):

dem Netze V_7 (VII_7)
$\begin{cases} \text{das Poinsotsche 20-flächige Stern-} \\ \text{12-Eck der siebenten Art ein-} \\ \text{(um-)geschrieben,} \\ \text{das Keplersche 20-eckige Stern-} \\ \text{12-Flach der siebenten Art um-} \\ \text{(ein-)geschrieben;} \end{cases}$

dem Netze V_3' oder VII_3 $(V_3$ oder $VII'_3)$
$\begin{cases} \text{das Keplersche 12-eckige Stern-} \\ \text{12-Flach der dritten Art ein-} \\ \text{(um-)geschrieben,} \\ \text{das Poinsotsche 12-flächige Stern-} \\ \text{12-Eck der dritten Art um-(ein-)} \\ \text{geschrieben[2]).} \end{cases}$

§ 91. Methoden, die gleicheckigen und die gleichflächigen Netze höherer Art herzuleiten.

1. In dem zweiten und dritten Kapitel haben wir die sämtlichen möglichen gleichflächigen Netze erster Art durch einfache mass-geometrische Betrachtungen erhalten,

---

1) Vergl. Wiener, l. c. S. 22—31.

2) Die Entwickelung der Theorie dieser regulären Sternpolyeder findet man übersichtlich und im Zusammenhange dargestellt in dem bereits oben zitierten Werke von S. Günther, Vermischte Untersuchungen u. s. w., Kap. I. Zu den dortigen Litteraturangaben können aus neuerer Zeit noch die folgenden hinzugefügt werden: Th. Hugel, Die regulären und halbregulären Polyeder, Neustadt a. d. H., Witter. O. Löwe, Grunerts Archiv LVII, 392—419. Cayley, On the regular solids, Quart. J. XV, 12 S. 131. Badoureau, Sur les figures isocèles, Comptes rend. LXXXVII, S. 823—825. Dostor, Verschiedene Aufsätze in Grunerts Archiv LXII, LXIII. Liouv. Journ. (3) V, 209—227.

wobei sich zu jedem solchen gleichflächigen Netze ein zugeordnetes (bez. konjugiertes) gleicheckiges Netz oder eine Vielheit derartiger zugeordneter gleicheckiger Netze ergab.

Die Eckpunkte der festen gleichflächigen Netze sind Endpunkte der charakteristischen Axen der betreffenden Gruppe, stellen also Kombinationen der Eckpunkte der regulären und der festen gleicheckigen Netze jener Gruppe dar. Dagegen werden die Eckpunkte der veränderlichen gleichflächigen Netze, welchen direkte Symmetrieebenen nur zum Teil oder gar nicht zukommen, zum Teil durch Endpunkte der charakteristischen Axen, zum Teil durch Eckpunkte hemigonischer, gleicheckiger Netze der betreffenden Gruppe gebildet.

In allen Fällen sind die Eckpunkte der den gleichflächigen Netzen zugeordneten gleicheckigen Netze homologe Punkte der Grenzflächen dieser Netze; die Grenzflächen der gleicheckigen Netze sind sämtlich kleinen Kugelkreisen einbeschreibbar, deren Mittelpunkte die Eckpunkte des gleichflächigen Symmetrienetzes sind. Während bei den gleicheckigen Netzen mit festen Symmetrienetzen die Grenzflächen nur reguläre oder halbreguläre (gleicheckige) Polygone darstellen, werden dieselben bei den den veränderlichen gleichflächigen Netzen zugeordneten gleicheckigen Netzen zum Teil auch durch symmetrische Vierecke oder gleichschenklige oder endlich unregelmässige Dreiecke gebildet. Dagegen ergeben sich die Eckpunkte dieser letzteren gleicheckigen Netze einfach direkt als Hemigonieen (bez. Tetartogonieen) der vollzähligen gleicheckigen Netze der betreffenden Gruppen.

2. Der im vorigen Paragraphen unter 2. und 3. aufgestellte und bewiesene Satz führt in seiner Anwendung zu einer ersten Methode, zunächst die sämtlichen möglichen gleicheckigen Netze höherer Art und sodann aus diesen die ihnen als Symmetrienetze zugehörigen gleichflächigen Netze höherer Art herzuleiten.

Für die Herleitung der festen derartigen gleichflächigen und der diesen zugeordneten gleicheckigen Netze empfiehlt es sich aber analog, wie bei den Betrachtungen des zweiten und dritten Kapitels, den umgekehrten Weg einzuschlagen, d. h. eine zweite Methode anzuwenden, durch welche zunächst die festen gleichflächigen Netze höherer Art und sodann aus diesen die zugeordneten gleicheckigen Netze erhalten werden. Dagegen ist für die Bestimmung der gleicheckigen Netze mit veränderlichen Symmetrienetzen die Anwendung der ersten Methode vorzuziehen.

Diese beiden Methoden sollen im folgenden entwickelt und sodann auf die Bestimmung der bezüglichen Netze und der zugehörigen Polyeder angewendet werden. Damit erfahren diejenigen Probleme der Kugelteilung auf zwei Arten ihre Lösung, bei welchen es sich darum handelt, alle Fälle zu ermitteln, in welchen ein sphärisches Polygon nebst seinen kongruenten oder symmetrischen Wiederholungen eine geschlossene Fläche bildet, welche mehrere Mal die Kugelfläche bedeckt.

3. Die erste Methode besteht darin, die vollständige durch die Eckpunkte eines einfachen gleicheckigen Netzes bestimmte sphärische Figur zu untersuchen, welche durch die Verbindung jedes Eckpunktes mit allen übrigen erhalten wird. Die Anordnung sämtlicher Punkte als Eckpunkte von regulären oder halbregulär-gleicheckigen Polygonen, deren Mittelpunkte die Endpunkte der charakteristischen Axen, d. h. die Eckpunkte des zugehörigen gleichflächigen Symmetrienetzes sind, ist für die einzelnen Gruppen genauer im vierten und fünften Kapitel behandelt worden. Die Mittelpunkte aller übrigen durch die Eckpunkte des einfachen Netzes bestimmten, kleinen Kugelkreisen einschreibbaren Polygone gruppieren sich wiederum als Eckpunkte von gleicheckigen Netzen derselben Gruppe.

Von diesen sämtlichen, durch die Verbindungshauptkreise des einfachen Netzes bestimmten, kleinen Kugelkreisen einschreibbaren Polygonen ergeben nun alle diejenigen in einem Eckpunkte zusammenstossenden Polygone, für welche die Summe der in diesem gemeinsamen Scheitelpunkte sich vereinigenden Polygonwinkel 360^0 oder ein Vielfaches von 360^0 beträgt und wobei die gleichartigen in jenem Eckpunkte sich vereinigenden Polygone als Grenzflächen dieser sphärischen Ecke sämtlich vorhanden sein müssen, wegen der gleichartigen Beschaffenheit aller Ecken je ein gleicheckiges Netz. Die Mittelpunkte der Kreise, welche den in einem solchen Eckpunkte zusammenstossenden Grenzflächen umgeschrieben sind, bilden die Eckpunkte der Grenzfläche des zugehörigen gleichflächigen Symmetrienetzes.

4. Da für alle diejenigen Polygone des gleicheckigen Netzes, deren Mittelpunkte die Endpunkte der charakteristischen Axen der betreffenden Gruppe sind, die zugehörigen Symmetrienetze fest sind, so ergiebt sich sofort zur Bestimmung dieser letzteren Netze die oben erwähnte zweite Methode. Nach dieser hat man alle diejenigen durch die Endpunkte der charakteristischen Axen einer Gruppe und die Bogen der diese Punkte verbindenden Hauptkreise bestimmten sphärischen Polygone aufzusuchen, deren Inhalt einen aliquoten Teil von einer Kugelfläche oder von mehreren Kugelflächen beträgt.

Die Hauptkreise, welche diese Endpunkte der charakteristischen Axen verbinden, sind einmal die Symmetriehauptkreise, welche auch die Kanten der gleichflächigen Netze erster Art bilden. Die durch diese Hauptkreise bestimmten Grenzflächen von gleichflächigen Netzen höherer Art stellen Neben- oder Scheitelfiguren der Grenzflächen der regulären und der einfachen gleichflächigen Netze dar oder entstehen durch Zusammenfassen mehrerer dieser Grenzflächen. Bei allen auf diese Weise erhaltenen gleichflächigen Netzen höherer Art entsprechen also die sämtlichen Kanten direkt-symmetrischen Mittelebenen und die Winkel einer Grenzfläche betragen sämtlich aliquote Teile von 360° (sind kommensurabel mit π). Wir wollen derartige feste gleichflächige Netze kurz als solche mit direkt-symmetrischen Kanten bezeichnen.

Andererseits giebt es aber unter den die Endpunkte der charakteristischen Axen verbindenden Hauptkreisen — und zwar bei den Netzen der zweiten Hauptklasse — auch solche, deren Ebenen keine direkt-symmetrischen Mittelebenen sind (z. B. die Hauptkreise c, d der Hexakisoktaeder-, die Hauptkreise g, c, d der Diakishexekontaedergruppe). Diese Hauptkreise bestimmen entweder allein oder im Verein mit den Symmetriehauptkreisen ebenfalls Grenzflächen von festen gleichflächigen Netzen höherer Art, welche häufig sogar zugleich gleicheckig sind. Die Winkel dieser Grenzflächen sind aber entweder gar nicht oder nur zum Teil kommensurabel mit π; die Ebenen der Hauptkreise, welche die Kanten bilden, sind keine oder nur zum Teil direkte Symmetrieebenen: wir wollen derartige feste gleichflächige Netze kurz als solche ohne direkt-symmetrische Kanten oder mit teilweise direkt-symmetrischen Kanten bezeichnen. Diese Netze sind zugleich in den meisten Fällen Polarnetze von Netzen mit direkt-symmetrischen Kanten.

5. Bei jedem gleichflächigen Netze von der ersten oder der zweiten Beschaffenheit bilden die homologen Punkte sämtlicher Grenzflächen die Eckpunkte eines zugeordneten (speziell konjugierten) gleicheckigen Netzes; aus der jemaligen Beschaffenheit der Grenzfläche ist zu entscheiden, ob die homologen Punkte beliebig im Inneren jeder Grenzfläche oder nur auf einem Hauptkreisbogen oder endlich nur als ein bestimmter Punkt jeder Grenzfläche gewählt werden können.

Die Art der sphärischen Ecken und der Grenzflächen des zugeordneten gleicheckigen Netzes und die Art dieses Netzes selbst stimmt bez. mit der Art der Grenzflächen und der sphärischen Ecken des gleichflächigen Symmetrienetzes und dessen Art überein. Bei den festen gleichflächigen Netzen mit direkt-symmetrischen Kanten können die Grenzflächen des zugeordneten gleicheckigen Netzes nur halbregulär-gleicheckige (speziell reguläre) Polygone sein; der spezielle Fall der regulären Grenzflächen liefert auch hier die Archimedeischen Varietäten der gleicheckigen Netze. Dagegen können die halbregulären Grenzflächen höherer Art für bestimmte Lagen der Punkte innerhalb der Grenzflächen des Symmetrienetzes auch nicht konvex werden (vergl. § 5, 5.). Auch können einige Winkel der Grenzfläche des

gleichflächigen Netzes überstumpf, die Grenzfläche selbst
also nicht konvex werden und infolgedessen die Grenzflächen und die sphärischen Ecken des zugeordneten gleicheckigen Netzes ebenfalls zum Teil oder sämtlich nicht
konvex ausfallen. Diese letzteren Fälle der nicht konvexen Netze werden bei den nachfolgenden Betrachtungen
in der Regel ausgeschlossen werden. Ebenso sollen auch
nur einige der wichtigsten Fälle der sogenannten nicht
kontinuierlichen gleicheckigen und gleichflächigen Netze
im folgenden berücksichtigt werden, bei welchen ein Netz
höherer Art sich aus mehreren kongruenten Netzen niederer
oder erster Art zusammensetzt.

6. Die Bestimmung der festen gleichflächigen Netze ist
nach der angegebenen zweiten Methode für die verschiedenen
Gruppen in einfacher Weise ausführbar. Für die Herleitung
der festen gleichflächigen Netze mit direkt-symmetrischen
Kanten liesse sich auch ein dem im dritten Kapitel benutzten analoges Verfahren anwenden, indem man, wie bei den
regulären Netzen höherer Art (§ 90, 1.), eine Relation zwischen
den die Anzahl der Ecken einer Fläche, der Flächen einer Ecke
und die Art dieser und des Netzes bestimmenden Zahlen
aufstellte. Man erhält als Bedingungen dafür, dass ein
sphärisches n-Eck der b^{ten} Art mit den Winkeln $A_1, A_2 \ldots A_n$
so beschaffen sei, dass es mit seinen Wiederholungen ein
die Kugelfläche B-mal bedeckendes Netz bildet, wobei in
jeder sphärischen Ecke v_i gleiche Winkel A_i zusammenstossen,
deren Summe $\beta_i . 360^0$ beträgt, die folgenden:

$$68\,\alpha) \qquad \Sigma A_i - (n - 2b)\,180^0 = \frac{B . 720^0}{m},$$

$$68\,\beta) \qquad v_i . A_i = \beta_i . 360^0,$$

wo m die Zahl der Flächen des Netzes bedeutet.

Aus diesen beiden Gleichungen folgt:

$$69) \qquad m = \frac{4B}{2\sum' \dfrac{\beta_i}{v_i} - (n - 2b)}$$

[vergl. 66) in § 90]; und es handelt sich nun darum, diejenigen positiven und ganzzahligen Werte der Zahlen m, n,

b, ν_i, β_i und B zu bestimmen, welche dieser Gleichung 69) genügen, und dann festzustellen, ob diesen zusammengehörigen Werten ein konstruierbares gleichflächiges Netz höherer Art entspricht. Bei dieser letzteren Entscheidung hat man den in § 90, 2. aufgestellten, für die diesen gleichflächigen Netzen zugeordneten gleicheckigen Netze giltigen Satz anzuwenden.

Wiewohl auf diese Weise in den einfacheren Fällen (z. B. für $n = 3$, $b = 1$, d. h. für die Dreiecksnetze) die Bestimmung der geforderten Netze ohne Schwierigkeit ausgeführt werden kann, so gestaltet sich doch die vollständige Durchführung der Betrachtungen nach dieser Methode sehr umständlich, eben weil eine grosse Anzahl von Lösungen der Gleichung 69) als für den geforderten Zweck unbrauchbar auszuscheiden sind. Immerhin kann die Formel 69), ebenso wie diejenige 64) in § 89 als Kontrolle für die richtig festgestellte Beschaffenheit der nach der zweiten Methode bestimmten Netze mit Vorteil benutzt werden.

7. Die Herleitung der veränderlichen gleichflächigen Netze höherer Art ergiebt sich durch Anwendung der unter 3. dieses Paragraphen besprochenen ersten Methode, nach welcher man zunächst durch Untersuchung der vollständigen Figur eines einfachen gleicheckigen Netzes die jenen als Symmetrienetzen zugeordneten gleicheckigen Netze höherer Art bestimmt. Wegen der grossen Zahl der für die einfachen gleicheckigen Netze der einzelnen Gruppen möglichen Verbindungen der Eckpunkte ist auch die Zahl der als möglich zu berücksichtigenden Fälle, insbesondere wenn auch nicht konvexe und nicht kontinuierliche Netze mit in Betracht gezogen werden, eine sehr grosse.

Die vollständige Bestimmung derartiger gleicheckiger Netze und der ihnen als Symmetrienetze entsprechenden veränderlichen gleichflächigen Netze muss als ein noch nicht gelöstes Problem bezeichnet werden. Nach den Untersuchungen des Verfassers ist es wahrscheinlich, dass die vollzähligen einfachen gleicheckigen Netze nur zu nicht konvexen oder zu nicht kontinuierlichen gleicheckigen —

und zwar zugleich gleichflächigen — Netzen höherer Art
und zu entsprechenden gleichflächigen — und zwar zugleich
gleicheckigen — Symmetrienetzen höherer Art führen.

Dagegen ergeben sich aus den einfachen hemigonischen Netzen der einzelnen Gruppen einmal solche
gleicheckige Netze höherer Art, welche denen erster Art
analog sind, und damit entsprechende gleichflächige Netze
höherer Art, deren Eckpunkte, wie bei denjenigen erster
Art, eine Kombination der Endpunkte der charakteristischen
Axen mit den Eckpunkten eines hemigonischen gleicheckigen
Netzes der betreffenden Gruppe darstellen. Ferner erhält
man aus den hemigonischen Netzen der ersten Art auch
solche gleicheckige Netze höherer Art mit veränderlichen
Symmetrienetzen, für welche es unter denen erster Art kein
Analogon giebt, insofern die Eckpunkte der Symmetrienetze
eine Kombination der Eckpunkte von mehreren hemigonischen einfachen Netzen darstellen.

§ 92. Über die gleicheckigen und die gleichflächigen Polyeder höherer Art.

1. Aus den im vorigen Paragraphen durchgeführten
Betrachtungen folgt, dass jedem gleicheckigen Netze höherer
Art ein entsprechendes gleicheckiges Polyeder von derselben
Art (vergl. § 89, 5.) ein- und ein entsprechendes gleichflächiges Polyeder von derselben Art umgeschrieben werden
kann. Beide Polyeder entsprechen sich polar in Beziehung
auf die Kugel und es haben im wesentlichen auch die in
§ 7, 8. und in § 17 aufgestellten Beziehungen für die hier
in Betracht kommenden Polyeder und sphärischen Netze ihre
Geltung. Ausnahmen finden nur bei den nicht konvexen
Netzen und Polyedern statt, auf welche hier nicht genauer
eingegangen werden soll.

2. Es ist von Interesse, die beiden in dem vorigen Paragraphen zur Bestimmung der gleicheckigen und der gleichflächigen Netze höherer Art angegebenen Methoden auch
direkt auf die Herleitung der gleicheckigen und der gleich-

flächigen Polyeder höherer Art aus denjenigen erster Art anzuwenden.

Zufolge der ersten Methode hat man die vollständige, durch die Eckpunkte eines einfachen gleicheckigen (oder speziell regulären) Polyeders bestimmte Raumfigur zu untersuchen, welche durch die Gesamtheit der Ebenen, welche durch drei oder mehr Eckpunkte hindurchgehen, gebildet wird. Diese Ebenen gruppieren sich als die Grenzflächen konzentrischer gleichflächiger (speziell regulärer) Polyeder, wobei die Centronormalen dieser Flächen zum Teil die charakteristischen Axen der betreffenden Gruppe, zum Teil Eckenaxen konzentrischer gleicheckiger Polyeder derselben Gruppe sind. Alle diejenigen durch einen Eckpunkt gehenden Flächen, welche sich zu einer Ecke vereinigen, deren Kanten Verbindungslinien des Eckpunktes mit den übrigen Eckpunkten sind und bei welcher die gleichartigen Flächen sämtlich als Seitenflächen vorhanden sein müssen, bestimmen die Ecke eines gleicheckigen — möglicherweise auch nicht konvexen oder nicht kontinuierlichen — Polyeders höherer Art. Sind die sämtlichen Seitenflächen einer solchen Ecke gleichartig, so ist das Polyeder zugleich gleicheckig und gleichflächig.

Die zweite Methode erfordert die Untersuchung der vollständigen, durch die Grenzflächen eines einfachen gleichflächigen (speziell regulären) Polyeders bestimmten Raumfigur, welche durch die Gesamtheit der Schnittpunkte dieser Grenzflächen gebildet wird. Diese Schnittpunkte gruppieren sich auf konzentrischen Kugeln als die Eckpunkte gleicheckiger (speziell regulärer) Polyeder der betreffenden Gruppe, deren Eckenaxen zum Teil die charakteristischen Axen der Gruppe sind. Alle auf einer Seitenfläche liegenden Schnittpunkte, welche ein geschlossenes Polygon bilden, dessen Kanten Schnittlinien der Ebene mit den übrigen Ebenen sind und bei welchem die gleichartigen Schnittpunkte sämtlich als Eckpunkte auftreten müssen, bestimmen die Grenzfläche eines gleichflächigen Polyeders höherer Art, das möglicherweise auch nicht konvex oder nicht kontinuierlich sein kann. Wenn die sämtlichen Eckpunkte des Polygons gleichartig sind, also auf einem Kreise liegen, so ist das entsprechende Polyeder zugleich gleichflächig und gleicheckig.

Diese zweite Methode ist in ihrer Anwendung die einfachste und konstruktiv am leichtesten zu handhaben; man braucht nur auf einer Fläche des einfachen gleichflächigen Polyeders die Spuren aller übrigen Begrenzungsflächen zu konstruieren und die durch diese Geraden und deren Schnittpunkte bestimmte ebene Figur in der oben angegebenen Weise zu untersuchen. Man kann dann aus dieser Figur ohne weiteres die Gestalt der Grenzflächen der möglichen Polyeder höherer Art, die Anordnung der Ecken, Kanten, Doppelpunkte, Zellen u. s. w. erkennen.[1])

3. Die beiden unter 2. besprochenen Methoden beruhen auf folgenden beiden Eigenschaften der gleicheckigen und der gleichflächigen Polyeder höherer Art (vergl. § 90, 2. und 3.):

a) Die Eckpunkte eines gleicheckigen Polyeders höherer Art liegen immer wie die eines solchen erster Art, während die Grenzflächen eine Kombinationsgestalt von mehreren gleichflächigen (zum Teil auch regulären) Polyedern einschliessen.

b) Die Flächen jedes gleichflächigen Polyeders höherer Art schliessen ein solches erster Art als inneren Kern ein, während die Eckpunkte Kombinationen der Eckpunkte von mehreren gleicheckigen (zum Teil auch regulären) Polyedern darstellen

Den zugleich gleicheckigen und gleichflächigen Polyedern kommen beide Eigenschaften zugleich zu: der innere Kern ist ein gleichflächiges, die äussere Hülle ein gleicheckiges Polyeder erster Art.

4. Während für die gleicheckigen (und entsprechend die gleichflächigen) Polyeder erster Art nur sehr wenige

---

1) Vergl. des Verf. Schriften: Über die zugleich gleicheckigen und gleichflächigen Polyeder, S. 10; — Über vier Archimedeische Polyeder höherer Art, I; — Über Kombinationsgestalten höherer Art. Marb. Ber. 1879 S. 100.

Kombinationen der Flächen (Ecken) von regulären und gewissen einfachen gleichflächigen (gleicheckigen) Polyedern zulässig sind, wird für die Polyeder höherer Art die Zahl der zulässigen Kombinationen eine sehr grosse. Die Zahl der möglichen gleicheckigen und gleichflächigen Polyeder höherer Art wird ferner noch bedeutend vermehrt, wenn man auch die hierhergehörigen nicht konvexen Polyeder und diejenigen mit diskontinuierlichen Grenzflächen und Ecken, sowie auch die konzentrischen Gruppierungen derselben Polyeder in Betracht zieht.

Es möge genügen, auf diese beiden Methoden der direkten Herleitung der gleicheckigen und der gleichflächigen Polyeder höherer Art hingewiesen zu haben. Bei der Anwendung der in § 91 besprochenen Methoden der Bestimmung der entsprechenden Netze höherer Art werden im wesentlichen die sphärischen Centralprojektionen der bei jenen Methoden in Betracht kommenden räumlichen oder ebenen Figuren untersucht. Doch verdient dies Verfahren, zunächst die sphärischen Netze und aus ihnen die zugehörigen Polyeder herzuleiten, in den meisten Fällen den Vorzug. Insbesondere gestattet dies Verfahren, die Bestimmung der verschiedenen Varietäten der einzelnen Netze und Polyeder höherer Art in einfacher und übersichtlicher Weise durchzuführen.

5. Die analytische Darstellung der Netze und Polyeder höherer Art kann unter Anwendung der im fünften und sechsten Kapitel gegebenen Methoden und mit Benutzung der dort gewonnenen Resultate ebenfalls ohne Schwierigkeit ausgeführt werden. Indem wir darauf verzichten, diese Betrachtungen im einzelnen durchzuführen, wollen wir nur darauf hinweisen, dass die analytische Behandlung und Darstellung der vollständigen Figuren der Netze und der vollständigen Raumfiguren der Polyeder eine Reihe von interessanten Beziehungen ergiebt, welche auch für andere Disziplinen der Mathematik von Bedeutung sind. Auch möge hervorgehoben werden, dass die Arten und Varietäten der einfach- oder zweifach-veränderlichen gleicheckigen Netze

analytisch durch bestimmte Intervalle für die Werte der einen oder der beiden reellen Variabeln bestimmt werden, von denen die Beschaffenheit jener Netze abhängt.

6. In den folgenden Paragraphen sollen nunmehr diejenigen gleicheckigen und gleichflächigen Netze höherer Art, welche sich durch Anwendung der besprochenen Methoden ergeben, nebst den entsprechenden Polyedern aufgeführt werden, wobei zunächst die Netze und Polyeder der ersten Hauptklasse, sodann diejenigen der beiden Ordnungen der zweiten Hauptklasse bestimmt werden. Wir beschränken uns hierbei darauf, in jeder Gruppe die nach der zweiten Methode erhaltenen festen gleichflächigen Netze anzugeben und zu charakterisieren, da die diesen Netzen zugeordneten (bez. konjugierten) gleicheckigen Netze, sowie die diesen ein- und umgeschriebenen gleicheckigen und gleichflächigen Polyeder sich ohne weiteres hieraus ergeben. Von den nicht kontinuierlichen Netzen und ebenso den nicht konvexen Netzen der einzelnen Gruppen sollen immer nur einige der wichtigsten hervorgehoben werden; dasselbe gilt von den veränderlichen gleichflächigen oder den ihnen zugeordneten gleicheckigen Netzen höherer Art (vergl. § 91, 7.).

7. Als eine kurze und charakteristische Bezeichnung für die einzelnen Netze und Polyeder höherer Art möge die folgende gewählt werden:

Wenn ein gleicheckiges (gleichflächiges) Netz oder Polyeder der B^{ten} Art $\mu\,\nu$-flächige Ecken der β^{ten} Art besitzt (von $m\,n$-eckigen Flächen der b^{ten} Art begrenzt ist) und von

$m^{(1)}\,n^{(1)}$-eckigen Flächen der $b^{(1)\text{ten}}$ Art,

$m^{(2)}\,n^{(2)}$-eckigen Flächen der $b^{(2)\text{ten}}$ Art, ... begrenzt ist

($\mu^{(1)}\,\nu^{(1)}$-flächige Ecken der $\beta^{(1)\text{ten}}$ Art,

$\mu^{(2)}\,\nu^{(2)}$-flächige Ecken der $\beta^{(2)\text{ten}}$ Art, ... besitzt),

so soll das gleicheckige Netz oder Polyeder als:

$$70\,\alpha)\quad \left\{ \begin{array}{c} [m^{(1)}\,(n)_b{}^{(1)} + m^{(2)}\,(n)_b{}^{(2)} + ...]\text{-flächiges }\mu\,(\nu)_\beta\text{-Eck} \\ \text{der }B^{\text{ten}}\text{ Art,} \end{array} \right.$$

das gleichflächige Netz oder Polyeder als:

$$70\beta) \quad \left\{ [\mu^{(1)}(v)_\beta{}^{(1)} + \mu^{(2)}(v)_\beta{}^{(2)} + \ldots]\text{-eckiges } m(n)_b\text{-Flach} \atop \text{der } B^{\text{ten}} \text{ Art} \right.$$

bezeichnet werden.[1])

In den nachfolgenden Zusammenstellungen sollen die gleichflächigen Netze mit arabischen Ziffern, die zugehörigen gleicheckigen Netze mit gleichen accentuierten arabischen Ziffern und die entsprechenden Polyeder mit den in eckige Klammern geschlossenen Ziffern numeriert werden.

§ 93. Gleichflächige und gleicheckige Netze höherer Art der ersten Hauptklasse.

1. Unter den festen gleichflächigen Netzen der ersten Hauptklasse giebt es nur solche mit direkt symmetrischen Kanten; denn sämtliche Verbindungshauptkreise der Eckpunkte A, A' und B_1, B_2, B_3 ... [Fig. 6α) bis 6δ)] des einfachen Netzes VIIIα) [§ 18] sind Symmetriehauptkreise. Mit Benutzung des § 5, 5. angegebenen Satzes ergiebt sich sowohl unter Anwendung der zweiten, als auch der ersten Methode (§ 91), dass es von einem $(2 + \overline{p + p})$-eckigen

---

1) Die gleicheckigen und gleichflächigen Netze höherer Art unter den im vorhergehenden bezeichneten allgemeineren Gesichtspunkten zuerst betrachtet und damit eine grosse Zahl bisher nicht berücksichtigter gleicheckiger und gleichflächiger Polyeder höherer Art zuerst abgeleitet zu haben, darf wohl der Verfasser für sich in Anspruch nehmen. Die Archimedeischen Polyeder höherer Art, welche ganz spezielle Fälle der hier betrachteten darstellen, sind von Badoureau (l. c.) und J. Pitsch (l. c.) ohne Bezugnahme auf die Arbeiten des Verf. abgeleitet worden. J. Pitsch hat die von ihm bis auf acht (die in § 94 mit **22'** und in § 95 mit **64'**, **65'** und **71'** bis **75'** numerierten) vollständig abgeleiteten (gleicheckigen) Archimedeischen Sternpolyeder auch in Modellen dargestellt und sehr anschauliche photographische Abbildungen seiner Arbeit beigefügt. — Die wesentlichen Fälle für die durch sphärische Dreiecke begrenzten festen gleichflächigen Netze mit direktsymmetrischen Kanten finden sich in der von Schwarz in seiner Arbeit (Borch. Journ. Bd. 75. S. 323) aufgestellten Tabelle. Wegen der Bedeutung dieser Lösungen für die Theorie linearer Differentialgleichungen zweiter Ordnung vergl. man die auf S. 3 citierten Arbeiten von F. Klein und Brioschi.

(-flächigen) $2.2p(3)_1$-Flache (-Ecke) soviel entsprechende Netze der q^{ten} Art giebt, als Primzahlen q zu p von 1 bis $p-1$ existieren. Diese Netze sind zufolge der Bezeichnung $70\alpha)$ und $70\beta)$ in § 92 als:

1) $\begin{cases} [2\,(p+p)_q + p\,(2+2)_1 + p\,(2+2)_1]\text{-eckige} \\ \qquad 2.2p\,(3)_1\text{-Flache der } q^{\text{ten}} \text{ Art} \end{cases}$

und entsprechend als:

1') $\begin{cases} [2\,(p+p)_q + p\,(2+2)_1 + p\,(2+2)_1]\text{-flächige} \\ \qquad 2.2p\,(3)_1\text{-Ecke der } q^{\text{ten}} \text{ Art} \end{cases}$

darzustellen, wo q eine Primzahl zu p von 1 bis $p-1$ bedeutet.

Es verdient hervorgehoben zu werden, dass z. B. für $p=3$, $q=2$ oder für $p=5$, $q=2,\,4$ [Fig. $6\gamma)$] das Netz 1 aus 2 (bez. 4) aufeinanderfallenden gleichflächigen Netzen der ersten Art besteht, wobei die sphärischen Ecken mit den Scheiteln A und A' als $\overline{p+p}$-flächige der zweiten (bez. vierten) Art zu betrachten sind, denen im zugeordneten Netze 1' $\overline{p+p}$-kantige $2p$-Ecke der zweiten (bez. vierten) Art entsprechen.

Wenn dagegen $q<p$ und nicht prim zu p ist, so sind die Netze 1 und 1' diskontinuierlich, d. h. Gruppierungen von einander kongruenten, kontinuierlichen Netzen niederer Art.

2. Die Netze 1' hängen, wie die ihnen ein- und umgeschriebenen Polyeder [1'] und [1], von zwei Variabeln ε_α und $\varkappa$ (§ 18) ab; für $\varkappa=\frac{1}{2}$ resultieren die höheren Arten der Netze VIII' (§ 16), denen als Symmetrienetze die Netze VIII höherer Art entsprechen. Von einem Netze VIII', d. h. einem $(2+n)$-flächigen $2n$-Eck giebt es soviel (kontinuierliche) entsprechende Netze der q^{ten} Art, als Primzahlen zu n von 1 bis $\dfrac{n-2}{2}$ für gerade, und bis $\dfrac{n-1}{2}$ für ungerade n existieren (§ 4, 6.). Diese Netze VIII und VIII' höherer Art sind als:

2) $\begin{cases} [2\,(n)_q + n\,(2+2)_1]\text{-eckige } 2n\,(3)_1\text{-Flache} \\ \qquad\qquad \text{der } q^{\text{ten}} \text{ Art} \end{cases}$

und als:

$$2')\quad \left\{\begin{array}{c}[2\,(n)_q + n\,(2+2)_1]\text{-flächige } 2n\,(3)_1\text{-Ecke}\\ \text{der } q^{\text{ten}}\text{ Art}\end{array}\right.$$

zu bezeichnen [vergl. z. B. Fig. 5β); $n=5$, $q=2$].

3. Um die beweglichen gleichflächigen und die diesen zugeordneten gleicheckigen Netze höherer Art dieser ersten Hauptklasse zu erhalten, wendet man zur Bestimmung dieser letzteren die in § 91, 3. und 7. beschriebene erste Methode an, indem man die vollständige Figur des allgemeinsten gleicheckigen Netzes VIII″ in der angegebenen Weise untersucht. Die Untersuchung ergiebt, dass die hierhergehörigen konvexen und kontinuierlichen gleicheckigen Netze höherer Art ebenso, wie diejenigen erster Art, zu Eckpunkten Hemigonieen der Netze VIII″ (bez. VIII′) haben, während die Eckpunkte der beweglichen gleichflächigen Symmetrienetze Kombinationen der Punkte A und A' mit solchen Hemigonieen darstellen. Man erhält so folgende höhere Arten der Netze XXV′ (§ 40), XXIV′ (§ 39), XVIII′ (§ 30):

$$3')\quad \left\{\begin{array}{c}\text{Sägerandige } [2\,(p)_q + 2p\,(3)_1]\text{-flächige}\\ 2p\,(4)_1\text{-Ecke der } q^{\text{ten}}\text{ Art,}\end{array}\right.$$

$$4')\quad \left\{\begin{array}{c}\text{Kronrandige } [2\,(p)_q + 2p\,(3)_1]\text{-flächige}\\ 2p\,(4)_1\text{-Ecke der } q^{\text{ten}}\text{ Art,}\end{array}\right.$$

$$5')\quad \left\{\begin{array}{l}\text{Unterbrochen-kronrandige } [2\,(p_1+p_1)_{q_1}+\\ 2p_1\,(2+2)_1]\text{-flächige } 2.2p_1\,(3)_1\text{-Ecke der } q_1^{\text{ten}}\text{ Art}\end{array}\right.$$

und entsprechende gleichflächige Netze **3, 4, 5**.

Zieht man auch nicht konvexe vierflächige Ecken oder viereckige Flächen in Betracht, so erhält man auch zahlreiche nicht konvexe Netze **3′, 4′, 5′** und **3, 4, 5**.

4. Von den konvexen, aber nicht kontinuierlichen beweglichen Netzen dieser Klasse sei hier nur auf die Gruppierungen von kongruenten rhombischen (speziell tetragonalen) Sphenoiden hingewiesen, welche sich aus den voll- und halbzähligen, einfachen gleicheckigen Netzen nach der ersten Methode leicht erhalten lassen.

5. Aus der vollständigen Figur eines gleicheckigen Netzes VIII′ ergiebt sich eine Gruppe interessanter nicht konvexer, zugleich gleicheckiger und gleichflächiger Netze,

welche noch kurz erwähnt werden möge. Betrachtet man z. B. für $n = 5$ [s. Fig. 5β)] folgende vier in P_1 zusammenstossende, überschlagene sphärische Vierecke:

$$P_1 \, P_7 \, P_4 \, P_8,$$
$$P_1 \, P_7 \, P_5 \, P_9,$$
$$P_1 \, P_{10} \, P_3 \, P_9,$$
$$P_1 \, P_{10} \, P_2 \, P_8,$$

so wird durch dieselben eine nicht konvexe sphärische Ecke mit den vier Kanten $P_1 P_7$, $P_1 P_8$, $P_1 P_9$, $P_1 P_{10}$ gebildet. Wird die entsprechende Konstruktion an allen Ecken des Netzes ausgeführt, so resultiert ein Netz mit zehn kongruenten, nicht konvexen, vierflächigen Ecken und zehn kongruenten, überschlagenen, viereckigen Flächen. Das Netz bedeckt nullmal die Kugelfläche, da der Inhalt jeder Grenzfläche Null ist.

Ebenso ergiebt sich eine ähnliche Gruppe derartiger Netze aus der vollständigen Figur eines gleicheckigen Netzes XXIV'.

Der Verfasser hat die diesen Netzen ein- und umgeschriebenen, nicht konvexen Polyeder, deren Oberfläche und körperlicher Inhalt gleich Null ist, und von denen die jeder Gruppe sich selbst polar-reziprok entsprechen, zuerst beschrieben[1]) und für dieselben den Namen Stephanoide vorgeschlagen.

6. Nur von den Netzen 2' und 4' giebt es Archimedeische Varietäten; die entsprechenden Polyeder finden sich bei Pitsch[2]) unter I und IIa), IIb) aufgeführt.

§ 94. Netze höherer Art aus der ersten Ordnung der zweiten Hauptklasse.

1. Um die festen gleichflächigen Netze höherer Art aus der ersten Ordnung der zweiten Hauptklasse herzuleiten, untersuchen wir die durch die Verbindung der Endpunkte A, C, B der charakteristischen Axen entstehenden Figuren. [S. Fig. 13α) und 28.]

---

1) Marb. Ber. 1877, S. 9, 10.
2) L. c., S. 21 und 27.

Die festen gleichflächigen Netze mit direkt-symmetrischen Kanten (§ 91, 4.) werden durch die Bogen der Symmetriehauptkreise a und b gebildet.

2. Was zunächst die derartigen, durch Dreiecke begrenzten Netze anlangt, so sind früher als mögliche Netze erster Art die beiden Netze III (§ 11) und IV (§ 11) mit einem regulären, die drei Netze IX (§ 13), X (§ 20) und XII (§ 22) mit einem gleichschenkligen und das Netz XV (§ 27) mit einem ungleichkantigen Dreiecke als Grenzfläche erhalten worden. Als entsprechende Netze höherer Art ergeben sich die in den folgenden beiden Tabellen 71 A) und 71 B) aufgeführten:

Feste gleichflächige Netze höherer Art mit direkt-symmetrischen Kanten.

A) Grenzfläche: Ein gleichschenkliges Dreieck.

71 A)

Nummer des Netzes.	Grenzfläche.	α_1	$\alpha_2 = \alpha_3$	A_1	$A_2 = A_3$	$\mu^{(1)}(\nu)_\beta$	$\mu^{(2)}(\nu)_\beta$	m	B
6 oder IX$_3$	$C'_4 C_2 C_3$ (Fig. 7β)	2η	2η	120°	120°	$4(3)_1$	$4(6)_2$	12	3
7 u. 7α) od. X$_5$ u. X$_5\alpha$)	$A'_2 C_1 C_2$ („ 8α)	180°—2η	180°—η	90°	120°	$6(4)_1$	$8(6)_1$	24	5
8 oder XII$_7$	$C_4 A_2 A_3$ („ 13α)	90°	180°—η	120°	135°	$8(3)_1$	$6(8)_3$	24	7

Die Grenzflächen von 6, 7 und 8 sind die an die Basis anstossenden Nebendreiecke der gleichschenkligen Grenzflächen von IX, X und XII. Die Eckpunkte der zugeordneten gleicheckigen Netze 6′, 7′ und 8′ sind auf dem Symmetriehauptkreise der gleichschenkligen Dreiecke, die Eckpunkte der 7α) zugeordneten gleicheckigen Netze 7″ innerhalb der Dreiecke von 7α) beweglich; in beiden Fällen können auch nicht konvexe Varietäten entstehen. Nur von 8′ giebt es eine Archimedeische Varietät (der das Polyeder XIV bei Pitsch entspricht).

B) Grenzfläche: Ein ungleichkantiges Dreieck.

71 B)

Nummer des Netzes.	Grenzfläche (Fig. 13α).	α_1	α_2	α_3	A_1	A_2	A_3	$\mu^{(1)}(\nu)_\beta$	$\mu^{(2)}(\nu)_\beta$	$\mu^{(3)}(\nu)_\beta$	m	B
9 od. XV$_5$	$A_3 C_2 B_4$	90°—η	135°	180°—η	45°	120°	90°	$6(8)_1$	$8(6)_2$	$12(4)_1$	48	5
10 „ XV$_7$	$A_1 C'_4 B_4$	90°+η	45°	180°—η	135°	60°	90°	$6(8)_3$	$8(6)_1$	$12(4)_1$	48	7
11 „ XV$_{11}$	$A_2 C'_4 B_5$	90°+η	135°	η	135°	120°	90°	$6(8)_3$	$8(6)_2$	$12(4)_1$	48	11
12 „ X$_6$	$A_1 C'_4 C_2$	2η	η	180°—η	90°	60°	120°	$6(4)_1$	$8(6)_1$	$8(6)_2$	48	6
13 „ XII$_4$	$C_3 A_2 A_1$	90°	η	180°—η	60°	45°	135°	$8(6)_1$	$6(8)_1$	$6(8)_3$	48	4

Die Grenzflächen von **9, 10, 11** sind die Nebendreiecke der Grenzfläche von **XV**, die Grenzflächen von **12** und **13** bez. die an einen der Schenkel anstossenden Nebendreiecke der gleichschenkligen Grenzflächen von **X** und **XII**. Die Eckpunkte der zugeordneten gleicheckigen Netze **9′, 10′, 11′, 12′, 13′** sind innerhalb der Dreiecke der Symmetrienetze beweglich; nur von **10′** und **13′** giebt es eine **Archimedeische** Varietät (vergl. bei **Pitsch** unter **X** und **IX**).

3. Von hierhergehörigen **diskontinuierlichen** Dreiecksnetzen mögen nur die folgenden Erwähnung finden:

a) Das durch die **beiden** einander konjugierten, regulären Tetraedernetze **III** gebildete Netz, welchem als ein- und als umgeschriebenes Polyeder die sogenannte **stella octangula Keplers** entspricht;

b) das durch **sechs** aufeinander liegende reguläre Oktaedernetze **IV** gebildete Netz, dessen zugeordnetes gleicheckiges Netz im allgemeinen ein System von sechs sich regelmässig kreuzenden $(2+2+2)$-flächigen $2'.4$-Ecken **IV″** (§ 18, 4.) darstellt, dessen Eckpunkte mit denen eines Netzes **XV′** zusammenfallen;

c) das diskontinuierliche Netz, dessen Grenzfläche z. B. $A_1 B_3 B_6$ [Fig. 13 α)] ist und welches aus drei sich regelmässig kreuzenden $(2+4)$-eckigen 8-Flachen (Oktaedern) besteht, während das zugeordnete gleicheckige Netz aus drei sich kreuzenden $(2+4)$-flächigen 8-Ecken **IV′** (§ 16, 7.) besteht, dessen Eckpunkte mit denen eines Netzes **X′** übereinstimmen.

4. Als feste gleichflächige **Vierecksnetze** erster Art mit direkt-symmetrischen Kanten sind früher das reguläre **Hexaedernetz VI** (§ 11), das **Rhombendodekaedernetz XIX** und **XIX α)** [§ 32] und das von symmetrischen Vierecken begrenzte Netz **XXI** (§ 35) erhalten worden. Von derartigen (konvexen und kontinuierlichen) Vierecksnetzen **höherer** Art ergeben sich die folgenden:

14) $\left\{ \begin{array}{c} \text{das } [6\,(4)_1 + 8\,(3)_1 + 6\,(8)_3]\text{-eckige } 24\,(4)_1\text{-Flach} \\ \text{der vierten Art,} \end{array} \right.$

dessen Grenzfläche z. B. $A_1 A_2 C'_4 A_3$ [Fig. 13 α)] ist, bei welcher:

$$A_1 = 90^0, \quad C'_4 = 120^0, \quad A_2 = A_3 = 135^0,$$
$$A_1 A_2 = A_3 A_1 = 90^0, \quad A_2 C'_4 = C'_4 A_3 = \eta \text{ ist;}$$

die Eckpunkte des zugeordneten gleicheckigen Netzes **14′** sind auf der Diagonale $A_1 C'_4$ beweglich; es existiert eine Archimedeische Varietät (der bei Pitsch das Polyeder III entspricht).

Ferner erhält man zwei von symmetrischen (sphärischen) Paralleltrapezen begrenzte Netze, nämlich ein:

15) $\begin{cases} [8\,(6)_2 + 12\,(4)_1]\text{-eckiges}\;\;24\,(4)_1\text{-Flach} \\ \qquad\qquad \text{der zweiten Art} \end{cases}$

[Grenzfläche z. B. $B_2 B_4 C_2 C_1$ Fig. 13α),

$$B_2 = B_4 = 90^0, \quad C_1 = C_2 = 120^0;$$
$$B_2 B_4 = 90^0, \quad C_2 C_1 = 180^0 - 2\eta, \quad B_4 C_2 = C_1 B_2 = 90^0 - \eta];$$

und ein:

16) $\begin{cases} [6\,(8)_3 + 8\,(6)_2]\text{-eckiges}\;\;24\,(4)_1\text{-Flach} \\ \qquad\qquad \text{der fünften Art} \end{cases}$

[Grenzfläche z. B. $A_2 A_3 C_3 C_2$ Fig. 13α),

$$A_2 = A_3 = 135^0, \quad C_3 = C_2 = 120^0;$$
$$A_2 A_3 = 90^0, \quad C_2 C_3 = 2\eta, \quad A_3 C_3 = C_2 A_2 = \eta].$$

Die Eckpunkte von **15′** sind auf den Kanten $A_1 B_1$, diejenigen von **16′** auf den Kanten $A_1 C_1 B_3$ beweglich; es existieren keine Archimedeischen Varietäten.

Endlich resultiert noch ein viertes derartiges Vierecksnetz **17**, dessen zugeordnetes gleicheckiges Netz **17′** ein:

17′) $\begin{cases} [8\,(6)_2 + 8\,(6)_2]\text{-flächiges}\;\;24\,(4)_1\text{-Eck} \\ \qquad\qquad \text{der vierten Art} \end{cases}$

ist, dessen Eckpunkte mit denen eines Netzes X′ zusammenfallen. Das Symmetrienetz **17** wird durch vier aufeinander fallende Hexaedernetze VI gebildet, so dass in jedem Eckpunkt C zwei $(3 + 3)$-flächige sphärische Ecken der zweiten Art vorhanden sind.[1]

---

1) Vergl. Marb. Ber. 1879, S. 102.

Ausserdem existieren noch zahlreiche, hierhergehörige, nicht konvexe Vierecksnetze, auf welche aber, ebenso wie auf die Fünfecksnetze, von denen es keine konvexen Arten giebt, hier nicht eingegangen werden soll.

5. Was sodann die festen gleichflächigen Netze mit teilweise direkt-symmetrischen Kanten anlangt (§ 91, 4.), so ergeben sich dieselben durch Anwendung der zweiten Methode und zwar zumeist als Polarnetze der bisher abgeleiteten. Wir führen die folgenden (kontinuierlichen und konvexen) derartigen Netze auf:

$$18) \quad \left\{ \begin{array}{c} \text{das } [6\,(4+4)_3 + 12\,(4+2+2)_3]\text{-eckige } 48\,(3)_1\text{-Flach} \\ \text{der } 15^{\text{ten}} \text{ Art.} \end{array} \right.$$

Dieses Netz ist das Polarnetz zu dem Netze XV (vergl. § 49, 2.); seine Grenzfläche, z. B. $B_6 B_5 A_3$ (Fig. 28), als Polardreieck des Hexakisoktaederdreieckes $A_1 C_1 B_1$, hat die Winkel und Kanten:

$$B_6 = 180^0 - \eta, \quad B_5 = 90^0 + \eta, \quad A_3 = 135^0,$$
$$B_5 A_3 = 90^0, \quad A_3 B_6 = 135^0, \quad B_6 B_5 = 120^0.$$

Die dritte Kante $B_6 B_5$ gehört dem Hauptkreise c_1 an, dessen Ebene keine direkte Symmetrieebene ist, während die beiden anderen Kanten den Symmetriehauptkreisen a_1 und b_1 angehören; die Kanten des Netzes 18 werden also durch die drei Hauptkreise a, die sechs Hauptkreise b und die vier Hauptkreise c gebildet. Dem Netze kommen aber auch die dreizähligen Axen OC zu, wiewohl dieselben keine Eckenaxen des Netzes bilden. Die Eckpunkte des zugeordneten Netzes 18' sind auf dem Halbierungskreise $C_1 B_4$ (d_8) des Winkels C_1 im Polardreieck $A_1 C_1 B_1$ beweglich, sie sind also Eckpunkte bestimmter Varietäten [vergl. 20 δ') in § 67, 9 d)] der Netze XV'; dem Mittelpunkte des diesem Dreiecke ein-, also dem Dreiecke $B_6 B_5 A_3$ umgeschriebenen Kreises entspricht die konjugierte Varietät der Netze 18'. Die entsprechenden, den Netzen 18' ein- und umgeschriebenen Polyeder [18'] uud [18] stellen Kombinationen der Flächen eines Hexaeders und Rhombendodekaeders, bez. der Eckpunkte eines Oktaeders und Kubooktaeders dar.

Ein zweites ähnliches Netz ist das Polarnetz des Netzes 10 oder XV_7 [Tabelle 71 B)], nämlich das:

$$19)\quad \left\{ \begin{array}{c} [6\,(4+4)_3 + 12\,(4+4)_1]\text{-eckige}\;\; 48\,(3)_1\text{-Flach} \\ \text{der dritten Art.} \end{array} \right.$$

Die Grenzfläche, z. B. $B_6 B_2 A_2$ (Fig. 28), als Polardreieck des Dreieckes $A_1 C'_4 B_4$, hat die Winkel und Kanten:

$$B_6 = \eta,\quad B_2 = 90^0 - \eta,\quad A_2 = 135^0;$$
$$B_2 A_2 = 90^0,\quad A_2 B_6 = 45^0,\quad B_6 B_2 = 120^0.$$

Für dieses Netz 19 und die demselben zugeordneten Netze 19' ergeben sich analoge Eigenschaften, wie die oben für das Netz 18 abgeleiteten.

Von hierhergehörigen nicht kontinuierlichen Netzen seien die beiden folgenden erwähnt:

d) Das Polarnetz des Netzes X (vergl. § 49 und § 50, 2.), dessen Grenzfläche $B_5 B_8 B_6$ (Fig. 28), als Polarfigur von $C_1 C_2 A_1$, die Winkel und Kanten hat:

$$B_5 = 2\eta,\quad B_8 = B_6 = 180^0 - \eta,$$
$$B_8 B_6 = 90^0,\quad B_6 B_5 = B_5 B_8 = 120^0.$$

Dies Netz ist eine Gruppierung von sechs tetragonalen Sphenoidnetzen, bei welcher in jedem Eckpunkte B die Scheitel zweier sphärischen Ecken zusammenfallen. Die Eckpunkte des konjugierten Netzes sind die Eckpunkte der Archimedeischen Varietät eines Netzes X' [§ 20 Formel 21γ)];

e) das Polarnetz des Netzes 13 oder XII_4 [71 B)], dessen Grenzfläche $A_8 B_8 B_4$ (Fig. 28), als Polarfigur von $C_8 A_2 A_1$, die Winkel und Kanten hat:

$$A_8 = 90^0,\quad B_8 = 180^0 - \eta,\quad B_4 = \eta;$$
$$B_8 B_4 = 120^0,\quad B_4 A_8 = 135^0,\quad A_8 B_8 = 45^0.$$

Dies Netz stellt ein System von sechs kronrandigen $(2+4)$-eckigen 2.4-Flachen XVIII (Skalenoedern) dar, bei welchem in jedem Eckpunkte A, sowie in jedem Eckpunkte B zwei Ecken zusammenfallen. Die Eckpunkte der zugeordneten gleicheckigen Netze sind auf dem Bogen $B_1 C_8$ (d_{10}) beweglich.

6. Als veränderliche (bewegliche) gleichflächige Netze erster Art sind früher die Netze XXIII (§ 38), XXIX (§ 45), XXVIII (§ 44) und XXVI (§ 42) erhalten worden. Die Eckpunkte der diesen Netzen zugeordneten gleicheckigen Netze stellen bestimmte Hemigonieen von vollzähligen Netzen dieser Ordnung dar.

Die Anwendung der ersten Methode (§ 91, 7.) auf die verschiedenen einfachen hemigonischen Netze der einzelnen Gruppen ergiebt den Netzen XXIII′, XXIX′, XXVIII′ und XXVI′ analoge Netze höherer Art, welche aber meistens nicht konvex sind. Man überzeugt sich hiervon auch dadurch, dass man die Grenzflächen der zugehörigen gleichflächigen Symmetrienetze analog, wie bei denen erster Art, durch Kombination der Endpunkte der charakteristischen Axen mit den Eckpunkten hemigonischer Netze der Gruppe bildet. Diese Grenzflächen erhalten meistens zum Teil überstumpfe Winkel. Verbindet man z. B. die Eckpunkte A, C, B der Grenzflächen der Netze 9, 10, 11 [Tabelle 71B)] mit den drei Punkten, welche zu einem im Inneren der Grenzfläche liegenden Punkte in Beziehung auf die Kanten symmetrisch liegen, so erhält man den Netzen XXVI analoge Fünfecksnetze höherer Art; bei dem ersteren aber ist der Winkel bei $C_2 = 240°$, bei dem zweiten der Winkel bei $A_1 = 270°$, bei dem dritten endlich sind beide Winkel bei A_2 und C'_4 überstumpf.

Dagegen giebt es von jedem der drei Fünfecksnetze XXIX, XXVIII und XXVI je eine konvexe Art, bei welcher die Grenzflächen konvexe Sternfünfecke sind. Die Grenzfläche eines solchen Netzes XXIX wird z. B. durch die successive Verbindung der Punkte:

$$C_3\,L'_6\,L_5\,C_4\,L'_3 \quad \text{(Fig. 27)}$$

erhalten. Das Netz ist ein:

20) $\left\{ \begin{array}{c} 8\,(3)_1 + 12\,(2+1)_1]\text{-eckiges}\ \ 12\,(5)_2\text{-Flach} \\ \text{der siebenten Art.} \end{array} \right.$

Ebenso erhält man ein dem Netze XXVIII analoges:

21) $\quad \{ [8\,(3)_1 + 12\,(1 + 1 + 1)_1] \text{-eckiges } 12\,(5)_2\text{-Flach der siebenten Art,}$

von welchem das Netz 20 einen besonderen Fall bildet, welches selbst das reguläre Netz VII$_7$ [Formel 67) in § 90] als ganz speziellen Fall ergiebt. Endlich existiert auch ein dem Netze XXVI analoges:

22) $\quad \{ [6\,(4)_1 + 8\,(3)_1 + 24\,(1 + 1 + 1)_1] \text{-eckiges } 24\,(5)_2\text{-Flach der 13}^{\text{ten}}\text{ Art.}$

Die zugeordneten Netze 20′, 21′, 22′, sowie die entsprechenden Polyeder lassen sich leicht erhalten. (Die Archimedeische Varietät von 22′ fehlt bei Pitsch.)

7. Auf diejenigen gleicheckigen Netze, für welche die Eckpunkte der Symmetrienetze eine Kombination der Eckpunkte von mehreren hemigonischen einfachen Netzen darstellen, soll nicht eingegangen werden.

Ebenso sei aus der grossen Zahl der hier möglichen diskontinuierlichen Netze auch nur auf die schon mehrfach erwähnten Gruppierungen von rhombischen (bez. tetragonalen) Sphenoidnetzen hingewiesen. Aus dem allgemeinsten Netze XV′ ergeben sich drei Systeme von je zwölf tetragonalen und vier Systeme von je zwölf rhombischen Sphenoidnetzen; die besonderen Anordnungen für die speziellen und für die hemigonischen Netze dieser Ordnung können aus den allgemeinen hergeleitet werden.

§ 95. Netze höherer Art aus der zweiten Ordnung der zweiten Hauptklasse.

1. Die Zahl der in die zweite Ordnung der zweiten Hauptklasse gehörigen gleichflächigen und gleicheckigen Netze höherer Art ist eine sehr grosse; wir beschränken uns darauf, im folgenden hauptsächlich die konvexen und kontinuierlichen festen gleichflächigen Netze höherer Art anzugeben.

2. Die festen gleichflächigen Netze mit direktsymmetrischen Kanten ergeben sich sämtlich aus der

vollständigen, durch die 15 Symmetriehauptkreise $b_1 \ldots b_{15}$ gebildeten sphärischen Figur [vergl. für die folgenden Betrachtungen insbesondere die Fig. 14α), 29) und 30)]; die Eckpunkte dieser Netze sind die Endpunkte G, C, B der charakteristischen Axen.

3. Von hierhergehörigen Dreiecksnetzen sind bereits früher als mögliche Netze erster Art das Netz V (§ 12) mit einem regulären, die beiden Netze XI (§ 21) und XIII (§ 23) mit einem gleichschenkligen, das Netz XVI (§ 28) mit einem ungleichkantigen Dreiecke als Grenzfläche und endlich das reguläre Netze V_7 der siebenten Art [Formel 67) in § 90] erhalten worden. Die Anwendung der zweiten Methode auf die oben bezeichnete vollständige Figur liefert zunächst folgende von gleichschenkligen Dreiecken begrenzte Netze höherer Art mit direkt-symmetrischen Kanten:

$$72\,\text{A})$$

Nummer des Netzes.	Grenzfläche (Fig. 14α, 29 u. 80).	α_1	$\alpha_2 = \alpha_3$	A_1	$A_2 = A_3$	$\mu^{(1)}\,(\nu)_\beta$	$\mu^{(2)}\,(\nu)_\beta$	m	B
23	$G_1\,G_4\,G_3$ (vergl. V_7)	$180° - 2\varphi$	2φ	$144°$	$36°$	$12\,(5)_2$	$12\,(10)_1$	60	3
24	$G_1\,G'_5\,G'_6$ (,, V)	2φ	$180° - 2\varphi$	$72°$	$108°$	$12\,(5)_1$	$12\,(10)_3$	60	9
25 oder XI_{11}	$G_1\,C'_7\,C'_5$ (,, XI)	2ψ	$180° - \chi$	$72°$	$120°$	$12\,(5)_1$	$20\,(6)_2$	60	11
26	$G_1\,C_6\,C_9$ (,, 48)	$180° - 2\psi$	$90° - (\varphi - \psi)$	$144°$	$60°$	$12\,(5)_2$	$20\,(6)_1$	60	7
27	$G_1\,C_8\,C'_6$ (,, 48)	$180° - 2\psi$	$90° + (\varphi - \psi)$	$144°$	$120°$	$12\,(5)_2$	$20\,(6)_2$	60	17
28 od. XIII_{19}	$C_1\,G'_2\,G'_3$ (,, XIII)	2φ	$180° - \chi$	$120°$	$144°$	$20\,(3)_1$	$12\,(10)_4$	60	19
29	$C_1\,G_4\,G_5$ (,, 47)	$180° - 2\varphi$	$90° - (\varphi - \psi)$	$120°$	$72°$	$20\,(3)_1$	$12\,(10)_2$	60	7
30	$C_1\,G_6\,G'_4$ (,, 47)	$180° - 2\varphi$	$90° + (\varphi - \psi)$	$120°$	$108°$	$20\,(3)_1$	$12\,(10)_3$	60	13

Die Grenzflächen dieser Netze sind Nebendreiecke der Grenzflächen derjenigen Netze, welche in der zweiten Kolumne unter Vergl. angegeben sind. Von den zugeordneten gleicheckigen Netzen, deren Eckpunkte auf dem Symmetriehauptkreise der gleichschenkligen Dreiecke beweglich sind, wobei auch nicht konvexe Varietäten entstehen können, giebt es nur von **23′**, **24′**, **26′** und **30′** Archimedeische Varietäten, welchen bei Pitsch bez. die mit VI, XVII, XIX und XX numerierten Polyeder entsprechen.

Als feste Dreiecksnetze, deren Grenzfläche ein ungleichkantiges Dreieck ist, werden die in der folgenden Tabelle aufgeführten erhalten:

Nummer des Netzes.	Grenzfläche (Fig. 14 α, 29, 30).	α_1	α_2	α_3	A_1	A_2	A_3	$\mu^{(1)}(v)_\beta$	$\mu^{(2)}(v)_\beta$	$\mu^{(3)}(v)_\beta$	m	B
31 od. XVI_{11}	$G'_1 C_1 B_1$ (vgl. XVI)	ψ	$180^\circ-\varphi$	$180^\circ-\chi$	36°	120°	90°	$12(10)_1$	$20(6)_2$	$30(4)_1$	120	11
32 „ XVI_{19}	$G_1 C'_1 B_1$ („ XVI)	$180^\circ-\psi$	φ	$180^\circ-\chi$	144°	60°	90°	$12(10)_4$	$20(6)_1$	$30(4)_1$	120	19
33 „ XVI_{29}	$G_1 C_1 B'_1$ („ XVI)	$180^\circ-\psi$	$180^\circ-\varphi$	χ	144°	120°	90°	$12(10)_4$	$20(6)_2$	$30(4)_1$	120	29
34	$G_1 C_6 B_3$	$90^\circ-\psi$	$90^\circ-\varphi$	$90^\circ-(\varphi-\psi)$	72°	60°	90°	$12(10)_2$	$20(6)_1$	$30(4)_1$	120	7
35	$G'_1 C_6 B_3$	$90^\circ-\psi$	$90^\circ+\varphi$	$90^\circ+(\varphi-\psi)$	72°	120°	90°	$12(10)_2$	$20(6)_2$	$30(4)_1$	120	17
36	$G_1 C'_6 B_3$	$90^\circ+\psi$	$90^\circ-\varphi$	$90^\circ+(\varphi-\psi)$	108°	60°	90°	$12(10)_3$	$20(6)_1$	$30(4)_1$	120	13
37	$G_1 C_6 B'_3$	$90^\circ+\psi$	$90^\circ+\varphi$	$90^\circ-(\varphi-\psi)$	108°	120°	90°	$12(10)_3$	$20(6)_2$	$30(4)_1$	120	23
38	$G_1 G_2 B_3$	φ	$90^\circ-\varphi$	2φ	36°	72°	90°	$12(10)_1$	$12(10)_2$	$30(4)_1$	120	3
39	$G'_1 G_2 B_3$	φ	$90^\circ+\varphi$	$180^\circ-2\varphi$	36°	108°	90°	$12(10)_1$	$12(10)_3$	$30(4)_1$	120	9
40	$G_1 G'_2 B_3$	$180^\circ-\varphi$	$90^\circ-\varphi$	$180^\circ-2\varphi$	144°	72°	90°	$12(10)_4$	$12(10)_2$	$30(4)_1$	120	21
41	$G_1 G_2 B'_3$	$180^\circ-\varphi$	$90^\circ+\varphi$	2φ	144°	108°	90°	$12(10)_4$	$12(10)_3$	$30(4)_1$	120	27
42	$G_1 G_2 C_4$	χ	$90^\circ-(\varphi-\psi)$	2φ	36°	108°	60°	$12(10)_1$	$12(10)_3$	$20(6)_1$	120	4
43	$G'_1 G_2 C_4$	χ	$90^\circ+(\varphi-\psi)$	$180^\circ-2\varphi$	36°	72°	120°	$12(10)_1$	$12(10)_2$	$20(6)_2$	120	8
44	$G_1 G'_2 C_4$	$180^\circ-\chi$	$90^\circ-(\varphi-\psi)$	$180^\circ-2\varphi$	144°	108°	120°	$12(10)_4$	$12(10)_3$	$20(6)_2$	120	32
45	$G_1 G_2 C'_4$	$180^\circ-\chi$	$90^\circ+\varphi-\psi$	2φ	144°	72°	60°	$12(10)_4$	$12(10)_2$	$20(6)_1$	120	16
46 od. XIII_{10}	$G'_1 G_2 C_1$ (vgl. XIII)	χ	$180^\circ-\chi$	$180^\circ-2\varphi$	36°	144°	60°	$12(10)_1$	$12(10)_4$	$20(6)_1$	120	10
47	$G_1 G_2 C_{10}$ („ 29 u. 30)	$90^\circ-(\varphi-\psi)$	$90^\circ+(\varphi-\psi)$	2φ	72°	108°	60°	$12(10)_2$	$12(10)_3$	$20(6)_1$	120	10
48	$C_1 C_2 G_6$ („ 26 u. 27)	$90^\circ-(\varphi-\psi)$	$90^\circ+(\varphi-\psi)$	2ψ	60°	120°	36°	$20(6)_1$	$20(6)_2$	$12(10)_1$	120	6
49 od. XI_{18} .	$C'_1 C_2 G_1$ („ XI)	χ	$180^\circ-\chi$	$180^\circ-2\psi$	60°	120°	108°	$20(6)_1$	$20(6)_2$	$12(10)_3$	120	18

Die Eckpunkte der diesen Netzen zugeordneten gleicheckigen Netze sind innerhalb der Dreiecke der Symmetrienetze beweglich; nur von den Netzen **36′**, **39′**, **42′** giebt es Archimedeische Varietäten (vergl. bei Pitsch unter XIII, XII, XI).

4. Das System von fünf regulären Oktaedernetzen, dessen Eckpunkte die 30 Punkte B sind (§ 74, 2.), bildet ein hierhergehöriges diskontinuierliches Netz; das ihm konjugierte System von fünf regulären Hexaedernetzen (§ 74, 2.), bei welchem in jedem Punkte C zwei Eckpunkte zusammenfallen, bildet dagegen ein festes diskontinuierliches Netz ohne direkt-symmetrische Kanten, welche den Hauptkreisen d angehören [vergl. 11.f) dieses Paragraphen].

5. Als feste gleichflächige Vierecksnetze erster Art mit direkt-symmetrischen Kanten haben wir früher das Rhombentriakontaedernetz XX (§ 33) und das Netz XXII (§ 36) erhalten. Es ergeben sich nun zunächst zwei Rhombennetze höherer Art, deren zugeordnete gleicheckige Netze ebenfalls, wie das Netz XX′, feste Netze darstellen. Das erste dieser Rhombennetze ist das:

$$50 \text{ oder } XX_7) \quad \left\{ \begin{array}{c} [12\,(5)_2 + 20\,(3)_1]\text{-eckige} \quad 30\,(4)_1\text{-Flach} \\ \text{der siebenten Art,} \end{array} \right.$$

dessen Grenzfläche, z. B. $G_1 C_6 G'_6 C_9$, die Kante $90^0 - (\varphi - \psi)$ und die Winkel $G_1 = G'_6 = 144^0$, $C_6 = C_9 = 120^0$ hat und für welche [vergl. 42) in § 31]:

$$P = 54^0, \quad R_{(1)} = 90^0 - \varphi, \quad R_{(2)} = 90^0 - \psi$$

ist.

Das diesem zugeordnete feste gleicheckige Netz, nämlich das:

$$50' \text{ oder } XX'_7) \quad \left\{ \begin{array}{c} [15\,(5)_2 + 20\,(3)_1]\text{-flächige} \quad 30\,(4)_1\text{-Eck} \\ \text{der siebenten Art,} \end{array} \right.$$

wird durch die sechs Hauptkreise g gebildet und von zwölf regulären Fünfecken der zweiten Art (z. B. $B_3 B_{15} B_5 B_9 B_{12}$) mit den Winkeln 2φ und von 20 regulären Dreiecken (z. B. $B_3 B_{15} B'_4$) mit den Winkeln $180^0 - 2\varphi$ — die gemeinsame Kante beträgt 108^0 — begrenzt.

Das zweite Rhombennetz höherer Art ist das:

$$51 \text{ oder } XX_3) \quad \left\{ \begin{array}{c} [12\,(5)_1 + 12\,(5)_2]\text{-eckige} \quad 30\,(4)_1\text{-Flach} \\ \text{der dritten Art;} \end{array} \right.$$

die Grenzfläche desselben, z. B. $G_1 G_2 G'_6 G_3$, hat die Kante 2φ, die Winkel $G_1 = G'_6 = 72^0$, $G_2 = G_3 = 144^0$; ausserdem ist $P = 30^0$, $R_{(1)} = 90^0 - \varphi$, $R_{(2)} = \varphi$.

Das diesem zugeordnete feste gleicheckige Netz, nämlich das:

$$51' \text{ oder } XX'_3) \quad \left\{ \begin{array}{c} [12\,(5)_1 + 12\,(5)_2]\text{-flächige} \quad 30\,(4)_1\text{-Eck} \\ \text{der dritten Art,} \end{array} \right.$$

wird durch die zehn Hauptkreise c gebildet; seine Grenzflächen, deren gemeinsame Kante 60^0 beträgt, sind zwölf reguläre Fünfecke erster Art (z. B. $B_8 B_9 B_{15} B_{12} B_5$) mit den Winkeln $180^0 - 2\psi$ und zwölf reguläre Fünfecke zweiter Art (z. B. $B_8 B_9 B_{10} B_2 B_{13}$) mit den Winkeln 2ψ.

Die diesen beiden Netzen 50' und 51' ein- und umgeschriebenen Polyeder hat der Verfasser zuerst abgeleitet und beschrieben[1]); sie finden sich bei Pitsch mit XVI und XV numeriert.

6. Als feste, von symmetrischen Vierecken begrenzte Netze höherer Art erhält man die folgenden:

73)

Nummer des Netzes.	Grenzfläche.	$A_1 A_2 = A_4 A_1$	$A_2 A_3 = A_3 A_4$	A_1	A_3	$A_2 = A_4$	$\mu^{(1)}(\nu)_\beta$	$\mu^{(3)}(\nu)_\beta$	$\mu^{(2)}(\nu)_\beta$	m	B
52 od. XXII$_7$	$G_1 B_5 C_4 B_9$	$90^0 - \varphi$	$90^0 - \psi$	144^0	120^0	90^0	$12\,(5)_2$	$20\,(3)_1$	$30\,(4)_1$	60	7
53	$G_1 B_5 G_2 B_3$	$90^0 - \varphi$	φ	72^0	144^0	90^0	$12\,(5)_1$	$12\,(5)_2$	$30\,(4)_1$	60	3
54	$G_1 C_8 G'_6 C_{10}$	$90^0 + \varphi - \psi$	χ	72^0	144^0	120^0	$12\,(5)_1$	$12\,(5)_2$	$20\,(6)_2$	60	8
55	$G_1 G_2 C_4 G_3$	2φ	χ	72^0	120^0	108^0	$12\,(5)_1$	$20\,(3)_1$	$12\,(10)_3$	60	4
56	$G_1 G'_5 C'_7 G'_6$	$180^0 - 2\varphi$	χ	72^0	120^0	144^0	$12\,(5)_1$	$20\,(3)_1$	$12\,(10)_4$	60	10
57	$G_1 G_2 C_{10} G_5$	2φ	$90^0 - (\varphi - \psi)$	144^0	120^0	108^0	$12\,(5)_2$	$20\,(3)_1$	$12\,(10)_3$	60	10
58	$G_1 G_2 C'_5 G_5$	2φ	$90^0 + (\varphi - \psi)$	144^0	120^0	144^0	$12\,(5)_2$	$20\,(3)_1$	$12\,(10)_4$	60	16
59	$G_1 C_1 C_2 C_5$	χ	2ψ	144^0	120^0	60^0	$12\,(5)_2$	$20\,(3)_1$	$20\,(6)_1$	60	2
60	$G_1 C_6 C_8 C_4$	$90^0 - (\varphi - \psi)$	2ψ	72^0	120^0	120^0	$12\,(5)_1$	$20\,(3)_1$	$20\,(6)_2$	60	6

Die Eckpunkte der diesen Netzen zugeordneten gleicheckigen Netze sind auf der Symmetriediagonale der Vierecke beweglich; Archimedeische Varietäten giebt es von 52',

---

1) Über vier Archimedeische Polyeder höherer Art. Cassel 1878, Th. Kay.

53′, 55′, 57′, 59′ (die entsprechenden Polyeder finden sich bei Pitsch bez. unter V, VIII, IV, VII, XVIII).

Die zahlreichen nicht konvexen Vierecksnetze sollen hier nicht berücksichtigt werden.

7. Die bereits früher bestimmten, von regulären Fünfecken begrenzten Netze sind das Netz VII (§ 12) erster Art und die Netze VII_7, V_3 (oder VII'_3), V'_3 (oder VII_3) höherer Art [67) in § 90].

Als (konvexe und kontinuierliche) feste Netze höherer Art, welche von symmetrischen Fünfecken erster oder zweiter Art begrenzt werden, erhält man die auf S. 468 unter 74) aufgeführten.

Die Eckpunkte der zugeordneten gleicheckigen Netze sind auf dem Symmetriekreisbogen der Fünfecke beweglich; nur von den Netzen **64′** und **65′** existieren Archimedeische Varietäten (fehlen bei Pitsch).

Ausserdem giebt es zahlreiche, von nicht konvexen Fünfecken begrenzte Netze.

8. Von den festen gleichflächigen Netzen, welche von Sechsecken begrenzt sind, ist nur das folgende, einzig konvexe aufzuführen, nämlich das:

$$67) \quad \left\{ \begin{array}{c} [12\,(5)_2 + 20\,(3)_1]\text{-}\mathrm{e\,c\,k\,i\,g\,e} \quad 60\,(6)_1\text{-}\mathrm{F\,l\,a\,c\,h} \\ \mathrm{der\ zweiten\ Art.} \end{array} \right.$$

Die Grenzfläche, z. B. $G_1 C_2 G_2 C_4 G_3 C_3$, ist ein gleichkantiges Sechseck mit abwechselnd gleichen Winkeln. Die Kante beträgt χ, die drei gleichen Winkel mit den Scheiteln G und C betragen bez. 144° und 120°; das zugeordnete gleicheckige Netz hat zu Eckpunkten die Mittelpunkte C der den Sechsecken eingeschriebenen Kreise und ist ein Archimedeisches Netz (vergl. bei Pitsch unter XXI).

9. Was sodann die festen gleichflächigen Netze mit teilweise direkt-symmetrischen Kanten anlangt (§ 91, 4.), welche durch Anwendung der zweiten Methode zu erhalten sind, so ergeben sich dieselben ebenfalls zumeist als Polarnetze der bisher abgeleiteten. Der Verfasser hat als hierhergehörige konvexe und kontinuierliche Netze nur vier von Dreiecken begrenzte erhalten, welche zugleich

74)

Nummer des Netzes.	Grenzfläche.	$A_1 A_2 = A_5 A_1$	$A_2 A_3 = A_4 A_5$	$A_3 A_4$	A_1	$A_2 = A_5$	$A_3 = A_4$	b	$\mu^{(1)}(\nu)_\beta$	$\mu^{(2)}(\nu)_\beta$	$\mu^{(3)}(\nu)_\beta$	m	B
61	$G_1 B_1 C_1 C_3 B_6$ (vergl. XXII)	φ	ψ	2ψ	144^0	90^0	120^0	1	$12(5)_2$	$30(4)_1$	$20(6)_2$	60	2
62	$G_1 C_2 G_2 G_3 C_3$	χ	χ	2φ	144^0	120^0	108^0	1	$12(5)_2$	$20(6)_2$	$12(10)_3$	60	5
63	$G_1 B_5 G_2 G_3 B_9$ (vergl. 53)	$90^0 - \varphi$	φ	2φ	144^0	90^0	144^0	1	$12(5)_2$	$30(4)_1$	$12(10)_4$	60	6
64	$G_3 C_2 G_5 G_2 C_7$ (vergl. 61)	$90^0 - (\varphi - \psi)$	$90^0 + (\varphi - \psi)$	$180^0 - 2\varphi$	72^0	60^0	36^0	2	$12(5)_1$	$20(6)_1$	$12(10)_1$	60	7
65	$G'_6 B_6 C_6 C_9 B_4$ (vergl. 62)	$90^0 + \varphi$	$90^0 + \psi$	$180^0 - 2\psi$	72^0	90^0	65^0	2	$12(5)_1$	$30(4)_1$	$20(6)_1$	60	16
66	$C_4 G_5 C_6 C_9 G_4$	$90^0 + (\varphi - \psi)$	$180^0 - \chi$	$180^0 - 2\psi$	120^0	72^0	60_0	2	$20(3)_1$	$12(10)_2$	$20(6)_1$	60	17

gleicheckig und gleichflächig sind und denen je ein zugleich gleichflächiges und gleicheckiges Netz konjugiert ist. Diese Netze und die entsprechenden Polyeder sind vom Verfasser genauer in einer Schrift[1]) abgeleitet und beschrieben worden; es möge daher hier genügen, diese Netze kurz zu charakterisieren.

Die zwei ersten dieser Netze sind von 60 gleichschenkligen Dreiecken begrenzt und haben 20 neunflächige Ecken mit den Punkten C als Eckpunkten, die beiden anderen sind von 120 ungleichkantigen Dreiecken begrenzt und haben 30 zwölfflächige Ecken mit den Punkten B als Eckpunkten. Man kann daher auch diese Netze unter Anwendung der ersten Methode aus den durch die Eckpunkte C oder die Eckpunkte B bestimmten, vollständigen sphärischen Figuren erhalten.

I. Das erste dieser Netze ist als:

$$67) \quad \left\{ \begin{array}{c} 20\,(3+2.3)_2\text{-eckiges } 60\,(3)_1\text{-Flach der} \\ \text{fünften Art} \end{array} \right.$$

zu bezeichnen; seine gleichschenklige Grenzfläche, z. B. $C_1 C_2 C'_8$, hat die Basis $C_1 C_2 = 2\psi$, welche dem Hauptkreise b_{15} angehört, und die Schenkel $C_2 C'_8 = C'_8 C_1 = 2\eta$, welche bez. den Hauptkreisen d_{21} und d_{22} angehören. Die 15 Hauptkreise b bilden also die direkt-symmetrischen Kanten, während die durch die 30 Hauptkreise d gebildeten Schenkel keine direkt-symmetrischen Kanten sind. Für die Winkel erhält man:

$$\begin{array}{c|c|c} C'_8 = 2\zeta, & \cos\zeta = \dfrac{cotg^2\varphi}{2\sqrt{2}}, & \\ C_1 = C_2 = \zeta + \varepsilon, & \cos\varepsilon = \tfrac{1}{4}, & 2\zeta + \varepsilon = 120^0; \end{array}$$

in jeder der neunflächigen Ecken der zweiten Art stossen je drei Winkel C'_8 und je sechs Winkel C_1 zusammen.

Das diesem Netze konjugierte Netz, nämlich das:

$$67') \quad \left\{ \begin{array}{c} 20\,(3+2.3)_2\text{-flächige } 60\,(3)_1\text{-Eck der} \\ \text{fünften Art} \end{array} \right.$$

---

1) Über die zugleich gleicheckigen und gleichflächigen Polyeder. Kassel 1876, Th. Kay.

hat zu Eckpunkten die Mittelpunkte der den Flächen von **67** umgeschriebenen Kreise; diese Punkte sind die Eckpunkte der Archimedeischen Varietät des Netzes XXII′ [vergl. 52β) in § 36, 33ζ) in § 76 und 36λ) in § 78]. Dasselbe hat 60 gleichschenklig-dreiflächige Ecken und ist von 20 Neunecken der zweiten Art begrenzt. Die Kanten dieses Netzes werden ebenfalls durch die 15 Hauptkreise b und die 30 Hauptkreise d gebildet; die Kanten bestimmen sich aus:

$$tang\tfrac{1}{2}K'_1 = \frac{1}{cos^2\varphi},$$

$$tang\tfrac{1}{2}K'_2 = tang\tfrac{1}{2}K'_3 = \sqrt{2}\,tang^3\varphi;$$

in jedem Neuneck treten drei Winkel $2\zeta'$ und sechs Winkel $\zeta' + \varepsilon'$ auf, für welche:

$$cos\,\zeta' = \frac{tang\,\varphi}{2\sqrt{2}}, \quad cos\,\varepsilon' = \frac{1}{4\,sin^2\varphi}, \quad 2\zeta' + \varepsilon' = 180^0$$

ist.

II. Das zweite dieser Netze ist als:

$$68) \quad \left\{ \begin{array}{c} 20\,(3+2.3)_4\text{-eckiges } 60\,(3)_1\text{-Flach der} \\ 25^{\text{sten}}\text{ Art} \end{array} \right.$$

zu bezeichnen; seine gleichschenklige Grenzfläche, z. B. $C'_9\,C_{10}\,C_7$, hat die Basis $C'_9\,C_{10} = 180^0 - 2\psi$, welche dem Hauptkreise b_1 angehört und die Schenkel $C_{10}\,C_7 = C_7\,C'_9 = 2\eta$, welche bez. den Hauptkreisen d_3 und d_4 angehören.

Für die Winkel erhält man:

$$C_7 = 2\vartheta, \qquad cos\,\vartheta = \frac{tang^2\varphi}{2\sqrt{2}}, \qquad 2\vartheta + \varepsilon = 240^0;$$

$$C'_9 = C_{10} = \vartheta + \varepsilon, \qquad cos\,\varepsilon = \tfrac{1}{4},$$

in jeder der neunflächigen Ecken der vierten Art stossen je drei Winkel C_7 und je sechs Winkel C'_9 zusammen.

Das diesem Netze konjugierte Netz, nämlich das:

$$68') \quad \left\{ \begin{array}{c} 20\,(3+2.3)_4\text{-flächige } 60\,(3)_1\text{-Eck der} \\ 25^{\text{sten}}\text{ Art,} \end{array} \right.$$

hat zu Eckpunkten diejenigen einer bestimmten Varietät eines Netzes XI′ $\left(t = \dfrac{cos^5\varphi}{sin\,\varphi}, \ s = 1 \text{ vergl. § 78, 7.} \right)$ und wird, wie das Netz 68, durch die 15 Hauptkreise b und die 30 Hauptkreise d gebildet. Die Kanten der 60 gleichschenklig-dreiflächigen Ecken und der neunflächigen Flächen der vierten Art bestimmen sich aus:

$$tang\,\tfrac{1}{2}\,K'_1 = \frac{1}{sin^2\varphi},$$

$$tang\,\tfrac{1}{2}\,K'_2 = tang\,\tfrac{1}{2}\,K'_3 = \sqrt{2}\,cotg^3\varphi;$$

in jedem Neuneck treten drei Winkel $2\vartheta'$ und sechs Winkel $\vartheta' + \varepsilon''$ auf, für welche:

$$cos\,\vartheta' = \frac{cotg\,\varphi}{2\sqrt{2}}, \quad cos\,\varepsilon'' = \frac{1}{4\,cos^2\varphi}, \quad 2\vartheta' + \varepsilon'' = 180^0$$

ist.

III. Das dritte dieser Netze ist als:

$$69) \quad \left\{ \begin{array}{c} 30\,(4+4+4)_3\text{-eckiges } 2.60\,(3)_1\text{-Flach} \\ \text{der } 15^{ten}\text{ Art} \end{array} \right.$$

zu bezeichnen; seine Grenzfläche, z. B. $B_3\,B_4\,B'_{14}$, ist das Polardreieck zu der Grenzfläche $G_5\,C_4\,B_7$ des Netzes **36** [Tabelle 72B)]. Von ihren Kanten

gehört die Kante $B_3\ B_4\ = 72^0$ dem Hauptkreise g_5 an,

„ „ „ $B_4\ B'_{14} = 120^0$ „ „ c_4 „,

„ „ „ $B'_{14}\,B_3\ = 90^0$ „ „ b_7 „,

so dass das Netz von den 15 Symmetriehauptkreisen b und ausserdem von den sechs Hauptkreisen g und den zehn Hauptkreisen c gebildet wird. Die Winkel sind:

$$B'_{14} = 90^0 - \psi, \quad B_3 = 90^0 + \varphi, \quad B_4 = 90^0 - (\varphi - \psi),$$

von denen je vier in jeder der zwölfflächigen Ecken der dritten Art zusammenstossen.

Das diesem Netze konjugierte Netz, nämlich das:

$$69') \quad \left\{ \begin{array}{c} 30\,(4+4+4)_3\text{-flächige } 2.60\,(3)_1\text{-Eck} \\ \text{der } 15^{ten}\text{ Art,} \end{array} \right.$$

wird durch die Hauptkreise $d,\ e,\ f$ gebildet und hat zu Eckpunkten diejenigen einer besonderen Varietät eines Netzes

$$XVI'\ \left(t = \frac{19}{\sqrt{5}\,(2\sqrt{5}-1)^2}, \quad s = \frac{4}{(11-3\sqrt{5})}, \quad \text{vergl. § 78, 10.}\right).$$

Die Kanten der 2.60 dreiflächigen Ecken und der zwölfeckigen Flächen der dritten Art bestimmen sich aus:

$$tang \tfrac{1}{2} K'_1 = \frac{1}{2 \, sin\,\varphi \, cos^2\,\varphi}, \quad tang \tfrac{1}{2} K'_2 = \frac{\sqrt{3}}{2} tang^3\,\varphi,$$

$$tang \tfrac{1}{2} K'_3 = \frac{2\sqrt{5}-3}{\sqrt{2}};$$

in jedem Zwölfecke treten je 4 Winkel:

$$\varepsilon'_2 + \varepsilon'_3, \quad \varepsilon'_3 + \varepsilon'_1, \quad \varepsilon'_1 + \varepsilon'_2$$

auf, welche sich aus:

$$cos\,\varepsilon'_1 = \frac{1}{2\sqrt{6}\,sin^2\,\varphi}, \quad cos\,\varepsilon'_2 = \frac{1}{2\sqrt{2}} tang\,\varphi\,sin\,\varphi,$$

$$cos\,\varepsilon'_3 = \tfrac{1}{2} \sqrt{\frac{5\sqrt{5}-2}{3\sqrt{5}}}, \quad \varepsilon'_1 + \varepsilon'_2 + \varepsilon'_3 = 180^0$$

ergeben.

IV. Das vierte dieser Netze ist als:

$$70) \quad \left\{ \begin{array}{c} 30\,(4+4+4)_5\text{-e c k i g e s } 2.60\,(3)_1\text{-F l a c h} \\ \text{der } 45^{\text{sten}} \text{ Art} \end{array} \right.$$

zu bezeichnen; seine Grenzfläche, z. B. $B_{11} B'_{14} B_{12}$, ist das Polardreieck zu der Grenzfläche $G_1 C_1 B_2$ des Netzes XVI. Von ihren Kanten

gehört die Kante $B_{11} B'_{14} = 144^0$ dem Hauptkreise g_1 an,

,,	,,	,,	$B'_{14} B_{12} = 120^0$	,,	,,	c_1 ,, ,
,,	,,	,,	$B_{12} B_{11} = \;\;90^0$	,,	,,	b_2 ,, ,

so dass auch dieses Netz von den 15 Symmetriehauptkreisen b und ausserdem von den sechs Hauptkreisen g und den zehn Hauptkreisen c gebildet wird. Die Winkel sind:

$$B_{12} = 180^0 - \psi, \quad B_{11} = 180^0 - \varphi, \quad B'_{14} = 180^0 - \chi,$$

von denen je vier in jeder der zwölfflächigen Ecken der fünften Art zusammenstossen.

Das diesem Netze konjugierte Netz, nämlich das:

$$70') \quad \left\{ \begin{array}{c} 30\,(4+4+4)_5\text{-f l ä c h i g e } 2.60\,(3)_1\text{-E c k} \\ \text{der } 45^{\text{sten}} \text{ Art} \end{array} \right.$$

wird, wie das Netz **69′**, durch die Hauptkreise d, e, f gebildet und hat zu Eckpunkten diejenigen der **Archimedeischen** Varietät eines Netzes **XVI′** [vergl. § 78, 10 b.)].

Die Kanten der 2.60 dreiflächigen Ecken und der zwölfeckigen Flächen der fünften Art bestimmen sich aus:

$$tang\,\tfrac{1}{2}\,K'_1 = \frac{1}{2\,cos\,\varphi\,sin^2\varphi}, \quad tang\,\tfrac{1}{2}\,K'_2 = \frac{\sqrt{3}}{2}\,cotg^3\varphi,$$

$$tang\,\tfrac{1}{2}\,K'_3 = \frac{2\,\sqrt{5}+3}{\sqrt{2}};$$

in jedem Zwölfecke treten je vier Winkel:

$$\vartheta'_2 + \vartheta'_3, \quad \vartheta'_3 + \vartheta'_1, \quad \vartheta'_1 + \vartheta'_2$$

auf, welche sich aus:

$$cos\,\vartheta'_1 = \frac{1}{2\,\sqrt{6}\,cos^2\varphi}, \quad cos\,\vartheta'_2 = \frac{1}{2\,\sqrt{2}}\,cotg\,\varphi\,cos\,\varphi,$$

$$cos\,\vartheta'_3 = \tfrac{1}{2}\sqrt{\frac{5\,\sqrt{5}+2}{3\,\sqrt{5}}}, \quad \vartheta'_1 + \vartheta'_2 + \vartheta'_3 = 180^0$$

ergeben.

Wegen weiterer Eigenschaften dieser Netze und der zugehörigen Polyeder sei auf die citierte Schrift des Verfassers verwiesen.

10. Die Polarfigur der Grenzfläche $G_1 B_5 G_2 B_3$ des Netzes **53** [Tabelle 73)], nämlich das Viereck $B_{10}\,B_6\,B_7\,B_{14}$, führt ebenfalls zu einem zugleich gleicheckigen und gleichflächigen Netze, welches durch die Hauptkreise b und g gebildet wird. Dieses Netz ist von 60 symmetrischen Vierecken begrenzt und hat 30 $(2+2+4)$-flächige Ecken dritter Art, so dass es 15-mal die Kugelfläche bedeckt. Doch sind diese achtflächigen Ecken, ebenso wie die achteckigen Grenzflächen des konjugierten Netzes nicht **konvex**.

11. Von hierhergehörigen **nicht kontinuierlichen** Netzen mögen die folgenden Erwähnung finden, deren Kanten **sämtlich nicht direkt-symmetrisch** sind:

f) das schon mehrfach erwähnte System von **fünf Netzen VI**, dessen Eckpunkte die Punkte C sind und dessen Kanten durch die Hauptkreise d gebildet werden (vergl. 4. dieses Paragraphen);

g) ein System von 30 sich kreuzenden rhombischen Sphenoidnetzen XVII, dessen Eckpunkte die Punkte B sind und bei welchem in jedem Eckpunkte B sich die Scheitel von vier Ecken vereinigen;

h) ein System von fünf Kubooktaedernetzen XIX, dessen Eckpunkte die Punkte D sind;

i) zwei Systeme von je fünf Netzen V_3 und V'_3 mit den Eckpunkten F, welche beiden Systeme sich polar entsprechen.[1]

12. Als einziges veränderliches gleichflächiges Netz erster Art ist früher das Pentagonhexekontaedernetz XXVII (§ 43) erhalten worden, dessen zugeordnetes gleicheckiges Netz XXVII' als gyroidische Hemigonie von dem vollzähligen Netze XVI' sich ergab.

Um die entsprechenden Netze höherer Art zu erhalten, kann man einmal die vollständige, durch die Eckpunkte des Netzes XXVII' gebildete Figur nach der ersten Methode (§ 91, 7.) untersuchen. Andererseits kann man aber auch die Grenzflächen der zugehörigen gleichflächigen Symmetrienetze durch Kombination der Endpunkte der charakteristischen Axen mit den Eckpunkten des Netzes XXVII' bestimmen. Beide Arten der Untersuchung ergeben zwar zahlreiche nicht konvexe derartige Netze, doch erhält man auch zwei konvexe gleichflächige Netze, welche von Fünfecken erster, und drei konvexe Netze, welche von Fünfecken zweiter Art begrenzt sind. Es sind dies die folgenden:

$$71) \quad \left\{ \begin{array}{c} \text{das } [12\,(5_2) + 20\,(3)_1 + 60\,(3)_1]\text{-eckige } 60\,(5)_1\text{-Flach} \\ \text{der siebenten Art} \end{array} \right.$$

hat das Fünfeck $G_1 P_{11} C_4 P_{58} P_{15}$ [Fig. 14α) und 25β)] zur Grenzfläche, welche entsteht, wenn die Eckpunkte des Dreiecks $G_1 C_4 B_9$, der Grenzfläche des Netzes 34 [Tabelle 72B)], mit den zu dem Punkte P_{12} in Beziehung auf die Kanten symmetrisch liegenden Punkten P_{11}, P_{58}, P_{15} verbunden werden.

Das

$$72) \quad \left\{ \begin{array}{c} [12\,(5_1) + 12\,(5_2) + 60\,(3_1)]\text{-eckige } 60\,(5)_1\text{-Flach} \\ \text{der dritten Art} \end{array} \right.$$

---

[1] Vergl. Marb. Ber. 1878, S. 16—23.

hat das Fünfeck $G_1 P_{20} G_2 P_{41} P_{12}$ zur Grenzfläche. Dieselbe entsteht, wenn die Eckpunkte des Dreiecks $G_1 G_2 B_3$, der Grenzfläche des Netzes 38 [Tabelle 72 B)], mit den zu dem Punkte P_{11} in Beziehung auf die Kanten symmetrisch liegenden Punkten P_{20}, P_{41}, P_{12} verbunden werden.

Die drei von Sternfünfecken der zweiten Art begrenzten Netze sind den Netzen XXVII′, 71 und 72 analog; es sind die folgenden:

73) $\quad\Big\{$ das $[12\,(5)_1 + 20\,(3)_1 + 60\,(3)_1]$ - e c k i g e $\;60\,(5)_2$ - Flach der 31ten Art,

74) $\quad\Big\{$ das $[12\,(5)_2 + 20\,(3)_1 + 60\,(3)_1]$ - e c k i g e $\;60\,(5)_2$ - Flach der 37ten Art,

75) $\quad\Big\{$ das $[12\,(5)_1 + 12\,(5)_2 + 60\,(3)_1]$ - e c k i g e $\;60\,(5)_2$ - Flach der 33ten Art.

Die zugeordneten gleicheckigen Netze, sowie die entsprechenden Polyeder sind leicht zu erhalten; auch giebt es von sämtlichen Archimedeische Varietäten (fehlen bei Pitsch).

13. Aus der grossen Zahl der hier möglichen diskontinuierlichen Netze seien nur die Systeme von je 30 rhombischen Sphenoiden hervorgehoben, deren Eckpunkte mit denen eines Netzes XVI′ zusammenfallen. Entsprechend den im § 74 [Formeln 29 α)] hervorgehobenen fünf Gruppen giebt es bei jedem Netze XVI′ fünf derartige Systeme.

14. Zum Schlusse sei darauf hingewiesen, dass die nach Analogie der in der ersten Abteilung des sechsten Kapitels durchgeführten Betrachtungen zu bewirkende Darstellung der gleicheckigen Netze höherer Art durch binäre Formen zu weiteren interessanten Resultaten führen dürfte.[1])

---

1) Diese Darstellung ist für einige Fälle bereits von F. Klein, Mathem. Ann. XII, S. 525 und 526 und von Puchta, l. c., § 6 gegeben worden und zwar durch die rationale Transformation einer Ikosaeder- (bez. Oktaeder-) Gleichung in eine zweite.

Verbesserungen.

Seite 11 Zeile 1 von oben lies $\dfrac{n-2}{2}$ statt $\dfrac{n-2}{n}$.

„ 11 „ 1 „ „ „ $\dfrac{n-1}{2}$ „ $\dfrac{n-1}{n}$.

„ 27 „ 8 „ unten „ Queraxe statt Nebenaxe.

„ 28 „ 4 „ oben „ C'_1 statt C_1.

„ 30 „ 2 „ unten „ [VI] „ [IV].

„ 30 „ 1 „ „ „ [IV] „ [VI].

„ 31 „ 19 „ oben „ G'_1 statt G_1.

„ 52 „ 7 „ unten „ α_1 statt $_1$.

„ 76 „ 11 „ „ tilge: nur.

„ 81 und 83 in der Überschrift der Seiten und des § 25 lies XVIIIa
statt XVIIIα.

„ 101 Zeile 14 von unten tilge: nur.

„ 109 in der Überschrift der Seite lies Skalenoeder statt Skalenoder.

„ 124 Zeile 4 von unten lies XIX$'$ statt IX$'$.

„ 124 „ 2 „ „ „ XIX$''$ „ IX$''$.

„ 130 „ 13 „ oben „ 51) statt 49).

„ 132 „ 13 „ „ „ 2. statt 2).

„ 134 „ 12 „ „ „ 52) statt 50).

„ 147 „ 4 „ „ „ $C_1 B_1$ statt $A_1 B_1$.

„ 147 „ 5 „ „ „ $C_1 A_1$ „ $A_1 C_1$.

„ 168 „ 4 „ „ „ $sin\,\dfrac{\varkappa}{p}$ „ $n\,\dfrac{\varkappa}{p}$

„ 179 „ 1 „ „ „ $\sqrt{\dfrac{2}{3}}$ „ $\sqrt{\dfrac{2}{\ \ }}$.

„ 244 „ 11 „ „ schalte vor: „also" ein: „beträgt"

„ 246 „ 3 „ unten lies den statt denen.

„ 294 „ 14 und 13 von unten lies der Hexakisoktaedernetze
statt des Hexakisoktaedernetzes

„ 327 Zeile 13 von oben setze ein Komma zwischen P_2 und P_4.

„ 331 „ 6 „ „ lies regulären statt rugulären.

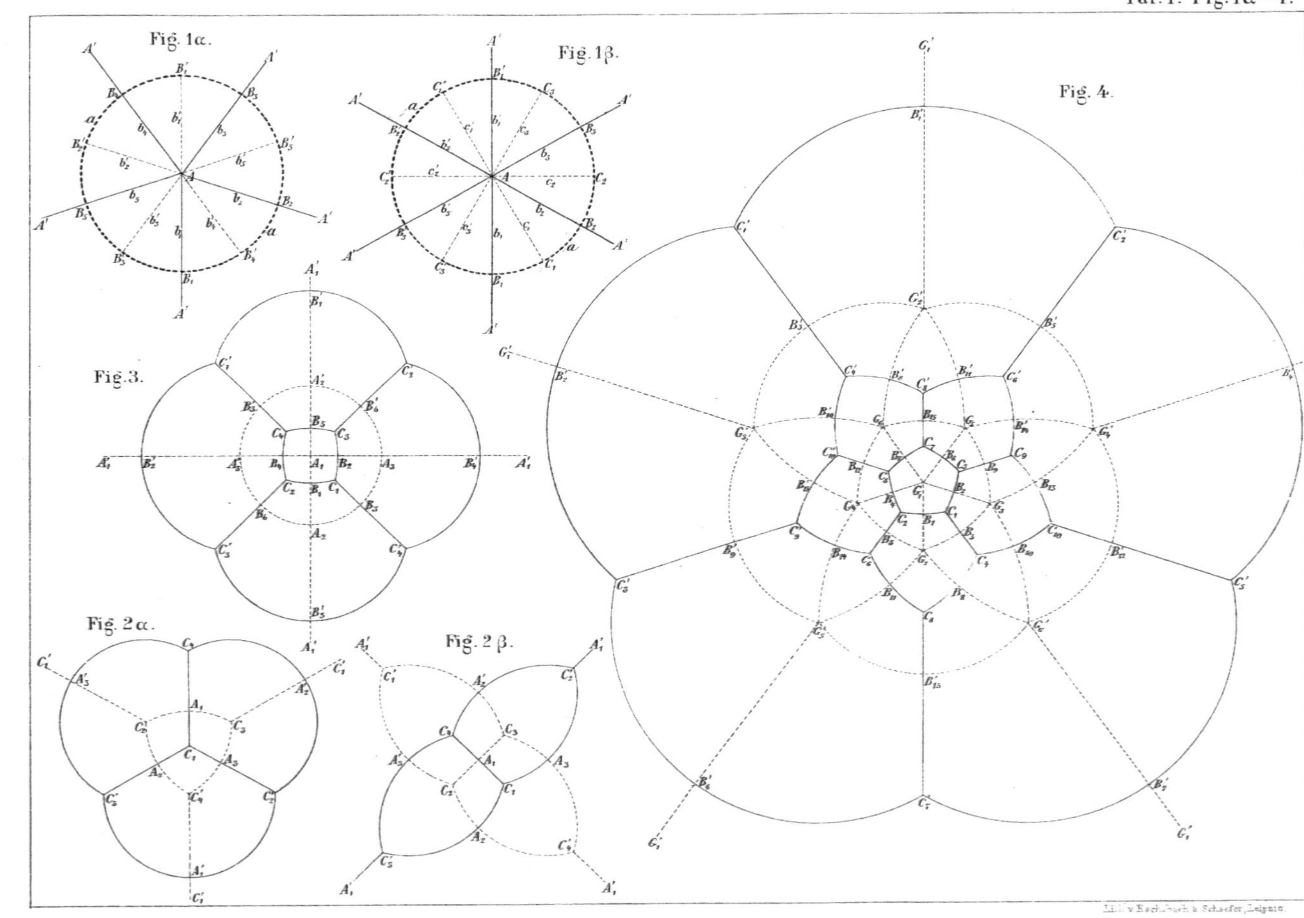

Taf. I. Fig.1α—4.
Fig.1α.
Fig.1β.
Fig.3.
Fig.4.
Fig.2α.
Fig.2β.
Lith. v. Eschebach & Schaefer, Leipzig.

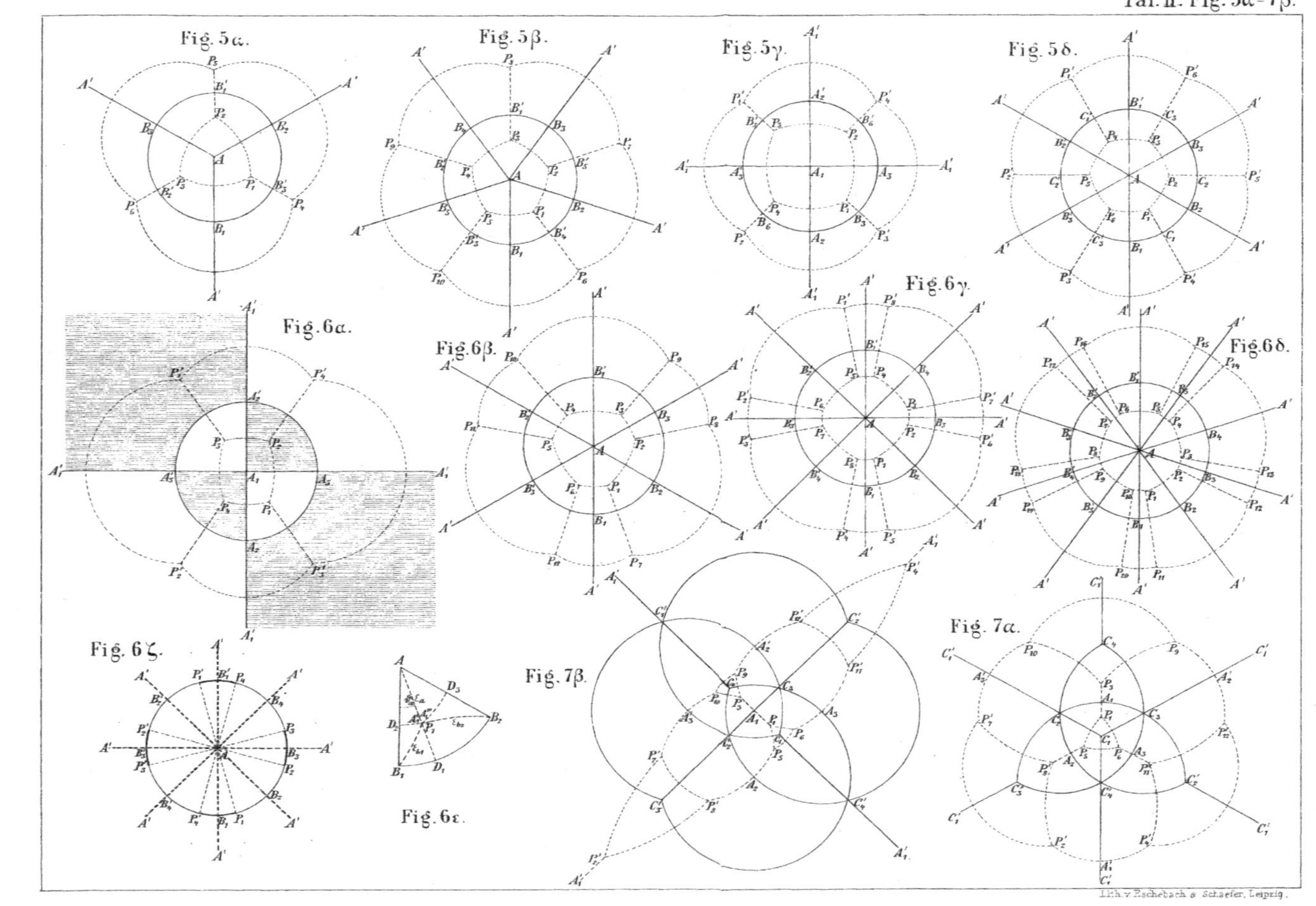

Taf. II. Fig. 5α–7β.
Fig. 5α.
Fig. 5β.
Fig. 5γ.
Fig. 5δ.
Fig. 6α.
Fig. 6β.
Fig. 6γ.
Fig. 6δ.
Fig. 6ζ.
Fig. 6ε.
Fig. 7β.
Fig. 7α.
Lith. v. Eschebach & Schaefer, Leipzig.

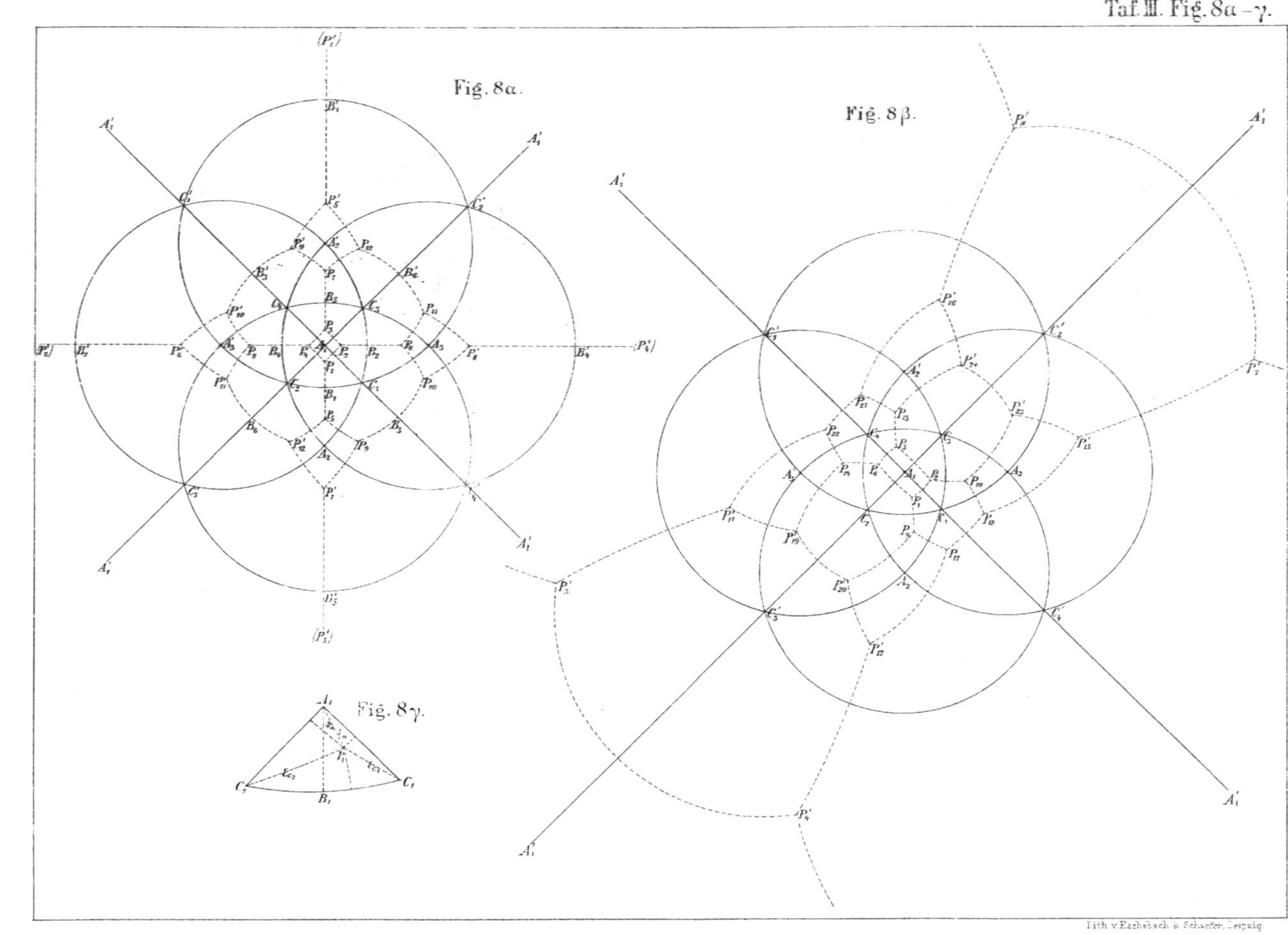
Taf. III. Fig. 8α—γ.
Fig. 8α.
Fig. 8β.
Fig. 8γ.
Lith. v. Eschebach & Schaefer, Leipzig.

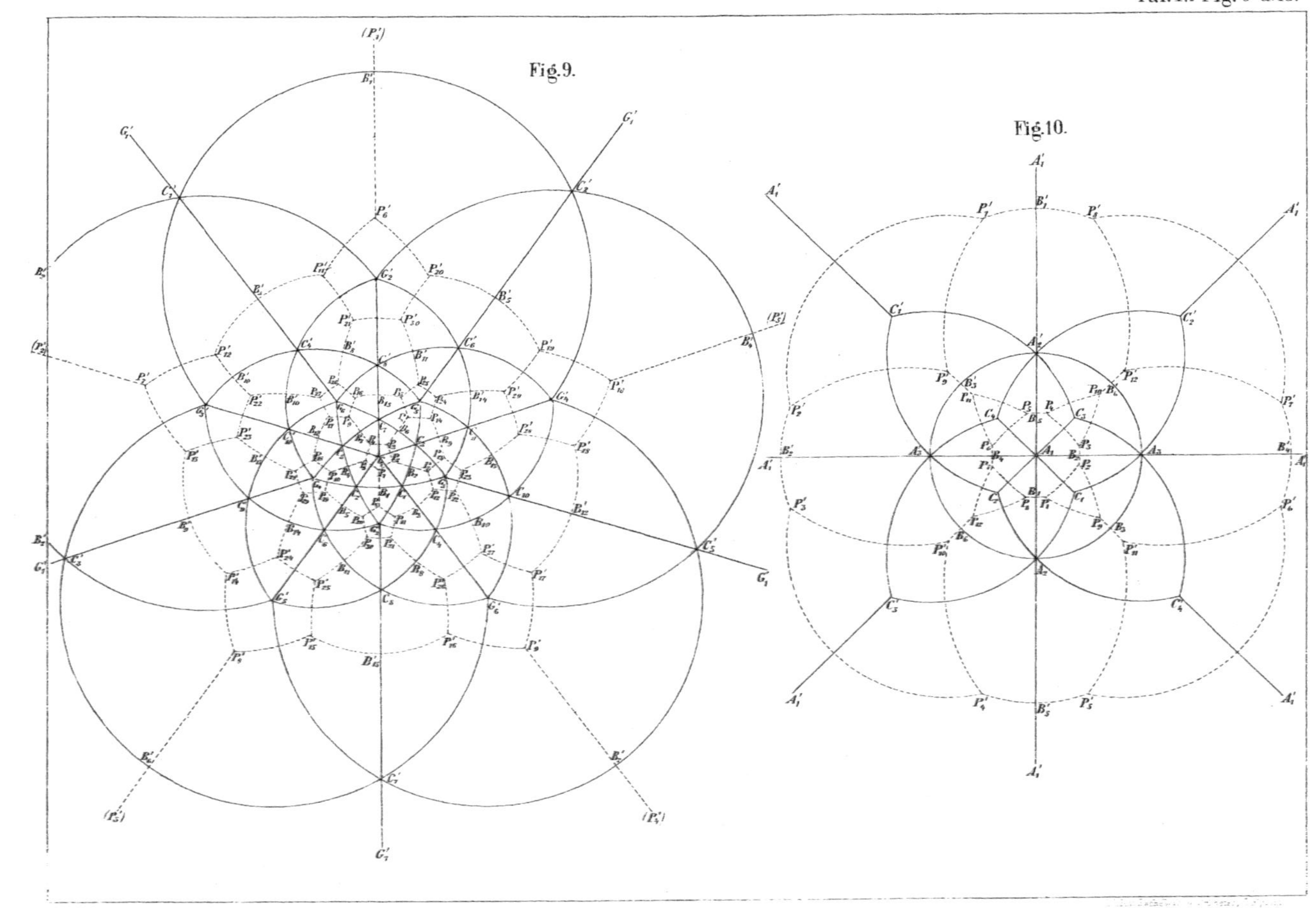

Taf. IV. Fig. 9 u. 10.
Fig. 9.
Fig. 10.

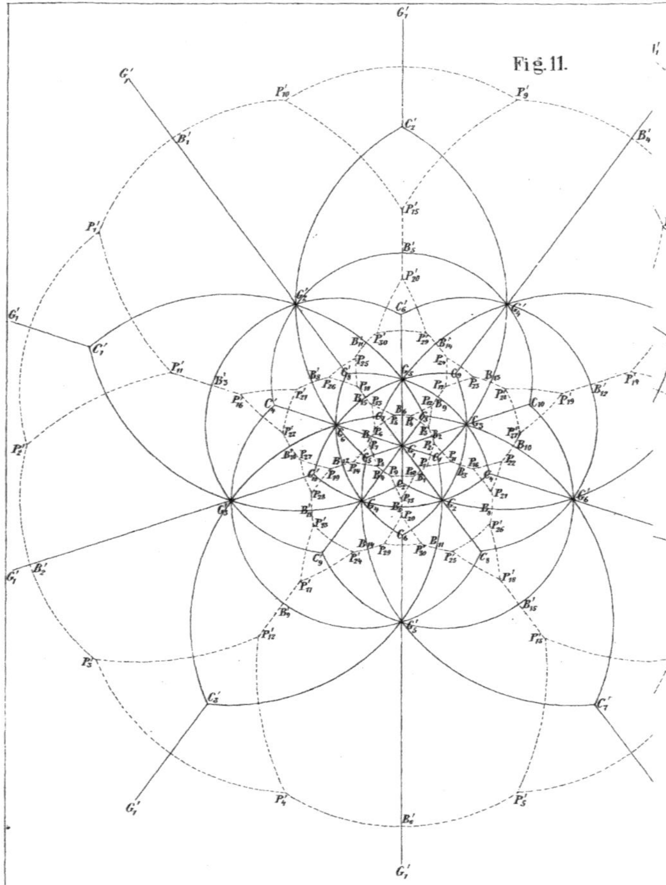

Fig. 11.

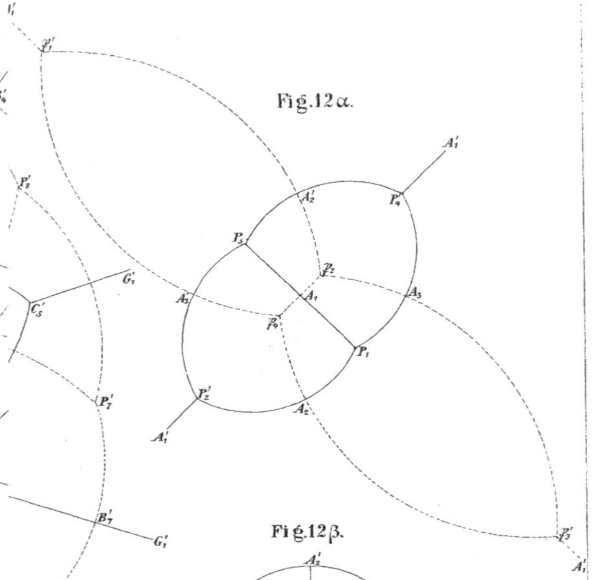

Fig. 12α.

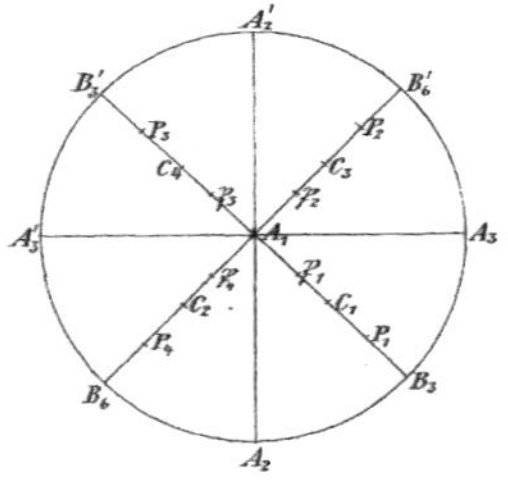

Fig. 12β.

Lith. v. Eschebach & Schaefer, Leipzig.

Fig. 13α.

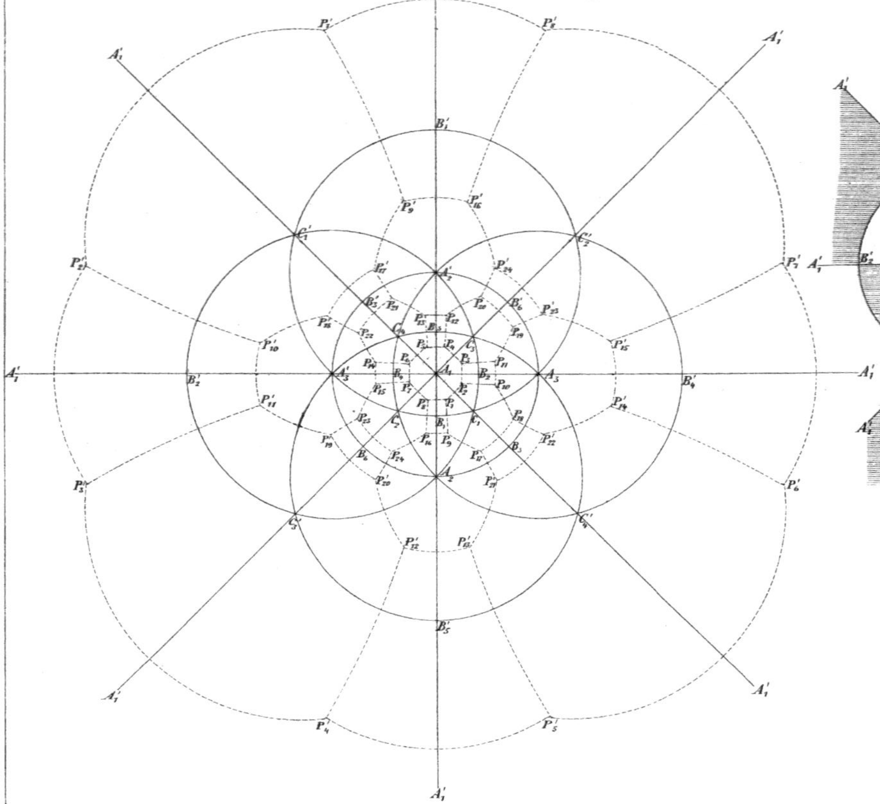

Fig. 13β.

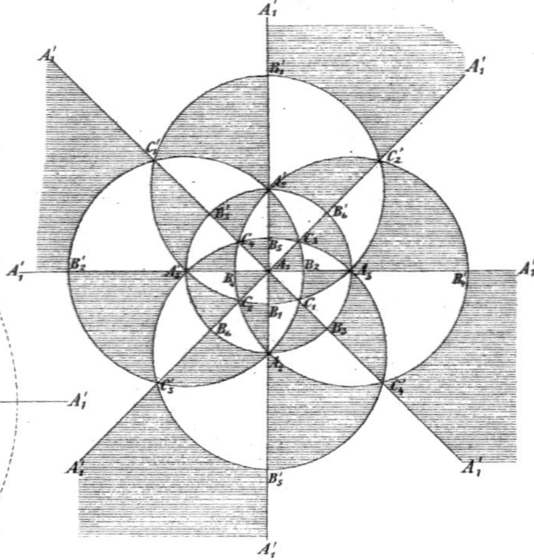

Fig. 13γ.

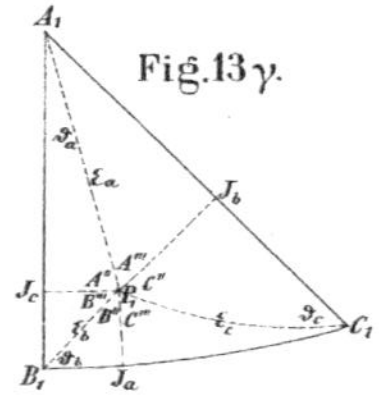

Taf. VI. Fig. 13α–γ.

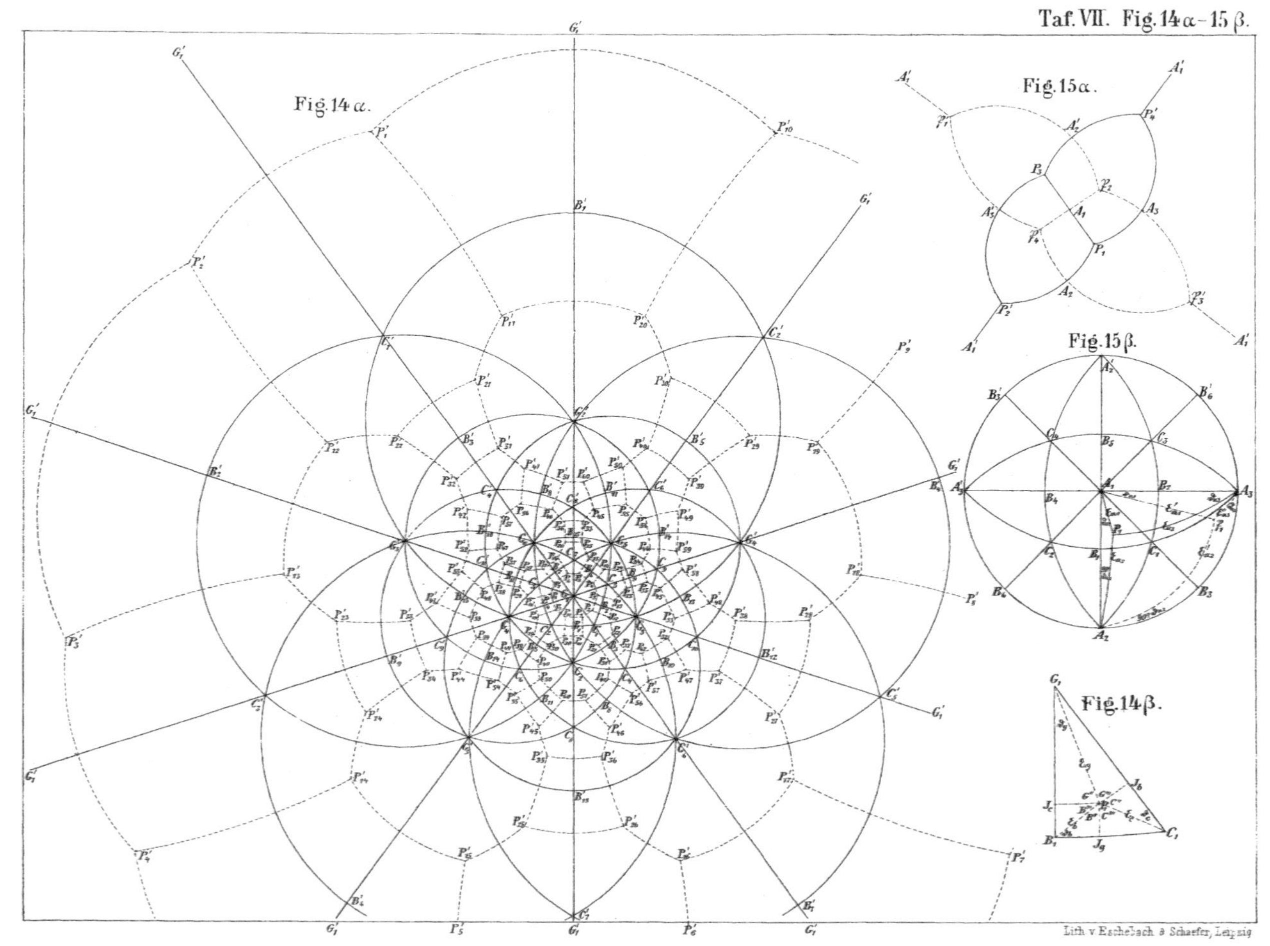

Taf.VII. Fig.14α—15β.
Fig.14α.
Fig.14β.
Fig.15α.
Fig.15β.
Lith v Eschebach & Schaefer, Leipzig

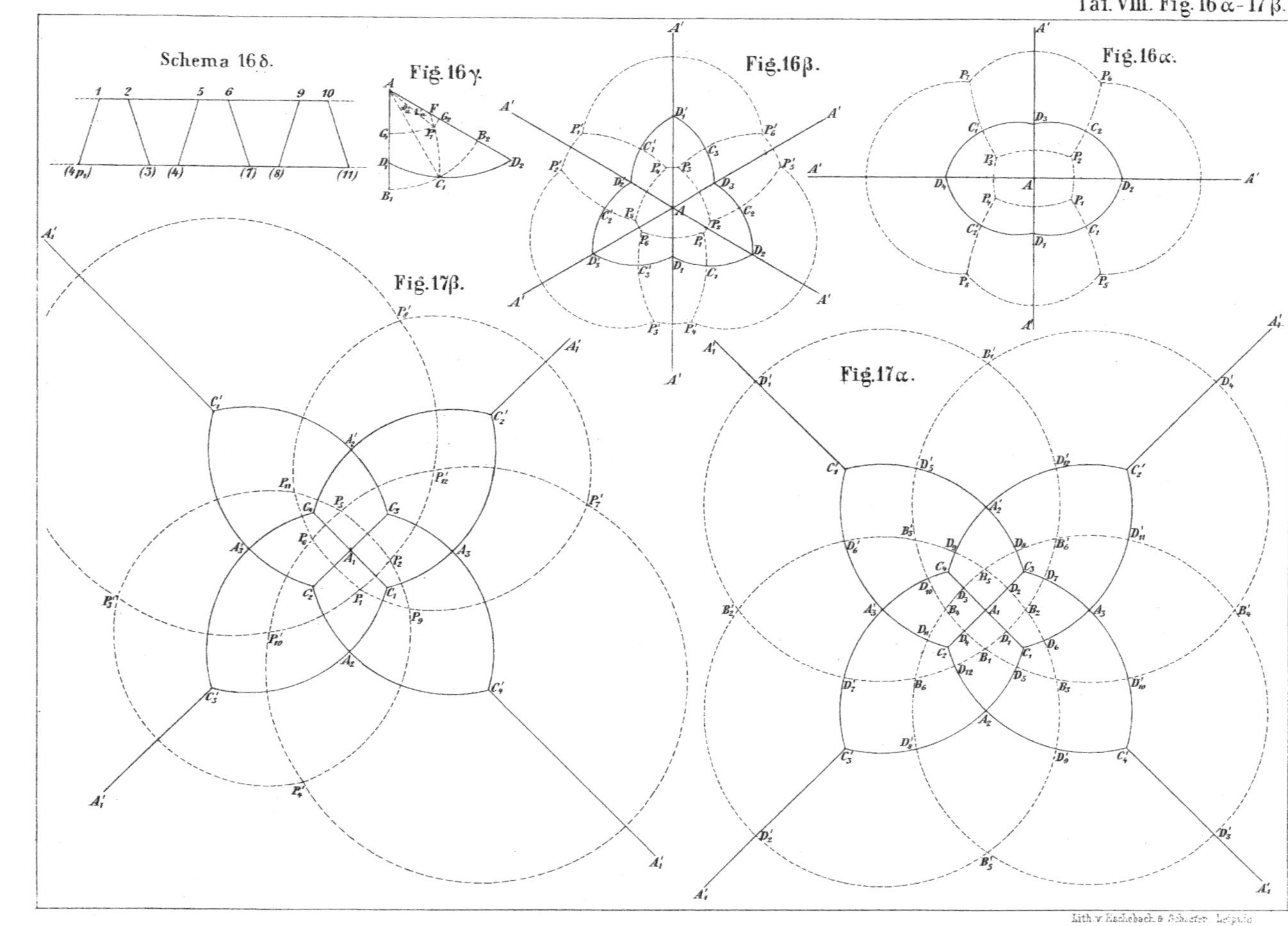

Taf. VIII. Fig.16 α - 17 β.
Schema 16 δ.
Fig.16 γ.
Fig.16 β.
Fig.16 α.
Fig.17 β.
Fig.17 α.
Lith v. Rautenbach & Schröter Leipzig.

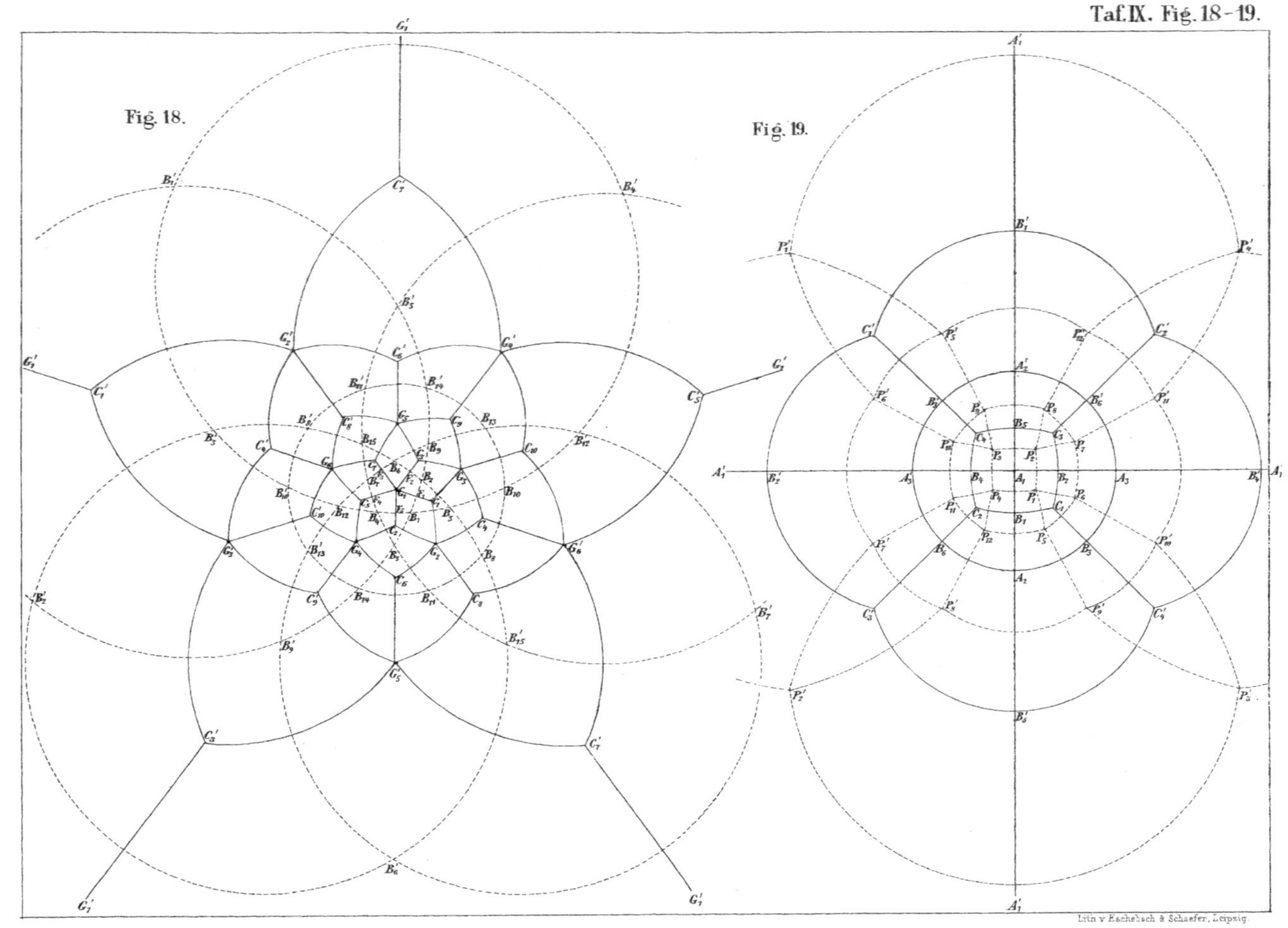

Fig. 18.
Fig. 19.
Taf. IX. Fig. 18–19.
Lith.v.Eschebach & Schaefer, Leipzig

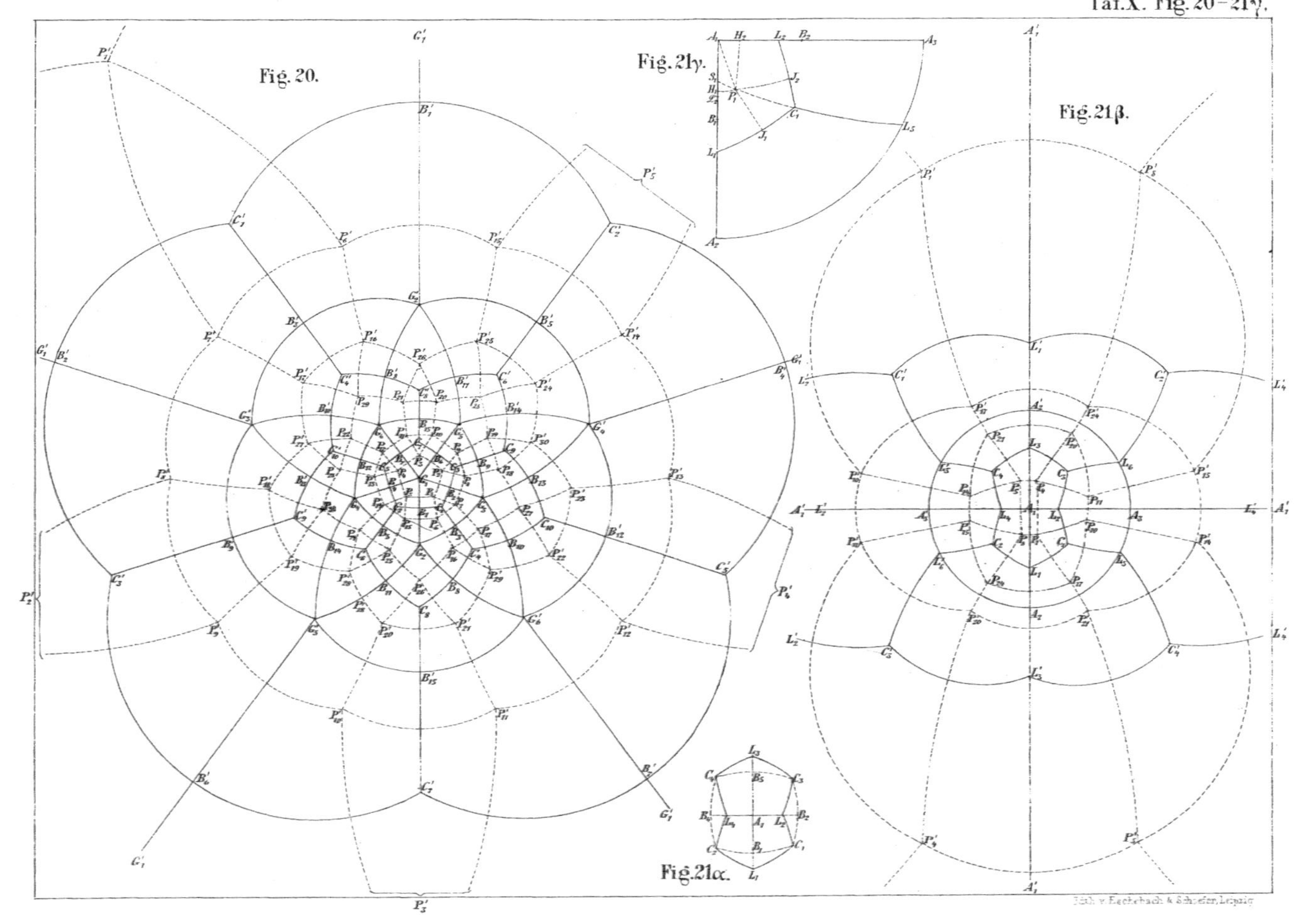

Fig.20.
Fig.21α.
Fig.21β.
Fig.21γ.
Taf.X. Fig. 20—21γ.

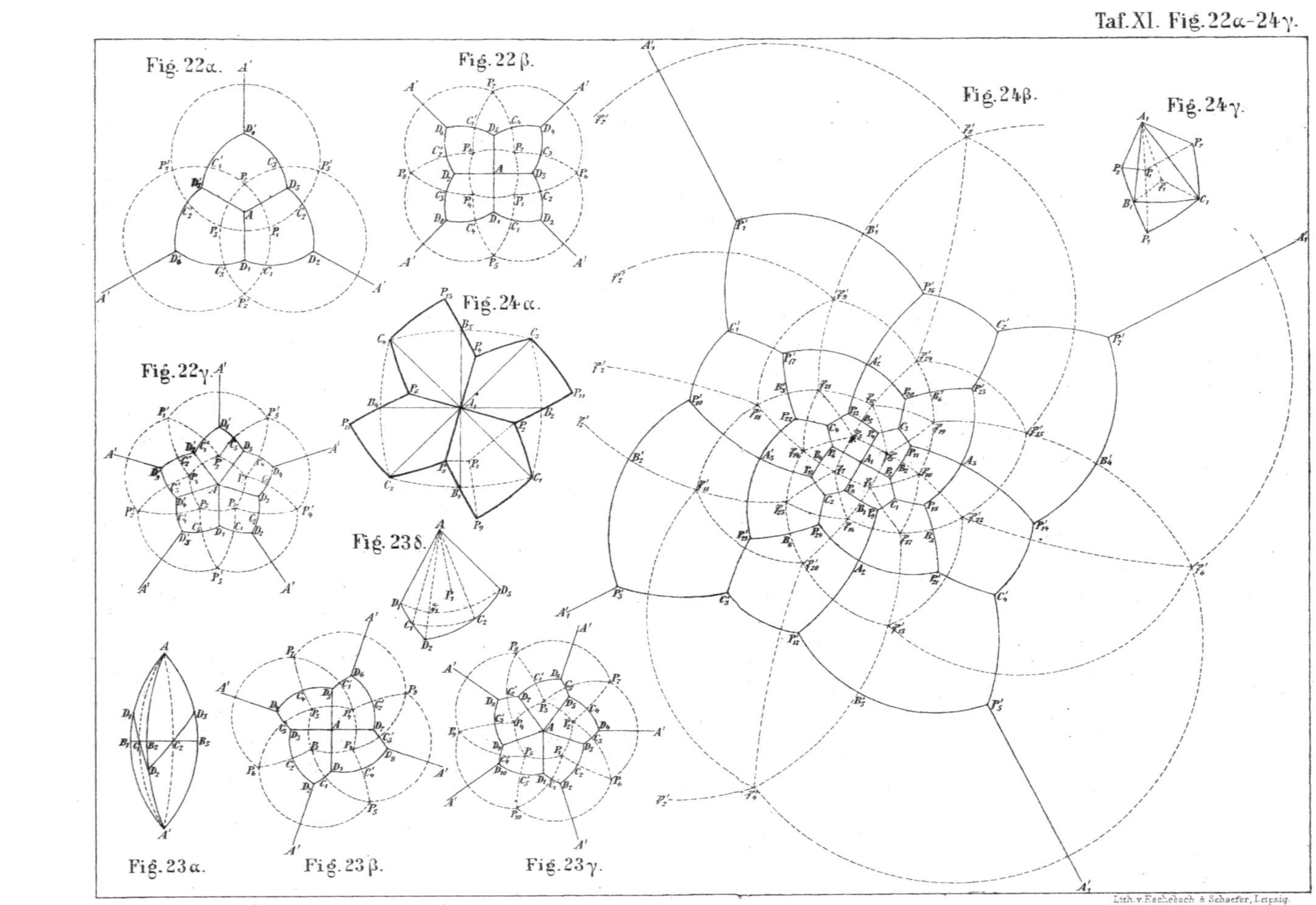

Taf. XI. Fig. 22α–24γ.
Fig. 22α.
Fig. 22β.
Fig. 22γ.
Fig. 23α.
Fig. 23β.
Fig. 23γ.
Fig. 23δ.
Fig. 24α.
Fig. 24β.
Fig. 24γ.
Lith. v. Fischbach & Schaefer, Leipzig.

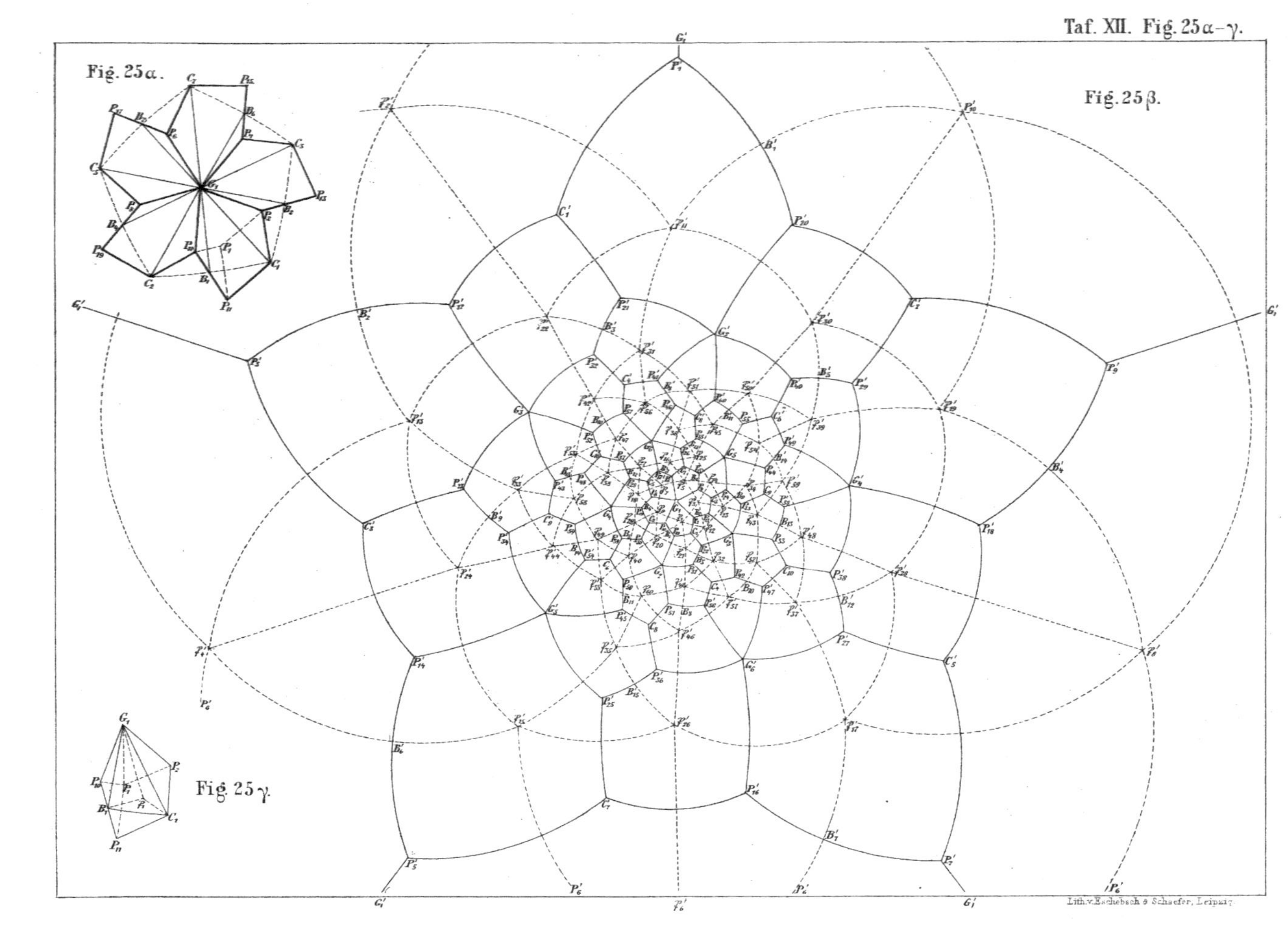

Taf. XII. Fig. 25α–γ.
Fig. 25α.
Fig. 25β.
Fig. 25γ.
Lith.v.Eschebach & Schaefer, Leipzig.

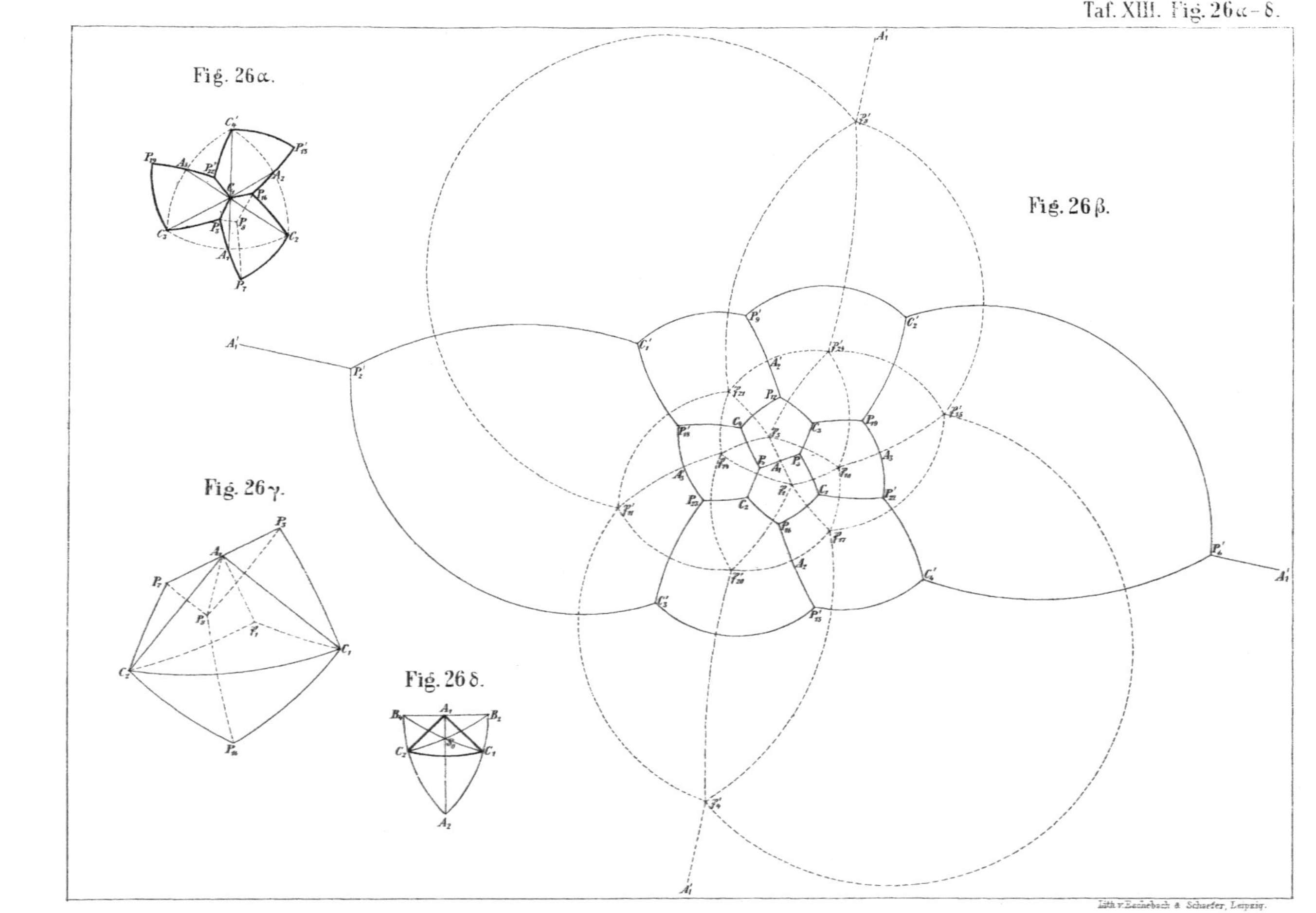

Taf. XIII. Fig. 26α—δ.
Fig. 26α.
Fig. 26β.
Fig. 26γ.
Fig. 26δ.
Lith v. Leonhard & Schaefer, Leipzig.

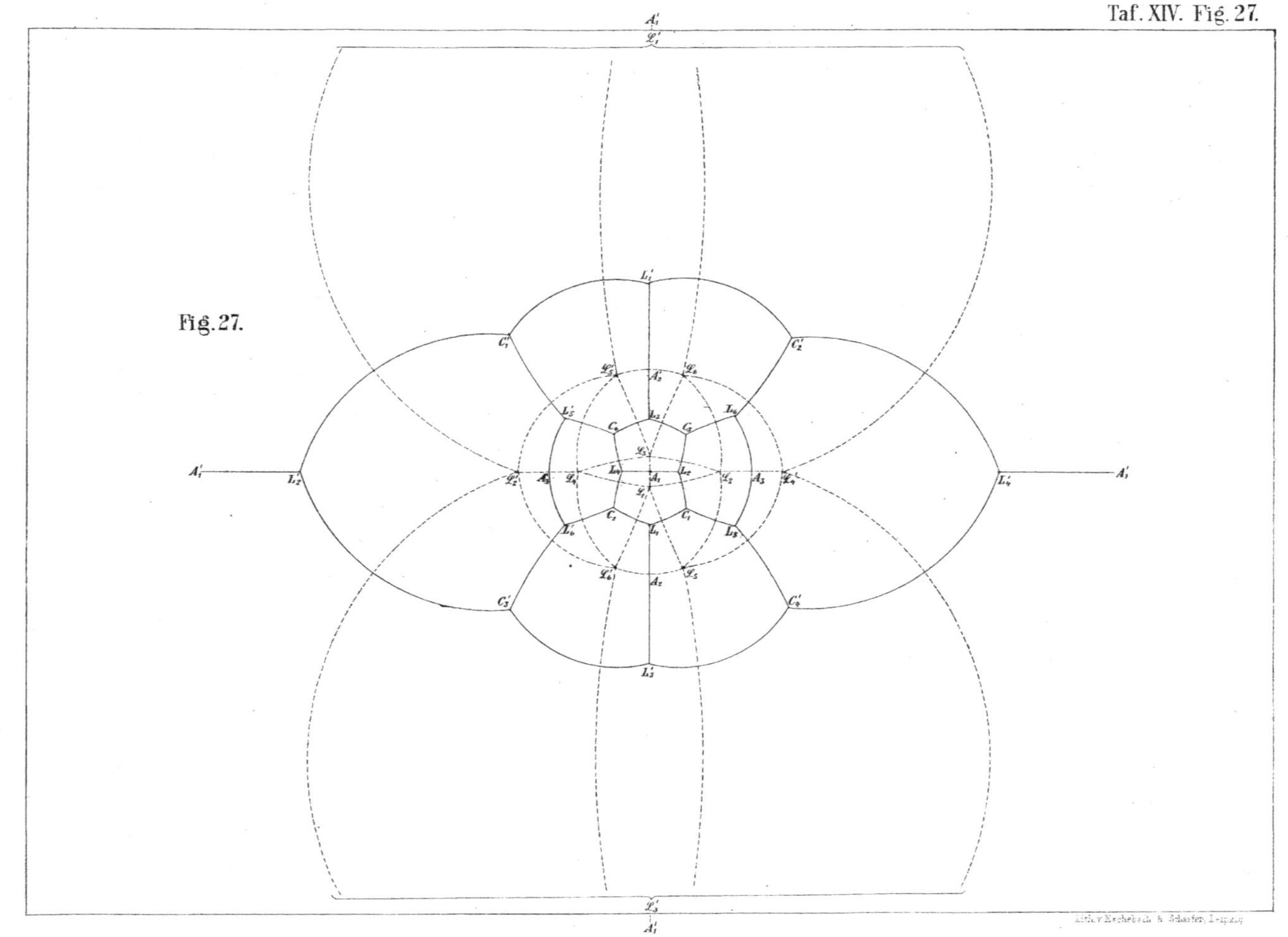

Fig. 27.

Taf. XIV. Fig. 27.

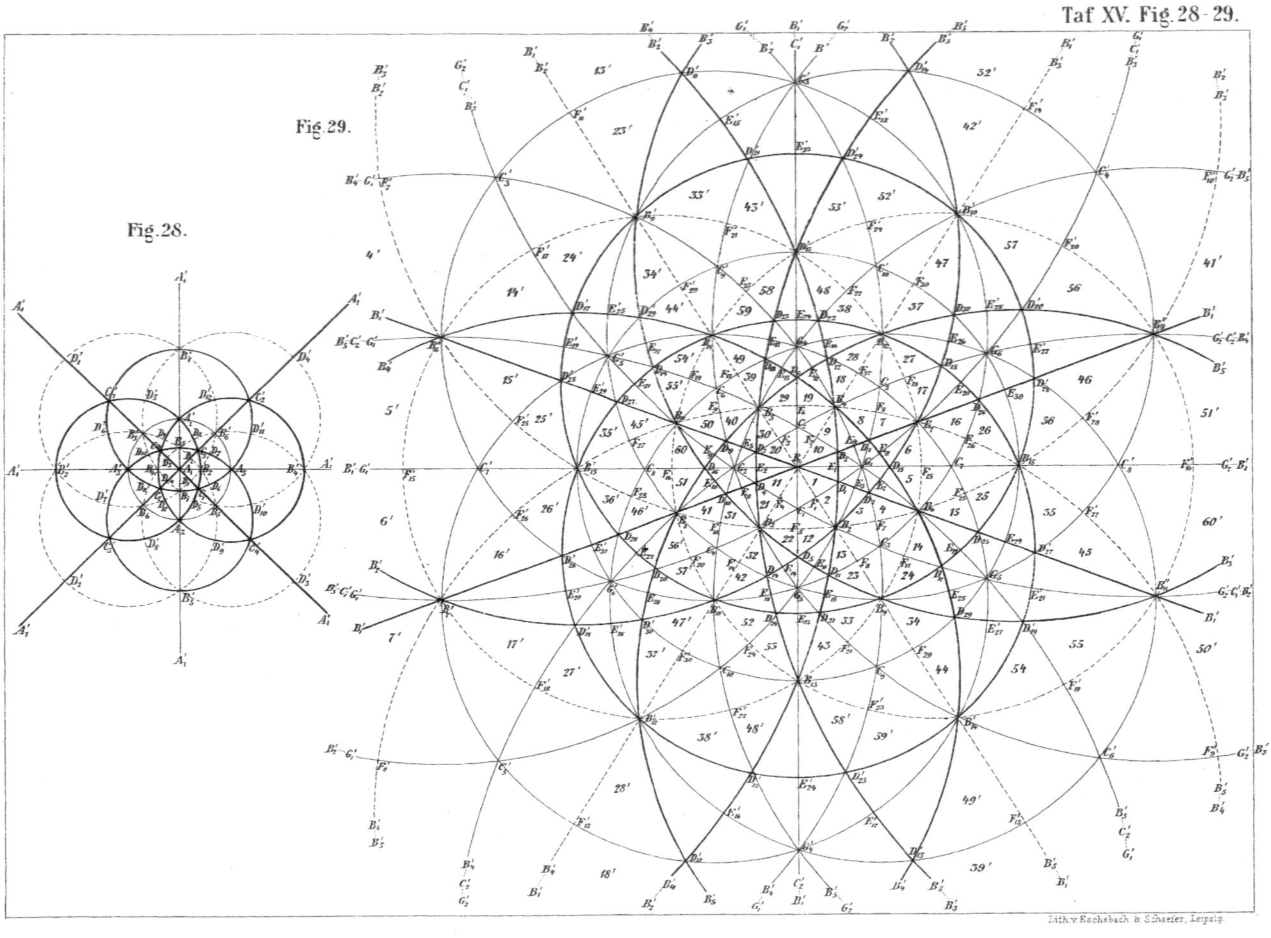

Taf XV. Fig. 28-29.
Fig. 28.
Fig. 29.
Lith. v. Eschebach & Schaefer, Leipzig.

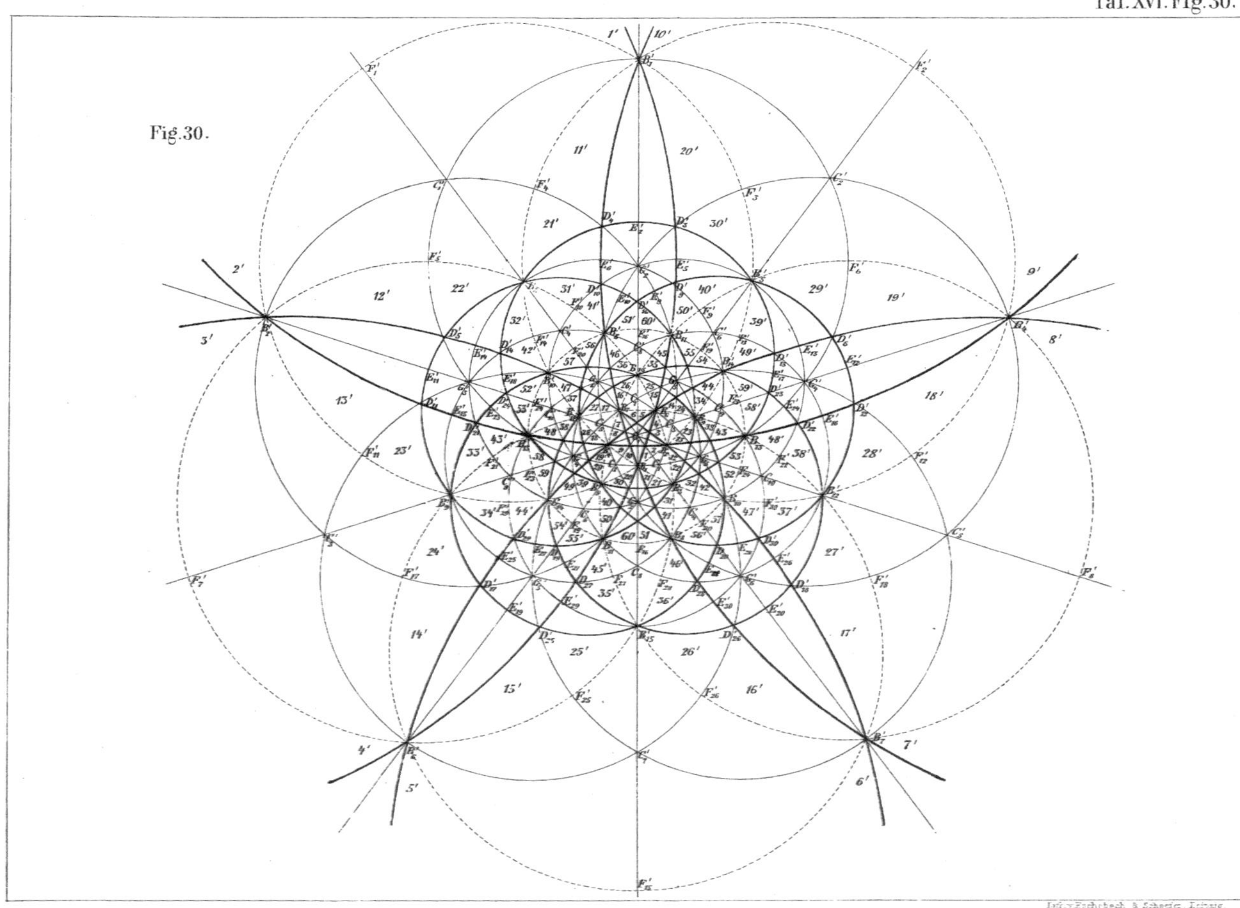

Fig.30.